JN174537

Sandor Ellix Katz 著／水原 文 訳

発酵の技法

世界の発酵食品と発酵文化の探求

Sandor Ellix Katz

The ART *of* FERMENTATION

推薦の言葉 Praise for *The Art of Fermentation*

『発酵の技法』は、単なる料理本以上のものだ。……確かにこの本は発酵食品の作り方を教えてくれるが、さらに大事なその意味や、自分でザワークラウトを作るという平凡で実用的な行為が世界とのかかわりそのものを表現している理由も教えてくれる。そしてその「世界」は1つではなく、菌類やバクテリアの世界、あなたの生活しているコミュニティ、そしてわれわれの身体や大地の健康をむしばんでいる工業化された食産業システムなどが重層的に重なり合っていることもわかる。
たかがザワークラウトのかめにしては、ご大層な物言いだと思えるかもしれない。しかしこの本のSandor Katzの最大の功績は、読者にその真実を悟らせることにある。自分で食品を発酵させることは、現在まるで画一化された巨大な芝生のように地球上を覆い尽くそうとしている風味や食の経験の均質化に対し、五感を通して雄弁に異議を申し立てることだ。そしてそれは、唯々諾々と必需品を消費してほしいと我々全員に望む経済からの独立を宣言し、我々自身やその暮らしている土地を表現するユニークな産品の作り手となることでもある。

—— Michael Pollan、本書「序文」より

* * *

『発酵の技法』は非凡な本であり、感銘深い情熱と学識の賜物でもあります。あらゆる種類の発酵食品作りの基本を説明しているため、誰でもこの本を読めばどんな発酵食品のレシピにも問題なく対応できる（そして発酵にまつわる心配事を解消できる）ようになるでしょう。私はとても感銘を受けましたし、すぐにでも作り始めようと思っています。Sandor Katzさん、ありがとう。

—— Deborah Madison

『Vegetarian Cooking for Everyone』や『Local Flavors』の著者

* * *

Sandor Katzが発酵の王であることを自ら証明したこの新著は、非常に大部だが読みやすく、世界中の発酵の知恵やテクニックの集大成となっている。食品と栄養に興味を持つ人なら、ぜひ本棚に揃えておきたい一冊だ。

—— Sally Fallon Morell

Weston A. Price財団代表

*　*　*

Sandor Katzは、これまでにもすでに20世紀の誰よりも多くの人を発酵食品の多様性と美味しさに目覚めさせてきた。いったん彼のような天才の新たな視点から世界を眺めれば、それまで住んでいた退屈な世界へ戻ることはできなくなる。『発酵の技法』は、豊富な知識と実践的な応用に満ち溢れた驚異的な本だ。この本は、今後千年の古典となるだろう。

—— Gary Paul Nabhan

『Renewing America's Food Traditions』や『Desert Terroir』の著者

*　*　*

『発酵の技法』は、Sandor Katzが発酵に関して抱き続けた驚くべき情熱を目覚ましい形で証明している。歴史や科学、そしてシンプルで実用的な知恵から織りなされるこの本は、発酵から生み出される飲食物の驚異的な多様性をめぐる、はるかな旅へと読者を連れ出してくれる。

—— Charlie Bamforth博士

カリフォルニア大学デービス校食品科学技術学部教授、『Food, Fermentation and Micro-organisms』の著者

*　*　*

これはもうとにかく、発酵については最高の本だ。包括的であり、学術的であり、そして驚くほど深みがある。Sandor Katzはますます数を増しつつある発酵愛好者集団の導師であり、読者は善玉バクテリアのスリリングな世界が我々の周囲一面に広がっていることに気付かされるだろう。バクテリアはピクルスやチーズやパンやビールを作るだけでなく、我々自身の存在も支えてくれているのであり、敬意と共に尊重されるべきものだ。

—— Ken Albala

食品歴史学者、『The Lost Arts of Hearth and Home: The Luddite's Guide to Domestic Self-Sufficiency』の共著者

＊　＊　＊

『発酵の技法』は我々個人の根本的な健康に訴えかける本であり、野生酵母や培養酵母、そしてまだよくわかっていない微生物の説明には、本当に興味がそそられる。理論や科学や実際の観察に基づいてSandor Katzがこの本のページに振りまいた数多くの点を、読者は自分自身の経験と興味に従って線で結んで行くことになる。彼はこの本に、すべての人にとって大事なことを書いている。我々が微生物と呼ぶこの小さな生き物と戦うにしても平和に共存するにしても、それが有機体とみなされるコミュニティのビルディングブロックであることは認めざるを得ない。彼の発酵への情熱には、人を引き込む力がある。読者はページをめくるごとに、この本当に魅力的な本に埋め込まれた自分自身の個人的な物語を発見して行くことになるだろう。

―― Charlie Papazian

『The Complete Joy of Homebrewing』の著者

＊　＊　＊

この新しい本でSandor Katzは、人類にとって最初のバイオテクノロジーであり地球上の最初のエネルギー源であった発酵の本質をとらえ、その科学的、歴史的、そして実用的な情報を豊富に提供している。果物やはちみつ、ミルク、あらゆる種類のデンプン質の穀物やイモ類や茎、さらには魚や肉に至るまで、自然発酵食品の神秘と感覚的な魅力が明らかにされ、また美食家とMakerの両方にとって役立つように生き生きと明快に描写されている。

―― Patrick E. McGovern

ペンシルバニア大学博物館生体分子考古学研究所科学部長、

『Ancient Wine』と『Uncorking the Past』の著者

私の父Joe Katzへ。父のお気に入りの話題は家庭菜園で取れる野菜と、それを使って私の義理の母Pattieや父が作る料理のことだった。どんぐりは木から遠くには落ちないという。この本を父と、私の人生を導き示唆を与えてくれた大勢の先生、先達、そして先輩たちに捧げる。

目次 Contents

8章

9章

10章

11章

序文　Foreword

本書『発酵の技法（原題：The Art of Fermentation）』は、本当に示唆に富む本だ。この本を読んで私は今までまったくしなかったこと、おそらくこの本を読まなかったら絶対にしなかったであろうことをし始めた。実際Katzの本のせいで私のキッチンカウンターや地下室には、メイソンジャーや瀬戸物のかめ、ジャムびんやさまざまなびん、そしてこの世の物とも思えない色に光り輝く透明なカルボイなどが増える一方だ。Katzの発酵の教えを受け入れてからというもの、私は大きなかめでザワークラウトやキムチを、メイソンジャーでキュウリやニンジンやビートやカリフラワーやタマネギやパプリカやヒラタマネギのピクルスを、ジャムびんでヨーグルトやケフィアを、そして5ガロンのカルボイでビールやミードを作り始めた。これらはすべて生きていることに、私は定期的に気づかされている。夜、寝静まった家の中で、気持ちよさそうに発酵が進んでいるのが聞こえる。その音を聞くと、とても心が安らぐようになった。微生物たちが幸せであることを意味しているからだ。

私は今まで料理本を読むことはあっても、それに載っている料理を作ることはなかった。『発酵の技法』は、どこが違ったのだろうか。ひとつの理由として、Sandor Katzが情熱を込めて書いている発酵の変成パワーの説明があまりにも説得力があるので、**どうなるか試してみたくなってしまう**からだ。私が小学生のころ、酢と重曹を混ぜるとすごいことが起こるよ、と先生が教えてくれた時の気持ちに似ている。微生物による変成作用は実に驚くべきものだし、その結果として平凡な食材から我々人間ではなくバクテリアや菌類が作り出す、新たな風味や興味深い食感なども多くの場合、驚くべきものだ。

Katzの本が、今まで存在さえ知らなかったもの（クワス？　シュラブ!?）を作るレシピを試す気にさせてくれるもうひとつの理由は、彼が決して威圧的な態度を取らないことだ。それとは反対に、『発酵の技法』は背中を押してくれる料理本（そしてこれから説明するように、単なる料理本以上のもの）だ。この本はさまざまな微生物の神秘に通じているが、Katzにはそれをわかりやすく説明してくれる才能がある。ザワークラウトづくりは難しくない、こうすればだれでもできるんだよ、と彼は請合ってくれる。でも、もし失敗してしまったら？　ザワークラウトに変なカビが生えてきたら？　パニックになる必要はない。カビを取り除いて、その下のザワークラウトを賞味しよう。

しかしこの態度の中には、Sandor Katzがキッチンで見せる気楽な表情以上のものが隠されている。これは、政治運動でもあるのだ。『発酵の技法』は、単なる料理本にはとどまらない。あるいは、『弓と禅』が弓矢について説明しているように、この本は料理について説明しているのだとも言えるだろう。確かにこの本は発酵食品の作り方を教えてくれるが、さらに大事なその意味や、自分でザワークラウトを作るという平凡で実用的な行為が世界とのかかわりそのものを表現している理由も教えてくれる。そしてその「世界」はひとつではなく、菌類やバクテリアの世界、あなたの生活しているコミュニティ、そしてわれわれの身体や大地の健康をむしばんでいる工業化された食産業システムなどが重層的に重なり合っていることもわかる。

たかがザワークラウトのかめにしては、ご大層な物言いだと思えるかもしれない。しかしこの本のSandor Katzの最大の功績は、読者にその真実を悟らせることにある。自分で食品を発酵させることは、現在まるで画一化された巨大な芝生のように地球上を覆い尽くそうとしている風味や食の経験の均質化に対し、五感を通して雄弁に異議を申し立てることだ。そしてそれは、唯々諾々と必需品を消費してほしいと我々全員に望む経済からの独立を宣言し、我々自身やその暮らしている土地を表現するユニークな産品の作り手となることでもある。あなたの作るザワークラウトは、私や他の誰のものとも違っているからだ。

韓国・朝鮮の人々は発酵について深い知識を持っており、さまざまな食品の「舌の味」と「手の味」とを区別している。「舌の味」は分子と味蕾との単純な接触によるもので、食品科学者や食品会社にも作り出せる安っぽい単純な風味はこちらに含まれる。「手の味」は、それを作った人の気持ちや愛情までもが刻み込まれた、はるかに複雑な食品の経験だ。あなたが自分で作るザワークラウトには、「手の味」が込められていることだろう。

そしてあなたはきっと、それをたくさん作って人にあげることになる。自分で発酵食品を作る楽しさのひとつは、貨幣経済の枠組みを超えて人と分かち合うことだ。今でも私はビールやミードのびんを他の人と交換し、メイソンジャーの物々交換に定期的に参加している。メイソンジャーにザワークラウトが詰め込まれて自宅を出ると、他の人のキムチやピクルスが詰め込まれて戻ってくるわけだ。発酵食品の世界にのめりこむことは、発酵食品作りのコミュニティに入り込み、面白くてちょっと変わった気前の良い人たちと仲間になることでもある。

しかしもちろん、『発酵の技法』がパスポートやビザのように役立つコミュニティは他にもある。それは我々の周囲や体内のいたるところに存在する、菌類とバクテリアの目に見えないコミュニティだ。この本に隠されたテーマがあるとすれば（きっとあるはずだ）、それは生物学者リン・マーギュリス（Lynn Margulis）が「ミクロコスモス」と呼んだものと我々との関係を再認識させてくれることだ。1世紀以上前にルイ・パスツールが病気と微生物の関係を発見して以来、ほとんどの人はバクテリアとの臨戦態勢にあると感じている。我々は子どもに抗生物質を投与し、微生物となるべく距離を取り、そして環境を除菌しようと努めてきた。我々はPurell（除菌剤の商品名）の時代に生きている。だが生物学者たちは、バクテリアとの戦いは無益なだけ（バクテリアは我々より速く進化するので、必ず勝つ）でなく、非生産的でもあることを認めている。

抗生物質の乱用は、やっつけたバクテリアと同様に致死率の高い耐性菌を生み出している。これらの薬品が、バクテリアもその食物（別名、食物繊維）も存在しない加工食品主体の食生活と共に、深刻な形で我々の腸内微生物生態系へ変調を引き起こしてきたことは理解され始めたばかりだ。このことは、我々の健康上の問題の多くを説明してくれるかもしれない。バクテリアから保護されてきた子どもたちにアレルギーやぜんそくを引き起こす比率が高いことが分かってきた。我々の健康のカギのひとつは、我々の体を共有し我々とともに共進化してきた微生物フローラの健康であることも判明しつつある。そして微生物フローラは、ザワークラウトが本当に大好物のようなのだ。

微生物との戦いにおいて、Sandor Katzは頑固な平和主義者だ。しかし彼は単に戦いを傍観しているわけでもなければ、熱弁をふるうだけでもない。彼はその戦いを終わらそうとしているのだ。ポストパスツール主義者のKatzは我々に、ミクロコスモスとの関係の条件を再交渉するよう、促している。そして『発酵の技法』は、ザワークラウトのかめごとに、その取り扱いを正確に示してくれる雄弁で実用的な宣言なのだ。まさに活発な培養微生物のように、この本が数多くの新たな発酵食品愛好家を生み出すことを、私は確信している。いつ始めても、早すぎることはない。さあ、パーティーを楽しもう。

2011年12月22日

マイケル・ポーラン（Michael Pollan）

はじめに　Introduction

ピクルス好きのニューヨーク市の子どもだった私は、そのぱりぱりとした美味しいにんにく風味の酸っぱいピクルスが、私をこんな途方もない発見と探求の旅に連れて行ってくれることになるとは夢にも思わなかった。実際、ピクルスだけでなく、パン、チーズ、ヨーグルト、サワークリーム、サラミ、酢、しょうゆ、チョコレート、コーヒー、そしてビールやワインなどの発酵産物は私の家族の食生活で主要な地位を占めていた（ほとんどとは言えないかもしれないが、多くの人と同様に）のだが、そのことが会話に上ることはほとんどなかった。しかし私が人生でさまざまな栄養学的なアイデアや食生活の実験を試すようになると、発酵リビングフードに含まれる微生物が消化を助けることを学習し、健康を増進する微生物のパワーを実感するようになった。そして家庭菜園で取れた大量のキャベツやラディッシュをどうしようかと悩んでいた時、ザワークラウトが私を呼び寄せたのだ。その付き合いは今でも続いている。

私が最初にザワークラウト作りを教えたSequatchie Valley Instituteの1999年のワークショップで、食物を冷蔵せずに寝かせることに対して、ものすごい恐怖が我々の文化に存在することを知った。現代では大部分の人が、微生物は危険な敵であって冷蔵庫は家庭の必需品だ、と教えられて育ってきた。食物を冷蔵せずに置き微生物の成長を促すという考えは、危険や病気、さらには死といった恐怖心を呼び起こす。「正しい微生物が増えているかどうか、どうやったらわかるんですか？」というのはよく聞く質問だ。多くの人は微生物による変成作用を、安全に行うためには広範囲の知識とコントロールが必要な、したがって専門家に任せるべき特殊技能だと思い込んでいる。

大部分の食物や飲料の発酵プロセスは人類の歴史の黎明期から行われてきた古代の儀式だったが、今ではそのほとんどが工場での生産に委ねられている。発酵は、我々の家庭やコミュニティから、ほとんど姿を消してしまった。自然現象を観察し試行錯誤しながら条件を操作することにより、何千年にもわたってさまざまな人類文化で発展してきたテクニックは、今では隅っこへ押しやられ、絶滅の危機に瀕している。

ほぼ20年にわたって、私は発酵の王国を探検し続けてきた。微生物学や食品科学を学んだ経験はない。私は単に食品を愛する「大地へ帰れ」主義の何でも屋であり、発酵に取り付かれ、旺盛な食欲と、食物を無駄にしたくないという思いと、そして健康を保ちたいという痛切な願いに突き動かされてきた。私は幅広く実験し、この話題に関して実に多くの人々と話し、またそれに関してたくさん読書をした。実験をすればするほど、そして学べば学ぶほど、私は自分に知識がないことを思い知らされる。伝統的な発酵が日常的に行われていた家庭で育った人々は、はるかに深い知識を身に付けている。また、均質で採算の取れる製品を製造し市場へ送り出すために、商業的な製造業者となって技術を極める人たちもいる。そのような人たちの中には、ビールの醸造、チーズ作り、パン作り、サラミの熟成、あるいは日本酒の醸造について、私よりもはるかに多くの知識を持つ人は数え切れないほどいる。微生物学者や、遺伝や代謝、運動学、群衆動態など、発酵のメカニズムの特定の分野について研究している科学者たちは、私がかろうじて理解しているに過ぎない分野について、あらゆる知識を持っている。

また私には、発酵について百科事典的な知識があるわけでもない。すべての大陸で人々が発酵させて食べているさまざまな食品には無限のバリエーションがあり、漠然としていてどんな人でも十分に理解することはできない。しかし私には、たくさんの素晴らしい物語を聞き、数多くの家庭や職人によって作られた発酵食品を味わってきたという強みがある。私の本の読者やウェブサイトへの訪問者、そしてワークショップの参加者の多くが、自分たちの祖父母の発酵のやり方について話してくれる。移民の人たちは、故国の発酵食品（その多くは、彼らが移住によって失ってしまったものだ）について、熱を込めて語ってくれる。旅人たちは、自分が遭遇した発酵食品について報告してくれる。自分の家族の風変わりな秘伝を漏らしてくれた人もいる。そして、私のような実験好きの人たちは、自分の経験を共有してくれる。また、私は数多くのトラブルシューティングの質問に対処する中で、家庭での発酵に起こりがちな問題について、さまざまな角度から研究し考えさせられることになった。

この本は、私が収集した発酵の知恵を集大成したものだ。あちこちに、たくさんの人の声が反映されている。完全なものにしようと努力はしたが、この本は百科事典には及びもつかないものだ。私の意図は、パターンを明らかにし概念を伝えることによって、読者が発酵を探求し自分の生活に発酵を取り戻すことができるように読者の背中を押すとともに、そのためのツールを提供することにある。私の使命は、この重要な技能に関連したスキルや知恵や情報を共有することであり、また文化的慣習に埋め込まれたこの長年にわたる共進化の関係を途絶えさせずに拡散し、影響を与え合い、そして適応させて行くことが私の願いだ。

発酵に関する私の探求や思考には、ひとつの単語が繰り返し表れる。それがculture（文化あるいは培養）だ。発酵は、さまざまな数多くの形でcultureと関係している。その関係は、微生物学の文脈における文字通りの具体的な意味からはるかに広い言外の意味まで、この重要な単語に埋め込まれた多層的な意味と対応している。ヨーグルトを作るためにミルクに加える（あるいは一般的に発酵を始めるための）スターターは、culture（培養微生物）と呼ばれる。同時に、cultureとは全人類が世代から世代へと引き継いで行くもの、例えば言語、音楽、美術、文学、科学知識、そして信念体系、さらには農業や料理（この両方で発酵は中心的な地位を占めている）テクニックに至るまで、それら全体を指す言葉でもある。

実際、cultureという単語はラテン語のculturaに由来し、これは「耕す、栽培する」という意味の動詞colereの変化形だ。我々は土地を耕し、植物や動物、菌類やバクテリアといった生き物を育てているが、これがcultureの本質だ。我々が食物と栽培への参加を取り戻すことは、culture再興の手段であり、消費者（ユーザー）として飼い慣らされた従属的な役割の束縛を打ち破るために行動し、生産者・創造者となることによって尊厳と力を取り戻すことだ。

これは発酵だけではなく（食物に及ぼす生物学的な作用として発酵は必然的なものだが）、より広く食物一般にかかわることだ。この地球上に存在する生き物は、その食物を通して環境と密接に対話している。しかし、技術の発展した現代社会に生きる人類の場合、この結び付きはほとんど絶たれてしまい、破滅的な結果をもたらしている。裕福な人々は過去には誰も想像できなかったほど多くの食物を選ぶことができ、1人の労働はかつてなかったほど多くの食料を作り出すことができるが、このような現象を生み出した大規模な商業的手法とシステムは、我々の地球を破壊し、我々の健康を破壊し、そして我々の尊厳を奪っている。大半の人々が自分が生存するための食物を、脆弱でグローバルなモノカルチャー、合成化学物質、バイオテクノロジー、そして輸送手段のインフラストラクチャーに完全に依存している。

より調和のとれた生活と高い回復力を獲得するためには、我々自身の積極的な関与が必要だ。つまり、我々の周りに存在し食品に含まれる生命（植物や動物、微生物や菌類）と、我々が依存している水、燃料、素材、ツール、そして輸送手段などの資源を、よりよく理解し、関わって行く方法を見つけ出すことだ。また、文字どおりの意味でも比喩的な意味でも、我々の排泄物について責任を持つことでもある。我々は、よりよい世界を作り出し、よりよく持続可能性のある食物を選択し、資源をより意識し、そして分かち合いに基づいたコミュニティを作り出すことができるはずだ。強靭で回復力のある文化を作り出すためには、スキルや情報や価値が尊重され発信される創造的な領域として行かなくてはならない。文化の繁栄は、消費者の楽園やスポーツ観戦には起こり得ない。日常生活には常に参加型アクションのチャンスが転がっている。それをつかむのだ。

微生物のculture（培養微生物）がコミュニティとしてのみ存在し得るように、より広い意味での人類のculture（文化）にも同じことが言える。食物は、コミュニティを作り出すための最も強力な道具だ。食物は人が座ってしばらく滞在したいという気持ちにさせ、また家族を呼び集める役割をする。新しい隣人や疲れた旅人、そして懐かしい旧友を歓迎する。また、食物を生産するには村落が必要だ。人手が多ければ仕事は楽になり、また食物の生産によって分業や交易が促進されることも多い。そして食物全般よりも、発酵食品（特に飲み物）はコミュニティを作り出すうえで重要な役割を果たす。多くの祭りや儀式、お祝い事には発酵産物（パンやワインなど）が付き物だが、それだけではなく発酵は生の農産物の価値と日持ちを向上させるために古くから存在する重要な食品技術であり、すべてのコミュニティの経済的土台として必須のものでもある。どんな穀物ベースの経済でも、醸造所やパン屋は中心的な役割を担っている。そしてワインは、傷みやすいブドウを保存性の高い誰もが欲しがる品物に変換し、チーズは同様にミルクを変換する。

食物を取り戻すことは、コミュニティを取り戻して労働の専門化と分業化の経済的な結び付きに参加することを意味するが、**人類**のスケールでは、資源と地域的交換の意識を涵養することになる。地球規模での商品輸送は膨大な量の資源を必要とし、環境に大打撃を与える。エキゾチックな食品はスリリングなごちそうだが、それを中心として生活を組み立てることは不適切であり有害でもある。大部分のグローバル化された食物商品は、森林や多様な自給自足作物を犠牲として、広大なモノカルチャーで栽培される。そしてグローバル貿易のインフラストラクチャーに完全に依存してしまっているため、我々は自然災害（洪水、地震、津波）や資源の枯渇（石油価格の高騰）から政治的混乱（戦争、テロ、組織的犯罪）に至るまで、さまざまな原因による物流の途絶に対して非常に脆弱だ。

発酵は、経済再生の切り札ともなり得る。食物を再び地域化することは、農業の再生を意味するだけでなく、パンやチーズやビールなどの発酵食品をはじめとした日常の飲食物へ農産物を加工し保存するプロセスを再生することでもある。農業に限らず、地域の食物生産に参加することによって、最も基本的な生活の必要を満たすために必要とされる重要な資源を実際に作り出すことができる。この地域的な食物の復興を支援することによって、お金は自分たちのコミュニティへリサイクルされ、生産的な企てに携わる人々を支援し、人々が重要なスキルを獲得するインセンティブを作り出し、燃料消費と汚染の少ない、より新鮮で健康的な食物を供給するために繰り返し使われる。コミュニティの自給率が向上し、それによって力と威厳を取り戻すにつれて、グローバルな交易の脆弱なインフラストラクチャーへの依存を全体として減らすことにもなる。文化の再生は、経済の再生を意味するのだ。

私はどこへ行っても、この復興の文化へ参加しようとしている人々に出会う。これを最も良く示す例は、農業に携わることを選択する若者が増えてきていることだろう。20世紀後半、米国や他の多くの国々で、地域的な食物の自給自足の伝統は消滅しかかっていた。現在ではその伝統は復興しつつある。我々もそれを支援し、参加しようではないか。生産的な地域的食品システムが、グローバル化した食品よりも優れている理由はたくさんある。より新鮮で栄養に富む食品が得られること。地域の勤め口と生産性。燃料やインフラストラクチャーへの依存が減らせること。そして、食品安全の向上だ。我々は、食物を通して大地との結び付きを強め、そして農業のきつい肉体労働をいとわないようにしなくてはならない。そのような仕事を尊重し、報酬を支払い、そして自分でも参加しよう。

復興の文化が目新しいものだというつもりはない。新しい技術に抵抗する頑固者はいつの時代にも存在した。例えば、化学肥料を絶対に使わなかったり、代々受け継いできた伝統的な品種を作り続けたり、トラクターの代わりに今でも馬を使っている農夫。発酵の手法を絶やさずに受け継いできた家族もいる。昔のやり方を守ろうとする人、あるいは近代文化の「利便性」を受け入れようとしない人はいつの時代にもいた。文化は常に変化しながら思いがけない方法で復活を繰り返すものではあるが、文化とは継続性でもある。常にルーツが存在するのだ。

もちろん文化の復興には、都市や郊外を放棄して人里離れた田園の理想郷を目指す必要はない。人々が生活しインフラストラクチャーが存在する場所で、より調和のとれた生活様式を作り出すべきなのであり、それは主に都市や郊外ということになる。「持続可能性」や「回復力」は、それを完全に実現するためにはどこかへ引っ越さなければならないような、遠大な理想ではない。自分ができるやり方で、そして自分が今住んでいる場所で、生活に取り込むことが可能な、そして取り込むべき倫理なのだ。

20年ほど前、私はそれまでずっと住んでいたマンハッタンから、テネシー州の電気もない田園の生活共同体へ引っ越した。そのようにして、とても良かったと思っている。時には劇的な変化が必要なこともあるのだ。私は当時30歳、HIV陽性という検査結果が出たばかりで、想像もできないような大きな変化を求めていた。その時の偶然の出会いが、森の中にあるクィアたちの自営農場生活共同体に私を導いてくれた。個人的には、田園への再定住は実りある選択肢になり得ると誓って言える。しかし田園での生活は、都市での生活よりも本質的に良いものではないし、持続可能でもない。実際、田園生活では出かけるたびに車を使わざるを得ない（私を含めてほとんどの人がそうしているように）。私が生まれ育った都市では、大部分の人は車を持たずに大量輸送機関を利用している。

都市は大部分の人々が居住する場所であり、また都市部やその郊外では驚くべき創造的な活動が数多く行われている。都市農業や自営農場の人気は高まっており、放棄された土地の広がる都市で特に盛んだ。職人による発酵事業の復興は都市を中心として行われている。生産がどこで行われようとも、大きな市場は都市にあるためだ。

現代の著名な都市学者Jane Jacobsが、農業は田園の居留地ではなく都市で発展し広がって行った、という興味深い説を唱えている。著書『都市の経済学』（TBSブリタニカ）の中で彼女は、「都市は田園の経済を基礎として建設された」という通説を退け、これを「農業優越のドグマ」と呼んでいる。[1] そうではなく、都市生活に特有の創造性がイノベーションをはぐくみ、農業を生み出した（そして継続的に再創造し続けている）のだと、彼女は論じている。「新たな種子や動物は、まず都市から都市へと伝播した……。そしてまた植物や動物の栽培も、これまでのところ、都市だけの活動である」。彼女の基本的なアイデアは、さまざまな地域から移り住んできた人々の交差点である交易集落が、偶然による種子の交配や選抜育種のダイナミックな環境を提供し、専門化とテクニックの開発や普及を促す機会をもたらしたというものだ。

Jacobsの理論が正しいとすれば、発酵の習慣もまた都市にルーツがあるはずだ。田園居住者は、種子や文化やノウハウなど、受け継がれた伝統を守ることは多かったかもしれない。しかし、農産物直売所の開設や、地域密着型農業（CSA）として知られるコミュニティによる支援の大部分を提供し、需要を作り出すことによって田園地帯の農業に変革を起こしているのは主に都市の住民だ。都市居住者も、田園居住者と同じように菜園を育てたり、発酵食品を作ったりできる。また、都市に存在する創造力の深い底流や、そこで必然的に発生する相互交流を利用して、変革を生み出すこともできる。その変革には、イノベーションを引き起こす可能性と共に、消滅の危機にある古代の知恵が取り込まれるかもしれない。いずれにせよ、文化の復興は田園の専売特許ではなく、田園を主体として行われるものでもないのだ。

20世紀の発酵の文献の多くは、衛生や安全、栄養そして効率の向上を理由として、小規模なコミュニティベースの家内工業から工場へと生産を移行し、また世代から世代へと受け継がれてきた伝統的なスターター培養微生物を実験室で育成された改良済みの系統に置き換えることを推奨している。「ビールやコカ・コーラ、その他のソフトドリンクなど、西洋の飲み物をバンツー族の人々に紹介しようと試みたところ、彼らはそれを拒絶した」と、1977年に米国農務省発酵研究所のClifford W. HesseltineとHwa L. Wandは報告している。「そのため、バンツー族の村落で行われているビールの醸造法が調査された。現地の醸造法が理解され、醸造に利用される酵母とバクテリアが分離されると、近代的な麦芽製造と醸造機器を用いた工業的な発酵醸造法が開発された。この近代的な発酵プラントで製造されたバンツービールは、すんなりと受け入れられた……衛生的な条件で製造されたこの製品は、均一な品質であり、低価格で販売された」。[3] 衛生的な条件で大量生産された安価で均一な製品は、村落で行われていた習慣の文化的・経済的重要性とは関係なく、伝統的な村落で製造された製品よりも明らかに優れたものとして受け取られた。一方で、南アフリカ出身のPaul Barkerは以下のように書いている。「伝統的な発酵食品は、その他多くの習慣と共に、我々アフリカ人の文化から消え去ろうとしている。KFCやコカ・コーラ、そしてリーバイスなどの前に敗北する前に、記録される必要がある」。

私がこの本で目標としたのは、食品とそれに伴う幅広いつながりを取り戻す手段として、我々の家庭やコミュニティに発酵食品を取り戻すことだ。ブドウや大麦や大豆だけではなく、ドングリやカブやソルガム、あるいは手に入ったり作ったりした食品の余りを何でも発酵させてみよう。大規模でグローバルなモノカルチャー発酵食品は実に偉大なものだが、例えばドングリのように自生するものや、テネシーの菜園でのカブやラディッシュなど最小限の世話だけで勝手に育ってくれるものを最大限に活用する方法を学ぶためには、実用的な地域主義を推し進めることも必要だ。

この本は発酵食品の種類と、その具体的な作り方によって章立てしてある。最初の3章は一般的な概論で、進化や実用的な利益、そして基本的な作業の概念の観点から発酵の背景知識を説明している。それ以降の大部分は培地（発酵させる食材）と、主な成分としてアルコールを含むかどうかによって分けてある。最後の3章は、発酵の情熱を生かして企業化しようと考えている人のための情報、食品以外への発酵の応用、そして最後に文化復興主義者のマニフェストとなっている。

プロセスに重点を置いたこの本の中心部では、レシピのフォーマットを取っていない(他の人から提供された一部のコラムを除く)。具体的なレシピよりも、幅広く応用できる概念を伝えたかったからだ。示したのは一般的な比率（または比率の範囲）と、プロセスのパラメータ、そして時には風味付けの提案も含まれている。発酵食品のそれぞれについて、何をすべきかに加えて、その理由を説明しようと試みた。発酵は、我々と他の生物との共同作業なので、料理よりもダイナミックで気まぐれなものになる。このような、時には複雑な関係の場合、その手法と理由のほうが、材料の具体的な量や組み合わせ（レシピや伝統によって必然的に異なる）よりも大事になってくる。私は、読者の皆さんが発酵の手法と理由を理解する手伝いをしたいのだ。それを理解すれば、いたるところにレシピは見つかるし、創造力を発揮してレシピを探求することもできるだろう。

謝辞

私はこの本の唯一の著者であり、また誤りや事実と異なる解釈や見落としなどがあったとすればそれはひとえに私の責任だが、この本を書くプロセスはさまざまな意味で積極的な共同作業であった。発酵に関する私の知識は経験を通して得たものであり、師と仰ぐ特定の人物は存在しないが、インターネット上や実際に会って行われた無数の会話を通して教えられ、導かれた、高度に対話的なものであった。私がこの本を書こうと思い立つに至る知識をもたらしてくれたのは、家庭のレシピや微生物学者の知見や興味深い記事を教えてくれた人々だけではなく、私に質問を投げかけることによって私にさらなる実験や研究や熟考を促してくれた人々でもある。そのおかげで私は発酵についてより深く理解することができ、またよりよく説明できるようになった。私には先生はいないと思っていたが、文字通りこの本を読んでくれている何千人もの読者が私の先生だったのだ。ありがとう。

大勢の人が、自分の得た発酵の知識を私に教えてくれた。一部の人は名前を挙げてこの本に引用させてもらったが、そうできなかった人のほうがはるかに多かった。以下のリストに漏れがあれば、あらかじめお詫びしておきたい。私に情報やアイデア、記事、書籍、画像、そして物語を伝えてくれた、以下の人々に感謝する。Ken Albala、Dominic Anfiteatro、Nathan Arnold と Padgett Arnold、Erik Augustijins、David Bailey、Eva Bakkeslett、Sam Bett、Áron Boros、Jay Bost、Joost Brand、Brooke

Budner、Justin Bullard、Jose Caraballo、Astrid Richard Cook、Crazy Crow、Ed Curran、Pamela Day、Razzle F. Dazzle、Michelle Dick、Lawrence Diggs、Vinson Doyle、Fuchsia Dunlap、Betsey Dexter Dyer、Orese Fahey、Ove Fosså、Brooke Gillon、Favero Greenforest、Alexandra Grigorieva、Brett Guadagnino、Eric Haas、Christy Hall、Annie Hauck-Lawson、Lisa Heldke、Sybil Heldke、Kim Hendrickson、Vic Hernandez、Julian Hockings、Bill Keener、Linda Kim、Joel Kimmons、Qilo Kinetichore、David LeBauer、Jessica Lee、Jessieca Leo、Maggie Levinger、Liz Lipski、Raphael Lyon、Lynn Margulis、E. Shig Matsukawa、Sarick Matzen、Patrick McGovern、April McGreger、Trae Moore、Jennifer Moragoda、Sally Fallon Morell、Merril Mushroom、Alan Muskat、Keith Nicholson、Lady Free Now、Sushe Nori、Rick Otten、Caroline Paquita、Jessica Porter、Elizabeth Povinelli、Lou Preston、Thea Prince、Nathan Pujol と Emily Pujol、Milo Pyne、Lynn Razaitis、Luke Regalbuto、Anthony Richter、Jimmy Rose、Bill Shurtleff、Josh Smotherman、Sterling、Betty Stechmeyer、Aylin Öney Tan、Mary Morgaine Thames、Turtle T. Turlington、Alwyn de Wally、Pamela Warren、Rebekah Wilce、Marc Williams、そしてValencia Wombone。「熟成、発酵、そして燻製」と題する2010年のカンファレンスに私を招待し、論文を発表させてくれたOxford Symposium on Food and Cookeryに、そして会場でさまざまな視点と刺激を与えてくれた他の発表者と参加者に感謝する。

実験や研究や情報の整理に当たっては、素晴らしい協力者の方々に手伝っていただいた。Caleb Grey、Spiky、MaxZine Weinstein、そしてMalory Fosterには特に感謝している。遠くから貴重な研究協力をいただいたことについて、Char Boothと私の生涯の友、Laura Harringtonに感謝したい。この本の執筆初期にじっくり考える時間を与えてくれたことについて、Layard Thompson、Rya Kleinpeter、そしてBenjy Russellに感謝する。私の作成途中の手書き原稿を読んでフィードバックを与えてくれたことについて、Spiky、Silverfang、MaxZine Weinstein、Betty Stechmeyer、Merril Mushroom、そしてHelga Thompsonに感謝したい。Michael Pollanには、この本に序文を寄せてくれたことに感謝する。Chelsea Green Publishingの善良な人々すべて、特に私の素晴らしい編集者、Makenna Goodmanに感謝する。私の代理人、Valerie Borchardtに感謝する。

私が食べること、実験すること、そして書くことを楽しんでいる食物を作り出してくれた、植物、動物、そしてそれらを世話する人々に感謝する。特に、ミルクについてはSimmerとKristaに、卵についてはBranch、Sylvan、Daniel、Junebug、そしてDashboardに、肉についてはNeal AppelbaumとBill Keener（Sequatche Cove Farm）に、ハチミツについてはHushとBoxerに、ブルーベリーについてはHector BlackとBrinnaに、そして野菜についてはDaz'lとSpikyらShort Mountainの菜園の妖精たち、MaxZineと変幻自在のIDA菜園スタッフ、Little Short Mountain FarmのBilly Kaufman、Stoney、John Whittemore、Jimmy Rose、そしてWoofers、Mike BondyとRob Parker、Daniel、

Jeff Poppen（Long Hungry Creek Farmの裸足の農夫）、そしてその他大勢の気前のよい友人たちをはじめ、多くの人々に感謝する。Angie OttとDaz'lには我々の多くにさまざまな健康なスターターを提供してくれていることについて、MerrilとDaz'lには彼らが取っておいた種子をいつも分けてくれることについて、感謝したい。このような食物の生産と交換のネットワークに加入することは、非常に刺激となり、また価値のあることだ。

ずっと私の発酵への熱中を許し、励ましてくれた私の素晴らしい友人たちと家族には、最大の感謝をささげたい。私の生まれ育った家庭に感謝する。私を常に支えてくれた、大好きな家族を持って私はとても幸せに思う。この本を書いている途中で、私は17年間住み続けた共同体を離れて自分の道を切り開いて行くという難しい決断をすることになった。新しい生活にも慣れ、すべてはうまく行っている。Short Mountain SanctuaryとIDAや周辺のコミュニティに住むすべての人々には、彼らの愛情と情熱、そして私が持って行く実験的な発酵食品を味見してくれることについて感謝したい。このグループの人々と常連さんたちは、私の最も親愛なる友人であり親友だ。みな自分のことをわかっていて、私がどれだけ彼らを愛しているかを知っているのだ。

01.*Clostridium botulinum*の走査電子顕微鏡画像。©Photo Researchers, Inc. 02.韓国、ソウルのキムチの入ったオンギ（かめ）。写真：Jessieca Leo 03.マサチューセッツ州ジャマイカプレイン在住のJeremy Oguskyによる手作りのかめ。04.カリフォルニア州バークレー在住の*Sarah Kersten*による手作りのかめ。著名なドイツの*Harsch*のスタイルで、溝に水をためて密封し外気が発酵食品に触れないようにするとともに、半円形の重石によって内容物を漬け汁の中に沈めておけるようになっている。

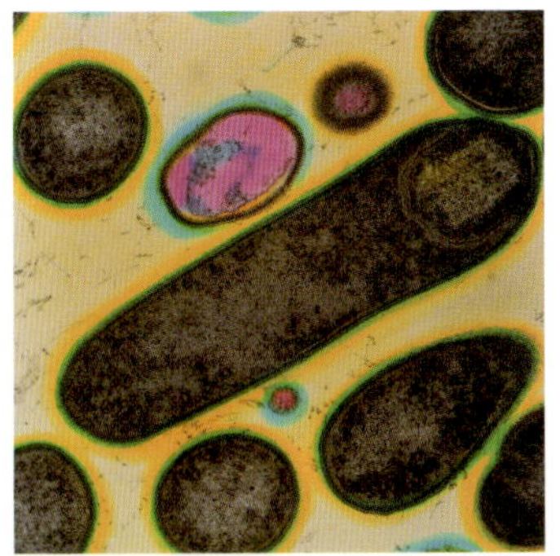

01

02

03

04

05.*Saccharomyces cerevisiae*の走査電子顕微鏡画像。©Photo Researchers, Inc. 06.盛んに泡立っているナシのミード。写真：Alison LePage 07.ブドウなどのフルーツに見られる酵母の「ブルーム」は、果皮上の白く粉っぽい膜に見える。写真：Timothy Bartling 08.つぶしたばかりのブドウは、ほんの数時間で泡立ち始める。

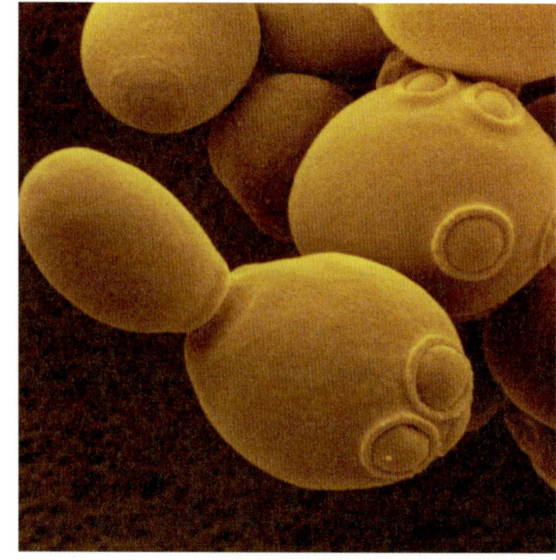

05

06

07

08

09. エアロック付きの樽で発酵中のワイン。10. ブルーベリー（左）と桃（右）から作られたカントリーワイン。さまざまなフルーツから作られる発酵食品は、豪華な虹のような色調となる。写真：Sean Minteh 11. *Leuconostoc mesenteroides* の走査電子顕微鏡画像。写真：USDA/ARS Food Science Research Unit at NC State University, Raleigh, NC

09

10

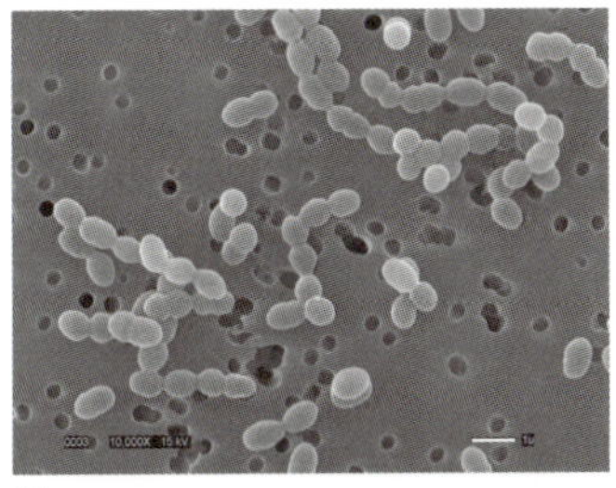

11

12

13

14

12. 刻んで塩をした野菜をジャーに詰め込む。野菜が水に浸るまで、詰め込み続ける。写真：*Devitree* 13. 野菜が水に浸るまで、しっかりと押さえつける。写真：Debbie Palmer 14. Kahm酵母。

15. 梅干。写真はWikimedia Commonsの厚意による 16. 発酵中の野菜の表面に増殖したカビ。写真：Anoop Kapur

15

16

17

18

19

17. 日本の漬物市場にディスプレイされた、さまざまなスタイルの発酵野菜。写真：Eric Haas 18. 日本の市場に並ぶ野菜のぬか漬け。写真：Eric Haas 19. ルーマニアの市場で見かけた、塩水の中で丸ごと発酵させたキャベツ。写真：Luke Regalbuto and Maggie Levinger

20. 筆者のワークショップの学生たちが作った、ミックス野菜の発酵食品がジャーに入って並んでいる。21. 炭酸ガスを大量に含んだクワスのボトルを開けると、大量の泡が発生する。写真：Timothy Bartling

21

20

22

23

22. リトアニアのクワスのワゴンと一緒に写真の右側に写っているのは、友人のEllery。「このカートは大繁盛で、人々は空になったソーダのボトルやガラス製のジャー、薄いプラスチック製のカップなどにクワスを詰めてもらっていた。値段はカップ1個で約5セントだ」。
23. セントクロイ島（米国領バージン諸島）の市場のモービー生産者。この家庭で醸造された発酵飲料は、リサイクルされたジュースや酒のボトルに詰めて売られていた。

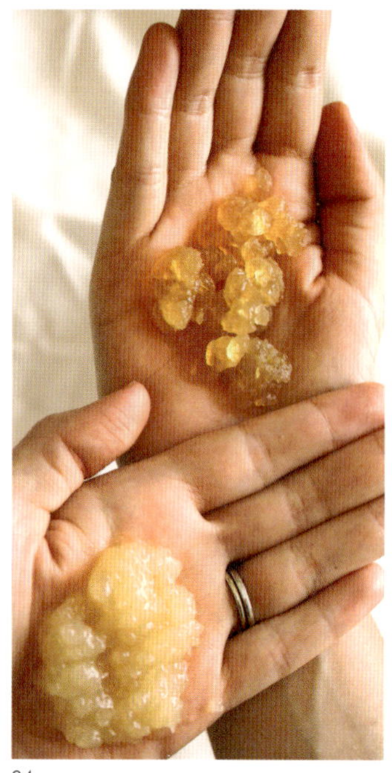

25

24

26

27

24. ティビコス（上側）とジンジャービアプラント（下側）の比較。写真：Yemoos Nourishing Cultures（www.yemoos.com） 25. Smreka。写真：Luke Regalbuto and Maggie Levinger
26. 発酵中のコンブチャに浮かぶコンブチャマザー。写真：Billy Kaufman 27. コンブチャマザーから作ったキャンディー。写真：Billy Kaufman

28. ヨーグルトの乳固形分の中のバクテリア（着色されている）の走査電子顕微鏡写真。長い棒状のバクテリアは *Lactobacillus delbrueckii* subsp. *bulgaricus* で、短くて円形に近いバクテリアは *Streptococcus salivarius* subsp. *thermophilus*。写真：Power & Syred

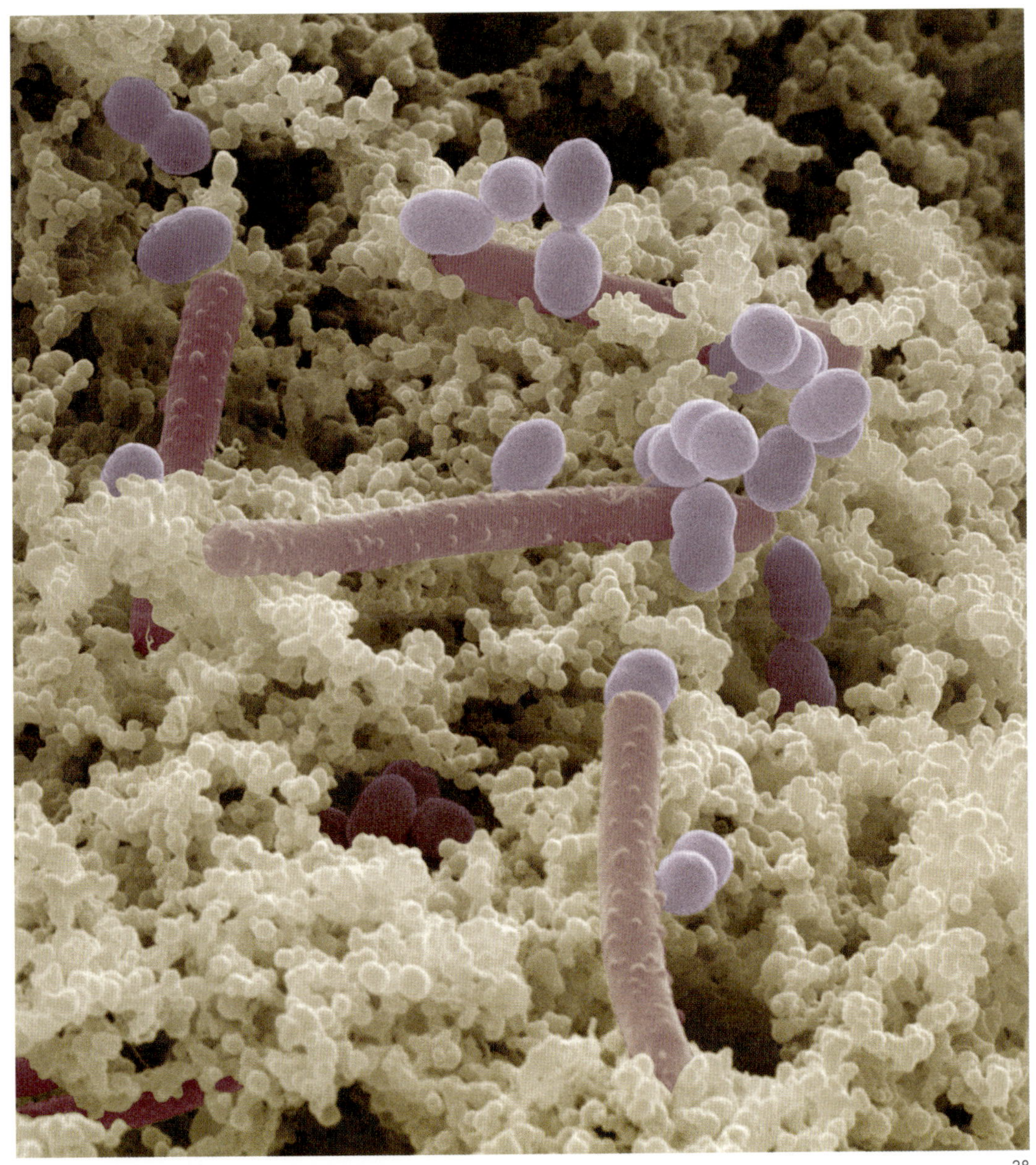

29.カリフォルニアのワイン醸造業者Lou Prestonが育てたケフィア。写真：Lou Preston 30.ケフィアの走査電子顕微鏡写真。大型の発泡酵母と、さまざまな棒状のバクテリアに注目してほしい。写真：Milos Kalab 31.ビーリ。写真：Rebekah Wilce 32.ブリーチーズの菌糸（*Penicillium* spp.）。写真：Power & Syred 33.キャッサバの塊根。写真はWikimedia Commonsの厚意による 34.タロイモの球茎。写真はWikimedia Commonsの厚意による 35.「China Chatty」と呼ばれる、中華鍋に似たホッパー鍋。写真：Jennifer Moragoda 36.ホッパー。写真：Jennifer Moragoda

37. Brian Thomasお手製の薪オーブンから、焼き上がったばかりのパンを窯出しするところ。38.ブリュッセルのBrewery Cantillonのクールシップ。ここで麦汁が冷やされて、広く露出された表面から空気中の天然酵母とバクテリアが取り込まれる。39.ヒョウタンの中で発酵されるガーナのソルガムビール(pito)。写真はFran Osseo-Asare, BETUMI(www.betumi.com)の厚意による 40.マラウィのブルワリーのソルガムビールは、ミルクと同じようにパラフィン紙のカートンに入って売られている。Shake Shakeという名前は、カートンを開ける前に振って沈殿したデンプンをかき混ぜるところからきている。写真:Glenn Austerfield 41.Aceda(スーダンスタイルのソルガム粥)。

37

38

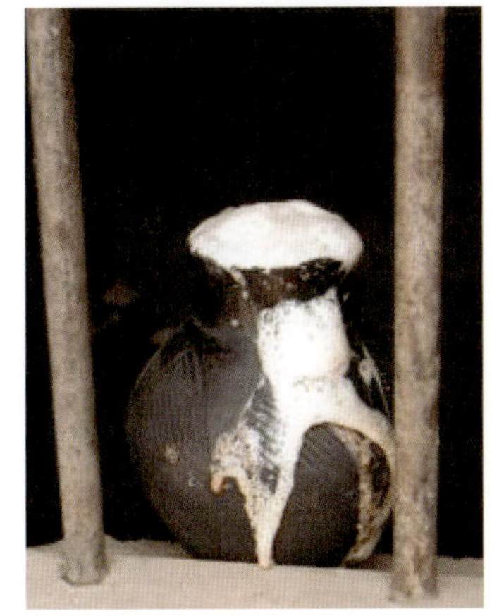

39

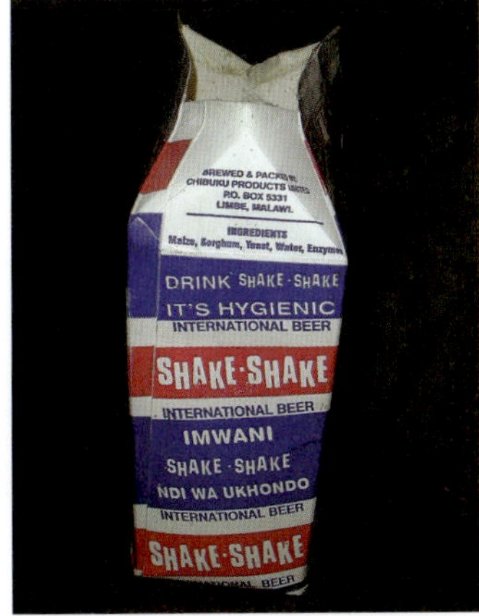

40

41

42

42. 中国の餅麹。アジア食材店で入手できる。
43. カリフォルニア州オークランド在住のブータンやネパールからの移民が工夫して作り上げた、raksiを作るための蒸留器。
44. 筆者の培養箱は壊れた業務用冷蔵庫に、熱源として白熱電球を取り付けたものだ。熱を分散し湿度を保つため、電球は水の入った鍋の下に設置されている。電球は左下にある温度コントローラーに接続されており、これによって温度が87°F/30°C未満になると電球がオンになり、その温度を超えるとオフになる。大規模バッチの後半に麹が発熱し始めて温度が上昇したら、ドアを開けて熱を逃がす。45. 胞子形成中の大豆麹(*Aspergillus oryzae*)。「黄色いローブ」をまとっている。写真：Lawrence Diggs。46. 胞子形成中のテンペ(*Rhizopus oligosporus*)。「白いローブ」をまとっている。写真：Lawrence Diggs

43a

43b

43c

45

44

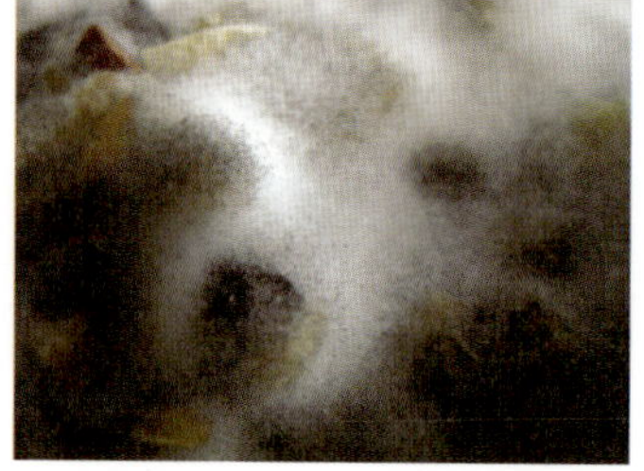

46

47. バナナの葉に包んでテンペを作る。

47a

47b

47c

48. 湿度の高い培養箱の中で、バスケットを使ってテンペを作る。写真：Caylan Larson 49. 穴の開いたポリ袋でテンペを作っているところ。胞子形成が始まっている。胞子形成を示す黒い点は、空気穴の場所と一致している。50. 新鮮なテンペの*Rhizopus oligosporus*の菌糸体。写真はErik Augustijns（www.tempeh.info）の厚意による。51. *R. oligosporus*の、破裂寸前の胞子嚢。写真はErik Augustijns（www.tempeh.info）の厚意による。52. 形成された胞子の放出。写真はErik Augustijns（www.tempeh.info）の厚意による。53. 竹製の蒸し器に入った大麦を、蒸した後に冷やしているところ。写真：Timothy Bartling 54. 大豆麹。写真：Timothy Bartling 55. ヒマワリの種のチーズ。写真：Michelle Dick 56. ジャーからあふれ出ているイドリー生地。

57.納豆は、糸を引く粘液質が豆をコーティングしていることが特徴だ。58.わら納豆は、わらに包まれた状態で製造され、販売されている。写真：Sam Bett 59.豆腐に生育した、鮮やかな色をしたカビ。堆肥行き。実験失敗。60.豆腐に生育した、白くてふわふわした *Actinomucor elegans*。

57

59

58

60

61

62

61.筆者の最初の乾塩熟成の実験は、プロシュートのスタイルで熟成させた鹿のもも肉だった。写真：Timothy Bartling 62.Violina di capra（ヤギのバイオリン）。

63

65

66

64

67

63. 筆者のサラミ熟成室。冷蔵庫に、57°F /14°C に設定した温度コントローラーを取り付けたもの。64. ケーシングに中身を詰める前に洗っているところ。65. 筆者のサラミについたカビ。66. 膨らんだシュールストレミングの缶。写真：Steffen Ramsaier
67. カリフォルニア州バークレーにあるCultured Pickle Shopの、ステンレス製発酵容器。写真：Cultured Pickle Shop

68

69

70

71

72

73

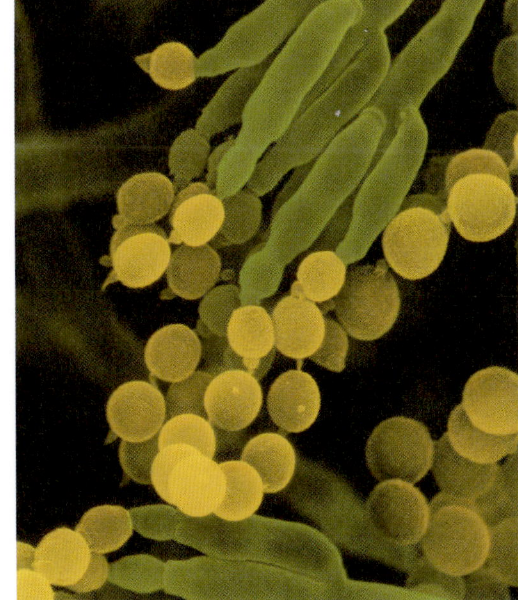

74

68. フロリダ州ゲインズヴィルのThe Tempeh Shopで使われているテンペ乾燥機。同社の創業者Jose Caraballoが作り上げたもの。69. テンペ作りに使うポリ袋に穴を開けるためJoseが設計した穴あけ機。70. 接種した大豆を穴の開いた袋に入れてラックに乗せ、これから培養してテンペにする。71. 堆肥の山から上がる蒸気。72. 空気を吹き込んだ液体堆肥は盛んに発泡する。
73. 発酵後、銅のような光沢が出てきたインディゴのバット。74. *Penicillium*属のカビ。© Photo Researchers, Inc.

75.Suzanne Leeのデザインした、コンブチャ繊維のバイカージャケット。写真：BioCouture ©2011 76.I Will Ferment Myself、Modern Times Theaterによるプリント。77.ウィスコンシン州マディソンで手作りされているザワークラウトの手作りラベル。Andy Hansによるプリント。78.Culture、Nikki McClureによる切り絵。79.Radical Cheese Against the Asphaltization of Small Planets Festival、Bread and Puppet Pressによるプリント。80.Roguszys（リトアニアの漬物の神）、Caroline Paquitaによるシルクスクリーン印刷。81.Compost（堆肥）、David Baileyによる木版画。

75

76

77

78

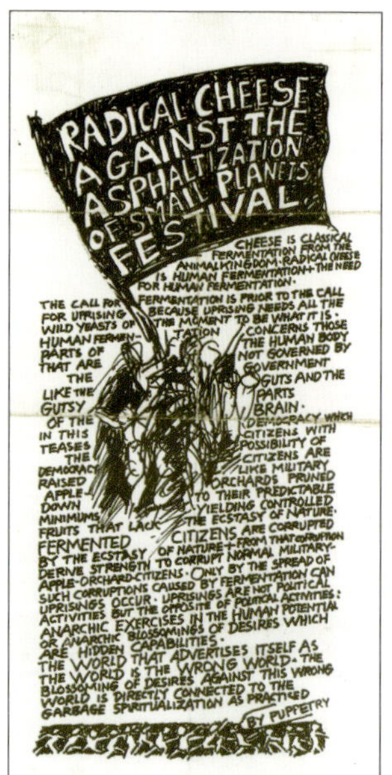

79

80

81

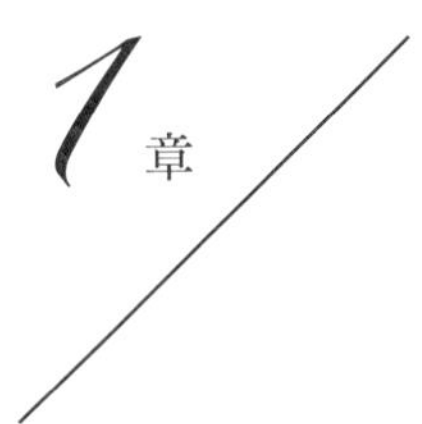

1章 共進化力としての発酵

Fermentation as a Coevolutionary Force

この本に書かれている情報のほとんどは、発酵を利用して、人が口にしておいしく栄養豊富な食物や飲料を作るテクニックに関するものだ。この文脈で発酵とは、さまざまなバクテリアや菌類、そしてそれらによって作り出される酵素による、食物の変成作用を意味する。人類は、アルコールを作ったり食物を保存したり、そしてより消化吸収が良く、毒性が少なく、おいしい食物を作り出すために、この変成作用のパワーを利用してきた。ある試算によれば、世界中で人類が消費する食糧全体の3分の1までもが発酵によって作られたものであり、[1] また発酵食品の製造は、すべてを合計すれば、世界最大の産業の1つになる。[2] これから説明する通り、発酵は人類の文化的進化を推進する役割を果たしてきた。しかし、発酵は自然現象であり、料理での利用はそのごく一部であることを認識することは重要だ。我々の身体の細胞も、発酵を行っている。別の言い方をすれば、人類が発酵を発明したり作り出したりしたわけではない。発酵が我々人類を作り出した、というほうが正確だろう。

バクテリア：我々の祖先、そして共進化パートナー*

*訳注：厳密に言えば、以前はバクテリアとしてひとくくりにされていた単細胞生物は、現在では大きく性質の異なる2グループ（バクテリアとアーキア）に分かれることがわかってきており、我々のような多細胞生物はアーキアに近い系統から進化したと考えられている。

生物学者たちは**嫌気的代謝**、つまり酸素なしで栄養素からエネルギーを作り出すことを**発酵**と呼んでいる。発酵を行うバクテリアは、生物以前の原始スープから比較的初期（好気性の生物が生存し進化できる酸素濃度へ大気が達する前）に発生したと考えられている。「地球上の生命の初期20億年間、この惑星の唯一の住民であるバクテリアが、絶え間なく地表や大気を作り替えていた。そして、すべての生命の必需品である微小化学系を発明したのだ」と、生物学者のLynn

Margulisは書いている。[3] Margulisらの研究によって多くの生物学者は、発酵バクテリアと他の初期の単細胞生物との共生関係が固定化されることによって、植物や動物や菌類を構成している**真核**細胞が生まれたのだと確信するに至った。[4] MargulisとDorion Saganは彼らの著書『Microcosmos』の中で、共生が捕食者——被食者関係から始まった可能性について説明している。

> 結果的に被食者の一部は、その捕食者である嫌気性生物への耐性を獲得し、宿主内部の食物豊富な環境で生き永らえるようになった。2種類の生命が、互いの代謝産物を利用した。被食者が侵入した細胞の中で害をなさずに繁殖するようになると、独立して生きることを放棄してそこに安住するようになった。[5]

そのような共生から始まる進化は**シンビオジェネシス**と呼ばれる。微生物学者のSorin SoneaとLéo G. Mathieuは、この概念を以下のように説明している。「さまざまな数多くのバクテリア遺伝子との**シンビオジェネシス**によって、それまで限定されていた真核生物の代謝潜在能力は決定的に向上し、無作為の突然変異によって行われる場合に比べて、はるかに速く容易に適応が可能となった」。[6]

バクテリアによる発酵プロセスは、すべての生命に利用されてきた。発酵は栄養循環の中で幅広く重要な役割を果たしているため、我々人類を含めたすべての生命は発酵と共に共進化してきた。共生と共進化によって、バクテリアは融合して新たな形態を作り出し、他のすべての生命を生み出してきた。「過去［10億］年で、バクテリア上界のメンバーは真核生物の進化を形成する主要な選択圧として機能してきた」と、分子生物学者のJian XuとJeffrey I. Gordonは述べている。「バクテリアと多細胞生物との間で共進化した共生関係は、地球上の生命の顕著な特徴である」。[7] 我々とバクテリアとの相互作用の重要性は、いくら強調しても強調しすぎることはない。我々は、バクテリアというパートナーなしでは存在することも機能することもできなかっただろう。

すべての多細胞生物と同様に、人間の身体も複雑な常在生物相を保持している。一部の遺伝学者によれば、我々は「多数の種の複合体」であり、その遺伝子風景にはヒトゲノムだけでなく共生生物のゲノムが含まれる。[8] 我々の身体の中では、我々のユニークなDNAを持つ細胞の数よりもバクテリアの数のほうが、10倍以上も多い。[9] これらの、100兆（1014）という気が遠くなるような数のバクテリアのうち、圧倒的多数が腸にいる。[10] バクテリアは、我々が他の方法では消化できない栄養素を分解し、[11] またエネルギーの消費と貯蔵のバランスを調節するという重要な役割を果たしていることも認識され始めている。[12] 腸内バクテリアはビタミンBやKなど、我々にとって必須の栄養素の一部を作り出している。[13] また「生態的ニッチや代謝基質に侵入しようとする病原体を打ち負かすことによって」生命を防御している。[14] さらに、腸内バクテリアは免疫反応を含む「広範囲かつ基本的な生理的機能」[15] に関連する我々の遺伝子の一部の「表現」を変調することができる。腸内バクテリアと小腸上皮の免疫細胞との間で「積極的な対話が行われている証拠が次々と見つかっている」。[16]

我々の腸内にいるバクテリアだけでも、このとおりだ。我々の身体の表面には、さまざまに異なるニッチに微生物群落が存在する。「例えば、毛深く湿った脇の下は、滑らかで乾いた前腕からそれほど離れていないが、これら2つのニッチは生態的には熱帯雨林と砂漠ほどに異なっている」ことが、表皮バクテリアの遺伝的多様性に関する2009年の調査で観察された。[17] バクテリアは我々の表皮すべてに存在するが、暖かくて汗ばむ湿り気を保った場所や、目、上気道、そして開口部には特に多い。健康な人の口腔内には、700種を超える種が検出されている。[18]

我々の生殖にも、発酵が必要だ。人間の膣はグリコーゲンを分泌して乳酸菌の常在個体群を養っており、この乳酸菌が発酵によってグリコーゲンから乳酸を作り出し、酸性環境では生存できない病原性バクテリアから膣を保護していることがわかってきた。「通常の膣フローラに乳酸菌が存在することは、リプロダクティブヘルスの重要な要素である」。[19] さまざまな場面で常在菌は我々を守ってくれているし、また我々の機能を助けてくれているが、そのことはまだ理解され始めたばかりだ。進化の観点からは、この広範囲の微生物相は「我々が自分自身で進化させる必要のない、機能的特徴を授けてくれている」。[20] これが、共進化の奇跡だ。我々の身体に共存するバクテリアが、我々の生存を可能としてくれているのだ。微生物学者のMichael Wilsonは、「人間の露出した表皮にはどこにでも、その特定の環境に素晴らしく適応した微生物のコロニーが存在する」と述べている。[21] しかし、これらの微生物個体群の動態や、それらが我々の身体とどのように相互作用しているかといったことは、まだほとんどわかっていない。2008年に行われた乳酸菌の比較ゲノミクス分析によって、研究が「人類とその微生物相との間の複雑な関係のごく一部を理解し始めたばかり」であることが確認された。[22]

バクテリアがこれほどまでに効果的な共進化パートナーである理由は、バクテリアの適応能力が高く、また変異が起きやすいからだ。「バクテリアは自分の外部や内部の環境を常に監視して、その感覚器官から提供された情報に基づいて機能的出力を計算している」と、バクテリア遺伝学者のJames Shapiroは説明している。彼は「DNA分子を動員し加工する、複数かつ広範囲のバクテリアのシステム」[23] を報告している。固定された遺伝材料しか持たない我々の真核細胞とは対照的に、原核生物のバクテリアは自由に浮動する遺伝子を持ち、これを頻繁に交換している。このため、一部の微生物学者はバクテリアを独立した種とし

てとらえることは不適切だと考えている。「原核生物には種は存在しない」とSorin SoneaとLéo G. Mathieuは述べている。[24]「バクテリアは、もっと連続体に近いものだ」とLynn Margulisは説明している。「バクテリアは遺伝子を拾い上げたり放棄したりしており、またそれに関して非常に柔軟なのだ」。[25] MathieuとSoneaは「個々のバクテリアは、遺伝子を情報分子として利用する双方向放送局に例えられる」とバクテリアの「遺伝子のフリーマーケット」を説明している。遺伝子は「必要な場合にのみバクテリアによって採用される……人類が手の込んだ道具を所持するように」。[26]

次第に分かってきた遺伝子導入の詳細な仕組みは、実に魅力的だ。他のバクテリアと直接遺伝子を交換する以外にも、バクテリアは**プロファージ**から遺伝子を受け取る受容器を備えている。SoneaとMathieuはプロファージを以下のように呼んでいる。「ユニークな種類の、生物的だが生命のない構造：遺伝子交換のための微小ロボット……中空の容器（頭部）と超顕微鏡的な針（尾部）を備えた、超顕微鏡的な注射器に似た組織を持っている……。このような生物間で遺伝子交換を行うための器官はバクテリアにしか見られず、水、風、動物などによって長い距離を運ばれることもある。」

遺伝子交換のためのメカニズムが多数存在するため、「全世界のバクテリアは基本的に単一の遺伝子プールへ、さらには全バクテリア界の適応メカニズムへアクセス可能である」と、MathieuとSoneaは要約している。[27] 遺伝子の柔軟性以外にも、「バクテリアは細胞間コミュニケーションの洗練されたメカニズムを利用して、より『高等な』植物や動物の基礎的な細胞生物作用を自分の必要に応じて乗っ取ることさえできてしまう」と、遺伝学者のJames Shapiroは書いている。[28] バクテリアに関する新たな知見は次々と明らかになっている。単純な「下等生物」とは程遠い、高度に進化した、適応能力と弾力性に富む精巧なシステムを備えた生物であると認識され始めているのだ。

どんな特定の環境にも、バクテリアの全遺伝子プールの何らかのサブセットが存在する。興味深い研究によって最近同定された新種の酵素は、*Zobellia galactanivorans*という海洋バクテリアによって作り出されるものだが、そのバクテリアが発見された海藻（海苔など）に存在する**ポルフィラン**（porphyran）と呼ばれる多糖を分解できる。遺伝子解析により、この酵素を作り出すバクテリア中の具体的な遺伝子が特定された。次に研究者が遺伝子配列解読データベースを検索したところ、日本人の腸内バクテリアには同一の遺伝子が見つかるが、北米の人々には見つからないことも判明した。「これは、海藻とそれに関連する海洋バクテリアを経路として、これらの新規［酵素］がヒトの腸内バクテリアへ取り込まれたことを示しているのかもしれない」と研究者は結論付け、「非滅菌食品との接触が、ヒトの腸内微生物の［酵素の］多様性に一般的な要因なのかもしれない」と解説している。[29] つまり、我々が食べる食品上の微生物が、ある程度は我々の代謝能力を決定していると言えるのだ。

この発見は、過去と未来の両方に大きな疑問を投げかけることになった。「人類の進化の過程で、農業や料理など食物の生産や調製における変化が、腸内微生物相にどのような影響を与えたのかは今後の研究課題である」と論文誌ネイチャーでの議論には記されている。「超衛生的な、大量生産された、高度に加工されカロリー豊富な食品によって、先進国に住む人々の微生物相は、水平伝達による適応を可能とする微生物遺伝子の環境的貯蔵庫を奪われつつ、どれだけ速く適応できるのかを試されている」。[30]

このまま奪われ続ける必要はない。殺菌された加工食品が我々の微生物相から遺伝的刺激を奪うのならば、バクテリア遺伝子の宝庫である生きた微生物を含む食品は、世界中のどこでも我々人類の文化的伝統の味方だ。食生活を変えることによって、食べること自体を楽しむと同時に、さまざまなバクテリアを豊富に含むリビングフードを食べてまさにそのような遺伝的貯蔵庫を我々の腸内に作り上げ、我々の代謝能力や免疫機能などの調節的生理機能の多くを向上させることができる。

バクテリア共生者と共進化してきたのは、人類だけではない。植物もバクテリアのパートナーと共進化し、依存してきた。多くの生物学者は、光合成バクテリアと他の原生生物との間の共生関係が、植物細胞中で光合成を行う葉緑体の起源であると考えている。[31] 植物の根の周りの土壌は**根圏**と呼ばれるものを形成し、そこで植物は多面的な「土壌食物網(soil food web)」との複雑な相互作用を介して栄養を得ている。「むしろ空の星のことのほうが、自分の足元の土壌のことよりも良くわかっているくらいだ」と土壌微生物学者のElaine Inghamは指摘している。[32] 根と、土壌相互作用を行うその表面は、一見するよりもはるかに精巧にできている。季節を問わず成長する1本のライ麦には何百万本もの細根があり、すべてつなぎ合わせると680マイル/1,094kmの長さになると推定されている。また細根はそれぞれさらに細い根毛でおおわれていてその数は1本の植物あたり何十億本にも達し、すべて合わせると6,600マイル/10,600kmの長さになる。[33] これらの顕微鏡的な太さの根毛から放出される**浸出液**は、高度に調節された排出物であって糖、アミノ酸、酵素など数多くの栄養素やユニークな化合物が含まれており、非常に選択的な環境を作り上げ、Stephen Harrod Buhnerによれば「[その植物が]成長する領域に適切なバクテリアを、文字通り呼び寄せる」。[34] 我々と同様に、植物もバクテリアに依存して生存しており、またバクテリアを引き寄せ相互作用するための精巧なメカニズムを進化させてきたのだ。

我々は植物と動物の両方を食べて進化してきた（そしてそれらと共進化してきた）ため、我々の共進化の歴史には植物や動物そのものだけでなく、その仲間の微生物も含まれている。はるか昔から存在していたが数世紀前までは目に見えることのなかった、どこにでも存在するこれらの生命体が、我々が好んで飲食してきた（ほとんどすべてが有史以前から存在する）

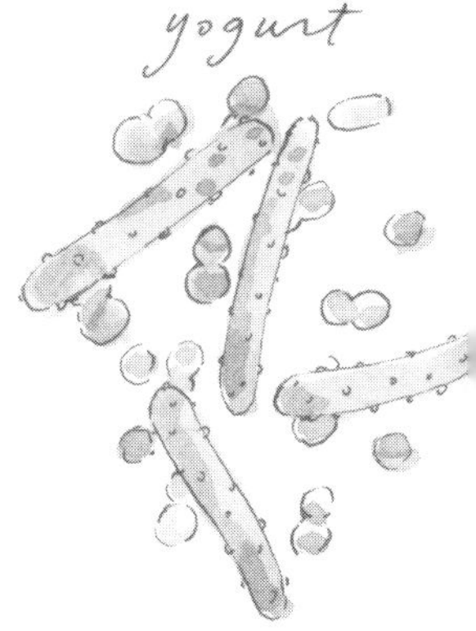

発酵食品を作り出した。自然発生形態の発酵は、我々が条件を操作して発酵を導く方法を意識する以前から存在していた。しかし我々の意識が発達してくると、それに伴って発酵技術も発達してきた。発酵そのものも、それを行う我々の能力も、人類や植物や酵母やバクテリアと同様、共進化の産物なのだ。つまり、共進化は文化をも包含する。

発酵と文化

文化とは、正確には何だろうか？ 生物学的な生殖の領域では情報が遺伝子としてコード化されコピーされるのとは対照的に、文化の領域では情報はミームとしてエンコードされる。ミームは、言語や概念や画像やプロセス、そして物語や絵画や書籍や映画や写真やコンピュータープログラムや帳簿などの抽象化によって伝達される。秘密の家庭のレシピや、食べられる植物を見分ける方法などの人生の教訓、家庭菜園の作り方、料理の仕方、魚釣りの仕方、貴重な食物資源を獲得し利用し保存する方法に加えて、発酵もミームのひとつだ。

「文化」と呼ばれるものを生み出したのは、主に植物（とその仲間の微生物）と相互作用してきた我々の歴史だった。結局のところ、**文化**（culture）という単語はラテン語のculturaに由来し、これは「耕す、栽培する」という意味の動詞colereの変化形だ。『オックスフォード英語辞典（OED）』のcultureの最初の定義は、以下のように単純だ。「土地を耕すこと、そして派生した価値」。これらの派生した価値を通して、また数多くのさまざまな耕作の実践を通して、「耕す」という概念は拡大して行った。人々は真珠を育て、ミツバチを養い、そしてミルクを発酵させるが、これらはすべてcultureという単語で表現される。通常思い浮かべる耕作以外にも、魚介類の養殖、ブドウ栽培、そして園芸もcultureの一種だ。多くの人は、自分の子どもに教養（culture）を身に付けさせることに熱心だ。時には文化の剽窃を非難したり、文化の純粋さを守ろうとしたりする人もいる。文化は、土地を耕したり種をまいたりして、意図的に我々の行為が永続的に繰り返されるようにすることに始まる。実際、**文化**（culture）という単語のさらに古い語源はインドヨーロッパ祖語のkwelであり、これは「回転する」という意味で、ここからculture以外にもcycle、circle、chakraなど数多くの単語が派生している。[35] 文化とは耕すことだが、それは孤立した行為ではなく、定義により周期的な継続するプロセスであり、世代から世代へと受け継がれて行くものなのだ。

私は発酵を探求して行くうちに、cultureという同じ単語に幾度となく立ち戻ることになった。この単語が、ミルクをヨーグルトへ変換するバクテリアの群落だけでなく、生存そのものの実践、言語、音楽、芸術、文学、化学、精神活動、信念体系、さらには我々人類がさまざまに重なり合う集合的存在の中で永続させようとしているすべてのものを表現するために使われるという事実は意味深い。先ほども述べたように、我々の体内に微生物を共生させることは生物学的な必須事項であり、発酵の技術はこの基本的な事実を実践する人類の文化なのだ。余分な食糧を活用するためには、それを微生物生態系の存在下で保存するための戦略を持たなくてはならない。それが発酵だ。発酵食品や発酵飲料は全体として、偶然にできた珍しい料理ではないことは明らかだ。あらゆる伝統的料理には何らかの形の発酵飲食物が見いだされるように思われる。私は、いかなる形の発酵も含まない文化の例を探してみたが、見つけることはできなかった。実際、発酵は多くの（おそらくは大部分の）料理の主要な特徴だ。自分で運べる手荷物だけを携えて大陸や大洋を渡ってきた移民たちは、サワー種などのスターターを持ち込んだり、あるいは少なくとも自分たちの発酵の知識や習慣を記憶していたりしたことが多い。発酵のスターターそのものやそれを使う方法の知識は、手に触れられる形で実体化した文化であり、我々の欲求や渇望の奥深くに埋め込まれた、軽々しく放棄してはならないものだ。

アルコール飲料の存在しない文化領域を想像できるだろうか？　宗教や国家によっては完全にアルコールを禁止しているところもあるが、そのようにアルコールに対抗した定義そのものが、あらゆる場所でアルコールが知られて利用されてきたこと、そして儀式や式典や祝宴における広範囲の重要性の証拠なのだ。「アルコール飲料の卓越と普遍的な魅力（生物学的、社会的、そして宗教的な要請と呼べるかもしれない）は、人類とその文化の発展を理解する上で重要である」と、9,000年前の土器のかけらからアルコールの残留物を検出した考古学者のPatrick E. McGovernは述べている。「我々が今のような存在となったことには、何百万年にもわたる発酵飲料と人類の密接な関係によるところが大きい」。[36] ほとんどの人は、自分の意識を操ることを楽しんでおり、またどんな手段を使ってでもそうしているように見える。人を酔わせるものとして、アルコールは最も入手が容易であり、また最もよく利用されてきた。

アルコールの起源は知られていない。McGovern教授が中国の新石器時代の賈湖遺跡から検出したアルコールは、米、はちみつ、そして果物を混ぜた原料から作られたものだった。[37] この人類初期のアルコール醸造者は、入手できる炭水化物と酵母の素を組み合わせていたようだが、彼らがすでにこのプロセスを概念化していた可能性もある。人類がアルコールを「発見」してその製法をマスターしたのではなく、進化の過程で常にそれを知っていた、ということがあり得るだろうか？　考古学者のMikal John Aasvedは、「脊椎動物のすべての種には、アルコールを代謝するための肝臓酵素システムが備わっている」と指摘している。[38] 多くの動物が、自然の習慣としてアルコールを摂取することが記録されている。そのような種のひとつ、マレーシアのジャングルの中で日常的にアルコールを摂取しているのが、ヤバネツパイ（*Ptilocercus lowii*）だ。興味深いことに、この哺乳類は「形態学的には霊長類の初期の祖先から最も系統的に近い現生の子孫であり」、霊長類が適応放散した祖先系統の「生き

たモデル」とみなされている。[39] このツパイの摂取するアルコールは、ブルタムヤシ（*Eugeissona tristis*）の樹上で「発酵酵母の群落を収容している特殊化した花のつぼみ」で自然に醸されたものだ。[40] そしてツパイは、ブルタムヤシの花粉媒介者でもある。このヤシと、花粉媒介者のツパイ、そして発酵酵母の群落が相まって、この組み合わせを共進化させてきたのだ。この相利共生的なコミュニティの中で、ひとつの種を主要な行為者として考えるのは愚かなことだろう。

霊長類がツパイから分化する過程で、そのような高度に特殊化したアルコールの織りなす関係は失われてしまった。しかし我々の祖先の霊長類や原人は、おそらくたくさん果物を食べていたと思われるし、果物は熟れると、暖かく湿ったジャングルの気候では特に速く発酵する。生物学者のRobert Dudleyは、我々の祖先が果物に含まれるアルコールに定常的に接触し「この接触により進化論的なタイムスケールにわたって対応する生理的適応と選好が引き起こされ、それが現代の人類にも引き継がれている」と理論づけている。[41]

elephants eating fallen durian

果物に含まれるアルコールの濃度はアルコール飲料に比べれば低いが、季節の果物は束の間しか手に入らないため、貪り食うことになる。私自身も、あり余るほどの熟れたベリー類をそうやって処理したことがある。私だけではないようだ。中毒研究者のRonald Siegelは、マレーシアで落ちて割れて発酵したドリアンの実への動物の反応を、以下のように記述している。

> さまざまなジャングルの動物たちが、熟れた香りに誘われて、落ちた果物に集まってきた……遠い距離を旅してきたと思われる象たちは、地面に残った発酵した果物を時折貪り食い、昏睡状態に陥って巨体をぐらぐら揺らし始めた。猿は運動協調性を失うことが多く、木登りが難しくなり、頭を揺らし始めた。世界最大のコウモリで人間と同じ味覚を持つオオコウモリは、大部分発酵して腐った果物を夜に食べにくる……コウモリのソナーはおかしくなり、飛行が難しくなる。コウモリは次々と地面に落ちてよたよた歩き始める。[42]

アルコールは「酵母と植物、そしてショウジョウバエや象や人間といった幅広い動物の間の相互関係の密接な網の一部を形成し、それら相互の利益と伝播に役立っている」とPatrick McGovernは要約している。[43] 霊長類の祖先たちは、先に述べたマレーシアのジャングルでの祝宴のような祭りに定期的に参加して、アルコールによる気分の変化を楽しんでいたのかもしれない。もしそうなら、我々人類の先祖はアルコールを発見したのではなく、常に知っていて共に進化し、そして我々が発達させてきた概念化能力と道具作りのスキルを応用して安定的な供給を確保してきたことになる。「我々が確実に人類となった10万年前までに、発酵飲料を作るための特定の果物がどこで採集できるのか知っていたのだろう」とMcGovernは論じている。「人類がごく初期に、1年のうちでちょうどよい季節に穀物や果物やイモ類を採集して飲み物を作るには、綿密な計画が必要とされたはずだ」。[44]

アルコールを作るための条件をどう操作すればいいか理解し、その情報を共有できることは、我々の文化的進化における大事件だった。さらに重要な、あるいは少なくとも日常レベルではより必要だったことは、上手に食物を保存するために必要な文化的情報だ。毎日狩りや採集をしなくても生きて行けるためには、少なくとも初歩的な食物保存戦略の知識が必要とされる。食べることだけを考えて毎日生きて行くことから逃れる唯一の方法は、将来のために食物を保存する能力を獲得することだった。

人類学者のSidney Mintzは、リスなど多くの動物が「可能な際には食物を採集して隠す本能を持っている」ことを指摘している。人間の場合はそれとは違い、本能というよりは「発明され、構築され、記号的に伝達されたテクノロジー」であると彼は説明している。[45] 人類社会の揺籃期では、記号や言語によって伝達された文化的情報が、古代からの共進化関係を補強した。実際、「農業生態学の発展は、人類の記号化能力と切り離すことはできない」と理論家のDavid Rindosは論じている。

> 言語は、目前のものと可能性の両方について、資源を量と用途に従って分類するために用いられる。人類は言語によって、資源の選好的な保存を、その用途が明確となる以前に行うことが可能となった。……そのようなふるまいは、記号的要因によってそのあり方を変更されつつ、既存の共進化関係に影響する人類の能力を大幅に増強させることになる。[46]

遺伝子は、共進化的な変化の媒介者としてのミームによって補われた。耕作や保存、そして加工に関する情報を、伝達し教えることが可能となった。発酵や食物保存という課題によって、陶器などの創造的な解決策が生み出され、大きな技術的進歩が引き起こされた。食品の貯蔵能力は、余剰食品を作り出す動機を高めた。また余剰は、さらに効果的な保存戦略の必要性を高めた。その結果として、専門化と精密化が引き起こされた。

食糧の保存は、必ずしも発酵を必要としない。多くの場合には食糧を、乾燥しすぎない程度に乾燥した、冷たくなりすぎない程度に冷えた、暗い場所に置くことによって主に行われる。しかし、限られた技術で保存に最適な条件を作り出すことは簡単ではない。食糧を上手に乾燥

発酵のリズム

ミシガン州デトロイト
Blair Nosan

発酵のリズムは私の生活の一部となっており、とても心地よいため今後もずっと続けて行こうと思っている。発酵には、定期的に巡回し、検査し、補給し、更新することが必要だ。毎週安息日が来るのと同じように、私は土曜日か日曜日ごとにヨーグルトのバッチを更新し、キッチンカウンターの下で醸造しているものをチェックする。私はこのリズムに感謝している。地面に立たなくても世界に根差している実感が得られるし、人類の日常生活が気候や季節の移り変わりの感覚に満ちていた過去とつながっている気がするからだ。徹底的に近代的な（そしてさらに近代化し続けている）世界でそのような感覚を養う機会に恵まれて、私は感謝している。

させて保存するための教訓を学ぶには、失敗と事故が付き物だ。種子や穀物が湿ると、発芽したりカビが生えたりしてしまう。果物や野菜は発酵したり腐ったりする。ミルクは、さまざまな環境でエージングされる。肉や魚は、それに含まれる水分や塩分によって非常に異なる結果が得られる。さまざまな保存条件でどのように食物が経年変化するかを理解することは、農業社会が次第に依存するようになった限られた範囲の植物や動物と共進化するためには必要な側面だった。農作物、あるいは動物のミルクや肉で主に生計を立てる定住生活に落ち着くためには、そのような知識が必要とされる。それなしでは、農業社会は発達できなかったことだろう。

新鮮な食物と腐ったものとの区別は、生存のための人生の教訓としても、人類の文化にわたる神話の物語のテーマとしても、重要なものだった。[47] 口に入れるのに適切なものとそうでないものとを理解することは、我々すべてが赤ん坊の時に獲得する最も初期の文化的情報の1つだ。新鮮と腐敗という二項対立の間の創造的な空間に存在するのが、上手に保存された食物だ。発酵食品は、このように我々の文化的特質に深く埋め込まれている。

発酵と共進化

共進化の概念を魅力的にしているのは、変化のプロセスが無限に関わり合っているという認識だ。2つの種の間の動的関係として、共進化は「1つの個体群における個体の形質が、2つ目の個体群における個体の形質への応答として進化的に変化すること、そしてそれに引き続いて2つ目の個体群が最初の個体群の変化へ進化的に応答すること」と説明されてきた。[48] しかし、生命は2つの相関する種だけに限定される単純なものではない。共進化は複雑な多変数のプロセスであり、共進化を通してすべての生命は結び付いている。

狩猟採取生活をしていた我々の先祖が食べていたすべての植物には、我々の霊長類の先祖が食べていたものと同様に、ユニークな化合物や酵素、バクテリア、そしてその他の仲間の微生物が含まれていて、我々の祖先とその微生物相はそれに適応していた（適応しなかったものもいたかもしれないが、彼らはすでに存在しない）。植物の共進化の歴史は、我々人類だけを中心に展開していたわけではない。例えば、大きな実をつける植物は、絶滅した巨形動物類の関心を引いてその種子散布能力を利用するように進化したため、我々の利益にかなうようになったとは考えられないだろうか？[49] 一部の植物は我々との共進化の結果、栽培品種と呼ばれるようになった。「栽培品種化は、我々人間が他の種に対して行うものだと考えてしまいがちだ」とMichael Pollanは『欲望の植物誌』（八坂書房）の中で書いている。「しかし、同様に理にかなう考え方として、特定の植物や動物が我々に行った、自分たちの利益を増進するための賢い進化的戦略と見ることもできる。ここ1万年ほどの間に人類へ食糧を供給し、治療し、衣服を与え、酔わせ、そしてその他の方法で楽しませてきた種は、自然界で最大のサクセスストーリーとなったのだ」。[50]

共進化による変化は、すべてを巻き込む。1つの種が他の種を創造したとか主人であるとかいうことは、ご都合主義の単純化だ。我々が「栽培品種化」と呼ぶプロセスは連続体として存在しており、これを民族植物学者のCharles R. Clementは野生状態から「偶然による共進化」、「初期の栽培品種化」、「半栽培品種化」、「古代栽培品種」そして「近代栽培品種」に分類し、「選択と環境操作における人類の投資の連続体」を表現していると説明している。[51] あらゆる共進化プロセスと同様に、栽培品種化はすべての当事者へ影響を与えてきた。共進化の成功は、非常に特殊化した関係をもたらすことがある。すでに説明した、ブルタムヤシの発酵した蜜を食べて花粉を媒介するツパイは、ひとつの鮮明な実例だ。人類にとって主要な食用作物について言えば、我々は選択と環境操作に多大な投資を行ったため「義務的エージェント」となってしまった。これは「特定の植物へ依存しているため、新たな密度での［我々の］生存が、その植物の生存に依存している」ことを意味する。[52]

そのような依存状態では、すべての文化的特質について、我々はその植物との共進化プロセスの発現であり、同様にその植物も我々との共進化プロセスの発現であると言えるだろう。このような関係に関与しているのは、人類だけではない。また、我々と密接な関係を保つことによって利益を得ている生命体は、植物だけではない。アルコール飲料やパンを作るために利用される主要な酵母、*Saccharomyces cerevisiae*はどうだろうか？ 酵母は自然界に広く存在するが、この酵母は（人類との長い関わり合いの中で、また植物を育て加工したいという我々の意向から、大量に、望ましい特性となるよう、何千年も惜しみなく栄養を与えて培養し続けたことによって）*S. cerevisiae*として知られる共進化パートナーに進化した。「微生物は、［我々の］最も数の多い召使だ」とCarl S. Pedersonは1979年の微生物学の教科書に書いている。この言葉は、人類が進化の至上の創造物であり、他のすべての生命体は我々が自由に利用できるものだ、という世界観を端的に示している。[53] 人類を主人、微生物を召使いとみなすことは、人類と微生物との相互依存を否定するものだ。*Saccharomyces cerevisiae*を人類の召使いとみなすのではなく、我々がその熱狂的なファンであり召使いなのだという言い方もできるだろう。*Vitis vinifera*（ヨーロッパブドウ）や*Hordeum vulgare*（オオムギ）についても同様だ。

ほとんど注意が払われることはないが、我々は数多くのさまざまな乳酸菌とも付き合いがある。2007年までに、遺伝学者はこう力強く宣言できるようになった。「世界中のすべての人は、乳酸菌と接触がある。生まれた時から我々は、食物や環境を通してこれらの種と触れ合っているのだ」。[54] 乳酸菌はその遺伝的多様性のため、「乳製品や食肉、野菜、サワー種のパン、そしてワインなどの食品マトリックスから、口腔や膣、そして消化管など人間の粘膜表面に至るまで、さまざ

まな生態的ニッチに生息できる」。[55] 比較ゲノム分析によれば、栄養分に富むニッチでは乳酸菌は使われない代謝経路の遺伝子を捨て去ることによって効率に特化しているらしい。その分析には、「ミルクへ特化した適応は、特に興味深い」と書かれている。「この発酵環境は、人間の介入なしでは存在しなかったと思われるためである。選択圧は自然環境からのものだけでなく、人間によって作り出された人為的な環境にも由来している」。

いったい、だれがだれの召使いなのだろうか？　ミルクに生息する酸性化バクテリアやブドウジュース中の酵母は**我々の**召使いなのだろうか、それとも彼らが繁殖できるような特殊な環境を作り上げることによって、我々が彼らの命に従っているのだろうか？　そのような階級にとらわれた考え方はやめなければならない。そして、神羅万象と同様に我々も無限に絡み合う生物学的なフィードバックループへの参加者であること、そして膨大な数の相互に依存した進化の物語が展開されていることを認識するのだ。

自然現象としての発酵

発酵食品は、正確には人間の発明ではない。自然現象を人が観察し、そこから培養発酵の方法を学んだのだ。場所に応じて、さまざまな自然現象が観察された。余剰に生産される食物が異なり、独特の方法で加工され、そしてそれぞれの環境に特有の条件で保存されるためだ。発酵の独自性は、土地の特異性から生じる。豊富に成長し余剰となる植物（および動物）は異なり、またそれらに形成される微生物群落も異なる。中国では米と雑穀の栽培が発達したため、その複雑な炭水化物がカビによって単糖へ消化され、アルコール発酵されるようになった。「新石器時代における**カビ発酵**の発見は、3つの要因が幸運にも重なった結果だ」とH. T. Huangは書いている。「第1に、中国人によって栽培されていた古代の穀物（すなわち米と雑穀）の性質、第2に、それらの穀物を調理する方法として望ましい蒸し加熱の発達、そして第3に、環境中に存在した菌類胞子の種類である。……我々の知る限り、これらの個別要因が集中した場所は中国だけであった」。[56] これとは違って中東の「肥沃な三日月地帯」で発達したのは大麦と小麦の栽培であり、発酵させるための糖への消化には、発芽（麦芽製造）という非常に異なる手法が用いられるようになった。

手に入る食物も自然発生的な発酵現象も、熱帯の暑さと極地の寒さを両極端として、大きく異なる。冷涼な気候では、発酵は生存のため必要不可欠だ。水路が利用できる夏に、人々は魚や鳥を捕まえて穴に埋め、冬の食物の乏しい季節に必要となるまで数か月間発酵させる。熱帯気候で暮らす人々にとって、そのような厳しい季節の要求という動機はないが、発酵は同様に重要だ。Hamid Dirarは、スーダンだけで80種類以上の異なる発酵食品を記録している。熱帯の暑さの中では、微生物による急速な食物の変成作用が避けられない。発酵は、その変成作用によって腐敗ではなく美味を作り出すための戦略だ。「スーダンの食品は、ほとんどすべて発酵されている」とDirarは記している。[57] 米国農務省発酵研究所のClifford W. HesseltineとHwa L. Wand [58] は、「発酵食品は、世界のどの場所でも食生活の本質的な一部となっている」[59] と述べている。

クラウトの祈り

カリフォルニア州オークランド
Eli Brown

私の目に見えない無数の生命よ、汝の変成作用に感謝します。私が汝を養うように、汝が私を養いますように。地球上で私が栄えるように、汝が私の中で栄えますように。呼び声にこだまが答えるように、世界中の飢えに栄養が答えますように。

バクテリアとの戦い

バクテリアは我々の祖先であり、すべての生命と共存しているということ、我々のために重要な生理機能の多くを行っていること、そして我々の食物を向上させ、保存し、そして保護しているということは生物学的な事実だが、それとはまったく反対に、バクテリアが我々の敵であるという認識が広く存在している。微生物学の最初期の輝かしい功績は、微生物病原体の同定とそれに対する効果的な攻撃手段の開発だった。そのため、我々の文化には「バクテリアとの戦い」とでも言うべきプロジェクトが組み込まれている。ここ10年ほどはテロとの戦いが、またその20年前は麻薬との戦いが叫ばれていた。バクテリアとの戦い（そのような名前で呼ばれることはめったにないが）はそれよりもずっと古くから、数世代にわたってほぼすべての人に刷り込まれてきた考えだ。時には重要な理由から（しかし一般的には過剰に）人間へ処方される抗生物質だけでなく、我々は日常的に家畜へ抗生物質を与えたり、水を化学的に殺菌したり、また「99.9%のバクテリアを殺菌する」という宣伝文句で市販されている抗菌ソープを使ったりしている。

「99.9%のバクテリアを殺菌する」ことの何が問題なのだろうか？　実は、大部分のバクテリアは、我々を病気にするおそれのあるごく一部のバクテリアから、我々を守ってくれているのだ。我々の身体の中や表面、あるいはその周囲に存在するバクテリアを無差別に殺菌し続けると、我々は感染に対して強くなるどころか、**弱く**なってしまう。バクテリアは遺伝変異性が高く、病原菌は通常用いられる抗生物質への耐性を急速に獲得する。「バクテリアに耐性の獲得が論証されている通常の抗菌剤を、日用品の成分として使用することは中止すべきだ」と米国医師会は声明を出している。[60] バクテリア一般へ向けられた絶え間ない攻撃や、それに油を注ぐ観念論は、的外れで危険なものだ。「バクテリアを憎み、殺そうとする人は、自己憎悪に陥る」とLynn Margulisは注意している。[61]

バクテリアとの戦いの結果、我々とバクテリアとの関係は急速に変化している。かつて人体に普通に見られた胃の中に生息するバクテリア*Helicobacter pylori*（いわゆるピロリ菌）は、現在では米国の子供の10%未満にしか見られず、絶滅に向かっているのかもしれない。[62] *H. pylori*は少なくとも60,000年にわたって人間の仲間であり、哺乳類が出現した1億5000年前から、近縁のバクテリアが哺乳類の胃に生息していたという証拠もある。バクテリアを「善玉」と「悪玉」に分類しようとする人は多い。*H. pylori*は胃潰瘍や胃がんなどの健康問題を引き起こすとされており、またこれらの病気はこのバクテリアの人口あたり発見率と共に減少している。しかし、たとえ我々の健康問題の原因だったとしても*H. pylori*は我々の一部であり、特定の調節機能をそれに依存して我々は共進化してきた。この特定のバクテリアが果たしている（あるいは果たしてきた）と考えられている役割には、胃酸のレベル調節、一部の免疫反応、そして食欲をコントロールするホルモンなどがある。*H. pylori*の消失は、肥満や喘息、胃酸の逆流、そして食道がんの増加と関連しているかもしれない。[63]「共生バクテリアを『有害』と『有益』に分類することが的確であるかどうかは、非常に疑わしい」と疫学者のVolker Maiは注意を喚起している。「なぜならば、そのような分類はバクテリアが人間の健康のほんのわずかな特定の側面に与える影響を調査して行われたものであり、微生物フローラの構成と健康全般とを関連付ける試みは未だに行われていないからである」。[64] 微生物学者であり医師でもあるMartin Blaserは、「我々に内在する微生物個体群の選択の変化は、人間の健康と病気に現れ始めた一部のパターンの原因となっている」と論じ、「したがって*H. pylori*は人間のミクロ生態学の変化と病気のリスクの『指標生体』とみなされるかもしれない」[65] と示唆している。我々の共進化パートナーを根絶することには、大きなリスクが伴うのだ。

生命愛意識の涵養

この本を読み、発酵飲食物の実験をするあなたには、発酵に必要な特定のバクテリアや菌類の群落だけでなく、我々自身がより大きな生命の網の中で共進化してきた存在であるという意識を養うよう、お願いしたい。生物学者のEdward O. Wilsonは、そのような意識を**生命愛**（biophilia）と名付けている。[66] この単語は耳慣れないかもしれないが、そのような意識は人類が最初から持っていたものだ。残念なことに、我々は自然界から次第に隔離され、動物や植物、菌類、そして我々の体内のバクテリアの認識を失い、それらと意識的に対話することがなくなってしまった。このまま、より大きな生命の網との対話から遠ざかるのではなく、このような関係を取り戻さなければならない。発酵は、目に見える形でこの意識やこのような関係を涵養するための方法だ。

進化してきた存在として、我々はバクテリアを自分の細胞の起源や相利共生パートナーと認識するだけではなく、将来へ向けた生物学的な進路の最大の希望とみなさなくてはならない。我々が作り出し続けている有害な化合物や廃棄物すべてに適応できる方法が、それ以外にあるだろうか？　バクテリアは、ゴムタイヤ[67]や、殺虫剤に含まれる有機リン化合物、可塑剤、ジェット燃料、そして化学兵器[68]、さらにはプラスチックや化粧品に使われるフタル酸エステル[69]など、多くの汚染物質を分解することがすでに知られている。海底油田掘削施設ディープウォーター・ホライズンから数か月にわたって続いた恐ろしい原油流出の後、それに刺激された深海の「プロテオバクテリア」が流出原油の生分解を助けるようになったとサイエンス誌が報じた。[70]菌類も、無毒化と適応の有望な能力を持っている。[71]変化する条件に適応することが進化の要求だとすれば、我々は微生物を取り込み、その発育を促し、そして協力して行かなくてはならない。微生物を根絶しようと（無益な）試みをしたり、精密に予測可能な方法で微生物を利用できると夢想したりするのではなく。共進化は関連するすべての生命に影響するため、限りなく複雑で予測不可能なものだ。共進化の運命をコントロールすることはできない。我々にできることは、せいぜい変化する条件に適応して行くことくらいだ。

変化へ適応するための一般原則は存在しない。それでも我々は適応して行かなくてはならない。我々にできることは、文化的イノベーションの誘惑（テレビやコンピューター、あなたが今読んでいる印刷物のページさえも）を超えて未来を思い描き、我々の文化的ルーツと生物学的な遺産を取り戻すことによって、自分自身を変えて行くことだけだ。我々は人々と協力し合うだけでなく、共進化関係の広大な網を回復させることによって、コミュニティを構築しなければならない。発酵を実践することは、我々がこれまでに共進化してきたさまざまな微生物を知り、協力する機会を与えてくれる。我々が存在しようとしまいと、微生物は未来へと突き進んで行くのだ。

発酵による成長

ウィスコンシン州
Shivani Arjuna

発酵を学ぶことによって、人々はそれまであえて踏み込まなかった、自分自身の可能性を進んで考えるようになる。これは勇気づけられる経験だ。

MANUFACTURED

manufactured bread

CORN

SPAM

canned food

vitamins

発酵の現実的なメリット

Practical Benefits of Fermentation

宗教的行事に使われるアルコールだけでなく、発酵は主に食品の保存性を高める目的で歴史上常に重用されてきた。例えば、牛乳と比べてチェダーチーズの保存性がどれほど高いか、考えてみてほしい。近年では缶詰加工や冷凍加工、化学保存料や放射線照射などの食品保存手法の発達により発酵は影が薄くなっているが、この古代からの食品保存の知恵は今でも有効だし、これからの不確定性の時代を生き抜くためのカギとなるかもしれない。多くの人が、発酵のもたらす栄養や健康面での効用に興味を持ち始めている。そのような効用はかなりのもので、時にはきわめて劇的な場合もある。世界中の文化で直感的に理解されていた、生きた微生物を含む食品と健康との関係が、科学的な調査によって確認されてきている。バクテリアは我々の生理的機能に多面的で重要な役割を演じており、発酵食品は我々の微生物生態系を支援し補充し、そして多様化することができる。このことも、流動的な状況に適応して行くためのカギとなるかもしれない。また発酵は、燃料を節約する戦略としても利用されてきた。発酵によって、本来ならば長時間の調理の調理を必要とする特定の栄養素が消化されるとともに、冷蔵せず室温で食品を持たせられるためだ。将来のエネルギー供給に関する不透明さが増す中で、このような発酵の省エネの側面も重要性を増している。しかし、保存や健康や省エネの効用よりも最終的に（少なくとも私にとって）さらに重要なのは、発酵の作り出すエッジの効いた複雑な風味であり、これは私が発酵に興味を持ったそもそもの原因でもある。要するに食品というものは実利だけでなく、大きな楽しみをもたらしてくれるものなのだ。この章では、保存、健康、省エネ、そして風味という、発酵の主な4つのメリットについて調べてみよう。

発酵の保存効果とその限界

冷蔵庫のない生活（ただし、食料の供給は確保されている）を想像してみてほしい。この本の読者の大半もそうだと思うが、私はこれまでずっと冷蔵の歴史的バブルの中で生活してきた。要するに冷蔵庫というものは、発酵を遅らせるためのデバイスだ。冷蔵庫に入れると食品の新鮮さが長期間保てるのは、（温度を管理することにより）微生物の代謝プロセスだけでなく、食品中に存在し食品を分解する酵素の働きもまた制限し遅らせるためだ。先ほど冷蔵の歴史的バブルと言ったのは、冷蔵が利用されるようになったのはここ数世代であり、利用できる地域は電力が十分に供給される豊かな地域にほぼ限られており、そのくせ食品の傷みやすさに関する認識を大きくゆがめた上に、冷蔵のない世界への不安を植え付けているからだ。また冷蔵には多大なエネルギーが要求されるため、今後ずっと手ごろな料金で広く利用できるかどうかは不透明であるように思える。そのため我々は、発酵を含めた伝統的な食品保存技術の生きた遺産を守って行くべきだ。

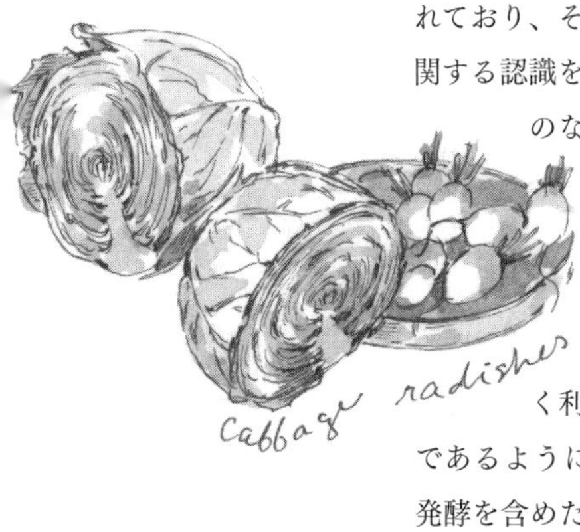

発酵は、いくつもの方法で食品の寿命を延ばすことができる。第1に、培養発酵される微生物が食品中で支配的となるため、他の多くのバクテリアが締め出され、増殖が阻止される。微生物が自分を守るためのメカニズムのひとつが**バクテリオシン**（他の近縁のバクテリアに対する抗菌タンパク質）を作り出すことだ。また、発酵微生物の代謝副産物（主にアルコールや乳酸および酢酸だが、二酸化炭素など他にも数多くある）も、多くの微生物や酵素のプロセスを抑制する効果があるため、選択的環境の維持に役立ち、生育可能な微生物を制限し、食品の保存をサポートする。

しかし、発酵がすべて食品の保存に役立つわけではない。例えば、小麦は発酵した形態のパンよりも乾燥した穀粒の状態のほうが、保存性が高い。また、たとえ冷蔵しても、テンペはほんの数日で悪くなってしまう（より長くテンペを保存するには冷凍が必要だ）。アルコールは効果的な保存料であり、ブドウジュースの保存に用いられ（ワイン）、また生薬の保存や投与に用いられることも多い（チンキ剤）。しかしアルコールは（発酵以外の手段で濃縮されない限り）空気にさらされると酢酸発酵し、酢に変化してしまう。

酸性化（酢酸よりも乳酸による場合が多い）が、発酵による食品保存の主役だ。「酸性食品発酵の利点は」、食品科学者で発酵学者のKeith Steinkrausによれば、以下のとおり。

> (1) 食品に、微生物による腐敗や食品毒素の発生に対する抵抗力を持たせ、(2) 食品への病原菌の移行を起こりにくくし、(3) 収穫時から消費時までの間に食品を保存するのが一般的であり、そして (4) 原材料の風味を変え、多くの場合には栄養価を高める。[1]

酸性化による保存は、酢やピクルス、

ザワークラウト、キムチ、ヨーグルト、多くのチーズ、サラミなど、世界のさまざまな地域で食べられている、あらゆる種類の発酵食品に利用されている。どの場合も、発酵は原材料となる生の食品の消費期限を大幅に伸ばしている。

この観点から発酵の重要性を理解するためには、ごく最近まで保存の技術が非常に限られていたことを認識しなくてはならない。冷蔵庫や冷凍庫は存在しなかった。場所によっては氷が利用されたが、ほとんどの場所ではそれは不可能だった。缶詰は19世紀まで発明されなかった。食品は、単純に乾燥した涼しい場所に貯蔵するか、日干しや燻製や塩漬けなどにして積極的に乾燥されていた（充分な水分がなければ微生物の活動は停止する）。あるいは、食品を発酵させることもできた。この神秘的な泡立つ生命力を利用して、人々は食品を酸性化させ、それによって多くの素晴らしい（そして長持ちする）美味を作り出したのだ。

食品の保存は、食品安全と切り離して考えることはできない。保存技術が役に立つためには、食品を確実に、安全に保存できなくてはならない。実際、発酵による酸性化は食品安全のためにも有効な戦略だ。たとえ病原菌が存在したとしても、酸性化バクテリアの急速な増殖によって、病原菌の定着は困難（おそらくは不可能）となる。酸性化バクテリアは乳酸や酢酸以外にも、過酸化水素やバクテリオシン、抗菌化合物などの「抑制物質」を作り出すからだ。

バクテリアによる生野菜の汚染（飼育工場から漏れ出した糞尿によるものが多い）を原因とする大規模な疾病が最近多発していることを考慮すれば、発酵食品は生の食品よりも**安全**とさえ言えるかもしれない。発酵食品の場合、たとえ原材料が汚染されていたとしても、特定の栄養豊富な環境へ特殊適応した酸性化バクテリアの安定群落や、その分泌する酸や保護化合物が存在する中で、汚染バクテリアが生き残るのは難事だ。このような環境では、*Salmonella*（サルモネラ菌）や*Escherichia coli*（大腸菌）、*Listeria*（リステリア菌）や*Clostridium*（クロストリジウム菌）などの食品伝染病原体が生き延びることはできない。この事実が、生乳から作られたハードチーズは少なくとも60日間エージングすることが法律で認められているのに、より新鮮で柔らかい生乳チーズや生の液体ミルクには認められない理由を説明してくれる。チーズに含まれる発酵バクテリアの作り出す酸の蓄積されたチーズが十分に安全であることは、食品関連法規（生乳は本質的に危険であると定めている）のお墨付きであり、恐ろしい病原体はハードチーズの酸性化発酵を生き延びられないと認められているのだ。

我々の文化では、集合的想像の産物として、食品安全への最大の脅威はボツリヌス中毒だとされている。ボツリヌス中毒とは、まれだが致死率の高い神経性疾患であり、*Clostridium botulinum*（ボツリヌス菌）が作り出すボツリヌス毒素（「人類に知られている中で最も毒性の強い物質」[2]）によって引き起こされる。この神経性疾患の初期症状としては目がかすんだり二重に見えたりす

ることが多く、その後運動能力が失われ、発音障害、嚥下困難、そして末梢筋肉低下などを呈する。「病状が深刻な場合には呼吸筋が侵され、支持療法が提供されなければ呼吸不全に陥り死を迎える」と米国疾病対策センターは警告している。[3]

このまれな毒素がなぜ知られているのかというと、食品の保存（特に缶詰加工）と関連しているためだ。缶詰加工は19世紀に食品の保存に革命を起こした滅菌プロセスであり、発酵とは対極的な位置にある。発酵の場合、生来の微生物群落を利用するか、あるいは確実に成功させたい場合には十分な濃度の培養微生物を導入することによって、*C. botulinum*など病原性バクテリアが生育できない酸性の環境を作り出す。それに対して缶詰加工では、加熱によってすべての微生物を死滅させようとする。缶詰加工ではボツリヌス中毒が起きやすい。*C. botulinum*は、熱ストレスにさらされると非常に耐熱性の高い芽胞を作り出すからだ。この芽胞を死滅させるには水の沸点を超える240°〜250°F/116°〜121℃という高温を保つことが必要で、これには10〜15psiの圧力鍋が必要だ。通常の水の沸点212°F/100℃で*C. botulinum*の芽胞を死滅させるには11時間もかかる！[4] 不十分に加熱された酸度の低い食品で芽胞が生き延びると、缶詰の中には酸素のない真空で他のバクテリアとの競争もない、理想的な環境が整っている。

*C. botulinum*はありふれた土壌バクテリアだが、それまで珍しい病気だったボツリヌス中毒の症例報告は、缶詰の発明後に急増した。1924年にオレゴン州で発生した劇的な大事件では、サヤインゲンの自家製缶詰の毒素で、1家族の12人全員が死亡した。[5] このような話は集合的想像に強い影響を与えると共に、多くの場合には非常に不明瞭な警告をもたらす。ボツリヌス中毒で人を死なせてしまうんじゃないか、という不安を、自宅で発酵ザワークラウトを作ろうとしない人はよく口にする。しかしボツリヌス中毒のおそれがあるのは不適切に缶詰加工された食品であって、発酵食品ではない（ただし肉や魚の場合は例外で、特別な注意が必要であり、これについては12章で説明する）。植物ベースの発酵食品は、生来の、または導入された微生物によって守られているため、一般的には安全だ。

発酵による食品の保存は、ほとんどの場合、永遠には続かない。食品保存に対する我々の現在の期待は、缶詰加工や化学保存料、包装、超高熱処理、冷凍、そして放射線照射といった技術の進歩によって形成されてきた。缶詰食品は、暴風雨やこの世の終わりが来るまで、何十年もシェルターで保存できる。発酵食品の場合には、そうは行かない。さまざまな発酵食品が悪くならずにおいしく食べられる期間には限界があるためだ。その期間の長さは、食品の種類、pHや水分活性や塩分、環境の温度と湿度、保存状態、そしてあなたの忍耐力によって決まる。発酵食品は生きた菌が活動しているため、保存に役立つ微生物や酵素の変成作用は保存状態にもよるが最終的には別の微生物や酵素に道を譲ってしまう。ザワークラウトは、最後には柔らかくぐずぐずになってしまう。塩を入れずに、あるいは夏の暑さの中で作った場合には、塩を入れたり冬に作ったりした場合よりも悪くなるのは早いだろう。しかしそのような変化を理解した上で世界中の人類の文化では、比較的豊富な季節に余りを保存して比較的乏しい時期を生き抜くための重要な戦略として発酵を利用してきた。

発酵の重要性は、食品を保存して後で消費するための手段としては低下したが、別の種類の保存、つまり文化の保存に関する重要性は高まっている。「現在の食品環境では、伝統的な技術が新たな意味を帯びている。栄養の保存という元来の機能に、文化の保存の機能が取って代わろうとしている」と、Naomi Guttman と Max Wall は観察している。[6] 文化復興主義者にとって、食料の保存と文化の保存は切り離しがたく結び付いているのだ。

発酵とHIV

私は自分がHIVと共に生きているという事実を、著書や講演の中で何度も述べている。この本を書いている間に、私は最初にHIV陽性と診断された1991年から20年目を迎えた。生きていて本当によかった。そして、私ほど幸運ではなかった大勢の友人のことを思い出す。私が『天然発酵の世界』（の裏表紙）に「発酵食品は私の癒しの重要な要素であった」と書いたことで、多くの人は発酵食品がHIVやエイズの「治療薬」なのだと拡大解釈したようだ。そうあってほしいと私も願っているが、残念なことに、それは違うようだ。

1999年に健康の危機を迎えて以来、私は抗レトロウイルス剤とプロテアーゼ阻害剤を服用している。これらの薬は、栄養や消化、あるいは免疫機能全般の重要性を否定したり、減らしたりするものではない。それどころか多くの人に、特に消化に関して問題を起こしている。私が消化器を素晴らしく健康に保てているのは、生きた微生物を含む食品のおかげだ。また私の調べたところでは、食品に含まれる生きた微生物がさまざまな面から免疫を刺激している可能性もある。HIV陽性の人では一般的に時間と共に減少する免疫機能の指標の1つ、CD4細胞レベルを高めるためにプロバイオティクス（有用微生物）が役立つかどうかを調査した研究も存在する。[10] 生きた微生物を含む食品は、ほとんどの人の健康を増進する可能性があると私は思っている。しかし、全体的な健康の維持に役立つことと、特定の病気を治療することは同じではないということは、強調しておきたい。

発酵食品の健康効果

発酵食品は一般的に、栄養価が高く消化しやすい。発酵によって事前消化された食物は栄養素の生体利用性が高まり、また追加的な栄養素が作り出されたり、栄養阻害物質や毒素が除去されたりする場合も多い。生きた乳酸菌を含む発酵食品は、特に消化器の健康や免疫機能、そして健康全般の維持に役立つ。これを書いているちょうどそのとき、『Proceedings of the National Academy of Sciences』にエキサイティングな新研究が掲載された。この論文では、腸内バクテリアが腸から遠い免疫反応にも影響を及ぼし、特にインフルエンザウイルスへの感染に応答した「肺における生産的免疫反応」と関係していることが立証され、さらに「呼吸器粘膜での免疫の調整における共生微生物相の重要性」が明らかにされている。[7] 我々の腸の中のバクテリアは、（プロバイオティックなサプリメント以外にも）食品中のバクテリアによって増強でき、我々の健康に広く深い影響を与えている可能性がある。私自身の回復の途上でも、生きた微生物を含む食品は私がいつも上機嫌でいることに役立ち、また他の人だけでなく私自身にとっても積極的に困難を切り抜けるために役立っていると感じていた。しかし、これは生きた微生物を含む発酵食品が万能薬であるという意味ではない。

特定の発酵食品に肩入れして奇跡的な効果を主張する声は多く聞かれるが、そのような主張には疑いを持って接することが大事だと私は思う。例えば、一部のウェブプロモーターが主張しているようにコンブチャ（砂糖入りのお茶を部分発酵させたもの）*を毎日飲むことで糖尿病が治るとは私には思えない。糖尿病患者は（もし飲むとしても）コンブチャを適度に飲むべきだし、ザワークラウトやヨーグルトなど糖分の少ない発酵食品から生きた微生物を摂取すべきだと私は思う。健康全般が改善する可能性はあっても特別な結果を保証するものではないし、具体的な主張は吟味されなくてはならない。2010年には、ヨーグルト製造大手のダノンが同社のプロバイオティックなヨーグルト製品ラインの宣伝の中で「風邪やインフルエンザにかかりにくくなる」とか「腸管通過を遅らせる働きがあることが科学的に証明されている」などと「虚偽かつ誤解を招く主張」を行っていたことが連邦取引委員会(FTC)に摘発された。[8] FTCの指導によりダノンはこれらの「根拠のない」主張を取り下げ、またこの主張に異議を申し立てた39の州に2100万ドルを支払うことになった。[9]

*訳注：この本に出てくる「コンブチャ」は昆布茶とは全く違うもので、日本で昔「紅茶キノコ」として流行したもの。どういうわけか名前が入れ替わってしまったらしい。

すぐに結果を求めがちな我々の文化では、人々は特効薬的な効果を期待するし、また企業のマーケティング担当者もそれに付け込もうとする。（私としてはそうであってほしいのだが）生きた微生物を含む食物は、AIDSの治療薬ではない。またヨーグルトやザワークラウト、みそなどの生きた微生物を含む食品を食べることとがんのリスクの減少との間には相関が見られるものの、これらのいずれか（あるいはすべて）が急性がんの主要な治療に十分な効果があるとは、私には信じられない。

健康とか癒しといったものは、どれか1つの決定的な要因に帰着できるほど単純な現象ではない。発酵食品は、健康や長寿の秘訣**ではない**。運動も、好奇心も、率直さも、健全な食生活も、内面の充実も、性的な喜びも、規則正しい排便も、安眠も、その点では同様だ。しかしこれらはすべて（無数の他の要因も含め）我々の全体的な健康状態へ影響する。そして発酵食品も、その一要素なのだ。

この章では、発酵飲食物の栄養や健康に関する主な効用を簡単に説明し、ピアレビューされた科学や医学の文献を紹介し、そして私が電子メールや公開プレゼンテーションで何度も目にした質問の一部に答えようと思っている。多くの人は、健康への効用をうわさで聞きつけて、発酵食品に興味を持っている。私に絶対的な回答があるわけではない。生理的プロセスの仲介や調節に果たすバクテリアの役割についての科学的知識は、粗野で初等的なものだ。さらによくわかってないことには、生きた微生物を摂取する影響や、それが常在微生物個体群とどう相互作用するのか、そして小腸粘膜上皮がどのように機能してバクテリアのバランスを仲介するのか（我々が免疫系と呼んでいるものの重要な側面）などがある。現代の科学的研究のやり方では、企業スポンサー付きで非常に範囲が狭い研究が多く、特定の「プロバイオティックな」培養微生物（独自株であることが多い）の影響を、定量化可能なさまざまな生化学的マーカーについて測定し、注意事項のちりばめられた、用心深く慎重な結論が導き出されるのが一般的だ。その結論を、どこまで一般化できるだろうか？　基本的な事実やメカニズムには、まだわかっていないものも多い。しかし、科学も次第に伝統文化に追い付いて、発酵食品が栄養に富み健康に役立つ特別な食べ物であることを、追認しつつあるようだ。

「醤（ジャン）」は、みそやしょうゆの原型で、大豆以前には肉や魚や野菜から作られていた発酵調味料だ。2000年以上前の中国で広く食されていた。5世紀の『論語』には「ふさわしい醤がなければ食べない」という孔子の言葉が記されており[11]、また儒教の古典である『周礼』では「発酵した食べ物の監督」の職務について記述されている[12]。William ShurtleffとAkiko Aoyagiは、みそや醤などの大豆発酵食品に関する膨大な歴史的文献目録の中で1596年の文献『本草綱目』を引用して、醤という言葉が西暦150年に書かれた文書で以下のように使われていたことを突き止めている。「醤は軍隊の将軍のようなもので、食物に含まれる毒に指令しコントロールすることができる。ちょうど住民の中の邪悪な分子をコントロールする将軍のようなものだ」[13]この比喩表現が妥当かどうかはわからないが、これは明確に醤という発酵食品に大きな力を認めている、きわめて初期の文書だ。

発酵食品と健康を関連付けているのは、中国人だけではない。ダルフール地方のフル族の人々は、kawalという植物（*Cassia obtusifolia*）の葉を砕いて発酵させたペーストから作った、これもkawalと呼ばれる食品が病気を防ぎ、さらには神秘的な力を持つと信じている[14]。多くの場所で、ヨーグルトやケフィアなどの発酵乳が伝統的に健康や長寿と関連付けられている。ロシアの先駆的な微生物学者であるElie Metchnikoffは、1907年の著書『The Prolongation of Life』の中で、ヨーグルトに含まれる乳酸菌がブルガリア農民の顕著な長寿の原因だという説を述べている。それ以来、世界中のさまざまな地域に住む人々が、ヨーグルトやケフィアなど数多くの乳酸菌を含む食品や、（最近になってからは）プロバイオティックなサプリメントや「栄養機能食品」を意識的に摂取するようになってきている。

消化の改善 | Leslie Kolkmeier

長年の間、私の腸の不調は（間違って）過敏性腸症候群やセリアック病と診断されたり、その他さまざまな原因で説明されたりしてきた。最近、私はザワークラウト作りを始めた。すると私の腸の問題はほとんど消滅してしまい、私はまた小麦食品を少しずつ食べられるようになってきた（最初に試したのはチョコレートチップクッキーとブラウニーだった、次はピザを試してみるつもりだ！）。私はライム病の治療のため頻繁に抗生物質を飲んでいたり、歯科治療の前に抗生物質の投与が必要な心臓疾患があったりしたため、自然なプロバイオティクスが全滅してしまっていたのだと思う。

大雑把にいって、発酵の主要な健康効果だと私が考えているのは以下の4点だ。(1)栄養素を吸収しやすく生体利用しやすい形に変換する事前消化、(2)栄養素の強化とユニークな微量栄養素の生成、(3)栄養阻害物質の解毒と栄養素への変換、そして(4)すべてではないが一部の発酵食品に含まれる、生きた乳酸菌。これらについて順に考察して行こう。

事前消化

発酵は、バクテリアや菌類の細胞とその酵素による消化作用だ。食品の形は残るかもしれないが、その組成は関与する微生物の消化プロセスによって変化する。有機化合物は、代謝によってより単純な形態へ分解される。ミネラルはより生体利用しやすくなり、また一部の消化が困難な化合物は分解される。さまざまな大豆の発酵食品では、菌類とバクテリアが大豆の巨大なたんぱく質を消化して、我々が容易に吸収できるアミノ酸にしてくれる。ミルクの場合、乳酸菌が乳糖を乳酸へ変換してくれる。肉や魚は、発酵の酵素消化によって柔らかくなる。

栄養強化

事前消化のプロセスでは、多くの発酵食品に含まれるチアミン（ビタミンB1)、リボフラビン（B2)、そしてナイアシン（B3）などビタミンB群のレベルが発酵前の原材料と比較して増加する。ビタミンB12については議論があり、かつてはテンペなどの植物起源の発酵食品には、

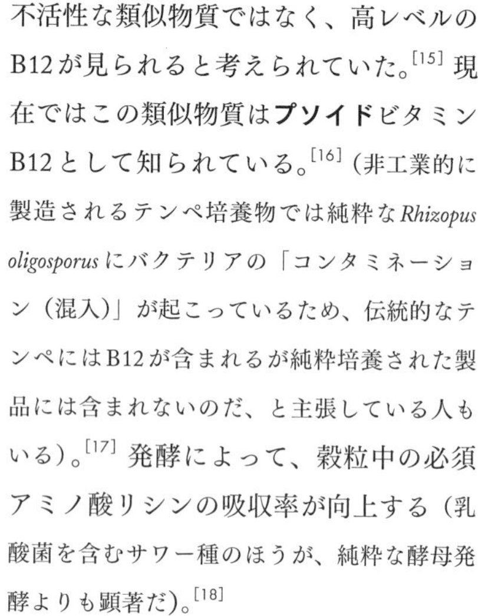

不活性な類似物質ではなく、高レベルのB12が見られると考えられていた。[15] 現在ではこの類似物質は**プソイド**ビタミンB12として知られている。[16]（非工業的に製造されるテンペ培養物では純粋な*Rhizopus oligosporus*にバクテリアの「コンタミネーション（混入）」が起こっているため、伝統的なテンペにはB12が含まれるが純粋培養された製品には含まれないのだ、と主張している人もいる）。[17] 発酵によって、穀粒中の必須アミノ酸リシンの吸収率が向上する（乳酸菌を含むサワー種のほうが、純粋な酵母発酵よりも顕著だ)。[18]

さまざまな発酵食品には、発酵微生物によって作り出された、原材料には存在しないユニークな微量栄養素が含まれる。例えば、日本の大豆発酵食品である納豆にはナットウキナーゼと呼ばれる酵素が含まれ、この物質は「高血圧、アテローム性動脈硬化、冠動脈疾患（狭心症など)、脳梗塞、そして末梢血管疾患など、幅広い疾患に作用する……非常に強力な繊維素溶解作用」を持つ。[19] 最近の研究では、ナットウキナーゼがアミロイド繊維も分解するため、アルツハイマー病の治療にも役立つ可能性があることが判明した。[20] キャベツが発酵する際には、グルコシノレートとして知られるファイトケミカルがイソチオシアネートやインドール-3-カルビノールなどの化合物へ分解されるが、これは『Journal of Agricultural and Food Chemistry』によれば「ある種のがんを防止できる抗発癌物質」だ。[21] これ以外にもまだ科学によって解明されていない化合物が、さまざまな発酵食品に含まれているかもしれない。

解毒作用

発酵によって食物からさまざまな有毒化合物が取り除かれる可能性があり、場合によっては栄養阻害物質が栄養素へ変換されることもある。シアン化合物のような一部の食品毒素は、量が十分であれば劇薬となる。シアン化合物を多く含む「苦い」キャッサバ（*Manihot esculenta*、ユカやマニオクと呼ばれることもある）は世界の一部地域で栽培されている作物で、皮をむいて粗く刻み、単純に水に漬けて数日間発酵させることによって解毒される。（産地から輸出されて大部分の米国の都市で購入できるキャッサバは、苦くないのが普通だ）同様に、ドングリから西オーストラリア原産のマクロザミアナッツ*[22]に至るまで、多くのナッツは渋みや苦味化合物を除去するために数日から数週間水に漬けておく必要があり、その途上で必然的に発酵する。

食品に含まれる毒素の中には、きわめて微妙なものもある。例えばフィチン酸塩（すべての穀物や豆、種子、そしてナッツに含まれる）はミネラルと結合し吸収を阻害するため、栄養阻害物質として働く。発酵の途中で、フィターゼという酵素がミネラルをフィチン酸塩から切り離し、溶解度を向上させ、そして「究極的にはその腸管吸収を改善し促進する」。[23]イドリー生地（米とレンズ豆から作られる）に含まれる亜鉛と鉄の吸収率を発酵前と後で比較した2007年の研究では、このプロセスによって両方のミネラルの生体利用率が大幅に向上することが判明した。[24]発酵は、野菜に自然に含まれる硝酸塩[25]やシュウ酸を減らすこともわかっている。[26]また、野菜に残留する特定の農薬を生分解することもわかっている。[27]

発酵は長い間、汚染された飲料水を安全に飲むための戦略として利用されてきた。発酵性糖分を加え、低濃度のアルコールまたは酸によって汚染バクテリアを死滅させるのだ。みそに人体から重金属を除去する効果があるかもしれないという報告もいくつかあったが、残念ながらこの主張を裏付ける研究を見つけることはできていない。これが事実であってほしいとは思うが、どうか実行する際には十分に注意してほしい。また、一部の毒素に有効だからと言って、発酵によってすべての毒素の除去や変換ができるとは思わないこと。

*訳注：ソテツに近縁。

生きた発酵バクテリア

発酵の事前消化、栄養強化、そして解毒作用は、発酵後に食品が加熱調理されるかどうかにかかわらず栄養上の利点となり得る。パンや発酵ポリッジ、テンペなどがその例だ。しかし乳酸菌によって発酵され、その後加熱調理されずに摂取される飲食物の場合には、生きたバクテリア群落自体が機能的効用をもたらす。このような生きた発酵微生物は、私に言わせれば乳酸菌発酵食品の最も奥深い癒しの側面なのだが、おおよそ115°F/47℃を超えて加熱されていない食品でのみ生存できる。大量生産されて包装された発酵食品の多くは保存性を良くするためにパスチャライズ（低温殺菌）され

「発酵で命が助かったのかも！」

ワシントン州Bellinghamの発酵愛好家David Westerlundは、うっかりドクニンジンの根を野生のニンジンだと思って採取してしまい、それを発酵させた。少し食べてみると、気持ちが悪くなった。「自分の目が思うように動かないのに気が付いた。目の筋肉を動かそうとすると、遅れて動くのだ。怖かった。頭に少し痛みを感じた」。しかし彼は、動悸や息切れ、あるいは昏睡など、毒物管理センターの電話窓口で警告された命にかかわるような症状はまったく経験せずに済んだ。「発酵で命が助かったのかもしれない」と彼は回想する。「毒の恐ろしさを思い知ったよ」。

るため、発酵微生物は死滅している。生きた発酵微生物の効用を享受するためには、低温殺菌されていない食品を探すか、自分で作るかしなくてはならない。

生きた乳酸菌は、かつては食品に必ず存在していたものだが、さまざまな化学物質が我々の生活に入り込んできた昨今では、食生活における重要性をさらに増している。化学物質の中には、抗生物質など、まさに幅広いスペクトルのバクテリアを殺菌する効果を評価されているものもある。抗生物質の投与後に「人の腸内微生物相への影響が長期間継続し、治療の2年後まで残存する場合もある」ことを研究者は見出している。[28] さらに水道水に含まれる抗生物質のレベルは塩素や広く利用されている抗菌洗浄剤と並んで上昇を続けている。バクテリアとの戦いが叫ばれている昨今、体内の微生物生態系の健康を保つためには今まで以上に定期的な補充と多様化が必要だ。

そのための過激なアプローチの1つとして結腸へ直接バクテリアを植え付ける方法があり、試験的な適用では大きな成功を収めているが、[29] 通常の投与経路は経口摂取だ。「プロバイオティックなバクテリアは腸内のすべての細胞と相互作用し影響を与える」と研究者のKaren Madsenは『Journal of Clinical Gastroenterology』で述べている。「プロバイオティック作用のメカニズムとしては、内腔微生物生態系への影響、免疫機能の変調、そして上皮バリア機能の向上などが挙げられる」。[30]

生きたバクテリアを摂取する効用について述べた、ここ数十年間に発表された研究の大部分は特定の「プロバイオティックな」株に注目している。大雑把に定義すると、プロバイオティックな微生物あるいは**プロバイオティクス**とは、それを摂取する生体へ何らかの利益を与える微生物のことだ。一般的には実験室で選別され培養されたバクテリアであって、人体に由来することが多い。そのような株は、伝統的な食品に内在する乳酸菌よりも我々の腸に定着しやすく、利益をもたらす可能性が高いという理論に基づくものだ。

数十年かけて、研究者たちはプロバイオティクスの幅広い効用を立証してきた。1952年には、『Journal of Pediatrics』に「*L. acidophilus*を添加した処方のミルクで育てられた幼児は、対照群と比較して最初の1か月で有意に高い体重増加が見られた」ことを立証した研究が掲載された。[31] それ以来、何百もの無作為二重盲検プラセボ対照試験を行った科学研究により、**特定の**プロバイオティクスの摂取による効用が確かめられた。例えば、

「肝移植を受けた患者と、腹部の大手術を受けた患者に*L. plantarum 299*とオーツ麦繊維を投与したところ、有意に少ないバクテリアによる感染と、より短期間の抗生物質療法や短い入院期間の傾向が見られた」。[32] あるいは「それ以外の点では健康な成人の発病した風邪の重症度に、冬から春にかけて少なくとも3か月間の*L. gasseri*PA 16/8、*B. longum*SP 07/3、*B. bifidum*MF 20/5の摂取が好影響を与える」エビデンスを示す研究もある。[33]

実際、プロバイオティック療法が何らかの文書化された定量化可能な成功を収めたことを示す状況の数は膨大だ。プロバイオティクスとの関係が最も確実なものは、下痢（抗生物質やロタウイルス、そしてHIVによるものを含む[34]）、炎症性腸疾患[35]、過敏腸症候群[36]、便秘[37]、さらには大腸がん[38]などの消化器疾患の治療と予防だ。膣感染症の治療にも有効性が示されている。[39] プロバイオティクスは、風邪[40]や上気道症状[41]の発症を減らし罹病期間を短くして、欠勤を減らす[42]ことが分かっている。重病の集中治療患者の転帰を改善し感染症を予防する[43]こと、そして肝硬変患者の肝機能を改善する[44]ことも示されている。研究者たちは、高血圧を改善しコレステロールを減らしたり[45]、不安を軽減したり[46]、HIV陽性の子どものCD4細胞の数を増加させる[47]、プロバイオティック療法の有効性を論文にしている。定常的なプロバイオティックスの摂取が子どもの虫歯を減らす可能性があることを示すエビデンスもある。[48] その他たくさんの人の健康領域で、アレルギー[49]や尿路感染[50]への適用、そして腎臓結石[51]や歯周病[52]や各種のがん[53]の予防へ向けた、プロバイオティクスの理論的応用を研究者たちは探求しているが、まだ確実なデータはほとんど存在しない。プロバイオティクスは「21世紀の現代医学に挑戦し続ける新規および新興病原体に対する、最も効果的なツールのひとつであることが証明」されるかもしれない、と『Clinical Infectious Diseases』ジャーナルのレビューは予測している。[54]

これらの培養バクテリアが効果を発揮する正確な理由は、まったく明確には理解されていない。この本を書くために科学文献に没頭するまで、生きた培養微生物の効用についての私の理解は、基本的に腸内バクテリアを補充し多様化するということだった。摂取したバクテリアが腸に住み着く、というイメージはMetchnikoffが1907年に提示したもので、その後ケフィアやヨーグルトなど、伝統的な生きた微生物を含む食品が健康に良いという評判を得た背景となっている。

しかし実際のシナリオは、もう少し回りくどいようだ。2007年の『The Journal of Nutrition』に掲載された研究レビューは、現在の研究が「摂取した株は通常の微生物相のメンバーには定着せず、摂取期間またはその後の比較的短期間だけ存在することを決定的に論証している」と要約している。[55] 微生物学者のGerald W. TannockはMetchnikoffの理論が「ホメオスタシス（恒常性）という、より強力な自然の力を見過ごしている……。すべての生態的ニッチはそれに対応したバクテリアの群落で占められているのだから、

偶然にせよ意図的にせよ生態系に導入された、[他の場所で形成された微生物が]定着することは非常に困難だ」と説明している。[56] Michael Wilsonは、さらに以下のように述べている。

> 各サイトに発達した極相群落は、既存の基質に付着し入手可能な栄養素を利用することが可能な微生物から形成されており、その構成メンバーの間に発生する数多くの相互作用の結果として動的平衡状態にある。したがって、そのようなサイトへコロニー形成を試みるいかなる外生微生物も非常に困難なタスクに直面することになり、そのサイトの微生物相は、そのメンバーが利用可能なあらゆる物理的・生理的・代謝的ニッチを占有している結果として「コロニー形成耐性」を示すことになる。[57]

しかしこれは、バクテリアの摂取に大した効果がないという意味ではない。バクテリアが胃の強い酸性を（特に食物によって和らげられた場合には[58]）生きて通過できること、そして消化管の生息密度が高くない領域を通過する際に「一時的ではあるが、支配的な微生物個体群を形成し得る」[59]ことは十分に立証されている。一般のバクテリアと同様に、発酵食品中に存在する生きた培養微生物は適応力があり、遺伝的に流動的で、その環境（我々が飲み込んだ後には消化管）と複雑に相互作用している。その相互作用については、新たに出現しつつある分子解析の手法により、少しずつ分かってきたと

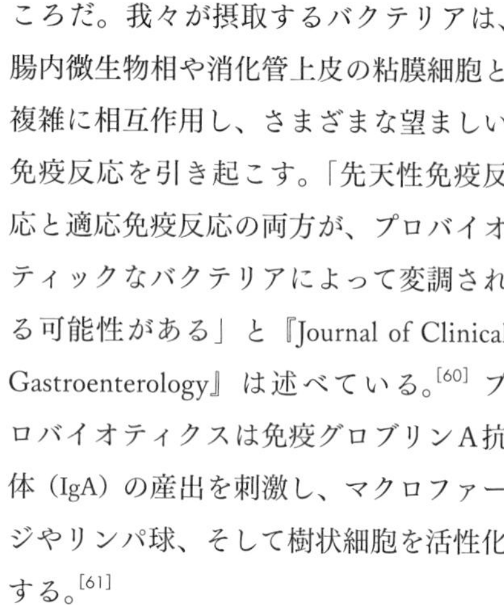

ころだ。我々が摂取するバクテリアは、腸内微生物相や消化管上皮の粘膜細胞と複雑に相互作用し、さまざまな望ましい免疫反応を引き起こす。「先天性免疫反応と適応免疫反応の両方が、プロバイオティックなバクテリアによって変調される可能性がある」と『Journal of Clinical Gastroenterology』は述べている。[60] プロバイオティクスは免疫グロブリンA抗体（IgA）の産出を刺激し、マクロファージやリンパ球、そして樹状細胞を活性化する。[61]

特定のプロバイオティックなバクテリア株の効用の記述から、発酵食品に利用される自然発生バクテリア個体群が同一の効用を提供すると一般化できるだろうか？　これは、盛んに議論が戦わされている質問だ。「プロバイオティクスと生きた培養微生物との区別は、人間への健康効果を立証するデータの存在や欠如の点で重要だ」とInternational Scientific Association for Probiotics and Prebioticsの理事でプロバイオティクス・コンサルタントのEllen Sandersは注意している。「抗生物質を服用している患者に生きた培養微生物を含むヨーグルトを食べさせることを推奨するのは、人体研究によって研究され抗生物質に関連する副作用を減らすことが示されている特定のプロバイオティック製品の摂取を推奨することと比べて、根拠が弱い。試験されていない製品でも効果はあるかもしれないが、強く推奨することはできない」。[62] これがプロバイオティクス業界の声だ。

実際には、伝統的な発酵食品も研究されているが、プロバイオティクス研究の

程度には達していないというだけであり、少なくともその理由の一部は同程度の特定性（言い換えれば、特定の会社からの資金提供）がないという点にある。最も研究されている（また最もグローバルに市販されている）伝統的な生きた微生物を含む食品がヨーグルトであることは、疑いのないところだ。「現時点で、ヨーグルトの摂取が胃腸の健康に有益な効果があることを支持する大量のエビデンスが存在する」と『American Journal of Clinical Nutrition』の2004年のレビューは主張している。[63]『Journal of Dairy Research』に発表されたもうひとつの斬新な研究では、生きた微生物を含む食品を定常的に食べている人（ヨーグルトとチーズを週に少なくとも5品と、その他の発酵食品を週に少なくとも3品）を調査していた。定期的な間隔で採取された血液と糞便のサンプルの分析によって、研究者たちは食生活から発酵食品を除去することの影響を評価した。[64]「ボランティアたちは、すべての種類の発酵飲食物を食生活から除外するよう要請された。これには発酵乳やチーズなどの乳製品、発酵肉、そしてワインやビールや酢などの発酵飲料、そして熟成したオリーブなど、あらゆる他の種類の発酵食品が含まれた」。研究者たちによれば、「食生活から発酵食品を取り除くことによって腸内微生物相が変化し、免疫反応の減少がもたらされた」。2週間後、食生活は制限されたままだが、参加者にはその後2週間ヨーグルトが毎日提供された。半数には標準的な生きた微生物を含むヨーグルト、半数にはプロバイオティックな株で強化されたヨーグルトが提供された。興味深いことに、どちらのヨーグルトも参加者の血液や糞便サンプルを実験開始前の値へ完全に回復させることはできなかった。そのような回復が起こったのは、彼らがさまざまな種類の発酵食品を含む日常の食生活に戻ってからのことであった。「その他の市販されているスターター株も、原材料または環境に由来しチーズや発酵肉など他の発酵食品に含まれる野生の乳酸菌も、腸内の発酵的代謝に重要な貢献をしているようだ」。

私はこう考える。バクテリアの遺伝的流動性（1章を参照してほしい）のため、健康な生きた微生物の刺激を保つには、特定のバクテリア株は必須ではない。もっと重要なのはバラエティと多様性であり、さまざまな原材料に内在するバクテリアを取り込むことだ。特定のプロバイオティックなバクテリアが強力な治療薬であると判明する可能性を否定するものではないが、バクテリアの遺伝的流動性の高さを分かっていながら完璧なプロバイオティック株の探求に血道を上げるのは、賢いことではないように思われる。バクテリア個体群において、特定の種とか株と定義されるものは必ずしも安定したものではない。「原核生物には種は存在しない」と微生物学者のSorin SoneaとLéo G. Mathieuは言う。「複雑なコンソーシアにおいては、止むことのない選択圧が……支配的な条件についてのベストミックスを選択する」。[65] 食品に含まれる生きた乳酸菌（またはプロバイオティクス）は、特定の株やそれらが定着できるかどうかに関係なく、我々の腸内コンソーシアに

「発酵食品の健康効果に関してよくある質問」

生きた微生物を含む食品は、消化にどう影響するのですか？

まず、発酵食品は程度の差こそあるが事前消化されているため、栄養素の全体的な利用率が向上する。生きた微生物を含む食品では、摂取するバクテリアが食品の消化を助け、我々の消化管を通過する際にさまざまな保護化合物を作り出す。これらの微生物とそのさまざまな生成物が我々の腸内生態系を豊かにし、食物の吸収を良くし、また病原性バクテリアを退けてくれる。生きた微生物を含む食品を食生活に取り入れた結果、消化の改善が見られた人は多い。便秘や下痢や胃酸逆流、あるいはもっと深刻な慢性病など、消化に関するさまざまな問題に悩む人たちから、生きた微生物を日常的に摂取することによって消化が改善したという経験談を、私は数多く聞いている。生きた乳酸菌を含む食品は全体として、安全上のリスクや大きな出費なしに、ほとんどの人の消化の改善に役立つようだ。場合によっては、さまざまな急性や慢性の健康問題がこれらの食品によって改善されることや解決されることさえ、（もしかすると）あり得るかもしれない。とはいえ、人によって効果はさまざまだ。また新しい食品、特に生きた微生物を含む食品は、少しずつ段階的に取り入れて行くのが賢明だ。

発酵食品のpHは、身体のアルカリ・酸バランスにどう影響するのですか？

大部分の発酵食品は酸性だが（11章で説明する納豆やダワダワなど、いくつか例外はある）、ザワークラウトやヨーグルトなど酸性の生きた微生物を含む発酵食品は、実際には我々の体をアルカリ化する効果がある。これは一見パラドックスのようだが、発酵によって（それ自体がアルカリでありアルカリ化作用のある）ミネラルが大幅に利用しやすくなるためだ。

カンジダの増殖を抑えるには、発酵食品をすべて避ける必要がありますか？

*Candida albicans*は人間の微生物相に普通に存在する菌類（酵母）で、大部分の大人に見られる。炭水化物に富む食事によってその繁殖や台頭が促進されている可能性がある。*C. albicans*の増殖に対抗するために必要な最も重要な食生活の変更は、炭水化物に富む食品の制限だ。これには砂糖や穀類、果物や芋類だけでなく、これらから作られるパンやアルコール飲料や酢などの発酵食品、そしてコンブチャさえも含まれるだろう。しかしこれらを我慢する埋め合わせとして、野菜やミルク、さらには豆や肉など炭水化物の少ない食品をベースにした生きた乳酸菌を含む食品を食べれば、*C. albicans*をおとなしくさせる役に立つかもしれない。

発酵食品を食べすぎるということがありますか？

発酵食品や発酵飲料は、適度に楽しんでほしい。強力な効果と強い風味があるため、注意が必要だ。たくさん食べるよりも、頻繁に食べるほうが良い。発酵食品を含め、塩辛い食品を大量に食べることがさまざまな問題を引き起こすおそれがあることを示す研究もある。発酵食品は、塩辛かったり大量に食べたりする必要はない。アジアでの研究によれば、野菜保存食品の大量摂取と、食道や鼻咽頭などのがんとの間に相関が見られたそうだ。しかし新鮮な果物や野菜を食べると、これらのがんの発生率が低下することもわかっている。[67] 重ねて言うが、我々の食生活には節度と多様性が必要だ。最後に、強い酸性の食品を頻繁に食べると、歯のエナメル質が侵されるおそれがある。食べた後には口をすすぎ、歯を磨こう。

発酵食品は、自閉症の治療に役立ちますか？

私は、自閉症児の両親からたくさん話を聞いてきた。多くの両親は、発酵食品を食生活に取り入れていて、そのことが自分たちの子供を大いに助けていると感じている。自閉症の正確な原因は、まだよくわかっていない。腸内の微生物生態系の変動が、自閉症の劇的な増加の一員なのかもしれない。それがどのように、またなぜ影響しているのかは誰も正確には知らない。生きた微生物を含む食品は、健全な微生物相を取り戻し、それによって消化や栄養同化、そして免疫機能の向上に役立つことができる。また、自閉症のもうひとつの要因とも示唆される水銀を、身体が解毒することを助けている可能性もある。[68]英国の医師で自分の子供が自閉症を克服した経験を持つNatasha Campbell-McBrideは、彼女の著書『Gut and Psychology Syndrome』[69]*の中で息子は生きた微生物と脂肪酸を豊富に含み、人工的な成分やトランス脂肪酸やその他一部の植物油、砂糖、グルテン、あるいはカゼインを含まない食生活によって回復したと書いている。その他多くの家庭からも、同様に食生活が好結果をもたらしたという報告が届いている。McBrideによれば、腸内微生物相の健康は自閉症だけでなく、さまざまな精神状態（うつ、注意欠陥障害、統合失調症、そして失読症までも含む）からの回復に重要だとのことだ。

発酵は、ゴイトロゲンに効果がありますか？

私は、甲状腺機能低下症に苦しんでいる人たちから、キャベツなどアブラナ科の野菜（甲状腺機能を抑制するゴイトロゲンを多く含む）から作られた発酵食品は避けるべきかどうか、聞かれたことがある。彼らの多くが持つ疑問は、これらの食品に含まれるゴイトロゲンが発酵によって分解されるかということだ。残念ながら、発酵によってゴイトロゲンは減少しない。健康上の理由からゴイトロゲンを避ける必要があるのなら、私はニンジンやセロリなど、他の種類の野菜を発酵させることをお勧めする。伝統的なキャベツやラディッシュ以外にも、多くの種類の野菜から美味しい発酵食品は作れるのだ。

*編注：日本語版がAmazon.comで販売されている（http://www.amazon.com/dp/0692295577/）。

利用できる遺伝子スペクトルを増大させる。

熱で死滅した乳酸菌であっても、その遺伝物質の効果が残っていると推測できる理由も存在する。ハワイの発酵食品ポイ（8章の「ポイ」の項を参照してほしい）は十分に調理されたタロイモの球茎から、スターターを添加せずに作られる。加熱後も発酵を開始するために十分な数の乳酸菌が生き残っているから、というのが良くある説明だ。しかし、バクテリア自身は生き残っていないとしたらどうだろう？　つまり、空気によって運ばれてくるバクテリアが、分解された乳酸菌遺伝子の残骸を遺伝的な出発点として、加熱調理されたタロイモを発酵させる方法を見つけているのかもしれない。同様に、サワー種のライ麦パンを焼いた後、日にちがたってもパンは酸っぱくなり続ける。これは、サワー種バクテリアの遺伝子が新しい生きたバクテリアに取り込まれ、炭水化物を乳酸菌へ代謝するために働き続けているからなのかもしれない。「多くの場合、プロバイオティックな製品の活性成分は生きたバクテリアである」と、プロバイオティックなバクテリアに関するシンポジウムの一部として『Journal of Nutrition』に発表された論文は記している。「しかし、文献によれば生きていることが必要とされない状況もいくぶん存在するようだ」。[66]

生きた微生物を含むものをはじめ、さまざまな発酵食品を食べるようにしよう。そしてまた、さまざまな種類の植物を食べよう。その植物やバクテリアの少なくとも一部は野生のものにしてほしい。積極的に栽培される植物や微生物相の範囲は、きわめて限られているからだ。さまざまなファイトケミカルやバクテリア、そしてバクテリアが作り出す化合物との多様な相互作用が、我々の体の機能を刺激してくれる。多様性は、それ自体が報酬なのだ。

省エネ戦略としての発酵

化石燃料の供給は先細りで、採掘にはますます破壊的な手法が要求されるようになっている。エネルギー資源に関する世界中の需要の高まりと、入手性や価格、そして安全に関する不確実性の増す中で、我々はさまざまな食品に必要とされるエネルギーについても考えなくてはならない。これは、その食品の栽培や輸送に必要なエネルギーに加えて、我々が家庭で冷蔵や料理に使うエネルギーも考慮するという意味だ。発酵食品は、冷蔵と調理の両方に必要とされるエネルギーを低減できる。先ほど「発酵の保存効果とその限界」で詳しく述べたように、概して乳酸菌発酵食品は冷蔵なしでもある程度食物を長持ちさせる効果がある。私はよく（不便な土地に住んでいるとか経済的状況のため、あるいは自分の意思で）冷蔵庫なしで生活している人に会うが、このような冷蔵庫を使わない人々が食べている食品にはザワークラウトやみそやヨーグルト、ハードチーズやサラミなどが含まれる。冷蔵バブルがはじけて一般の人々がもは

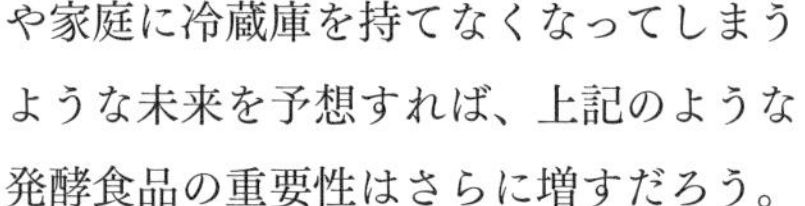

や家庭に冷蔵庫を持てなくなってしまうような未来を予想すれば、上記のような発酵食品の重要性はさらに増すだろう。

一部の食品は発酵によって、調理の必要が大幅に減少する。この最も劇的な例は、大豆から作られるテンペだ。大豆を柔らかくなるまで煮るには約6時間かかり、熱源に薪やガス、あるいは電気など何を使っても、大量の燃料を消費する。テンペを作るには、大豆を1時間以上煮る必要はない。発酵後、テンペは通常揚げて食べるが、揚げる前に蒸す場合もある。いずれにせよ、発酵後の調理には20分もかからない。すべてを合計しても、十分食べられるほど大豆を柔らかく煮るにはテンペを作る場合の4倍もの時間がかかり、しかも未発酵の大豆は非常に消化しにくいのだ。発酵させた肉や魚には、まったく加熱調理が必要ない場合も多い。発酵によって行われる変成作用は、調理による変成作用と同等かそれを上回ることもあるため、発酵は燃料資源を長持ちさせるために役立つ。

発酵の変わった風味

私が覚えている限り、私はいつも発酵の乳酸独特の風味に魅力を感じていた。酸っぱいピクルス（コーシャ・ディル）は私が子供のころ一番好きでよく食べた発酵食品だが、もちろんザワークラウトも嫌いではなかった。私は今になっても、この乳酸独特の風味をかぐか、思い出すだけでも唾液腺が刺激される。概して、発酵は強い、魅力のある風味を作り出す。

乳酸だけが発酵の風味ではない。グルメ食品店をぶらついてみれば、目に入るものや香るものはたいてい発酵食品だ。Zabar'sという、私が小さい子供のころから通っているニューヨーク市にあるグルメ食品のワンダーランドへ私自身が行ったと想像してみよう。最初に目に入る食品はオリーブで、さまざまな方法で熟成されたオリーブの樽が並んでいる（生のオリーブは有毒で、ものすごく苦い）。**熟成**（Curing）とはエージング（食品以外のこともある）のさまざまなテクニックを指す意味の広い用語だが、しばしば発酵が伴う。オリーブは、シンプルな塩水の中で発酵によって熟成されることが多い。オリーブの前から振り返ると、ずらりと並んだ色鮮やかなチーズが目に飛び込んでくる。チーズはすべて発酵によって作られるわけではないが、強い風味とアロマのあるチーズや、ハードチーズやとろりとした食感のソフトチーズはすべて発酵によって作られる。チーズに見られる膨大なバラエティは、主にチーズの中で生育するバクテリアや菌類の違い、そしてチーズをエージングさせる条件の違いによるものだ。チーズにはパンが付き物だが、パン屋にはさまざまな形や大きさや風味のパンが並んでいる。パンをレンガのような塊ではなく、柔らかく軽い食感と風味にしてくれるのが発酵だ。肉屋の店先では、サラミやコンビーフ、パストラミやプロシュートなどの発酵肉が目立っている。チョコレートやバニラは発酵によって作られるし、コーヒーや紅茶もそうだ。ワインやビールも発酵させて作る。酢も同じだ。発酵の風味や食感は人々に愛されるとともに珍重され、多くの伝統的な料理で最上級の美味とされている。

発酵による風味の増強は、おそらく調味料の領域で最も顕著だろう。世界中のさまざまな地域で、人々は日常的に発酵調味料を使っている。調味料が特別なのは、それによって平凡な（場合によっては、あっさりとしていて単調で味気ない）食品が、エキサイティングなものになることだ。ザワークラウトやキムチは調味料として考えることもでき、米やじゃがいも、パンなどのあっさりとした食べ物の風味を増し、魅力的にしてくれる。Hamid Dirarは、「スーダンのさまざまな発酵食品全体の半分以上は、主食のソルガム料理を味付けするソースや薬味を作るために用いられている」と見積っている。「これらのソースや薬味は、主食をたくさん食べられるようにするとともに、高品質のタンパク質を補給し、またおそらくは食品にビタミンの重要な部分を供給するという、栄養的に重要な役割を果たしている」。[70] しょうゆと魚醤は、アジアにたくさんある発酵調味料の代表例だ。歴史学者のAndrew F. Smithによれば、米国人が大好きな調味料であるトマトケチャップは、東南アジアから英国経由でもたらされたもので、1680年にはもう輸入されていたそうだ。

英国人が発見したケチャップは、明確に定義された1つの製品ではなかった。現代のインドネシア語でkecap（以前はketjapと綴られた）は単純にソースを意味し、通常は発酵した黒大豆に

> ローストしたキャッサバ粉を添えたものを指す。これ以外にも、kecap asin（塩辛い醤油）、kecap manis（甘い醤油）、kecap ikan（魚を原料とし、酵素による分解によって作られる茶色の塩辛い液体）、そしてkecap putih（白い醤油）など、発酵kecap製品は数多く存在する。[71]

現在の米国で一般的な、異性化糖ベースのトマトケチャップは、正確には発酵によって作られたものではない。しかしトマトケチャップを含めた多くの米国の調味料は、例えばマスタードやサラダドレッシング、ホットソース、ウスターソース、ホースラディッシュソース、さらにはマヨネーズでさえも、発酵産物である酢から作られている。

発酵の変成作用によって、どれほどさまざまな外観、風味、アロマ、そして食感の膨大なバラエティがもたらされるかという洞察を与えてくれるのがチーズだ。私が好きなのは、とろけるようなチーズで、とても熟していて、とてもとろりとして、とても刺激が強く、とてもよい香りがするものだ。時には、私が食欲をかきたてられるチーズの香りに他の人が不快感を覚えて、口に入れるなんて考えるだけでも嫌だと思うこともある。「チーズの風味は一部の人には恍惚感を、他の人には嫌悪感をかきたてる」と、キッチンには欠かせない参考書『マギー キッチンサイエンス』（共立出版）の著者であるHarold McGeeは記している。[72] 味の好みは説明できるものではない。チーズには、パルメザンのように非常にドライでシャープなものもあれば、フェタのように塩水に漬けてあるものも、ブリーのようにとろりとしたものもある。チーズの製造は（他のすべての食品の製造と同様に）数多くの風変わりな方向に進化していった。チーズの膨大なバラエティを通して、この無限に多様な発酵食品のすばらしさの一面を垣間見ることができる。

においのきついチーズが嫌われるのは、チーズのにおいと外観から、腐ってもう食べられない食物を連想されるためであることが多い。McGeeは発酵を「コントロールされた腐敗」と呼び、以下のように述べている。

> チーズの中では、動物性脂肪とタンパク質がにおいの強い分子へ分解される。これらの分子の多くはコントロールされない腐敗によっても、消化管の中や湿って暖かく覆われた人間の皮膚上の微生物の作用によっても作り出される。腐敗臭を避けることには明らかに食中毒の可能性を遠ざけるという生物学上の価値があるため、靴や土や馬小屋のにおいがする動物性の食物には慣れが必要なのは当然のことだ。しかしいったん慣れてしまえば、この半分腐ったような味が大好きになることもある。人生には、このようなパラドックスで表現されるような面があるものだ。

新鮮と腐敗の間に存在する創造的な空間で、最も魅力的な風味の一部が発生する。そのような創造的空間はどの文化にも存在するため、発酵食品と腐った食品との間には明確で客観的な区別は存在しない。臭豆腐とロックフォールチーズを例として、Sidney Mintzは以下のように述べている。

> 何が発酵で何が腐敗なのかは、人がこれらを食べて育ったかどうかによって決まるのかもしれない。どちらの食品も一部の人にはおいしいと思われるが、他の人には悪くなっているとか食べられないとか、あるいはもっと悪く言われることもある。したがって、これら2つの食品は認識を形成する文化的・社会的学習の力を明らかにするものだ。[74]

どうか、発酵と腐敗との間の境界線が不明瞭で不安定だという発想を、今まで腐っていると思って食べなかったものを食べてほしいという意味には取らないでほしい。食べるのに適当なものの周りに境界線を引くという感覚を学ぶことは、生存のために必要だ。しかしその境界線を正確にどこに引くかは非常に主観的な問題であり、主に文化によって決定されるものだ。

北極圏で育った人にとっては、数か月間積み上げたり土に埋めたりした魚は冬の主食だ。しかし大人になってからこの食品に初めて出会った人には、おそらく見かけもにおいも腐った魚に思えるだろう。あなたがこの嫌悪感を乗り越えられるかどうかはわからないし、また実際にこの分解した魚とそれに含まれる微生物群落をあなたの体が受け入れられるかどうかもわからない。においのきついチーズと同様に、発酵した魚には味覚の獲得が必要だし、おそらく微生物生態系の獲得も必要だ。ひとつの文化の最高の料理が、他の文化では悪夢となることもある。そして、通常はどちらにも発酵が関係している。

初期の人類は生活の場を広げて行く過程でさまざまな気候やさまざまな食品、そしてさまざまな微生物に適応し、大幅に異なる文化的特質を生み出した。そしてあらゆる場所で、発酵という現象は重要な役割を演じてきた。それによって人々は食品を安全に、効果的に、そして効率的に利用し保存できるようになり、また消化を良くし、より多くの栄養分を取り出し、よりおいしく賞味し、そして健康を保てるようになった。我々が個人として、コミュニティとして、そして種として健康であり続け、変化へ適応する能力を持ち続けるためには、発酵という基本的な文化習慣を復興させ、永続的に伝えて行かなくてはならない。

jars
crock
cooler
pickle press
SALT
mandolin
mixing bowl
15:00
timer
markers
thermometer
cutting board
hand grater
masking tape

基本的な概念と機材

Basic Concepts and Equipment

大まかに言って、**発酵**とは微生物による変成作用の活動だ。定義によっては酵素の役割が強調される場合もある。微生物の細胞が栄養素を消化し変換できるのは、微生物の作り出す酵素の働きによるものだからだ。実際、例えば甘酒（10章の「甘酒」を参照）やライスビール（9章の「アジアの米醸造酒」を参照）などはカビの作り出す酵素を利用するが、カビそのものは生育させない。生物学者は発酵を嫌気性代謝、つまり酸素なしでエネルギーを作り出すという、より厳密な意味に定義している。酵母によるアルコール発酵や乳酸菌による食品の発酵など、大部分の発酵は生物学者の使う厳密な定義に沿っている。しかし酸素依存性のバクテリアや菌類によって作り出される食品、例えば酢やテンペやカビ付けチーズなども、発酵の産物であると一般には理解されている。

培地と微生物群落

我々が発酵させる食品は、専門的には**培地**（substrate）と呼ばれる。これは発酵微生物の食物でもあるし、またそれらが生育する培養基でもある。我々が発酵させたいと思うどんな生の食品にも、さまざまな微生物がすでに存在している。微生物は、単独で見つかることはなく、群落を作って存在している。「混合培養は自然のルールである」と微生物学者のClifford W. Hesseltineは書いている。[1] Lynn MargulisとDorion Saganは、以下のように説明している。「どんな生態的ニッチにも、数種類のバクテリアのチームが同居しており、環境に反応したり環境を作り替えたり、相補的な酵素によってお互いを助け合ったりしている……それ以外の株のバクテリアもそばに生育しているのが常であり、有益な遺伝子や代謝産物を提供したり、恵まれた条件下で繁殖して、チームの全体的な効率は最高の条件に保たれる」。[2]

特定の生態的ニッチの条件によって、そこでどの微生物が繁栄するかが決まる。発酵を行う際には、特定の微生物の生育を促す一方で他の微生物を妨げるように環境条件を操作することが主な作業となる。例えば、玉キャベツをそのまま放っておいてもザワークラウトに変化することはない。室温で調理台の上に放置すれば、キャベツでも他のどんな野菜でも、最後には表面に黒いカビが生えてくることになる。もっと長く放置すれば、これらの好気性表面微生物が玉キャベツを分解して、どろどろの液体にしてしまうことだろう。それはパリパリした歯触りとピリッとした味わいのおいしいザワークラウトとは似ても似つかないものだ。どんな野菜にも、乳酸菌やカビの胞子など、無数の微生物が取り付いている。どろどろの液体ではなくザワークラウトを作り出すための環境操作は、キャベツを液体の中に沈めて空気と酸素を遮断することになる。ほとんどの場合、発酵とはこのようにシンプルなものだ。

天然発酵と培養発酵

ザワークラウトの場合、通常はキャベツなどあらゆる生野菜に存在するバクテリアが利用される。食品や環境中に自生する微生物による発酵は、天然発酵（Wild Fermentation）と呼ばれる（これは、発酵に関する私の前著の題名でもある）。これと対照的な発酵のスタイルとして、特定の分離された微生物、または定着した群落を培地へ導入して発酵を開始する方法は、培養発酵（Culturing）と呼ばれる（1章の「発酵と文化」を参照してほしい）。大部分の培養発酵は、活動中または成熟した少量の発酵物（スターターとも呼ばれる）を、適切な食品栄養素を含む新鮮なバッチ（つまり**培地**）へ植え付けることによって行われる。これが、ヨーグルトやサワー種を永続的に作り続ける方法だ。専門的には、これをバックスロッピング（backslopping）と呼ぶ。このように導入される培養物も、すべて最初は自生していた天然発酵であり、それを人々が特別に気に入った結果であるはずだ。年月と共に、人々は満足の行く結果を得るための条件を学び取り、それを永続させるためのテクニックを洗練させて行った。

一部の発酵スターターは、まとまった群落として繁殖する独特の生物学的形態に進化した。この顕著な実例がケフィアだ。ケフィアの「グレイン」や「カード」と呼ばれるものはゴム状の粒で、多糖類の中に30種ほどのバクテリアや菌類が群落を作って住み着いている。[3] これらの微生物は、繁殖を調整しながら共有する被膜の中を泳ぎまわっている。この生物学的形態は日々の人類のミルクとのかかわり合いの中から生物学的に発達したものだが、このケフィアグレインを新しく作り出すことは不可能だ。ミルクという栄養豊富な培地で繁殖することによって、ケフィアはケフィアを生み出す。この種の安定した生物学的存在にまで進化したスターターは、SCOBY（バクテリアと菌類の共生群落）と呼ばれる。コンブチャマザー（よく間違ってキノコと呼ばれる）は、SCOBY現象のもうひとつの実例だ。

長期間にわたって群落を維持するためには、栄養を定期的に与える必要がある。ヨーグルトやケフィアには、ミルクが必要だ。サワー種は小麦粉などの穀物を必要とする。コンブチャには甘いお茶がなくてはならない。培養微生物の多くは、はるか昔の先祖が数えきれないほどの世代にわたって栄養を与えられ、人間に面倒を見られながら共進化してきた子孫たちだ。これらの微生物には定期的に栄養を与えることが必要で、多少の放置には耐えるが飢餓には弱く、死んでしまうおそれがある。「ある時、私には発酵菌が自分のペットのように感じられ、さらには私の人生が支配されているような気にさえなった」とElizabeth Hopkinsは書いている。彼女は同時に8種類の「キッチンペット」を世話していたが、もっと少ないほうがよいことに気が付いて種類を減らした。発酵は、何でも自分でやる必要があるわけではない。自分のニッチを見つけて、他の発酵復興主義者を探してみよう。分かち合い、交換し、そして共に作るのだ。

天然発酵と乳酸菌発酵と培養発酵

人によっては、天然発酵、乳酸菌発酵、そして培養発酵といった、発酵プロセスの記述に用いられるさまざまな表現に混乱を感じる人もいるようだ。実は、これらのカテゴリーは互いに重なり合っている。天然発酵は、キャベツやブドウ（あるいは何らかの食品培地）に自然に存在する微生物、または空気によって運ばれてくる微生物によって開始される自発的な発酵を特に意味する。通常、培地の性質によってどんな種類の発酵が自発的に起こるかが決まる。ブドウを発酵させる場合、酵母がアルコール発酵を開始する。ミルクや野菜を発酵させる場合、乳酸菌が支配的となるため乳酸菌発酵が始まる。したがって天然発酵は乳酸菌発酵であることも多いが、常にそうだとは限らない。それ以外にも、天然発酵はアルコール発酵の場合もあるし、酢酸発酵やアルカリ発酵、あるいはそれらが混じっている場合も多い。

培養発酵は、自然に存在する微生物に頼るのではなく、何らかの種類の微生物スターター（ドライイーストやSCOBY、スプーン1杯のヨーグルト、ホエー、ザワークラウトのジュースなど）が導入されることを意味するのが普通だ。導入された培養物は、乳酸菌や酵母の場合もあれば、これらの組み合わせやそれ以外の場合もある。野菜は通常、天然発酵される。あらゆる植物材料の表面には豊富に乳酸菌が存在し、また野菜を水に浸せばカビが繁殖できなくなり、乳酸菌が繁殖するようになる。野菜にホエーや粉末スターターを加えて培養発酵することも可能だが、それはまったく必要ではない。

選択的環境

野菜をジャーに詰め込んで野菜自体からしみだしたジュースに全体が浸かるようにすれば、選択的環境が形成される。空気を遮断することには、野菜にカビが繁殖できないようにし、乳酸菌の発育を促進する効果がある。同様に、エアロック付きのカルボイに発酵中のアルコール飲料を入れることには、空気を遮断してアルコールと酸素を酢酸（酢）に変えてしまう好気性の*Acetobacter*の増殖を抑える効果がある。逆に、酢やテンペを作るには酸素が必要とされるため、発酵環境には空気が自由に循環できなくてはならない。テンペは約85～90°F/30～32℃という暖かい環境を必要とする。ヨーグルトは、高熱性の*Streptococcus thermophilus*や*Lactobacilli bulgaricus*の繁殖のため、約110°F/44℃というさらに高温の環境が

生命、宇宙、そしてすべてについて、発酵の教えてくれたこと

Lisa Heldke
哲学教授／Gustavus Adolphus College

- もし古代ギリシャの哲学者ヘラクレイトスが川遊び好きではなくヨーグルトの作り手だったら、彼の有名な警句は「同じヨーグルトを2度作ることはできない」となっただろう。風味や歯触りは、バッチごとに異なる。これは注意深い観察と綿密なテクニックの重要性に関する教訓であるが、また観察やテクニックによって7月と1月の気候を入れ替えたり、ミネソタ州やメイン州の空気を交換したりはできないという事実に関する教訓でもある。いま、私は毎回何かおいしいものを作ろうとしているが、コンブチャやパンやヨーグルトがバッチごとに示す性質は異なるものになることは受け入れている。これは素晴らしいことだ。しかし均一性というセイレーンの歌声に魅せられてしまったことを認めている人にとっては、学ぶのがつらい教訓だろう。
- ルールだけが、何かのやり方を教えてくれるわけではない。紙に書かれた指示だけでは不十分だ。発酵食品を作っていると、いつも私はこのことを思い出す。本を読むだけではそのすべてを学ぶことはできない（「そのすべて」が何であろうと）。本をどけて成分を「読んで」みよう。それらが重要であるかのように、関心を払ってみよう。指示を読むのをやめて、人に聞いてみよう。愚かで、無知で、稚拙で、間違ったふるまいをしてみよう。与えられた洞察に感謝し、先生が取り留めのない話をしても文句を言わないようにしよう。人生の真実は、いつでも12ポイントの活字で印刷されているわけではないのだ。
- ルールは不完全なものであっても、従う価値がある。発酵食品作りは純粋に機械的な活動ではないが、多少の慎重さと綿密さ（そして計画性）で成功のチャンスは大幅に高められる。人生ではすべてが、かき揚げ（無限に柔軟性があり、果てしなく適応可能な料理）ではない。ヨーグルト（108〜115°F /42〜46℃の間の温度の違いに神経質）の場合もあるのだ。（あなたの友達について考えてみてほしい。あなたがディナーに1時間遅れても気にしない人もいるが、文句を言うどころではない人もいるだろう）。注意を払おう。ルールを学ぼう。自分に合うものを受け入れよう。
- メイ・ウエスト*は間違いだった。良いものが多すぎるのは、良くないのだ。コンブチャは発酵し過ぎてしまうことがある（どなたか酢はいかがかね？）。ヨーグルトのスターターはスプーン1杯で十分で、カップ1杯ではひどいことになる。海辺に2週間滞在しても、1週間の滞在より良いとは限らない。
- 発酵食品は、おそらく私の人生の他の何ものよりも、よりよく私の基本的な哲学的信念のひとつを明らかにしてくれる。現実の複雑な参加的性質や、私と私でないものとの予想できない結びつきを、これ以上意識させてくれる文脈は他にない。他の人々がこの複雑な結びつきを経験するのは、庭いじりをしたり、船旅をしたり、子育てをしたり、あるいは脳外科手術をする際だ。私にとって、それは紅茶の入ったジャーに浮かぶ、茶色に染まったゴム状のマットの中にある。そのマットは気味が悪く、ちょっと不吉でさえある。しかし、丁寧に取り扱ってほしい。あなたとそれとの間には微妙ではかない関係があり、そのパラメータはわかり始めてきたばかりなのだから。

*訳注：戦前のハリウッドで活躍したセクシー女優で、数々の名言を残した。

最適だが、酸素は必要としない。発酵の手立てや技術は大部分、望ましい選択的環境を理解してそれを効果的に作り出し、維持することに帰着する。

発酵に適した選択的環境を作り出すために人々が操作しようとする要素には、酸素の有無、二酸化炭素の放出、水分量や乾燥度あるいは濃度、塩分、酸性度、湿度、そして温度などがある。温度は非常に重要な場合がある。一定の温度範囲でしか機能しない微生物もあるからだ。例えば乳酸菌など、あまり温度を気にしないものもあるが、高温では代謝が活発になること、またそのために発酵が速く進行し、その産物が傷みやすくなることは重要なので理解しておいてほしい。一部の微生物は**偏性**好気性だったり嫌気性だったりする。これはその微生物が常に酸素を必要としたり、まったく酸素を許容しなかったりするという意味だ。多くの微生物は**通性嫌気性**であり、酸素のある環境でもない環境でも生存し機能できる。

群落の発達と遷移

伝統的に発酵は、微生物の群落を利用して行われてきた。過去150年ほどの間に微生物学者は多くの発酵微生物を個別に分離し培養してきたが、それ以外の微生物は群落としてのみ存在してきたのであり、また発達した群落は時間と共に最大の安定性と回復性を示すようになる。微生物の群落はダイナミックで、常に移り変わっている。細切りにしたキャベツを塩水につけると、*Leuconostoc mesenteroides*という1種の乳酸菌がまず優占するのが普通だ。しかしこの菌が乳酸菌を作り出して環境が変わると、*L. mesenteroides*は*Lactobacillus plantarum*に置き換わる。発酵群落における遷移は、森林の遷移にも例えられる。優占する種によって光やpHなどの条件が変わり、それによってどの種がどれだけよく繁殖できるか決まるのだ。

微生物群落は恒常的に変化するが、場合によっては時間と共に非常な安定性を示す場合がある。「微生物の入り混じった群体は、互いに補い合って望ましくない微生物を排除する働きをすることが多い」とClifford Hesseltineは書いている。彼はまた、混合培養された発酵スターターの多くの利点のひとつとして「最小限の教育で未熟な人でも無期限に維持できる」ことを挙げている。[4] 多くの場合、発酵群落にはその構成員の間で内部のバランスが保たれている。例えば伝統的なヨーグルト培養微生物は、適切に世話をすれば何世代にもわたって永続させることができる。それに対して、（ほとんどすべての市販ヨーグルトのように）分離された純粋培養菌の組み合わせから作られたヨーグルトは、たいてい数世代後にはヨーグルトを作る能力を失ってしまう。分離された純粋培養菌は、人間の作り出したものだ。「純粋培養発酵は、ほとんど存在しない」と微生物学者のCarl Pedersonは述べている。[5] 自然界では、そして最も厳密にコントロールされた環境以外では、微生物は常に群落として存在するし、人々が今までずっと発酵の技法に利用してきたのもこの方法だった。

清潔と滅菌

現代の発酵に関する文献には、米国ではカムデン錠として知られるピロ亜硫酸ナトリウムまたはピロ亜硫酸カリウムを用いて、機材や発酵培地さえも化学的に滅菌するよう強調しているものがある。私自身はこれらの化学物質を使ったり、滅菌状態を目指したりしたことは一度もない。私のモットーは滅菌ではなく、清潔だ。清潔な手や器具、そして機材を使って作業することは確かに重要だが、一般的には滅菌状態は発酵に必要ない。

William ShurtleffとAkiko Aoyagiが、清潔と消毒、そして滅菌状態の違いについて役立つ説明をしてくれている。

> 目に見えるごみのない清潔な表面は、洗浄によって得られる。消毒または殺菌液で洗浄またはスプレーして得られる消毒された表面には、ほとんどすべての微生物や毒素など健康に害のある物質が存在しない。滅菌（圧力鍋やアルコール洗浄、または火炎中での加熱）によって得られる滅菌された表面や基質には、まったく生物が存在しない。[6]

私の意見では、滅菌が必要なのは、胞子形成純粋培養スターターの製造など、一部の特殊な用途だけだ。洗剤とお湯を使って清潔にするだけで、私は何年も発酵を行って良い結果が得られているし、恐ろしい事故も起こっていない。私も定期的に酢の溶液で表面をきれいに拭いて消毒はするが、ほんの時たまだ。発酵に限らず、清潔と衛生は重要だ。

しかし一般的には、滅菌は必要ない。滅菌されていないが清潔な環境に微生物が紛れ込むことは避けられないが、一般的にはそれが発酵培地に足場を築くことはできない。これは、発酵物には（ザワークラウトや伝統的なワインのように）それ自体の常在微生物相が存在するか、あるいは（ヨーグルトやテンペ、そして大部分の現代のビールのように）圧倒的な量の培養菌が導入されているかのどちらかだからだ。我々は微生物の世界に住んでおり、これらのプロセスはすべて明確な非滅菌状態で発展してきた。伝統的な混合培養スターターは、良好な条件の下では比較的安定している。純粋培養されたカビの胞子を植え継ぐ場合にのみ、引き継がれる世代ごとにより多くのバクテリア株が入り込みやすいため、清潔だけではなく消毒が必要であると私は理解している。

クロスコンタミネーション

いろいろな発酵の実験をやってみようと思い立った人から繰り返し聞かれるのが、クロスコンタミネーションに関する質問だ。ザワークラウトでビールがダメになることがありますか？　ビールでチーズがダメになることがありますか？　あるいはコンブチャがケフィアを汚染する可能性は？　この質問に対する私の短い答は、さまざまな培養微生物が時間と共に空気を介して互いに微妙な影響を与え合う可能性はあるが、通常は問題とはならない、というものだ。アルコール醸造業者は、アルコールを酢に変えてしまうバクテリア*Acetobacter*を避けようとする。しかし、これらのバクテリアは現実的にはどこにでも存在するので、これらを避ける最も効果的な方法は、発酵中のアルコールを空気にさらされないよう保護することだ。こうすれば、同じ部屋で酢を発酵させても問題なくなる。

私にも「ウォーターケフィア」(6章の「ウォーターケフィア」を参照してほしい)の表面に酢母ができてしまった経験があるが、*Acetobacter*はほとんどどこにでも存在するバクテリアだし、発酵液は空気にさらされていた。ミルク培養微生物が混ざってしまったようだと報告してきた人もいるが、たいていそれには器具の使いまわしなど、空気媒介コンタミネーション以外の可能性を示唆する仮説で説明がつくことが多い。

GEM Culturesというスターター培養微生物事業を亡夫Gordonと共同で立ち上げて、30年にわたって発酵スターターを育てて販売してきたBetty Stechmeyerは、その間数種類のサワー種や数種類のミルク培養菌、テンペスターターなどを12フィート×12フィート／3.7m×3.7mのキッチンひとつの中で植え継いできたと報告してくれた。「ずいぶん原始的でシンプルでしょ？」。数十年間にわたってこれらの培養菌を植え継いで販売してきたにもかかわらず、彼女は一度もクロスコンタミネーションを経験しなかったと主張している。培養菌の間でクロスコンタミネーションが起こらないと保証はできないが、頻繁に起こることではない。熱心な実験好きの皆さんには、クロスコンタミネーションを心配せず、心行くまで発酵を試してみることをお勧めする。

発酵の直観 | Lagusta Yearwood

シェフとしての実務のレベルで発酵が私に教えてくれたことはたくさんあって言い尽くせないほどだが、発酵は人としてさらに重要なことを私に教えてくれた。それは、直感を信じることだ。私が発酵という宗教へ入信する以前には、自分のことを直感的な人間だと考えたことはなかったと思う。私は混とんとしたヒッピーの家族で育ち、結果として私は「気配」とか「女の直感」を信じていないふりをしていた。私は経験的証拠が好きで、ピカピカに清潔で整頓されたキッチンが好きで、秩序と効率性が好きだ。レシピが好きだ。私はかなりの堅物だ。発酵によって人はペースを落とし、動物保護活動家の作家Carol Adamsが言ったように「プロセスに触れる」ことを余儀なくされる。どんな発酵も成功させるためには直感を信じなければならない。発酵は楽しくて厄介な、野蛮でオープンエンドな営みだ。正確にレシピに従うのもよいが、実はレシピは存在せず、あるのはガイドラインだけというのがより大きな真実だ。たとえまったく同じレシピに従ったとしても、2人の人がまったく同じザワークラウトを作ることはできない。彼らがキャベツを刻んでいる間に呼吸している（そして変化させている）空気が、出来上がったザワークラウトの風味に影響を与えるからだ。発酵は、あなたがキッチンでできる最も個人的なことのひとつであり、またこのため（「女の」かどうかに関わらず）直感を働かせざるを得ない。ペースを落とし、空気中の気配を感じ取り、手で材料を刻み、手でかき混ぜることによってキャベツの手触りからどれだけ塩を加えればよいかを正確に知ることができるのだ。

水

これ以降の章で説明する発酵食品の多くは、加水を必要とする。しかし、どんな水でもよいわけではない。発酵の観点から見た水の最大の問題は、塩素の存在だ。塩素はまさに微生物を殺すため、公共水道水に添加される。塩素を大量に含む水を発酵させたいものに加えると、発酵が完全に止まったり、遅くなったり、変化したり抑制されたりしてしまう。塩素を消毒された水道水を使う場合には、塩素で除去するのがよいだろう。浄水器を使えば、水から塩素を取り除くことができる。あるいは、ふたをせずに鍋で沸騰させれば、塩素は蒸発する。この方法の唯一の欠点は、体温程度までお湯を冷ましてからでないと、食品へ加えてそれに含まれる生きた微生物の生育を促進できないことだ。1日か2日前から計画していれば、大きな表面積を持つ口の広い容器に塩素を含む水を入れて放置して、塩素を蒸発させることができる。水をテストしたければ、プール用品店で簡単な塩素測定キットが購入できる。

残念なことに、最近は塩素の代わりにクロラミンというもっと安定した物質が水道水に使われることが多くなってきた。塩素をアンモニアと反応させて作られるクロラミンは、普通の塩素よりも消失しにくいという特徴がある。クロラミンは煮沸で取り除くことはできず、また室温で揮発することもない。活性炭を使った浄水器では、十分な接触があれば、除去できるようだ。クロラミンを中和するためにカムデン錠を使っている自家醸造者もいる。このカムデン錠にはピロ亜硫酸ナトリウムやピロ亜硫酸カリウムが含まれ、ビールやワイン造り用品の店で普通に手に入るが、先ほども書いたように主な用途は器具やイーストを加える前の甘い液体の消毒だ。私にはカムデン錠を使った経験はない。発酵がなかなか進まないようなら、水が原因かもしれない。水にクロラミンが含まれているかどうか、水道事業者に問い合わせてみてほしい。

水道水 | カリフォルニア州オークランド Chris Chandler

つらい経験から私が学んだひとつのことは、塩素が蒸発するほど長い時間放置した後でなければ水道水にイーストを加えてはいけない、ということです。私はいつも浄水器の水を使っていましたが、ある時浄水器が故障してしまい、急いでいたので私は水道水をそのまま注ぎ、その直後にイーストを入れてしまったのです。イーストはすぐに死んでしまいました。

塩

多くの発酵プロセスには塩を使うことが必要だ。適度な塩分は、特定の微生物の生育を促進する選択的環境を作り出すためのひとつの方法であり、その微生物は比較的耐塩性の強い乳酸菌であることが多い。さらに高い塩分濃度では、好塩性バクテリアだけが生存できる。

どんな塩でもよいわけではない。「塩に関するほとんどの議論は、塩の加工の問題を無視している」とSally Fallon Morellは指摘している。「我々の食べる塩が、砂糖や小麦粉や植物油と同様に、高度に精製されたものであることに気づいている人は少ない。精製塩は高温の化学的な工業プロセスの産物であり、有益なマグネシウム塩や自然の海水に含まれる微量元素が失われてしまう」。[7] 米国の標準的な食卓塩には、除去されたヨウ素などのミネラルを埋め合わせるために、ヨウ素や凝固防止剤が添加されている。ヨウ素には抗菌性があり、また凝固防止剤は黒ずみやむらを生じさせる可能性があるため、発酵には標準的な食卓塩を避けるよう勧めている文献もある。通常はその代わりに、ヨウ素を含まない漬物用や缶詰用の塩、あるいはコーシャソルトを使うことが推奨されている。

私は海の粗塩を使うことが多い。発酵の最も重要な栄養上の利点はミネラルを生体利用可能にしてくれることなので、塩化ナトリウムだけでなく幅広いミネラルを含んだ塩を発酵に使うことは意味があるという結論に至ったためだ。興味深いことに、粗塩に含まれる微量元素の中にはヨウ素もあるが、有機化合物として微小海洋生物中に存在するため、発酵を阻害する効果はない。実際、ワークショップの主催者が持ってきてくれる実にさまざまな種類の塩で野菜を発酵させた経験から言えば、乳酸菌は（ヨウ素を添加した食卓塩を含め）幅広い塩に耐性があり、特に好き嫌いはないように思われる。

野菜を含めた大部分の発酵食品では、塩は計量する必要はなく、味を見ながら加えればよい。しかし、安全で効果的な保存のために特定の塩分比率が要求される場合もある。例えば肉を熟成する場合には、安全のため十分な量の塩とキュアリングソルトが必要だ。また、何か月も（あるいは何年も）熟成されるみそやしょうゆなどの発酵食品では、塩分が不十分だとコントロールされた発酵ではなく、腐敗が起こってしまうおそれがある。

この本では、味を見ながら塩を加えるのが適当な場合と、より正確な塩の計量が推奨される場合とを明示するように心がけた。平均的な大きさの食卓スプーン（大さじ）1杯の塩は、約1/2オンス／14gになる。しかし塩の粒が細かい場合にはもう少し重量が少なくなり、塩の粒が荒い場合には重くなる。塩の計量には、容積は粒の大きさや密度にかなり左右されるため、重量のほうがずっと正確だ。私のキッチンにある2種類の塩で比べると、粒の粗い塩はカップ1杯（米国では通常237ml）で7オンス／200gを超えるが、粒の細かい塩は6オンス／170g未満だ。このような量の違いによる影響は、一般的には安全に関しては重大ではないが、風味や微生物環境、そして傷みやすさの点では重要となる可能性がある。小さなキッチンスケールがあれば便利だろう。

塩分のレベルは%w/vで表現されることが多い。これは、水などの溶媒の（ml単位の）体積に対する、塩の（グラム単位の）重量の比率だ。だから、例えば1リットル（1,000ml）の水を5%の塩分濃度にするには、50グラムの塩が必要になる。1リットルの水の重さは1kgなので、実際にはw/vはw/wと同じことになるため、こちらのほうが分かりやすいかもしれない。つまり、どんな単位でもよいから必要な水の重さを量って、それに必要な塩分レベルを掛ければ、加えるべき塩の重さが計算できることになる。塩水の塩分は、塩分濃度計の示度（°SAL）で表現されることもある。0°SALは、まったく塩分を含まないことを示す。100°SALは塩の飽和水溶液の濃度を意味し、60°F／16℃では26.4%だ。そしてこの間の値は、飽

表3-1：塩分比率表

これは非常に一般的なガイドで、クイックリファレンスを意図したものだ。もっと完全で微妙な情報を得るには、該当するセクションを読んでほしい。

野菜

乾塩法	野菜の重量の1.5〜2%、または1ポンド当たり小さじ約1.5〜2杯
湿塩法	水の重量の5%*、または1クォートあたり大さじ約3杯
穀物	穀物乾燥重量の1.5〜2%、または1ポンド当たり小さじ約1.5〜2杯

みそ

長期熟成みそ	大豆と穀物の乾燥重量の13%、または1ポンド当たりカップ約1/4
短期熟成みそ	大豆と穀物の乾燥重量の6%、または1ポンド当たり大さじ約2杯

肉

干し肉	肉の重量の6%、または1ポンド当たり大さじ約2杯
塩漬け肉	水の重量の10%プラス5%の砂糖、または1クォートあたり大さじ約6杯の塩と大さじ約3杯の砂糖
サラミ	肉の重量の2〜3%、または1ポンド当たり大さじ約1杯

*原注：水の重量は1クォートあたり約2ポンド／1リットルあたり1kg。

和水溶液に対する割合を示す。したがって10°SALは飽和水溶液の10%濃度つまり塩分2.6%であり、20°SALは飽和水溶液の20%濃度つまり塩分5.2%、などとなる。

暗闇と日光

すべてではないが大部分の伝統的な発酵は、直射日光を避けて行われるのが普通だ。直射日光に含まれる高レベルの紫外線輻射は、多くの微生物を死滅させたり発育を阻害したりしてしまう。例えば一部の伝統的なキュウリのピクルス（5章の「サワーピクルス」を参照してほしい）など、日光に当てて発酵が行われるまれな例では、発酵物の表面に直接日光を当てることによって表面のカビを防ぎ、発酵微生物に有利な選択的環境を作り出すという理由付けができることが多い。微生物の生態系へ影響を与える以外にも、持続的な直射日光は発酵させている食品の栄養素を減らしてしまう可能性がある。私は通常、発酵食品は直射日光に当てないことにしている。しかし、これは完全な暗闇に置かなくてはならないという意味ではない。私は自分の発酵食品をほとんど全部、直射日光は当たらないが間接光で照明されたキッチンで管理している。間接光さえ入らないように食品を保護しようと努める唯一のプロセスは麦芽づくりで、これ自体は発酵ではないが、ビールの醸造には不可欠なプロセスだ（9章を参照してほしい）。間接光であっても持続的に当たれば若芽の光合成が始まってしまい、緑色になって甘い風味が次第に苦みのある化合物に取って代わられてしまう。私は麦芽づくりもキッチンでしているが、ジャーをタオルで覆って光が入らないようにしている。

発酵容器

発酵容器の必要性は、人間の創作意欲を大きく刺激してきた。21世紀の我々にとって幸いなことに、陶器やガラス製品、コルク栓、エアロック、ねじぶたなどを再発明する必要はない。実際に発酵を始めるには、特別な機材は何もいらないのだ。家の中を見回したり、リサイクルセンターで探したりすれば、食品が入っていたガラス製のジャーなど、発酵に使える容器が見つかるだろう。ガラス製のジャーは、たいていの発酵食品の容器として十分使える。しかし手広く発酵に手を染めるようになると、もっと専門的な機材がほしくなるかもしれない。このセクションでは、さまざまな発酵に必要となるいろいろな種類の機材について見て行き、またさまざまな材質や形状やサイズの選択肢について長所と短所を吟味する。

さまざまな形をした容器には、さまざまな機能的な長所と短所がある。ザワークラウトのような固体食品では、手や器具を入れられるように口が広いことが重要だ。コンブチャや酢のように好気性発酵で作られる食品の場合、酸素と最も多く接触する表面付近で発酵が最も活発になるので、やはり口の広い容器がほしくなる。ワインやミード（ハチミツ酒）が元気に泡立ち始めたら、ドライに発酵させたければ気密性のある首の細い容器にほとんどいっぱいになるまで移して空気に触れる面積を少なくし、好気性の酢酸発酵を起こりにくくするのが良いだろう。発酵に要求される条件をよく理解して、実際に手に入るものとの兼ね合いで、最適な容器を選ぶようにしよう。

ジャーを使う方法

ジャーに何か生の食品を入れて液体に浸せば、発酵が始まる。私はさまざまなサイズのジャーを、ふたと一緒に取っておくようにしている。口が広いものが便利だ。小さなものは発酵には使わないが、発酵食品を人に分けてあげるときに使える。

ジャーを発酵に使うには、数多くの方法がある。小麦粉と水をジャー（またはボウル）の中で混ぜれば、サワー種のスターターが作れる。この場合、小麦粉に既に存在する微生物を補うために空気中の微生物を取り込みたい、そして通気を良くして酵母の生育を刺激したいのであれば、ジャーにふたをする必要はない。その代

発酵の哲学 | Jonathan Samuel Bett

発酵は創造的な混乱の感覚を安全に味わうことのできる刺激的な方法であり、しかも他のもっと複雑で創造的なプロジェクトよりも時間やお金をかけずに済む。発酵は誰でも、どこでも行うことができる。ザワークラウトをたっぷり作るための材料と機材には3ドルもかければたぶん十分だし、入手先を工夫すればもっと安くつくだろう。これは私の想像だが、デリで使い古しのガラス製のジャーをもらい、ゴミ箱からキャベツを拾い、ファーストフード店から塩のパックを拝借してくれば、タダでザワークラウトを作ることだってできてしまう！　あまりお金を掛けなくても作れるので、その分ちょっと奮発して地元産の伝統野菜に使ったり、アンティークのかめや新しいガラスジャーを買い求めたりして、より発酵食品を楽しむこともできる。

わり、布やタオル、あるいはコーヒーフィルターなどを使って虫を締め出すが、空気と共に酸素や微生物は通れるようにする。しかしサワー種の場合、酸素も空気中の微生物もどちらも必須ではないので、密閉したジャーの中でも作れる。発酵食品には、新鮮な酸素の供給が常に必要なものもある。ジャーでコンブチャや酢を発酵させる場合には、ふたはしないほうが良い。コンブチャや酢には空気が必要だからだ。また、体積に対して表面積がなるべく大きくなるように、ジャーはいっぱいになるまで詰め込まないようにしよう。サワー種と同様に、軽くて空気を通すカバーをかけて虫やカビの胞子が入らないようにしておく。

ザワークラウトや発酵乳など、大部分の発酵食品は酸素も空気中の微生物も必要としない。これらは密封したジャーの中で発酵させることができる。しかし、活発に発酵しているジャーを密封する場合には、CO_2の発生による圧力の上昇に気を付ける必要があることが多い。ヨーグルトでは気にする必要はないが、野菜や飲み物を密封したジャーの中で発酵させる場合には、普通は圧力を逃がしてやる必要がある。そうしないと、ジャーが破裂してしまうほど圧力が高まるおそれがあるためだ。ジャーをキッチンカウンターの上に置いて毎日観察し、ふたの膨らみ具合で圧力を判断して、必要に応じてふたを緩めて圧力を逃がしてやる。あるいは、ジャーのふたを緩く締めておき、圧力が逃げるようにしておいてもよい。ふたに圧力を逃がすための小さな穴を開けるか、ビールやワイン造り用品店からプラスチックのエアロック（この章の「アルコール発酵用の容器とエアロック」を参照してほしい）とゴムのガスケットを買ってきて取り付け、ぴったりとふたを締められるようにしてもよい。いま説明したような器具を購入することもできる。[8]

酸性の発酵食品を金属製のふたの付いたジャーに長期間入れておくと、ふたが腐食するおそれがある。このような場合、私はプラスチックのふたを使うか、オーブンペーパーやパラフィン紙の切れ端を使ってジャーの中の発酵商品とふたが直接触れないようにしている。ふたの裏側にココナッツオイルを塗って、腐食を防いでいる人もいる。また、この後の「かめを使う方法」で説明する（私が「かめにふたをしない手法」と呼んでいる）方法をジャーに適用して、大きなジャーとその中にすっぽり入る小さなジャーを使うこともできる。また陶器やガラス、あるいはプラスチックの円盤を落としぶたにして、野菜に重石をしている人もいると聞く。

メイン州の発酵愛好家Ana Antakiは、密封びんを使って野菜を発酵させる利点について手紙で教えてくれた。このびんは、金属製のレバーの付いた留め金でゴム製のガスケットを押し付けて確実に密封できる仕組みになっている。Anaは以下のように書いている。

> 私はこれを3〜4年前から、さまざまな乳酸菌発酵食品に使ってきました。言葉には十分にできないほど良いものです。ただのひとつもバッチをダメに

したことはありませんし、長い間品質が保てます。これらのびんは価格も手ごろで、乳酸菌発酵プロセスに付き物の「メンテナンス」の手間を減らしてくれます。食品が発酵してくると、密封びん内部の圧力が高まります。内側の圧力が外側よりも高くなると、ガスケットはガス、または塩水をジャーの内側から放出します。しかし、容器の外側から内側へ何かが入り込むことはありません。こうして実質的にガスシールが作り出されるので、たとえ塩水の高さが野菜より低くなった場合でも、びんの中にカビや腐敗は発生しません。一度びんを密封して発酵が始まったら、食べるときまで開けてはいけません。

このスタイルのジャーは中古品でも見つかるが、その場合にはゴム製のガスケットを交換する必要があるかもしれない(インターネットで検索すればすぐ見つかる)。あるいはKilner、Fido、Le Parfaitなどのブランドから新品も市販されている。

かめを使う方法

ジャーは小規模のバッチに最適な容器だが、より大規模に発酵を行う場合、私は陶器のかめを使うことが多い。通常、かめは単純な円筒形をしていて、私は1/2ガロンから12ガロンまで(2〜45リットル)いろいろな大きさのものを集めている。これらのかめは側面が直線的で円筒形をしているため表面積が大きく、出し入れが楽で、発酵食品に重石を乗せて漬け汁に浸った状態を保つのが非常に簡単だ。私がフルーツ入りのミードを作る時には、ハチミツと水をかめの中で混ぜてから、ベリーを入れてかき混ぜ、混合物が元気に泡立ってくるまでひたすら混ぜ続ける。頻繁に混ぜることによって、酵母に覆われたフルーツが分散してハチミツ水とより多く接触するようになり、酸素が供給されて酵母の成長が促進され、さらに表面に落ちてきた空気中の微生物が取り込まれる。私はかめを布で覆って虫が入ってこないようにするが、ふたはせずに外気に触れるようにしている。

ザワークラウトを作る時には、刻んで塩をした野菜を入れ、野菜の表面をかめに収まる皿で覆い、それから皿に重石(通常は水を満たした1ガロンの水差し)を乗せて、野菜が自分からしみ出たジュースの中に浸って酸素に触れないようにする。最後に、全体を布で覆って虫が入らないようにする。布をひもで縛って固定することも多い。

ザワークラウトなどの野菜の場合、発酵は嫌気的で酸素を必要としない。かめにふたをしないと、圧力が高くならず、においをかいだり目で見たり味わったりしてザワークラウトの発酵のでき具合が簡単にわかるという利点がある。この手法の欠点は、酸素と接触するため発酵食品の表面に好気性のカビや酵母が発生しやすいことだ。こうなってしまった場合、私は単純に表面を削ったりすくい取ったりして、変色した部分があればそれも一緒に、捨ててしまう。表面の下では、ザワークラウトが健康を保っている。しかし、表面からカビをかき取るのが嫌でふたのある容器を使う人もいる。「発酵食品の上に布をかけておくことは、お呼びでない微生物やカビを引き寄せるのに確実な方法であることが、私にはわかりました！」と発酵愛好家のPatricia Grunauは書いている。どんな容器や手法にもトレードオフはある。エアロック付きのかめのデザインについては、次の「かめのふた」セクションで説明する。

納屋や地下室には、古いかめがたくさん眠っている。私の最初のかめは、古い納屋で見つけたものだった。先祖伝来のかめの多くは、傘立てや花びんなど、食品以外の用途に流用されている。古いかめはアンティークショップでは高い値段がついているし、古い釉薬から食品へ鉛が溶け出すことを心配する人もいる。鉛釉薬の容器に入った発酵食品が原因となった鉛中毒事件が、いくつか実際に記録されている。[9] 私自身はかめの釉薬が浸食されているところを見たことはないが、そのような浸食を報告してくれた人もいる。お手持ちの古いかめを使いたい場合、インターネットで手に入る簡易鉛テストキットでテストしてみることもできる。

一方で、新しいかめには一般的に鉛を含まない釉薬が使われている。ここ数年で私が会った陶芸家にはかめ作りを試みている人が多かったし、できれば読者には近所の職人を支援することをお勧めする。米国のかめ作りの中心地はオハイオ州ローズヴィルらしい。ここではRobinson Ransbottom社が1900年から2007年まで釉薬のかかった陶器のかめを製造していて、その後をBurley Clay CompanyとOhio Stoneware Companyが引き継いだ。これらのかめは、一部の古道具屋や家庭用品店で販売されている。普通、かめは近所から買うほうが、インターネット上で購入して発送してもらうよりも安くつく。発送料金がかめ自体の値段と同じくらいすることも多いからだ。私がウェブで検索してみたところ、Ohio StonewareのかめはAce hardwareのサイト[10]で買えるし、最寄りのAce販売店までなら無料で発送してくれるようだ。自分以外に発酵愛好者の知り合いがいれば、かめを製造業者からパレットでまとめ買いして大幅にコストを低減できる。

陶器のかめの最大の問題点は、壊れやすいことだ。空っぽでも重いし、中身が入ればさらに重くなり、また簡単にひびが入ってしまう。しかし、小さくて細かいひびがかめを壊してしまうとは限らない。かめの最も重要な機能的特性は、水を保持できることだ。細かいひびから水が漏れるかどうかは、かめに水を満たしてその高さを記録しておき、24時間観察することによってテストできる。そのようなひびに微生物が住み着くことを心配する人もいる。かめを空にしておくと、細かいひびにカビが生えて目立つようになることも多い。そのようなかめは酢や過酸化水素でカビを取り除いてから、洗剤とお湯で洗えばよい。自発的な発酵（ザワークラウトなど）でも培養発酵でも、たまたま発生した環境由来のカビは圧倒的な量の発酵微生物によって制圧されてしまうのが微生物の現実だ。あまり気にする必要はない。

水漏れするひびの入ったかめを修理す

ることは可能だ。オハイオ州トレドのGary Schudelは手紙で、ミツバチが巣を作るのに使う蜜蝋とプロポリスを溶かして、ハンダごてを使ってかめの内側からひびに流し込み、古いかめの漏れをなくしたと教えてくれた。プロポリスは「実際には蜜蝋よりも効果があったかもしれない」と後で彼は手紙に書いている。民族植物学者のWilliam Litzingerは、メキシコ北部のタラウマラ族の人々が、松脂や昆虫によって作り出される樹脂状の物質を使って彼らの陶器の発酵用ollaを修理することを報告している。「樹脂は溶かして流し込まれ、非常に良好な充填剤となる」。また彼は、容器を補強して割れを防ぐために革ひもが使われることも報告している。「濡らした革ひもがollaに巻かれ、乾いたときにollaを締め付ける」。[11] これは、いっぱいになったかめに働く外向きの圧力に対してかめを保護するためのカギとなるようだ。

かめのふた

かめには、ふたがあるものとないもの、そしてふたが2つ付属するものもある。ふたは内ぶたとして、かめの内側に収まって発酵中の食品を上から押さえ、漬け汁に浸った状態を保つために使われることもある。あるいは外ぶたとして、かめを覆ってふさぐために使われることもある。かめは、大きさの合ったふたと共に作られて販売される場合もある。そうでない場合、ふたとしては丸い木の板や、間に合わせに皿や鍋のふた（こちらは外ぶたにしか使えない）などの家庭用品が使われる。かめに野菜を比較的いっぱいに詰め込むと、重石を乗せた際、非常に平らで密度の高い重石でなければ重石がかめから飛び出してしまうことになる。ふつう私のところでは、かめに入れた野菜の上に皿を置き、その上に重石として水を満たした1ガロン/4リットルの水差しを乗せている。また、硬くて丸い木の板と石を使ったこともある。石を使う場合、石灰岩は酸性の環境で溶けてしまうので、それ以外の材質の硬くてなめらかなものを使うようにしてほしい。内ぶたはなるべくぴったり収まるように作りたいところだが、多少は隙間が空くようにしてほしい。かめの内径が奥へ行くほどすぼまっている場合（たいていはそうなっている）、ふたがかめの中に入らないとか、あるいはふたのせいで（私が実際にやってしまったように）かめを壊してしまうリスクがある。木で内ぶたを作る場合、漬け汁の中で木が膨らむ分を見込んで余分なスペースを取っておくこと。「かめの中に入れるために作った自家製のオークの木のふたが漬け汁の中で膨らんで、かめを真っ二つに割ってしまうなんて思わなかった」と発酵愛好家のAlyson Ewaldは反省している。かめから飛び出した水差しを覆うために、私は布を使う。夏には虫が多くなるので、布にひもをかけてしっかり固定するようにしている。虫が発酵食品の上に止まると、数日後には幼虫が発生するかもしれない。

小さなジャーから巨大な樽まで、さまざまな規模で人々がうまく行っているもうひとつの方法は、水を満たしたポリエチレン袋に重石とふたの両方の役目をさせることだ。重力によって柔らかいポリエチレン袋の中の水は発酵食品の表面全体に広がってそれを覆い、空気の流通を遮断する。「皿と水の入った水差しを使うよりも、袋のほうがずっと扱いやすいし、必要に応じて調整するのも楽だ」と発酵愛好家のRick Ottenは書いている。水が漏れて発酵食品にかかり、薄まるのを防ぐため、厚めの袋を使うか複数枚重ねるとよいだろう。万一漏れて野菜にかかった場合のことを考えて、塩水で袋を満たしている人もいる。これは機能的には素晴らしいソリューションだ。この方法の唯一の弱点は、食品とプラスチックが長い時間接触してしまうことだが、これについてはこの後の「プラスチック容器」で説明する。

さまざまなかめのデザイン

米国では円筒形がかめのデザインとして最も普通のようだが、世界の別の地域ではさまざまな形のものが使われている。アジアでは、中ほどが膨らんだダルマ型のかめが一般的だ。韓国の伝統的な陶器製の発酵用のかめはオンギ（onggi）と呼ばれている。私の友達で隣人でもあるテネシー州ドーウェルタウンのAmy Potterは、彼女自身がデザインしたゴージャスなかめを作ってきた。Amyのかめはわずかに中ほどが膨らんだ形をしていて、ふたが2つ（発酵食品の重石として機能する厚くて重い内ぶたと、虫を締め出すための外ぶた）が付いてくる。これ以外にも陶工の手作りによるゴージャスなデザインの陶器のかめを数多く私は集めたり見たりしてきた。そのうちのいくつかを、カラー口絵ページに掲載してある。陶器製造業者のウェブサイトについては、「参考資料」を参照してほしい。

この本で繰り返し述べているように、発酵に適した手法や容器やスタイルはひとつではない。発酵は自然現象であり、人々は数多くの異なる方法を採用してきた。心配せずに、変わった形の容器を試してみよう。標準仕様の形が必要なのだと思い込まないでほしい。発酵の復興によって我々のコミュニティへ食物を取り戻すことと同様に、我々にはコミュニティで発酵容器を作るだけの技術と才能がある。陶工と協力して、創造性を発揮しよう。そしてリサイクルしよう。私が中古用品店へ行くときには、食品保存容器やクッキーのジャー、ボウル、花びん、あるいは保温調理鍋など、発酵容器に使えそうなものを家庭用品のコーナーでいつも探している。専用の容器がないからといって、発酵をあきらめないでほしい。

大いに興味を引かれたかめのデザインの中に、水で密封するための溝の付いたものがある。通常はドイツからの輸入品だが、ポーランドや中国製の物もあるようだ。これらのかめは口の周りに溝が付いており、ここに水をためておき、ふたの縁が溝にはまるようになっている。この仕組みは外の空気が発酵食品へ入ることを防止する一方で、圧力は逃がせる効果がある。またドイツのHarschブランドのかめには、野菜を漬け汁に浸った状態に保つための2つの半円形の重石が付いてくる。このデザインは、表面で好気性微生物が繁殖することを防止するため、非常に効果的だ。このデザインの唯一の弱点は、かめを密封している場合だけカビを防止する効果があり、(私がよくしているように) 頻繁に中身を見たり、においをかいだり、味見しては意味がなくなってしまうことだ。巧妙なソリューションも完璧ではない。どんなデザインにも長所と短所がある。

金属容器

一般的に (少なくとも酸性の発酵食品の場合は) 金属容器での発酵は避けるのがよい。その理由は酸だけでなく、酸性発酵食品によく使われる塩分によっても金属が腐食し、その腐食が食品に移行してしまうからだ。理論的には、ステンレス鋼は腐食に耐性がある。ワイン業界向けに製造されたステンレス鋼容器は一部の企業で腐食なしに野菜を発酵させるために使われている (13章の「規模拡大」を参照してほしい)。しかし、このような特化した製品に用いられる産業グレードの頑丈なステンレス鋼とは違って、大部分の家庭用ステンレス鋼には薄いコーティングしかされていないことが多く、傷がつくとそこから腐食が始まってしまうおそれがあることは重要なので理解しておいてほしい。金属容器で発酵食品を食卓に出したり短期間保存したりするのは大丈夫だが、発酵容器に通常要求される長期間の接触は避けるのが賢明だ。エナメル引き (ほうろう) の鍋は、エナメルが金属を腐食から保護するので、話は違ってくる。エナメルに傷がないかどうか、慎重にチェックしてほしい。傷がなければ、発酵容器として使っても安全だろう。

プラスチック容器

プラスチックは、最近になって実用化された材料で、機能的には発酵に適した点もあるが、これにもまた弱点がある。プラスチック容器の欠点の中で重要なのは、化学物質がプラスチックから発酵飲食物へしみ出す可能性があることだ。プラスチックから食品へしみ出す化学物質の中で最も懸念されているものはホルモンをかく乱するフタル酸エステル類で、胎児のときにこの物質にさらされた雄のげっ歯類の「不完全な男性化」や、多くの種の雄の生殖機能の発達の問題に関連があるとされている。

水やソフトドリンクに用いられるPETボトルからフタル酸エステル類がしみ出すことを報告した論文誌『Environmental Health Perspectives』では、このことを「多くのフタル酸エステル類と、脂肪とインシュリン耐性の増加、男児における肛門性器間距離の減少、性ホルモンのレベルの低下、そしてヒトの生殖系 (女性と男性の両方) への影響など、さまざまな悪影響との関連を示した文献の数は増え続けている」と要約している。[12] 米国の予防衛生研究所のNational Toxicity Programの報告も注意深くこれに同意しており、DEHPとして知られるフタル酸エステルへの暴露が「男性生殖器官の発達に悪影響を与えるかもしれない」という「懸念」を表明している。胎児や幼児は最も悪影響を受けやすい。皮肉なことに、口を使って世界を探索する幼児ほど暴露は大きい傾向にあり、これはフローリング、建設材料、化粧品、香水、ヘアスプレーなどの日用品によって「DEHPは環境中のどこにでも存在する」ためだ。しかしヒトへの暴露の大部分は、プラスチック容器に入っていた飲食物によるものだ。[13]

幸いなことに、発酵容器として使われているのをよく見かける（食品サービス施設へ食用油やマヨネーズ、ピクルスなどを大量に供給するために使われていた）食品グレードの5ガロン／20リットルのバケツは高密度ポリエチレン（HDPE）製であり、フタル酸エステル類や（プラスチックに含まれるもうひとつの懸念される化学物質）ビスフェノールA（BPA）を含まない。しかしそれでも、他の化学物質がHDPEから食品へ移行することはあるかもしれない。正確なところは誰にもわからない。一般的に言って、私はプラスチックを主要な発酵容器としては使わないが、出来上がった発酵食品をプラスチック容器に入れることは時々ある。よく輸入品のオリーブに使われている樽型のガロンサイズのプラスチック容器を取っておいて、ザワークラウトなどの発酵食品を漏れないように運ぶために再利用している。

私が使うプラスチックの中で、最も懸念されるのは水やソフトドリンクのPETボトルの再利用だ。『Environmental Health Perspectives』の研究では、「PETボトルの内容物におけるフタル酸エステル類の濃度はボトルの内容物に応じて変動し、水よりもソーダや酢などのpHの低い製品へフタル酸エステル類がしみ出しやすい」ことが分かっている。さらに、『National Geographic's Green Guide』ではPET樹脂が「一度しか使われない場合には安全なプラスチックである……PETボトルが再利用された場合（よく再利用されているが）、化学物質がしみ出すおそれがある」と報告しているが、具体的にこの物質をフタル酸エステル類と特定してはいない。[14]

よく私は1〜3リットルの容量のプラスチック製ボトルを再利用して、発泡させたい部分発酵した飲み物を詰めている。時にはバッチの大部分をガラスびんに詰めるが、押してみてへこむ（あるいはへこまない）具合からボトルの内圧を知るためにプラスチック製ボトルを1本だけ使うこともある。こうすると発酵飲料が十分に発泡したことが分かるので、そこで冷蔵庫に入れれば発酵を遅らせることができる。発泡を抑制しないと、破裂する危険があるためだ（6章の「発泡」を参照してほしい）。胎児や幼児の発達の問題と、ガラスびんが目の前で破裂する危険性と、あなたにとってはどちらが重要だろうか？　それは状況によるだろう。私は妊娠していないし幼児と一緒に生活していないので、実利を取ってリサイクルしたプラスチック容器に発酵食品を保存することもある。しかし、もし私が妊娠していたり、妊娠を望んでいたり、あるいは幼児と一緒に生活していたとしたら、たぶん私はびんが破裂するリスクを冒してでもプラスチックを使わないようにする（あるいは、簡単で安全な発泡しない飲み物だけを飲むようにする）ことだろう。

木製容器

発酵を大規模に行う場合には、木製の樽が優れた容器となる。私が使っている樽は、Jack Daniel'sの醸造所から75ドルで買い求めたものだが、もともとはウィスキーをエージングするために使われていたもので約55ガロン／200リットルの容量がある。私はこの樽をラディッシュクラウト作りに使っているが、いっぱいにするには440ポンド／200kgの野菜が必要だ。私がこの樽を買った時には、側面に小さな注ぎ口がひとつだけ開いているだけだった。クラウトの発酵に使えるようにするには、一方の端を切り落とし、注ぎ口をふさぐ必要があった。注ぎ口をふさぐのにぴったりのテーパー状の木の栓は、インターネットで見つけた。[15]熟練した（またはやる気のある）木工職人なら、適切な形状のプラグをこしらえるのは造作もないことだろう。

私は樽を、かめとまったく同じように使っている。樽に材料を詰めたら、2枚の半円形の硬い木の板を野菜の上に乗せて、その上に水差し2つ（1枚の板に1つずつ）または水を満たしたかめを重石として乗せる。最後に、全体を布で覆う。木目には必ず微生物が住んでいるが、すべての野菜に生息している乳酸菌が、塩水の中で保護された環境ではすぐに圧倒的となる。冬のゆっくりとした長い発酵中には、表面にカビが生えることがある。露出した端のほうに変色したり悪くなったりした野菜があれば、それもカビと一緒に取り除いて捨てれば、塩水に漬かって保護されている野菜は大丈夫だ。冬から春にかけてクラウトを収穫する際、湿って露出した樽の木の側面は完全にカビているので、ラディッシュクラウトの露出した端のほうは堆肥にしなくてはならない。その分を差し引いても、塩水の中で保護されたクラウトはひと口ひと口が素晴らしくおいしいものだ。

カノア

アルコール飲料の発酵に使われる、もうひとつの種類の木製容器が**カノア**だ。これはカヌーのように丸太を横にしてくりぬいたものだ（**カヌー**（canoe）という単語は、**カノア**（canoa）から派生したものだ）。「『カノア』と呼ばれる丸太をくりぬいた発酵容器は、常に神の家の東に置かれる」と民族植物学者のWilliam Litzingerは報告している。[16]

> 最初に量り取られた水がカノアへ注ぎ込まれる前に、目に見える割れ目や穴がないかどうか綿密に検査される。時には小さなキクイムシの幼虫がカノアに穴を開けてしまうことがある。そのような穴は、森林下層に生育する丈の低いヤシから取ったとげを使ってふさがれる。ヤシのとげではふさげないくらい大きな穴や、カノアが乾燥して割れてしまった場合には、Nahaの南側の標高の高い場所に生えるコーパルの

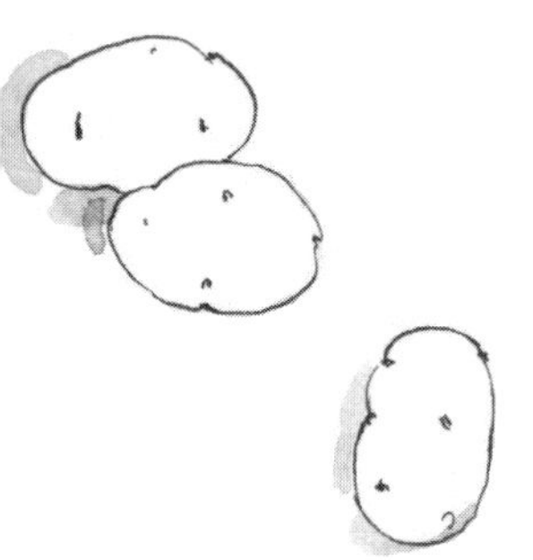

木（*Prorium*属の種）またはマツ（*Pinus*属の種）から集められた樹脂でふさがれる。樹脂は小さなかたまりにして修理が必要な場所を覆い、それからマッチで火をつけて樹脂が溶けて隙間に流れ込むようにする。

アルコール飲料の魅力は、信じられないほどの創造性と発明を生み出すようだ。

発酵容器として使われるヒョウタンなどの果実

ガラス製のジャーや陶器製の容器が存在する前から、ヒョウタンは存在していた。ヒョウタンは世界中の多くの文化で何千年も前から発酵容器として使われてきた。[17] 水や発酵食品を入れるには、ヒョウタンを乾燥させて切り開き、中身を取り除いて蠟引きしなくてはならない。屋外の大自然の中で乾燥させてもよいし、屋内で加熱して速く乾かすこともできる。戸外で乾燥させたヒョウタンには、非常に美しいカビの模様が付くことがある。「母なる自然は最高の芸術家だ」と私の友達でヒョウタン作家のJai Sherondaは言う。これは我々の共通の友人で、バーモント州の農産物直売所のためにヒョウタンを育てているDan Harlowの言葉の引用だそうだ。ヒョウタンが乾くと、外皮がはがれることもあれば、はがれないこともある。ヒョウタンが乾くと中空の感じがして、振ると中で種がカラカラと音を立てるようになる。そうなったら、ヒョウタンを切り開いて加工できる。

まず、手が中に入る大きさの開口部を作る必要がある。皮の薄いヒョウタンなら、ナイフやカッターナイフを使って切り開けばいい。皮が厚い場合には、小さなDremel電動のこぎりなどのツールを使うか、あるいはドリルで開けた小さな穴をつないで開口部を作り、それからナイフや紙やすりを使ってエッジを滑らかにする必要があるだろう。種（種はまいて増やすことができる）と果肉を取り除く。それから削ったり磨いたりして、できるだけ内部を滑らかにする。最後に、蜜蝋を溶かして内側の表面にすり込む。ヒョウタンに水を入れてテストし、漏れないことを確かめる。漏れるようなら、乾かしてからさらに蜜蝋をすり込む。

また私は、スイカやカボチャ、そしてナスなど、さまざまな大きい果物や野菜の中で速成のザワークラウトやキムチを作ったこともある。これは楽しく効果的な発酵のプレゼンテーションになるが、容器として理想的とは言い難い。すぐに劣化するし、自分自身が発酵してしまい、液体を保持する能力を失ってしまうからだ。

バスケット

私は見かけたことはないが、きつく編み上げたバスケットで発酵を行う例が書物には載っている。メキシコで地元民の発酵を研究していた考古学者のHenry Brumanは、16世紀の中央メキシコからのスペイン人の報告を引用している。「彼らは陶器や木製の容器を持たず、繊維を緊密に編み上げて水を保持できるようにしたものしか持っていない。この中で彼らはワインを作る」。[18] もしかすると、蜜蝋や植物性の樹脂を使ってきつく編み上げたバスケットの隙間をふさいでいたのだろうか？ 10章の「テンペ作り」で取り上げた、バスケットをひな形としたテンペをチェックしてみてほしい。

穴埋め発酵

私自身は地面に掘った穴の中で発酵を行った経験はないが、発酵技術に関連する文化的情報の要約を作成するという意味では、地面に掘ったシンプルな穴が発酵容器としても利用されてきたことに触れておくのは大事だと思う。すでに北極圏で穴の中で発酵される魚については触れた（2章の「発酵の変わった風味」を参照してほしい）。ヒマラヤでは、グンドゥルックとかシンキと呼ばれる発酵させた葉物野菜やダイコン（5章の「ヒマラヤのグンドゥルックとシンキ」を参照してほしい）は伝統的に、直径と深さが両方とも2～3フィート（1m弱）の穴で作られる。「穴は清掃され、泥が塗りこめられ、そして火で温められる。その灰を取り除いた後に、穴には竹の皮と稲わらが敷き詰められる」。穴にはダイコンが入れられて、「乾いた葉で覆われ、重い板や石で重石がかけられる。穴の上には泥が塗りこめられ、そのまま放置して発酵させる」。[19]

山がちなオーストリアのスティリア地域では、grubenkrautと呼ばれるプロセスで、歴史的にキャベツは塩をせずに穴へ埋められていた。この習慣を復活させようとしているスローフード協会のプレシディオ（食の砦）では、以下のようにこのプロセスを記述している。

> 穴の形状はさまざま（円形、楕円形、正方形）で、石やカラマツの木で内面が覆われる場合もある。穴にはかなりの深さ（約4m）が必要で、キャベツは穴の底で凍らないように特定の方法で並べられなくてはならない。穴の底はまず藁（伝統的にはクミンの香りの付いた藁）で覆われ、それからキャベツの葉の層、次にキャベツの玉が上下さかさまにして層状に積み重ねられる。キャベツはウールの布で覆われ、さらに藁が積み重ねられ、そして穴は木製のふたで閉じられて大きな石（少なくとも100kg）で重石がされる。穴に入れられる前に、キャベツは大きな鉄製の鍋の中で数分間、沸騰した湯で湯通しされる。このプロセスは葉の色を緑から白に変え、またキャベツを消毒し、多少キャベツを膨らませ、そして発酵の開始を促進するといったいくつかの機能を果たす。穴から取り出されたキャベツ（発酵中に体積は半分に減る）は外側の葉が取り除かれ、洗われて細かく刻まれる。[20]

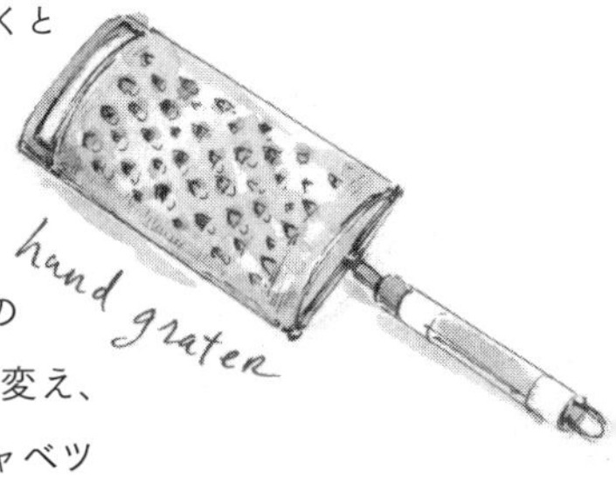

同様にポーランドでは20世紀に「木の厚板で側面が覆われた、特殊な溝でキャベツを漬けることがよくあった」と民族学者のAnna Kowalska-Lewickaが報告している。[21]

国連食糧農業機関（FAO）では、南太

平洋などの熱帯地域では「穴埋め発酵はデンプン質の野菜を保存する古代からの手法だった」と報告している。報告は以下のように続いている。

> 根菜類やバナナは穴に入れる前に皮をむき、パンノキの果実は皮をこそげ取って串刺しにする。食品は3週間から6週間の間放置されて発酵し、柔らかくなって、強いにおいとペースト状の粘り気を持つようになる。発酵の間、穴には二酸化炭素が蓄積して嫌気的環境が作り出される。バクテリアの活動によって、温度は室温よりもはるかに高くなる。穴の中の果実のpHは、4週間のうちに6.7から3.7へと減少する……発酵したペーストは、そのまま穴の中に残されて必要に応じて取り出される。[22]

Keith Steinkrausらは、「穴に保存された食料は、数か月あるいは数年間も劣化せず長持ちし」、また「干ばつや戦乱、そしてハリケーンの際に飢饉を防ぐための蓄えとして、また船による遠征の食料として」用いられると報告している。彼らは南太平洋の穴埋め調理について、さらに以下のように記述している。

> 土壌の種類と排水が、穴の場所を選定する上で重要な考慮点となる。穴の側面は、土が穴の中へ落ちてこないように、固くなければならない。そのため穴の側面は突き固められたり、石で覆われたりすることもある。家庭用の穴は深さが0.6〜1.5 mで幅が1.2〜2 mであり、5個以上のパンノキの果実が入る。コミュニティの穴には1000個のパンノキの果実が入るかもしれない……穴の内面は乾燥させたバナナの葉で覆われ、それから緑のバナナの葉が折り曲げられ、穴の縁に沿って重なり合い、穴の外に飛び出すようにして円形に並べられる。土壌による汚染を防止するため、少なくとも2〜3層のバナナの葉が必要とされる。次に洗った食品が穴に入れられ、緑のバナナの葉が食品の上に折り重ねられ、さらに乾燥させたバナナの葉が上に重ねられ、そして穴の上に石が置かれる。[23]

理想的な容器がないからと言って、発酵をあきらめてはいけない！　これら世界各地の古代の穴埋め発酵の伝統からインスピレーションを得てほしい。また、恐れずに創意工夫を発揮してほしい。

漬物器

漬物器（pickle press）は、野菜に圧力をかけてジュースをしみださせ、野菜がその中に浸るように設計された器具だ。私は日本で製造されたプラスチック製のものを見たことがあり、またザワークラウトを作るため樽に入れて使うものがあると聞いたことがある。私が「kraut press」をオンラインで検索してみたところ、見つかったのは「kraut pressにおける新しく有用な改良」という名称で1921年に

Ignatz Glanschinigへ与えられた特許だけだった。個人的には、これまでに説明した野菜を漬けるローテクな手法に私は十分満足しているが、人間の創意工夫には無限の魅力を感じるし、これらは発酵のために作り出された賢い発明だと思う。

野菜のスライサー

発酵のために野菜を刻むには、何も特殊な道具を買う必要はない。包丁で完全に十分だし、おろし金を補助的に使うこともできる。もちろん、フードプロセッサやマンドリンカッターなどのスライサーを使ってもよい。私はクラウトボード（kraut board）を持っていて、大量のバッチにはよく使う。これは大きな木の板に、互いに平行な3枚の刃が斜めについているものだ。キャベツなどの野菜を刃の上でスライドさせるごとに、3つの薄いスライスが切りだされる。リズムよく作業すれば、とても速く野菜を千切りすることができる。しかし指には気を付けて！手伝いに来た人が何度もけがをするのを見て、私は安全のためにステンレスメッシュの手袋を使うことにした。大規模に作るには、連続供給フードプロセッサがあれば重宝するだろうし、キャベツの千切り専用の産業用機械も存在する。

野菜叩き

野菜を発酵させる際、野菜を叩いて細胞壁を壊しておくと、野菜のジュースが出やすくなる。小規模の場合には、ボウルの中で野菜を手で絞れば同じ効果が得られる。大規模または頻繁に作る場合、何らかのツールがあったほうが良いだろう。野球のバットやツーバイフォーの板など、丈夫でずっしりした木製のものが役に立つ。発酵に前向きなWeston A. Price財団のオレゴン支部では、彼らが「クラウト・パウンダー」と呼ぶ木製のツールを手作りして販売している。[24]

発酵食品の戦略的保存

発酵後は、発酵食品を空気から遮断して保存すること。私は野菜やみそをかめで発酵させる場合でも、人に分けたり食べるためにキッチンで保存したりする際にはジャーに移す。ジャーが半分空になると、残りの半分は空気だ。特に暖かい気候では（しかし冷蔵庫でさえ）、ジャーに空気が多いほど発酵食品はカビやすくなる。そこで、ジャーが半分空になったら中身をもっと小さなジャーに移していっぱいにし、カビの成長を助長する空気をなくすようにしている。

アルコール作り用の容器とエアロック

家庭でアルコール作りをする人には、大量の情報と大量の機材が入手可能だ。その中には、文句なしに最高の飲み物を作れるものもある。しかし、現在利用できる技術の多くがなくても人々がミードやワインやビールをどれだけ上手に作ってきたか、私はいつでも自分に言い聞かせるようにしている。これまでに説明したもの以外を使わずに、アルコールを発酵させることは可能だ。ジャーやかめ（あるいはヒョウタン）の他に、ハチミツと水があれば十分だ。

アルコール発酵は最初に活発となり、盛んに泡立つのが普通だ。しかし発酵が衰えると（まだ糖分は一部分しかアルコールに変わっていないが）、泡立ちが収まるため発酵の表面には*Acetobacter*（アルコールを酢酸に変えるバクテリア）が増殖しやすくなる。歴史的に（そして多くの場所では現在でも）、アルコール飲料は部分的に発酵した状態（アルコール分が低く、まだ甘さが残っていて、酸っぱい場合もある）で飲まれてきた。*Acetobacter*は酸素を必要とするため、液体が空気と接触する飲み物の表面で増殖し始める。ドライに（糖分がすべてアルコールに変わるように）発酵させるには、特に（穀物ベースの速い発酵ではなく）ハチミツやフルーツベースの遅い発酵の場合、表面積を少なくして空気を遮断すれば酸っぱくなることを防ぐことができる。

カルボイ（carboy）は、首の細い水差しの形をした発酵容器だ。細くなった首のところまで液体を満たせば、発酵物が空気にさらされる表面積を最小にできる。カルボイの口に栓をしてはいけない理由は、発酵は低速フェーズであってもCO_2を発生するため、圧力が高まって栓が飛んでしまう（あるいは容器が破裂してしまう）ためだ。エアロックは、酸素が豊富に含まれる外気を遮断しながらカルボイから圧力を逃がせるようにするためのプラスチック製の器具だ。デザインにはいくつか種類があるが、どれも水を加える必要がある。この水が空気を遮断する一方で、発酵から発生するCO_2の圧力は水を押しのけて放出される。エアロックは、ビールやワイン造り用品店で購入できる。近くにそういった店がなければ、インターネットでもたくさん売られている。エアロックの値段は数ドル程度で、専用のコルク栓と一緒に使う。コルク栓（通常はゴム製だ）は、水差しやカルボイの口にぴったりと収まるようになっている。コルク栓にはエアロックを差し込む小さな穴が開いていて、エアロックには水を（通常は印のあるレベルまで）満たす必要がある。水は時間とともに蒸発するため、カルボイの中に発酵食品を1か月かそれ以上入れておく場合には、定期的にエアロックの水のレベルをチェックして、必要に応じて水を足すこと。

市販品のエアロックが手に入らない場合、自分で作る方法もいくつかある。最も簡単な手法は、風船やコンドームを発酵容器に取り付けることだ。圧力によって風船は膨らむが、ある点を超えると通常は破裂せずにゆっくりと空気が漏れ出す。しかし破裂したり外れたりするおそれもあるので、注意を怠ってはいけない。プラスチックの細いチューブがあれば、簡単にエアロックが作れる。容器に合うコルク栓を見つけるか作るかして、そこにチューブが通る大きさの穴を開ける。チューブをコルク栓に通して、端を水の入った容器に入れる。圧力のかかったCO_2は水を通して泡となって出て行くが、発酵食品は大気から遮断される。あるいは、粘土を使ってチューブの周りにストッパーを作ってもよい。

ビール作りには、麦汁濾過機（lauter-tun）

と呼ばれる容器も使われる。これは、マッシュした穀粒を濾過して麦汁を抽出するためのものだ。市販品の麦汁濾過機はビール造り用品店で買うことができるし、自家製ビールの本には工夫して手作りするための設計図が載っていることも多い。

サイフォンとラッキング

アルコール発酵飲料を容器から別の容器やびんへ移す際には、サイフォンが使われることが多い。サイフォンの利点は、発酵容器の底にたまる死んだ酵母の沈殿物（ワインや日本酒では「おり（lee）」、ビールでは「トルーブ（trub）」と呼ばれる）を取り除けることだ。サイフォンは単純な柔軟性のあるチューブの場合もあるし、あるいは容器の中でサイフォンの位置をコントロールできるように硬い「ラッキングチューブ（racking tube）」やサイフォンを開け閉めするためのホースクランプなど、さまざまなアクセサリがチューブについているものもある。サイフォンを使う際、私はサイフォンで吸い出したいほうの容器を比較的高い場所に置き、容器を動かしたことによって浮かんだ沈殿物が落ち着くまで待つ。受け側の容器を低い場所（床のことが多い）に置き、サイフォンを沈殿物の上の透明な液体の部分に差し込む。私はいつも、移し替えている間は味見用のグラスを近くに置くようにしている。サイフォンを開始するには、立ち上がってホースをくわえ、発酵した液体の味がするまで吸い込んでから、しゃがんで受け手側の容器へ流し込む。

この手法が全員に受け入れられているわけではない。私のウェブサイトを見て気を悪くした人もいた。「口を使ってワインやビールをサイフォンするなんて思っただけで気持ち悪いし、衛生的ではない。私がラッキングやびん詰めをする際にはマスクと手袋を着け、0.02ミクロンの滅菌フィルターをすべての開口部に取り付けて空気だけが液体に触れるようにしている」。サイフォンを口で吸うのが嫌なら、あるいはびん詰めしたものを何らかの形で市販するつもりなら、単純で安価なポンプを使うこともできる。

ラッキングとは、発酵した液体をサイフォンでひとつの容器から別の容器へ移し替えることだ。長期間にわたるワインやミードの発酵中には、主におりを取り除くためにラッキングをすることが多い。おりは食べても問題ないし栄養も含まれているが、我々は澄んだ飲み物を好む文化を発展させてきたし、多くの人はおりが放つ酵母臭が少ないほうを好む。サイフォンによって空気にさらされるため、「スタック」していたように見えた発酵が再開する効果もある。発酵物をラッキングしておりを（多少の発酵物と共に）除いた後には、発酵物の量が減るため容器には空間が増えることになる。私は通常これを埋め合わせるためにハチミツ水か砂糖水を（最初と同じ比率に混ぜて）加え、容器中の発酵物の表面積がラッキング後も最小になるようにしている。

びんとびん詰め

発酵飲料をエージングしたり発泡させたりしないのであれば、発酵容器から直接注いで飲むこともできる。これはローテクな方法で、大部分の現地固有の文化で行われてきたことだ。しかし保存や配膳やエージングのためには、発酵物をびんへ移し替えるほうが好まれる。びん詰めで最初に考慮すべき点は、びんの種類だ。ワインボトルはコルクで栓をするが、あまり高い圧力には耐えられない。ビールびんはキャップで栓がされ多少の圧力には耐えられるが、何年にもわたってエージングするためにはふつう使われない。シャンパンボトルはワインボトルよりも圧力に耐える必要があるため厚く、また同じ理由からコルク栓は針金で止めるようになっている。

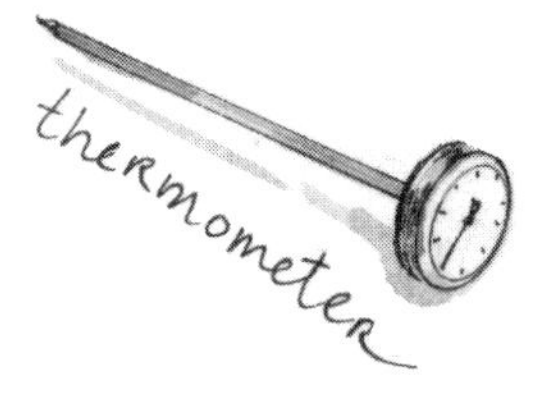

ワインボトルやビールびんは、どのリサイクルセンターでも簡単に手に入る。ビールびんのスクリューキャップを空気が漏れないように密封するシールは入手できないので、スクリューキャップはあきらめて丸い滑らかな口のびんを探そう。シャンパンボトルならば、新年パーティーの後に集めに行くのが良いだろう。ワインボトルにはコルク栓を詰めるツールが必要だが、ビールびんには打栓機が必要だ。これらはワインやビール造り用品店で購入でき、基本的なデザインの物は15ドル程度だが、もっと高価で手が込んだものもたくさんある。Leon Kaniaの『Alaskan Bootlegger's Bible』という素晴らしい本には、打栓機を自作するための設計図が載っている。

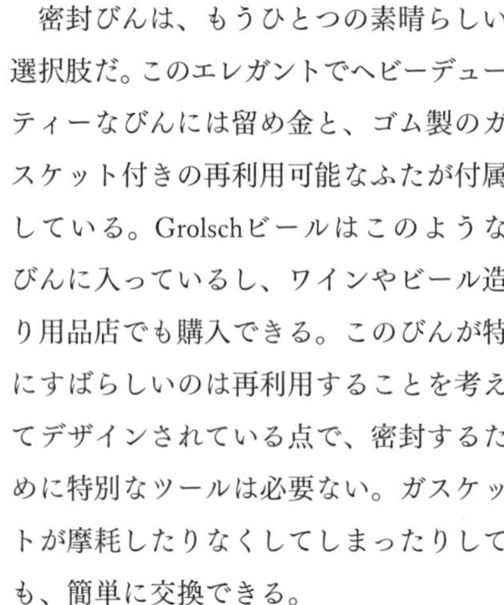

密封びんは、もうひとつの素晴らしい選択肢だ。このエレガントでヘビーデューティーなびんには留め金と、ゴム製のガスケット付きの再利用可能なふたが付属している。Grolschビールはこのようなびんに入っているし、ワインやビール造り用品店でも購入できる。このびんが特にすばらしいのは再利用することを考えてデザインされている点で、密封するために特別なツールは必要ない。ガスケットが摩耗したりなくしてしまったりしても、簡単に交換できる。

これらは、発酵飲料に使われるクラシックなタイプのびんだ。かめと同じように、飲み物を入れるための陶器の水差しを手作りしてもよい。すぐに飲むつもりなら、あるいは短期の保存には、酒のびん（とても変わった形のものもある）やプラスチック製のソーダびんなど、飲み物が入っていたありあわせのびんを使うこともできる。伝統に縛られる必要はない。

びん詰めの際には、必ずバッチ全体が十分に入るだけのびんを洗って、びん詰めできるように準備してからサイフォンを始めよう。サイフォンに液体が流れ始めると、プロセス全体が非常にあわただしく進んで行くからだ。あふれることも多いし、あふれたアルコールはべたべたするので、掃除がしやすい場所で行ってほしい。クランプで流れを止められるようにしておこう。指を使ってチューブの端をふさいだり、チューブをつまんだりしてもよい。ボトルの首が細くなっているところまで液体を満たし、少しだけ空間を残すようにしよう。

発酵の本には社会通念として、びんや

コルク栓、キャップ、そしてサイフォンなど、すべてを薬品で殺菌しなさいと書いてある。先ほども述べたように、私のモットーは清潔で、殺菌ではない。殺菌は神話であって、家庭では達成不可能だし、望ましいものでもない。アルコール（または酸性化）には、それ自体に防腐作用がある。長期間（酢酸発酵を促進する）酸素と接触しないようにすれば、それで大丈夫なはずだ。びんは食器用洗剤とお湯で洗う。必ずよくすすいでほしい。キャップやプラスチックのコルク栓は、煮沸消毒する。伝統的なコルク栓は煮沸すべきでない。分解が進んでしまうからだ。その代わり、お湯を沸騰させて火からおろしてから、沸騰直後のお湯にコルクを漬ける。エージングのためには、新しいコルクを買うことをお勧めする。傷のないコルクは短期間のびん詰めに再利用できる。

コルク栓に関しては、地中海のコルクガシ（*Quercus suber*）から取った伝統的なコルク素材を使うか、それともプラスチックでできたものを使うかという大きな問題がある。ワイナリーではコルクテイントと呼ばれる問題を避けるため、プラスチックやスクリューキャップに切り替えているところが多い。コルクテイントとは、コルクのカビがワインと反応してカビ臭いにおいを付けてしまうことだ。私はプラスチックとコルクを両方使ってみたが、どちらが良いとも言い難い。私は自然素材により魅力を感じるし、コルクテイントと判断できる問題を経験したこともない。しかし私は純粋主義者ではないので、適切だと感じられる場合にプラスチックを使うことには反対しない。絶滅危惧種の木からコルクが作られている、といううわさは真実ではない。実際には、コルクの収穫は持続可能だし（コルクが収穫されても木が死ぬことはなく、コルクはすぐに再生する）、多数の絶滅危惧種の貴重な住処となっている南ヨーロッパや北アフリカの何百万エーカーもの森林を保護しているコルク業界の功績は、世界野生動物基金（WWF）にも認められている。[25] 天然コルクで栓をしたびんは、コルクが湿るように横倒しにして保存すべきだ。コルクは乾くと、分解してしまうおそれがある。

熱心なビール醸造家の中には、びん詰めを完全にやめてしまい、ビールをびんではなく樽のまま保存し食卓に出す人もいる。これは時間と労力の大幅な節約になるが、そのためには特別な機材が必要となる。これは私の専門外だ。

比重計

比重計は、液体の比重を測定するためのツールだ。**比重**とは、その液体の密度と水の密度との比率を意味する。発酵前の液体の比重は達成可能なアルコール濃度の目安となり、また発酵中の液体の比重は未発酵の糖分（アルコールに変わる可能性）が残っているかどうかの目安となる。とはいえ、私は長年ミードを発酵させていて、ほとんど比重計を使ったことがない。しかし安価で使いやすいので、重宝している家庭発酵家も多い。

温度計

多くの発酵プロセスには特定の温度範囲を維持することが必要だったり、加熱した材料は培養微生物を加える前に適当な温度まで冷ます必要があったりする。長い歴史の中で発酵家たちがしてきたように自分の温度感覚を頼りにしてもよいが、温度計は非常に役に立つツールだ。私は2種類の温度計を使っている。ひとつはシンプルなダイヤル式のもので、ほとんどどこでも手に入るだろう。もうひとつはコードの先にセンサーが付いているデジタル式のものだ（肉の温度をオーブンの外から読み取れるようにデザインされている）。コードの付いた温度計は、保温箱（この後の「保温箱」を参照してほしい）の監視には最適だ。内部の温度を、扉を開けずに見ることができるからだ（扉を開けると温度が下がってしまう）。

Steamed barley

シードルやブドウの圧搾機

大量のフルーツ、特にリンゴやナシやブドウが手に入るなら、しっかりとした作りの圧搾機があれば役に立つだろう。圧搾機には、一般的にはミル（またはグラインダー）も含まれる。ミルはフルーツをぎざぎざの表面でこすって、果肉を引き裂く。次にその果肉（**ポマス**と呼ばれる）を、スクリュー式または水圧式の圧搾機を使って絞る。圧搾機を買ったり作ったりする場合には、ヘビーデューティーな材質のものを選んでほしい。フルーツからジュースを絞り出す際には、繰り返し力が加えられるからだ。作りの良い圧搾機は何百ドルもするので、コミュニティで共有するには最適のリソースだ。一家庭で所有してメンテナンスを行い、必要ならば料金かジュースの現物の分け前をもらって、貸し出せばよい。今年はナシが大豊作だったので、友人のSpikyを手伝って、友達のMerrilとGabbyが持っている圧搾機を使ってジュースを25ガロン／100リットル以上も絞ってもらった。彼らには親切のお礼として、新鮮なナシのジュースとペリー（発酵させたなしのジュース）を進呈した。

いつでも創意工夫を発揮してみよう。ブドウの場合、桶に入れて（よく洗った）足で踏みつぶせば柔らかくなり、即席の圧搾機で果肉を絞って十分にジュースが得られる。リンゴやナシの場合には電動ジューサーが使えるが、ほとんどの家庭用モデルは大量の材料を連続的に処理するようには設計されていない。ジューサーがなくても、例えばハチミツ水でフルーツの風味を抽出してフルーツ入りのミードを作るとか、砂糖水に漬けてカントリーワインを作るなど、他にもフルーツを使う方法はある（4章の「フルーツや花を加えたミード」と「砂糖ベースのカントリーワイン」を参照してほしい）。

穀物ミル（粉砕機）

私の穀物ミルの用途は、テンペに使う豆を2つに割ったり、ポリッジやビールを作るために穀物を粗く砕いたりすることのほうが、パンを焼くために穀物を細かい粉に挽くよりも多い。私のミルは基本的に、約35ドルのCorona Millと呼ばれるモデルそのままだ。これは溝の付いた2枚の鋼鉄製の円盤に挟んで穀物を砕くもので、もともとはゆでたトウモロコシを挽いてマサ（トウモロコシ粉）を作るためにデザインされたものだ。私はこれでパン用の粉を挽いたことがあるが、大変な仕事だった。もっと大きなフライホイールの付いた、例えばCountry Livingのミルのほうが、手作業で粉を挽くにはもっと効率的だろう。いつも挽きたての粉からたくさんパンを焼いている私の知り合いは、たいてい電動ミルを使っている。石臼を持っている人は、大豆には使わないこと。豆から出た油が臼の石にこびりついてしまうからだ。

蒸し器

アジアでは伝統的に、麹を育てたり（10章を参照してほしい）穀物ベースのアルコール飲料を発酵させたり（9章を参照してほしい）する際には、穀物や大豆を湯の**中**でゆでるのではなく、湯の**上で**蒸すことが必要になる。この違いは、特に麹を育てる際には重要となる。私は、さまざまな蒸し調理システムを使ってきた。最もよく使うのは、多くのアジア食材店で手に入る、重ねて使える竹製の蒸し器だ。これは蒸し器がぴったり乗る大きさの鍋を持っていれば、非常に効果的だ。あるいは、中華鍋の上に乗せて使うこともできる。私は鍋の上に乗せるほうが好きだが、それは（必要があれば）何時間でも蒸し続けられるだけの大量のお湯を鍋に貯めておけるからだ。それに対して中華鍋は、蒸し器の下に貯められるお湯の量が少ないので、しょっちゅうお湯を足してやらなくてはならない。蒸し器を重ねて使う場合、下の蒸し器のほうが上の蒸し器よりも先に蒸気が充満するので、均一に蒸し上げるには途中で何回か順番を入れ替えるのが良いだろう。

もうひとつの蒸し調理の方法として、特に（他のやり方だと調理に5～6時間かかる）大豆の場合に役立つのは、圧力鍋の中で蒸すことだ。圧力鍋には、蒸し調理用のハンギングバスケットが付いているものがある。私は、水の入った圧力鍋の底にザルを逆さまに置き、その上に大豆の入った別のザルを置いて、大きな密閉蒸し器を即興で作ったこともある。

保温箱（インキュベーションチャンバー）

保温（インキュベーション）とは、特定の温度範囲を必要とする現象を促進するために、環境を暖かく保つことだ。これはめんどりが卵を抱いて温めることや、病院が未熟児に対して行っていることと同じだ。発酵食品の中には、環境を通常の室温よりも暖かく維持することが必要とされるものがある。歴史的に人々は、これらを熱源の近くに置いたり、毛布でくるんだり、あるいはベッドに入れて体温で温めたりして、保温を行ってきた。発酵の歴史には、観察した条件をシミュレートするための賢い工夫が満ちている。

21世紀の我々が手に入るシンプルな家庭用品の技術を使えば、効果的な保温箱が簡単に作れる。

保温箱を作る際には、保温を必要とする発酵食品には空気の流通が必要なものもあれば、そうでないものもあることを理解しておくことが大事だ。(好気性の麹については、10章の「麹を育てるための保温箱」で説明している)。空気を必要としない発酵食品、例えばヨーグルトや甘酒などの保温のほうが簡単だ。空気を遮断することが、そのまま温度を保つための手段となるからだ。これらの発酵食品を私が保温する際、通常は断熱材入りのクーラーボックスに入れておく(この場合には断熱材入りのウォーマーボックスとして使うことになる)。断熱材入りのクーラーボックスには、さまざまな形やサイズのものがある。発酵食品が入る最も小さな大きさのものが、望ましい温度を保つためには最も有効だ。私はヨーグルトや甘酒を1ガロン/4リットルのサイズの水差しで発酵させ、レモネードやコーヒーを入れておくための丸い断熱材の中で保温することがよくある。また、これらを1クォート/1リットルのサイズのジャー数個で発酵させ、直方体の断熱材の中でまとめて保温したこともある。関連する手法として、サーモス保温調理器の中で直接保温してもいい。

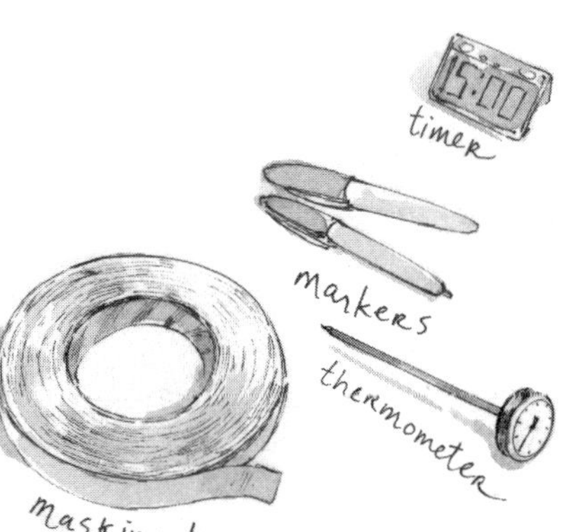

断熱材入りのクーラーボックスで保温する際には、予熱が重要だ。ヨーグルトのスターターの入った110°F/43℃のミルクを冷えたクーラーボックスに入れると、温度は急激に下がってしまう。それに対して、あらかじめ目標温度に温めておいたクーラーボックスに入れた場合には、何時間もその温度が保てる。私は単純に、発酵の最終準備を始める前に断熱材入りのクーラーボックスにお湯を注いでおき、少なくとも15分間は予熱するようにしている。そしてまだ熱くてきれいなお湯を注ぎ出し(皿洗いに再利用する)、発酵食品を入れて、クーラーボックスのふたを閉める。中に余分なスペースがある場合には、お湯の入った水差しを入れても良い。また、全体を毛布でくるんで断熱性を増すこともできる。

他にも保温に使えそうなアイデアとしては、オフにしたオーブン(または電子レンジ)を白熱電球やお湯の入ったびんで温める(ふたを開けておく必要があるかもしれない)とか、乾燥機、電気カーペットの上(通常はタオルなどで熱を和らげる)、あるいはヒーターや熱風吹き出し口の近くで発酵させる、などの方法がある。温度計を使って、目標の温度範囲に入っていることを確かめてほしい。何も専用の保温箱を買ってこなければならないわけではない。身の回りの物やツールを利用して、我々の祖先がしていたように、創造性を発揮して使いこなしてほしい。

熟成室

室温よりも高い温度を必要とする発酵食品もあるが、逆に長くてゆっくりした熟成に低い温度を必要とするものもある。

洞窟のような熟成条件を必要とする発酵食品としては、チーズや干し肉が挙げられる。本物の洞窟や、おおよそ均一な地中温度を保つ地下貯蔵庫などは、理想的な熟成環境だ。残念なことに、大部分の人はそのようなスペースを簡単には利用できない。通常は約55°F/13℃に設定されているワイン用冷蔵庫が、熟成室を作るための最も簡単な方法だろう。しかし、より汎用的な方法として、冷蔵庫と外部温度コントローラーを使うという手もある（下記参照）。

温度コントローラー

サーモスタットとも呼ばれる温度コントローラーは、設定された目標温度になるように電源をオン・オフするデバイスだ。これに白熱電球や小型のヒーターなどの熱源を接続すれば、温度が設定値よりも低くなれば電源をオンにして、高い温度を保ってくれる。また冷蔵庫を接続すれば、温度が設定値よりも高くなれば電源をオンにして、低い温度を保ってくれる。長期間にわたる熟成や保温には、非常に便利に使えるだろう。

私が使っている最も汎用性の高いモデルは、センサーに長い延長ケーブルが付いていて、温度範囲は0～255°F/-18～124℃、設計者である発酵愛好家Mikey Sklarから私に贈られた「Yet Another Temperature Controller」というものだ。彼の手紙によれば、彼とそのパートナーは「あまりに発酵に夢中になってしまった」ため「発酵をアシストする装置を開発するに至った」そうだ。この装置はオンラインで販売されている。[26]

私は他に2つのメーカー製のモデルを使っている。Lux Programmable Outlet Thermostatは約40ドルのお買い得品だ。この主な弱点は、温度センサーが短いため、保温箱の中に置く必要があることだ。もうひとつの私が愛用しているモデルはSureSTATというブランドで、温室用品のウェブサイトから約50ドルで購入したものだ。電子工作の心得がある人なら、他にも多くのサーモスタットや温度コントローラーにセンサーや部品を付け加えて改造できることだろう。

マスキングテープとマーカー

発酵食品には、ラベルを付けておこう！マスキングテープと油性マーカーは、発酵復興主義者にとって手放せないキッチンのツールだ。発酵させているもの、日付、そして完成予定日を記入しておこう。実験の詳細や観察の記録も素晴らしいリソースだが、ジャーやかめ自体にマーキングをしておくことが重要だ。

cider press
funnel
bail-top
bottles
MEAD
fresh cider
elderflower
HONEY
RAW HONEY
pears &
apples
grapes
carboy with airlock

4章 糖を発酵させてアルコールを作る：ミード、ワイン、そしてシードル

Fermenting Sugars into Alcohol: Meads, Wines, and Ciders

アルコールは、我々の精神を一時的に解き放ってくれる力を持つ、魔法の物質だ。私は飲酒すると、少なくとも束の間は、心地よく陽気な気分になる。アルコールは心配事や抑圧を消し去ったり、大胆にずけずけとものを言ったりできるようにしてくれる、社会的な潤滑剤であり性的な触媒だ。またアルコールは、世界中の先住民の伝統や主要な世界宗教の一部で、神聖な儀式にも用いられている。Patrick McGovernは以下のように観察している。「古代世界でも近代世界でも、神々や祖先と交信する主な方法にはアルコール飲料がかかわっており、キリスト教の聖餐式ではワイン、シュメールの女神ニンキにはビールがささげられ、バイキングはミード、アマゾンやアフリカの部族ではエリキシル（Elixir）が使われていた」。[1]

節度を守れば、飲酒は健康を増進し寿命を延ばすことが知られている。[2] 多くの人類文化では、発酵中のアルコール飲料の中で合成されるビタミンBが栄養的に大きな意味を持っていた。清教徒主義の植民地政府が先住民の発酵飲料を禁止したところ、その直接の結果として、一部の現地文化が栄養の欠乏による病気を初めて経験した。[3] しかし、飲みすぎるとアルコールは気分の悪さや嘔吐、失神、消耗性疾患、さらには死を招くこともあるし、アルコールのせいで引き起こした衝動的なふるまいを、後になって後悔することもある。多くの人々にとって、アルコールの摂取は容認できない行為や依存症状を引き起こす問題となる可能性がある。これらはすべて、アルコールの強力な性質を物語るものだ。

酵母が糖を発酵してアルコールに変化させるプロセスは、人間の介入を必要としない自然現象であり、傷んだ果物や過熟した果物、水で薄められたハチミツ、植物からしみだした樹液などに見られる。多くの動物は、こうした自然発生的な天然発酵による酩酊状態を楽しんできた。人類文化が成し遂げたユニークな点は、条件を操作して自分たちに都合がよいようにこの発酵を起こさせる方法を学習したことだ。実際、人類によって意識的に行われた発酵の最も初期の形態がアルコールだったことは、広く合意されている。またアルコールはかなりのスキルが必要とされる精密な手法で製造されることもあるが、醸造はロケット科学ではない。

私がこの章を書く準備をしていたある晩、近所のJakeが1週間ほど前に作ったワインを持ってやってきた。彼は味を見ながら(計量せずに)砂糖を水に溶かし、スーパーマーケットのゴミ箱から調達したばかりの熟したフルーツを刻んで加え、酵母はそのフルーツについていたもの以外は加えずに、頻繁にかき混ぜながらバケツの中で発酵させた。そのワインはフレッシュで軽く、甘みがあって発泡しており、すでにそれとわかる程度のアルコールを含んでいた。数日後、私は6年物のプラムミードのびんを引っ張り出してみた。6年前、このミードの初期発酵は、Jakeのワインとはそれほど違っていなかった。私は陶器のかめに、生のハチミツと常温の水を、水4に対してハチミツ1の割合で混ぜた。次に小さい新鮮なプラムを丸ごと加え、約1週間頻繁にかき混ぜ続けたところ盛んに泡立つようになった。その時に少しは味見してみたが、大部分はざるで濾して5ガロンのカルボイ（細口の容器なら何でも良かった）へ移し、エアロックを取り付けて約6か月、目に見える変化がなくなるまで発酵させた。その後、別のエアロック付きのカルボイへラッキング（3章の「サイフォンとラッキング」を参照してほしい）し、さらに6か月発酵させてからびん詰めし、セラーでエージングした。この6年物のミードは、Jakeの1週間物のワインよりもドライで（甘みが少なく）だいぶ強かったが、そのためには上に書いたような余分な手間と時間の経過が必要だったわけだ。

アルコール飲料を作るには、さまざまに異なる数多くの方法が存在する*。ドライに発酵させてエージングするという手間をかけることには、確かにそれだけの価値はある。しかし、それがアルコールの発酵に必要なわけではない。発酵のプロセスは有史以前から脈々と行われてきた古代の儀式だが、アルコールの正確な起源はわかっていないし、おそらくそれを知ることは不可能だろう。「ワインの起源を探求しようとするなんて、頭がおかしいに違いない」とペルシャの詩人は1000年前に書いている。[4] しかし、新石器時代の醸造者たちが醸造物を普通は何年もエージングしていなかったことは、かなり確信を持って言える。フルーツやハチミツ、砂糖、あるいは植物の樹液は非常にシンプルに発酵させてアルコール飲料にできる。彼らが利用していた陶器などの技術は、当時は最先端だったが現在では普通の家庭用品だ。また家庭でのアルコール作りを指南する現代の文献では、殺菌や特別な酵母、そして複雑な器具を使うよう指示しているものが多い（確かにそれらを使えば素晴らしい飲み物ができる）が、それも必要ではない。この章でこれ

*訳注：日本では酒税法により、酒類製造免許を持たずに1%以上のアルコールを含む飲料を発酵させて作ることは原則的に禁止されている。この章ではドライな（つまり、アルコール分の高い）発酵をさせる方法も説明されているが、法律を守ってアルコール分が1%を超えないようにすること。

から説明するのは、何千年も前から行われてきた方法とそれほど違わない、非常にシンプルでローテクな手法だ。ここではフルーツやハチミツ、砂糖、そして植物の樹液といった単純炭水化物から作られるアルコール飲料について述べる。後のビールの章（9章）では、穀粒や芋類などの複合炭水化物からアルコールを発酵させるために必要な、もっと複雑なプロセスについて説明する。

酵母

酵母（**イースト**）は、糖を発酵してアルコールと二酸化炭素を作り出す微生物だ。酵母は、我々にアルコール飲料やパンをもたらしてくれる。酵母それ自体は単細胞の菌類で顕微鏡を使わないと人の目には見えないが、発酵中の液体の発泡や発酵中のパン生地の膨張といった酵母の作用は目に見えて観察され、そのことは言語の発達にも痕跡を残している。英語のyeastという単語は（同じ意味のオランダ語のgistと同様に）ギリシャ語のzestosという単語に由来しており、これは「沸騰するほど熱い」という意味だ。発酵には確かに快い風味がある（zesty）。興味深いことに、発酵（fermentation）という単語はラテン語のfervereという、やはり「沸騰させる」という意味の単語に由来する。酵母は、我々が現在使っているような言葉の意味で液体を沸騰させるわけではないが、熱と発酵は両方とも液体に作用して泡を発生する。これら2つの発泡現象が、共通の語源にさかのぼることは容易に理解可能だ。フランス語で酵母を意味する単語levureは、上げるという意味のラテン語levereに由来し、ドイツ語のhefeは持ち上げるという意味のhebenという動詞から来ている。これらは、まさにわれわれの目に見える酵母の作用だ。

発酵酵母は、最初に識別され、分離され、そして命名された微生物のひとつだ。その結果として、また経済的な重要性から、酵母は最も研究の進んだ微生物となっている。アルコール発酵やパン作りには、*Saccharomyces cerevisiae*として知られる最も有名な（そして最も研究されている）酵母が、圧倒的に多く使われている。*S. cerevisiae*など多くの酵母は、我々の身体を構成する細胞と同様に、嫌気的発酵と酸化呼吸の両方を行うことができる。酸化モードのほうが酵母ははるかに効率的に成長し増殖するが、アルコールを作ることはしない。[5] 盛んにかき混ぜることによって、空気が供給され、酵母の増殖が促進される。しかし、アルコールの産出は酸素のない発酵モードでのみ行われる。それでも多少の空気の供給は不可欠だ。酵母の成長は「完全な酸素欠乏状態の中では、数世代後に停止する」とPhaff, MillerとMrakは彼らの著書『Life of Yeasts』の中で述べている。酵母の成長に必須の2つの化合物（**エルゴステロール**と**オレイン酸**）の生合成には酸素が必要だが、低い濃度で十分だ。[6] つまり酵母は酸素なしでもしばらくは発酵を続けられるが、最終的には発酵を続けるためにもう一度酸素を吸うことが必要となる。ラッキング（容器から別の容器へ発酵物を

サイフォンで移し替え、空気を供給すること）によって、「スタック」した発酵が再開するのは、これが理由だ。複数モードの代謝に加えて、酵母は生殖にも複数のモードを示す。自家和合（ホモタリック）であったり自家不和合（ヘテロタリック）であったり、あるいは場合によって両方の性質を示すものも多い。[7]

S. cerevisiae は初めて完全にゲノム配列が決定された真核生物であり、真核生物の「モデル系」として徹底的に研究され、頻繁に引用されている。しかし *S. cerevisiae* に関する膨大な研究にもかかわらず、その自然史や生息環境についてはほとんどわかっていない。[8] 自然界で酵母は、果実、葉、花、そしてしみ出した樹液など、植物と関連した場所に見つかることが多い。かなりの季節的な変動があり、夏に最も個体数が多くなる。[9] Phaff、MillerとMrakによれば、「おそらく昆虫が、自然界における酵母の散布に最も重要なベクターである」。[10] *S. cerevisiae* という特定の種の起源については、活発な議論が交わされてきた。一部の研究者は、*S. cerevisiae* は人間の活動との関連の中でのみ進化してきたのであり、それ以外の自然界では発見されない、という結論に至った。「ブドウ液の発酵に関連したさまざまな自然および人工的環境における酵母生態系に関して行われた多数の調査から得られた議論の余地のない実験的証拠に基づけば、我々は *S. cerevisiae* の自然界の起源を退けざるを得ない」と、微生物学者のAnn Vaughan-MartiniとAlessandro Martiniは主張している。[11]

他の研究者たちは、*S. cerevisiae* がキノコ、オーク（樹木）に関連する土壌、そして昆虫の腸といった幅広い環境から分離されていることに注目し、大幅に異なる結論に到達している。[12] 最近の甲虫の消化管の研究からは、*S. cerevisiae* 以外にも650種もの異なる酵母（少なくともそのうち200種はこれまで特定されていなかった）が見つかった。[13] 何十もの異なる人為的および自然生息地から得られた *S. cerevisiae* のゲノム配列分析によれば、栽培品種は「アルコール飲料の製造とは関係のない自然個体群に由来し、その逆ではない」と判断された。[14]

いずれにしろ、アルコールを作り出す酵母（*S. cerevisiae* であろうとなかろうと）は自然界に大量に存在する。約20%という高い濃度までアルコールを作り続けられるものもあるが、約3.5%以上には耐えられないものもある。大部分の酵母は、これら両極端の間で機能する。[15] この本では、天然由来の酵母だけを使う天然発酵に重点を置いている。最も速く簡単に糖分を含む液体をアルコールに発酵させる一番わかりやすい方法は、酵母を加えて培養発酵させることかもしれない。何百もの酵母の系統が商業的に培養されたり、最近では遺伝子組み換えされたりして、専門の供給業者から販売されている。消費者にこれほど数多くの優れた酵母の選択肢があるのは、幸運でもあるが不幸なことでもある。しかし、（すべてではないが）大部分の発酵性糖分には、生の状態ですでに酵母が住み着いていることは理解しておいてほしい。この酵母を増殖させてアルコールを作り出すのは、とても簡単だ。*S. cerevisiae*ほど有名ではない*Kloeckera apiculata*という酵母は、（ブドウを含む）フルーツジュースの自然発酵の初期段階で支配的となることが多い。発酵が可能な酵母は、ナンバーワンのグローバルなスーパースターの単一培養種ではないにしても、あらゆる場所に存在する。「酵母は無限の生物多様性の貯蔵庫であり、伝統的に利用や研究が行われてきた古典的ないくつかの種よりも、多くのものを提供してくれる」とVaughan-MartiniとMartiniは結論付けている。

シンプルなミード

ミードは、ハチミツのワインだ。風味には無限のバリエーションがあり、風味付けに加えられる多くのフルーツや植物性の原料は、酵母の供給元や酵母の栄養としての役目も果たす。この章ではこれ以降、ハチミツの有無に関わらず、人々がアルコールに発酵させてきたさまざまな植物について説明して行くが、最初は究極的にシンプルな発酵飲料ミードから話を始めることにしよう。ミードを作るために必要なのは、生のハチミツを水で薄めることだけだ。生のハチミツには、豊富な酵母が含まれている。（低温殺菌処理や調理によって酵母は死滅する）。この酵母は、ハチミツの水分含有量が（十分に熟したハチミツのように）17％以下である限り、不活性状態にある。しかし水分含有量がこれをわずかに超えると、酵母が活動を始める。米国農務省によれば、「19％を超える水分があれば、ハチミツ1gあたりわずか1個の胞子（これほど低いレベルはきわめてまれだ）からでも発酵を始めることが期待できる」。[16]

ハチミツは、好きなだけ薄めてよい。私のいつもの比率は、体積でハチミツ1に対して水4の割合だ。軽めのミードを作る（あるいは、大量の甘いフルーツを加える）場合、私はハチミツ1に対して5から6の水で薄める。Terra Madre（国際的なスローフードの集会）で会ったポーランドのミードの作り手は、彼らがpultorakと呼ぶミードをハチミツに対して体積でその半分の水で割って作る（そして少なくとも4年エージングする）と言っていた。メキシコのラカンドン族のバルチェ（baälche）の作り手は、ハチミツ1に対して17もの水を加えて薄めている。このように広い（そしてこれ以上に広くてもよい）パラメータの幅の中で、実験してみて自分の好きな比率を見つければよいだろう。

私はいつも、冷水か室温の水を生のハチミツに加える。公共水道水を使う場合、カルキ抜きをすること（3章の「水」を参照してほしい）。多くのレシピでは、すべてを煮沸消毒することになっている。酵母を加える場合にはこれでもよいが、ハチミツに酵母も供給してもらいたい場合には、生のまま使うこと。酵母を目覚めさせるため、ハチミツと水を混ぜる。これには固くふたのできるジャーか、広口の容器を使えばよい。一生懸命かき混ぜるか振り混ぜるかして、完全にハチミツを水に溶かす。必要ならば、何回も繰り返して混ぜてほしい。容器にはふたをしたままにするか、カバーをかけて虫が入らないようにする。布でも固く閉まるふたでも、カバーできれば何でもよい。ハチミツが生で**ない**場合には、空気中を漂っている酵母を捕まえることが必要なので、空気の流通を良くすることが大事だ。生のハチミツなら、空気の流通は必要ではないが、この段階では問題ない。盛んに、そして頻繁に、1日に数回、ある程度連続して、かき混ぜたり振り混ぜたりすること。口の開いた容器の場合、私はまず一方向に急激にかき混ぜて下向きの渦を作ることが多い。次にかき混ぜる方向を変えて、逆向きの渦を作る。これによって液体は（バイオダイナミック的に）急激に空気にさらされ、酵母の増殖が促進される。数日間頻繁にかき混ぜていると、ハチミツ水の表面に泡ができ、かき混ぜると泡立つようになるのが分かるはずだ。ふたをしたジャーでも同じように、盛んに振り混ぜる。圧力が急激に高まることがあるので、ふたを開けて圧力を逃がすことを忘れないように。その後も数日間、振り混ぜやかき混ぜを続けると、だんだん泡がしっかりしてくる。私にはこのゆっくりだが着実な泡の形成が、面白くてたまらない。

盛んに泡立つようになったら、1日に1回かき混ぜや振り混ぜを続ける。1週間か10日くらいで、泡立ちが収まってくるのに気づくだろう。ハチミツの発酵は急激に始まってピークを迎えるが、何か月もゆっくりと継続する。ハチミツには果糖とブドウ糖の両方が含まれているが、ブドウ糖のほうがはるかに速く発酵する（これが最初の数日に見た泡立ちだ）。しかし果糖の発酵はずっとゆっくりとしていて、数か月間にわたって起こる。お好みならば、急激なブドウ糖発酵がピークを過ぎて落ち着いたら、大部分のブドウ糖はアルコールに変わっているが果糖はほとんどそのまま残っている、半発酵の状態のミードを飲むこともできる。あるいはミードを完全に発酵させ、エージングしてもいい。この章の「シンプルな短期間発酵と、ドライでエージングしたもの」で、この先どうするかの選択肢について、さらに詳しく説明する。最も簡単な選択肢は、これ以上複雑な手間をかけずに、ミードを若くて新鮮な状態で楽しむことだ。これは、これまでずっと大部分の人々が、ミードなどのアルコール飲料を楽しんできた方法でもある。

蜜蓋を使ったミード作り

Michael Thompson
Chicago Honey Co-op

私たちはミード作りによく蜜蓋を利用します。蜜蓋はハチミツを取った後に残るものです（蜜蓋は蜂の巣穴の中にハチミツを閉じ込めている蓋なので、ハチミツを取り出すために切り取る必要があります。蜜蓋にはハチミツがたっぷりと付着しています）。私たちは水の体積に対して必要な蜜蓋の体積を見積もり、味を見て好みの甘さにしています。最初の週の発酵が終わった後でミードを新しい容器に移す際、発酵物から蜜蓋を濾し取ります。蝋は新聞紙の上で一晩乾かして、ろうそくや化粧品作りに使います。このプロセスで、ミードには特別な風味が加わるのです。

植物を加えたミード：タッジとバルチェ

ミードは、時代とともにさまざまな場

所でさまざまな名前で呼ばれてきた。エチオピアではミードは**タッジ**（T'ej）と呼ばれる。これは私が『天然発酵の世界』（築地書館）でも取り上げたものだ。タッジは伝統的に、現地ではゲショ（gesho）、英語ではウッディホップ（woody hop）と呼ばれる *Rhamnus prinoides* という植物の小枝や葉を加えて作られる。タッジのように、伝統的なミードには植物原料を加えて特徴付けられるものが多い。これらを風味のためだけに加えることもあれば、強壮効果や医療効果、あるいは向精神性効果のために加えることもある。また植物は、発酵を早めるため、あるいは滅菌培地（低温殺菌処理されたハチミツやフルーツジュース、精製された砂糖など）で発酵を開始するための酵母の供給源としても役立つ。風味や酵母の他にも、酸やタンニン、窒素、そして酵母の成長を促進するファイトケミカル「成長因子」などを植物原料が提供する場合もある。「ハチミツ、特に淡黄色のハチミツには、酵母に必要とされる窒素や成長因子が足りていない」と食品科学者であり醸造科学者でもある Keith Steinkraus は説明している。「どんなハチミツの発酵速度も、窒素と成長因子の添加によって向上できる」。[17] Steinkraus の報告によれば、村落でタッジを製造する場合、ハチミツは「野生の巣から採集されるか、伝統的な樽型の巣箱で収穫されるため、壊れた巣穴や蜜蝋、花粉、そして蜂が混ざっている。精製されたハチミツよりも、粗製のハチミツのほうが良いミードができるという信念は根強い」。[18] 私もこの信念に同意する。花粉やプロポリス、ローヤルゼリー、そして死んだ蜂や蜜蝋さえも、発酵を持続させるより多様な栄養素を供給するからだ。Steinkraus が注目したもうひとつのタッジ製造の際立った特徴は、「好ましいスモーキーな風味がタッジに付くように、発酵鉢が煙でいぶされる」ことだ。

チアパス州に住むマヤの末裔ラカンドン族が作るミードはバルチェ（baälche）と呼ばれる。これは *Lonchocarpus violaceus* という樹木の名前でもあり、その樹皮はバルチェの原料として必ず使われる。バルチェは、3章で説明したカノアと呼ば

ミード作りの錬金術師 | Turtle T. Turtlington

我々人類は、酵母という目に見えない小さなエルフに大きな期待をかけてきた。村落や部族のシャーマンや祈祷師がどうやって聖なる酒を造るようになったかという話が語られ、また適切な精霊をジャーに招くためには、その周りで大いに歌ったり踊ったりすることが必要とされた。多くの人々は、彼らが求めていた「精霊」を見つけると、トウヒやカバノキの枝や丸太を発酵用バットの底に置いたのだろう。酵母は甘い樹液を見つけるために木の中へ入っていくので、醸造者がこの友好的な精霊を別の発酵用バットへ移し替えるのは簡単だったはずだ。また、親たちが婚礼のギフトとして、先祖伝来のワイン酵母株が詰まった丸太を贈ることもよく行われていた。これぞ伝統だ！

そして21世紀に入ったばかりの我々は、ハーブ研究家や醸造家、呪術医や錬金術師としての自分たちのルーツを再発見して、「伝統とはなんだろうか？」と自問している。酵母や醸造に関しては、明確な答えは存在しない。モンラッシェやプルミエ・キュヴェのパッケージから、古典的な万能の「シャンパン・イースト」に至るまで、すべては伝統的なものだ。どれも独自の風味とスタイルを持っていて、さまざまな特徴を持つように選択され、育て上げられてきた。どれも醸造家から醸造家へと、千年以上にわたって今日まで引き継がれてきたものだ。そして昔と変わらず我々の周りを漂っている、野生のミステリアスな酵母株もある。彼らは天国から我々のミードへ降臨し、魔術を働かせた後、再び必要とされるまで姿を消してしまうのだ。

れる中空の丸太の容器で発酵される。民族植物学者William Lizingerの博士論文には、バルチェを発酵させる技術と儀式が記録されている。彼は、ラカンドン族の人々がハチミツと水をカノアの中で、色を見て判断しながらハチミツ1に対して水が約17の割合で混ぜ合わせ、そしてかなりの量の樹皮を加えると報告している。

grapes

計量（および配膳）は、特別な陶器の「酒の神の鉢」で行われる。Litzingerの記録によれば、バルチェの作り手は彼の鉢が「自分の曽祖父へ、彼の曽祖父から与えられた」と語っていた。Litzingerが鉢の内側から削り取ったサンプルを調べたところ、多数の*S. cerevisiae*が見つかった。「この容器は、古代文化の伝統を示す重要な例である」と彼は観察している。「また、ラカンドン族の発酵システムに単一系統の*S. cerevisiae*が非常に長い間連続して存在することも可能としている」。[19]

すべての伝統的な発酵プロセスと同様に、バルチェの製造と消費は手の込んだ儀式と共に行われる。バルチェの作り手は、特別な聖なる象徴のトウモロコシの粒を手に握り、バルチェの上で円を描くように時計回りに手を動かして発酵物から泡をすくい取り、そして同じようにバルチェを飲むために使われる器具やカップを祝福する。最後に、すくい取った泡と一緒にトウモロコシの粒をプランテーン（料理用バナナ）の葉に乗せ、その他の神聖な品と一緒に葉を折って包みにし、森へ行って死の神への供物としてそれを埋める。現地の発酵の営みは、生と死、そして変転に関する幅広い理解に完全にからめ捕られている。そのような伝統を受け継いでいない我々は、このような営みを発見し再発明し、そしてできる限りの意味を与えなくてはならない。発酵を取り戻すことによって、飲食物という単なる物質以上のものを取り戻すことができる。発酵を通して、我々はより広い生命の網に、物質的な意味だけでなく精神的にそして本質的に、再びつながることができる。

フルーツや花を加えたミード

私自身は新鮮な季節のフルーツが豊富な時期にミード作りを思い立つことが非常に多い。新鮮なフルーツ、特に皮ごと食べられるものは、発酵酵母で覆われている。大部分のフルーツは酸性でもあり、タンニンを含んでいるものもある。これらは両方とも（適度であれば）酵母の成長に役立つ。フルーツが多いほど酵母の活動が顕著になり、フルーツの風味も強くなる。可能であれば、農薬を使って育てられたものではなく、無農薬や有機栽培のフルーツを使ってほしい。しかし恐れを知らないゴミ箱あさりの発酵家たちが、豊富な通常の農作物から完璧に素晴らしい発酵飲料を作っていることもまた事実だ。

ベリー類や小型のフルーツは、ハチミツと水を混ぜた中に丸のまま入れる。大きなフルーツは、皮が食べられないものは皮をむいてから、粗く刻んで加える。

表面積を増やして、糖やファイトケミカルが発酵液の中へ浸出しやすくするためだ。種や芯を取ることもある。いつもフルーツをつぶしてから発酵液に入れている人に会ったこともある。それでもよいが、私は何年も前にやめてしまった。私の友達でバイオダイナミック農家であるJeff Poppenは、フルーツを発酵させる彼の哲学を以下のように説明している。「必要なのは物質ではなく、フルーツの**エッセンス**なのだ」。実際、アルコールができている液体の中で1週間泡立ち続けた後のベリーや小さなフルーツ、あるいは大きなフルーツの切れ端を食べてみると、ほとんど甘みや風味は残っていないのが普通だ。私はフルーツの比率については気にしない。フルーツは多ければ多いほど良いが、たぶん例外はレモンなど酸味の強いフルーツの場合で、少なめにしたほうが発酵はうまく行く。私はフルーツの量によって水とハチミツの比率も変えている。フルーツが少しだけの場合には、体積1のハチミツに対して4の水を加えるのが普通だ。フルーツが多ければその分ハチミツを薄めて、ハチミツ1に対して6程度の水を加える。私は広口の容器にフルーツを入れてから、浸るようにハチミツ水を注ぐ。また、それが膨張の余地を残すため、少し空間を残しておくことを忘れないでほしい。

花の場合、食べられる良い味のする花だけを使うことが重要だ。香りが良い花だからと言って、味まで良いとは決めつけないでほしい。古典的な発酵に適した花は、タンポポ、バラの花びら、そしてセイヨウニワトコの花などだ。トケイソウ、マリーゴールド、キンレンカ、ノコギリソウなども試してほしい。花をたくさん使えば、それだけ風味も強くなる。（注意：一度に少しずつ花を摘んで、十分な量になるまで冷凍しておくこともできる）風味を良くするには、苦味のある茎や緑色のがくから花びらを取り除いて使うとよい。花の場合、柑橘系のジュースなどで多少の酸味と、レーズンで多少のタンニンを補ってやると酵母の成長が良くなる。私はフルーツの場合と同じく酵母を取り込むために生のまま花を使うことが多いが、風味を抽出するために煮たりお湯に漬けたりする人もいる。やり方はいろいろだ。

フルーツや花の割合が多い場合、頻繁にかき混ぜればさらに発酵は早く始まる。それから、先ほど説明したシンプルなミードと同様に、頻繁にかき混ぜ続ける。盛んに発泡するようになれば、フルーツや花が発酵液の中で浮かんでくる。これらを再び混ぜ込んで、風味を抽出しカビを防ぐためにも、頻繁にかき混ぜることが必要だ。何度言っても言いすぎることはない。とにかくかき混ぜること。

約1週間盛んに発泡した後は、発泡が明らかに収まってきたら確実に、フルーツを濾して取り除く時期だ。（花は比較的小さいので、もっと早く取り除いてもよい）ざるか、ガーゼを敷いた水切り器を、移し替え先の容器の上に置く。それからフルーツの入った発酵液を、その上に注ぐかすくって移す。この時、必ずフルーツの味をみてほしい。まだ風味が残っていれば、それを味わってほしい。食べて分け合ってほしい。発酵フルーツサラダを作るのに使うこともできる（「発酵フルーツサラダ」を参照してほしい)。砂糖水を少し振り掛ければ、フルーツスクラップビネガーが作れる。風味がなくなっているようならば、鶏のエサか堆肥にしてしまおう。

ここで、フルーツや花の入ったミードについて大きな決断をしなくてはならない。少し味わってみてから決めてほしい。甘くて若い今のうちに楽しむこともできるし、これ以降のセクションで詳しく説明するように、さらに発酵させてもよい。

シンプルな短期間発酵と、ドライでエージングしたもの

ミードなどの発酵飲料は「グリーン」な、若くてアルコール分の少ない状態で楽しむこともできるし、より長く発酵させて糖をアルコールに変換し、そしてアルコール濃度が十分高くなり発酵が進まなくなったら、びん詰めして何年も何十年もエージングすることもできる。私は何年もエージングしたスムーズな味わいを好むようになってきた。しかし初めて発酵の実験に取り組む人には、まずグリーンの状態で楽しむことを強くお勧めしたい。楽しみを何年も先延ばしにする必要はない。何回かやってみてプロセスに慣れてから、大規模なバッチを作ってエージングすることから始めればよいだろう。

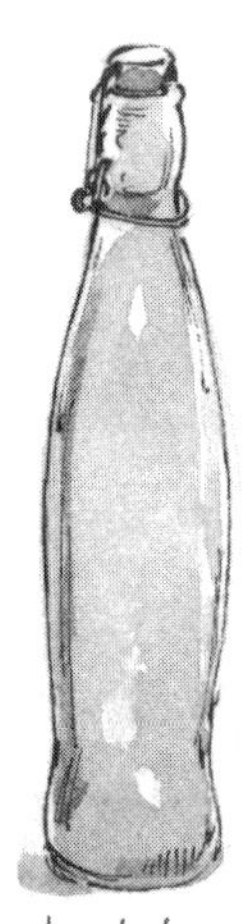

フルーツによっては、エージングよりも短期間の発酵に向いているものもある。メロンやスイカ、パパイヤやバナナなど、甘くて柔らかく、腐りやすい果物にこの傾向が強い。「とても熟したメロンでメロンのワインを作ったことがあります」と発酵愛好家のOlivia Zeiglerは手紙をくれた。「2日目の朝、本当に素晴らしい香りだったので『今晩濾すことにしましょう』と思ったのです。でも10時間後には、もう腐っていました。本当にがっかり」。教訓:「香りがちょうどいい頃合いを教えてくれる。それ以上遅らせてはダメ!」

ひとつのバッチを続けて発酵させることに決めたら、首の細い水差しのような形の容器へ移す。首の細い容器を使うのは表面積を最小にするためなので、必要ならば液体の表面が細い首のところまで来るようにハチミツ水を足す。そのバッチの甘さがちょうど良ければ、追加するハチミツ水は前と同じ比率にする。もっと甘くしたければ、ハチミツを増やす。甘くなくしたければ、ハチミツを減らすか、水だけを加える。

水差しやカルボイが細い首のところまでいっぱいになったら、エアロックを取り付ける。これは、発酵物の表面を空気中の酸素から保護するシンプルな技術だ。これを行う理由は、アルコールと酸素を代謝して酢酸へ変えてしまう*Acetobacter*と呼ばれるバクテリアがどこにでも存在する(自然の酵母を使う場合には特にその中に含まれる場合が多い)ためだ。発酵が盛んに起こっている間は、二酸化炭素が放出され続けるため表面での*Acetobacter*の成長は抑制される。しかし発酵が弱まって表面が静かになると、*Acetobacter*が増殖する可能性が高まる。発酵液を空気から遮断することによって、エアロックは酢になるリスクを低減し、発酵を長続きさせることができる。3章の「アルコー

ル発酵用の容器とエアロック」で説明したように、エアロックを自作する方法もいくつかある。

数か月後には、ミードでいっぱいの容器では発酵が止まってしまったように見えるはずだ。これは必ずしも発酵が完了したことを意味するわけではない。特にハチミツは、発酵が非常に遅いことがある。泡立ちが見られなくなったら、ミードをラッキングする時期だ。これは3章の「サイフォンとラッキング」で説明したように、ミードをサイフォンで別の容器に移すことを意味する。通常、発酵飲料をラッキングすると、「おり」と呼ばれる死んだ酵母の層が容器の底に残る。このおりにはビタミンが豊富に含まれており、スープやパン、あるいはキャセロール料理作りに使うことができる。

おりを取り除き、ミードを少し味わうと（そうしないわけにはいかないだろう）、ラッキングの後では体積が減ってしまう。しかし、ミードは容器の細い首のところまでいっぱいにしておきたい。それには、最初にミードを細首の容器に移した時のように、必要に応じてハチミツ水を足せばよい。それからエアロックを取り付ける。発酵が始まり、再び静かに泡立ち始めるはずだ。発酵液を短時間空気にさらすことによって、酵母には発酵をさらに続けるために必要な化合物（エルゴステロールとオレイン酸）を呼吸によって合成するために十分な酸素が供給され、さらに発酵が促進される。さらに数か月後、再び発酵が止まってしまったように見えたら、ミードをびん詰めできる。（3章の「びんとびん詰め」を参照してほしい）。

びん詰めしたら、ミードを何週間も、何か月も、あるいは何年もエージングできる。発酵液のアルコール濃度が高いほど、長期間保存できる可能性が高くなる。時間の経過とともに発酵液をサンプリングして、味の変化を知覚できるかどうか試してみるのも面白い。時には、数年後に**とても**良くなっていることがある。私が昔作ったイチゴのミードは、びん詰めしたときにはひどい味だった。どうしても捨てることはできなかったが、約3年間は手を付けなかった。それが今では、本当においしくなっているのだ。発酵が終わった後も、さまざまな化学反応がゆっくりと進行し、保存した発酵飲料は熟成して行く。

連続スターター法

ミード作りのリズムに慣れてきたら、活発に発酵して盛んに泡立っているミードをカップ1杯か2杯、次の新しいバッチのために取り分けておくこともできる。このようにすれば、小規模なバッチを連続して作り続けることができる。これは歴史的に多くの伝統的な発酵食品が、綿々と引き継がれてきた方法でもある。短い間なら、このような繰り返しを中断することも可能だ。家に発酵遅延デバイス（冷蔵庫とも呼ばれる）がある人は、それを使ってスターターの代謝を遅くすることができる。そのようなデバイスを持っていない人は、涼しくて暗い場所を見つければよい。しかし、あまり長い間放置してはいけない。スターターの活力を保つには、ちょうどサワー種（8章の「サワー種のはじめ方とメンテナンス」を参照してほしい）のように、定期的に使う必要があるのだ。これは、世話をし続けることで自然発生的な発酵からスターター培養微生物を作り出すことでもある。誰か別の人のスターターが死んでしまったり活力を失ったりした場合に備えて、もうひとつバックアップを取っておいてもよいだろう。移り変わりの激しい流動性の文化に生きる我々にとって、このような連続したリズムを保つのは非常に難しい場合がある。

ハーブエキスミード

ミードには、数多くの強力で魅力的な植物の効果を付け加えることができる。健康や癒しのために使える植物なら何でも、ミードなどのアルコール飲料へ加えて発酵させることが可能だ。アーユルベーダ医療ではarishatasやasavasとして知られる発酵飲料を、植物薬を送達する手段として使っている。「これらの製品は、一般的には保存性を高め、常在微生物によって仲介される生体内変化によって薬の効き目を強くし、薬剤抽出や薬剤送達を改善する」。[20] 現代では多くの生薬は**チンキ剤**、つまり生薬成分を蒸留アルコールに抽出したものとして販売されている。植物薬の基剤としてのアルコールは、溶媒と防腐剤の両方として働き、ファイトケミカルを安定した媒体へ抽出する。しかし、アルコールは蒸留されたものである必要はない。その代わりに、薬草をミードやワインに漬け込むことによって、植物薬を保存し分かち合うことができる。

elderflower

私が最初に**ハーブエキスミード**（herbal elixir mead）というフレーズを聞いたのは、私の友人であり教師としてのパートナーでもあったFrank Cookからだった。彼は2009年に亡くなった。Frankは熱心な植物探検家であり、幅広く多様な場所の植物や治療師を求めて世界中を旅行していた。彼はカリフォルニアとノースカロライナの両方で、採集活動を行った。彼は500個の植物の科を知ることをミッションとしていて、47歳という若すぎる死にもかかわらず、また30歳になるまで植物採集の道に踏み込んでいなかったにもかかわらず、この目標の達成に非常に近いところまで行っていた。Frankは天性の教師であり、自分の知っていることを人と分かち合うことが好きで、いつでも人々を教育的な植物観察の散歩に連れて行き、植物の話をしながら人々に「緑の壁」を越えて植物を認識し関わり合うよう勧めていた。「何か野生のものを毎日食べてほしい」というのが彼の口ぐせのひとつであり、私もそれにならうようになった。「エンドユーザーになるな」というのもあった。学んだことを役立て、教師になれ。貴重な知識を広めよう。

Frankと私は、ミード作りへの情熱を共有するようになった。よく彼は、散歩道で見つけた植物をミックスしたハーブの浸出液を作り、お茶として楽しんだり、ハチミツと混ぜて発酵させたりしていたものだ。彼はこれらの発酵飲料を、ハーブエキスミードと呼んでいた。Frankがハーブの浸出液を作るいつものやり方は、以下のようなものだった。お湯を沸かし、沸騰してから火からおろして、その日摘んできた野生のハーブを入れ、かき混ぜてふたをして、しばらく置く。根や樹皮、あるいはキノコの場合には、木質の植物素材を煮出すこともあった。暖かいうちに一部を飲んで分かち合い、それから残りを冷やして発酵させた。Frankは約1ガロン／4リットルのバッチしか作ろうとしなかった。通常の5ガロンの家庭醸造よりも、ほどほどのサイズのほうがずっとやりやすいというのがその理由だった。彼は1ガロン当たり3カップのハチミツを加え、それから必要に応じて1ガロンの水差しいっぱいに水を足していた。通常、植物材料は発酵中も入れたままだった。

最初に私がFrankに会った時には、彼は発酵液にドライイーストを足していたが、我々が共同で教師としての経験を積んだ結果、彼は次第に野生酵母を使うようになった。思い出してほしい。野生酵母を得るには、**生の**ハチミツを使い、浸出液を体温程度にまで冷ましてからハチミツを加えて、広口の容器に入れ、ひたすらかき混ぜて天然発酵を起こす。また追加的な酵母の供給源として、植物素材を一部取っておいて後から生で加えてもよい。例えば、アーユルベーダの発酵ハーブの製法には、dhatakiという「炎」の花（*Woodfordia fruticosa* Kurz）が使われる。[21]

このような方法で数多くの種類の植物を発酵させることができるが、それ以外にもさまざまな方法で植物を取り込むこともできる。浸出をまったく行わず、収穫した植物素材を生のままハチミツ水に入れて（先ほど説明したフルーツと同じように）かき混ぜてもよいだろう。もうひとつの可能性として、ハチミツを溶媒や防腐剤として使って植物を保存することもできる。ハーブの風味の付いたハチミツを楽しんだり、（シンプルなミードと同じように）薄めて発酵させたりできるだろう。

どの植物を使えばよいかインスピレーションが必要だろうか？　外に散歩に出て、近くにあるハーブと仲良くなってほしい。その中には完璧にうまく行くものが見つかるだろう。次のコラムには、2006年と2007年にノースカロライナ州ブラックマウンテンの2つのミードサークルに出品されたハーブエキスミードの一部を掲載してある。Frankはこれらのサークルの常連で、ミードの作り手のサークルが広がり、エキスを分かち合うことに大きな喜びを感じていた。もう彼はいないが、サークルは続いており、彼の精神はサークルのミード作りや分かち合い、そしてほろ酔い気分の中に今でも生きている。

ブドウからワインを作る

ワインは単純に、ブドウから果汁を絞って発酵させたものだ*。ブドウは酵母の生育に理想的な糖と酸とタンニンのバランスが取れているため、ブドウのジュースを完全に発酵させて簡単に強いアルコール飲料を作り、保存しエージングして、世界中に発送できる。さらに、ブド

*訳注：日本では、醸造免許なしでブドウを発酵させることは酒税法で禁止されている。

ノースカロライナ州アシュビルのミードサークルに出品されたハーブエキスミード

（Marc Williamsの編纂したリストから抜粋）

- リンゴ
- アシュワガンダ、ムラサキツメクサ、ビルベリー、*Hipala*、スイートバーチ
- レンゲソウ、ライチ、*Rymania*、ナツメ、*Schisandra*（マツブサ［ゴミシ］）、ショウガ、リコリス、タンジェリン、朝鮮人参
- レンゲソウ、シャクヤク、ジャスミン、緑茶
- カバノキ、パイナップルセージ
- カバノキ、サッサフラス、カエデ
- カバノキ、ノコギリソウ、ムラサキツメクサ
- ペルーバルサム、アキノキリンソウ
- ブラックバーチ、アカトウヒ
- ブラックベリー、チャイ、ジュニパー
- ブルーベリー
- チャーガ
- チャーガ、朝鮮人参
- カモミール、タンポポ、ハイビスカス、セイヨウニワトコ
- キク、ゴジベリー
- クラリセージ
- コーヒー、ノコギリソウ、タイム、カルダモン、シナモン、クローブ
- *Cornus kousa*（ヤマボウシ）
- タンポポ
- タンポポ、ゴボウ、イチジク、シナモン、チコリ
- ダージリンティー、セージ、リコリス、ツボクサ、チャイ、ラプサンスーチョン
- イチジク、チョコレートチップ、タンポポ、チコリ、ゴボウ、シナモン
- ショウガ
- ジンジャーカレー
- ショウガ、ターメリック、サッサフラス
- アキノキリンソウ、イチョウ、ムラサキツメクサ
- 緑茶のチャイ＋紅茶、レーズン、*Pedicularis*（シオガマギク）、クミン、バニラ
- カキドオシ
- グルート（30種類の植物やキノコを含む）
- サンザシのミード
- *Hexastylis*（アメリカカンアオイ）属の種、*Osmorhiza*（ヤブニンジン）属の種
- ハイビスカス、レモングラス、ショウガ
- Kavianaミード：カバカバ、ダミアナ
- レモン、ブルーベリー、*Pedicularis*（シオガマギク）、レモンバーム
- マイタケ
- マンゴー、Rose Conjou Tea
- ミント
- ミント、ヨモギ、ワインベリー
- ヨモギ
- セイヨウイラクサ、タンポポ、ヒソップ
- セイヨウイラクサ、レモンバーム、ローズマリー、ラベンダー、ノコギリソウ
- セイヨウイラクサ、ローズマリー、ノコギリソウ、ナツメグ、豆苗
- セイヨウイラクサ、サッサフラス
- セイヨウイラクサ、ノコギリソウ、レモンバーム、ムラサキツメクサ
- トケイソウ、ダミアナ、サンザシ、バラの花びら
- ポーポー、アキノキリンソウ、Sunshine Wine
- モモ、プラム、リンゴ、セイヨウニワトコ、ブドウ
- マツ、ジュニパー、キノコ
- レッドペアー*、ペニーロイヤル（ミントの一種）
- ローストしたチコリ、チャーガ、*Aplenatum*、ギョリュウモドキ、サッサフラス
- ローストしたタンポポ
- ローズマリー
- サッサフラス、カバノキ
- サッサフラス、タンポポ
- サッサフラス、ヒイラギ、ヒドラスチス

- *Smilax*（シオデ）、*Hexastylis*（アメリカカンアオイ）、カイエンヌペッパー、スパークルベリー
- ステビア、イラクサ、ミント
- ホワイトオークの樹皮
- カナダサイシン、ウメガサソウの葉、クロモジの葉と根
- アメリカブドウ、カナダサイシン、コンロンソウ、ノコギリソウ
- ワインベリー、サッサフラス
- ワインベリー、シソ
- ニガヨモギ
- ノコギリソウ
- ノコギリソウ、コーヒー、タイム、クローブ、シナモン、カルダモン
- ノコギリソウ、フェンネル、レモンバーム
- ノコギリソウ、レモンバーム、レモングラス
- ノコギリソウ、ミント、ステビア、メハジキ
- ヒドラスチス、サッサフラス、セイヨウニワトコ

*訳注：トマトの品種らしい。

ウの皮は目で見てもわかる白っぽいブルームに覆われているが、これには酵母が含まれている。私は数年前、イタリア中部のウンブリア州にあるPrataleという小さな農場で、幸運にもブドウの収穫に立ち会うことができた。我々約10人が朝に摘んだブドウは、さまざまな品種の房が豊かに実っていて、皮が緑色のものもあれば、ほとんど黒と言っていいほど濃い紫色のものもあった。混ぜ合わせられたブドウは、我々がブドウ摘みを続けている間に、Otelloという名前のラバに農場の建物まで引いて行かれた。ワイン造りはその建物で行われるのだ。

収穫した後の最初の工程は、ブドウをつぶすことだ。Prataleでは、このために便利な古い機械を使っていた。この機械には木製のローラーが2つあり、お互いにかみ合うような溝が彫られている。手回しのクランクでローラーを回す。ローラーの上には木製のホッパーがあり、ここにブドウを投入する。ローラーをクランクで回すと、その間に落ち込んだブドウはつぶされて中身が押し出され、下の容器に落ちる。1950年代のテレビドラマ「アイ・ラブ・ルーシー」では、Lucille Ballが桶の中でブドウを足で踏んで同じことをしていた。これは今でも使われているローテクなアプローチだ。

ブドウをつぶすことによって、ブドウの皮と枝、そしてブドウの果肉の混ざったジュースが得られる。Prataleでは、ブドウをつぶし終わるとすぐに昼食を食べることになっていた（もちろん、前の年のワインと一緒に）。2時間後にブドウジュースのところへ戻ると、あぶくが立っていた。熟したブドウには豊富に酵母が付いているので、ほとんどすぐに活発な発酵が始まるのだ。白ワインを作るには、すぐに皮やその他の固形物を濾し取って、ジュースだけを発酵させなくてはならない。赤ワインの場合には、皮を残したままジュースを発酵させるので、皮がワインに色を付けると共にタンニンを供給する。Prataleでは、ホストのEtainとMartinは赤ワインを作っていた。彼らは泡立つブドウをそのまま口の開いた容器で数日間発酵させてから、液体を濾し、

ブドウに残ったジュースを絞り出して、発酵中のワインをエアロックの付いた容器へ移していた。この時、そうしたいと思えば軽く発酵した状態のワインを飲むこともできただろう。トルコでは、siraと呼ばれる軽く発酵したブドウのジュースが喜ばれる。これは非常に甘くて発泡性で、約2%のアルコール分を含んでいる。ドイツでは、この若い部分的に発酵したブドウジュースはfederweisserと呼ばれる。しかしEtainとMartinは、自分たちのワインを数か月かけてドライに発酵させてからびん詰めするほうが好みだった。彼らのプロセスは非常にシンプルで、作られたワインは素晴らしく、毎日の彼らの生活に欠かせない品となっていた。

ブドウからは素晴らしいワインができるが、どんなフルーツでも発酵させてアルコールにすることができる。ブドウから作られたワインが世界中で愛好されるようになった起源は、ザグロス山脈という現在のアルメニアとイランにまたがる地域にある。Patrick McGovernは、以下のように書いている。

> 世界で最初のワイン文化（ブドウ栽培とワイン造りを含むワインの醸造が、経済や宗教、そして社会全体を支配するに至ったもの）は、少なくとも紀元前7000年にこの高地地方で始まった。確立したワイン文化は、時間と共に周囲へ次第に広がり、この地域全体の経済と社会を支配するようになり、そして次の千年紀にはヨーロッパに伝わった。その結果として、氷河期の終わりから現在までの約1万年で、ユーラシア大陸のブドウの品種は1万種類ほどに達し、世界中のワインの99%を占めるようになった。[22]

McGovernは、紀元前2000年という時期に始まったカナン文化が、地中海世界全体にワインを伝えた様子を以下のように記述している。「彼らはどこへ行っても、同様の戦略を用いた。ワインやその他のぜいたく品を輸入し、名産のワインセットをプレゼントして支配者と仲良くなり、そして地場産業を確立するのを手伝ってくれないかと言われるのを待つのだ」。[23]

ワインは地位の象徴であり、エリートと関連付けられることも多かった。一方で、地元の発酵飲料やビールは平民の飲むものだった。Tom Standageの『A History of the World in Six Glasses』には、以下のように書かれている。「ローマ人は、ギリシャ人の鑑識眼を新たなレベルにまで高めた……ワインは社会的分化のシンボル、富のしるしと飲み手の地位を示すものとなった……最高級のワインを認識し名前を言える能力は、誇示的消費の重要な一形態であった。最高級のワインを買えるだけの富を持ち、その識別を学ぶだけの時間を費やしたことを示したからだ」。[24]

現在ではブドウの栽培は、すべての大陸に広がっている。数年前、私は北カリフォルニアからクロアチアへ飛んだ。どちらの土地も、美しく手入れされたブドウ棚の並ぶブドウのモノカルチャーが、果てしなく広がっていた。そしてブドウそのものは、ほとんど常に既存のブドウの木をクローニングすることによって増やされたため、遺伝的に均一となって行った。「過去8,000年ほど［ブドウの］有性生殖はほとんど行われなかったため、この［遺伝的］多様性は十分にシャッフルされたとは言えない」とニューヨークタイムズは報告している。[25] 有性生殖の場合、遺伝子は絶えず組み替えられ、例えば病害虫抵抗性などの改善が偶然によってもたらされる。ブドウやワインは良いものだが、モノカルチャーや遺伝的均一性は両方とも本質的に不健康なものであり、生物多様性を減少させ、病害虫への脆弱性を高めてしまう。

ローカルフードを復興させるための最大の課題のひとつは、グローバル化された人気のある製品を単純にまねるのではなく、それぞれの地域で最も容易に育つ豊富な農産物を活用し、我々の食欲を満たす製品を作り出す戦略を開発することだ。ほとんどどの地域でも、フルーツやその他の入手可能な炭水化物をアルコールへ変換する伝統が存在する。ワインは素晴らしいものだが、我々の欲求を満たすためにあらゆる場所でブドウのモノカルチャーが必要なわけではない。

シードルとペリー

シードルは発酵させたリンゴのジュースであり、ペリーは発酵させたナシのジュースだ。どちらのフルーツも、我々が通常食べている品種は、特においしいと感じられた特定の栽培品種からクローニングされた木から採れたものが多い。種から育った果物の大多数は、食品として楽しむには小さすぎたり粉っぽかったり、あるいは渋みが強すぎたりすると一般的には考えられている。そのようなフルーツは、伝統的に発酵されてシードルやペリーにされてきた。

リンゴやナシを発酵させる際に唯一の手ごわい点は、ジュースを絞り出すことにある。一番良い方法は、シードル圧搾機（3章の「シードルとブドウの圧搾機」を参照してほしい）を使うことだ。シードル圧搾機は、2段階のプロセスを利用している。最初にミルでフルーツを引き裂いて**ポマス**と呼ばれる状態にし、それからポマスからジュースを絞り出すのだ。時には、色や風味を引き出し、渋みのある品種のタンニンを減らすことを狙って、引き裂いたポマスを数時間または数日置いてから圧搾することもある。また、電動式のジューサーがあればそれを使うこともできるが、その際ジュースの温度が約113°F／45℃よりも高くなるようだと、酵母は死んでしまう。これを発酵させることも、もちろんできる。市販のリンゴやナシのジュースも同様だ。ただし新鮮な加熱されていないジュースは生で豊富に酵母を含んでいるのに比べて、熱のため酵母が死んでいる点が異なる。

絞ったばかりの生ジュースなら、そのまま置いておけば発酵が始まる。すぐに泡立ってくるはずだ。広口の容器に入れてかき混ぜれば、酵母の生育が促進される。盛んに発酵してきたら、細菌の水差しやカルボイに移す。あるいは最初から水差しやカルボイに入れ、積極的に関与せずに発酵が自然に進むのを見守ることもできる。

低温殺菌されたジュースを使う場合、熱によって自然の酵母は死んでいるので、酵母を導入する必要がある。保存料が入っていないジュースだけを使うように注意してほしい。保存料は酵母の生育を妨げたり止めてしまったりするからだ。現代では、最も簡単に酵母を導入する方法は、ドライイーストを加えることだ。あるいは、十分に広い表面積が露出するような広い容器にジュースを入れて頻繁にかき混ぜることによって、積極的に空気中の酵母を取り込むこともできる。しかし、低温殺菌されたジュースを発酵させる私のお気に入りの方法は、新鮮なリンゴやナシをいくつか、皮ごと加えることだ。4つ割りにして芯を取り、粗く刻んでほしい。それから泡立ちが始まって盛んに泡立ってくるまで、ひたすらかき混ぜる。その後、濾して水差しやカルボイへ移し、発酵を続ける。

発酵の初期には、シードルやペリーが「吹きこぼれ」、泡が飛び散ってしまうことがよくある。このため、水差しやカルボイにはすぐにエアロックを取り付けないことが大事だ。初期の泡立ちがエアロックを吹き飛ばしてしまう可能性があるからだ。その代わり、水差しやカルボイをシンクや浴槽や鍋、あるいはトレイの中に入れてあふれたものを受け止めるようにして、その上に平らな丸い板（水差しのふたなど）を置くか、ラップでふんわりと覆っておく。数日後、泡立ちが収まれば（あるいはその後ならいつでも）、非常に軽く発酵した、泡立つシードルやペリーを楽しむことができる。シードルやペリーをびん詰めして保存したい場合には、容器の内側に残った泡をきれいに取り除いて（あるいは清潔な容器に移して）からエアロックを取り付ける。エアロックした状態で1〜2か月発酵させ、泡立ちが収まって透明になるまで待つ。ラッキングして、もう1〜2か月発酵させてから、びん詰めしてほしい。シードルやペリーを発泡させたければ、びん詰めの段階で1クォート／1リットルあたり小さじ1杯／5 mlの砂糖か、1/4カップ／60 mlの新鮮な甘いジュースを加えて、びんの中で非常に制限された規模で発酵が続くようにする。びん詰めの段階で、砂糖や未発酵のジュースを入れすぎないように注意してほしい。びんの中で発泡しすぎたり、破裂したりする危険がある。

今年、我が家では食べられないほど渋い小さなナシでペリーを作った。今までずっと、これらのナシの木やナシの実は飾りだと思っていたが、Terra Madreでイギリス人のペリーの作り手に会った時、古い渋みのある品種を使うことや、発酵によって渋みが大幅に減ることを教わったのだ。このペリーは軽く発酵した状態で飲むのには向いていないが、数か月かけて完全に発酵させて多少エージングすると、素晴らしい味になる。多少残った渋みは、ちょうど赤ワインのように、ドライさをひき立てる感じがする。発酵によって渋みがなくなることを証明するために、今年は渋みのあるナシだけを発酵させた。来年は、大部分の人がシードルやペリーを作る方法にならって、さまざまなナシの品種を混ぜ合わせてみるつもりだ。

砂糖ベースのカントリーワイン

シードルやペリーと同様に、他のフルーツを発酵させてアルコール飲料を作る際の最大の障害は、フルーツをジュースにすることだ。ジューサーがあったとしても、フルーツをジュースにするのは労力とエネルギーを消費する仕事だ。伝統的なフルーツベースの発酵方法には、フルーツを濃いシロップ状に調理してから水で薄める方法を取っているものが多い。例えば、メキシコ北西部や米国南西部に住むパパゴ族などの人々は、この方法でsahuaro（ベンケイチュウ）というサボテンの果実を発酵させている。背の高いサボテンのてっぺんに成る果実を叩き落とした後、果肉は「親指ですくい取られる」とHenry Brumanは書いている。「煮てから濾し、そして煮詰めるという工程の後には、茶色っぽいシロップと、繊維や種のかたまりが残る。このシロップは、体積にして1〜4倍の水と混ぜられて素焼きのジャーの中で放置されると、すぐに発酵して酩酊性の飲料となる」。[26] こうしてできたベンケイチュウの飲み物は、パパゴ族の間ではnawai't（na-waitのように発音する）と呼ばれている。

私がフルーツ風味の発酵飲料を作る際、普通はジュースを絞ったり果肉を調理してシロップにしたりせず、単純にフルーツを（「フルーツと花のミード」で説明したように）ハチミツ水か砂糖水に漬けておくという、はるかに簡単な方法をとっている。砂糖には、2つの大きな利点がある。安くて手に入りやすいこと、そして香りがないので他の食材の風味を邪魔しないことだ。ハチミツベースのミードと同様に、砂糖の比率はさまざまに変えられる。長い間発酵させてアルコールの強い飲料を作りたい場合、1ガロン／4リットルあたり3ポンド／6カップ（1.5 kg／1.5リットル）程度の砂糖を使うのが良いかもしれない。短い間軽く発酵させる場合や、フルーツをたくさん加える場合には、その半分の砂糖で良いかもしれない。

砂糖水にフルーツや花、野菜、ハーブ、スパイスなどを風味付けに漬け込んだ発酵飲料は、一般的に**カントリーワイ**

終生のシードルメイカー

メイン州リメリック
Ann Peluso

私はハードシードルを作るのが得意です。クエーカーの全寮制学校で大まかなテクニックを学んだことは認めざるを得ません。そこでは誰もが、衣類のクローゼットに何ガロンものシードルを隠し持っていました。水差しのふたを開け、いくらか注ぎ出し、ふたを半分開けたまま、泡立ちが収まるまでクローゼットに置いておくのです。今の私は、ハイスクール時代と同じ方法で毎年約100ガロンのシードルを作っています。ダイニングルームのテーブルに3週間置いた後、ガレージの棚に移動します。それだけです。夫は、妻がシードルを作っているという理由で職場では尊敬されていると言っていました。私は庶民的なヒーローか何かだと思われているようなのです。この地域のあらゆる産地直売所で、リンゴを買う果樹園で、私の教えている大人のピアノの生徒に、そして信用金庫で、私は初歩的なテクニックを教えました。ほとんどの人はそんなことができるなんて信じていません。例外は私が買うリンゴのほとんどを作っている人で、彼はたぶん私よりよく知っているのですが、何も言わないのです。私は彼のところへサンプルを持って行きましたが、彼はひと口で飲んでしまって、非常に良いと褒めてくれました。おりはアヒルのエサにしています。アヒルにはナイアシンが必要ですが、家禽用の飼料には冬の間あまりそれが含まれていないのです。私はほとんどおりまで飲んでしまいます。私にもビタミンは必要だからです。

ンと呼ばれる。米国では、初期の定住者が「必要な場合にはありあわせの材料を代わりに使うという、英国の伝統を持ち込んだ」と、歴史家のStanley Baronは書いている。彼はカキとカボチャ、そしてキクイモを使った植民地時代の米国で作られていたアルコール飲料の文書を発見した人だ。[27] あらゆる発酵食品と同様に、カントリーワインを作るにもたくさんの方法がある。私は単純に、冷たい水に砂糖を溶かしている。多くの本には、沸騰したお湯に砂糖を加えて煮詰めてシロップにすると書いてあるが、私にはそれが必要だとは思えない。それから私は普通、生の新鮮なフルーツか乾燥したもの（または花、野菜、ハーブ、スパイスなどの風味付けになるもの）を加えてひたすらかき混ぜ、ミードとまったく同じ手順を踏む。風味付けの材料を砂糖水で煮たり、沸騰させた砂糖水に漬け込んだりする人もいる。風味付け材料に含まれる酸やタンニンに応じて、酸味を調節するためにかんきつ類を加えたり、レーズンや紅茶でタンニンを加えたりする人も多い。ちょっと探してみれば、すぐにレシピは見つかるだろう。カントリーワイン作りに、ひとつの決まったやり方があるわけではない。これは人々がさまざまに異なったやり方でうまくやってきた、即興的な技術なのだ。

カントリーワインを天然発酵で作る場合、生のハチミツと違って砂糖の結晶は加熱処理されているため生きた酵母を含まないことに注意してほしい。生の風味付け材料は、酵母の供給源としても役立つ。すべての材料が加熱されている場合には、空気中の酵母を表面に取り込めるように、広い表面積を持つ広い容器を使うことが重要だ。あるいは、ドライイーストや、まだ発酵を続けている以前のバッチからスターターを加えてもよい。いずれにしろ、よくかき混ぜることが大切だ。カントリーワインは、活発な発酵が収まってからすぐ若いうちに楽しむこともできるし、エアロックの付いた容器へ移してドライに発酵させることもできる。

その他のシロップから作るアルコール飲料

砂糖やハチミツを使った発酵に関してこれまでに説明したテクニックは、メープルシロップやソルガム、アガベ、ジャガリー（パームシュガー）、米などのシロップ、あるいは大麦のモルトにも適用できる。（これまでに人々がアルコール発酵に成功した糖原料の想像を絶する多様さの一例としては、英国のJames Gilpinが糖尿病患者の尿からアルコールを発酵させている。糖尿病患者の尿には未代謝の糖が大量に含まれているからだ）。[28] ステビアなどの人工甘味料を発酵させることはできない。酵母がアルコール発酵できるのは、炭水化物だけだ。上に挙げたシロップはすべて、保存性と商品性を高めるため市販の形態に濃縮される過程で加熱処理されている。したがって、生きた酵母は含まれていない。生のフルーツまたはドライイーストの形で、あるいは広い表面積を新鮮な空気に触れさせて頻繁にかき混ぜることによって、酵母を取り込む必要がある。私としては、何ガロンもの発酵に着手する前に、小規模な実験的バッチを試してみることを強くお勧めする。

発酵フルーツサラダ

フルーツは、固体の状態でアルコールに発酵させることもできる。発酵愛好家のMark Ericsonは、牧師をしていた彼の祖父がいつもキッチンカウンターの上で「フレンドシップフルーツ」のジャーを発酵させていたことを覚えている。「通常は缶詰のフルーツやフルーツのカクテル、缶詰の桃などに白砂糖を加える。人々は、他の人が自分のバッチを作り始めることができるように、カップ1杯のスターターとレシピを分かち合う」。ほとんどの発酵と同様に、スターターは発酵の開始を助ける。新鮮なフルーツやひとつまみの市販のイースト、あるいは頻繁にかき混ぜることによっても酵母を取り込むことができる。砂糖がフルーツからジュースを引き出すため、発酵中のジュースと果肉が混ざってどろどろした状態になる。ふたの付いた大きなジャーの中で、フルーツと砂糖を混ぜる。多くのレシピでは新鮮なフルーツと同じ重さの砂糖を使っているが、もっと少ない砂糖で実験してみることをお勧めする。最初のうち、酵母が活発に活動を始めるまではジャーを密封しないこと。その代わりに布で覆って、空気の流通を確保しながら虫が入ることを防ぐ。頻繁にかき混ぜること。泡立ちが始まったら、ジャーのふたを閉めて引き続き頻繁にかき混ぜる。これには、ジャーのふたを開けることによって圧力を逃がすという意味もある。ジャーは直射日光の当たらない、忘れてしまわないような場所に置くこと。

かき混ぜるたびに、味をみて発酵の進み具合を確かめてほしい。軽く発酵した状態でも、十分に発酵させても、どちらでも楽しめる。フルーツサラダやデザートのトッピング、またはチャツネ、サルサ、あるいはパイなどの詰め物に使ってほしい。また、発酵フレンドシップフルーツのスターターを使ったフルーツケーキのレシピも見つかるはずだ。ここに書いたように発酵が始まれば、そこに新鮮なフルーツと砂糖を供給し続けることによって、簡単に発酵を永続させることができる。

このアイデアの変種として、ルムトプフ（rumtopf）と呼ばれるドイツの伝統的な発酵食品がある。この発酵フルーツサラダでは、フルーツと砂糖を混ぜたものの上に、少量のラムまたはブランデーを振り掛ける。そのままフルーツと砂糖を数時間（砂糖によってフルーツからジュースが引き出されるように）置いた後、ほんの少し蒸留酒を加えること。伝統的にドイツの人々は、さまざまなフルーツが熟すたびにフルーツと砂糖と蒸留酒の層を付け加え、数か月間ルムトプフを熟成させて冬のお祝いの日のごちそうにする。

植物の樹液を発酵させる

フルーツや穀物（ビールについては9章で説明する）以外に、世界中で最もよくアルコールに発酵されている植物の糖の形態は、樹液だ。正直に言うと、私自身はあまり新鮮な樹液を発酵させた経験はない。しかし数十年前、23歳の時に西アフリカへ旅行したときには何度も素晴らしいパームワインを味わった。これはヤシの木が豊富な熱帯地域ではポピュラーな飲み物だ。また書物を読んだところでは、世界の多くの地域で人々がアルコールに発酵させる糖は、さまざまな樹木やその他の植物の樹液が主要な原料であるらしい。

「大部分のヤシの樹液から、ワインが作れるようだ」とKeith Steinkrausは報告している。「新鮮なヤシの樹液は通常濁った茶色だが、その中で酵母が増殖するにつれて薄くなり、最終的には乳白色になる」。[29] Patrick McGovernは、彼がアフリカで観察したヤシの樹液の採取方法を以下のように記述している。

> 木の頂上で、樹液取りの人々が雄花と雌花を串刺しにし、それを束ねて樹液が連続して流れ出るようにする。そこにヒョウタンなどの容器をあてがって、樹液を集める。健康な木なら、1日に9〜10リットル、半年で約750リットルの樹液が取れる……樹液には、これを目当てに集まってきた昆虫たちによってすでに酵母が取り込まれているので、発酵プロセスは自動的に始まる。2時間以内に、約4%のアルコールを含むパームワインができる。1日置くと、アルコールの濃度は7〜8%にまで高まる。[30]

パームワインは急速に発酵するので、すぐに飲まなくてはならない。国連食糧農業機関（FAO）によれば、「パームワインの保存可能期間は非常に短い。この製品は、1日を超えて保存されることはない。それ以降は酢酸が過剰となり消費には耐えられなくなる」。[31]

メキシコと中米の先住民の発酵の伝統を記録してきた民族史学者のHenry Brumanは、チアパス州に住む人々の用いる別の手法を報告している。彼らはヤシの木を切り倒し、切り株に1〜2クォート／1〜2リットルの容量の穴を掘る。「樹液の流出は1〜2週間続く。この樹液は、1日に1〜2回くみ出され、十分に発酵したと判断された時に消費される」。[32]

ココヤシの樹液の発酵は、インドやスリランカではよく行われ、ヤシ酒（トディー）と呼ばれる。「樹液は未開化の花の先端を切り取ることによって採集される。しみ出した樹液は、花の下に結び付けられた小さなつぼに集められる」とFAOのレポートには書かれている。「ヤシ酒は、6〜8時間で完全に発酵する。この製品は保存可能期間が短いため、通常すぐに販売される」。[33]

竹にも、発酵可能な樹液を出すものがある。FAOによれば、東アフリカや南アフリカの地域ではウランジと呼ばれる発酵させた竹の樹液が飲まれている。このレポートでは、ウランジを「透明で白っぽい飲み物で、甘みとアルコールの風味がある」と形容し、以下のようにして作られると書いている。

> 樹液をたくさん収穫するために、タケノコは若いものでなくてはならない。成長点が切り取られ、樹液を採集するための容器が取り付けられる……この原料は微生物の増殖に格好の培地であり、発酵は採集直後から始まる。最終製品に望まれる強さに応じて、発酵には5時間から12時間かかる。[34]

緑色のトウモロコシの茎も、同様に圧搾してジュースを絞り出し、そのまま、またはシロップに煮詰めて発酵させることができる。1930年代に書かれた民族史チームの記録で、W. C. Bennett とR. M. Zingは以下のように報告している。「葉が取り除かれた後、茎は中空の丸石の上で樫の木の木づちで叩かれる。次に、この目的で考案されたmabihímalaという賢いデバイスによって、茎からジュースが絞り出される。mabihímalaはユッカの繊維で編まれた網からできており、両端には棒が付いていて、片方を足で押さえ片方を両手でねじると、叩いた茎からジュースが絞り出される」。[35]

サトウキビのジュースも、発酵させるのは簡単だ。私は自然発酵させた生のサトウキビのジュースを飲んだことがあり、それは素晴らしく軽くて泡立っていた。また私は、例えばサトウキビが進化したと信じられているフィリピンのバシ（basi）など、しぼり汁を煮詰めて濃縮させる伝統についても読んだことがある。米国の南東部で栽培されているソルガムの茎は、圧縮してジュースを絞り出し、通常は煮詰めてソルガム糖蜜と呼ばれるシロップにされる。新鮮なソルガムのジュースや希釈したソルガム糖蜜も、同様に発酵させることができる。

甘くて発酵が可能な植物の樹液は、砂漠の多肉植物から採取することもできる。メキシコでは、アガベ（センチュリー・プラントまたはマゲイとも呼ばれる）の樹液を発酵させてプルケ（pulque）という飲み物を作る古代からの伝統が引き継がれている。1株のアガベからは数百クォート／数百リットルもの発酵可能な樹液が採取でき、これはアグアミエル（aguamiel、ハチミツ水）と呼ばれている。プルケを作るには、約10年間かけて成長してquiotesと呼ばれる花茎を伸ばしたアガベが必要だ。樹液を抽出する最初のステップはcapazón（去勢）と呼ばれ、中心の葉の詰まった固い部分を取り除いて成長中の蕾を露出させ、先端を取り除く。去勢された植物は、その後数か月から数年間放置され、蕾は樹液で膨らみ続けるが成長することはない。その後去勢された蕾の露出した表面に穴を開けてつぶし、そのまま1週間ほど腐らせると簡単に取り除けるようになる。Henry Brumanによれば、「このプロセスによって植物には、樹液の流れを促進する刺激が与えられ、樹液を集めるための空洞が作成される……樹液が流れ続けるため、アグアミエルは通常1日に2回、時には3回集める必要がある」。[36] アグアミエルはそのまま飲んだり、プルケに発酵させたり（伝統的に皮革が容器として使われる）、あるいは煮詰めてシロップにして甘味料として使われる。「プルケは風味と食感の点で、その他の大部分のビールやワインとは異なっている」とWilliam Litzingerは書いている。「スライム状の菌糸の鞘を形成する*Bacillus*属のバクテリアが存在するため、ねばねばしていることが多い」。[37]「ほんのり甘く、同時に酸味も感じられ、面白い清涼感がある」とDiana Kennedyは書いている。[38]

アガベなどの植物から食品やアルコールを作るもうひとつの方法は、刈り取って茎をローストすることだ。メスカル（mescal）と呼ばれる飲み物を作るには、ローストしたアガベの茎（芯）を叩いてパルプ状にし、水と混ぜる。その後このスラリーを濾して圧搾し、煮詰める。冷ました後、4〜5日間発酵させる。[39]

最後に考察する発酵可能な植物の樹液は、落葉性の硬い樹木だ。ポーランドでは、伝統的にカバノキや、時にはその他の樹木の樹液を早春に採取して発酵させ、oskolaと呼ばれるアルコール分の軽い飲み物が作られている。[40] 私はメープルシロップを薄めて発酵させ、アルコール飲料を作ることに成功したが、この樹液を直接発酵させる伝統的な習慣について述べた資料を見つけることはできなかった。Henry Brumanは、イロコイの人々がカエデやカバノキの樹液を採取し、新鮮な甘い樹液を飲み、そしてシロップに加工していることを記録している。「彼らが、煮詰めていない樹液を数日間発酵するまで放置し、味わい、新しい風味に気づき、そして大量に飲んで酔っ払うような経験をしなかったとは信じがたい」と彼はコメントしている。「しかし、そのような出来事があったとしても、部族の文化には何の影響も与えなかった」。[41]

発泡性のアルコール飲料

ミードやワイン、シードルあるいはペリーは、びん詰めしてスパークリング飲料を作ることができる。発泡とは、発酵の副産物として作り出される二酸化炭素をびんの中に閉じ込めることだ。発泡性飲料を作るために不可欠な要因は、びん詰めの時点で少量の発酵性の糖分が飲料の中に存在することだ。びんの中に存在する糖分が多すぎると過剰発泡し、火山の噴火のように液体の大部分が噴出してしまうだけでなく、破裂する危険だってある。後で、まだ甘い発泡性のソフトドリンクのびん詰めに関して具体的に説明するが（6章の「発泡」を参照）、びんに密封された発酵中の飲み物は、まだ大量に糖分が残っていて発酵が続く場合、爆弾のように破裂するおそれがある。それによって障害を負ったり、命に係わる結果を招いたりすることもあるのだ。

この理由から、びん詰め前に飲料は完全に発酵させておくべきだ。つまり、発酵が停止するまで発酵させ、別の容器にラッキングし、それから再び停止するまで発酵させる。その後、びん詰めの用意ができたら、少量（飲料1クォート／1リットルあたり小さじ1杯／5ml程度）の糖分を加え、かき混ぜて溶かしてからびん詰めする。このように控えめな量の発酵性糖分を加えることによって、びんの中で制御可能な規模の発酵が再開される。

発泡を意図した飲み物は、圧力に耐え

られるびんにびん詰めする必要がある。標準的なワインボトルでは、発泡の圧力によって簡単にコルクが抜けてしまう。レバー式のふたが付いているビールびんや密封びん、シャンパンボトルなどは、圧力に耐えられるように設計されている。しっかりとふたのできるソーダやジュースなどの飲み物のびんにも、使えるものは多いかもしれない。（びんとびん詰めに関する情報については、3章の「びんとびん詰め」を参照してほしい）。熟成したドライなアルコール飲料を発泡させるには、少なくともびんの中で2週間発酵させる。栓を開ける前にスパークリング飲料を冷やしておけば、噴出して無駄になる飲み物を最小限に抑えられる。

部分的に発酵した飲料をびん詰めして発泡させることもできるが、何度も書いているように、過剰発泡とびんの破裂の危険には注意してほしい（6章の「発泡」を参照）。びんの中で発酵させるのはずっと短い期間、たいていは1日か2日だけにする。いつでも、そのようなバッチの少なくとも1本はプラスチックのソーダびんにびん詰めすることを私はお勧めする。毎日（特に発酵が活発な場合や暖かい時期にはもっと頻繁に）プラスチックのびんを握った感触で内圧をチェックする。通常の室温であれば数日後、内圧が高まっていると感じたら、冷蔵して発酵をスピードダウンさせ、賞味してほしい。びんの中でまだ発泡している若い発酵飲料は、将来のために保存するのではなく、すぐに飲んでしまうべきだ。

複数の原料を使う伝統

発酵性アルコール飲料の世界が、ワインかビールかという典型的な選択よりもずっと奥深いものであることは明らかだ。我々の課題は、ポピュラーなグローバル化された形態の発酵を再現するテクニックを学ぶことだけではない。そうではなく、豊富に提供される炭水化物原料を選び出した我々の祖先の創意工夫に学び、それを活用すべきなのだ。発酵性飲料は、単一の炭水化物原料から作る必要はない。9000年前のアルコールの残滓が中国の賈湖遺跡から見つかった土器から検出されており、その飲料はブドウとサンザシの果実、ハチミツ、そして米の糖分から発酵されたものであることが分かっている。[42] 世界中の初期の発酵の証拠の多くは、複数の炭水化物と酵母の原料が使われていたことを示しており、この点は現在まで伝わっている先住民の発酵の慣習の多くも同様だ。農業と発酵のモノカルチャー化は数々の素晴らしい製品を生み出したが、どんな炭水化物原料からもアルコールは発酵できるのだ。回復力と多面的な能力を高めるためには、複数の炭水化物原料を発酵させるという我々の伝統を大事にしなければならない。それは発酵を自分たちの手に取り戻すことであり、より広い意味では、再生された地域的な食品を自給自足することによって、敬服すべき創造力を我々の手に取り戻すことにもつながるからだ。

トラブルシューティング

発酵の泡立ちが始まりません

ひたすらかき混ぜる。かき混ぜることによって酵母の活動が分散されて広がり、酸素が酵母の生育を促進する。酵母の供給源が空気しかない（生の材料を使わない）場合、かき混ぜることによって表面に落ちてくる酵母を取り込むことができる。寒い場所では、発酵の開始や進行が遅くなる。可能であれば、家の中でもっと暖かい場所を探すか、辛抱強く暖かい気候になるのを待とう。最後に、水の供給源をチェックしてほしい。水は、発酵に使う前にカルキ抜きをする必要がある。以前も説明したように、塩素の濃度が高いと酵母は死滅してしまう。浄水器を通した水を使うか、口の開いた容器で沸騰させるか、あるいは数日間水を放置して塩素を蒸発させてから使おう。水道水にクロラミンが含まれていないか、水道局に問い合わせてみてほしい。クロラミンは新しい形態の塩素で揮発性がなく、沸騰や蒸発によって取り除くことができない。

発酵物の表面にカビが生えてきた

表面から静かにカビをすくい取る。これが不可能な場合には、カビを元の容器に残しつつ、カビの下から液体をサイフォンで別の容器に移す。天然発酵の初期段階では、必ず頻繁にかき混ぜるようにしてほしい。かき混ぜることによって表面がかき乱されるため、十分な頻度で行えば、カビは生育できなくなる。通常、カビはかき混ぜが不十分だというサインだ。

発酵飲料が酢のような味がする

発酵したアルコール飲料は、空気にさらされると時間と共に酢に変化してしまうことは避けられない。酢酸を作り出す*Acetobacter*と呼ばれるバクテリアは、どこにでも存在する。このバクテリアの生育には、酸素が必要だ。発酵のごく初期の段階では、糖分を含む液体の中で酵母が常に支配的な地位にある。そして発酵が最も活発な時期では、空気に広い面積がさらされている広口の容器であっても、表面から放出される二酸化炭素によって酢の産出は抑制される。酢が産出される可能性が出てくるのはその後で、発酵が収まってからだ。広口の容器で発酵された飲料は、発酵が収まったらすぐに飲まないと、そのうち酢になってしまう。糖をすべてアルコールに発酵させたいなら、首の狭い水差しかカルボイに移してエアロックを取り付け、発酵を完了させる。発酵物が酢のような味がしたら、それまでのどこかの段階で保護が十分でなく、長期間空気にさらされたせいだ。

酢は、残念賞としてそれほど悪いものではない。酢には酢なりのおいしさがあり、調味料やピクルス液、サラダのドレッシングやマリネ液などに使うにはぴったりだ。アルコールが途中まで酢になってしまい、完全に酢にしてしまいたい場合には、広い表面積で空気に触れるような浅い容器に移す（虫を防ぐために上に布をかける）。より詳しくは、6章の「酢」を参照してほしい。

発酵は止まったが、まだ甘くてあまりアルコールっぽくない

これは「スタックした」発酵と呼ばれている。発酵を再開するには、ラッキング（発酵液をサイフォンで別の容器に移し、空気に触れさせること）で十分なことが多い（3章の「サイフォンとラッキング」を参照してほしい）。涼しい場所で発酵させていたのなら、暖かい場所に移せば再び発酵が始まることも多い。時には、少量の酸（かんきつ類やその他のフルーツジュース）またはタンニン（レーズン、お茶）を加えることによって酵母に必須の栄養素が供給され、酵母の活動が促進されることもある。すべての酵母には許容できるアルコール濃度の上限があり、それによって作り出せるアルコール濃度は制限される。野生酵母にはこの上限があまり高くないものもあるかもしれない。

発酵液をエアロックの付いた容器へ、いつ移せばいい？

どれだけの期間、口の開いた容器で発酵させてからエアロックの付いた容器へ移すか、そしてびん詰め前にどれだけ長くエアロックの付いた容器で発酵させるか、決めるのは難しい場合もある。口の開いた容器は、頻繁にかき混ぜて酵母の活動を活発にするのがやりやすい。酵母が活発に活動し始めたら、発酵液を首の狭いエアロックの付いた容器へ移すことができる。一般的には、発酵液の中に植物性の原料を浸している場合には、エアロックの付いた容器へ移す前に濾して取り除く。この場合、私は普通植物の入った発酵液を数日間泡立たせておいてから、容器へ移すようにしている。

エアロックを取り付けたら、私は容器に入った発酵液を少なくとも数か月は発酵させる。発酵が止まったように見えたら、サイフォンで別の容器へ移し、スタックした発酵を再開させる時期だ。再開しない場合、あるいはしばらく泡立ってからまた止まってしまう場合には、びん詰めできる。

pounder
HOT sauce
pickles
watermel RINDS
water-filled glass jug
plate
parsnips
watermelon rinds
Root plug
eggplant
crock
beets
kohlrabi
spices

野菜(と一部の果物)を発酵させる

Fermenting Vegetables (and Some Fruits Too)

すべての野菜発酵食品には共通点がある。野菜を液体の中に浸った状態に保つことによって、カビなどの好気性の微生物が生育できないような選択的環境を作り出し、それによって酸性化バクテリアの生育を促すことだ。このシンプルなテクニック以外では、野菜を発酵させるアプローチの材料、場所、時期、そして方法はきわめて多岐にわたっており、中にはかなり奇妙なものもある。野菜を塩水に浸したり日光に当てたりしてしなびさせる流儀もあれば、新鮮な野菜をたたいたりつぶしたりする流儀もある。1種類の野菜だけを発酵させる人もあれば、両手に余るほどの種類の野菜を混ぜ、時にはスパイスや果物、魚、米、マッシュポテトなどを加えて発酵させる人もいる。ほんの数日しか発酵させない人もいれば、何週間も何か月も、あるいは何年にもわたって発酵させる人もいる。密封したジャーの中で発酵させる人もいれば、口の開いたかめの中で発酵させる人も、それ専用に設計された容器の中で発酵させる人もいる。セラーや地中に埋めたかめの中で発酵させる人もいれば、バルコニーやガレージで発酵させる人もいるし、キッチンカウンターの上という人もいる。暗闇に守られて発酵させる人も、直射日光に当てる人もいる。伝統的なほとんどの発酵方法は野菜にもともといるバクテリアを使うが、さまざまなスターターを加える人もいる。このタスクを達成する方法は一通りではない。世界中の異なる場所で、またさまざまな伝統文化によって幅広く解釈され、無数のユニークな秘密の家庭のレシピに取り込まれ、世代を超えて受け継がれ、定期的に調整と適応が行われてきた。

野菜発酵は、人生で初めて発酵食品作りに取り掛かる人にはうってつけだ。非常に簡単だし、比較的すぐに食べられるようになる。とても栄養豊富で健康にもよい。おいしくてどんな食事にも合う。そして、本質的に安全なのだ。間違って悪玉菌を育ててしまうのではないか、食中毒を起こすのではないか、さらには自分や他人を死なせてしまうのではないかとおそれて、発酵食品作りに不安を感じる人もいる。少なくとも生の植物材料に関して言えば、そのようなおそれには根拠がない。「私の知る限り、発酵野菜によって食中毒が発生したという事例は1件も記録されていない」とFred Breidtは言っている。彼は発酵野菜を専門とする米国農務省の微生物学者だ。「リスキーという言葉は、野菜発酵食品に当てはまらない。それは我々の持っている、最も古くて安全なテクノロジーのひとつなのだ」。[1]

最近、ホウレン草やレタスやトマトなど生野菜を原因とする食中毒が発生していることを考えれば、発酵食品は生の食品よりも**安全**であるとさえ言えるのではないかと私は思う。たとえ極端なケースで汚染が起こったとしても、混入した病原バクテリアが常在乳酸菌個体群との競争に打ち勝つチャンスはないし、また野菜発酵食品では酸性化が急激に進行するため、生き残った病原体がいたとしても死滅してしまうだろう。すべての植物に存在する乳酸菌が、安全と保存のための戦略を提供してくれるのだ。

オリーブオイルの中で保存されたニンニクからボツリヌス中毒が起こったという報告があるため、ニンニクを発酵させることに不安を感じる人もいる。しかし、野菜をオリーブオイルの中で保存することは、同じ野菜を水や野菜自体のジュースに浸して保存することとは大きく違う。つまり、環境がはるかに嫌気的になるのだ。ニンニクを塩水の中や他の野菜と混ぜて保存するなら、ボツリヌス毒素の心配はない。もしオリーブオイルの中でニンニクを保存したければ、簡単な方法で安全を確保できる。まずニンニクを酢でマリネして酸性化し、ボツリヌス毒素を作り出すバクテリア*C. botulinum*が生育できない環境を作り出せばよい。

乳酸菌

乳酸菌、特に*Leuconostoc mesenteroides*はすべての植物に最も普通に見られるが、その数は比較的少なくて、平均すると植物の微生物個体数の1%以下だ。「植物が収穫されるとすぐ、微生物の数は増加し始める」と生物学者のチームは言っている。「これは、破壊された組織の細胞質からより多くの栄養素が利用可能となるためだ。全体数の増加に加えて、さまざまな微生物の種類の分布も変化する」。[2]生きている植物では支配的だった好気性バクテリアは、さまざまな乳酸菌を含む「通性嫌気性菌」にその座を譲る。その中に*L. mesenteroides*も含まれる。野菜が漬け込まれると、*L. mesenteroides*が発酵を開始する。

*L. mesenteroides*は**異種発酵性**と呼ばれ、主要な産物である乳酸に加えて、かなりの量の二酸化炭素、アルコール、そして酢酸といった二次産物を作り出す。これに対して同種発酵性の乳酸菌は、ほとんど（少なくとも85%）乳酸しか作り出さな

い。[3] 同種発酵性バクテリアは特殊化が進んだもので、低いpH（酸性が強い）環境でも生きて行ける。野菜発酵食品作りの最初の段階で大量のCO_2が顕著に発生するのは、異種発酵性バクテリアの活動のためだ。この活動のために環境が酸性化するにつれて、*Lactobacillus plantarum* など、酸性に強い同種発酵性乳酸菌の個体数が増加し、これが野菜発酵の後半段階を左右する。[4]「ザワークラウト作りの成功は、主に異種発酵性と同種発酵性の乳酸菌の共生関係にかかっている」。[5]

乳酸菌による作用の中で最も重要なものは、自己防衛だ。国連食糧農業機関のレポート『Fermented Fruits and Vegetables: A Global Perspective』によれば、「乳酸菌の作り出す乳酸には、食品の分解や腐敗を引き起こす可能性のある他のバクテリアの生育を阻害する効果がある」。[6] この理由から、乳酸菌発酵は食品の保存と安全のための戦略として非常に効果的なのだ。乳酸菌が存在するのは、植物だけではない。「乳酸菌は、多様な代謝能力を持つ微生物の多様なグループである」と国連のレポートにある。乳酸菌は、新生児が出生時に最初に接触するバクテリアだ。乳児は、母乳を通して乳酸菌と接触し続ける。「世界中のすべての人は、乳酸菌と接触している」と微生物学者のチームは述べている。「出生時から、我々は食物と環境を通してこれらの微生物と接触している」。[7] 抗菌化学物質によって腸内バクテリアが常に攻撃にさらされていることを考えれば（1章の「バクテリアとの戦い」を参照してほしい）、野菜発酵食品など乳酸菌による発酵産物に存在する乳酸菌個体群とその遺伝子を**補充**することが我々には必要だ。

ビタミンCと野菜発酵食品

発酵によって野菜を保存するという伝統がこれほどまでに広まったのは、歴史的に世界の温帯地域では冬に新鮮な野菜が手に入らなかったという理由によるものだ。野菜の発酵は、冬に消費するために野菜を保存し、食べられる期間を延長するための戦略を主としている。野菜には必須栄養素が含まれており、中でも重要なのはビタミンCだ。つまり、発酵は冬の食生活をバランスの取れたものにしてくれる。紀元前6世紀に中国の哲学者孔子はこう書いている：「yan-tsai［塩漬け野菜］を食べて、私は冬を生き延びることができた」。[8] 2千年後、イギリス人の船乗りジェームズ・クック船長が航海にザワークラウトの樽を持って行き、船員に毎日食べさせて壊血病（ビタミンC欠乏症）を克服したとされているのも有名な話だ。

発酵プロセスによってビタミンCが**増える**ことはない（ビタミンBは増える、2章の「発酵食品の健康効果」を参照してほしい）が、損失を遅らせることによってビタミンCを**保持**してくれる。ニューヨーク州農業試験場によって行われた1938年の研究では、「ビタミンCの損失が始まるのは、発酵プロセスが……終了し二酸化炭素の発生が実質的に停止した後である」ことが実証されている。この研究では、発酵後のビタミンCの損失は「他のいかなる要因よりも、二酸化炭素の保護的雰囲気が失われることによるものが大である」と結論付けている。[9] 栄養素が永遠に完全に保持されるわけではないにしても、より多くの栄養素を長期間保てることは貴重だ。

発酵野菜食品(Kraut-Chi)の基本

Kraut-chiは私の造語で、英語に取り込まれた発酵野菜食品を表すドイツ語と韓国語の単語（ザワークラウトとキムチ）を組み合わせたものだ。英語には、発酵野菜食品を表す固有の単語がない。発酵野菜を「ピクルス」と表現することも間違いとは言えないが、ピクルスは発酵以外の方法でも作られる。ピクルスは、酸によって保存されるものすべてを指す言葉だ。現代の大部分のピクルスは、まったく発酵されていない。その代わり、酸性の強い酢（これ自体は発酵によって作られる）を使い、通常は加熱によって野菜を殺菌するので、微生物を培養するのではなく死滅させることによって野菜を保存しているわけだ。「ピクルスの場合、1940年代までは発酵が保存の主な手段であった。その後、キュウリのピクルスに直接酸性化と低温殺菌が導入された」とUSDAのFred Breidtは書いている。[10]

私の作る発酵野菜は、均質でドイツのザワークラウトや韓国のキムチの伝統に忠実なものではなく、混ぜ物であることが普通だ。しかし当然のことだが、私が学んだ限りでは、ザワークラウトもキムチも伝統的に均質なものではない。地域の特産品から家族の秘密のレシピに至るまで、多種多様なものだ。それでもなお、どちらの（そして他の同様の）伝統も一定のテクニックを基盤としている。そして、特定の正統的な食品を再現するのではなく、このような基本的なテクニックを自由に応用するのが私のやり方だ。

簡単に言うと、私はいつも以下のような手順で野菜を発酵させている。

1. 野菜を刻むか、すりつぶす。
2. 刻んだ野菜に軽く塩をして（味を見て必要なら塩を足す)、水がしみだしてくるまでたたくか絞る。あるいは、野菜を塩水に数時間漬ける。
3. 野菜をジャーなどの容器に詰め込み、液体の中に全体を浸す。必要ならば水を足す。
4. 待つ。頻繁に味見する。そして賞味する！

もちろん、この章でこれから説明するような情報やニュアンスは他にもあるが、実際には「刻んで、塩をして、詰めて、待つ」で大部分は説明できてしまう。

刻む

すべてのルールには例外がある。さっき説明した発酵野菜作りの基本プロセスは「刻む」で始まっているが、野菜を発酵させるために刻んだりすりつぶしたりする必要はない。野菜を丸のまま、あるいは大きなかたまりで発酵させる場合には、塩水の中で発酵させたり、刻んだりすりつぶしたりして塩を振った他の野菜の中に埋めたり、その他何らかの媒体に入れるのが普通だ。刻んだりすりつぶしたりすれば表面積が増えるため野菜からジュースが出やすくなり、野菜を自分自身のジュースの中に浸すことができる。これが目的だ。表面が露出していなければ、野菜からジュースは引き出せない。細かく刻んだりすりつぶしたりするほど露出する表面積が増えるため、より迅速に、そして容易に水分が引き出され、野菜がジューシーになる。しかし刻み方が粗かったり不揃いだったりしても大丈夫だ。私はいつも、野菜を刻んでくれる人には「刻む人の好きなように」と言っている。可能な場合には、フレキシブルでありたい。

塩：乾塩法と湿塩法

刻むことと同様に、塩も発酵に絶対必要なものではない。伝統的な発酵野菜食品には、ヒマラヤに見られるように、ほとんど塩なしで野菜を発酵させるものもある（この章の「ヒマラヤのグンドゥルックとシンキ」を参照してほしい）。塩なしで発酵させた野菜のほうが、塩を使って発酵させたものよりも善玉菌をたくさん含んでいると信じている人もいる（私はそうは思わないが）。また、塩を避けるように医者から指示されている人もいる。まったく塩を使わなくても、野菜を発酵させることは可能だ。しかし控えめな量の塩であっても、発酵させたものの味は一般的に良くなるし、心地よい食感を保ち、またより長い時間をかけてゆっくりと発酵が進む可能性がある。

塩は、さまざまな方法で野菜の発酵を助けてくれる。

- 塩は浸透圧によって、野菜の水分を引き出す。これによって、野菜を自分自身のジュースの中に浸せるようになる。
- ペクチンと呼ばれる植物細胞の構成物質を硬化させることによって野菜をパリッとさせ、また野菜に含まれるペクチン消化酵素の働きを抑えることによってパリッとした食感を保ち、ぐずぐずになるのを防ぐ。
- 選択的環境を作り出すことによって、塩は生育可能なバクテリアの範囲を狭め、耐塩性のある乳酸菌に競争上の優位を与える。
- 塩は、発酵を遅らせ、ペクチン消化酵素の働きを抑え、そして表面のカビの発生を抑えることによって、保存性を高める。

野菜発酵食品は冷涼な気候の場所で生きて行くために非常に重要だったため、塩が保存性を高めるという事実から、たくさん塩を使わされることが歴史的に多かった。一部の伝統的な発酵食品は、あまりにも塩辛いため食べる前に水に浸して塩気を抜くのが当然とされている。問題は、水に浸すことによって塩だけでなく、他の栄養素も出て行ってしまうことだ。

野菜を発酵させる際に塩をちゃんと計量する人も多いが、私は普通しない。私

は野菜を刻みながら軽く塩をし、それから混ぜて味を見て、必要ならばさらに塩を足す。どんな場合でも、塩を足すほうが塩気を抜くよりも簡単だ。塩気を薄めるには、塩をしない野菜を足したり、水を加えたりすればよい。余分な水を捨てれば、それと一緒に塩分も取り除かれる。

野菜に塩をして発酵させるための方法は、大きく分けて2つある。乾塩法と湿塩法だ。乾塩法は、単純に野菜に塩を振りかける。これは私がよく使う方法だ。湿塩法は、水に塩を溶かして塩水を作り、それに野菜を浸す。乾塩法では、野菜の表面積が大きくないとうまく水分が引き出せないので、野菜を刻んだり千切りにしたりする必要がある。野菜を丸のまま、または大きなかたまりで発酵させる場合には、湿塩法のほうが向いている。ハイブリッドな手法を利用する流儀もある。つまり濃い塩水に短時間浸してしなびさせたり、厚く塩をまぶして水分を引き出したりしてから、すすいで余分な塩分を取り除くのだ（この章の後のほうで詳しく説明する）。

乾塩法の場合、商業的な製造業者は重量にして1.5〜2％の比率、言い換えれば1ポンド／500gの野菜に対して小さじ約1.5〜2杯の塩を使うことが多い。『天然発酵の世界』（築地書館）では、5ポンド／2.3kgの野菜に対して大さじ3杯の塩を推奨していたが、それでは塩辛すぎると言う人が多かった。もっと少なくしてみてほしい。塩を重量ではなく、体積で量ると誤差が大きくなる。塩の粒の大きさによって、体積当たりの重さが大きく異なるからだ。

発酵野菜に塩をどれだけ使うか決めるには、発酵環境での塩の働きについて理解しておくと役に立つ。塩には発酵や酵素の活動を遅らせ、長期間の保存を可能とする性質がある。発酵のスピードには温度も影響する（低い温度では遅く、高い温度では高くなる）。そのため私は、暑い夏には発酵を遅らせるために塩を多めに使い、冬は少なめに使うことが多い。何か月も保存する予定の発酵野菜には塩を多めに使い、次の週のイベントのためにバッチを作る場合には少なめに使う。

塩をして野菜を発酵させる際のもうひとつの問題は、使う塩の種類だ。すべての塩が同じわけではない（3章の「塩」を参照してほしい）。私は海の粗塩を使うことが多い。これには発酵によって生体利用可能となる多くの微量ミネラルが含まれるからだ。野菜の色を悪くし塩水を濁らせるとして、ヨウ素が添加された塩は避けるよう勧めている文献もある。しかし実際には、手近にあるどんな塩でも野菜を発酵させることは可能だ。ワークショップの主催者が持ってきてくれる実にさまざまな種類の塩で野菜を発酵させた経験から言えば、乳酸菌は幅広い塩に耐性があり、特に好き嫌いはないように思われる。

野菜を叩いたり絞ったりする（あるいは塩水に浸す）

野菜を刻んで塩をしたら（あるいは、お好みなら塩はしなくても）、つぶすことによってさらに水分が引き出され、野菜を自分自身のジュースの中に浸すことができる。細胞には、水分を保持する機能がある。野菜をつぶすことによって細胞壁が破壊され、ジュースの放出が促進されるのだ。5ガロン／20リットル程度までの少量であれば、清潔な手で単純に野菜を絞るのが最も簡単で楽しいことがわかった。私は、自分の手を使うのが好きなのだ。（私のワークショップでは、この仕事をやってくれる熱心なボランティアはいつでも簡単に見つかる）。また、野球のバット、ツーバイフォーの板（木材が圧力注入処理されていないことを確かめること！）、あるいは特にこの目的のために作られたエレガントなツール（3章の「野菜叩き」を参照してほしい）など、清潔な重たい鈍器で野菜を叩いてもよい。大量の場合には、足で野菜を踏みつぶす人が多いようだ。野菜から汁がしみだしてくるまで、絞ったり叩いたり踏みつぶしたりしてほしい。手に取って絞ってみれば、野菜のジュースが出てくるはずだ。

アジアでは伝統的に、上に書いたように叩く代わりに、しばらく塩水に浸して野菜をしなびさせることが多い。この方法でも同じ目的を達成できるが、手間がかからない代わりに時間と塩がより多く必要になる。野菜は塩水に数時間かそれ以上（非常に濃い塩水なら数時間、あまり塩辛くない場合にはもっと長く）浸し、その後取り出してスパイスと混ぜる。この方法について詳しくは「キムチ」のセクションを参照してほしい。

詰め込む

野菜をつぶしたり塩水に浸したりしていい感じに汁が出てきたら、好みに応じてさらに塩またはスパイスを振り、容器に詰める。（さまざまな種類の容器に関する議論についての検討は、3章を参照してほしい）。ジャーに密封する場合でもかめで発酵させる場合でも、野菜はぎっしりと容器に詰め込んで、エアポケットが絞り出されて漬け汁が上がり、野菜が浸るようにする。野菜全体が浸っていない場合には、何回か野菜を強く押し、もう少しジュースを絞り出せないか試してみよう。野菜を押し続けたり、つぶした野菜に数時間重石をして放置したりすれば、さらにジュースが出てくるはずだ。翌朝になっても野菜が完全に浸っていなかったり、どこかで（口の開いたかめでは蒸発によって）水が減ったように思えたりしたら、カルキを抜いた水を少し足せばよい。野菜を浸すことは、発酵野菜食品作りを成功させるうえで最も重要な要素だ。

塩辛い漬け汁の中では、ちょうど海の中の我々の身体のように、野菜は浮かび上がろうとする。かめの場合は重石を置いて中の野菜を押さえつけ、漬け汁に浸った状態を保つのが普通だ（3章の「かめを使う方法」を参照してほしい）。ジャーの場合には、根菜類やキャベツの芯を栓や円盤の形に切り取って、ジャーの口から少しだけ飛び出すように野菜の上に置くという方法がある。ふたを押さえつけて閉めれば、栓と野菜が押し下げられ、栓以外の野菜はすべて漬け汁に浸った状態に保たれる。同じ目的で陶器やガラス製の小さな文鎮を使う人もいる。ある南アフリカの会社は、ジャーの中の野菜を漬け汁に浸った状態に保つためのプラスチックのインサートをViscoDiscという名前で製造している。重石や栓が表面全体を覆っていない場合には野菜が表面に浮かび上がってしまうが、心配しなくても大丈夫だ。これは問題ない。表面の野菜が酸化によって変色したり、表面にカビが生えてきたりしたら、取り除いて捨てればよいだけだ。

発酵食品をジャーに密封する場合には、発酵プロセスによってかなりの量のCO_2が発生し、ジャーの中の圧力が高まることに気を付けてほしい。ねじの部分を通って漬け汁がしみだしてきたり、圧力でジャーのふたが歪んだりするかもしれない。さらには、ジャーが破裂するおそれだってある。発酵の最初の数日はCO_2が特に多く発生するので、毎日圧力を逃がしてやること。単純にジャーのふたをしばらく緩めておけばよい。数日後には、CO_2の発生が続いていたとしても、その勢いはだいぶ弱まっているはずだ。

発酵期間の長さ

待つことはなかなか難しいものだ。最近は、我々が待ちきれないことを見越して、2・3日だけ野菜を発酵させることを推奨している文献も多い。確かに、2・3日たてば野菜の変成作用は始まっている。この時点で、いくらか試食してみよう。しかし、まだ発酵野菜の潜在能力がすべて引き出されていないことは、理解しておいてほしい。伝統的に、発酵は季節を超えて野菜を保存するための戦略だった。何日も何週間も経つうちに風味が溶け合い、酸味は増し、食感も変化して行く。熟成し続ける発酵食品は、頻繁に味見してほしい。2週間後に食べてみて、もしまだ残っていれば、2か月後にも食べてみよう。

どの時点の発酵野菜食品がベストかを私が読者に伝えることはできない。読者自身が、その判定者にならなくてはならないだろう。ほんの数日しかたっていない、未熟成の「グリーンな」発酵食品の、マイルドな風味とパリッとした食感が好きな人もいる。また、より熟成した、長期間エージングされた風味のほうを好む人もいる。暖かい季節や暖房の入った環境では、低い温度の場合よりも発酵は速く進行する。「少なくとも70°F/21℃、できれば65°F/18℃以下、理想的には50〜60°F/10〜15℃という低い温度で、素晴らしい製品が生み出される」と、April McGregerは書いている。彼女は、ノースカロライナ州カーボロで商業的にFarmer's Daughterブランドの発酵野菜食品を作っている人だ。高い温度を短い発酵期間で埋め合わせれば、気温が高くても素晴らしい発酵食品が作れるようだ。

Steinkrausらは、温度の影響について詳細な報告をしている。

> 7.5℃［45°F］という低温では、発酵は非常に遅い。*L. messenteroides*はゆっくりと生育して約10日で酸度0.4%に、1か月で0.8〜0.9%に達する……。クラウトは、6か月以上または温度が上

> 昇するまでは完全に発酵しない……。18℃［65°F］と塩分濃度2.25％では、約20日で……1.7～2.3％の総酸度に達する。より高温、すなわち23℃［75°F］では、発酵速度が上がるため塩水の酸度は8～10日で1.0～1.5％に達することがある……。32℃［90°F］という、さらに高い温度では発酵速度が非常に高くなり酸度は8～10日で1.8～2.0％に達することがある……。クラウトの風味は劣る……。保存期間も短くなる。[11]

塩もまた、発酵のスピードに影響する。私は通常、夏の暑い時には発酵を遅くするために塩を強くしている。冬にはあまり塩をしない。

食べごろの時期について、「最も健康に良いのはいつですか？」とか、「バクテリアの数が一番多くなるのはいつですか？」とか、実用一点張りの質問をしてくる人もいる。私が書物を読んで得た一般的な印象としては、発酵野菜に含まれる乳酸菌の数や濃度は、釣り鐘状の曲線に従うのが通常のようだ。野菜が漬け込まれてから個体数が増加し始め、ピークに達し、その後は酸度が高くなるため減少する。数の変動以外に、発酵の進行につれて乳酸菌の種類も入れ替わる。最も役に立つのはいつかと考えるのではなく、バクテリアとの接触を多様化するために、発酵野菜はそのプロセス全体にわたって食べ続けることに意味がある、と私は信じている。

野菜発酵食品が食べごろになったら、冷蔵庫へ移せば発酵が遅くなり、ほとんど気づかないほどのペースで続くようになる。同様に、55°F/13℃のセラーなど冷たい場所では、塩をして発酵によって酸性化した野菜は何年も保つ。バーモント州北部のFlack Family Farmへ行ったとき、セラーに貯蔵した樽から出てきた3年物の、まだパリッとした美味しいキムチをごちそうになったことがある。また発酵は、冷蔵庫の奥に入れておいても何年も続く。

もっと高い温度では、発酵野菜はあまりもたない。結局はペクチン消化酵素が活動を始め、発酵食品の食感を失わせてぐずぐずにしてしまうからだ。発酵愛好者のHyla Bolstaは、次のように回想している。「おいしいものは食べきってしまわないといけないこともあります。パリッとした状態は我々の人生と同じでいつまでも続かないし、時には今すぐにそうしなければいけません。待っているうちに、ぐずぐずでネバネバでヌルヌルになってしまうかもしれないからです」。私個人としてはぐずぐずになった発酵野菜はあまり好みではないが、そのほうがいいという人もいる。私は、柔らかいクラウトのほうが好きだというオーストリア人に何人か会ったことがあるし、Vickie Phelpsは私にくれた手紙の中で、彼女のパートナーは歯が悪くてパリッとした野菜を食べることができないため、柔らかくなった発酵食品が好きだと教えてくれた。発酵食品を早く柔らかくしたければ、塩を控えて暖かい場所に置けばよい。

私は毎年、セラーの樽の中で半年間野菜を発酵させている。11月に漬け込んで、冬から春にかけて食べるのだ。しかし7月になると、暖かい夏の気候の中で、野菜はパリパリ感を失ってぐずぐずになってしまう。熱帯地方や熱波の中でも野菜をおいしく発酵させることは可能だが、発酵が速く進行するため長持ちはしない。うまくできたことに、発酵によって野菜が最も長持ちするのは、生育シーズンが短くて野菜の保存が重要となる、まさにそのような場所なのだ。

ザワークラウトを発酵させた後、保存のため缶詰にする人も多い。そうしてもよいが、生きた微生物の効用は失われてしまう。

表面のカビと酵母

野菜を液体に浸すというテクニックは、野菜を酸素から守ることによって乳酸菌の生育を促す戦略だ。酸素は（カビと酵母の両方を含む）菌類の生育を助長する。このテクニックでどうしても避けられないのは、その境界で（口の開いた容器の場合）野菜が浸っている液体の表面が酸素を含む空気と接触してしまうことだ。栄養豊富な野菜のジュースと空気とが接触するこの境界では、生物多様性が豊かとなり、カビや酵母が頻繁に発生する。表面でこれらが生育するのは普通によくあることだ。取り除くべきだが、恐れる必要はないし、発酵野菜をだめにしてしまうものでもない。

生育する好気性の酵母はカビとはまた別のものだが、酵母の表面層がカビの層になってしまう可能性もある。発酵野菜の表面にしばしば発生する酵母の層は、Kahm酵母と呼ばれる。『The Life of Yeasts』には以下のように記述されている。

> 乳酸菌発酵の間……特徴的な発酵酵母のフローラが液体中に発生する……。糖分が使い尽くされ、乳酸菌による乳酸の産出のためpHが低下すると、二次的な酸化酵母が液体の表面に発生し、厚く折り重なった酵母の層を形成する。[12]

Kahm酵母の層の色はベージュで、波やスパゲッティ料理を思わせるドラマチックな質感がある。通常カビは、まず白い膜として発生する。Kahm酵母とカビの区別は重要ではない。表面の変色は、単純な酸化によっても引き起こされる。何であれ発酵中の野菜の表面に生育したものや変色したものは、取り除くべきだ。

表面に生育したものを取り去るには、発酵食品から重石を静かに取り除く。幅の広いステンレス製のスプーンをカビの下に差し込み、できるだけ上手にカビをすくい取る。発酵食品の水分量によっては、カビをすくい取るためにプレートや内ぶたを外す必要があるかもしれない。時には、カビをすべて取り除けない場合もある。取り除こうとしたカビが散らばって、小さなかけらが残ってしまうこともあるからだ。こうなってしまったら、できるだけ多く大部分を取り除いて、後は気にしないようにしよう。カビが白ければ、害はない。他の色のカビが生えてきたら、それを食べてはいけない。明るい色は、カビの生殖段階の胞子形成を示している場合が多い。胞子の飛散を防ぐため、発酵食品からカビのかたまり全体を取り除くこと。幸いなことに、私がこれまで時々遭遇した色のついたカビ（どの場合もその前に白いカビが発生していた）は粘着性があり、全体を取り除くのは簡単だった。

長い間カビが発酵食品の表面で生育すれば、それだけ菌糸が奥深くまで入り込むことになる。カビはペクチンを消化するため、野菜をぐずぐずにしてしまう。そのうちに、野菜にカビの味がするようになるかもしれない。またカビは乳酸も消化するため、発酵食品の保存に役立つ酸度を低下させてしまう。カビか何かが表面に生育しているのに気が付いたらすぐ、できるだけ取り除くこと。カビを取り除いた後、その下の野菜の食感を確かめてほしい。カビの生育によって表面近くの野菜が柔らかくなっていたら、取り除いて捨てよう。

キャベツの外側の葉を使って、千切りにしたキャベツと表面の間にバリアを作る人もいる。ジャーの場合には、葉を折りたたんで入れるだけでよい。もっと大きな容器の場合、たいていの人は葉を重ねて円形や螺旋形に並べるようだ。発酵愛好者のLisa Miltonは、もうひとつのテクニックについて説明してくれた。

> 私は、いつもは堆肥にするキャベツの外側の葉を使っています。葉をきれいに洗い、きつく巻いて葉巻の形にします。野菜を漬けたものの上に、それを隙間なく敷き詰めます。野菜がいい感じで発酵してきたら、巻いたキャベツの葉は取り除いて捨ててしまいます。キャベツの葉の上側にカビが生育することはよくありますが、下の野菜にはまったく影響しません。

発酵食品の表面が空気にさらされないよう保護するため、表面をオリーブオイルの層で覆ってしまうという戦略を採用している人もいる。

表面でカビを生育させないための最も効果的な方法は、発酵食品の表面が空気にさらされないようにすることだ。そのために、水か塩水を詰めた丈夫なポリ袋を使って容器の表面全体を覆うか、あるいは特別に設計されたつぼやジャーの蓋を使う。詳しくは、3章の「かめのふた」と「さまざまなかめのデザイン」を参照してほしい。口の開いた容器で発酵させる場合、特に乾燥した気候や暖房の入った場所では水分が蒸発してしまうことに気を付けてほしい。液体のレベルを定期的にチェックして、必要なら水を足す。野菜の乾いた表面からカビをはぎ取った場合には、野菜の一番上の層も堆肥にす

だんだん良くなる

Luke RegalbutoとMaggie Levingerは、北カリフォルニアで「Wild West Ferments」というブランドの発酵野菜を製造販売している。

私たちは、一見して見栄えやにおいが悪いからと言ってバッチ全体を捨ててしまう人の話をよく聞きます。一番上にカビや虫がはびこっていても、その下には美しいクラウトがあることがわかるでしょう。またそれは、とてもおいしいのです。かめからジャーに移して冷蔵すれば、ひどいにおいも少なくなり、時には消え去ってしまうことを知っておいてください。

る必要があるかもしれない。変色や乾燥しているように見える野菜は捨ててしまおう。野菜は常に、水に浸かった状態にしておくこと。

どの野菜を発酵させるか

千切りキャベツだけではないことはもちろんだ。野菜の発酵というシンプルなプロセスは非常に汎用性が高く、発酵できない野菜は存在しない。ただしこれは、すべての野菜が同じくらい上手に発酵できるという意味ではないし、すべての野菜が発酵させておいしいという意味でもない。発酵しているうちに、他の野菜よりも早くぐずぐずになってしまう野菜もある（キュウリやズッキーニなど）。私はこのような野菜は少量のバッチで発酵させ、エージングせずに早めに食べるようにしている。クロロフィルが豊富な暗緑色の葉物野菜（ケール、コラードグリーンなど）は発酵中に非常に強い特徴的な風味が引き出されるので、好き嫌いが分かれる。オレゴン州南部の海沿いに住むAnneke Dunningtonは、以下のような手紙をくれた。「私は実際に、ケールを発酵させようとして恐ろしい目にあいました……何度試しても、私が今まで嗅いだこともないような最悪のにおいがしてくるのです」。私は暗緑色の野菜は、野菜を混ぜて発酵させる際に少量加えるだけにしている。その限りでは、とてもおいしいものだ。単独で発酵させた場合、その風味は私には強すぎる。テネシー州のRick Chumleyは、彼の一番好きなバッチはケールとキャベツを半々の割合で「スーパーグリーン・ザワークラウト」にしたものだと教えてくれた。

発酵させて長期間保存するためによく使われる野菜は、キャベツやラディッシュなど、気温が下がって行く遅い時期に収穫される寒冷地野菜だ。低い温度は、発酵が遅くなり長期間保存できるという点で重要だ。夏の暑さの中で収穫された野菜は発酵が速く、長期間の保存には向いていないことが多い。

個人的には、ラディッシュ、ニンジン、カブ、ビート、パースニップ、ルタバガ（スウェーデンカブ）、根セロリ、パセリの根、そしてゴボウなどの根菜を発酵させるのが特に好きだ。ビートの割合が多いと、糖分が多いため酵母発酵が促進され、漬け汁が濃いシロップ状になる。しかしMarcee Kingは「私はビートを、ホースラディッシュやタマネギ、ニンニク、そしてディルと一緒に発酵させたものが好きだ」と言っている。通常、私は根菜をこすり洗いはするが、皮はむかない。チャードやパクチョイといった葉物野菜の茎は下ごしらえの段階で捨てられることが多いが、これも発酵させるとおいしい。セロリもいける。オクラが好きな人は、一度発酵させてみるといいだろう。私は普通オクラを丸のまま使って、他の千切りにした野菜と混ぜ合わせる。こうするとオクラの粘り気が大部分内部に閉じ込められるので、それが好きな（私のような）人はそれを楽しめるし、そうでない人はオクラを避ければいい。オクラを他の野菜と一緒に刻めば、そのバッチ全体がオクラのネバネバになる（これもおいしい）。

トウガラシやパプリカも、発酵させるとおいしい。辛いものも辛くないものも、生のままでも乾燥させても、燻製にしても焼いてもいい（トウガラシについては、後でホットソースのところで詳しく説明する）。ナスも同様だ。最初に塩を振って水分を抜く人もいるが、私はナスのあくは発酵によって取り除かれると思っている。緑色や赤色のトマトを発酵させる人もいる。塩漬けにした緑色のトマトは非常に酸っぱくなるが、ユダヤ料理には欠かせない。さまざまな種類のキャベツに加えて、芽キャベツ、カリフラワー、コールラビ、ブロッコリーなど、アブラナ科の野菜は発酵に向いている。チャード（特に茎）などの青菜や、新鮮な緑色や黄色や紫色の豆もおいしい。私は、ゼンマイ、タケノコ、カボチャやクリカボチャ、nopales（食用サボテン）、そしてシイタケなどのキノコを発酵させておいしくいただいた。私の友人Nuri E. Amazonは、ソウメンカボチャを多量のニンニクと一緒に塩水に漬けたものが「今まで食べた発酵食品の中でも最高の部類だった」と書いてきた。スイカの皮を塩漬けにしたものは、風味の点でも食感の点でもサワーピクルスとしてキュウリに匹敵する。トウモロコシも、野菜として発酵させることが可能だ。

Dawn Beeleyはイタリアから、彼女のアーティチョークを発酵させた経験について教えてくれた。「私は芯だけを使って、ごく薄切りにしました……非常にうまくできました……13か月と4歳の私の子供たちも食べています」。キクイモ（英語ではJerusalem artichokeまたはsunchokeと呼ばれる）はアーティチョークとは関係はないが、やはりおいしいイモの一種（*Helianthus tuberosus*）であり、これも発酵に向いていて、また発酵によってこれに含まれるイヌリン（長鎖炭水化物の一種で、食べた人のおなかにガスがたまる原因となる）が分解される（しかしイヌリンは腸内バクテリアの良い食料となるため「プレバイオティック」だとみなされている。だからガスが出るのだ）。キクイモを使う際の最大の難関は、節の間の隙間や割れ目をきれいにすることだ。「できるだけ切り分けてから、ホースで水を吹きかけて何度かすすぐとよいようです」とAnneke Dunningtonはアドバイスしてくれた。

発酵できるのは、栽培された野菜だけではない。Lagusta Yearwood（や他の人たち）は、ヒラタマネギ*の発酵に夢中だ。「ファンキーな能力を秘めたヒラタマネギは、発酵プロセスにはうってつけです。魔法のようなバクテリアたちが、この素晴らしい山菜のリッチな旨味を馴らすと共に高めてくれるのです」。「毎日何か野生のものを食べよう」とは、私の友人のFrank Cookのアドバイスだ。彼は、人々が周りのありふれた植物を知り、交流することを勧めていた。私はなるべく毎日庭へ行って、野菜だけでなく草も「味見」することにしている。草と野生の食草との境目がどこにあるのかはあいまいな場合も多いが、時にはそれを発酵食品に加えることもある（ただし通常は少量だけ）。

*訳注：*Allium tricoccum*、ギョウジャニンニクに似たネギ属の植物。

東欧では、スラブ語でbarszcz（*Heracleum* spp.）として知られるセリ科の草が、伝統的に発酵されスープに使われていた。そのスープはボルシチと呼ばれるが、現在ではビートで作るのが普通になっている。『The Locavore's Handbook』の著者であるLeda Meredithは、電子メールで以下のように教えてくれた。「私はアリアリアの種（garlic mustard seed）、アメリカクロモジの実（spicebush berries）、そしてカナダサイシン（wild ginger）など、その辺から集めてきた材料を混ぜるのが好きです」。フィンランドの発酵愛好家Ossi Kakkoは、セイヨウイラクサ、丸のままのタンポポの花、タンポポの葉、料理用バナナの葉、そしてシロザなどを使った発酵食品を説明してくれた。「一部の苦い葉っぱは、発酵によってマイルドに変わります」と彼は観察している。Maria Tarantinoはベルギーに住むイタリア人の発酵実験家だが、「一般に非常に苦い葉っぱは発酵中にかめの中で風味のブーケを放出します。まるで苦味が、繊細な成分に変化しているかのようです」と説明してくれた。彼女が試した野生ハーブの中で「今までに一番素晴らしかったのは、wild sea fennel（イタリア語ではcritmo）という海岸の岩の上に育つサボテンのような植物で、最初からかすかな塩味がします。花はとても苦いのですが、十分に長い間待てば、鋭い角が取れた風味になります。もうひとつ好きなのはegopode（*Aegopodium podagraria*、英語ではground-elder、goutweed、あるいはsnow-in-the-mountainと呼ばれる）という、セロリに似た茎を持つエキゾチックな芳香のある植物です」。

kohlrabi

海藻は、発酵に加えるべきミネラル豊富なおいしい材料だ。私は海藻を少量の水に浸し、手で絞って下ごしらえする。数分経つと海藻は水を吸い込んで柔らかくしなやかになるので、水を含んだ海藻を刻んで、ジュースが余ればそれと一緒に、他の野菜に加えている。クラウトメイカーのElizabeth Hopkinsは、赤いダルスではなく、ケルプなどの緑色の海藻を使うことを勧めている。「ダルスは完全に分解してしまい、それがなければおいしかった私の発酵食品を、茶色の下水を思わせるものに変えてしまいました」と彼女は書いてきた。「絶対にケルプを使うべきでした」。

フルーツを加えるのも、エキサイティングだ。東欧では伝統的にリンゴやレーズン、あるいはクランベリーをザワークラウトに加えることが多い。また、柑橘系のフルーツやジュースを香りづけに加えてもよいだろう。あるいは、ベリー類、パイナップル、プラムなど、他のフルーツでもいい。カリフォルニアのクラウトメイカーLuke Regalbutoが報告してくれた。「例えば干したブルーベリーのように、ドライフルーツをクラウトに入れると、新鮮なものよりもずっとかめの中でよく持ちます」。Greg Olmaはマルメロをザワークラウトへ加える。「5ポンド／2.3kgごとに、私は漬け塩と、きれいに洗ってスライスしたマルメロを約1カップとコリアンダーシードをひとつまみ、ホールのクローブをいくつか、黒コショウの粒を少々、オールスパイスの実をいくつか、そしてフェンネルとアニスシードひとつまみを加えます」。私は野菜発酵食品に季節のベリーや、手に入る場合には薄切りにしたグリーンパパイヤを加えるのが好きだ。ナッツも発酵野菜の彩りに使える。特に私は、ナッツがもたらす食感の変化が好きだ。

韓国では伝統的に、キムチを作るときに魚介類が野菜に加えられることが多い。生の小魚や干物、エビ、カキなどの魚介類、魚醤などが加えられる。生魚は、酸性化によって変性する。発酵したキムチの中では、柑橘類で処理されたセビーチェと同様に、魚は加熱調理されたような外観と食感になる。韓国の内陸部では、肉や肉スープもキムチに使われることがある。

新鮮な野菜には、モヤシなどの豆のスプラウトや、米などの炊いた穀物、蒸したりマッシュポテトにしたりフライドポテトにしたイモ類など、加熱調理した材料を加えてもよい。私は蒸した緑色の枝豆を他の普通の野菜に入れて、おいしい枝豆キムチを作ったことがある。フライドポテトの皮の部分をクラウトに入れた時も、結果は非常に満足の行くものだった。私の友達には、ミックス野菜の発酵食品に殻をむいた堅ゆで卵を入れてしまった人までいる。堅ゆで卵はビーツの赤い色素を吸収して、おいしいだけでなく美しくなった。加熱調理した食品を入れる際には、体温程度まで冷ましてから入れること。また調理済み食品には乳酸菌が普通ほとんど含まれないので、何か生の材料から微生物を導入しない限り、それ単独で発酵させることは難しい。それでも、大部分生のミックス野菜に少量加えるのは大丈夫だ。

旬を過ぎて柔らかくなったりしなびたりし始めた野菜を発酵させることもできる。表面にカビがあれば、切り取って捨てること。発酵は、腐敗と同じではない。思慮を働かせてほしい。これまでに私が作った最悪のクラウトは、コールスロー用ということでケンタッキーフライドチキンから入手した、箱入りのあらかじめ千切りされたキャベツ、ニンジン、タマネギから作ったものだった。私の友達のMaxZineは献身的な食品救出者だが、地元のフードバンクで配られたそのような箱をいくつか入手して、ひとつを私にくれたのだ。野菜はまったく腐ってはいなかったが、私は何らかの種類の保存剤がスプレーされていたのではないかと疑っている[*]。発酵がまったく進まないように見え、また味もひどかったからだ。いずれにせよ、ごみ箱をあさったり残り物を集めたり、見捨てられた野菜が豊富に手に入るような人たちにとって、発酵は偉大な戦略だ。

[*] 訳注：日本でも米国でも、生野菜に次亜塩素酸水（食品添加物として認められている）をスプレーして殺菌することは一般的に行われているので、発酵が進まなかったのはたぶんそのせいだろう。

一般的に言って、発酵野菜食品のバッチをしばらく発酵させた後に、材料を追加することはやめたほうがいい。新しく加えた野菜の風味が引き出される前に、古い野菜が柔らかくなってしまうからだ。新鮮な野菜が手に入ったら、それを使って新しいバッチを作ってほしい。同時に複数の異なる発酵段階にあるバッチを持つのはいいことだ。

スパイス

発酵野菜に加えるスパイスも、同様に融通無碍だ。野菜は混ぜ物なしで発酵させてもいいし、マイルドにスパイスを加えても、あるいは好きなだけ強烈にしてもいい。キムチには通常、トウガラシ、ショウガ、ニンニクに加えて、タマネギ、青ネギ、エシャロット、またはポロネギなどのスパイスが加えられる。トウガラシは粉末やフレーク状にして加えることが多いが、新鮮なものや乾燥したもの、あるいはホットソースとして加えてもよい。ドイツでは伝統的に、ザワークラウトにはスパイスとしてジュニパーベリーを加えることが多い。キャラウェイ、ディル、そしてセロリの種などもザワークラウトによく使われるハーブだ。エルサルバドルでは、クルティード（curtido、ザワークラウトやキムチに似た中米のピクルス）にオレガノとトウガラシを加える。

機能的には、上記のように発酵食品に伝統的に用いられるスパイスの大部分はカビ防止剤として働く。これらを入れるとカビが絶対に生えないということではなく、カビの生育を抑えるという意味だ。同じ環境に隣り合わせに蓋の開いたかめを置き、同じ塩分濃度の同じ野菜を入れ、片方だけにスパイスを加えて発酵させれば、スパイスを加えなかったバッチに比べてスパイスを加えたバッチのほうが、常に表面のカビの発生は遅くなる。カビを防止する効果のある、もうひとつのスパイシーな発酵材料はキンレンカの葉だ。

自由に伝統から逸脱してほしい。ターメリックは素晴らしい風味や色と共に、酸化防止や抗ウィルス性などの効果を発酵野菜に与えてくれる。クミンは発酵食品に入れると素晴らしいし、オレガノを軽くあぶって入れてもいい。私に手紙をくれた人たちのお気に入りは、黒コショウ、コリアンダー、フェンネル、コロハ、そしてマスタードシードなどだった。新鮮なハーブの風味には多少揮発性があるので、発酵期間が長いと残らないかもしれないが、短期間の発酵ならおいしいし、試してみて損はない。

ノースイースト・キングダムの発酵野菜食品

Justin Lander
バーモント州イーストハードウィック、ノースイーストキングダム

ミックス野菜の発酵食品（我が家ではMVFと呼ばれています）をキッチンシンクで数年間実験した後、私はこの地域にうってつけのノースイーストキングダム・キムチづくりに挑戦しました。レシピの発想は主に、友達のシュガーブッシュ（メープル林の別名）で働いていた時、メープルシロップのシーズンが終わり、ヒラタマネギが豊富に育つ季節に得ました。ヒラタマネギに混ぜたのは、大量のカナダサイシンです。これら2つの材料が基本となります。次に私は、タンポポの葉と根、ゴボウの根、塩、そして時には前の年の乾燥したトウガラシを入れることもあります。数週間発酵させます。エキサイティングなのは、甘くて香水のような香りが漂ってくることです。デザートになるクラウトです。

ザワークラウト

米国やヨーロッパの大部分で最もよく知られている発酵野菜は、ザワークラウトだ。ザワークラウトは、主に千切りキャベツと塩から作られる。千切りキャベツには、ジュニパーベリーやキャラウェイシードなどのスパイスが加えられることも多い。伝統的に、リンゴやクランベリー

のようなフルーツが加えられることもある。私がお会いしたことのある女性は、彼女のおばあさんが生まれたポーランドの小さな町では、みんなザワークラウトにマッシュポテトを入れていたと言っていた。ポテトにザワークラウトの風味が移り、独特の変わった食感が得られる。（マッシュポテトは加える前に冷ますことを忘れないように）。私はよく、赤キャベツを白いキャベツに混ぜて、鮮やかなピンク色のクラウトを作る。さまざまな材料を少しずつ加えても、ザワークラウトの基本的な性質が保たれるようにするには、材料の大半を千切りキャベツにしておけばよい。このプロセスは、乾塩法による一般的な発酵野菜作りの手法だ。

象徴的なザワークラウトのひとつがバイエルンのスタイルで、キャラウェイシード入りのザワークラウトが、通常は砂糖を混ぜて温められ、甘くして食卓に出される。もうひとつのドイツのザワークラウトのバリエーションは、甘口の白ワインを加えて作るワインクラウト（weinkraut）だ。「何という奇跡だろう」とニューハンプシャー州のJudith Orthは語る。「発酵プロセスによって、ひどいワインも素晴らしい繊細な、言葉では言い尽くせない風味になる……みんな大のお気に入りです」。

伝統的なクラウト（より一般的には発酵食品）の製法には、月の満ち欠けを使ってタイミングを決めるものが多い。私の家からほど近いテネシー州レディービルに住む女性が、彼女の祖母Ruby Readyのザワークラウトのレシピを教えてくれた。「その秘密はもちろん、月の光の中で、しかも月が満ちて行く間に作ることです。そうすれば、絶対に縮んだり黒ずんだりすることはありません」。民間伝承はさまざまで、私はまたそれとは逆に、ザワークラウト作りに最適な時期は月が欠けて行く間だというアドバイスをもらったこともある。[13] 正直に言って、私はさまざまな月の満ち欠けの時期にザワークラウトを作ったが、それによる違いを感じたことは一度もない。

ザワークラウト作りのテクニックについては、すでに説明したとおりだ。ここ数年、私はさまざまな人からザワークラウトが人生に重要な意味があるという話を聞いてきた。例えば、インディアナ州インディアナポリスのLorissa Byelyは以下のような手紙をくれた。

発酵ハーブミックス

Monique Trahanは、マサチューセッツ州西部の「町で一番大きなショッピングセンターの見える場所」にある、菜園、乳用ヤギ、鶏、放牧されているブタのいる「小農園（farmlet）」で生活している。

私は、夏の終わりから秋にかけてフレッシュハーブのサラダドレッシングミックスを作り、冬の間中使っています。たくさん育ったものは何でも使いますが、お気に入りは主にバジルとオレガノをたっぷり、パセリ、青ネギ／チャイブ、ニンニク、そして少量のトウガラシを使ったものです。刻むかみじん切りにしてから（私はフードプロセッサーをみじん切りモードで使います）塩水を加え（風味付けの材料として使うので塩辛くてもよい）、そして室温で3日くらい発酵させます。その後冷蔵庫に移して保存します（今年は地下貯蔵庫を作っているところですが）。酢とオリーブオイルの入った小瓶にひとさじ入れれば即席のドレッシングになりますし、水分を抜いたケフィアに入れればクリーミーなドレッシングやディップになります。またスープなどに入れれば、とても簡単に夏向きの味になります。私はこれを「元気の出る調味料」と呼んでいます。お客様にも好評です。

私の両親は、ロシアで生まれ育ちました。私は父から、第二次大戦後に父（8歳）とその家族が、文字通りザワークラウトとジャガイモによって1年間生き延びたと聞かされました。本当にそれ以外の食糧はなかったのですが、父は70歳の今でも健康です（そして今でもザワークラウトが大好きです）。

コネティカット州アンドーバーのChristina Haverl Tamburroは、以下のように報告してくれた。「私の曾祖母の一人は、1908年にブリッジポートに来たのですが、本当にクラウト好きで、彼女がこの国に来た時、ずだ袋の中の数枚の衣服以外に彼女が持っていたものは、キャベツカッターだけだったほどです。私の大叔母は、今でもそのカッターを使っています」。多くの納屋や地下室や屋根裏部屋には、同じような古いクラウト用スライサーやかめが眠っている。これらは、かつては人々の生活に欠かせないものだったが、今では使われなくなってしまったものだ。このようなものを見つけたら、きれいにして、また使ってあげよう！

密造酒と呼ばれたクラウトの事件

私の友人であるD氏は、しばらく連邦刑務所に入っていた。D氏はおいしいものを食べることが好きだったので、ザワークラウトを作ろうと思った。彼女は刑務所のコールスローサラダを洗い、塩を振って、オレンジを重石にして漬け込んだ。不運なことに、それを看守が見つけ、彼女が「密造酒」を作ろうとしていると告発した。彼女の母親は私に以下のような手紙をくれた。「彼らは即座にそれを没収し、その中身とにおいをテストし分析しました（事前の「呼気検査」では何も検出されませんでした）が、それでも絶対に彼女が不正に持ち込んだ品で密造酒を作っていると決めつけて、彼女を召喚し、弁明書を書いて提出するように命じ、そして密造酒作りの罪を着せたのです」。審理で「Dは事実を彼女の意図と共に明らかにし、彼らはDが真実を語っていると理解しました。特に、彼女の今までの食事の要望をすべて吟味した後ではなおさらです。彼女の罪状は重罪から軽微な違反（刑務所での記録に傷が付かないもの）に変更され、彼女は1日の懲罰房行きを宣告されました」。Dはだいぶ昔に釈放され、今では彼女は心行くまで（そしてお腹が満たされるまで）自宅で発酵食品を作ることができている。

キムチ

キムチは、韓国文化を象徴する食品だ。「私は他の国の食品で、韓国人にとってのキムチの半分でも、その国の料理の伝統にとって重要な意味を持つものは何ひとつ思いつきません」とMei Chinは『Saveur』の中で書いている。[14] 韓国の有力な新聞は、2010年のキャベツの不作とそれによるキムチ不足を、「国家的な悲劇」と形容していた。[15] 2008年に国際宇宙ステーションへ韓国初の宇宙飛行士を送り出した時、彼は特別に開発されたキムチを携えていた。「3つの最高水準の政府研究機関が、数百万ドルの費用と数年の時間をかけて、宇宙線やその他の放射線にさらされても危険なものにならず、またその刺激的な匂いで他国の宇宙飛行士に迷惑を掛けたりしないバージョンのキムチを完成させた」とニューヨークタイムズは報じている。[16] 科学者たちは、キムチに生息する地球上では善玉のバクテリアが、宇宙では放射線によって危険なものに突然変異するかもしれないと心配したのだ。韓国原子力エネルギー研究機関のLee Ju-woonによれば、

「難しかったのは、ユニークな味と色、そして食感を残したまま、バクテリアのいないキムチを作ること」だった。一方地球上では、このバクテリアとその代謝産物は鳥インフルエンザの治療に役立つとされている。[17]

『天然発酵の世界』（築地書館）の刊行以来、私は読者から、私のレシピでは彼らが本物に思えるキムチが作れないという不満の電子メールを受け取り続けている。「キムチは本当に難しい！」とElizabeth Hopkinsは書いている。「私は少なくとも4回試しましたが、あの心地よくスパイシーで刺激的な、本物のキムチの味のする発酵食品を作れたためしがありません。私は『天然発酵の世界』のレシピに従って、確かにジャーいっぱいのおいしいものは作れましたが、それはキムチではありませんでした」。私は一度も韓国へ行ったことがないので、キムチに関する私個人の知識はかなり限られているが、私が学んだ教訓のひとつは、キムチは気が遠くなるほど多くのバラエティに富むスタイルで作られているということだ。Hi Soo Shin Hepinstallは彼女の素晴らしい料理本『Growing Up in a Korean Kitchen』の中で、そのようなバラエティの一端を紹介している。

> 韓国のキッチンでは、キャベツやスイカの皮、そして夏にはカボチャの花に至るまで、あらゆる種類の材料から100を超える種類のキムチが作られています。各家庭のキムチには独特の風味がありますが、野菜に塩をして、汁を絞り出して圧縮し、元の風味を閉じ込めるという基本的なプロセスは同じです。次にさまざまなスパイスを混ぜ込んで野菜を発酵させ、独特の特徴が作り出されるのです。最も重要なスパイスは新鮮なトウガラシと粉トウガラシで、これによってキムチに刺激的な強い風味が付け加わり、新鮮さを保つのに役立ちます。また砕いたニンニクとネギは、風味を増すと共に殺菌にも役立ちます。他に風味を増すために加えられるものには、ショウガ、フルーツ、ナッツ、そして塩漬けのエビやアンチョビ、新鮮なカキ、タラ、グチ、エイ、そして生きた小エビ、さらにはタコやイカなどのシーフードがあります。緑色の海藻やミニダイコンが、新鮮さを保つために加えられることもあります。北方の山岳地域では、魚介類が手に入らないため、牛のスープが代わりに使われます。[18]

Mei Chinは『Saveur』で、さらに語っている。

> 私は、キノコやゴボウから作った繊細な風味のキムチ、大豆モヤシから作った軽くパリッとしたキムチ、柔らかいカボチャから作ったふっくらとしたキムチ、そして若タコから作ったぜいたくなキムチを食べたことがあります。キムチは、トンチミ（水キムチ）のようにマイルドなものもあります。これはキャベツ、ナシ、松の実、丸のままのトウガラシ、そしてザクロの種などを、風味付けした塩水に浮かべたものです。またgeotjeoli（サラダキムチ）の

ように、発酵させずに食べるものもあります。これは生の白菜の葉をキムチ液であえたもので、コールスローに似ていますが、お腹を温めて喉を冷やす働きがあります。これらすべての種類のキムチは不思議とさっぱりとしていますが、それは脳を直撃する辛さのためだけではなく、舌の上で泡立つためでもあります。キムチは韓国の食事で、西洋料理の口直しと同じ役割も果たします。食べ飽きた時、キムチをちょっとつまむと目と口が潤い、また食べ始めようというエネルギーがわいてきます。[19]

「もう、数え切れないほどだよ」とChris Calentineは、どれだけの種類のキムチを食べたことがあるかという私の質問に実感を込めて答えてくれた。インディアナ州出身の彼は私の電子メールペンフレンドで、韓国人の家族を持っている。

さまざまな材料と幅広いスタイルでキムチは作られるが、いくつかの共通パターンが存在する。キムチのレシピでは、最初に野菜を濃い塩水にあらかじめ浸しておく（重量で15％の塩水に3〜6時間、または5〜7％の塩水に12時間[20]）のが普通だ。浸している間、野菜を何度かひっくり返したりかき混ぜたりすることも多い。あるいは、刻んだ野菜にかなりの量の塩をして、ひっくり返したり混ぜたりかき回したりしながら数時間おいて水分をしみださせることもある。その後、しっかり水洗いして余分な塩を洗い流す。『The Kimchee Cookbook』は、私が見つけた中では最も詳しいキムチの本だが、以下のように説明している。

塩をするのは、食品に風味が徐々にしみ込むようにするためです。現在では塩漬けは1日で行われますが、過去には3日、5日、7日、あるいは9日という期間をかけることもありました。野菜は、それぞれ濃度の違う塩水の入った容器から容器へと順番に移されます。長期間かけてゆっくりと塩をしみこませれば、それだけキムチの味が深まると考えられていたのです。[21]

もうひとつキムチのレシピによって違う点は、乾燥させたフレーク状のトウガラシを使うか、それとも粉末にして使うかということだ。さらに、コショウ、ピュレしたショウガ、ニンニク、ネギなどのスパイスを、通常は糊状のベースに混ぜ込んでペーストにする。この糊状のベース（薄い粥に似ている）は、粉（通常は米粉だが、小麦粉やその他の粉でもよい）を約1：8、つまり水カップ1に対して大さじ2杯の割合で水と混ぜ、弱火にかけてかき混ぜながら数分間とろみがつくまで煮たものだ。また、米（オーツ麦などの穀物でもよい）を水に浸し、多めの水で煮て薄い粥を作ってもよい。この米のペーストを体温まで冷やした後、フレーク状のトウガラシとピュレしたニンニク・ショウガ・ネギを加える。よくかき混ぜて味見し、好みに応じて調味する。次に、このソースを水洗いした野菜と混ぜる。材料が良く混ざったら、味見して好みに応じて塩などの調味料を加える。1日か2日後に、再び味見して調味する。

キムチには非常にスパイシーなものもあるが、ほとんど、またはまったくスパイスを使わずに作られるものもある。「キムチがすべて辛いわけではない」とChris Calentineはメールをくれた。「水キムチと呼ばれる種類の多くは、トウガラシが入っていないか、入っていてもほんの少しだ」。Echo Kimは電子メールで、大量のラディッシュとまったくトウガラシの入っていない糊状のベースで作る「白」キムチのことを教えてくれた。「これは涼味を呼ぶ夏のキムチとみなされていて、甘いのです」。もちろん、すべてのルールは破られることもある。「私の母は赤トウガラシのフレークを少し入れるので、このキムチにはピリッとした辛みがあり、薄いピンク色をしています。これは母の特製です」。

さらに、人気のあるキムチのスタイルの多くには、あまり酸っぱくないという特徴がある。これには発酵期間を短くするか、涼しい場所で発酵させることが必要だ。「テストによって、3%の塩分と20℃［68°F］で3日間発酵させたキムチが最高の味となることが示された」と韓国の学者のチームが報告している。野菜発酵食品の特徴である微生物の交代では、初期の*Leuconostoc mesenteroides*から、後期にはより酸に強い*Lactobacillus plantarum*へ入れ替わる（この章の「乳酸菌」を参照してほしい）が、キムチは通常この初期の活動を利用する。「データによれば、*L. mesenteroides*がキムチの発酵に重要な役割を果たしている一方で、ザワークラウト作りに重要だと考えられている*Lactobacillus plantarum*はキムチの品質を低下させることが示されている」。[22]

一部のキムチに感じられる発泡感は、発酵初期に産出される大量の二酸化炭素によるものだ。環境がより酸性となるにつれて、発酵は続くが発生するCO_2は少なくなる。発泡感のあるキムチを作るには、室温で1〜3日、ジャーの中で発酵させるとよい。その後ジャーを密封して数週間冷蔵庫で保存すると、発酵がゆっくりと続いてキムチにCO_2が蓄積されて行き、ジャーを開けた際に泡立ちながら放出されることになる。

中国のピクルス

キムチやザワークラウトなど発酵野菜のスタイルには、中国に起源する風習の影響を受けたと考えられるものが多い。中国では、発酵野菜の多様な伝統が継承されているからだ。中国のように広大な国土には、各地方に特有の野菜発酵食品がある。その一部はスターターとして、日本のみそに似た醤（chiang）や、中国酒などの発酵食品の多くに不可欠な菌類とバクテリアの混合培養物qu（餅麹、10章の「麹を育てる」を参照してほしい）を必要とする。乾塩法もあれば、塩水の中で発酵させるものもある。一部の野菜発酵食品には薄い米粥を培地として使ったり、米のとぎ汁を加えたりすることもある。[23]

中国には実にさまざまな地域特有のスタイルがあるが、それについて私はほんの少ししか知らない。私が見つけた最も詳細な英語の情報は、中国料理を学んでいるFuchsia Dunlopというイギリス人女性の書いたものだ。四川料理に関する彼女の本『Land of Plenty』で、Dunlopは以下のように書いている。

> 塩漬け野菜は、四川料理に欠かせないものです。あらゆる家庭にはpao cai tan zi（泡菜坛子）という、胴が膨らんで首が細く、縁が封水の役目をする素焼きのつぼがあります。その中の暗闇では、パリッとした野菜が塩水のプールに浸され、酒が振りかけられ、風味付けにたぶんブラウンシュガーや花椒、ショウガ、数本のシナモンスティック、桂皮、八角が加えられます。野菜は毎日か一日おきに新しいものが追加されて出たり入ったりしますが、漬け汁、あるいは母液は永久に使い続けられるのだそうです。新しく野菜を追加するたびに、少量の塩と酒が加えられ、スパイスや砂糖は時々新しいものが入りますが、濃厚で芳香のある漬け汁は何年も、あるいは何世代も受け継がれて行くうちにどんどん風味が強くなって行きます……。四川のピクルスは料理に使われることも多いのですが、朝食にはおかゆと一緒に食べたり、その他のほとんどすべての食事の最後に口直しとして食べられたりします。[24]

私と彼女の両方が参加していた会議でDunlopが発表した論文から、私はアマランサスの茎を発酵させた紹興市の発酵食品のことを知り、私の庭に自生しているゴージャスな赤いアマランサスで試してみる気になった。

> 茎は1メートルを超える高さになった時に収穫され、小枝や葉や根元の筋張った部分を取り除いて、残った均質な緑色の中心部分を数インチの長さに切りそろえます。水洗いした後、冷水に1日ほど漬けると水が泡立ってくるので、そうなったらもう一度洗って水気を切ります。次に素焼きのつぼ（地元ではbeng甏と呼ばれます）に入れて密封し、暖かい場所に置いて発酵させます。発酵のタイミングを図るには経験が必要です。発酵が不十分だと茎は固すぎて食べられませんし、進みすぎると茎の髄と表皮が溶けてしまい、繊維の束が汚い水に浮かんでいるだけになってしまいます。数日後（正確なタイミングは気温によって変わります）、茎は柔らかくなり、つぼの口から「特別な芳香」が感じられるようになります。そうなったら塩水を足して、もう2・3日茎をつぼの中に密封すると、食べごろになります。

私はガラスのジャーを使った。アマランサスの茎はおいしかった。風味は私の好物のサワーピクルスとあまり変わらず、これが普段は捨ててしまう植物の食べられない部分からできるというのは奇跡を見ているようだった。アマランサスの茎を発酵させて作る塩水（lu）は、普通は食べられない茎を発酵によっておいしい食べ物に変えるだけでなく、カボチャなどの野菜や豆腐（11章の「豆腐を発酵させる」を参照してほしい）などを発酵させるための培地として使える。Dunlopは四川地方における発酵野菜の重要性を、以下のように説明している。「紹興市のおいしい発酵食品の起源を説明する神話の多くは、極貧の中で偶然、捨てられた食品や食べられなかったり残ったりしたもの、切れ端などを発酵させて驚くほどおいしいものを作る方法を発見したという物語になっています」。[25]

多様でダイナミックな、現在も生き続けている中国の発酵野菜の伝統について、私はもっと知りたいし、ここでほんの一例だけでなく、もっと多く紹介できればよかったのにと思う。それは、私の知っている発酵食品のスタイルの源流だからだ。なんという驚くべき人類文化への贈り物だろうか！　中国の伝統の多様性は、異なる文化の伝統の多くにインスピレーションを与えるとともに、液体に浸かった状態で野菜を保存し乳酸菌の生育を促進するというシンプルなアイデアの、驚くべき適応力と応用力を再確認することにもなっている。

インドのピクルス

インドのピクルスは、もちろん伝統的に統一されたものではまったくないが、いくつかの珍しい特徴を持っている。ひとつは油を使うことで、地方によってマスタードオイルやごま油などが使われる。もうひとつは直射日光の下、屋外でピクルスを発酵するという伝統だ。少なくともマスタードオイルの場合、オイルが一部の酵母やカビ、バクテリアの増殖を抑えると考えられており、これによって発酵に適した、保存と安全性に役立つ選択的環境が作り出される。マスタードオイルを使う際には、煙が出るまで熱し、冷ましてから野菜に加える。これはエルカ酸などの成分を燃やし、オイルの刺激を減らすためだ。[26] 現在のインドのピクルスのレシピには発酵ではなく酢を使うものが多いが、レシピ本を探すかオンラインで検索すれば、発酵のありなし両方について、さまざまなスタイルが見つかるだろう。

Siegfried [27] という名前のブロガーが書いたホットペッパーピクルスの記事が私の関心を引いた。これは、Madhur Jaffrey の『World-of-the-East Vegetarian Cooking』からヒントを得たものだ。

> ホットペッパーを輪切りにして、メイソンジャー（広口ガラスびん）に詰め込む。私のお気に入りは、セラーノ、ハラペーニョ、バナナペッパー、そしてポブラノを混ぜたもの。詰め込みながら塩をしてシーズニングを加える（粗びきのブラックマスタードシードと、みじん切りにした生のショウガが好き）。オイル（マスタードオイルが好き）を熱する。たくさんは必要ない。大さじ2ほどで十分だ。ペッパーの上から油を注ぎ、ふたをする。ジャーを煮沸消毒してはいけない。日の当たる場所に1日か2日置く。1日に数回ジャーを振り混ぜる（漬け汁が回っていない場合には、もっと頻繁に）。ペッパーは少し縮んでくるはずだ。大さじ数杯のライムジュースを加え、よく日の当たる場所に放置する。（その場所が屋外なら、夜には屋内に取り込む）均一に漬かるように、振り混ぜを続け

CONSERVA CRUDA DI POMODORO（生のトマトの保存食）

イタリア
Sergio Carlini

天然発酵を利用するこのレシピは、イタリアで何百年も使われてきたもので、私は毎年これを作っています。しかし、新しい欧州連合の規制のため、もはやこれが食料品店の棚に並ぶことはありません（当たり前ですが）。
トマト（熟したもの、洗って腐った部分があれば取り除く）を、大きなプラスチック容器に絞り入れます。酸性環境で乳酸菌とカビによる発酵が、アルコール発酵と同じく、自発的に起こります。容器は完全にいっぱいにしてはいけませんし、また布やネットで覆わなくてはいけません（昆虫が入ってこないように）。全体が泡立ってくると、固形物が表面に浮かび上がり、白いカビでおおわれるようになります。1日に2回ずつかき混ぜて、カビを混ぜ入れるようにします。4・5日（気温による）すると、発酵が完全に停止します。表面に浮かんでいる固形物を取り出し、果皮と種を分離するローテクなマシンに通します。[米国では、このデバイスはSqueezoという名前で売られていることがあります]。取っておくべき部分は果肉です。果皮と種は堆肥にしましょう。細かい網か綿の袋に果肉を入れてひもで縛り、1日つるして液体をドリップさせます。袋の外側が、カビで覆われてくるかもしれません。もしそうなったらスプーンでかき取って捨てます。また袋の内側もかき取って、ドリップされてかさの減った、果肉を分離します。袋を結び直して、清潔で乾いた2枚の木の板かパネルの間に挟み、重石を均一にかけて、圧縮してさらに水分を抜きます。果肉が固いパン生地のようになるまで、数日間圧縮します。25〜30%の塩を混ぜ込み、数時間後に生地をこねます。これは非常に塩辛く、また濃縮されているので、ごく（ごく）少量ずつ使うようにしてください。重量にして、最初のトマトの約8パーセントが得られます。この保存食は通常ジャーに保存しますが、冷蔵しなくても保存できます。昔は本当に固く作り、紙袋に入れて何か月も保存したものです。この保存食は冬の間必要に応じて使い、野菜や肉に加えてトマトベースのソースを作ります。

ること。その（1週間？　2週間？　もっと長く？）後、好みの酸っぱさになったら、冷蔵庫に入れて発酵を遅らせる。強烈な酸っぱさは、病み付きになるはずだ。

Siegfriedの書いたとおりに私が作ってみたところ、それはあふれんばかりの風味だった。発酵による酸味、ペッパーとマスタードの辛味、そして塩味。私はこれを調味料として（控えめに）使っているが、何に入れても風味を引き立ててくれる。

ホットソース、薬味、サルサ、チャツネなどの調味料を発酵させる

さまざまな種類のホットペッパーは、すべて発酵によって保存できる。この手法は非常にシンプルで、ザワークラウトとまったく同じだ。ペッパーから茎を取り除き、刻む。味を見ながら（または重量で約2%の）塩を加える。好みに応じてニンニクなどのスパイスや、その他の野菜を加える。ペッパーが漬け汁に浸った状態を保ち、必要に応じてカビを取り除きながら、1か月以上発酵させる。フードプロセッサーで液状にし、料理のシーズニングや生の調味料として使う。「工場製のペッパーを安い酢に漬けて作った市販のホットソースなんか、二度と食べられませんよ」とRick Ottenは警告してくれた。「私は伝統野菜のホットソースや、チリ・ガーリックソース（シラチャソース

を想像してほしい）、そして葉物野菜用にはサザンペッパービネガーソース*の発酵バージョンを作ります」と手紙をくれたApril McGregerは、ノースカロライナ州カーボロでFarmer's Daughterブランドの発酵食品を製造販売している。「発酵ペッパーの複雑な風味には、本当に飽きるということがありません」。

ホットソースと同じように、薬味も酢に漬けて保存するのが普通だが、その代わりに発酵させてもよい。サルサやチャツネは、通常は新鮮なうちに食べるか冷蔵庫で保存するが、これもまた発酵させてよい。レシピを見ながら作るなら、酢は入れない（あるいは大幅に量を減らす）ようにしてほしい。野菜に塩とスパイスを混ぜ、自分自身のジュースに浸らせて発酵させる。ご希望なら、ホエーやクラウトジュース、またはピクルスの漬け汁などのスターターを加える。同様に、トマトケチャップ、アイバル（ajvar、ローストしたペッパーと茄子で作るバルカン半島のおいしい調味料）、マスタードなどの調味料も発酵で作れる。酢を減らすか使わないようにして、代わりに（加熱調理したソースは冷ましてから）生きた微生物を含むスターターを入れよう。

*訳注：見た目は沖縄のコーレーグースに似ているが、焼酎の代わりに酢を使う。

ヒマラヤのグンドゥルックとシンキ

ネパールやインド、そしてブータンのヒマラヤ山脈に住む人々は、ちょっと変わった方法で野菜を発酵させている。発酵前に野菜を日干ししてしなびさせ、塩を使わずに発酵させて、最後に発酵野菜を乾かして保存するのだ。マスタードの葉やダイコンの葉など、アブラナ科の植物の葉をこの方法で発酵させたものはグンドゥルック、ダイコンはシンキと呼ばれる。野菜はジャーやかめの中で、あるいは泥を塗って火で乾かした穴の中で発酵させる（3章の「穴埋め発酵」を参照してほしい）。

グンドゥルックやシンキにする野菜は、まず2・3日の間日干ししてしなびさせる。夜露が当たらないように夜は屋内に取り込み、定期的に回転させてまんべんなく日に当たるようにする。グンドゥルックの場合には、葉物野菜を千切りにするか刻み、叩くか絞るか潰すかして、発酵容器に詰め込む。他の発酵野菜と同じように、目的は野菜が液体の中に浸された状態にすることだ。必要に応じて水を足し、野菜全体が浸るようにする。1週間以上発酵させてから、野菜をジャーから取り出し、数日間日干しして、乾燥した状態で保存する。グンドゥルックを使う際には、乾いた葉を水に約10分間浸してから、絞って余分な水分を取り除く。それからタマネギやスパイスと一緒に油で炒め、煮てスープにする。シンキの場合、しなびたダイコンを水に浸してから、丸のまま発酵容器に詰め込み、必要に応じて水を足す。シンキはグンドゥルックよりも長期間発酵させるのが普通だ（約3週間）。発酵後、ダイコンを細かく切って数日間日干しし、乾燥した状態で保存する。シンキは、グンドゥルックと同様にスープに使う。[28]

塩を使わない
発酵野菜について

一般的な発酵野菜作りの手法は、塩を使わない発酵にも適用できる。個人的に私は、前にも書いたとおり、塩なしのものよりも少量の塩を加えて作った発酵食品のほうが、ずっとずっとおいしいと思っている。しかし塩をまったく使いたくない人でも、発酵野菜を賞味することはできる。前にも書いたように、塩は発酵プロセスを遅らせ、他のバクテリアやカビの増殖を抑制し、またペクチンを消化し野菜を軟化させる酵素の働きを遅らせる働きがある。このような塩の働きが期待できないため、塩なしの発酵食品は大幅に短い時間で発酵させるのが普通だ。2・3日もあれば十分だろう。毎日味を見て、お好みの熟れ加減になったら冷蔵庫へ入れよう。

塩以外のミネラル豊富な材料で、塩の働きの少なくとも一部を肩代わりさせることもできる。海藻はミネラルを大量に含む材料だ。ケルプ、コンブ、アラメ、ヒジキなどはすべてうまく行く。ダルスは、一部の人から分解してしまったという苦情があった。海藻を少量の水に浸して戻す。水の中で押して絞る。戻した海藻を刻んで、戻し汁と共に発酵食品へ加える。キャラウェイシード、セロリシード、ディルシードなどにもミネラルが豊富に含まれる。セロリジュースも同様だ。私が今までに作った最高の塩なしクラウトは、セロリジュースの入ったものだった。私はセロリの茎数本をジュースにし、この濃いジュースを同量の水で薄めてから、野菜と混ぜて発酵させた。もうひとつの方法は、塩なしの発酵食品にホエーなどのスターターを利用して、酸度を高めるとともに、酸性化を促進する乳酸菌の濃度を高める方法だ。この章の後のほうに出てくる、スターターについての議論を参照してほしい。

野菜から水分を引き出すこと（通常は塩の働きによって行われる）は、塩なしの発酵では難しい。塩なしで発酵させる野菜は、塩をした野菜よりも、たくさん叩いたり絞ったりして潰す必要がある。また、より細かく刻むことによって表面積を増やすことも効果がある。塩があってもなくても、野菜を液体に浸すという主目的は同じだ。必要に応じて、ホエーや水を加えてほしい。

また塩は発酵環境をより選択的にする手段として、共存する他のバクテリアよりも耐塩性の強い乳酸菌に競争優位を与える働きもある。塩なしで発酵させる場合、野菜にレモンを絞り入れたりライムジュースを加えたりして、酸によって選択的環境を作り出そうとする人もいる。

酢漬けと発酵

酢は発酵によって作られるが、大部分の酢漬けには野菜を殺菌する手段として熱した酢が使われる。このようなピクルスでは、この熱処理と酢の酸性度の高さが相まって、発酵が抑制されてしまう。湿塩法のレシピには比較的少量の酢を使うものがあり、私はこれをハイブリッドピクルスと呼んでいる。少量の酢を室温で加えるなら、発酵は抑制されない。このような使い方をすれば、酢は風味を増し、また発酵乳酸菌が生育しやすい弱酸性の選択的環境を作り出すために役立つ。

湿塩法

通常、乾塩法では塩を使って野菜から水分を引き出し、野菜を自分自身のジュースに浸して発酵させるが、湿塩法ではそれとは対照的に、塩水を作ってその中に野菜を浸す。アジアでは伝統的に、野菜を一定の時間だけ濃い塩水に漬けて、しなびさせると共に葉の苦味を取り除いてから、容器に詰めて発酵させる場合が多い。ヨーロッパでは伝統的に、キュウリやオリーブなどの丸のままの野菜や、大きめに切った野菜を塩水の中で直接発酵させる。「昔ながらの塩漬けピクルスづくりほど、シンプルなものはありません」と『The Art of Russian Cuisine』の中でAnne Volokhは書いている。[29]

漬け汁は、塩以外にも数多くのスパイスで風味付けできる。多くのスパイスが、カビ防止剤として働くことを思い出してほしい。またスパイスは、バクテリアの培養にも役立つ。ニンニクは、ピクルスによく使われるスパイスだ。発酵中にニンニクが青く変色しても、驚かないでほしい。これは無害な反応で、ニンニクの一部の品種に含まれるアントシアニンという化合物が、水に含まれる微量の銅と酸化反応を起こしてニンニクを青く変色させることがあるためだ。[30] ディルも古典的なピクルスのスパイスで、新鮮な花や花頭、乾燥させた種子、あるいは葉など、あらゆる形で使われる。燻製にしたホットペッパー（生や乾燥させたものでもよい）、エシャロット、タラゴン、コリアンダーシード、クローブ、コロハ*、ホースラディッシュなどを試してみよう。「私は、ピクルスを南部の味にしてくれる『ピクルス用スパイス』を使うのが好きで、またスライスしたレモンやライムやオレンジ、さらには生のアップルシードルビネガーをピクルスの漬け汁に加えると、また違った風味が楽しめます」とApril McGregerは言っている。「私は、スライスしたライムとライムの葉、バーズアイチリ、そしてレモングラスを使って、ニンニクたっぷりの発酵ベトナムスタイルでニンジンのピクルスを作りました。いろいろな風味の組み合わせを試しています」。Aylin Öneyは、彼女の住んでいるトルコでは一種のスターターとして乾燥したヒヨコマメ（やパン）を漬け汁に入れることが多いと教えてくれた。「手のひらいっぱいほどの量をピクルスに加えると発酵が活発になります」と彼女は説明してくれた。

塩漬けのサワーピクルス（コーシャ・ディルとも呼ばれる）やオリーブの塩漬けについては、次のセクションで説明する。芽キャベツを丸のまま、または半分に切って塩水に漬けて発酵させてもおいしい。ラディッシュやカブ、カリフラワー、ニンジン、タマネギ、サヤインゲン、パプリカ、ゴボウ、なす、スイカの皮など、何でも好きな野菜を塩水に漬けてみよう。柔らかい初夏のブドウの葉も塩水に漬けてからスパイスの効いた米や他の詰め物を包めば、ドルマやサルマなどと呼ばれるおいしいオードブルになる。

Volokhの料理本には、カボチャの中でキュウリを塩水に漬けるレシピが載っている（以下の説明と同じ方法で、容器としてカボチャを使う点だけが異なる）。彼女が通

*訳注：フェヌグリークとも呼ばれる。

常の容器として推奨するのは、1ガロン／4リットルのオーク樽だ。そのような樽の製造が再開されたら、どんなにいいことだろう。彼女の塩漬けトマトのレシピを読んで、熟しかけているが完全には熟していないトマトを塩水に漬けてみることにした。それまで私は、パリッとしているが非常に酸っぱい緑色のトマトしか塩漬けにした経験がなかった。また完全に熟したトマトは、すぐにぐずぐずになってしまう。熟しかけたトマトはちょうどその中間で、緑色のトマトより甘いが心地よいパリパリとした食感を保っていた。特に、軽く数日間だけ発酵させたものは素晴らしい。リンゴやレモンやスイカを塩水に漬けるVolokhのレシピは、『Lactic Acid Fermentations of Fruit』に載っている。

クロアチアやボスニアなどのバルカン諸国とルーマニアでは、通常は大きな樽で丸のままのキャベツを塩水に漬ける。発酵後、キャベツから葉をはがして他の食材を包んだり、キャベツを千切りにしてクラウトにしたりする。「これは大量のキャベツを保存できる、楽しくてシンプルな保存法で、レシピにはさまざまな伝統による違いがあるのも素晴らしいことです」とRegalbuto LevingerとMaggie Levingerは教えてくれた。彼らはWild West Fermentsというビジネスをカリフォルニア州で始める前に、発酵のテクニックを調査するため東ヨーロッパをくまなく旅していた。「残念なことにこの発酵食品は、汚れたおむつのにおいにしかたとえられないような、ひどいにおいがすることがわかりました。ロールキャベツは大好きなので、キャベツの芯から葉をはがして発酵させたほうがよいことがわかりました」。私も丸のままのキャベツを、通常は塩水が良くしみ込むように芯をくりぬいてから、千切りのキャベツなどの野菜の中にうずめて発酵させることがある。LukeとMaggieは、ルーマニアのカルパチア山脈で似たようなものに遭遇したと教えてくれた。これはmuraturi asortate（「ピクルスの詰め合わせ」という意味）と呼ばれ、丸のままのキャベツを他の野菜と一緒に塩水に漬けたものだそうだ。

トールシ（torshi、「酸っぱい」という意味のペルシャ語torshに由来する）は、イランや中東の大部分、トルコ、そしてバルカン半島で賞味されている野菜のピクルスだ。クウェートに住むAstrid Richard Cookは、当地ではすべての食事にtoroshと呼ばれる野菜のピクルスが付いてくると報告してくれた。

> これは非常に基本的なレシピで、キュウリとニンジンとカブは必ず入っていますが、私はカリフラワーで作ったものを見たこともあります。基本的に、野菜はざく切りにします（フォークやスプーンで食べることもありますが、ふつうは手で食べます）。塩とレモンジュース、そして水を加えて発酵させます。イラン人の友達は、一度に数ガロン作って数年間食べ続けるそうです。

現在のトールシは、酢漬けのものが多い。ブルガリアの民族学者Lilija Radevaは「酢漬けのピクルスは20世紀まで、ブルガリアでは非常に珍しかった」と記し、tursiiを作るためのシンプルな塩水に漬ける方法を説明している。「緑色のトマト、緑または赤のパプリカ、ニンジン、そして（南の地域では）小さい未熟なカボチャ、ハニーデューメロン、スイカ、キュウリなどを一緒に、または別々に塩水に漬ける。発酵後、トウモロコシがゆや肉料理などの食事と一緒に食べる。シンプルにパンと一緒に食べることも多い」。[31] Karmela Kisは、夫のMiroslavと一緒に、私がクロアチアへ行ったときに親切に世話をしてくれた人だが、tursijaと呼ばれる古いセルビアスタイルの発酵野菜のレシピを送ってくれた。このレシピでは、丸のままのパプリカと緑色のトマト、そしてキュウリを、ホットペッパーとホースラディッシュのスパイスの入った塩水に漬ける。

乾塩法と同様に、私は塩水に入れる塩は普通量らない。味を見ながら塩を加減する。塩水はかなり濃い目に作るのが良いだろう。野菜を漬けると薄まるからだ。必要な塩水の量は、野菜の体積または重量のだいたい半分と見積もってほしい。野菜に対してなるべく少ない量の塩水を加え、野菜をきっちり詰め込んで塩水に浸す。塩が野菜から水分を引き出すため、塩水の量は増加する。塩は次第に野菜の中にしみこんで行く。1日か2日後に塩水の味を見て、必要に応じて塩を足すか、塩辛すぎるようであれば水を足して塩分を調節する。

文献の中で塩水の濃度は、水に対する塩の重量パーセンテージとして表現されるのが普通だ。5パーセントの塩水とは、塩水の水の重さに対して5パーセントの塩を使うという意味になる。（これを量るには秤が必要だ）。1リットルの水の重さは正確に1キログラムであり、1クォートは約2ポンド、1ガロンは約8ポンドになる。塩の量を計算するには、水の重量に塩水の濃度を掛ければよい。5パーセントの塩水の場合には、0.05を掛ける。5パーセントの塩水を1クォート作るには、1クォートの水に1.6オンスの塩を溶かせばよいことになる（1リットルの水に50グラム）。秤がなければ、1.6オンスの塩は約大さじ3倍に相当する（粒の細かい塩の場合には少し多めに、粗い塩の場合には少なめにする）。塩水の濃さはレシピによって大幅に異なるが、5パーセントは出発点として悪くない塩水の濃さだ。ザワークラウトやキムチで5パーセントの塩は濃すぎるが、5パーセントの塩水で作る発酵野菜の塩分濃度はもっと低くなることは覚えておいてほしい。野菜を塩水に漬けると、野菜が塩分を吸収してジュースを放出するため、塩分濃度は半分以下に薄まることになるからだ。

はるかに塩辛い「塩蔵」スタイルの湿

オクラの塩漬け

テキサス州ウエスト
Lorna Moravec

私が最も輝かしい成功を収めたのはオクラでした。そして暑いテキサスの夏には、とても早くできるのです。フライやガンボ作りに使うには固すぎる筋張ったオクラでも、2・3日塩水の中で発酵させると素晴らしい味になります。作るのは、とても簡単でした。私はオクラのさやをメイソンジャーに詰め込んだだけです。肩の部分で、オクラを押し下げるようにします。数かけのニンニクとハラペーニョをオクラの中に押し込んで、塩水を注ぎました。なんとまあ、あっという間に食べきってしまったのです！

塩法（野菜を塩で飽和させて微生物や酵素の変成作用を抑止する、食べる前には塩抜きが必要）と比べれば、5パーセントは塩分濃度の低い塩水とみなされる。「塩分濃度の低い塩水は、比較的多い量の総滴定酸の急速な形成と、比較的低い塩水のpHの展開を促す」と、ノースカロライナ州農業試験場の1940年の研究は結論付けている。「初期塩分量の高い塩水ほど、酸の形成速度が遅く、産生された酸の全体量が少なく、そしてpHの値が……高い傾向にあった」。[32]

塩水の中で野菜を発酵させる最大の利点は、余分な塩水がたくさんできることだ。ピッチャーに取り分けて、消化促進強壮飲料として飲むのもよい。シードチーズ（11章の「微生物の生きているシードチーズやナッツチーズ、パテ、そしてミルク」を参照してほしい）のスターターとして、穀粒や豆類を漬ける生きた微生物入りの酸性化剤として（8章の「穀粒を浸ける」を参照してほしい）、サラダのドレッシングやマリネの風味付けとして、あるいはスープのベースとしても使える。この塩水は貴重でおいしい、栄養豊富な資源なのだ。

Spices

サワーピクルス

そもそも私が発酵に興味を持ったきっかけは、塩水に漬けた酸っぱいキュウリのピクルスだった。ニューヨーク市に住む子どもだった私は、放課後のおいしい（そして安価な）おやつとして、ピクルスをよく食べていた。ニンニクとディルと乳酸が入り混じったピクルスの風味は、常に私の大好物で必要としてきたものだ。私がザワークラウトを作り始め、発酵について考え始めた直後に、キュウリのサワーピクルス作りを手掛けたのは実に自然なことだった。

ニューヨークで私が食べて育ったサワーピクルスは、コーシャ・ディルと呼ばれることが多いが、東ヨーロッパのユダヤ料理の象徴的な食品だ。実際、東ヨーロッパの料理では、このコーシャ・ディルに限らず、さまざまなピクルスがよく使われる。ポーランドの民族学者Anna Kowalska-Lewickaは、次のように説明している。「農民の食事には肉は最低限しか含まれず、ほぼ野菜と小麦粉とそば粉だけから構成され、それは味気ないものでした」。彼女の分析によれば、異なる風味を付け加えると共に味覚の幅を大幅に広げるという意味で、発酵食品の酸っぱい風味は単なる保存食品以上の役割を果たしていた。[33]

私はJane Ziegelmanの著書『97 Orchard: An Edible History of Five Immigrant Families in One New York Tenement』を読んで、ユダヤ人移民の間でピクルスの味は不安と道徳判断を引き起こすものだったことを知った。「ピクルス食品の多用は微妙な風味の味わいを破壊し、いらだちを引き起こし、消化吸収を困難にします」と、ボストンの栄養士Bertha M. Woodは1922年の彼女の著書『Foods of the Foreign-Born in Relation to Health』の中で書いている。[34]『The Bitter Cry of the Children』の著者であるJohn Spargoは、ユダヤ人の子どもたちがランチのお金をピクルスに使うことが多い理由を理解しようとしている。「長い間十分に食事が与えられなかったために、神経がある種の刺激を渇望するようになり、それがピクルスを子どもたちが食べた時に満たされるということなのだろう。大人が頻繁にウィスキーに手を出すのも、まったく同じ理由からだ」。[35]

現在では、ピクルスは非難されるより、むしろ称賛される場合が多い。私は数多くのピクルスフェスティバルに出席してきたが、そこでは多様なエスニシティのアメリカ人が自分たちのピクルスの伝統を謳歌していた。サワーピクルスは危険なモラルハザードではなく、健康に良い生きた微生物入りの消化促進剤とみなされているが、これはまったく正当なことだ。

キュウリを発酵させるのは、他の大部分の野菜発酵食品よりも難しい。キュウリは非常に水分が多く、またペクチン消化酵素によって急速に分解されてしまう。さらに、普通キャベツやラディッシュは冷涼な気候で成熟するのに対して、キュウリは暑さの中で育つため、発酵と酵素による消化の両方が促進される。このような理由から、発酵させたキュウリは簡単にぐずぐずになってしまう。たいていの人にとって、これはおいしいと思える食感ではない。

キュウリのパリパリさを保つためには、ブドウの葉やオークの葉、桜の葉、ホースラディッシュの葉など、タンニンが豊富に含まれる植物材料（ティーバッグや緑色のバナナの皮でもよい）を加えることをお勧めする。Harold McGeeは、海の粗塩を使うと「それに含まれるカルシウムやマグネシウムといった不純物のためにパリパリさが向上するが、これは細胞壁のペクチンを架橋し強化するためだ」と書いており、またミョウバンや水酸化カルシウムなどのピクルス添加物の役割についても指摘している。[36] キュウリのピクルスのパリパリさを保つ方法については、他にもたくさんのアイデアがある。例えば、発酵愛好家のShivani Arjunaは以下のように教えてくれた。「輪切りにしたニンジンを数枚キュウリに加えると、キュウリのパリパリさが保てます」。私のクラスのロシア人女性は、パリパリさを保つため塩水に漬ける前にキュウリを熱湯で湯通しするのを見たことがあるそうだ。Fred Breidtらは、商業生産では保存中のパリパリさを保つため塩化カルシウムが塩水に添加される（0.1〜0.4パーセント）ことを報告している。[37] この、時にはとらえどころのない目標を達成するため、人々はさまざまな戦略を駆使してきたのだ。

ニンニクとディルは、大量に加えよう。ニンニクの皮をむく必要はない。私は鱗茎全体を横に半分に切って加え、塩水に浸して風味を引き出ししている。ディルの場合、花や花頭が理想的だが、種や葉でもよい。ホースラディッシュ（根または葉、あるいはその両方）やホットペッパーも適している。最高の結果を得るには、比較的均一なサイズの小さなピクルス用キュウリを発酵させるのがよい。塩水に漬ける直前に、キュウリを冷水（氷水でもよい）に浸し、端に花弁が付いていれば取り除き、やさしくこすってとげを除く。サワーピクルスを作るには、5パーセントの塩水（前述したように水1リットル／1クォートに対して大さじ約3杯の塩）を作る。「塩分控えめ」またはマロッソル（ロシア語で「甘塩」という意味）で短期間発酵させる場合には、もう少し薄い3.5パーセント程度の塩水（水1リットル／1クォートに対して大さじ約2杯の塩）を使う。フレンチスタイルのコルニション（cornichons）を作るには、コルニション種の小さなキュウリを使い、5パーセントの塩水にタラゴンとニンニクと粒コショウのスパイスを加える。キュウリと他の材料を、塩水に浸す。野菜は浮かびやすいので、皿などの軽めの重石を使って野菜を押さえる。

東ヨーロッパのピクルスのレシピには、スライスしたライ麦パンを塩水に浮かせるものが多い。マンハッタンのローアーイーストサイドで1950年代に（「角を3つ曲がるごとにピクルススタンドがあった」ころ）育ったピクルス愛好家仲間のIra Weissは、ルーマニアで生まれたハンガリー人の彼の母親が、スライスしたライ麦パンを塩水の上に乗せてピクルスを作っていたと報告してくれた。しかし実験を重ねた末、Iraはライ麦パンを入れても入れなくても変わりないという結論に達して、その伝統を放棄してしまった。

Iraは、彼の母親から学んだもうひとつの習慣を推奨している。それは直射日光が当たるように窓の近くに置いたガラス製のジャーの中でキュウリを発酵させるというもので、彼の報告によれば「紫外線に消毒効果がある」ため「浮きかす（カビ）の防止に役立つ」そうだ。Iraの母親と同じアドバイスは、商用のキュウリ発酵の教科書にも見られる。「通常は8,000～10,000ガロンの蓋のない、プラスチックまたはグラスファイバー製のタンクで発酵が行われる。タンクは屋外に置かれ、塩水の表面は日光にさらされる。日光の紫外線には、好気性表面酵母を殺菌する作用がある」。[38] 伝統的な発酵方法には暗所で行われるものが多いが、どちらの方法でもうまく行くだろう。

平均して約77°F/25℃といった高い気温でキュウリを発酵させる場合、ほんの数日発酵させてから食べるか、冷蔵庫へ入れる。もっと涼しければもう少し長くキュウリを発酵させてもよいが、頻繁に味を見て柔らかくなり始めたら冷蔵する。キュウリの発酵が進むにしたがって、皮の色が鮮やかな緑色からくすんだオリーブグリーンに、内部は白から透明に変わってくる。塩分控えめのものは、鮮やかさの残った変わりかけの状態で食べる。ピクルスが塩水から塩分を吸収するので、キュウリの比重が増加し塩水の比重は低下する結果、ピクルスは浮かばずに沈むようになる。60°F/16℃以下の温度を保てる食品貯蔵庫などの場所がない限り、生きた微生物入り発酵キュウリのピクルスは冷蔵庫で保存してほしい。

キノコの塩漬け

キノコは発酵できるのか、という質問は頻繁に聞く。私はキノコ、特にシイタケを他の野菜と混ぜて時々発酵させている。ミネソタ州リバーフォールズの発酵実験家Molly Agy-Joyceは、マッシュルームのキムチについて教えてくれた。「ショウガとホットペッパーの風味が、マッシュルームととてもよく合うのです」しかし私自身は、キノコを主な材料として発酵させたことは一度もない。

ポーランドでは歴史的に「ほとんどすべての食用キノコが村でピクルスにされますが、アカハツタケ（*Lactarius deliciosus*）が一番おいしいとされています……キノコはキャベツと同じようにしてピクルスにされ、暖かい料理やパンに添えて珍重されます」とポーランドの民族学者Anna Kowalska-Lewickaは書いている。[39] Anne Volokhは、『The Art of Russian Cuisine』で非常にシンプルな塩漬けキノコのレシピを紹介している。1ポンド／500gのキノコと、大さじ2杯のヨウ素が添加されていない塩、粒コショウ、キャラウェイシード、ニンニク、ディル、そしてオプションとしてホースラディッシュ、クロフサスグリ、またはスミノミザクラの葉が使われる。キノコの軸は1/2インチ／1cmに切り詰め、塩以外のスパイスを混ぜておく。次にキノコを、傘を下にして発酵容器に詰め込む。「1層ごとに塩を、1層おきにスパイスとハーブをミックスしたものを振りかけます」。重石をして、キノコから水分を引き出す。Volokhのおすすめは、室温で1〜2日発酵させ、それから10〜14日間冷蔵することだ。彼女は、この発酵キノコが「ウォッカのお供にぴったり」だと書いている。[40]

「園芸収集生活に関する研究者」を自称する、フィンランドの発酵愛好家であり教師でもあるOssi Kakkoは、スターターを使ってキノコを発酵させることを推奨している。スターターとして彼が推奨するのは白樺の樹液を発酵させたもの（キノコに含まれないリンとカルシウムを含む）、発芽した穀粒を水に浸けて発酵させたリジュベラック（8章の「リジュベラック」を参照してほしい）、あるいは発酵野菜の以前のバッチから取った余分な漬け汁だ。「キノコを丸のまま発酵液に浸し、暖かい室温で3日間置きます。食感が柔らかくなり、口の中でとろけるようです！　体と心と魂を揺るがすおいしさです！」。[41]

Ossiは、「特別な処理をしなくても食べられる」キノコを使うように、と言っている。彼が具体的に挙げているのは、アンズタケ、イグチ、クロラッパタケ、ニンギョウタケモドキ、funnel chantarelles、アミガサタケ、そしてカノシタなどだ。一方、Volokhのレシピには特に指定はなく「小型のキノコ」となっている。少なくとも野生のキノコの場合、キノコの種類によって発酵に適しているものもあれば、適していないものもある。私を

実験家精神

ウィスコンシン州バイロークア
Barb Schuetz

私は、スパイス入りのサワーピクルス漬け汁でラディッシュと一緒に発酵させたニンジンが大・大・大好きです。ラディッシュは漬け汁にきれいな色を付けてくれるだけでなく、ユニークな風味とちょっとした辛味をニンジンに与えてくれます。私は緑色のキャベツとタマネギ、ニンニク、ラディッシュ、そして大量のニンジンでクラウトも作りましたが、それはもう完璧でした。私は実験が大好きです。私は手近にあるものを何でもクラウトに放り込んでいますが、それでおいしくないものが出来上がったためしがありません。また私は食感と形状で遊ぶのも好きで、同じバッチに混ぜてしまうこともあります。

含めた菌類学者のグループが、キノコの発酵という問題に関して回覧電子メールで会話していたことがあった。『Mushroom the Journal』誌の編集者Leon Shernoffが、一部のキノコに関連したバクテリアが発酵中に有毒な化合物を作り出す可能性があるという懸念を表明した。「例えばマイタケは、生ならば問題ない……しかし冷蔵庫に数日置いた後では、表面のバクテリアが増殖し、口やのどに炎症を起こすおそれがある」。キノコの発酵についてはほとんど研究されていないため、慎重に実験することをお勧めする。

私は、キノコの発酵に関して別の懸念を聞いたことがある。一部の人は、多くのキノコに存在するヒドラジンなどの揮発性の毒素（通常は加熱調理によって取り除かれる）を心配している。「私は、発酵そのものによってヒドラジンは分解しないと思っている」とShernoffは書いている。しかしヒドラジンは揮発性であるため、「発酵液に溶け込んだヒドラジンについては、優先的に蒸発するため、最終製品では低減されることになる」。[42] また、キノコの細胞壁の材料であるキチン質が、発酵によって消化できるようになるかどうかという問題もある。キチンは生では消化不可能だが、加熱調理後は消化可能になるとみなされる。ある研究によれば、別のキチン質を含む物質（エビの殻）が発酵によって消化しやすくなることが示されている[43]が、特にキノコに関して述べたものは見つからなかった。

オリーブの塩漬け

生の状態では、オリーブは非常に苦いし有毒でもある。これはオレウロペインという化合物が存在するためだ。オリーブを食べられるようにするには、熟成させてオレウロペインを減らさなくてはならない。熟成は、エージングなど数多くのさまざまな手法を含む幅広い概念だ。オリーブの熟成にはさまざまなスタイルが存在するが、（すべてではないにしても）その多くには発酵が関係している。

私には生のオリーブを入手するつてがなく、熟成させた経験もない。実は、ごく最近までオリーブを食べるのは好きではなかったのだ。小さく刻んで食品に混ざっていれば何とか食べられたが、丸のままのオリーブや大きなかたまりはいつも避けていた。それから、私はオリーブを食べる努力を始めた。そして、一部のオリーブは私の大好物になった。

オリーブは温和な地中海性気候に育つ。カリフォルニアやイタリア、そしてクロアチアで私はオリーブを見かけた。オリーブの実は、晩秋から初冬にかけて木から収穫される。「オリーブの国に住んでいる人なら、自分でオリーブ集めをしない理由は何もありません」とブロガーのHank Shawは書いている。「たいていの場所では、取るのは無料です」。[44]

さまざまなオリーブの熟成方法の説明は、書籍やインターネットでたくさん見つけることができる。私は集めた情報ソースから、最も簡単な方法は発酵させることだという結論に達した。急いで熟成させる（1か月から数か月）場合には、何らかの方法でオリーブの皮を破る必要がある。木づちでやさしくたたいたり、スライスしたり、半分に割ったり、穴を開けたりするのだ。傷のついていない丸のままのオリーブを熟成させるには、8か月から1年という、ずっと長い時間がかかる。苦いオレウロペインがしみだすのには時間がかかるのだ。

オリーブを割ったり穴を開けたりする場合には、酸化による変色を防ぐため、すぐに水に浸す。大量の水に浸すこと。毎日、あるいは水が黒ずんでくるようならもっと頻繁に、水を変える。これを2週間、あるいは苦味がなくなるまで続ける。次にキュウリと同様に、オリーブをスパイスと一緒に5パーセントの塩水に漬ける。人によって使うスパイスはだいぶ違う。「ベイリーフとコリアンダーは必ず入れます」とHank Shawは書いている。「そこから、創造力を発揮します。柑橘類の皮、黒コショウ、チリ、オレガノ、ローズマリー、セージ、ニンニク、花椒などです。しかし、気楽にやって下さい。わずかに苦く、しっかりとして豊かなオリーブの味は変わらないからです」。皿などの軽めの重石を使ってオリーブを沈める。定期的に味を見て、判断してほしい。数週間かそれ以上たって十分に熟したら、賞味するか冷蔵庫で保存する。

傷のついていない丸のままのオリーブを熟成させるには、8か月から1年かかる。そのような長期間の発酵の場合、表面にカビが生えてくることが多い。表面に成長したカビは、でき次第取り除く。下に沈んでいるオリーブは大丈夫だ。しみだしたオレウロペインで塩水が黒ずんで来たら、オリーブを引き上げ、塩水を捨て、そして新しい塩水を調合する。スパイスを加えるのは、数か月たって苦味が大部分しみだしてからにすること。丸のまま発酵させたオリーブは、表皮を破ったオリーブよりも、ぱりぱりとした歯ごたえが残っているのが普通だ。

ディリービーンズ

ディルと一緒に漬け込んだ新鮮な緑色（または黄色や紫色）の豆は、ディリービーンズと呼ばれる。私は父親の作った素晴らしいディリービーンズを食べて育ったし、今でも父親のところに訪ねて行くとディリービーンズのジャーを出してくれ、夕食の準備ができるまで、このパリパリした酸っぱくて軽いスナックを一緒に楽しむのだ。私の父が、ディリービーンズを作る方法を説明しよう。ディルとニンニク、チリペッパー、塩、そしてセロリシードと一緒に豆を広口のジャーに詰め込む。酢と水を半量ずつ合わせて煮立たせたものを上から注ぐ。ふたをして、湯せんで10分間煮立たせて熱殺菌する。ディリービーンズは、塩水の中で発酵させて作ることもできる。5パーセントの塩水を調合し（水1クォート／1リットルにつき約大さじ3杯の塩）、たっぷりのディルとニンニクと一緒に、その中に豆を浸すのだ。発酵にかかる時間は、気温によって変わる。

一部の文献では、発酵の前に豆を加熱調理することを推奨している。Klaus KaufmannとAnnelies Shöneckによれば、「生の豆にはファジンと呼ばれる有毒物質が含まれており、このタンパク質は消化を阻害するが加熱されると分解する」。彼らは「絶対に豆を生のままサラダに入れて食べないように！」と警告し、豆を食べたり発酵させたりする前に塩水で5〜10分間ゆでることを推奨している。[45] これまでずっと生のサヤインゲンを食べ続けてきた私は、毒性があると感じたことはなかったし、ファジンについて心配する気にはならない。具体的にソースを引用してファジンを毒素だとしている例は、ほんの少ししか見つからなかった。ひとつは、1962年の文献に引用されている1926年のドイツの研究で、「白インゲン豆（*Phaseolus vulgaris*）から分離されたタンパク質（ファジン）では、加熱されない限りマウスを育てることはできなかった」[46] というものだ。これは、ほとんど関係あるとは思えない。サヤインゲンは白インゲン豆とは違うし、我々は白インゲン豆から分離されたタンパク質だけで育てられたマウスではないからだ。豆を含め、どんな食べ物でも、それだけを食べ続けるのはおそらく健康的ではない。私が見つけたもうひとつの引用は植物学者James Dukeによるもので、彼は1979年のドイツの医学誌からレポートを要約している。

> 生の豆（*Phaseolus vulgaris*）または乾燥豆（*P. coccineus*）をほんの数個食べた後で、4歳から8歳までの3人の少年は急激な中毒症状を呈し、顕著な吐き気と下痢に襲われた。加熱調理によって破壊される毒性アルブミンであるファジンが、原因と考えられた。少年は全員、正常なアミノトランスフェラーゼ値を示し、薬液と電解質の非経口投与によって12〜24時間で完全に回復した。[47]

少年が生の豆**または**乾燥豆を食べたことに注意してほしい。これは本当に大きな違いなのだ。栄養阻害物質（11章を参照してほしい）が乾燥豆に含まれることは確かだし、また一部の品種の新鮮な「未熟な」豆にも含まれている。たとえ加熱調理したとしても、未熟な豆が食べられるのは一部の品種の豆だけだ。そして一般的に発酵は、そのような化合物を除去し、他の温和な、または栄養価のある形態に変成させる有効な手段なのだ。私にとっては、生のサヤインゲンを発酵させることに心配はない。それでも、私はKaufmannとShöneckの豆の予備調理の手法を試してみた。最初は疑っていたのだが（生の野菜に存在する乳酸菌が加熱調理によって死滅してしまうため）、湯通しした豆もうまく発酵することができた。生のニンニクとディルに、乳酸菌が存在していたおかげだろう*。

*訳注：このセクションの後半で著者が書いていることは、多少混乱しているように思える。いずれにしろ、日本でも実際に加熱不足の白インゲン豆を粉にして食べたことによる健康被害が発生している。十分に注意してほしい。参考：http://www.mhlw.go.jp/houdou/2006/05/h0522-4.html

フルーツの乳酸菌発酵

すでにこの章では野菜発酵食品に少数加える材料としてさまざまなフルーツに言及しているが、ここでフルーツの乳酸菌発酵について説明しておくのが適当だろう。通常、糖分に富むフルーツやそのジュースは、主に乳酸ではなくアルコールへ（そして、空気にさらされた場合には、さらに酢酸へと）自然に発酵する。（4章では、フルーツをアルコールに発酵させるさまざまな手法について詳述した)。フルーツと野菜を混ぜた発酵食品には、一般的に酵母と乳酸菌の両方が含まれる。フルーツキムチの場合、塩とスパイスを加えた野菜にフルーツを混ぜ込む。フルーツは主にアルコールや酢酸へと発酵するが、野菜は主に乳酸へと発酵する。まだフルーツに甘味が残っている状態でフルーツキムチを楽しみたいなら、ほんの数日だけ発酵させてから食べるか、冷蔵庫へ入れる。[48]

酵母の活動は、濃い塩分によって阻害されたり、またホエーのような乳酸菌を含むスターターを加えることによって弱体化されたりする。よく見られるフルーツの乳酸菌発酵の例が、塩レモンや塩ライムだ。Madhur Jaffreyの著書『World Vegetarian』には、モロッコスタイルの塩レモンのシンプルなレシピが載っている。材料は、2ポンド／1kgのレモンと大さじ9杯の塩だ。レモンを縦方向に4つ割にするが、底の部分は切り離さないようにする。種を取り除き、「レモンの内側と外側に大部分の塩をまぶし、切り離した部分をくっつけて元の形にする」。容器として使うのは1クォート／1リットルのジャーだ。塩をジャーの底に振ってから、塩をまぶしたレモンを1個ずつ、レモンからジュースを絞り出すように押し付けながら全部ジャーに入れ、塩水の中に浸す。3週間から4週間発酵させ、レモンの皮が完全にやわらかくなったら、冷蔵庫に入れる。「皮と果肉の両方が、酸っぱさの元になります」とJaffreyは書いている。「しかしこれは、古代世界を思わせるような、特別なコクのある酸っぱさなのです」。[49] レモンに塩をするやり方は、レシピによってかなり違う。私の見つけたもうひとつのレシピでは、使う塩の量がずっと少なく、10ポンド／4.5kgのレモンに対して大さじ4杯だった。今まで説明してきたように、発酵食品の作り方は一通りではないのだ。同じようにして、ライムやオレンジなど柑橘類のフルーツを発酵させることもできる。実際、Sally Fallon Morellは「もともと、マーマレードは乳酸菌発酵食品だった」と書いている。オレンジを海水と一緒に大きな樽に詰め込んで作っていたのだそうだ。[50]

塩気の強いフルーツの発酵食品のもうひとつの例が、日本の梅干だ。この塩辛くて酸っぱい発酵させた梅は、日本では調味料としても薬としても使われる。日本人で数冊のマクロビオティック料理本の著者である久司アヴェリーヌ偕子（Aveline Kushi）は、「旅に出る前に梅干を1個食べれば、旅は安全」という日本の言い伝えを紹介している。[51] 梅（*Prunus mume*）は、完全に熟す前の青梅の状態で収穫される。梅干の赤い色は、英語ではbeefstake plantと呼ばれるシソ（*Perilla frutescens*）の葉に由来するものだ。私の友人のAlwyn de Wallyは、40年前に日本の南西部にある農村でKatsuragi家の人たちと一緒に生活した経験があり、彼のホストマザーの梅干の漬け方を日記に記録していた。

1.5クォート／1.5リットルの梅に対して、1パイント／0.5リットルの粗塩と、3.5オンス／100グラムのシソ

の葉（約50枚）、そしてさらに大さじ2杯の粗塩が必要。日本では、梅は6月の中旬に黄色になる直前の、まだ緑色の状態で収穫する。完全に熟した梅は、漬けている間に分解してしまう。

梅をよく洗い、清水の中に一晩漬けておく。それから水を切った梅と塩を、交互に層をなすようにかめの中に入れて行く。最後の梅の層の上に、重石をする。1日か2日すると、（塩によって）完全に梅が浸るほど十分な水分が梅から出てくるので、重石を減らし、かめに覆いをする。約20日待つ。3日間雨が降らず晴れた暑い日が続くと期待できる時期に、梅を漬け汁（梅酢）から引き上げ、梅を屋外で日光に当てて乾かす。梅は重ならないように広げて、理想的には空気が良く通るように支柱で支えたバスケットかスクリーンの上で乾かす。このように広げたまま、3日3晩放置する。その間に、大さじ山盛り2杯の塩をシソの葉と混ぜ、手でもんで（紫色の）液体をできるだけ絞り出す。（この液体は捨ててしまう）。それから、このシソの葉を天日干しした梅に加えてかめに戻す。完全に梅が浸るように梅酢を注ぎ（残った梅酢は料理に使える）、再びかめに蓋をする。

翌年の夏、再び梅を取り出し、日光に当てて1日乾かし、酢を入れずにジャーの中で保存する。これが本当の梅干だ。最初は非常に塩辛いが、次第に塩気が抜けておいしくなってくる。

発酵愛好家のAndrew Donaldsonは、1クォート／1リットルあたり大さじ2杯の塩の割合で作った漬け汁で発酵させたクランベリーが最高だと教えてくれた。民族学者のLilija Radevaによれば、ブルガリアの山岳地帯ではクランベリーは（塩を加えずに）「水を注いだだけ」で保存加工され、「そのよい風味で著名である」そうだ。[52] Anne Volokhは彼女の著書『The Art of Russian Cuisine』の中で、リンゴとスイカを塩漬けにするレシピを紹介している。リンゴの場合、3クォート／3リットルの水に大さじ3.5杯／50mlの砂糖と大さじ1.75杯／25mlの塩を溶かして甘い漬け汁を作り、大さじ6杯／90mlのライ麦粉を混ぜる。そして1ガロンの容器に、酸っぱい料理用のリンゴを丸のままぎっしりと並べ、タラゴンとスミノミザクラの葉を加え、漬け汁を注ぎ、重石をして蓋をする。室温でリンゴを数日間発酵させたら、セラーか冷蔵庫に移して1か月以上置く。スイカの場合、彼女は小玉（3.5ポンド／1.5kg以下）のものだけを使い、丸のまま5パーセントの漬け汁の中で（この章の「湿塩法」を参照してほしい）、丸ごとのクローブとシナモンスティックのスパイスを加えて、セラーか冷蔵庫の温度で40〜50日発酵させる。塩漬けスイカは「比べようもない、クールで、刺激的な、甘酸っぱい味がする」と彼女は記述している。[53]

フルーツは、野菜と一緒に発酵させることもできる。先ほど、大部分が野菜の発酵食品に少量のフルーツを混ぜることについて触れたが、その逆も可能だ。Rick Chumleyは、彼の作ったパイナップルマンゴーチャツネについて教えてくれた。パイナップルとマンゴーを刻んで混ぜ、ラディッシュ、タマネギ、コリアンダー、ライムジュース、タラゴン、ショウガ、黒コショウ、塩、そしてホエーをスターターとして加えて、数日間発酵させて作る。

発酵フルーツには、ホエー、ザワークラウト、あるいはキムチジュースなどの乳酸菌スターターを加えて培養発酵させてもよい。Sally Fallon Morellは彼女の著書『Nourishing Traditions』の中で、そのようなレシピをたくさん紹介している。バージニア州ロアノークの地産池消レストランLocal Roots Caféを創業したRives Elliotは、乳酸菌発酵させた生のイチジクバターを作っている（右のコラムを参照してほしい）。このイチジクバターは、私の記憶にある中ではダントツにおいしかった。実際、どんなフルーツでも生のまま、または加熱調理して（加熱調理する場合には体温程度まで冷ましてから）、生きた乳酸菌を含むスターターを加えれば発酵させることができる。念のため、糖分の多いフルーツをジャーで発酵させる場合には、ジャーの圧力を逃がすことは忘れないでほしい。糖分が多いとかなりの圧力がかかるため*、ジャーが破裂するおそれがあるからだ。

Local Roots Caféのイチジクバター　Rives Elliot

（1クォート／1リットル分）

- 乾燥黒イチジク　カップ4／1リットル
- 粗塩　大さじ1／15ml
- ホエー　カップ1/4／60ml
- 殺菌処理していない蜂蜜　カップ1/4～1/2／60～125ml（お好みで）
- 水　適宜

1. イチジクから茎を取り除き、ぬるま湯に1時間浸す。
2. すべての材料を、なめらかになるまでフードプロセッサーで混ぜる。刃がスムーズに回転するように、またオーバーヒートを防ぐため、この時点で必要に応じて水を加える。
3. 混ぜたものを1クォート／1リットルのメイソンジャーに入れる。必要であれば水を加えて混ぜ、イチジクバターが縁から1～1.5インチ／2.5～4 cmのところまで来るようにする。
4. ジャーにぴったりと蓋をして、室温で2日（または泡立ってくるまで）置く。それから冷蔵庫の最上段の棚に移す。3週間から1月で、おいしく食べられるようになる。2か月以内に食べきること。

kawal

kawalは、やはりkawalという名前の野生のマメ科植物（*Cassia obtusifolia*、和名エビスグサ）の葉を発酵させて作られ、スーダンのダルフール地方で風味付けと肉の代用に用いられる。「kawalは一部の非常に貧しいアフリカ人の食べ物だ」とHamid Dirarは書き、「指についた不快な悪臭が何時間も取れないため、現代社会の生活にはそぐわないと考えるエリートには嫌われている」とも付け加えている。[54] それでも、kawalはスーダン中に広まっている。「原料となる野生の植物は豊富にあるが住民に発酵プロセスが知られていなかった地域へ、避難民たちがkawalの作り方と使い方のノウハウを伝えたのだ」。

kawalを作るプロセスは、とても簡単だ。植物が十分に育っているが、まだ緑色で柔らかく、花や豆のさやができ始めた段階で、葉を収穫する。収穫した葉からごみを取り除き、すり鉢とすりこ木を使っ

*訳注：発酵によって発生した二酸化炭素によって。

て緑色のペーストにする。kawalは通常、地面に埋めた素焼きのつぼ（burma）の中で発酵される。涼しいキッチンやセラーでも大丈夫だろう。この緑色のペーストを容器に詰め、表面を緑色のソルガムの葉で覆い、石で重石をする。

> 3・4日ごとにジャーを開け、黄色く乾燥したソルガムの葉を取り除き、burmaの中身をしっかりと手で混ぜて……新鮮なソルガムの葉［で］再び蓋をする……。1週間ほどで発酵中のkawalは特徴的な強いにおいがするようになり、この匂いは食べ終わるまで残る……。kawalが十分に発酵したことを示すサインは2つある。ひとつは、ペーストの表面に黄色がかった液体が出てくること、もうひとつは、活発な発酵によって周囲の温度よりも高くなっていたペーストの温度が低下することだ。発酵が終わると、分離したジュースを再びペーストへ混ぜ込み、よくこねて指の間でつぶす。次にペーストを小さな不揃いのボールや平たいケーキ状にまとめて、3〜4日間天日干しする……[55]

乾燥したkawalのケーキは、1年以上保存できる。伝統的には水と混ぜてソースにするが、「都会の人々は、ちょうどコショウのように挽いたkawalを食べ物の上に振りかけて使う」。[56]

野菜発酵食品にスターターを加える

すべての野菜にはもともと微生物が生息しており、その中には発酵を開始させるのに十分な自生の乳酸菌が含まれている。私自身の経験では、野菜に生息するバクテリアで常においしい発酵食品がうまく作れることがわかっているし、私が学んださまざまな伝統的発酵野菜食品もほぼすべて、野菜に生息するバクテリアを利用している。野菜を発酵させるために、特別な培養微生物は必要ないのだ。しかし、発酵を促進したり、よりよくコントロールしたりするために、培養微生物（選抜された株や濃縮された乳酸菌）を加えることを好む人は多い。市販の実験室で育成されたバクテリア株の他にも、発酵の進んだザワークラウトのジュースや漬け汁、コンブチャ、ケフィア、ホエーなどもスターターとして使われる。

スターターとして培養微生物を野菜へ加えるというアイデアは、微生物学という分野が始まって以来、ほぼ1世紀にわたって研究されてきた。大部分の研究者は、この文脈でのスターターは「実用的でも必要でもない、なぜならば発酵を起こす微生物は自然に十分な数だけ存在し、また……温度と塩分濃度が適当であれば、適切な発酵が起こるからだ」と結論付けている。[57] そのような研究では通常、適当な条件とは約2パーセントの塩分濃度と65°F/18℃付近の温度を指す。

スターター培養微生物の効果が認められるのは、塩分濃度の低い発酵食品だ。「50パーセント低い塩分で発酵させた場合、予想できない軟化や悪臭の発生などを含め、より多くのばらつきが多くの品質要因に見られた」と『Journal of Food Science』誌の2007年の研究が報告している。「スターターとして*L. mesenteroides*培養微生物を加えることにより、塩分レベルに関わらず適切な発酵が行われ、高品質のザワークラウトが確実に生産できるようになった」。[58] 塩分濃度の低い発酵が原因とされた問題が食感や風味といった感覚的なものであって、安全性ではないことに注意してほしい。低い塩分濃度を短い発酵期間で埋め合わせることによって、このような風味と食感の低下を防止できる。スターターの有り無しに関わらず、また塩分レベルに関わらず、生野菜の発酵は本質的に安全なのだ。

私は発酵の進んだ漬け汁を野菜の新しいバッチへ定期的に加えているが、発酵のスピードや製品の品質に大きな違いは見られない。しかしピクルス作り愛好家のIra Weissは、そうすることを強く推奨している。「発酵の終わった漬け汁をカップ1杯、新しい漬け汁とキュウリのバッチに足せば、非常に効果的なスターターとして働き、発酵時間を短縮できます。約72°F/22℃では、ピクルスが完全に酸っぱくなるまでの時間が7〜10日から4〜5日になります」。私が調べてみたところでは、ザワークラウトではこれをしないほうが良いという引用が文献の中にいくつか見つかった。国連食糧農業機構のレポートには、以下のように要約されている。

古いジュースの利用の有効性は、主にそのジュースに存在する微生物の種類と、その酸度に依存する。スターターのジュースの酸度が0.3%以上だった場合、低品質のクラウトが出来上がる。これは、通常であれば発酵を開始するであろう球菌［*Leuconostoc mesenteroides*］が高い酸度によって活動を阻害され、桿菌のみによって発酵が行われることになるためである。スターターのジュースの酸度が0.25%以下であれば、通常のクラウトが作られるが、このジュースを加えて好影響があるようには見えない。古いジュースを使って作ったザワークラウトは、通常よりも食感が柔らかいことが多い。[59]

同様に、発酵の進んだコンブチャ液をスターターとして使っている人や、コンブチャのマザーを使って野菜の表面を覆っている人さえいると聞いたことがある。

Dominic Anfiteatroという名前のオーストラリアのケフィア愛好者が作成した、ケフィア専門の人気のあるウェブサイトでは、余ったケフィアグレイン（ミルクを発酵させるための伝統的なケフィアグレインでも、ウォーターケフィアグレインでも、あるいはその両方）を野菜の発酵に使うというアイデアを推奨している。彼は、グレインを小さなニンジンやアップルジュースとブレンドして作った「ケフィアグレインエマルジョン」を、（塩と一緒に、または塩を使わずに）野菜と混ぜて発酵させている。「このプロセスには、とてもフレキシブルだ」とDomはウェブサイトに書いている。

ケフィアグレインをそのまま使って、まず容器の底に入れ、材料を半分入れてからもう一度入れてもよい。あるいは、ケフィアグレインを水や新鮮なフルーツ／野菜ジュースとブレンドし、その汁、つまりエマルジョンをつぶした材料と混ぜてから、発酵容器に新鮮な材料と一緒に入れてもよい。さらに、数個のケフィアグレインを新鮮な野菜と叩いて混ぜながら、発酵容器に詰めてもよい。どの手法を使っても、ほとんど時間を掛けずに常に素晴らしいケフィアクラウトができるのだ！[60]

野菜の発酵に最も広く使われている自家製のスターター培養微生物は、生きた微生物入りのホエーだ。これは、Sally Fallon Morellが推薦するスターターでもある。ホエーは、ミルクが凝固する際に脂肪分の多いカードから分離した液体だ。ミルクを凝固させる方法によって、ホエーには生きた微生物が含まれる場合もあれば、含まれない場合もある。例えば、ミルクを加熱してから酢を加えて酸性化によって凝固させた場合、ホエーはできるが、ミルクが加熱されているためホエーには生きたバクテリアは含まれない。同様に、ボディービルダー向けに市販されているホエープロテインパウダーにも、生きた微生物は含まれない。ミルクを発酵させて、その後酸性化またはレンネット酵素の働きによって加熱せずに凝固させた場合、あるいは生乳を放置して自然に凝固させた場合にのみ、できたホエーに生きたバクテリアが含まれるのだ。

ホエーは、ケフィアやヨーグルトから作るのが最も簡単だ。ケフィアは2・3日発酵させると自然に分離してくるので、ホエーを注ぎ分けるだけでよい。ただし乱暴に扱うと、カードとホエーが再び混じってしまうことがあるので注意してほしい。ヨーグルトの場合には、ボウルの上にざるを置き、その上に目の細かいガーゼを数枚敷いて、ヨーグルトをすくってその上に乗せる。次にガーゼの隅を合わせて、やさしく平らに持ち上げる。そうすると、ホエーがボウルにしたたり落ち始めるはずだ。ヨーグルトの入ったガーゼをフックやくぎなどにひっかけておき、ホエーがしたたり落ち続けるようにしておく。時間を長くかければかけるほど、ヨーグルトは固くなり、ホエーがたくさん貯まる。

これらの自家製スターター（すでに活発となっている微生物の活動を利用して、新たな培地に移植すること）以外にも、実験室で育成されたスターター培養微生物も数多く市販されている。この本を書いている間に実験として、私はCaldwell Bio-Fermentation Canada社が製造したスターターを使ってみた。2ポンド／1kgのキャベツを千切りにして、1.8パーセントの塩を加えた。それを半分に分けて、片方にはCaldwellのスターターを加え、もう片方は私がいつもするように自然発酵させた。スターターを加えたほうのバッチでは、確かにpHがより劇的に初期に低下した。対照群ではそれほど迅速な酸性化は起こらなかったが、こちらも24時間以内に安全ゾーン（pH4.6未満）に入った。両方とも味はよく、食感も同様だった。

私は今でも、市販のスターター培養物には発酵や酸性化を促進する効果はあるものの、使う必要はないと思っている。私の批判の要点は、それらが通常マーケティングされているやり方であり、自然発酵にまつわるリスクを誇張し不安をあおっていることだ。Caldwell Bio-Fermentation社は、野菜の自然発酵には「リスキーな可能性さえあります」と自社のウェブサイト上で言明している。[61] 私がこれを問いただした際、同社はカナダ政府と行った、スターターを用いた発酵と自然発酵とを比較した研究を送ってきた。この研究では、スターターを使うとpHが急速に低下するというアイデアが確認されていた。これについては私にも異論はない。しかし、例えば以下のような、研究結果による裏付けのない漠然とした言明もなされていた。「野菜の常在フローラには……カビや酵母、あるいは病原体さえ含まれる可能性があり、これによって健康リスクがもたらされる生じるおそれがある」。[62] 実際に、野菜のフローラにはこれらの要素がすべて含まれる可能性はあるが、しかし予測可能な酸性化のため、またその結果として病原体が抑制されるため、純粋に理屈の上でしかリスクは存在しないのだ。米国農務省の野菜発酵専門家、Fred Breidtの言葉を思い出してほしい。「私の知る限り、発酵野菜によって食中毒が発生したという事例は1件も記録されていない。『リスキー』という言葉は、野菜発酵食品には当てはまらない」。スターター培養物を使いたければ、使ってほしい。しかし不安からそのような行動を取らないでほしい。野菜の自然発酵は、あらゆる可能性を考慮しても、時の試練に耐えてきた安全なプロセスなのだ。

液状の野菜発酵食品：ビートクワスとレタスクワス、発酵キャベツジュース、kaanji、そしてŞalgam Suyu

ほとんどの場合、野菜は固体の状態で発酵される。液体はしみだすが、その比率はささやかなものだ。この液体には強い風味があり、強力な消化促進強壮飲料として飲むこともできる。『Joy of Cooking』（1975年版）では、ザワークラウトのジュースのことを「ヒーローのためのエキス」と呼んでいる。[63] 野菜を大量の水の中で発酵させれば、野菜の栄養素が液体中へしみだし、おいしくて酸っぱい、微生物の生きている強壮飲料が出来上がる。

ビートクワス（ビートのラッソル［ロシア語で「塩水」の意味］とも呼ばれる）は、薄い塩水の中で発酵させたビートの浸出液だ。私はいつも、ビートクワスを1クォート／1リットルのジャーで作っている。大きなビートを1個か小さなものを2個、1/2インチ／1cmのさいの目に切り、ジャーがいっぱいになるくらいの水に浸す。そして塩をひとつまみと、お好みならばホエーなどのスターターを加える。数日間発酵させるが、正確に何日かかるかは気温、材料の特性や比率、微生物生態系、そして好みの風味によって決まる。毎日味を見てほしい。深く濃い色と心地よい強い風味が出てきたら、濾してビートを取り除く。ビートクワスはこのまま飲み物として楽しむこともできるし、ボルシチのベースとして使うこともできる。あるいは、多少の圧力に耐えられる密封容器へ移して密封し、室温に1日以上置いて軽く発泡させてもよい。Sally Fallon Morellは、ビートの入った水に少量のホエーを加えることを勧めている。またビートクワスは「素晴らしい血液強壮剤であり、お通じを良くし、消化を助け、血液をアルカリ化し、肝臓を浄化し、そして腎臓結石などの体の不調に良い効果がある」と書いている。[64]

レタスクワスは、刻んだビートを刻んだレタスに替えるだけで、ビートクワスと同じようにして作る。私はレタスクワスの話を2人のカナダ人女性から聞いたが、2人の話はぴったり符合するものだった。Gail Singerはルーマニア系ユダヤ人移民の孫としてウィニペグで育ったが、彼女の父親はさまざまなピクルスを作っていて、その中には彼がsalataと呼んでいたレタスのピクルスもあった。父親が死んだ数年後、彼女はレタスのピクルスに興味を持つようになったが、何の情報も見つけられなかった。インターネット上で彼女はレタスクワスやピクルスのことを覚えている他の人を何人か見つけ、また食品歴史家のAlexandra Grigorievaとも出会った。彼女はロシアからカナダへの移民だった。「今ではそのようなレタス料理が実際に存在したということが、Gailを含めて約30人の証言によって証明されています。彼らはすべてユダヤ文化に属しています」とGrigorievaは書いている。彼女は、Singerと自分が見つけた証言の詳細を地図や図表にした。「この料理を知っていたのは、ユダヤ人家庭に育った人たちだけでした。彼らの出身地は、ウクライナのユダヤ人居住地（Pale of Settlement）内の特定の地域に限られているようです」。Grigorievaはこれらの発酵食品を、レタスの苦味（イディッシュ語ではshmates［ぼろ］と呼ばれることもある）を取り除く実用的な手段ととらえている。彼女はレタスのピクルスとレタスクワスを「同じテーマのバリエーション（酢のバージョンと薄い塩水のバージョンで、交わったり融合したりすることも多い）」と説明している。Grigorievaによれば、レタスクワスは「少し青臭い、さわやかなレタスのドリンク」で、「適当にちぎったレタスの葉を、ディルとニンニクの入った薄い塩水（ほんの少し砂糖を入れる場合もある）の中で」発酵させて作るという。[65]

この伝統がほとんど記憶されていない理由は、それを生み出したshtetl（ユダヤ人村落共同体）文化が迫害され、消滅してしまったからだ。「ピクルスにしろクワスにしろ、一時はウクライナ全土の夏の定番料理だったはずですが、これほど少ない記憶しか残っていないことに不思議はありません……この料理の伝統を今でも守っているわずかな人たちは、自分たちの家族がもともと住んでいたshtetlから遠く離れたイスラエルやカナダ、米国、ロシア、そしてドイツなどに大部分が住んでいます」。[66]

発酵キャベツジュースは、もうひとつの液状発酵野菜だが、実際にはジュースというよりも浸出液だ。これを作るには、まずミキサーに刻んだキャベツを入れ、ミキサーの3分の2程度まで水を注ぐ。スラリー状になるまでミキサーにかけたら、かめやジャー、またはボウルに移す。大量に作る場合には、これを数回繰り返す。覆いをして発酵させる。塩は加えても加えなくてもよい。数日間発酵させ、毎日味見する。芳醇な味になってきたら、濾してキャベツを取り除く（このキャベツは別の料理に入れたり、動物のエサにしたり、堆肥にしたりできる）。この液体が発酵キャベツ「ジュース」だ。

私は、発酵に特別な興味を持つようになる前に発酵キャベツジュースについて聞いたことがある。これは、初期のAIDS治療アンダーグラウンド運動で伝説となっていた、数多くの民間療法の1つだった。食べ物を飲み込めないため衰弱している病人にとって、浸出液は生きた微生物と植物性栄養素の重要な供給源であり、時には劇的な改善をもたらした。1995年に発行された、AIDSと共に生きるための食事やその他の生活の知恵を集めた『How to Reverse Immune Dysfunction』という名前の本では「発酵キャベツジュースの驚くべき効能」を称賛し、1/2カップを1日に2・3回飲むことを推奨している。[67]

kaanjiは、おいしくてスパイシーなパンジャブ地方の飲み物で、ニンジンとマスタードシードを塩と共に水中で発酵させて作られる。これには赤ワイン色をしたニンジンが必要だ。手に入らない場合には、ニンジンにビートを加えてみよう。野菜をマッチ棒くらいの太さに切りそろえる。約1/2ポンド／250gの野菜と1/2カップ／120mlの挽いたマスタードシードに、2オンス／57グラム／1/4カップの塩と1/2ガロン／2リットルの水を加える。覆いをした容器を暖かい場所に置き、約1週間発酵させる。液体を濾して野菜を取り除き、冷たくして食卓へ出す。

Şalgam Suyuはトルコの飲み物だが、これもまた液状発酵野菜で、発酵させた紫色のニンジンとカブの漬け汁だ。友人のLucaがロンドンで連れて行ってくれたトルコ料理レストランでこれを試して、私は大好きになった。ラキというアニスの香りのするお酒と一緒に（別々のグラスで）飲んだのだが、その相性は完璧だった。

漬物：日本のピクルス

日本のピクルス（「漬物」と呼ばれる）の作り方には非常に多くの種類があり、特にそれを漬ける（通常の水と塩以外の）培地の多様性は注目に値する。野菜を漬ける材料にはみそ、しょうゆ、酒粕（日本酒を造った後に残った米と酵母）、麹（みそや日本酒に使われる培養微生物を植え付けた米、10章の「麹づくり」を参照してほしい）、そして米ぬかなどが使われる。「日本の自然発酵された野菜には、家庭や店ごとに、あるいは少なくとも地方ごとに独特の風味があり、時には同じ村の中の集落によっても異なっている」とRichard Hayhoeは教えてくれた。彼は米国で育ったアメリカ人の発酵愛好家だが、日本人女性と結婚して長年日本に住んでいる。「人によって漬物の風味には好みがあり、またそれは文化やレシピ、そして大家族の中で世代を超えて受け継がれてきた習慣の賜物であって、時には論争を巻き起こすこともある」。

他の地域の発酵食品作りと同様に、日本の漬物の伝統的な手法は廃れつつある。しかし一方では、復活の兆しもある。日本を旅した経験のある発酵愛好家Eric Haasは、以下のように報告してくれた。

> 私が驚き悲しんだのは、自分で野菜を漬ける人がほとんどいないこと、そして食料品店で販売される漬物が化学物質だらけになってしまったことだ。例えば、私は人里離れた場所で、伝統的なスタイルで化学物質を使わない有機栽培の漬物を作っている老女に出会った。話してみると、彼女は伝統的な漬物が好きではないことが分かった。彼女は漬物を作り始めてまだ数年で、そのきっかけは大都会から車でやってきた男が伝統的な方法で漬物を作らないかと持ち掛けて、伝統的な田園のファンタジー的な生活をする契約を交わしたことだった(そのようなファンタジーに多くの日本人は興味を持ち始めているようだ)。彼女は食料品店から買ってきた化学物質だらけの漬物のほうが「おいしい味がする」と言って、それしか食べない。私が出会った、発酵野菜作りのような本当にクールな伝統を守っていた人たちは、主に20代半ばから40代半ばで、ありきたりな日本の都市文化のペースに幻滅し、喧騒から離れたところで生計を立てようと頑張っていた。よく聞く話じゃないか?

同じような拮抗プロセスは、もちろん米国でも起こっている。伝統的な食品が均質化された工業製品に取って代わられた後、その結果として生まれた空隙が触媒となって、これらの伝統を取り戻す文化的復興が引き起こされたのだ。伝統的な食品を消滅させてはならない。復興の文化に参加しよう!

みそ漬け、しょうゆ漬け、麹漬け、そして酒粕で漬けた漬物(粕漬けまたは奈良漬け)などは、培地そのものを作るか入手しさえすれば難しくない。しょうゆは液体なので、しょうゆ漬けは最も簡単だ。しょうゆは米酢や酒と混ぜてもよい。それをジャーに入った野菜の上から注ぐだけだ。他の漬物はすべて固体の漬物培地を使う。薄切りにした野菜か、丸のままの小型の野菜を培地で覆い、すべての野菜がくっつかずに、完全に漬物の培地にくるまれるようにする。ザワークラウトと同様に、野菜に重石をするのは有効だが、少量であればジャーなどの小さな容器で重石を使わなくても作れる。漬物の培地は、例えばみそ酒粕漬けのように組み合わせることもできるし、酒など他の風味を付け加えてもよい。

どの漬物のテクニックでも、野菜はまず干すか塩漬けにして(野菜に塩を振って24〜48時間重石をする)、多少水分を抜くのが普通だ。このようにすると、野菜のジュースによって漬物の培地があまり薄まらずに済む。みそ漬けは通常、発酵期間が最も長く、時には数年かけることもあるが、数日漬けただけでも野菜が変成しおいしくなる。漬物樽から野菜を取り出した後のみそ(野菜の風味が付いている)

はスープやソースなどの料理に使える。酒粕漬けも、通常は数か月から数年間発酵させる。麹漬けは非常に甘く、通常は短期間（数日から数週間）だけ発酵させる。野菜は麹（または甘酒）に漬ける前に、塩漬けするのが普通だ。

私が一番よく作る日本の漬物はぬか漬けだ。私はこのリッチで重層的な風味が本当に大好きなのだ。ぬか漬けを作るには、野菜を米ぬかに漬ける。米ぬかは精米時に白米から取り除かれる、米の最も栄養豊富な部分だ。小麦のふすまなども、米ぬかの代わりに、またはそれに加えて使うことができる。伝統的に日本の家庭では玄米を購入し、それを精米所に持って行って、ぬかとして取り除く割合を指定して精米してもらうのが普通だった。10％では軽い精米、30％で典型的な白米となる*。最高級の酒では、50％以上取り去る場合もある。精米所へ行く際には玄米の袋を持って行き、家に帰るときには白米の入った袋とぬかの入った袋を下げてくるわけだ。可能であれば新鮮なぬかを入手して、実際にぬか床を作る時まで冷蔵庫に入れておこう。ぬかには油分が多いため、嫌なにおいがしてくるおそれがあるからだ。

私は、鋳鉄のフライパンの中で香ばしくなるまでぬかを乾煎りし、それからこの煎りぬかをかめに移す。この時、だいたい半分の高さまでぬかを入れるようにしている。それから塩を加える。私が参照したレシピの塩の量はさまざまで、ぬかの重さの5パーセントから25パーセントにもわたっている。私は下限に近い塩の量が好みだが、他の野菜発酵食品と同様に味を見て塩を調節してほしい。また塩を薄めるよりも塩を足すほうがずっと簡単だということにも気を付けてほしい。ぬか床の個性は、ぬかに加える風味の組み合わせで決まる。私はからし粉とコンブの細切り、シイタケ、トウガラシ（茎と種は取り除く）、ニンニク、根ショウガ、みそ、そして少量の日本酒かビールを入れるのが好きだ。

次に、水を加える。『天然発酵の世界』（築地書館）の私のレシピでは、2ポンド／1kgのぬかにつき6カップ／1.5リットルの水と1カップ／250 mlのビールという大量の水分を加えていたので、ぬかは水で飽和して重石をすると水が上がってきてトロトロになったが、おいしい漬物ができた。その後、ぬかはそれよりもずっと水分が少ないのが普通だというフィードバックをいくつかもらった。「私が人の家で見たぬか漬けは、もっと乾燥した培地を使っていました」とEric Haasは教えてくれた。私が最初ぬか漬けを学んだのはアヴェリーヌ偕子久司の『Complete Guide to Macrobiotic Cooking』で、彼女のレシピでは1ポンドのぬかあたり2カップの水を使い、水が上がるようにぬかに重石をしていた。私が見た他のレシピでは、もっと水が少なく、重石をしないものがほとんどだった。

私が見た中で、ぬかについて最も詳しい情報が載っていたのはElizabeth Andohの『Kansha: Celebrating Japan's Vegan and Vegetarian Traditions』という美しい本だ。40年以上前に米国から日本へ移り住んだAndohは、次のように書いている。「ご近所の方々は、私が漬物樽を持っている

*訳注：下記国税局のウェブページには、「家庭で食べている米は、精米歩合が92％程度の白米ですが、清酒の原料とする米は一般的に精米歩合が75％以下の白米が用いられています」との説明がある（精米歩合とは、玄米からぬかを取り去った後に残る白米の割合）。つまり上記の「30％で典型的な白米」という記述は、食べるための白米ではなく、酒造米のことを指して言っていると思われる。http://www.nta.go.jp/sapporo/shiraberu/sake/02a.htm

ということ自体に最初は驚いて（実際にはショックを受けて）いましたが、それからは喜んで熱心な『ベビーシッター』になってくれました……。ぬか床の手入れを通じて、私は大勢の日本人女性の生活に深く触れることができました。他の方法ではなかなか乗り越えられない文化の違いを、漬物が橋渡ししてくれたのです」。[68] Andohはぬか床を「固いペースト状」と説明し、また彼女のレシピでは体積にして米ぬかの約4分の1の液体（水とビールまたは日本酒）を加えている（4カップ／1リットル［1ポンド／500g］のぬかに1 1/4カップ／300mlの液体）。[69]

野菜をぬか床に漬ける前には、塩で野菜をこするのが一般的だ。このテクニックは「板ずり」と呼ばれる。片方の手のひらに粗塩を取り、野菜をしばらく塩の中で回転させ、ざらざらした塩の結晶で表面をこする。これによって野菜の表皮に傷が付き、液体がにじみ出してくる。野菜から苦み成分（あく）が白い泡となって出てきたら、ぬか床に漬ける前に洗い流す。

ぬか床の使い始めには、一度に野菜をひとつだけ漬けるようにする。野菜が完全にぬかに埋まっていることを確かめてほしい。ぬかの表面をならして、容器からぬかがはみ出していればふき取る。ぬか床を布で覆って、ぬかが呼吸できるようにしながら虫やほこりが入るのを防ぐ。翌日、最初に漬けた野菜を取り除き、清潔な手でぬか床をかき回して、別の野菜を塩でこすって漬ける。このように一度に野菜をひとつずつ漬けることを何回か繰り返すと、漬けた野菜から独特の漬物の香りがするようになってくる。Andohは、これをぬかみその「コンディショニング」と呼んでいる。「ぬかみその準備ができるには時間の経過が必要ですし、また何も漬けていない状態では善玉菌が活動し始めるまでに長い時間がかかるので、何かを漬けておくことが必要なのです」。[70]

ぬか床が発酵してきたら、たくさん野菜を漬けられるようになる。野菜は丸のままでも一口大に刻んでもよく、また発酵させる時間もさまざまでよい。Andohは、彼女のぬかのリズムを以下のように説明している。

> 春や秋には、活発なぬか床なら8～12時間で風味豊かな野菜の漬物が出来上がります。私はいつも朝食後に野菜を漬け込んで、同じ日の夕食に賞味します。日中の気温が80°F/27°Cを超えると、野菜が漬かるまでたった6時間しかかかりません（もっと短いこともあります）。つまり、午後の早い時間に漬ければ夕食には食べられるということです。気温の高い時期に一日中家を空けなくてはならない場合は、前の晩に野菜を漬けておいて朝に取り出し、ぬかが付いたまま冷蔵庫に入れておきます。その夜に、ぬかを洗い落として食卓に出すのです。気温が45°F/7°Cを下回ると、しっかりと漬かるまでには少なくとも15時間、普通は20～24時間かかるようになります。寒い時期には夕食後に野菜を漬けておき、次の日の夕食に食べるようにします。十分に漬かった後も野菜をぬかみそに入れ

たままにしておくと、とても酸っぱくなります。このような「古漬け」にもファンがいます（とても酸っぱいディルピクルスが好きな人がいるのと同じことです）。[71]

私も古漬けファンの一人だ。発酵の長さを変えて実験し、一番好きな状態を見つけてほしい。

ぬか床から野菜を取り出すときには、野菜からできるだけぬかをぬぐってぬか床に戻すようにする。適切に管理すれば、ぬか床はいつまでも使える。ぬか床の管理で重要なことは、毎日かき混ぜることだ。また、定期的に塩を足す必要もある。塩は野菜に吸収されるため、次第に野菜に移行して減ってしまうからだ。その他の風味付けやぬかそのものも、時折リフレッシュする必要がある。家を留守にする場合には、ぬかみそを冷蔵庫に入れておこう*。

最後になったが、「たくあん」という特別な日本の漬物がある。これはダイコンを丸ごと米ぬかに6か月から1年、あるいはそれ以上の期間漬け込んだもので、繊細で素朴な性質のおいしい漬物ができる。まず、葉のついたままのダイコンを1・2週間つるして日干しにする。可能であれば、日当たりのよい窓辺で干すのが簡単だ。屋外に干す場合には、夜には取り込んで夜露にぬれないようにする。ダイコンが乾くと、ずっと軽くなり、また柔軟性が増す。簡単に曲げられるようになったら、漬ける準備は完了だ。葉を切り落とし（葉はかめの蓋をするために取っておく）、平らな台の上でダイコンを1本ずつ手で丸め、固いところがあればもんで柔らかくしておく。

あるブロガーが投稿したレシピ[72]に従って、私はダイコンの重さ（干したので大幅に減っている）に対して15パーセントのぬかと6パーセントの塩にダイコンを漬けた。このためには、ダイコンの重さを量って計算し、適量のぬかと塩を計量する必要がある。秤を持っていない場合には、1ポンド／500gの干したダイコンに対して、だいたい大さじ2杯の塩と1/2カップのぬかを使えばよい。ぬかと塩を混ぜ、手に入れば乾燥した柿の皮（色付けのため）、数枚のコンブ、そしてお好みに合わせてトウガラシや日本酒を少々加える。ぬかと塩を混ぜたものをかめの底に薄く敷き、次の層にはダイコンを曲げて重ならないように並べる。ダイコンの間に隙間があれば葉を詰め込んで、なるべく隙間が残らないようにする。ダイコンの層の上を、ぬかと塩を混ぜたもので薄く覆う。それからもう一度ダイコンを並べ、ぬかと塩を振り、これを何回か繰り返して、最後はぬかと塩で終わるようにする。その上を余ったダイコンの葉で覆い、板を置いて重石を掛ける。上を布で覆って縛り、涼しい場所で季節が変わるまで、あるいは数年間発酵させる。

*訳注：ぬかみそには野菜から出た水が溜まってくる。水分が多いと乳酸菌が増えて酸っぱくなってくるので、一般的には水を取ることも必要だ。ぬかみそ用の水取り器をぬか床に埋めておき、中に水がたまったらくみ出す。この本の著者は酸っぱい漬物が好きなようなので、ぬかみそに水分が多くても気にしない（あるいは、むしろそれを好んでいる）のだろう。

発酵野菜を料理に使う

私は発酵野菜を生のまま食べることをお勧めしている。栄養の面で発酵野菜が最も優れている点は生きた微生物を含んでいることだと私は信じているが、加熱

発酵野菜を使った料理のアイデア

- 発酵野菜とその漬け汁で肉をマリネしたり、煮込んだりする。酸とバクテリアの働きで、肉が柔らかくなる。ビゴスは、ザワークラウトで肉を煮込んだポーランドの料理。シュークルート・ガルニはアルザス料理。
- パンケーキ：キムチの入ったパンケーキは、韓国料理でよく見かける。他の発酵野菜も細かく切って、甘くないサワー種パンケーキに入れてみよう（8章の「フラットブレッド／パンケーキ」を参照してほしい）。
- スープ：キムチチゲは、韓国料理の定番だ。タマネギ、野菜、そしてお好みで一口大に切った豚バラ肉やその他の肉をソテーする。タマネギと肉が色づいてきたら、キムチを加えてさらに数分間さらにソテーする。それからスープ、豆腐、しょうゆを加えて煮立たせる。調味料で味を調えれば完成だ。シチーはこれに相当するロシアのスープで、ザワークラウトを使って作る（発酵させていないキャベツだけで作る場合もある）。またロシア料理ではピクルスの漬け汁（ラッソル）も、スープのベースとして使われる（特に、冷たい夏のスープでは）。ビートクワスは、ボルシチのベースとして使うこともできる。発酵野菜は、スープの主材料にもなるし、風味付けの脇役にもなる。あるいは、付け合わせとしても使われる。
- ピエロギ*、シュトルーデル**、パイ、そしてダンプリング：ザワークラウトはピエロギやフィロ生地（発酵させていないパイ生地）のパイやシュトルーデルには典型的な詰め物だ。同様に、韓国料理にはキムチを詰めたダンプリングがある。バルカン半島では、サルマ（キャベツ包み料理）の皮の部分に発酵させたキャベツの葉が使われる。
- ケーキ：バターミルクやサワー種と同じように、アルカリ性の重曹と反応させるための酸性材料としてザワークラウトを使うことができる。ドイツ人が入植した歴史のある地域コミュニティの料理本には、ザワークラウトケーキのレシピが載っていることが多い。

*訳注：餃子に似たポーランド料理。
**訳注：ドイツのパイ包み料理。

調理によって微生物は死滅してしまうからだ。しかし発酵野菜をはぐくんできた文化では、発酵野菜が料理に使われることが多いのも確かだ。発酵食品はぜひ生でも食べてほしいが、加熱調理しておいしく食べていけない理由はない。

ラペソー（発酵させた茶葉）

ラペソー（英語ではlaphet、lephetやlahpetと書く場合もある）は、チャノキ（*Camellia sinensis*）の葉を発酵させて食べられるようにした、東南アジアの国ビルマ（ミャンマー）の珍しい発酵野菜だ。私へ最初にラペソーを紹介してくれたカリフォルニア州サンフランシスコのAdele Carpenterは、以下のように書いている。「ラペソーは、とてもおいしくて塩辛い発酵したパルプで、揚げたナッツや種子とレモンと一緒に、サラダとしてビルマ料理のレストランで出されます」。ラペソーを作るには、新鮮な茶葉を約1時間蒸してから、竹製のマットに広げて手で揉む。揉んだ茶葉は容器（伝統的には、竹で内張りをした地面に掘った穴）に入れて、重石をして空気を追い出して茶葉を圧縮し、数か月から1年程度発酵させる。[73] 茶葉輸入業者の旅日記には、ラペソーの食べ方が以下のように説明されている。「発酵させた（酸っぱい味の）茶葉をショウガ、ニンニク、トウガラシ、油、そして塩と混ぜ、全部一緒に食べます」。[74] 私の友人のSuzeは、彼女がフィラデルフィアのマーケットで見つけた、ビルマから輸入されたラペソーの包みを私に送ってくれた。「はっきり言って、これは私が今まで食べた中で一番のお気に入り料理のひとつです」と彼女は言っている。私はレタスとラペソーのサラダを、先ほどの説明のように味付けして作ってみた。風味の爆発とはこのことだろう。これを食べた私の友人は感嘆の声を発して、また食べに来てくれた。Suzeはアラバマ州にある自分の農場でチャノキを育てているが、ラペソーを作れるようになるまでには、あと数年は茶樹の成長を待たなくてはならないようだ。

トラブルシューティング

発酵中に泡立つ、または泡立たない

心配ない。泡立ちは、特に発酵の最初の数日間にはよく起こる。泡のかたまりを表面からすくい取って捨ててしまおう。泡立ちはすぐに収まって、ほとんど気づかないほどになる。逆に、まったく泡が見当たらないということもあるかもしれない。それも大丈夫だ。

発酵中に酵母やカビが生える

表面に酵母やカビが生えることはよくある。恐れることはない。クラウトを堆肥にしてしまわなくても大丈夫。できるだけカビをすくい取り、少し残ってしまっても気にしないようにしよう。詳しい説明については、「表面のカビと酵母」を参照してほしい。

発酵食品が塩辛い

少し水を足し、しばらくかき混ぜてから味見してみよう。必要ならば、これを何回か繰り返す。たくさん水を足す必要がある場合には、余分な水は注ぎこぼしてしまおう。少しだけなら、余分なザワークラウトジュースとして取り扱う。伝統的に大量の塩を加えて野菜を発酵させ、食べる前に洗い流す場合もある。塩気が強いと野菜は長く保存できるが、問題は洗い流すと栄養素やバクテリアも流出してしまうことだ。

発酵食品から強いにおいがする

発酵野菜には強いにおいがある。これは正常で、一般的には問題ではない。あなたや一緒に住んでいる人がそのにおいを嫌いであれば、半屋外の換気の良い（ただし雨の当たらない、暑すぎず寒すぎない）場所で発酵させるという手もある。ジャーの中で発酵させるというのも、もうひとつの手だ。前に説明したようなやり方で圧力を逃がすときには、窓の外でやればよい。Greg Largeはエアロックの付いた容器で野菜を発酵させ、エアロックにプラスチックのチューブを通して窓の外へ中の空気を逃がしている。「その結果、家の中では何もにおいがしないし、カビも発生しない」。

本当に腐ったにおいがする場合には、いくつか問題が考えられるが、通常は何らかの微生物が表面で長期間増殖して奥のほうまで入り込んでしまい、取り除く必要があることを示している。多くの場

合、長期間発酵させた野菜の詰まった樽やかめから、においや見かけが悪い表面の層を取り除けば、その数インチ下にはゴージャスで食欲をそそる、味も香りもよい発酵野菜が顔を出す。

発酵食品がパリッとしていない。ぐずぐずになっている

低い温度や高い塩分、タンニンなどの要因によって阻害されない限り、野菜に含まれる酵素が結局は、十分な時間さえあればペクチンを分解し、野菜のパリッとした食感をなくしてしまう。これは、キュウリやズッキーニなど、水分の多い野菜では特に速い。しかし時間が十分に長ければ(特に温度が高かったり塩分が低かったりする場合)、キャベツでさえ柔らかくなってしまう。柔らかくなっても、食べるのは安全だ。むしろその方が好きな人もいる。

発酵食品がべとべと、漬け汁がどろどろしている

時には野菜の発酵によって、べとべと、ねばねば、どろどろした、ほとんど糸を引くような漬け汁になってしまうことがある。場合によっては一時的な現象で、代謝プロセスの進行に従ってべたつきが消え去ることもある。しかし、ずっとべたべたしている場合もある。『Microbiology of Fermented Foods』によれば、「ザワークラウトがべたつく現象は、まだ十分に研究されていない」。[75] 別の専門誌『Modern Food microbiology』では、「クラウトのべたつきは、高温の場合には特に、*L. cucumeris* と *L. plantarum* の急速な増殖によって引き起こされる」とされている。[76] 私の経験からも、クラウトのべたつきが起こるのは発酵温度が理想よりも高い場合に多いような気がする。涼しくなるのを待って、やり直そう。

発酵食品がピンク色に変色した

ピンク色のクラウトは、その色が赤キャベツやラディッシュ、ビートやフルーツから来たものであれば、素晴らしいものだ。しかし白いキャベツから作ったクラウトが、ピンク色になってしまうこともある。これはクラウトの中に普通に存在する酵母の作り出す色素によるもので、塩分が約3%以上の場合に起こりやすい。ピンク色のクラウトは、食べても安全だ。[77] 大規模な商業的なザワークラウトの製造では、塩の配分が不適当だと、ピンク色のクラウトの部分(塩が多すぎる)と柔らかいクラウトの部分(塩が不十分)ができてしまうことがある。[78]

発酵食品の中に幼虫がいる

発行中の食品は、必ず虫が入らないように保護すること。さもなければ、虫が入ってきて卵を産み、卵が孵化すれば食品の中で幼虫がうごめくことになる。私は古いシーツなどの目の細かい綿織物を使って、発酵用のかめに虫が入らないようにしている。虫の多い夏の時期には、布の周りにひもをかけて、しっかりと結ぶようにしている。発酵野菜の中に幼虫

eggplant

を見つけても、パニックになったりバッチ全体を捨ててしまったりする必要はない。幼虫は発酵食品の表面で孵化して、上へ、食品の外へと移動する。奥へ隠れてしまうことはない。発酵野菜の上側を1インチ／2.5cmほど、幼虫のいない、変色していない、そして心地よい香りのする深さまで取り除けばよい。容器の内側を拭いて、幼虫や卵が残らないように気を付けてほしい。また、これ以上虫が入ってこないように、発酵野菜に覆いをすることも忘れずに。

plastic jug expanding
Raspberry soda
RASPBERRY Soda
wine vinegar
kombucha with mother
raspberries
water kefir
ginger
chunks of stale bread
grater
noni fruit
licorice root

6章 発酵を利用して酸味のある強壮飲料を作る

Fermenting Sour Tonic Beverages

酸味のある強壮飲料（sour tonic beverages）は発酵食品の大まかなグループで、これらを私がひとまとめにして扱うようになったのはごく最近のことだ。『天然発酵の世界』（築地書館）では、スイートポテトフライ（サツマイモから作るガイアナの軽く発酵させた飲み物）を、乳製品の章に入れていた（ホエーをスターターとして使っていたので）。またロシアのクワスは穀物の章で、ジンジャービアはワインの章で、そしてシュラブは酢の章で扱っていた。コンブチャについては、取り扱いに困ったあげく、穀物の章に入れてしまった。コンブチャはお茶と砂糖で作るがまったく穀物は含んでいないので、これはおかしい。

今になって私は、これらすべての飲み物に加えて、世界中の人々が連綿と続く伝統に従って作ってきたその土地固有の飲み物や、復興主義者たちによって作り出された目新しい飲み物などの多くが、共通したテーマのさまざまな表現であることに気付いた。これらは、おいしくて多少の酸味と甘味があり、場合によっては微量のアルコールを含み、（特に）乳酸菌が豊富に生きていて、そして一般的に健康的で強壮効果があるとみなされる飲み物だ。「強壮効果のある（tonic）」という言葉は、私の手元にある古い『Webster's Collegiate Dictionary』によれば、「元気になる、爽快な、体を引き締める」という意味だ。このグループの飲み物（手あかのついた表現を使いたければ、ソフトドリンクと言ってもよい）には、確かにこのような性質がある。

すべてではないが、これらの飲み物の大部分はスターターとして何らかの培養微生物を必要とする。しかしいったん作り始めてしまえば、無限に継続できるものばかりだ。このような飲み物は、連続したリズムで作ると効率が良い。つまり、前のバッチから新しいバッチを作ることを繰り返す（考え方を変えれば、培養微生物に栄養を供給し続ける）のだ。シンプルな自然のリズムを（生きた培養バクテリアの健康効果と共に）生活に取り入れたい人には、酸味のある強壮飲料がぴったりだと私は思う。おいしく渇きをいやしてくれるさまざまな飲み物に加えて、実験やイノベーションの無限のチャンスを提供してくれるからだ。

スターターには、ジンジャーバグ（「ジンジャーバグを使ってジンジャービアを作る」を参照してほしい）やサワー種スターター（8章の「サワー種のはじめ方とメンテナンス」を参照してほしい）など、普通の材料を使ってキッチンで簡単に作れるものもある。またコンブチャやウォーターケフィアなどの場合には、スターターはバクテリアと菌類の群落が特徴的な物理的形態に発達したもので、目に見えるほど大きいので取り扱いやバッチからバッチへの移行もしやすい。これらはSCOBY（バクテリアと酵母の共生群落）と呼ばれ、微生物が連携して繁殖し、共有被膜を作り出している。これらの発酵食品を味わうためには、まずこの培養微生物を入手しなくてはならない。幸いなことに、これらは使っているうちに増えてくるので、愛好者たちはみな喜んで分けてくれる。「参考文献」には、国際的な培養微生物交換ネットワーク（SCOBYを分けてくれる人たちを地域別のリストにしたもの）や、商業的な入手先に関する関連情報を挙げてある。オンラインで検索すれば、それ以外にも数多くの入手先が、商業的なものや非公式なものも含めて、見つかるはずだ。これらの培養微生物を入手してしばらく育てれば、あり余るSCOBYを人に分けてあげられるようになるだろう。培養微生物を広め、文化を復興しよう！

これらの飲み物はどれも、作った時にアルコール含有量がどのくらいになるか、多少なりとも正確に予測することは難しい。これらはすべて（特にジャーに密封して、嫌気的な活動を促進した場合には）少なくともわずかなアルコールを含む可能性がある。子どもやアルコールを避けている人のために飲み物を作る場合、アルコールを最小限に抑えるには発酵期間をなるべく短くすればよい。こうすれば、発酵によって発泡と共にプロバイオティックなバクテリアや限定された酸度が作り出される一方で、大量のアルコールの蓄積は防止できる。微量のアルコール（非アルコール飲料の法的規制値である0.5パーセント未満）の産生は、ささいなものだし一般的には知覚できない。パンやオレンジジュースなど、通常の食べ物や飲み物にも、この程度の微量のアルコールが含まれていることは多い。[1]

発泡

これらの飲み物はすべて、お望みなら発泡させることができる。私は発泡性飲料が大好きだ。この時代に育った我々にとって、いたるところで目に付く発泡性飲料の誘惑や狡猾なマーケティング、くせになる甘さと刺激、そして喉を下って行く際に弾ける泡の心地よい感覚には、抗いがたい魅力がある。甘いシロップに炭酸を吹き込んでソーダにするために圧縮CO_2タンクが使われる前は、発酵によって作り出される自然な発泡が利用されていた。

発泡は、飲み物に溶け込んだ二酸化炭素が放出される現象だ。口の開いた容器で発酵させた場合でも、発酵が非常に活発であれば軽く発泡することはある。しかし飲み物を発泡させたい場合には、まず発酵が活発に進行する（発泡が盛んになる）まで待ってから、多少の圧力に耐えられるびん（密封びん、レバー式のふたの付いたビールびん、またはソーダびん）に移して密封するのが普通だ。その後びんの中で、ごく短期間発酵させる。温度や発酵の活発さによっては、ほんの数時間で十分な場合もある。それから冷蔵して、賞味しよう。

甘い飲み物を発泡させることには危険が伴う！　このことは、必ず理解しておいてほしい。盛んに活動している発酵食品をびんの中に閉じ込めると、破裂するおそれがある。シャンパンやビールなど、自然に発泡するアルコール飲料の場合、通常は糖分がすべてアルコールに変換されるまで、発酵を完了させる。それから、発泡を起こすには十分だがびんは破裂させない程度の微量の糖を加えて、びんを「プライミング」する。しかし、たいていの強壮飲料のように軽くしか発酵させず、大半の糖分がまだ残った状態で飲み物をびん詰めする場合には話が違ってくる。びん詰めされた後、残った糖分が発酵してCO_2を産生し、過剰な発泡を引き起こす危険が十分にあるからだ。びん詰めは慎重に、注意深く行う必要がある。

怖がらせようと思ってこのような話をしているわけではない。意識を持ってほしいだけだ。適度な発泡は強壮飲料のおいしさを高め、さわやかにしてくれる。しかし発泡の圧力が高すぎると飲み物は無駄になり、びんの破裂を引き起こす。飲み物が無駄になることは悲しいが、大きな問題ではない。最近、私の友達のSpikyが暑い日に川へ泳ぎに行って、友達のGonowayの作ったジンジャービアのびんを開けた時の話をしておこう。

暑い田舎道を歩いている間も、峡谷を下っている間も、私はバッグから飲み物を取り出して友達を驚かせてやろうと、その瞬間を楽しみにしていました。ついにその時が来て、私はふたを開けたのです。するとマーチングバンドの大太鼓のような大音響と共に、ジンジャービアの噴水が私たちの頭上に吹き出しました。なんというスリリングな眺めだったことでしょう！　私たちは全員、幼稚園児のように、うめき声を上げました。たぶん、ガラスびんがバッグの中で破裂しなかったことに感謝すべきだったのでしょうが、私たちは岩の上にできたジンジャービアの水たまり（びんの中身のほとんど全部）を、失望しながら眺めることしかできませんでした。

発酵飲料が飛び散る眺めは悲劇的かもしれないが、びんが破裂すれば人を傷つけたり、障害を負わせたり、さらには死なせてしまうおそれだってある。ミズーリ州の発酵愛好家Alyson Ewaldは、ウォーターケフィアを使ってブドウジュースから「フルーツビア」を作り、ガラス製の密封びんに詰め、冷蔵庫の上（温暖な微気候）に置いて一晩発酵させた。Alysonは午前7時ころ、びんが破裂する音で目が覚めた。そのとき彼女のパートナーMarkは冷蔵庫の近くに立っており、彼らの娘Coleは10フィート／3メートル離れたところにいた。以下はAlysonの報告だ。

> 誰にもけがはありませんでしたが、むき出しだったMarkの背中には小さなガラスのかけらが散らばっていました。ガラスの破片は家中にまき散らされていました。もちろんブドウのソーダもです。ビー玉ほどの大きさのガラスのかたまりが、ベッドの反対側のシーツの陰で見つかりました。びんが破裂した場所からは30フィート／9メートルも離れたところです。私たちが血を一滴も流さずに済んだのは、本当に奇跡的なことです。もっとも、モップがけと拭き掃除と片付けには、その後2時間かかりましたが……。私たちの経験から、病院行きを免れる人がいることを願っています。

それほど幸運ではなかった人たちの話も聞いている。ロードアイランド州の発酵愛好家Raphael Lyonは、次のような手紙をくれた。「数週間前、ジンジャービアかルートビアか何かのガラス瓶の破裂で、友達が大けがを負いました……本当に注意深く観察するか、冷蔵庫に入れなければ、爆弾と変わりありません」。

問題の一端は、ガラスびんの中で高まった圧力を測定するのが難しいことにある。発泡を見積もるための伝統的な方法のひとつは、発泡させたい発酵飲料のびんごとに、レーズンを数粒入れておくことだ。びんの中身が発泡するに従って、レーズンが浮かび上がる。私の場合、このようにまだ甘く発酵中の飲み物は、主にプラスチック製のソーダボトルに詰めるようにしている。大部分をガラスびんに詰める場合でも、一部はプラスチックのボトルに詰める。この場合のプラスチック製ボトルの利点は、びんを握った手応えから内部の圧力を感じ取れることだ。プラスチックが簡単にへこむ場合には、圧力はかかっていない。固く、押して抵抗を感じる場合には圧力がかかっているので、さらに圧力が高まる前に冷蔵庫へ入れるか、すぐに飲んでしまうべきだ。

私がお勧めするもうひとつの安全策は、もし破裂しても被害を緩和できるよう、発酵中の甘い飲み物をタオルに包んでおくことだ。びんを開けた時に飲み物が噴出する損害を減らし混乱を最小限にするため、びんは開ける前に冷やしておく。またシンクに置いた清潔なボウルの上でびんを開ければ、飲み物が噴き出しても少なくとも一部は回収できる。びんを開ける際には最初は少しずつふたを緩め、もし大量の泡が上がってくるのが見えたら、ふたを閉め直してしばらく待つ。それからまたふたを緩め、泡が上がってきたら閉める。飲み物の圧力が抜け、泡を噴き出させずにふたを開けられるまで、これを何回か繰り返す。適度な発泡は飲み物のおいしさを高めてくれるが、度が過ぎれば無駄と危険な破裂を引き起こす。

十分に注意してほしい。

ジンジャーバグを使ってジンジャービアを作る

ジンジャービアは、古典的な風味の自家製ソーダだ。市販のジンジャーエールのように軽くショウガの風味をつけてもいいし、ショウガをたくさん入れて心行くまでスパイシーにしてもいい。ジンジャーバグは、ショウガと砂糖と水分から作られるシンプルなジンジャービアのスターターだ（他の飲み物のスターターとしても使える）。またジンジャービアは、その他さまざまな種類のスターターで作ることもできる。「ウォーターケフィア」と「ホエーをスターターとして使う」を参照してほしい。

ジンジャーバグの作り方は、実に簡単だ。ひとかけのショウガを（皮ごと）すりおろして小さなジャーに入れ、適量の水と砂糖を加えてかき混ぜる。頻繁にかき混ぜ、活発に泡立つようになるまで数日間、すりおろしたショウガと砂糖を毎日少しずつ加える。ショウガの根茎には酵母と乳酸菌が豊富に含まれるため、ジンジャーバグはすぐに泡立ち始めるのが普通だ。しかし、いつまでたってもジンジャーバグが泡立ってこないと報告してくる人も多い。私の推測では、米国に輸入されるショウガの大部分は放射線照射されているため、バクテリアや酵母が死滅してしまっているのだろう。オーガニックとして市販されている食品は（米国農務省のオーガニック基準により）放射線照射できないため、オーガニックなショウガか、放射線を照射していないとわかっているところから手に入れたショウガでジンジャーバグを作るのが良いだろう。

ジンジャーバグが活発に泡立ってきたら（あるいは他のスターターが用意できたら）、ジンジャービアの原液となるショウガ汁を作ろう。濃縮ショウガ汁を作り、その後冷たい水で薄めて体温まで冷ますのが私のやり方だ。そのような濃縮液を作るには、まず作りたいジンジャービアの体積の約半分の水を計量して鍋に入れる。作りたいジンジャービアの体積（鍋に入っている水の量はこの半分）1ガロン／4リットルに対して2〜6インチ／5〜15 cmほど（またはそれ以上）の根ショウガを薄切りにするか、すりおろして加える。火にかけて、沸騰したら弱火にし、ふたをして約15分間ショウガを煮る。どのくらいショウガを加えればよいか疑問があれば、実験してみよう。最初は少量にして、煮て（薄めて）から味見し、もっと強い風味が欲しければショウガを足して、もう15分間煮ればよい。

ショウガが煮えたら、液体を濾して口の開いた発酵容器（かめ、広口のジャー、またはバケツ）に入れ、ショウガの出し殻は捨てる（あるいは、ショウガを入れたまま発酵させて後で濾してもよい）。砂糖を加える。私はたいてい、（さらに水を加えた後の目標体積）1ガロン当たり2カップの砂糖を使うが、もう少し甘いほうが好きな人もいるかもしれない。熱いショウガ汁に砂糖が溶けたら、目標体積になるまで水を加える。これには、砂糖を加えたショウガ汁を冷ます効果もある。まだ触れないほど熱ければ、数時間放置して冷ましてから、ジンジャーバグか他のスターターを加える。体温以下に感じられたら、すぐにジンジャーバグや他のスターターを加えればよい。お好みに応じて、レモンジュースを少し加える。よくかき混ぜ、虫が入ってこないように布をかぶせて、ふたをせずにそのまま発酵させる。ジンジャービアが泡立ってくるまで、定期的にかき混ぜる。そうなるまでには、室温やスターターの能力にもよるが、数時間から数日かかる。

ジンジャービアが泡立ってきたら、びんに詰めてよい。アルコールをなるべく含まないようにしたければ、すぐにびん詰めしてびんの中で短期間発酵させる。アルコール分を多く発酵させたければ、びん詰め前に数日間発酵させる。毎日様子を見て、泡立ちがピークを過ぎて衰え始めてからびん詰めする。どちらにしても、びん詰めの際には過剰発泡の危険に**必ず**注意すること。発泡するまで、びんを室温で発酵させる。発泡の度合いは、プラスチック製のソーダボトルで判断できる。握った時に抵抗が感じられ、簡単にはへこまないようなら、発泡している。びんを冷蔵庫に入れ、冷やしてそれ以上の発泡を防ぐ。ジンジャービアは冷蔵庫の中でもゆっくりと発酵を続ける（そして圧力も上がり続ける）ので、数週間のうちに飲み切ること。

私は他の類似の根茎類、具体的にはウコンやナンキョウ（ガランガル）からもスターターを作ってみたが、素晴らしい出来栄えだった。私はこれらを使って、薄めの砂糖水の入ったびんの中にすりおろした根茎を入れ、約1週間発酵させて生のソフトドリンクを作った。ピリッとしていておいしかった！

クワス

クワスは、普通は古くなったパンから作られる、素晴らしく爽快な、発泡性で酸味のある飲み物だ。ロシアやウクライナ、リトアニアなどの東欧諸国では伝統的な飲み物で、今でも、特に夏の時期にはクワスの屋台が見られる。この地域ではクワスがあまりにも身近な存在となっているため、例えばビートクワスやティークワス（コンブチャのこと）など、他の種類の酸味のある飲み物もクワスと呼ばれているほどだ。1861年のロシアの料理本『A Gift to Young Housewives』の著者であるElena Molokhovetsによれば、当時クワスを飲むことは「その人物のロシア人らしさを明らかにする、文化的な行為」だった。[2] 同様に現代のロシアでも、クワスは愛国心に訴えるマーケティングがなされている。あるインターネットブロガーがロシアのニュース記事を翻訳していた。「現地のドリンク製造業者たちは、西側のドリンクに対する愛国的な代替物として、自分たちの製品を宣伝している。中には、Nikola（ne kola［コーラでない］を暗示する）など、愛国的な名前を付けている業者もいる。昨年には、西側ソフトドリンクの植民地化（colonization）に反発した『反コーラ化（anticolanization）』キャンペーンが行われた」。[3]

クワスを作るために必要なスターター

はサワー種スターターだけで、これは粉と水から簡単に作れる(8章の「サワー種のはじめ方とメンテナンス」を参照してほしい)。スターターが活発に泡立っていない場合には、クワスを作る前に数日間養分を与えてかき混ぜる。あるいは、その代わりにドライイーストをスターターとしてクワスを作ってもよい。

クワスの主原料は、通常は古くなって乾燥した、固いパンだ(新鮮なパンでもうまく行く)。伝統的に、クワスは主にライ麦パンから作られるが、小麦やその他の穀物から作られたパンを使ってもよい。私の生活では定期的に、廃棄されたパンを大量に抱えた廃品回収業者が現れる。パン屋では、毎日の終わりにパンをただで配ることも多い。またスーパーマーケットのごみ箱をあさると、「賞味期限」を過ぎたパンの袋が見つかることもある。パンを大きなかたまりに切り分けて、温めたオーブンで約15分間乾燥させる。その間に、パンが浸るだけのお湯を沸かしておこう。

私は普段、口の開いた陶器のかめでクワスを作るが、予備発酵の段階では大きな料理鍋でもうまく行く。パンが乾いたら、容器へ移す。少量の乾燥ミントなどのハーブを加える。パンとミントの上から沸騰したお湯を注ぎ、パンがすべて浸るようにする。パンは水面に浮かんで頭を出そうとするので、パンを押さえつけながらお湯の量が十分かどうか判断する。パンの上にお皿を置いて重石にし、パンを沈める。かめを布で覆って虫が入らないようにして、一晩おく。

朝になったら、パンを濾して液体を絞り出す。私はこのために、ざるの上にガーゼを何枚か敷いておく。かめの中から濡れたパンをすくってざるの上に乗せ、いっぱいになったらガーゼの四隅を合わせ、ねじって液体を絞り出し、さらに布の中の濡れたパンのかたまりをさまざまな角度から揉んで、液体を絞り出す。できるだけ液体を絞り出したら(最後の1滴まで絞り出す必要はない)、絞り終わったパンを捨て、ガーゼをざるの上に戻し、パンを全部絞るまで繰り返す。

次に液体の体積を量り(すべて絞り出すことは不可能なので、注いだお湯の量より少ないはずだ)、適当な大きさのジャーかかめに移し、1ガロン/4リットルにつきひとつまみの塩と約1/2カップ/125 mlのハチミツまたは砂糖、レモンのジュース、そして1/2カップ/125 mlのサワー種(またはウォーターケフィアやドライイースト)を加えて、よくかき混ぜる。布で覆い、なるべく頻繁にかき混ぜながら、1日から2日発酵させる。

クワスが活発に泡立って来たら、びん詰めする時期だ。びんの内圧は急激に上昇するため、先ほど説明した甘味飲料を発泡させる際のアドバイスと注意点をもう一度読んでほしい。私の場合、びん詰めしたクワスは24時間もたたないうちに十分発泡することが多い。クワスの発泡を見積もる伝統的な方法は(以前説明した他の発泡飲料の場合と同様に)、びんごとにレーズンを数粒入れておくことだ。クワスが発泡するに従って、レーズンが浮かび上がってくる。クワスのびんが十分に発泡したら、冷蔵庫に移してその後の発泡を抑える。クワスは爽快な飲み物として賞味してもよいし、オクロシカ（okroshka）など冷たい夏のスープのベースとして使うこともできる。[4] 定期的な製造のリズムが確立したら、サワー種スターターを省略して、次のバッチにはスターターとして泡立つクワスを使えばよい。この章の飲み物はどれも、このようにして無限に継続できる。

これ以外にも、数多くの種類の穀物を原料とした酸味のある強壮飲料が世界中で賞味されている。9章で説明する地ビールの多くは、酸味があって多少のアルコールを含んでいる。それ以外の飲み物は、8章の穀粒とイモ類の発酵の中で説明する。ここでクワスについて説明した理由は、クワスがユニークで、他の大部分の穀物の発酵とはテクニックの点で異なっていて、また酸味のある飲み物として特に親しまれているからだ。

テパチェとアルア

テパチェ（tepache）はメキシコのソフトドリンクで、歴史的にトウモロコシから作られていたが、今は普通フルーツから作られる。アルア（aluá）は、ブラジル北東部で賞味されている非常によく似た一連の軽く発酵させた飲み物の名前だ。これらを作る方法は、フルーツを漬け込んだワインの作り方と基本的に同じ（4章で説明したように、砂糖水にフルーツを加える）で、発酵期間がもっと短い点だけが異なる。「パイナップル、リンゴ、そしてオレンジなど、さまざまなフルーツが使われる」と、国連食糧農業機関はテパチェについて報告している。「フルーツの果肉とジュースは、少量のブラウンシュガーを加えた水の中で1日から2日発酵される……。1日か2日後に、テパチェは甘くて爽快な飲み物となる。さらに長期間発酵を継続させるとアルコール飲料となり、その後は酢となる」。[5] テパチェとアルアの両方に一般的なフレーバーはパイナップルで、作るには単純にパイナップルの皮を砂糖水と混ぜればよい。なるべく精製されていない砂糖、またはハチミツなどの甘味料を使って、好みの味に砂糖水を作る。熱帯の暑さの中では、24時間発酵させれば普通は十分だ。涼しい気候では発酵には数日かかる。味見して判断する。短期間発酵させると、泡立っていて軽い味がする。数日後には、アルコール分が強くなる。さらに数日たつと、酢の味が強くなってくる。

ノースカロライナ州のKaren Hurtubiseはラズベリー農園を持っていて、まさにこの方法でラズベリーのソフトドリンクを作っている。子どもたちは「ラズバブル（raspbubble）」と呼んでいるそうだ。Karenは3クォート／1リットルの水に1カップ／250mlのハチミツを溶かし、新鮮なラズベリーを1クォート／1リットル加える。約3日間発酵させてから、冷蔵庫へ移す。彼女によれば、市販のソーダよりも子どもたちに人気があるらしい。

通常、テパチェは生のフルーツ以外にスターターを一切使わず、天然発酵で作られる。時にはtibicosとかtibisと呼ばれる粒が使われることもあり、これはウォーターケフィアグレインと同じ、あるいは機能的に類似したものだ（「ウォーターケフィア」を参照してほしい)。

モービー

モービー(英語ではmabí、あるいはmauby と綴る)は、カリブ海の島々の一部で人気のある強壮飲料で、これもまたモービーという名前の木(英語名soldierwood、学名*Colubrina elliptica*)の樹皮を煮出し、糖分を加えて作られる。このモービーという名前の語源は、フランス語のma biere (私のビール)に当たるクレオール語から来ているという説もある。[6] 私に最初にモービーについて教えてくれたNorysell Massanetは、プエルトリコに住んでいて、私に実験用のモービーの樹皮を郵送し、多少の説明をしてくれた。

> 私はウェブ上でモービーのレシピをいくつか見つけましたが(それらはすべてシナモンとショウガを使っていましたが、私の味覚の記憶にはそのような風味はまったくありません)、今日私はサンファンにあるオーガニックマーケットでMabí Ladyと話しました。彼女が使うのは樹皮と砂糖だけで、彼女の言ったことは私の腑に落ちました。「試してみて、その過程で自分自身のレシピを開発すればいいのです」。素晴らしい!

Norysellは、熟成したモービーをスターターとして使わないとモービーが作れないのではないかと心配していたが、スターターはたいてい互換性があるので、私はウォーターケフィアをスターターとして試しに使ってみたところ、おいしい泡立つ飲み物ができた。モービーに含まれる化合物(サポニン)が泡を安定させ、泡の層を形成してくれる。苦くて甘いモービーの風味は本当に私の口に合ったが、他の人のモービーを味わったことがないため、これが本当のモービーの味なのかは判断できなかった。

そして2010年、私はセントクロイ島にあるVirgin Island Sustainable Farming Instituteで講演を頼まれた。土曜日の朝市で、私はついにモービーと遭遇してわくわくした。ただしセントクロイ島を

フルーツクワス

Hannah Springerのブログ、www.healthyfamilychronicles.blogspot.comより、『Gut and Psychology Syndrome』の著者Dr. Natasha Campbell-McBrideにヒントを得て

よく合うフルーツとベリー、そしてフレッシュなハーブやスパイスの組み合わせを思いついたら、作ってみましょう。1クォート/1リットルの広口メイソンジャーに、以下の材料を合わせます(うまく発酵させるには、オーガニックな材料を使うのが一番です)。

- 手のひらに山盛り一杯のベリー
- 薄切りにした「芯のある」フルーツ(リンゴやナシなど)、1個
- すりおろしたショウガ、大さじ1杯
- 生乳ホエー、1/2カップ/125ml
- 浄水器を通した水、ジャー1杯分

すべての材料を合わせて、水をいっぱいに注ぎ、フルーツが水に浸るように重石を置いて、ふたをしっかりと閉めます。3日間カウンターの上などの暖かい場所に置いてから、冷蔵庫へ移します。びんの中身が減ってきたら、浄水器を通した水を足し、ホエーを少量加えてください。フルーツが全部なくなるまで、継ぎ足しできます。
このレシピは、さまざまなフルーツや柑橘類のジュース、フレッシュなハーブ、あるいは野菜にも応用できます。

含め、英語を話す島々ではmabíではなくmaubyと呼ばれている。このモービーは色濃く泡立っており、非公式な家内制手工業で小規模生産されたもので、リサイクルされたジュースや酒のびんに入って売られていて、びんは圧力のため膨らんでいた。私はセントクロイ島のモービーの作り手から数本買い求めたが、写真は取らせてくれたものの、彼女のレシピの具体的なスパイスの配合は教えてくれなかった。「女には、秘密が必要なのよ」と彼女は言っていた。

water kefir

私は荷物の中にモービーの小さなびんを隠して持ち帰ることができ、それ以降ずっと熟成したモービーをスターターとして使って、伝統的な方法でモービーを作り続けている。友達がまた少しモービーの樹皮（アラバマ州のコンビニエンスストアで購入したもの）をくれたし、インターネット上で5ポンド／2.3kg入りの袋で買える販売元も見つけることができた。まず手のひらいっぱいの樹皮を約30分ゆでる。通常は単独でゆでるが、八角、ショウガ、シナモン、ナツメグ、あるいはメースを加えることもある。次に、味を見ながら砂糖と水を加える。モービーの樹皮は苦いので、かなり甘くするのがいいだろう。1ガロン／4リットルに3カップの砂糖から始めて、好みに応じて加減することをお勧めする。Norysellはムスコバド（黒砂糖の一種）を使うのがいいと言っていたが、私はたいてい濃縮サトウキビジュースを使っている。私の友達のBrett Guadagninoは、英領バージン諸島のモービーの作り手から、塩をひとつまみ入れると聞いたそうだ。私がインターネット上で見つけたレシピのひとつは、ガイアナ生まれでバルバドスに移民したCynthiaという女性が投稿したもので、モービーの樹皮をその他のスパイスと一緒に少量の水で煮てモービーの濃縮液を作り、それを1ガロンの砂糖水に加えるようになっていた。[7]

すべての伝統的な発酵食品と同様に、モービーも細かい具体的な点ではさまざまな違いがある。原液が体温まで冷めたら、スターターを加えてかき混ぜる。少なくとも、これが私のやり方だ。Cynthiaのレシピはスターターをまったく使わないが、モービーを「醸す」方法を、以下のように説明している。「大きなカップを使って、カップいっぱいに原液をすくって容器に戻します。これを、少なくとも3分間繰り返します」。モービーは、定期的にかき混ぜるか「醸す」かしながら、数日間発酵させる。モービーが泡立ってきたら、びん詰めし、びんの中の圧力が高まるまで、もう1日か2日発酵させる。冷蔵し、爽快で泡立つ、苦くて甘いごちそうとして、冷たくして食卓へ出す。

ウォーターケフィア（別名ティビコス）

ウォーターケフィアは、炭水化物を豊富に含むあらゆる液体の発酵に使える、万能培養微生物についた数多くの名前のひとつだ。私は通常これを使ってフルーツ風味の砂糖水を発酵させているが、それ以外にもハチミツ、フルーツジュース、ココナッツウォーター、そして豆乳やアーモンドミルクやライスミルクを発酵させるためにも使っている。この培養微生物（別名としてティビコスやtibis、シュガリーウォーターグレイン、チベットクリスタル、ジャパニーズウォータークリスタル、そしてビーズワインとも呼ばれる）はSCOBY（バクテリアと酵母の共生群落）であり、見かけは乳白色の半透明な粒で、定期的に栄養を与えると急速に成長する。ウォーターケフィアは、ケフィア（コーカサス山脈でミルクを発酵させるために使われる古代からの培養微生物）と直接の関係はない。これら2つはまったく異なるものだが、形が似ているため、関連していると思われたようだ。シュガリーケフィアグレインの微生物フローラの研究によって、これが「主に乳酸菌と、少数の酵母からなる」ことが判明した。[8] *Lactobacillus hilgardii* という特定のバクテリアが、この発酵群落を包み込む多糖質のゲルを産出することがわかっている。

ウォーターケフィアを使った発酵は、非常にシンプルだ。通常、私は味を見ながら砂糖水を広口のガラスジャーに作る。最初は1ガロン／4リットルの水に2カップの砂糖から試してみてほしいが、もっと甘いほうが好きな人が多いかもしれない。私はこれに、ウォーターケフィアグレイン（1クォート／1リットルあたり大さじ1杯／15 ml）と、普通は新鮮なフルーツか乾燥フルーツを少量加え、通常は2〜3日発酵させる。容器は密封してもいいし、空気が入れ替わるようにゆるく覆ってもよい。ウォーターケフィアは酸素を必要としないが、酸素によって抑制されることもない。2日くらい経ったらフルーツを取り除き（通常は表面に浮かんでいる）、発酵液をガーゼで濾してウォーターケフィアグレインを取り除き、液体を密封できるびんに移す。次に、グレインは新しい砂糖水に入れ、発酵した液体の入ったびんは密封し、発泡させるためにそのまま1日か2日室温に置いて、圧力を監視しながら発酵を継続させる。圧力が上がったボトルは冷蔵庫へ移して、過剰な発泡を防止する。ウォーターケフィアの色は、甘味料の種類や追加した材料によって変わる。グレインの成長速度やサイズも同様だ。

あらゆるSCOBYと同様に、ウォーターケフィアには定期的な気配りと栄養補給、そして世話が必要だ。通常は2日ごとに栄養として砂糖を与えるが、冷所では3日ごとにする。長い間栄養を与えずに酸性の溶液の中で放置すると、グレインを構成する微生物が死んでしまい、グレイン自体が酸敗してしまう。ウォーターケフィアが最もよく働いてくれるのは、定期的な日常のリズムが確立している場合だ。家を空ける際には、ウォーターケフィアグレインを新しい砂糖水に漬けて冷蔵庫に入れておこう。2週間以上家を空ける場合には、飢え死にしてしまうかもしれないので、誰かに頼んで定期的に栄養を与えてもらうのが良いだろう。また、ウォーターケフィアグレインを日干しするか乾燥器で乾燥させて長期間保存（またはバックアップ）することもできる。乾燥させたグレインを冷蔵庫に保存すれば、最も長く生かしておける。ウォーターケフィアグレインを冷凍して数か月保存できたという報告もある。単純にグレイン

をすすぎ、水気を拭きとって、密封した袋に入れて冷凍すればよい。

ウォーターケフィアグレインは、どんな種類の砂糖でも、またハチミツ、メープルシロップ、アガベシロップ、ライスシロップ、あるいは大麦モルトなどの甘味料でも発酵させることができる。ステビアなど、炭水化物を含まない甘味料を発酵させることはできない。ウォーターケフィアを使ってココナッツウォーターを発酵させている人も多い。ココナッツミルクやナッツ・種子・穀粒のミルクも、同じようにして発酵できる。ハーブの浸出液や煮出し汁も、糖分を加えればウォーターケフィアで発酵できる。フルーツジュースも、あまり酸性が強くないものであれば、ウォーターケフィアで発酵できる。ミズーリ州の発酵愛好家Alyson Ewaldは、ウォーターケフィアを使って純粋なブドウジュースを発酵させると教えてくれた。「グレープジュースは完全に発泡して、シャンパンのようになります」。彼女の家族は、発酵させたフルーツジュースをフルーツビアと呼んでいる。「根菜（ルート）ではなくフルーツから作るということ以外は、ルートビアと一緒です。またそのため、ルートビアと同じく基本的にはソーダやソフトドリンクですが、零点何パーセントかのアルコールを含むおいしい飲み物です。フルーツビアののど越しは最高です」。パイナップルや柑橘類のジュースのように酸度の高いジュースの場合には、少ない割合（約25パーセント）のジュースを砂糖水で薄めるのが良いだろう。

ウォーターケフィアは、さまざまな種類の甘い液体を発酵させるために使える。私は、コーヒー風味のものを味見したことがある。砂糖を加えたサンティー（日光に当てながら水出しした紅茶）、浸出液、煮出し汁などでハーブエキスを発酵させてみてほしい。ただし、ウォーターケフィアグレインを茶葉や細かい植物材料から分離するのが難しいことと、抗微生物作用のある化合物を含む一部のハーブはケフィアグレインの活動を抑制する可能性があることには注意してほしい。ワシントン州の発酵愛好家Favero Greenforestは、フルーツを1切れか2切れ入れた砂糖水の中でグレインそのものを保存する、独創的な二段階システムを開発した。彼はこれを「スターター」と呼び、2・3日おきに栄養を与えている。そしてこのスターターを、別のさまざまな砂糖水に加えるのだ。「1ガロンのサイズのジャーで、砂糖水を作って使いたいフルーツを加え、それからスターターの液体を加えます。ケフィアグレインはスターターのジャーに入ったままです。このようにしてケフィアグレインを管理すれば、なくなることがありません。発酵は素晴らしくうまく行きますし、その上SCOBYをなくす心配がないのです」。

さまざまな要因が、ウォーターケフィアSCOBYの成長速度に影響する可能性がある。Dominic Anfiteatroはオーストラリアの発酵愛好家で、彼のウェブサイト[9]はインターネット上で最も包括的な、あらゆる形態のケフィアの情報源だ。彼は、48時間のウォーターケフィアSCOBYの重量増加が、7パーセントから220パーセントまでの範囲だったことを記録している。Domは成長を促進するためにショウガを加えること、なるべく未精製の砂糖を使うこと、あるいは糖蜜を加えることを推奨している。また彼は、ミネラル豊富な「硬水」がウォーターケフィアSCOBYの生育を促進する一方で、蒸留水や活性炭フィルターで浄化した水は成長を妨げる可能性があると言っている。硬水が手に入らない場合には、1/2ガロン／2リットルあたり小さじ1/8杯の重曹を加えることをDomは勧めている。彼のもうひとつのアイデアは、卵の殻や石灰石、あるいはサンゴのかけらを発酵液に加えることだ。しかし、入れすぎるとウォーターケフィアが粘つくおそれがある。

ウォーターケフィアには、もっと伝統的な名前もある。メキシコの文化ではティビコス（tibicos）と呼ばれ、この言葉は一説によれば*Opuntia*属のサボテンの果実に由来するらしい。民族植物学者William Litzingerは、以下のように報告している。「ティビコスは、熟したサボテンの果実の表皮下や、ワイン［colonche］のバッチの主要部分が取り除かれた直後の発酵容器に残った残滓に、自然に発生することが知られている」。[10] 私はこれを試してみたが、うまく行かなかった。しかし当時の私は摘みたての果実を使っていなかったので、この情報は否定できないと感じている。彼の報告は、一般的には綿密で信頼のおけるものだからだ。特定の*Opuntia*の種の果実だけがこのような性質を示したり、あるいは他に特定の条件があったりするのかもしれない。

1899年、『Journal of the Royal Microscopical Socicty』がこの培養微生物（tibiグレインとして記録されている）に関する報告書を発行し、その中でM. L. Lutzはこれを以下のように記述している。

> 球形の透明なかたまりであって、ゆでた米粒に似ている。これらのサイズは、豆からピンの頭ほどの範囲にある。砂糖水を発酵させて、軽く快い飲み物を作り出す。顕微鏡での観察によれば、tibiグレインは桿菌……及び酵母……から構成される。発酵は、2種類の微生物の共同作業によってのみ行われ、どちらか片方だけでは不十分である。[11]

どうやら、Lutzが（おそらく彼の前の誰かも）tibiグレインを持ち帰り、それを拡散させ植え継ぎ続けてきたらしい。交換や移住や順応によって、起源は非常にわかりにくくなっている。1978年の『Life of Yeasts』という本には、「tibi konsortium」がスイスにあると記述されている。

> このスイスでよく飲まれているドリンクは、酸味があり、わずかにアルコールを含む、発泡性の液体で、乾燥イチジク、レーズン、そして少量のレモンジュースを加えた15%のキビ砂糖溶液を発酵させて作られる。接種は、数個のtibiグレインを加えることによって行われる。グレインには、共生するバクテリアと酵母が閉じ込められている。これらの共同作業によって乳酸、アルコール、そしてCO_2が作り出される。tibiグレインは発酵中に増殖し、

次のバッチに引き継ぐことができる。[12]

ウォーターケフィアがティビコスであると私が気づくまでには、長い時間がかかった。これ以外にも同様の培養物は存在し、例えばイングランドで「ジンジャービアプラント」と呼ばれ、使われているものがある。ジンジャービアプラント(GBP)は科学的な研究の対象となっており、1892年には『Philosophical Transactions of the Royal Society of London』に報告されている。著者のH. Marshall Wardは、ジンジャービアプラントの微生物学について説明しているが、その起源についてはまったく見当もつかないと告白している。

> Bayley Balfour教授は、以下のように述べている。「ジンジャービアプラントは、1955年にクリミアからの兵士によってイギリスに持ち込まれたと言われている」。しかし私が見る限り、これは単なる仮説であり、一般に認められた歴史の一部とみなすことはできない。Ransome博士は、1891年4月の日付のある手紙で「イタリアからもたらされたと言っている人もいる」と私に教えてくれたが、これもまたより確実な証拠を見つけることはできなかった。これが最初にどこから来たのかという疑問全体が、神秘のベールに包まれているのが実情だ。[13]

一時期、私はGBPもまたティビコスであり、両方ともウォーターケフィアと同じものであるという結論に達していた。そんなある時、私の友達のJay Bost(彼は発酵に非常に興味のある民族植物学者で、メキシコにいる友達からティビコスを手に入れたばかりだった)が、yemoos.comというウェブサイトへのリンクを送ってくれた。ここではティビコスとジンジャービアプラントという培養微生物を両方とも販売していたのだ。私は手紙を書いて、これら2つの培養微生物が実際にどう違うのか、問い合わせてみた。「私たちは、数多くの違いに気づいています」と、そのサイトの運営者で培養微生物を植え継いでいるNathanとEmily Pujolのカップルが説明してくれた。

> 同じレシピであっても、これら2つは非常に異なる反応を示します(対照群テストなどを用いて)……。また、よく見ると見た目も大きく違います。GBPのほうが丸くて不透明ではるかに小さく、ティビコスはもっとギザギザしていて透明でかなり大きいのです。また、時々発生する「変わり者」のグレインが、ティビコスは常に非常に大きくて三角形をしているのに対して、GBPはほとんど螺旋形で魚雷型をしていることにも気づきました。一方が他方の形状を取るのは見たことがありません。形状はその培養微生物に特有のようです。

実際、NathanとEmilyが2つの培養物のサンプルを私に送ってくれると、私もこれらの見た目が明らかに違うことがはっきりとわかった。今では私は、最初に手に入れた「ウォーターケフィア」グレインが実際にはジンジャービアプラントであって、それらを放置して死なせてしまった後になってから入手したものがティビコスだったと確信している。しかし並べて見比べたわけではなかったため、私はその違いに気が付かなかったのだ。実用的な点では、これら2つの培養物の主な違いは、ティビコスのほうがジンジャービアプラントよりも速く発酵し、より頻繁に栄養を必要とすることにあるようだ。

類似したSCOBYの粒が報告されているもうひとつの場所がスーダンだ。『The Indigenous Fermented Foods of the Sudan』の著者であるHamid Dirarは、dumaと呼ばれるスーダンの発酵ハチミツ飲料が、iyal-dumaと呼ばれるグレインを使って発酵されると説明している。「このグレインは肉眼で見える大きさで、平たく不規則な形状をしており、直径は2〜6 mm［1/4インチ以下］である」とDirarは報告している。[14] これには酵母とバクテリアの両方が含まれており、複雑な構成をしている。顕微鏡での観察により、「酵母は常に、連鎖を形成し濃い粘液を産生する、もつれあった太い桿菌に取り囲まれていることが判明した。バクテリアの長い連鎖は濃い粘液に包まれ、実際に酵母の細胞ひとつひとつを包み込んでおり、酵母の一体性を保っているように見受けられる」。[15]

dumaは、家内制手工業としてさまざまな家庭で製造されている。Dirarは以下のように書いている。「各家庭の所有するグレインの系統は、その家庭の過去の世代から現在の世代へ、他人に明かしてはならない企業秘密として伝えられたものだ。各家庭では、自分たちのグレインを使えば、他の家庭よりも良いdumaができると主張している」。醸造者の多くがdumaグレインは前のdumaグレインから作るしかないと主張しているが、ハチミツ水に浸けたdaliebヤシ（*Borassus aethiopum*）の根などの「自然物からグレインを育てる方法や手段を説明してくれた人もいる」。[16]

もしかしたら、daliebヤシや*Opuntia*属のサボテンが手に入れば、そこからグレインを取り出す方法を探り出せるのかもしれない。もしかしたら、（これらの培養微生物の先駆的な開発者が先史時代の昔にしていたと推測されるように）何か天然発酵に見つかった沈殿物が、増殖し発酵することが発見できるのかもしれない。そうでなければ、ウォーターケフィア（あるいはジンジャービアプラントかティビコス、dumaについてはまだ見つかっていない）のグレインを販売元から、あるいはすでにこれらを利用している人たち（「参考資料」を参照してほしい）から、手に入れる必要がある。これらのグレインを日常的に使っていれば、急速に増える。誰でもこれらを利用していれば、いずれはグレインを持て余すことになる。ウォーターケフィアグレインや、その他いろいろな培養物を持っていて、無料で熱心に分かち合おうとしている人たちがいる。あなたが欲しい培養物を提供してくれる仲間の発酵愛好家を見つけたら、情報共有と相互扶助の関係を築く努力をしてほしい。インターネットにはオンライン交易所があり、また同じ興味を持つ人々のグループへ向けたメッセージをやり取りできる、ネットワーキングの強力なリソースともなる。ウォーターケフィアなどの培養微生物の探求を、交流しコミュニティを築き上げるための機会として利用してほしい。バクテリアと酵母は発酵の主役だが、それらの生育と拡散は人間の行為と対話によるものだ。創造力を発揮して、文化復興の努力を続けよう。

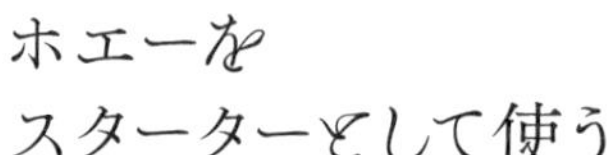

ホエーをスターターとして使う

ホエーは、ミルクが凝固したり酸っぱくなったりした際にカードから分離する、水のような液体だ。カードは、凝結した脂肪などの固形分だ。ホエーはチーズ、あるいはヨーグルトやケフィアの製造に伴う、栄養豊富な副産物だ。(乳製品の発酵については、7章で取り扱う)。この章の趣旨では、ホエーは自然発泡ソーダやその他の酸味のある強壮飲料のスターターとして使うことができる。ホエーの作り方はさまざまだが、熱を加えて作る場合には生きた微生物は含まれない。高熱を加えられていない、発酵または生の乳製品に由来するホエーには、もちろん豊富な微生物群落が含まれている。

最も活性の強いホエースターターは、ケフィア(ウォーターケフィアではなく、乳製品のケフィア)から得られる。ケフィアの群落には、酵母だけでなく乳酸菌も含まれているからだ。発酵の初日からケフィアが凝固することはめったにないが、2・3日後には凝固して乳脂肪が表面に浮かび上がり、そして最後には沈んで行く。私は普通ケフィアを食べる前にジャーを振ってカードとホエーを混ぜてしまう。しかしホエーを使いたい場合には、静かに注ぎ分けること。発酵したてのものは最も活性の強いスターターとなるが、冷蔵庫で数週間から数か月は保存できる。

ホエーを使って飲み物を発酵させるには、単純に体積にして約5〜10パーセントの割合でホエーを飲み物の原液へ加えればよい。つまり、1クォート/1リットルあたり2〜3オンス(1/4カップ)または50〜100mlのホエーを使う。飲み物の原液としては、フルーツで甘味を加えた水や、甘味を加えたハーブの浸出液や煮出し汁、あるいはフルーツジュースが使える。発酵させたいこれらの甘い液体にホエーを混ぜ、約24時間置いて発酵させ、泡立ってきたら密封できる容器へ移して密封する。密封したびんをもう24時間ほど室温において、圧力が高まってきたら冷蔵する。繰り返し述べているように、過剰な圧力に注意して破裂を防ぐこと。冷たくして食卓へ出す。

ルーツビア

伝統的なルートビアは、風味のある植物の根の煮出し汁に甘味を加えて発酵させたものだ。通常は単数形で「ルート」ビアと呼ばれるが、現実にはさまざまな根(ルーツ)が使われてきたし、使うことができる。実を言えば2種類以上の根を混ぜて使うと、1種類だけの場合よりも良い風味が得られるのだ。私の友達の

Frank Cookは、ジャマイカを訪れた時に単数形のルートビアではなく、何種類もの植物の根から作った、(複数形の) ルーツビアに出会ったと報告してくれた。

私自身がルーツビアを作る際には、サッサフラスを中心とした根の配合で発酵させている。サッサフラスには快い風味があり、私が住んでいる森では豊富に取れるからだ。しかし私はショウガ、リコリス、ゴボウなど、必ず他の根も加える。サルサパリラ (*Smilax regelii*) も、伝統的な材料のひとつだ。これ以外の組み合わせや比率について、実験してみることをお勧めする。作りたいルーツビアの量 (目標体積) を決め、その半分の量の水を計量する。その中で根を煮て、濃縮液を作る。半量の水で根を煮ることの利点は、同量の水で薄めて簡単に冷やせることだ。少なくとも1時間根を煮た後、砂糖を加える。私はたいてい、(目標体積) 1ガロン／4リットルあたり2カップの砂糖を使うが、もう少し甘いほうがいいかもしれない。熱い根の煮出し汁に砂糖が溶けたら、同量の冷水を加えて目標体積にする。味を見て、必要であれば砂糖を加える。水を加えることによって、甘い煮出し汁は冷やされる。まだ触って熱いようであれば数時間おいて冷ましてから、スターターを加える。体温以下に冷めていれば、すぐにスターターを加えればよい。スターターには、ウォーターケフィア、ジンジャーバグ、ホエー、ドライイースト、あるいは以前のバッチのルーツビアが使える。

1日か2日発酵させ、液体が活発に泡立ってきたら、びんに移して密封し、もう1日か2日びんの内圧が高まるまで発

Elroyのジャマイカ風ルーツビア | Frank Cook

ジャマイカは、ラスタファリアンのブッシュマンたちが作るルーツビアで有名だ。私は旅行中にブッシュマンたちとのんびり過ごし、彼らの飲み物を醸すプロセスや使う植物について少し学ぶ機会に恵まれた。飲み物を醸す際、ブッシュマンたちは幅広い範囲のさまざまな植物を使い、また材料の数が彼らにとって非常に大きな意味を持っているようだった。この背後にある深い意味を学ぶことはなかったが、特定の数字がブッシュマンたちにとって重要であることは理解できた。

Elroyという1人のブッシュマンに、私は恩義を感じている。私は彼のところでのんびり過ごし、彼の醸造を手伝わせてもらったからだ。彼は出かけて、ジャマイカで2番目に有名な植物、ジャマイカン・サルサパリラの根など、一束の植物を収穫してきた。彼が使った植物の中で私に分かったのは半分ほどだった (学名がわかるものはカッコの中に示した)。ジャマイカン・サルサパリラ (*Smilax*) の根、タバコソウ (*Cuphea*) の根、オジギソウ (*Mimosa*)、センナ (*Senna*)、ココナッツ (*Cocos*) の根、グアバ (*Psidium*) の根、クマツヅラ (*verbena*)、chainy root、bloodwrist plant、hug-me-close root、tan pan root、jack saga root、long liver、cold tongue、dark tongue、dog's tongue、search-me-heart、soon-on-the-earth、God's bush、devil has whip、water grass、raw moon。

Elroyはこれらすべてを鍋に入れ、水を加え、そして緑色のバナナ5本を切り開いておもしとして上に乗せた。これらすべてを、彼は焚火の上で2時間調理した。それからハチミツを加えて、びんへ注いだ。3日ほどで飲めるようになり、酢になってしまうまで1週間程度は (そんなに長く残っていればの話だが！) おいしく飲める。私は滞在中にたくさんの種類を試してみて、その生命力と風味を味わった。

酵させる。その後、冷やして継続発酵を抑制し（過剰発泡や破裂には十分に注意すること）、賞味する。

プルー

プルー（pru）は、キューバの強壮飲料だ。さまざまな植物性原料から作られるが、通常は*Gouania polygama*の樹皮と茎、*Pimenta dioica*（オールスパイス）の実と葉、そして*Smilax domingensis*または*Smilax havanensis*の根茎など、数種類を混ぜ合わせることが多い。民族植物学者のチームが、その作り方を以下のように記述している。

> *G. polygama*の茎は長さ方向に2つまたは4つに切り分けられ、内部の木質部が露出される。樹皮がはぎ取られる場合もある。この茎は新鮮なものを、エキスを抽出するごとに使うべきである。*S. domingensis*の根茎は細かく刻んで（ruedas）2・3回煮出すことができるが、*P. dioica*の葉は乾燥させて一度しか使うことができない。日中に、根と茎と葉を大鍋の中で約2時間水に浸してから沸騰させる（沸騰し始めると火を止めるpruzerosもいるが、10〜15分間沸騰させてから火を止める人もいる）。その後、植物材料を取り除き、煮出し汁を2・3回布で濾し（毛織物を使う人もいる）、一晩置いて冷ます。朝に、砂糖と発酵スターター（madreと呼ばれる）を煮出し汁に加え、その後早く均一に発酵させるために木製のスプーンでかき混ぜなくてはならない。madreには、前に発酵させたプルーで、2・3日たって不快な酢のような味になったものが使われる。これにはおそらく、発酵プロセスを進行させるバクテリアや菌類や酵母が含まれる。すべてのpruzerosはこれをスターターとして使い、発酵を促進し生産プロセスを加速している。madreなしではプルー作りに48時間ではなく72時間かかってしまうためだ。プルーを作るたびに、作り手は次回の発酵プロセスに必要なmadreを取っておく。収集したデータによれば、伝統的にプルーはmadreなしで作られていたが、現在では広く用いられている……。砂糖とmadreを加えた後、びんに詰めたプルーは密閉して丸1日（パティオの中で、または家の屋根の上で）直射日光に当てて発酵させる……。我々の情報提供者の間で、栓をしたびんの中でプルーを発酵させることの重要性と必要性に関して完全な意見の一致が見られたことは、キューバの人口が「モダンな」食習慣へ適応していることを示しているのかもしれない。出来上がったプルーの発泡は、まるで工業的に生産されたソフトドリンクのように見える。[17]

伝統的に、プルーはキューバ東部だけで生産され消費されていた。1991年のソ連崩壊とその後のキューバでの経済危機によって、「工業的に生産されたソフトドリンクは店や家庭から消え去り、地元で入手できる伝統的な飲み物に取って代わった。こうしてプルーは西部にも広まり」現在ではキューバ全土で手に入るようになっている。[18]

スイートポテトフライ

スイートポテトフライは、南アメリカの北海岸にあるガイアナの、本当に素晴らしい伝統的な強壮飲料だ。何度作っても、大好評間違いなし。私は、ウォーターケフィア、ホエー、ジンジャーバグなど、さまざまなスターターを使ってスイートポテトを作ったことがある。主な材料は、サツマイモと砂糖だ。1ガロン／4リットルにつき、大きなサツマイモ2個と2カップ／500mlの砂糖を私は使う。もう少し甘いほうがいいかもしれない。サツマイモをボウルにすりおろす。次にデンプンを取り除くため、すりおろしたサツマイモに水を入れてかき混ぜ、濁った水を捨てる。水がすきとおってくるまで、これを繰り返す。

簡単に作るには、すりおろしたサツマイモに1ガロンの水を入れて味を見ながら砂糖を混ぜ、そしてスターターを加えればよい。もう少し手の込んだ作り方もできる。私が教わったのは、レモン、卵の殻、そして私がクリスマススパイスと呼んでいるクローブ、シナモン、ナツメグ、メースを入れてスイートポテトフライを作る方法だ。1ガロン作るには、1個か2個分のレモンのジュースとすりおろした皮を使う。メースは煮出して使う。小さじ1杯ほどのメース（新鮮なものでも粉末でもよい）を、数カップの水で煮る。火からおろし、冷水を加えて冷ましてから、スイートポテトとレモンに合わせる。丸ごとのクローブ数個と、シナモンとナツメグの粉それぞれひとつまみも入れる。卵の殻は、酸味を中和し、またウォーターケフィアのセクションで触れたように、ウォーターケフィアグレインを使う場合にはスターターの生育を促進する働きがあるようだ。卵の殻をきれいに洗い、細かく砕いて加える。

ホエー、ジンジャーバグ、またはウォーターケフィアでスイートポテトフライを発酵させる。ウォーターケフィアを使う場合には、すりおろしたサツマイモからグレインを分離するのは非常に難しく、また面倒なことに注意してほしい。ウォーターケフィアグレインそのものではなく、それを使って発酵させた砂糖水を使うか、あるいはガーゼを使ってティーバッグのようなものをこしらえてその中にウォーターケフィアグレインを入れれば、簡単に取り出せる。

スイートポテトフライは、1日か2日発酵させる。そして原液がいい感じに泡立ってきたら、濾して密封できるびんに入れる。密封したびんの内圧が上がるまで、あと1日か2日室温に置いてから、過剰発泡や破裂の危険が生じる前に冷蔵庫に入れる。

独創的なソーダのフレーバー

スイートポテトフライやジンジャービア、ルーツビア、フルーツビアなど、実質的にすべての強壮飲料は、発泡させて手作りのソーダにできる。発泡性飲料にできないフレーバーはない。基本的な作り方は、甘味を（砂糖、ハチミツ、アガベ、メープル、ソルガム、フルーツジュース、あるいは何らかの炭水化物の甘味料で）付けた水と風味付け（フルーツ、ハーブ、エッセンシャルオイル）にスターターを加えて短期間発酵させてから、びんに密封して内圧が高まるまでもう少し発酵させて、発泡させる。

以下に示すのは、私に手紙をくれた人々が気に入っているフレーバーだ。

- ニンジンのジュースをショウガと発酵させる。「私が今まで飲んだ中で一番おいしいような気がします」とフィラデルフィアのMike Ciulが言っている。
- ショウガ、シナモン、クローブ、ナツメグと糖蜜を、ウォーターケフィアを使って発酵させると「素敵なジンジャーブレッド風味のソーダのようなものができます」とテネシー州ヒルズボロのBev Hallが言っている。
- 松葉。Erin NewellがWWOOF（有機農場での労働体験）をしに日本に行ったとき、彼女が滞在した農場では「ミツヤ」という名前の松葉のサイダーが毎日食卓に出されていた。「それは、松葉を一杯に詰めたジャーに砂糖水を加えて作られます」。この浸出液にスターターを加えてびん詰めすれば、松葉フレーバーのソーダができる。
- ココナッツウォーター・ゴートケフィア。「私は、発酵させたココナッツウォーターをゴートケフィア［7章を参照してほしい］と混ぜてベリーを入れ、一晩置いてみました」とニューヨークはブルックリンの私の友達Destin Joy Layneが言っている。「泡立っていてクリーミーで、そして本当においしいのです！」
- カリフォルニア州バークレーのThree Stone Hearthという「地域密着型キッチン」では、「アンティーク・ローズ」やさまざまなハイビスカスの組み合わせなど、珍しいフレーバーの手作りソーダをたくさん作っている。
- 「スイカズラ、ブルーベリー・レモンバーベナ、レモン・ローズマリー、そしてイチゴ・ローズゼラニウムは、私の大好きな発酵ハーブソーダのフレーバーです」とApril McGregerが言っている。彼女はノースカロライナ州カーボロで発酵野菜のビジネスをしているが、今でも自分で実験を楽しんでいる。

実験し、創意工夫を働かせて楽しもう！ただ、過剰発泡の危険には十分気を付けてほしい。

smreka

smrekaはボスニアの素晴らしく軽いジュニパーベリー風味のソフトドリンクで、私はLuke RegalbutoとMaggie Levingerから教えてもらった。彼らは伝統的な発酵手法を実地に学ぼうと、東ヨーロッパじゅうを旅していた（そして今ではサンフランシスコのベイエリアでWild West Fermentsという会社を立ち上げて、発酵食品や飲み物を販売している）。LukeとMaggie

がsmrekaと出会ったのは、サラエボでたまたま立ち寄った、とあるレストランでのことだった。「smrekaはボスニア全土で広く飲まれているわけではないようです」と彼らは私に手紙をくれた。それを飲んだ場所では「アルコールの代わりにsmrekaが出てきたので」、ムスリムがオーナーのレストランだったに違いないと彼らは思っている。彼らが飲んだsmrekaは冷蔵庫から出したばかりで冷たく、スプーンに山盛り一杯の砂糖が添えられていた。(私は砂糖を入れずに室温で、びんの中で密封されて多少発泡したものを飲んでいる)。「私たちがその飲み物と材料について尋ねると、彼らはただ『smreka』(これはジュニパーベリーという意味です)と繰り返すばかりでした。まるでそれだけが材料であるかのような言い方だったので、私たちは狐につままれたような気がしました。その飲み物には力強いおいしさがあり、何か別のもの(びんの上のほうに白いもの)が入っているようだったからです。しかし、実際にはそれはジュニパーと、一種の酵母でした(もちろん天然酵母です)」。

smrekaの作り方は、とても簡単だ。水差しかジャーに入った水の中に、ジュニパーベリーを加えるだけでいい。砂糖はまったく必要ない。私は米国西部でジュニパーベリーを摘んできて、ザワークラウトに使っている。ハーブ卸売店で買ってきた乾燥ジュニパーベリーを使ってsmrekaを作ってみたが、うまくできた。普通に見られる*Juniperus communis*(セイヨウネズ)を含めた大部分のジュニパーは、風味が良く安全に使える果実をつけるが、いくつかの種、特にユーラシアの*J. sabina*(サビナ)の果実は、有毒とされている。新しい場所でジュニパーベリーを摘む場合、たくさん収穫する前にひとつ食べてみて、あまりにも苦かったら吐き出すこと。マイルドで快い風味の果実だけを使うようにしてほしい。

私は、1ガロン/4リットルの水に、2カップ/0.5リットルの果実を使う。布で覆うか、ゆるくふたをして圧力を逃がすようにする。あるいは、ふたをきつく締めて2・3日ごとに圧力を逃がすようにす

Nishangaのソーダのフレーバー

Nishanga Blissはサンフランシスコ・ベイエリアの鍼療法師・栄養学者で、『Real Food All Year』(New Harbinger 2012)という本の著者だ。またNishangaは教室で手作りソーダの発酵を教えていて、彼女のお気に入りのフレーバーのリストを私に送ってくれた。

- ハイビスカスとチョウセンゴミシ、ローズヒップは入れても入れなくても
- クコの実とローズヒップ
- セイヨウニワトコ、クコの実、そしてハイビスカス
- イチゴと赤カブ(Scarlet Queen Turnip)
- レモンとローズマリー
- ブラックベリーとハイビスカス
- そして、胸焼けの症状に対して私が出した処方箋に基づいて、私の患者が自分で作った新鮮なキンレンカの花と蜂花粉

Nishangaは次のように言っている。「私は普通、濃縮サトウキビジュースかハチミツを甘味料に使います。スターターには、ヨーグルトのホエー、ウォーターケフィアグレイン、カプセル入りのプロバイオティクス(!)、そして最近はジンジャーとターメリックのバグを使ってみました。すりおろしたばかりのターメリックの根をジンジャーバグに加えると、泡立ちの勢いが良くなります(時には良くなりすぎることもあります)が、ショウガの半分の量を使えば風味が大きく変わることはありません」。

れば、炭酸飲料ができる。これを約1か月（暑い時期にはもう少し短い期間）発酵させる。果実が表面に浮かんできて、次第に色と風味が抽出され、泡立ち始めてくる。週に2・3回、振り混ぜてほしい。1週間ほどで、smrekaは素敵な軽い風味を放つ。数週間のうちに、発酵が盛んになってくる。LukeとMaggieによれば「すべての果実が底に沈んだら、smrekaは出来上がりです」[19]とのことだが、私はもっと早く飲み始めて、もう一度少量の水を果実がかぶる程度まで足すことが多い。

ノニ

ノニ（noni）は、同じ名前の東南アジア原産の熱帯性樹木（学名*Morinda citrifolia*）の果実だ。最初期のポリネシアへの移住者によって、ハワイに持ち込まれたと信じられている。熟したノニには、強いチーズのような風味がある。ノニの生育範囲では、医療用や染料として使われている。食品としては、ハワイなどでは主に救荒植物かブタのエサとして使われてきたが、他の場所では普段から食べられていた。学名の*Morinda*はラテン語で「桑の実」を意味するmorusに由来し、実際に果実の形は桑の実にちょっと似ている。ハワイで私はノニに出会ったが、そこでは医療用に使われることが多い。人類学者の報告によれば、「伝統的にハワイ人はノニを内用せず、主に局所的に用いてきた。またこの植物には血液や胃腸などの体組織を浄化する作用があると考えられていた」。[20] 私はハワイ滞在中にブドウ球菌感染症を起こしたが、ノニの局所湿布を使って治療に成功した。

現在のハワイでは、ノニを発酵させて飲み物を作ることは幅広い家庭で行われているが、それが伝統的なものかどうかについては多少の議論がある。[21]「現時点で最もよく見られるハワイの『伝統的』なノニの調理法は発酵である」と民族植物学者のチームが報告している。「通常、果実は大きなガラスジャーの中に密封され、数時間、数日、あるいは数週間、日光に当てて置かれる」。[22]

ノニの果実は、摘みたての状態では固くて白い色をしているが、急激に半透明に変化してジュースを滴らせるようになる。これが発酵開始の合図だ。自分で作るには、果実をジャーに入れるだけでよい。容器を密封して空気の流通を制限するが、時々圧力を逃がしてやること。次第に容器の中にはジュースが増え、固形物の残りは少なくなってくる。ハワイ大学のノニのウェブサイトによれば、「このジュースの外見は、最初は琥珀色か黄金色の液体ですが、熟成が進むと次第に色が濃くなってきます」。「ノニのジュースは、ハワイでは広範囲の温度と光の条件下で作られます。例えば、自家製ノニジュースの作り手の多くは、ノニの入った大きなガラスジャーを屋外で何か月も直射日光に当ててから、ジュースを飲みます」。[23] 発酵時間は、数日から数か月にわたる。発酵させたジュースは固形物を取り除き、酸味のある強壮飲料として賞味される。「島中の住宅地で無数のlanai（ポーチ）や屋根の上に発酵容器が見られることは、ノニの有効性を確認するものであり、同時に共同体の感覚を呼び起こすものでもある。これは、相補的医療の成功の鍵となる要素だ」。[24]

コンブチャ：万能薬、それとも危険？

コンブチャ*は、砂糖を入れて甘味を付けたお茶を微生物群落によって発酵させた、おいしい酸味のある強壮飲料だ。発泡性のアップルシードルに例えられることもある。コンブチャは通常、発酵中のお茶の表面に浮かぶゴム状の円盤の形をしたSCOBY（**マザー**とも呼ばれる）によって作られる。微生物の群落は、コンブチャの液体そのものによって引き継ぐこともできる（この場合、新たなSCOBYが作り出される）。コンブチャのマザーは、酢製造の副産物である酢母（mother-of-vinegar）とよく似ており、同一の微生物が数多く含まれる。実際、これらがまったく同一であるという結論に至った分析もある。[25]

*訳注：昆布茶とはまったく別のもので、日本では「紅茶キノコ」という名前で1970年代に一時期流行した。

コンブチャほど急激に人気を獲得した発酵食品は、（少なくとも米国においては）他に存在しない。コンブチャは、さまざまな場所で称賛を博しており、特に前世紀の中央ヨーロッパと東ヨーロッパでは広く健康に良いと宣伝され、また少なくとも1990年代の半ばからは米国にも広まってきた。私が最初にコンブチャを試したのは1994年ごろで、AIDS患者の私の友達が健康のためにコンブチャを作って飲み始めた時だった。全身の免疫を刺激すると宣伝されていたが、主張されるコンブチャの効用は非常にさまざまで幅広いものだ。当時コンブチャは米国で市販されていなかったが、愛好者がマザーを育てて分かち合うことによって、完全に草の根レベルで広まって行った。現在では、小規模なベンチャーから多国籍企業に至るまで、何十もの営利企業がコンブチャを製造販売している。2009年にはGT's Konbuchaという米国で有力なブランドが百万本を超えるコンブチャを売り上げ、[26] また2008年から2009年までに米国でのコンブチャの売り上げが8000万ドルから3億2400万ドルへと4倍に増加したと「ニューズウィーク」誌に報道された。[27]

コンブチャは非常に対立した議論を引き起こしており、劇的な治療効果があるという主張と、恐ろしい危険の警告とが拮抗している。どちらの主張にも誇張の気味がある、というのが私自身の結論だ。コンブチャは、万能薬でも危険でもない。あらゆる発酵食品と同様に、コンブチャにはユニークな代謝副産物と生きたバクテリアが含まれているが、それがあなたに合うかどうかは分からない。少量から初めて何回か試してみて、味や感覚が自分に合うかどうか確かめるのが良いだろう。

数多くの愛好者が、コンブチャを奇跡的な万能薬とみなしている。オーストラリアのコンブチャのプロモーターHarald W. Tietzeは、関節炎、喘息、尿道結石、気管支炎、がん、慢性疲労症候群、便秘、糖尿病、下痢、水腫、痛風、枯草熱、胸焼け、高血圧、高コレステロール症、腎臓病、多発性硬化症、乾癬、前立腺異常、リューマチ、睡眠障害、そして胃腸疾患などの病気の治療にコンブチャを用いて効果があったという報告を受け取ったと書いている。[28] ハーブ研究家のChristopher Hobbsは、インターネット掲示板上の議論から、さらに以下のような主張を記録している。コンブチャはAIDSを治療し、しわやしみを取り除き、更年期のほてりを軽減し、筋肉痛や関節痛、咳、アレルギー、偏頭痛、そして白内障にも効果があると言われているのだ。[29] これらの症状に苦しんでいる人々がコンブチャを飲んで実際に症状が改善されたと感じているのかもしれないが、「これらの主張を裏付ける科学的なデータは存在しない」とHobbsは書いている。[30] 食品が万能薬であることは期待できないのだ。

コンブチャの治療効果についてよくなされる説明のひとつに、コンブチャにはグルクロン酸という我々の肝臓で作られる化合物が含まれていて、これがさまざまな毒素と結びついて体外に排出してくれるというものがある。ドイツのコンブチャ健康効果プロモーターGünther Frankは、以下のように説明している。「コンブチャは特定の体内臓器を対象としてではなく、それに含まれるグルクロン酸のデトックス効果によって……人体全体に好影響を与える」。[31] 残念ながら、実験室での分析によって、グルクロン酸が実際にはコンブチャの中に存在しないことは何度も確認されている。もしかすると、発酵食品などの食品に普通に見られるグルコン酸という化合物（ブドウ糖の代謝副産物）と混同されてしまったの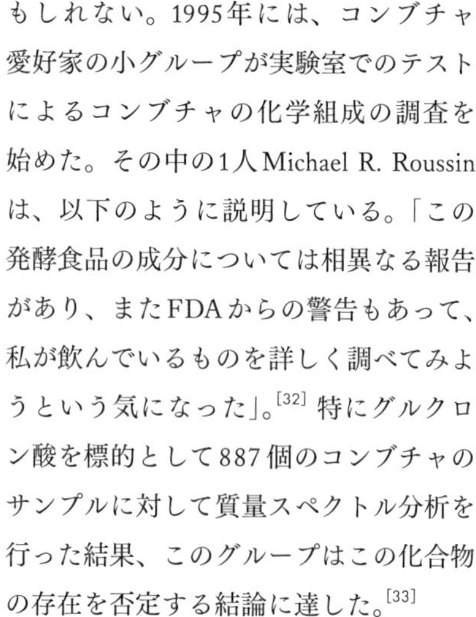かもしれない。1995年には、コンブチャ愛好家の小グループが実験室でのテストによるコンブチャの化学組成の調査を始めた。その中の1人Michael R. Roussinは、以下のように説明している。「この発酵食品の成分については相異なる報告があり、またFDAからの警告もあって、私が飲んでいるものを詳しく調べてみようという気になった」。[32] 特にグルクロン酸を標的として887個のコンブチャのサンプルに対して質量スペクトル分析を行った結果、このグループはこの化合物の存在を否定する結論に達した。[33]

コンブチャの潜在的危険性については、1995年に米国疾病対策センター（CDC）から発行された『Morbidity and Mortality Weekly Report』に、「Unexplained Severe Illness Possibly Associated with Consumption of Kombucha Tea」と題する記事が掲載されている。この題名に「possibly」（もしかすると）という単語が含まれていることに注意してほしい。数週間の時間をおいた2件の事故で、アイオワ州の2人の女性が非常に異なる未解明の急性健康被害をこうむった。そのうち1人は死亡した。2人とも毎日コンブチャを飲んでおり、両方とも同一のSCOBYに由来するものだった。アイオワ州公衆衛生局は即座にコンブチャの飲用を「これら2件の疾患におけるコンブチャの役割が完全に解明されるまで」中止するよう、警告を発した。しかし、これらの疾患にコンブチャがどのように関係した可能性があったのかを解明することはできず、また115人の人たちが同一のマザーから作られたコンブチャを問題

なく飲んでいたことが判明した。2人の女性を病気にさせたかもしれないコンブチャとマザーが微生物分析にかけられたが、「既知のヒト病原体や、毒素を産生する微生物は特定されなかった」。[34]

それ以外の医療報告でも、きわめてさまざまな症状がコンブチャの飲用と関連付けられているが、やはり具体的な毒性や原因要素は特定されていない。[35] CDC報告に引き続く質問の嵐に答えて、米国食品医薬品局（FDA）では、酸性の強いコンブチャが容器から鉛などの毒素を溶け出させる可能性があり、また「非滅菌状態で製造された自家製バージョンのコンブチャは、微生物汚染を引き起こしやすいかもしれない」ことを注意した同様の警告を発行した。しかし、他の調査と同様に、FDAの微生物分析によっても「汚染の証拠はない」ことが判明した。[36]

コンブチャの安全性に関する懸念を表明しているのは、政府の規制機関だけではない。菌類学者のPaul Stametsは、「My Adventures with 'The Blob'」と題する記事を1995年に発表した。コンブチャは誤ってキノコと呼ばれているため、Stametsはそれに関する質問を頻繁に受け取っていた。分離された菌類の種の植え継ぎと研究の専門家として、ほとんど研究されていない混合培養物に、彼は懸念を抱いた。「私個人としては、現在のところ適切な利用についてほとんど知られていないこのコロニーを、病気の友達や健康な友達に渡すことは道徳的に非難されるべき行いだと信じている」と彼は書いている。「非滅菌状態でコンブチャを作ることは、ある意味では生物学的なロシアンルーレットだ」。[37] 私はStametsの菌類に関する業績を大いに尊敬しているが、家庭でコンブチャを作ることが無責任だとか危険だとかいう意見には断固反対する。コンブチャを含めたすべての発酵食品は、製造を成功させるために選択的環境を作り出すことが必要とされる。安全なコンブチャ（あるいはどんな発酵食品でも）は専門家の扱うものだけだという考えは、それらを生み出した家庭と村落での製造の長い歴史を否定するものだし、専門化崇拝者たちの術中にはまって自分たちを無力化してしまうことにもつながる。作り出すことが必要な選択的環境のパラメータを確実に理解していれば、ロシアンルーレットをしていることにはならない。基本的な情報と注意が重要だ。これらを身に付けていれば、不安なく発酵食品作りができるだろう。

コンブチャの作り方

コンブチャは通常、砂糖で甘味を付けたお茶を特定のバクテリアと酵母のコミュニティで発酵させたものだ。最近ではクリエイティブなコンブチャの作り手たちがハーブやフルーツや野菜の風味を加えて、コンブチャにエキサイティングな新機軸を加えることも多くなってきた。これらの風味は、お茶と砂糖だけの一次発酵の後に、コンブチャを二次発酵させて加えることが多い。

ここでいうお茶とは、チャノキ（*Camellia sinensis*）の浸出液であり、英語でティーと呼ばれるその他の植物（例えばカモミールやミント）の浸出液ではない。紅茶でも緑茶でも、白茶（中国茶の一種）でも茎茶でもプーアル茶でも、どんなお茶でも使えるが、一般的にはアールグレイなどの強い風味や香りの付いたお茶は避けたほうがよいだろう。添加されたエッセンシャルオイルが、発酵を阻害するおそれがあるからだ。使うのはティーバッグでもリーフティーでもよいし、お茶の入れ方も好みに応じて濃くても薄くてもよい。私はたいてい、非常に濃くお茶を入れて、それから水を加えて薄めると同時に冷ますようにしている。こうすると、お茶が冷めるのを待たずにSCOBYを加えられる。

お茶に甘味を付けるために、砂糖を加える。これはサトウキビかテンサイから作ったショ糖という意味だ。ハチミツやアガベ、メープルシロップ、大麦モルト、フルーツジュースなどの甘味料を使ってコンブチャを作り、素晴らしい結果を報告してくれた人もいる一方で、SCOBYがしなびて死んでしまったという人もいる。同様に、まったくお茶を使わずにハーブの浸出液やフルーツジュースの風味付けだけを使って、素晴らしい結果を報告してくれた人もいる。このことから私は、コンブチャの系統樹が枝分かれしているという結論に至った。一部の人や動物や植物が条件の変化に対して他の人や動物や植物よりもうまく適用できるように、一部のコンブチャマザーは他よりも高い柔軟性と回復力を示すようだ。お望みであればさまざまな甘味料や風味付けで実験してみてほしいが、マザーがひとつしかない場合、それは使わないこと。SCOBYを2層に分けて片方を実験に使い、残りは伝統的な砂糖とお茶の培地のために取っておこう。何世代か試して、マザーが生育し元気でいることを確認してほしい。甘味料の量は、お好みで変えても構わない。私個人は砂糖を計量せずに、味を見ながら加えている。1クォート／1リットルにつき、約1/2カップ／125ml（重量で言えば4オンス／113g）の砂糖で試してほしい。よくかき混ぜて溶かす。お茶が熱い状態で砂糖を加えれば溶けやすい。味を見て、お好みに応じて甘さを加減する。

甘味を加えたお茶を、体温以下に冷ます。先ほども述べたように、濃いお茶を作って冷たい水で薄めると早くできる。甘いお茶を広口の発酵容器へ入れる。ガラスか陶器（釉薬に鉛を含まないもの）が理想的だ。金属製の容器は、たとえステンレス鋼であっても使わないこと。酸に長期間さらされると腐食するおそれがある。コンブチャは好気性プロセスであり、酸素が利用できる液体の表面で発酵が起こるので、口の広い容器をいっぱいにしないように使い、体積に対する表面積の比率をなるべく大きくするとよい。

冷ました甘いお茶に、お茶の体積の約5〜10パーセントの割合で、発酵の進んだコンブチャを加える。これには、お茶の酸性化とコンブチャ微生物の供給という2つの役割がある。酸性化は、選択的環境（コンブチャ微生物の生育を促し、汚染菌が存在しても発育を阻害する）を維持するために重要だ。何らかの理由で発酵の進んだコンブチャを使って酸性化できない場合には、どんな種類でもよいので酢を使う。ただし、ずっと少ない割合（1クォート／1リットルあたり約大さじ2杯／30ml）にすること。冷ましたお茶と砂糖、そして発酵後のコンブチャを発酵容器に合わせたら、マザーを加える。

マザーは、表面に浮かぶのが理想的だ。最初は沈み、次第に浮かび上がってくることもある。また、片側だけが表面に浮かび、表面に新しい膜が形成される場合もある。数日たってもSCOBYが浮かんでこないし新しい膜もできない場合には、そのマザーはもう生きていない。SCOBYのサイズや形が容器の中のコンブチャの表面と違っていれば、その表面とまったく同じサイズと形の新しい膜ができてくるはずだ。必ず、容器は軽く通気性のある布で覆い、空気を流通させると共にカビの胞子や虫がコンブチャに入らないようにする。容器は直射日光を避け、暖かい場所に置いて発酵させる。

マザーは購入することもできるし、他の家庭でコンブチャを作っている人からオンラインの交易所（「参考資料」を参照してほしい）で手に入れることもできるし、あるいは市販の生きた微生物を含むコンブチャから育てることもできる。育てるには、コンブチャのびん（できれば風味付けされていないプレーンなもの）を広口のジャーへ注ぎ、布で覆って約1週間（寒い時期にはもっと長く）待つと、表面に皮膜ができてくる。この皮膜がコンブチャSCOBYだ。

コンブチャを作り続けていると、SCOBYがだんだん厚くなってくる。通常は層になって増えるので、はがして別のコンブチャのバッチを作るのに使ったり、分かち合ったりできる。私は、約6インチ／15cmもの厚さにまで育ったコンブチャマザーを見たことがある。SCOBYが巨大化しても特にメリットはないので、ほとんどの人は層をはがして分かち合う。他の余ったSCOBYの使い方として、私が見聞きしたのは次のようなものだ。

- ミキサーにかけてペースト状にして、美顔パックに使う。ペーストを顔に塗って、乾くまでそのまま置いておく。
- テネシー州ナッシュビルのBrooke Gillonは、コンブチャの薄い層を花の形に折り、その形のまま乾燥させている。ゴージャス！
- ロンドンのSchool of Fashion and TextilesのSuzanne Leeは、コンブチャから衣服を作っている。ニュースレポートによれば、「シートを乾かしながら、端をフェルトのように重ね合わせて融合させる。水分がすべて蒸発すると、

コンブチャとの共生

ミネソタ州リバーフォールズ
Molly Agy-Joyce

私は同じマザーから切り出したコンブチャを4年近くにわたって自分のコンブチャ「農場」で育てていますが、それが実りある共生関係であることがわかってきました。彼女がただ存在するだけで作り出したものを私は収穫します。それは私に栄養と、私の周りの最も小さな生命ともつながっているという感覚を与えてくれます。新しい場所に移り住んでも、彼女は分子レベルから外側に向かって私を取り込んでくれます。私は彼女のかけらを、友達や知り合いと分かち合います。そのことは、私を他の人たちに近づけてくれます。

繊維は緊密に編み込まれたパピルス状の表面となり、漂白したり、ターメリックやインディゴやビートの根などの植物性染料やフルーツで染色したりできるようになる」。[38]（カラー口絵ページの写真を参照してほしい。）

- コンブチャSCOBYや酢母を引き伸ばしてフレームに張り付け、その上に絵を描くと報告してくれた人たちもいる。紙と同じように、セルロースでできているからだ。
- ナタ。フィリピンでは、コンブチャSCOBYに似た厚いSCOBYをココナッツウォーターやパイナップルジュースを砂糖水と混ぜたもので育てて、それをキャンディーに加工している。同じように、コンブチャSCOBYをキャンディーにすることもできる。詳しくは、次のセクションを参照してほしい。

コンブチャには、75〜85°F/24〜30℃という暖かい環境が最適だ。具体的な温度と好みの酸度によって、発酵期間は変わってくる。暖かい気候では、たいてい私は10日間ほどコンブチャを発酵させる。数日ごとに味を見て、さらに発酵と酸性化を続けるかどうか判断する。60°F/16℃といった寒い場所では、非常に長い時間がかかる。冬には、私の好みの酸度になるまで何か月も置いておく場合もある。

コンブチャが好みの酸度になったら（それを判断できるのは自分しかいない）、SCOBYを取り除き、コンブチャをびんに移し（新しいバッチを酸性化するために一部を取っておく）、そして甘いお茶を作ってもう一度プロセスを最初から始める。コンブチャは継続したリズムで作るのが望ましい。SCOBYを生かしておくためには、継続して栄養を与える必要があるからだ。家を空ける際には、数か月までならコンブチャにSCOBYを入れたままにしておくだけでよい。その後、帰ってから新しく作った甘いお茶を与える。

コンブチャがちょうどよく酸性化されたら、いくつか選択肢がある。単純に飲んでしまってもよい。そのままびん詰めして冷蔵庫へ入れてもよい。もっと風味付けしたければ、フルーツや野菜のジュースを加えるか、甘味を付けたハーブの浸出液やハチミツを加えて、二次発酵させてもよい。今まで私が試した中で最もエキサイティングなコンブチャは、このようにして作られたものだった。私がバークレーのCultured Pickle Shopの友達を訪ねて本物の味見パーティーに参加した際、彼らのとてつもない革新的なコンブチャの風味には本当に驚かされた。仏手柑（柑橘類のフルーツ）とミントと蜂花粉、カブ（これは本当に素晴らしかった）、そしてビート。彼らは一次発酵を、砂糖入りの緑茶とコンブチャマザーで行う。それからコンブチャを別の容器へ移し、フルーツや野菜のジュースと混ぜて二次発酵させる。最後に、微量の蜂蜜を混ぜてびん詰めして発泡させる。

二次発酵は、一次発酵と同じく口の開いた広口の容器で好気的に行ってもよいし、密閉またはエアロックした容器で行ってもよい。口の開いた容器を使う場合、甘味のあるコンブチャには表面に新しいマザーができることが多く、また酢酸菌を主体とした増殖が続く。密封した容器(これは最終的に食卓に出すびんでもいいし、そうでなくてもよい)では、二次発酵によって乳酸と共に、より多くのアルコールが作り出される。

材料を追加して二次発酵させるつもりがなくても、コンブチャをびんの中で発泡させることはできる。まだ多少甘みが残っている間に、密封可能なびんに移す。びんを密封する。そして発泡を起こすために、もう数日間密封したびんの中で発酵を継続させる。びん詰めの際に甘味料を新しく少量加えれば、発泡を早めたり強めたりできるが、過剰発泡には注意してほしい。これについては、いくら読者に注意しても足りないほどだ。

発酵の進んだコンブチャにも糖分とカフェインが残っているだろうか、という質問はよく聞く。糖分は代謝されて酸に変わるので、コンブチャをまったく糖分の残らない状態まで発酵させることは可能だ。しかし、その状態ではコンブチャは酢のような味になってしまうので、ほとんどの人はまだ多少甘い(つまり糖分が多少残っている)ほうを好む。カフェインについては、ハーブ研究家のChristopher Hobbsがコンブチャのサンプルを研究所に提出して分析してもらったところ、3.42 mg/100 ml含まれることが判明した。これは1カップのお茶に普通含まれる量よりも大幅に少ないが、存在することは間違いない。[39] Michael Roussinは、彼の実験室での分析によれば、カフェインのレベルはコンブチャの発酵期間を通して一定に保たれていたことを報告している。[40] 具体的なカフェインのレベルはお茶の種類や量、浸出時間などによって異なる。コンブチャがお茶からカフェインを取り除いてくれるという説は、立証されていない。カフェインを避けたいのであれば、薄い(またはカフェイン分を除去した)お茶で作ってほしい。

コンブチャに関して取り上げられるもうひとつの問題は、アルコールの含有量だ。おそらくコンブチャには常に微量のアルコールが含まれる。これはザワークラウトを含め、ほとんどすべての発酵食品にも言えることだ。通常、コンブチャのアルコール含有量は体積で0.5パーセント未満であり、法律でノンアルコール飲料とみなされる範囲だ。(0.5パーセント未満の微量のアルコールは、フルーツジュース、ソーダ、「ノンアルコール」ビール、そしてパンやパン製品にさえ普通に存在する。[41])しかし、場合によっては(特に嫌気的な二次発酵がびんの中で行われた場合には)、コンブチャのアルコール含有量が0.5パーセントの法的規制値を超えることもあり得る。2010年6月には、米国酒類たばこ税貿易管理局(TTB)がさまざまな市販のコンブチャ製品の店頭サンプルをテストして、許容される0.5パーセントを超えるアルコールが一部に含まれることが判明した。TTBは、「体積で少なくとも0.5パーセントのアルコールを含むコンブチャ製品はアルコール飲料である」と表明した「ガイダンス文書」を発行した。[42] 多くの小売店では、より厳格な製品のコントロールが保証されるまで店頭からコンブチャを撤去した。一部の製造業者は、びんの中での発酵を抑えるための手段を講じている。また、伝統的なコンブチャから、実験室育ちの明確なスターター培養微生物に切り替えたところもある。

最後に、コンブチャSCOBYに時たま生えるカビについて注意を喚起しておきたい。私はコンブチャにカビが生えてしまった経験があり、その際、単に私はコンブチャからSCOBYを取り除き、カビを削り取るかはがし取ってからSCOBYを洗い、そしてそのままコンブチャを飲みSCOBYを再利用していたが、問題は起きなかった。しかし、コンブチャに関するPaul Stametsの記事を読んで以来、私はもっと注意しなければと思うようになった。「最も懸念されるのは、コンブチャの中に見つかる*Aspergillus*の菌種だ」とStametsは書いている。（何千年も日本酒やみそやしょうゆなどの発酵食品作りに使われてきた*Aspergillus oryzae*や*A. sojae*とは異なり、一部の*Aspergillus*の菌種は毒素を産生するのだ）。「私が恐れるのは、アマチュアが単に*Aspergillus*のコロニーをフォークで取り除いただけで培養物が除染されるという危険な、場合によっては命にかかわる思い込みをしてしまうことだ。*Aspergillus*の水溶性毒素は、非常に発がん性が高い場合がある」。[43] カビを防ぐために、コンブチャのバッチを作るたびに以前のバッチから発酵の進んで酸性化したコンブチャを加えて酸性化させることを忘れないでほしい。発酵の進んだコンブチャがなければ、酢を使ってもよい。しかしカビが生えてしまったら、SCOBYごとコンブチャのそのバッチを捨ててしまい、新しいSCOBYを使ってまた作り直そう。

コンブチャのキャンディー：ナタ

ナタ（nata）は、ココナッツウォーター（nata de coco）またはパイナップルジュース浸出液（nata de pina）の酢酸発酵中の表面に成長する厚いセルロースの層から作られる、フィリピンのキャンディーだ。私はナタの手法をコンブチャマザーに応用してみたところ、甘くてねっとりした、わずかに酸っぱくお茶の風味がするキャンディーができた。子どもを含めて、食べてもらった人にはおおむね好評だった。作り方は非常に簡単だ。ジュンのマザーか酢母を使っても、まったく同じように作れる。

少なくとも1/2インチ／1cmの厚さのあるコンブチャのマザーを用意して、洗ってから、よく切れるナイフで一口大に刻む。このコンブチャのかたまりを冷水に10分間浸す。水を捨て、洗ってから、もう一度浸す。次にコンブチャのかたまりを鍋に移し、かぶるくらいの水を入れて10分間煮る。お湯を捨てて洗い、もう一度10分間煮る。繰り返し浸したり煮たりする理由は、コンブチャのマザーからできるだけ酸味を取り除くためだ。酸味のあるほうが好きなら、洗ったり煮たりする回数を減らせばよい。私の友達のBillyは、私の作ったものを味見した後、まったく洗ったり煮たりせずに作るようになった。彼は、酸味の残っている味が好きだったのだ。アップルパイの味を思い出すらしい。「新しいコンブチャの楽しみ方を見つけたよ！」と彼は宣言した。「飲むよりも、こっちのほうが好きだな」。

ナタの手法を使ってコンブチャのかたまりをキャンディーにするには、さいの目状のコンブチャとほぼ同量の砂糖を鍋に入れる。そしてこれを火にかけるとシロップ状になるので、その中でコンブチャのかたまりを約15分間煮て、火からおろし、そのまま冷ます。冷めてから、残ったシロップがあれば取り除き、オーブンに入れて数分間焼くか自然乾燥させてカリッとさせ、完成したコンブチャキャンディーを賞味する。

Billyはコンブチャキャンディーがすごく好きだったので、コンブチャから酸味を取り除きもしないし、最後の乾燥を除いて加熱もしないという独自の手法を発明した。(生きた微生物の入ったコンブチャキャンディーを作るには、自然乾燥するか乾燥器を使って乾かせばよい)。彼はボウルに砂糖と酸味の残ったコンブチャを交互に層になるように入れて、冷ました砂糖シロップ（バターやバニラを入れてもよい）を回しかけ、一晩おいて味をなじませていた。翌朝、余分な砂糖シロップが入ったまま、低温のオーブンでそれを乾かした。最後に、彼は結晶化した砂糖シロップを上から振りかけて「キャラメル風味」にしていた。

ジュン

ジュン（jun）はコンブチャに似た発酵飲料で、砂糖の代わりにハチミツを使って作るため、素敵な独特の風味がある。またジュンはコンブチャよりも多少早く熟成し、また低温でも活動を保つようだ。それ以外のプロセスはコンブチャとまったく同じで、砂糖をハチミツに置き換えればよい。ジュンの歴史について信頼できる情報がないため、私はこれがコンブチャの系統樹から比較的最近になって別れたものだという結論に至った。一部のウェブサイトでは、ジュンはチベットが起源で、1,000年も前から作られていると主張している。残念ながら、チベットの食品に関する本にも、またヒマラヤの発酵食品の専門書にさえ、ジュンに言及しているものはなかった。ジュンに1,000年の歴史があろうとなかろうと、とてもおいしいことには変わりない。この培養微生物はあまり有名ではなく見つけるのは難しいが、どうやら中心地は太平洋岸北西部にあるようで、オレゴン州ユージーンにあるHerbal Junction Elixirsではこれを商業的に製造している。

酢

酢を発酵させているときによく表面にできる酢母と、コンブチャSCOBYが同じもの（あるいは実質的に同じもの）だとみなす人は多い。コンブチャを、未熟な酢だと説明する人さえいる。酢は、どんな発酵アルコールからも、あるいは発酵性の糖の溶液からも作ることができる。4章では、アルコールを作る際にできてしまう可能性のある望ましくない産物として酢に触れた。発酵中、または発酵後のアルコール飲料を酸素に触れさせると、好気性の*Acetobacter*バクテリアが増殖し、このバクテリアがアルコールを代謝して、一般的には酢と呼ばれる酢酸を作り出すのだ。ワインからはワインビネガーができる。シードルからはリンゴ酢ができる。ビールからはモルトビネガーができる。米で作ったアルコールからは、米酢ができる。

酢を作るには、酢母は必要ない。「歴史的に、この酢母なしで酢は作れないと信じられてきました」と、「ビネガーマン」を自認するLawrence Diggsは説明してくれた。彼は『Vinegar』（酢）という本の著者で、サウスダコタ州ロズリンに酢の博物館を作ってしまったほどだ。「今では、酢母は必要ないことがわかっています。適切な条件下で、適切な溶液の中に*Acetobacter*が生きている限り、酢は作られるのです」。[44]

一般的に言って、*Acetobacter*はどこにでも存在するので、保存料の入っていない発酵済みのアルコール飲料を空気にさらせば最終的に酢になる。しかし、より速く、より効率的に、そしてより確実に酢を製造するには、製造スターターとして**生の**酢を多少加える（酢に発酵させる発酵済みアルコールの体積の約1/4）。市販されている酢の大部分は低温殺菌されているので、もう*Acetobacter*は生きていないことを理解しておいてほしい。一部のブランド、特にBragg'sでは生の酢を販売しており、また古代ギリシャの医師ヒポクラテスにならって、生の酢を健康的な強壮飲料とみなしている人も多い。自分で酢を作り始めたら、単純に以前のバッチの一部を次のスターターとして使うことができる。

酢を作るには、広い表面積を空気に露出できる金属製以外の容器を使おう。伝統的なものとしては、木製の樽を横倒しにして、半分まで満たさずに使う方法がある。かめ、広口のジャー、あるいはボウルでも十分だ。容器は、体積に対する表面積の割合を最大化するため、半分以下までしか満たさないようにする。軽い布で覆い、空気の流通を良くすると共に虫が入らないようにして、59～94°F/15～35℃の温度範囲で直射日光を避けて発酵させる。発酵に必要な期間は、温度やスターター、酸素濃度、そして比率によって異なるが、通常は2～4週間だ。

アルコールが完全に酢酸に変わったら、酢を密封容器に移さなくてはならない。酢が引き続き酸素にさらされると、*Acetobacter*が酢を代謝して水と二酸化炭素に分解してしまうからだ。「酢酸化プロセスには空気の存在が不可欠ですが、この時点では同程度に望ましくないのです」とDiggは説明してくれた。「酸度は、ピークに達した後に低下し始めます。2パーセント以下に低下すると、他の微生物が支配的になってきます」。[45]

アルコールが完全に代謝されたことを確認する方法は2つある。伝統的な手法は、においと味でアルコールがまだ残っているかどうかを判断するというもので、カジュアルな家庭での酢作りにはこれで十分だ。もっと科学的な手法は化学滴定で、そのための安価なキットはインターネットで簡単に入手できる。

アルコールが酢酸に変わったことを確認したら、すぐに酢をびん詰めしよう。多くの酢の製造業者がしているように、低温殺菌して保存性を良くしたい場合、

*Acetobacter*は140°F / 60℃の温度で死滅する。酢は160°F / 71℃以上に加熱してはいけない。酢酸が蒸発してしまうからだ。[46] 酢は、小さくて首の細いびんに詰めるようにする。びんを完全に満たして密封する。さらに酸化を防ぐため、びんをろうで密封している酢のメーカーも多い。ワインと同様に、酢はびん詰め後さらにエージングすることによって風味を増す。「酢のエステル分やエーテル分が熟成し、繊細な性質が数多く現れてきます」とDiggsは書いている。彼は、少なくとも6か月、理想的にはびんの中にオークチップを入れて、酢をエージングすることを勧めている。[47]

最も効率的なのは完全に発酵済みのアルコールから作る方法だが、アルコールに発酵可能な甘い溶液から直接酢を作ることもできる。例えば、『天然発酵の世界』で私はフルーツスクラップビネガーとパイナップルビネガーのレシピを紹介した。フルーツの皮や切れ端を、砂糖の溶液に浸すのだ。[48] 1クォート／1リットルの水に対して約1/2カップ／125 mlの砂糖の割合で、砂糖水を作る。ボウルか広口の容器を使い、虫が入ってこないように布で覆うだけにして、原液が空気に触れるようにして発酵させる。特に最初の段階では、原液をかき混ぜることが大事だ。頻繁にかき混ぜないと、時間がかかるだけでなく、表面にカビが生えてくるおそれもある。活発に泡が出てくるようになったら、残ったフルーツの固形分を濾して取り除き、生の酢のスターターを加える。この後の手順はすでに説明した発酵済みアルコールから酢を作る方法と同じだが、時間は多少長くかかるかもしれない。

シュラブ

酢をベースにして、酸味のある強壮飲料を作ることもできる。酢で酸味を付けたフルーツドリンクは、伝統的にシュラブ（shrub）と呼ばれている。19世紀の料理本を読んでみたところ、手法はかなり異なるようだが、典型的なレシピは以下のとおりだ。新鮮なベリー（ラズベリーが最もよく使われる）に酢を注ぐ。一晩置いて、風味を抽出する。それからベリーを濾して取り除き、フルーツの風味が抽出された酢を砂糖（1パイント／0.5リットルの酢に対して1ポンド／0.5 kgもの砂糖を使うことが多い）と煮て、シロップを作る。この甘酸っぱいシロップは冷まして保存でき、水で好みの味に割って、ソフトドリンクとして賞味する。

フルーツ以外にも、ミントなどのハーブを酢で抽出してみてほしい。砂糖の代わりにハチミツなどの甘味料を使ってもいいし、また特に生の自家製の酢を使う場合には、煮詰める工程を省いて、もっと控えめな量のハチミツや砂糖を単純にかき混ぜて溶かしてもよい。炭酸水で割れば、シュラブの発泡飲料ができる。

トラブルシューティング

発酵が始まらない

スターターが生きていないのかもしれ

ない。培養微生物を加えた際に原液が熱すぎて、死なせてしまった可能性もある。スターターを置いていた場所の温度が低すぎたのかもしれない。もっと暖かい場所を探そう。水道水に含まれる塩素が、発酵を阻害しているのかもしれない。ジンジャーバグの場合には、ショウガが放射線照射されていたのかもしれない。オーガニックなショウガを使って、もう一度やってみよう。フルーツ以外のスターターを使わなかった場合には、頻繁にかき混ぜて、辛抱強く待とう。

酸味が強すぎる

これは、発酵期間が長すぎたためだ。次回はもっと短くしよう。しかし、多くの飲み物（特にコンブチャ）は、酸っぱくなりすぎても酢として使える。また、酸っぱくなりすぎた飲み物は水か炭酸水で割り、好みに応じて甘味料を加えれば、たいてい飲めるようになる。

風味が弱い

次回は、風味付けの材料（ショウガ、お茶、サツマイモ、モービーの樹皮、フルーツなど）や砂糖をもっとたくさん使おう。

表面にカビが生える

発酵の進んだコンブチャや酢でコンブチャを酸性化することは、表面のカビを防ぐために役立つ。コンブチャ以外の発酵飲料の場合、口の開いた容器に入っている間は毎日かき混ぜたり振り混ぜたりすれば、カビが目に付くようになる前に生育を邪魔してカビを防ぐ効果がある。酢を作る場合、酢母ができるまでは砂糖の入った溶液を少なくとも1日に一度かき混ぜること。酢母ができた後は酸性度が上がるため酢にカビが生えにくくなるし、酢母を崩さずにかき混ぜることはできなくなる。

コンブチャのマザーが沈んでしまう

甘味を付けて冷やしたお茶の新しいバッチへコンブチャのマザーを入れたとき、マザーが表面に浮かばず底へ沈んでしまうことがある。辛抱強く待つこと。数時間のうちに、マザーが表面へ浮かび上がってくることは多い。そうならなくても、マザーの片側だけが表面に浮かび、新しいマザー（はじめは表面の薄い膜のように見える）ができてくる場合がある。どちらも起こらなかった場合、つまりマザーが甘いお茶の中に沈んだままであれば、もうコンブチャのマザーは生きていない。それをナタキャンディーにしてしまってマザーは他から見つけてくるか、発酵の進んだコンブチャを高い比率（1/4から1/2）で加えてコンブチャを発酵させれば表面に新しいマザーができてくるはずだ。

クワスのパンを濾すのが難しい

クワス作りで一番難しいのが、パンの中にしみこんだ液体を全部絞り出すことだ。ざるの上に何枚かガーゼを敷いて、パンの混じった水を濾すのが良いだろう。

ざるがパンでいっぱいになったら、ガーゼの四隅を合わせ、ねじって液体を絞り出し、それからガーゼの中の湿ったパンのかたまりをさまざまな角度から揉んで、できるだけ多くの液体を絞り出そう。最後の一滴まで絞り出そうと頑張らなくても大丈夫だ。

ウォーターケフィアグレインが育たない

ウォーターケフィアグレインは、かなり速く成長するのが普通だ。理想的な条件下では、栄養を与えるたびに倍以上に増えることもある。成長が見られない場合、もしかしたらもう生きていないのかもしれない。ウォーターケフィアグレインは、新しく砂糖を入れずに酸性化した溶液に2・3日以上放置された場合、死んでしまう場合がある。まだウォーターケフィアグレインの残りがあれば、そうなってしまわないように、もっと頻繁に栄養を与えよう。

ウォーターケフィアグレインが消えてしまった

前項を参照してほしい。新しく砂糖を入れずに酸性化した溶液にウォーターケフィアグレインを放置すると死んでしまい、最終的には消えてしまうことがある。

draining whey from curds
whey
buttermilk
kefir
Kenyan Calabash
kefir grains
yogurt
clabber
curds
paneer
mozzarella
thermometer
butter
Swiss
Camembert

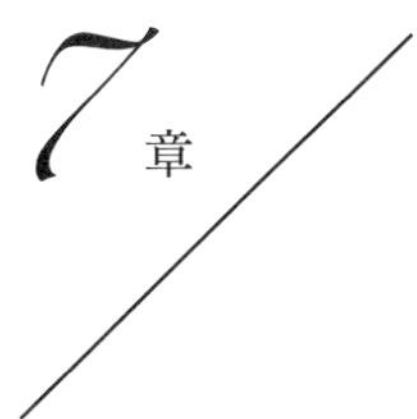

7章 ミルクを発酵させる

Fermenting Milk

新鮮なミルクが一般的になったのは20世紀になってからのことで、それを可能としたのは冷蔵技術（とそれを利用するためのエネルギー）の出現と普及だった。牛やヤギなどの反芻動物のミルクを絞る人々は昔から新鮮なミルクを飲んでいたが、他の大部分の人々が実際に入手できるミルクは、ほぼ発酵されたものに限られていた。たいていの場合、発酵によってミルクは日持ちするようになる。非常に腐りやすいミルクを、はるかに安定した形態に変質させるからだ。ミルクは多岐にわたる手法、微生物や凝固剤、環境条件、そして取り扱いなどに応じた方法で発酵させることができる。

一部のフレッシュチーズを除いてチーズは発酵食品であり、発酵期間は数か月から数年にもわたることが多い。一般的に言って、固いチーズほど、つまりより多くの液体が（ホエーの形で）取り除かれるほど、長期間の発酵や保存が可能となる。液体のミルクやクリームを、短期間保存したり酸性化によって食中毒原因菌から保護したりするために、通常は数時間から数日だけ発酵させることも広く行われている。

米国で最もよく知られた発酵乳はヨーグルトであり、大きく離れて次にケフィアが続く。「ヨーグルト」はトルコ語で、西南ヨーロッパや地中海周辺の発酵乳のスタイルを指す。「ケフィア」もトルコ語だが、ヨーグルトとはかなり異なるコーカサス山脈の発酵乳のスタイルを指す。ヨーグルトは普通固体か半固体の食べ物だが、ケフィアは飲み物だ。この2つは、風味や化学組成、培養微生物、植え継ぎの方法、そして発酵の手法なども違っている。しかしこの2つ以外にも、数多くのバリエーションが発酵乳には存在する。実際、人類がミルクを得るために動物を飼い慣らしてきた長い伝統のある世界中のあらゆる地域には、その土地固有のスタイルの発酵乳が見い出され、そこには独特の名前、手法、そして文化が伴っている。

例えばケニア西部のウェストポーコット地区では、mala ya kienyejiやkamabele kambouと呼ばれる発酵乳が作られている。スローフード協会がこの発酵食品をプレシディオ（食の砦）に指定してその風習を保護しようとしたのだが、それにあたって彼らはこれを世界でナンバーワンの発酵乳のスーパースターになぞらえて「ヒョウタンに入ったアッシュヨーグルト」と形容することしかできなかった。しかし実際には、これはまったくヨーグルトとは違うものだ。発酵されるミルクは独特の配合で、ヤギのミルクを、ゼブ（コブウシ）という私には初耳の動物と牛を掛け合わせた現地の交配種のミルクと混ぜ合わせたものだ。次に、

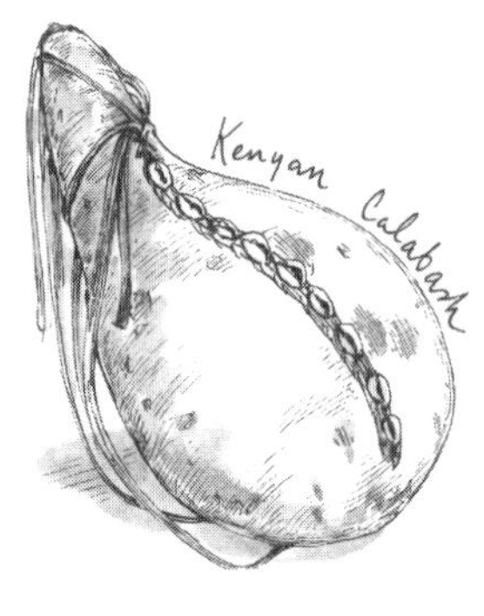

> ミルクはヒョウタンに注ぎ込まれる……。人工的なスターターは使われず、生のミルクの自然のフローラによって、または容器内に存在するバクテリアによって、数日で発酵と酸性化が自然に起こる。ミルクが凝固し始めたらホエーが一部取り出され、容器には新鮮なミルクが注ぎ足される。このプロセスが繰り返され、容器は定期的に、ほぼ1週間にわたって振り混ぜられる。[1]

私が何通か電子メールをやり取りした英国の女性Roberta Wedgeは、何年も前にケニアのその地域へ行って、ミルクを発酵させるためのヒョウタンを買ってきた。彼女は次のように回想している。「男たちがみな小さなスツールと家畜追い棒を持っているのと同じように、女たちはみなヒョウタンを持っていました」。ヒョウタンそのものが、発酵を永続させるための媒体だ。発酵したミルクには、次に灰が混ぜ込まれる。この灰はcromwoと呼ばれる現地の特定の樹木を燃やして作られる。スローフード協会のウェブサイトによれば、この灰には「殺菌効果があり、風味に芳香を加え、そしてヨーグルトを独特の薄い灰色に染める」。[2]

このような伝統的な形態の発酵乳は、ミルクを得るために動物を飼い慣らしてきたあらゆる地域で発展し広まった。たまたま見つけた『Application of Biotechnology to Traditional Fermented Foods』という本では、「伝統的」な発酵乳製品が、近代の科学的なものと区別して、以下のように広く定義されている。「これらの製造は粗野な技術で……不明確な、経験的な培養微生物で作られていた」。つまり、「接種物は以前の製造から得られ、その微生物的な正体は不明である」。[3] このように古いバッチを利用して新しいバッチを始めることを、専門的にはバックスロッピング（backslopping）という。対照的に「非伝統的」な発酵乳（市販のヨーグルトやケフィアなど）は、すべて伝統的な発酵のスタイルを基礎としているものの、「既知の科学的な原則に基づいて」すべて20世紀に開発されたものだ。

大量生産や商品化、そしてマーケティングには、均質性が重要だ。伝統的な発酵乳は、季節、場所、作り手、そしてバッチごとに違ったものができる。ジンバブエでは、伝統的にミルクは単純に素焼き

のつぼに入れて室温で1日か2日（生のまま）放置することによって発酵されていた。こうすると、ミルクやつぼや空気中に存在するバクテリアによって発酵が起こる。1980年代に、発酵乳製品の大量生産技術が開発され、Lactoという名前で市販された。この製品では「ミルクは標準化され、92℃［198°F］で20分間低温殺菌され、22℃［72°F］まで冷却され、1.2パーセントの輸入スターターで接種される」[4] しかし味覚テストでは、Lactoよりも伝統的な発酵乳のほうが「大幅に満足度が高かった」。[5] さらに、発酵微生物の多様性のため、伝統的な発酵乳のサンプルのほうがLactoに比べて高いレベルのビタミンB群（チアミン、リボフラビン、ピリドキシン、葉酸）を含んでいることも判明した。[6]

伝統的な発酵乳のほうが栄養プロファイルに優れ、風味が住民に好まれているにも関わらず、この研究を行った研究者たちはLactoを改善して「農村住民が伝統的な発酵を放棄して……より衛生的で安全な製品を受け入れるよう誘導」しようとしている。[7] 公衆衛生の名のもとに、入手可能な食糧資源で人々を養うために発達してきたこれらの伝統が意図的に損なわれ、大量生産可能で企業に利益をもたらす製品によって置き換えられつつある。実際、言語と同様に、伝統的な発酵乳製品は毎年消滅し続けており、このような無言の絶滅が起こるたびに文化の多様性が失われ地球規模の均一化が進んでいるのだ。我々は、地域固有の伝統よりも標準化された培養発酵が優れているといった観念を拒否し、このような考え方を正当化する衛生と安全に関するドグマに対決しなくてはならない。発酵乳製品の多様性は、発酵微生物そのものの輝かしい多様性を反映しているからだ。

生乳の微生物学と政治学

ミルクを発酵させる伝統的手法の多くは、生乳とその常在バクテリアに頼ってきた。ヨーグルトは低温殺菌温度以上に熱したミルクを冷やしてから、培養微生物を導入して作られるのが普通だ。このテクニックは、同じ培養微生物を生乳に導入した場合と比べて固く濃厚なヨーグルトを作れるが、ヨーグルトを作るために必要なものではない。ミルクを予熱するという習慣がどこまでさかのぼるのか、また現在や過去にどれだけ広く行われていたのかはわからない。しかし概念的には、ヨーグルトを含む発酵食品のルーツは自然現象にあり、それに気づいて利用して、何らかの方法で永続させたことにあるはずだ。このような非常に役立つ自然現象は、微生物的に白紙状態の加熱されたミルクではなく、生乳の乳酸菌が豊富に含まれる環境で起こったと思われる。このテクニックが洗練された結果、加熱されたミルクに歴史的な培養微生物（またはその複製）が導入されるプロセスがもたらされたのだとしても、その培養微生物や発酵食品が自然現象から発達したものであることには変わりない。

生乳は非常にリッチな媒体で、大量に動物からミルクを絞って容器に集め、保存する（それ自体、自然界にはなかった現象だ）

ことにより、特殊化したバクテリアの驚くべき王国が形成されてきた。遺伝学者のJoel SchroeterとTodd Klaenhammerによれば、人類は「乳酸菌培養微生物を繰り返し引き継いで発酵乳製品を作ることによって、過去5000年間でこれらの微生物を実質的に飼い慣らした」。[8] 人類の文化と人類に飼い慣らされたパートナーとが作り出したこの特殊化した生態的ニッチではバクテリアがさまざまな方向に進化して行ったが、そのバクテリアはミルク自体にもともと存在していたものだ。

健康な動物のミルクは、一般的にはおいしく、飲んでも安全だ。私が最初に生乳を味わったのは、私が17年間住み続けることになったコミュニティを訪れた時のことだった。泉に湧き出る水や家庭菜園の野菜と同様に、新鮮なミルクはすっかり私の心を奪ってしまい、田園コミュニティでの暮らしがもたらしてくれる生活の変化の魅力のひとつともなった。新鮮な生乳は、私が飲み慣れている市販の加工乳よりも、はるかにおいしい。甘くておいしいこのミルクを何年も味わった後、私は毎日自分の手でヤギのミルクを絞るようになった。ヤギの出すミルクは、ずっとリッチで使い勝手が良かった。その後しばらくして私は引っ越してしまったので、今ではもう毎日自分でミルクを絞ることはなく、家畜共有プログラムに参加して近所から新鮮なヤギのミルクを入手している。

普段から牧草地や森に出入りしているヤギは健康であることが多く、健康的で安全なミルクを出してくれる。ミルクの中の常在乳酸菌は、接触する可能性のある他のバクテリアからミルクを保護する。健康と栄養に気を使い、栄養豊富なリビングフードとして生乳に目を向ける人の数は増え続けている。そして、広い牧草地で少数の家畜を飼う生活に立ち戻り、生産性を追究し大量加工業者へ決まった価格で販売するのではなく、もっと発展性のあるビジネスプランとして生乳を直販する農業者の数も増え続けている。しかし、健康的な生乳は動物の健康しだいであり、また反芻動物の健康には草をはむ土地が必要だ。仮に、現在の米国で流通しているミルクの低温殺菌が突然停止されたとすれば、恐ろしい大惨事が起こるだろう。よく知られているように、牛乳業界は安い牛乳を大量生産することに秀でている。この目的のため、動物1頭あたりの土地面積はぎりぎりまで切り詰められ、例えば牛に人工成長ホルモンを与えるといった、異常な手段を用いてミルクの生産量が高められている。不幸なことに、これらの手段によってミルクの品質と安全が脅かされているのだ。

大規模畜産経営体（CAFO）と呼ばれる大規模な「農場」の動物は、歩き回って草をはむことが許された動物のような健康を享受してはいない。またそのミルクも、同じ品質ではない。このような動物のミルクを飲まざるを得ない場合には、安全を確保するため低温殺菌が行われる。多数の体細胞（乳腺ストレスによるミルクの中の膿）や大腸菌が存在するためだ。しかしこの不幸な現実から、低温殺菌されていないミルクは安全ではない、といった安易な結論を導き出さないでほしい。

この命題が真となるのは、工場飼育という限定された文脈の中だけだ。文脈が異なれば、つまり動物に歩き回って草をはむだけのスペースを与えた場合には、生乳は確かに安全だし、おいしく、栄養分に富み、消化が良く、そして健康的で自己防衛に役立つ乳酸菌を豊富に含むことは言うまでもない。私が以前に書いた本『The Revolution Will Not Be Microwaved』や、その他たくさんの本やウェブサイトには、生乳を流通させるための厳しい法的闘争に関してさらに詳しい情報が、栄養の側面を含めて掲載されている（「参考文献」を参照してほしい）。あえて言うならば、低温殺菌や「超高温殺菌」されたミルクでさえうまく培養発酵させることはできるが、これはミルクを救い、栄養素を強化し、生命を吹き込む手段だと考えてほしい。生乳も培養発酵できるが、生乳だけがその培養微生物を作り出せるのであり、自然発酵の実験ができるのも生乳だけだ。

シンプルな凝乳

凝乳（clabber）という単語は急速に使われなくなり、もはや廃語になろうとしている。これは発酵によって凝固したミルクを指す伝統的な英単語の生き残りで、「泥」を意味するゲール語のclaberに由来する。このメタファーは鮮やかだ。ミルクは凝乳すると（この単語は名詞としても動詞としても使われる）、どろっとしてきて、乳脂肪と固形分が凝集して泥のようなものができる。この泥のようなものはカード（curd）と呼ばれる。ここから分離した薄い液体がホエー（whey）だ。

私の父の友人Ray Smithが、彼のおばHelenの凝乳の「レシピ」を私に教えてくれた。これは、彼が子ども時代にノースカロライナ州の祖父母の家へ行った経験から懐かしく思い起こしたものだ。彼が手紙で問い合わせると「昔は単純にミルクをいくらかとっておけば、遅かれ早かれそれが自然に凝乳したものです」と、晩年になった彼女は書いてよこした。「最近の低温殺菌されたミルクでは、たぶんスターターが必要でしょうね」。以下がHelenおばさんの「レシピ」だ。

凝乳させたい分量のミルクを、ボウルに分けておきます。室温にして、凝乳させている間はずっと動いたり揺れたりしない場所に置いてください……。たぶん、固まるには24時間ほどかかります。チェックするには、ボウルをわずかに揺らしてみてください。カードを壊さないようにやさしく、しかし固まったかどうかはわかる程度に揺らすのです。

常在乳酸菌が乳糖を分解すると、乳酸が作り出される。Harold McGeeは、以下のように説明している。「条件が酸性に傾くと、通常は束ねられているカゼインタンパク質のミセルが分離して単独のカゼイン分子となり、そして再び互いに結合する。この再結合が一般に起こることによってタンパク質分子の連続した網目が形成され、その小ポケットに液体と脂肪の小滴が捉えられ、液体のミルクがもろい固体となる」。[9] これが起こる速さは、温度に依存する。暑い夏の室温では、1日もかからないだろう。冷涼な環境では2・3日、冷蔵庫の中では数週間かかるかもしれない。ミルクは腐りやすいので新鮮でなくては飲んではいけないと(低温殺菌と冷蔵の時代の残念な教訓)、我々は教え込まれているが、酸っぱい凝乳バージョンの生乳は、新鮮なうちに飲んで安全な生乳から作られたものである限り、凝固した状態で安全に食べられる。凝乳を酸っぱくさせたバクテリアそのものが、凝乳を病原性バクテリアから保護してくれるからだ。

日持ちする(stable)とか安全(safe)とかいうことは、必ずしもおいしいと同じ意味ではないことに注意してほしい。さまざまな場所でさまざまな動物から得られたミルクは、自然発酵した際に非常に違ったものになる。凝乳の際の周囲温度は、バクテリアと酵素の活性に強い影響を与え、結果として得られる凝乳の風味を左右する。私の凝乳経験の大半は、夏に5頭のヤギのミルクを絞った時のものだ。あるとき冷蔵庫のスペースが足りなくなり、チーズを作る準備もできていなかった。そのためミルクは、日中の最高気温が95°F/35℃に達するテネシー州の夏の暑さの中で単にカウンターの上に放置され、24時間以内に凝乳した。その後我々は表面の乳脂肪をすくい取った。ミルクから自然にできたものは、サワークリームを思い起こさせた。読者も幸運であれば、キッチンの中でミルクに自然にできたものが気に入るかもしれない。しかし、気に入らないかもしれない。

ミルクの自然発酵は非常に気まぐれなので、うまくできたバッチから凝乳の小さなかけらを持ってきて、スターターとして新しいバッチの進行を導くことは頻繁に行われてきた。このバックスロッピングの手順が、世界中で賞味されているさまざまなスタイルの発酵乳を実に特徴あるものにしている。余った生乳があれば、ぜひ一部を自然に凝乳させてみて、できたものが気に入るかどうか試してみてほしい。ミルクが不足しているか貴重な資源であれば、気に入った結果が確実に得られるスターターを使って培養発酵するほうが、おそらく賢明だろう。

ヨーグルト

ヨーグルトは、世界で最も好まれている発酵乳だ。濃厚でクリーミーな半固形の食感と、マイルドな酸味のある風味が特徴だ。ミルクを発酵してヨーグルトを作り出すバクテリアは、通常(例外もある)好熱性のバクテリアであり、高温で活動的になる。したがって、上手に濃厚なヨーグルトを作るには、110～115°F/43～46℃の温度範囲を維持するように保温しなくてはならない。ヨーグルトを(他の一部の発酵食品も)作る際に一番難しい、この保温の戦略については3章で説明した。

ヨーグルトを作るには、スターターとなる培養微生物が必要だ。伝統的なヨーグルト培養微生物が入手または購入でき、そして定期的なリズムを保つことがうまくできれば、今後の人生にわたってヨーグルトを作り続けられるかもしれない。

今すぐヨーグルトを作りたければ、スターターとして市販のヨーグルトを使うこともできる。必ず生きた乳酸菌を含む、プレーンの、添加物の入っていないものにすること。（ヨーグルトのスターターに関する詳細な議論は、このヨーグルトの作り方の説明の後に行う）。ヨーグルト作りのプロセスの第1歩は、スターターのヨーグルトを冷蔵庫から取り出し、時間をかけて室温に戻すことだ。また、ヨーグルトを作るためのジャーに（保温のためにクーラーボックスを使う場合にはそれにも）温水を満たし、予熱してヨーグルトの原液が目標温度に達してから冷めないようにしておこう。

スターターと容器が温まったら、ミルクを少なくとも180°F/82℃まで加熱する。煮立たないように頻繁にかき混ぜながら、ゆっくりとやさしく加熱すること。「ミルクを急いで温めるほど、過熱して凝結したタンパク質のかたまりがヨーグルトの中にたくさんできることになります」と『Lost Art of Real Cooking』の（Ken Albalaとの）共著者Rosanna Nafziferは注意している。[10] この加熱段階を省き、ミルクを115°F/46℃以上に加熱せずに、生ヨーグルトを作ることも可能だ。しかし生ヨーグルトは、熱処理したヨーグルトほど濃厚にはならない。

この加熱の効果は、導入される培養微生物と競合するかもしれない常在バクテリアを死滅させるだけでなく、ミルクのタンパク質（カゼイン）の構造を変化させることにある。これが濃厚で固いヨーグルトを作る鍵だ。[11] 常にかき混ぜながらミルクをこの温度に保っていると、ミルクが蒸発して濃縮されるので、さらに濃厚な最終製品が得られる。この伝統的な濃縮段階をシミュレーションするために、多くのヨーグルト製造業者や家庭製造者は粉乳などの増粘剤を加えている。

ミルクを加熱した後には、冷ましてからスターターを加えなくてはならない。115°F/46℃まで温度が下がったらすぐにスターターを入れられるように定期的に温度を測りながら、加熱したミルクの入った鍋を単純に放置してゆっくり冷やしてもよい。あるいは、シンクや浴槽や大鍋やボウルに冷水を満たして、その中に加熱したミルクの入った鍋を入れて積極的に冷やすこともできる。早く冷やすには、鍋の中のミルクや、その周りの水をかき混ぜるとよい。この場合、目標温度に達してから鍋を冷水から取り出すと、冷えすぎてしまうことになる。温度が120°F/49℃に近づいたら、冷水から取り出そう。温度が115°F/46℃になったら、カップ1杯のミルクをカップかボウルに取り、スターターを混ぜ入れる。私は1クォート／1リットルに大さじ1杯のスターターを使っている。スターターをもっと多く使うように書いてあるレシピは多いし、以前は私もそうしていたが、『The Joy of Cooking』の勧めに従って「少ないほうがうまく行く」アプローチを実践してみたところ、より濃厚なヨーグルトを作ることができた。大さじ1杯は、1クォート／1リットルの5パーセント弱に当たる*。私が参照した乳製品づくりの参考書には、ヨーグルトのスターターを2〜5パーセントの割合で使うことが推奨されていたので、もっと少なくても

*訳注：訳者の計算では1.5パーセント。

よいかもしれない。[12] スターターをカップ1杯の加熱済みミルクとよく混ぜて、完全に溶けたら、加熱済みミルクの鍋に戻して全体を混ぜる。そして、スターターを加えたミルクを予熱したジャーへ移し、密封して保温箱に入れ、そのまま発酵させる。

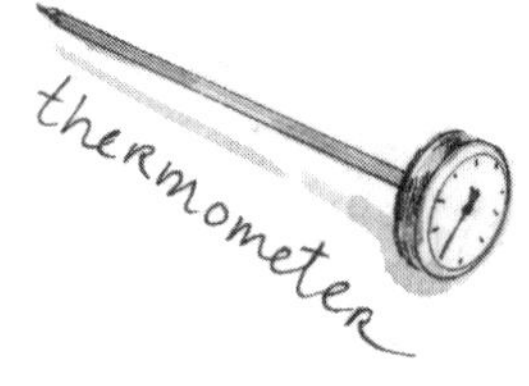

115°F/46℃で保温した場合、ヨーグルトは約3時間で凝固するが、長く置きすぎると簡単に酸敗してしまう。私はもう少し低い温度で、もう少しゆっくりと発酵させるほうが好きだ。110°F/43℃なら、許容範囲は4〜8時間と広くなる。もっと長い間発酵させると、風味がより酸っぱくなり、より完全に乳糖が分解される。私は24時間もの長い時間をかけてヨーグルトを発酵させる人の話を聞いたことがある。温度が低ければ、凝固に時間がかかり、またおそらく最終的な出来栄えはあまり濃厚なものにはならないだろう。保温箱を開けてみてヨーグルトがまだ固まっていなければ、熱源として熱湯の入ったびんを入れ、温度を上げた状態で、あと数時間おいてみてほしい。時には何らかの理由でヨーグルトがまったく固まらないこともあるが、その場合でもミルクを捨てる必要はない。簡単に、シンプルな酸凝固チーズが作れるからだ。

ヨーグルトは、そのまま（プレーン）でも確かに素晴らしいものだ。米国ではジャムやフルーツや砂糖などで甘味を付ける人が多いが、伝統的にヨーグルトは甘くない風味のことが多かった。シンプルにスパイスを加えたヨーグルトは、ギリシャのザジキやインドのライタなどのソースや調味料となる。[14] 目の細かいガーゼかふきんに包んでつるし、ホエーを滴り落とさせると、中東で人気のあるレブネ（ヨーグルトチーズ）になる。[15] ブルグア（ひき割り小麦）と混ぜてさらに発酵させるとキシュクと呼ばれるものになり、これはスープの風味付けやとろみ付けに使われる（8章の「キシュクとKeckek el Fouqara」を参照してほしい）私の友人のPardisがペルシア風のごちそうを私に作ってくれたとき、お供に出てきたのがドゥーグ（ヨーグルトベースの甘くないソーダ）で、暑い季節に渇きをいやす清涼剤として私はすっかり気に入ってしまった（ドゥーグのコラムを参照してほしい）。非常にさまざまな方法で料理にヨーグルトが取り入れられているトルコでは、ヨーグルトを保存するひとつの方法として、乾燥させてクルトと呼ばれる固い（非常に日持ちのする）ブロック状に固め、その後すりおろしたり、砕いたり、叩き潰したりして粉にする。[16] 何千年もヨーグルトの使い方を進化させてきたトルコの文化では、

KAYMAKLI YOĞURT

トルコ共和国イスタンブール
Aylin Öney Tan [10]

ヨーグルト作りの基本的な手法はどこでもほとんど同じですが、出来栄えを大きく左右するちょっとしたコツをお教えしましょう。ミルクを煮詰めて濃縮することは、濃厚なヨーグルトを作るためのひとつの方法です。スプーンで常にかき混ぜて空気を入れるとプロセスが加速され、また鍋底が焦げ付きにくくなります。ヨーグルトを固める容器にミルクを移す際、高いところから注ぐと泡ができますが、これは最終的に濃厚なクロテッドヨーグルトクリームになり、これもまたおいしいものです。ヨーグルトの表面にできる被膜やクリームは「カイマク」と呼ばれます。このクリーミーな被膜は、ヨーグルトの表面からそっとはがしてハチミツを掛け、朝食に食べるのが普通です。

これがあらゆる料理の材料として使われる。

ヨーグルトは、西洋のスーパーマーケットや台所には普通に見られる食品になった。しかし、今までずっとそうだったわけではない。百年前、ヨーグルトは主に東南ヨーロッパ、トルコ、そして中東で知られていた地域的な食品であり、その他の国では主に移民のコミュニティの中で知られていたが、それ以外では有名ではなかった。ブルガリアの長寿を研究してその原因がヨーグルトにあると考えた先駆的な微生物学者Elie (Ilya) Metchnikoffが、ヨーグルトなどの発酵食品に健康を増進し寿命を延ばす効果があるというアイデアを広め、伝統的に多くの文化ですでに受け入れられていた認識に科学的な裏付けを与えたのだ。

Metchnikoffの研究によって、ヨーグルトの医療効果に一般の関心が高まった。Isaac Carasso博士は、Metchnikoffの在籍したパリにあるパスツール研究所で分離培養されたバクテリアを用いて、1919年にスペインのバルセロナで最新式のヨーグルト工場の操業を開始した。セファルディムのユダヤ人であるCarassoは、家族と共にバルセロナへ引っ越したばかりで、それまで住んでいたテッサロニキ（現在はギリシャの都市）ではヨーグルトが重要な食品だった。彼は自分のビジネスを、息子のDanielのカタルーニャ語の愛称から取ってDanone（ダノン）と名付けた。Danielは家業を継ぎ、1929年にはパリに進出してダノンを設立した。第二次世界大戦中、彼はヨーロッパを離れてダノンと共に米国へ移住し、1942年にブロンクスでヨーグルト工場を設立した。同社のウェブサイトによれば、「彼はアメリカ風に、ブランド名をDanoneからDannonに変更した」。[17] Daniel Carassoは、2009年に103歳で亡くなった。「私の夢は、Danoneを世界的なブランドにすることだった」と彼は死の直前、会社創立90周年祝賀会の席で語っていた。[18] 彼は、ヨーグルトを世界的な常備食とすることに成功したのだ。

しかし彼の作るヨーグルトは、少なくともひとつの重要な点で伝統的なヨーグルトとは異なっていた。現在ではブルガリア菌（*Lactobacillus delbrueckii*subsp. *bulgaricus*）やサーモフィラス菌（*Streptococcus salivarius*subsp.*thermophilus*）として知られるものを含め、パスツール研究所でブルガリアヨーグルトから分離されたバクテリアのブレンドを使って作られていたのだ。この点が、単純に前のバッチのヨーグルトを使っていた、それまでのヨーグルトを培養発酵するやり方との違いだった。すべてのヨーグルトは、綿々と続く以前

ドゥーグ：ペルシア風ヨーグルトソーダ

ドゥーグを作るには、プレーンヨーグルトをかき混ぜて構造を壊し、なめらかにする。次に少量の乾燥または新鮮なミント、塩、そして挽きたての黒コショウを、味を見ながら混ぜ入れる。ヨーグルトと混ざったら、お望みの濃さになるまで冷水または炭酸水を（少なくとも使ったヨーグルトの量だけ、通常はもっと多く）加えて混ぜれば出来上がり。また、伝統的な方法でドゥーグを発泡させることもできる。上記のように材料を混ぜたら、気密性のあるびんに入れて密封し、1日か2日置いて内圧が高まるまで発酵を継続させる。

のバッチを引き継いで作られていたからだ。

さまざまな場所で、ヨーグルトのコミュニティは分岐して行った。「ヨーグルト」はトルコ語だが、歴史的にヨーグルトに似た発酵食品はトルコに限らず、南東ヨーロッパや中東にも見られる。その培養微生物やテクニックは、おそらく遊牧民によって広められ、さまざまな場所で独特の進化を遂げていったのだろう。同様な進化は、広大な領域に広まった食品、特に発酵食品にも見られる。地域的な違いだけでなく、伝統的なヨーグルト培養微生物もまた、より複雑なコミュニティを形成するようになった。そこに含まれる微生物は、パスツール研究所で必須のものとして特定された、現在のヨーグルトを法的に定義する2種のバクテリアだけではない。伝統的なヨーグルト培養微生物は進化したコミュニティであり、そこにはある程度の安定性がもともと備わっていた。

私が伝統的なヨーグルト培養微生物の手がかりをつかんだのは、この本を書く準備をしているときのことだった。実際に私は1種類ではなく2種類の培養微生物をインターネットで購入し、維持している。これがB&G（ブルガリアとギリシャの意味）というものらしい。[19] 私はこれらの培養微生物を使って1年以上繰り返しバッチを作り続けているが、この事実が今までスターターとして使ってきた店で買ったヨーグルトとの大きな違いだ。私の経験では、市販のヨーグルトの培養微生物がスターターとして使い物になるのは、せいぜい数世代までだ。実験室で分離された株に由来する培養微生物には、実用的な立場から言えば、本質的に安定していないという問題がある。永続的に植え継ぐことができないのだ。

伝統的なヨーグルトは、永続的に植え継ぐことができる。B&Gが私のキッチンに届いてから14か月たつが、あらゆる点で最初のバッチと同じように濃厚でおいしいヨーグルトを作り続けている。ニューヨーク市で100年前からクニッシュ（ピロシキに似たユダヤ料理）を作り続けているYonah Shimmel'sでは、彼ら

ブルガリア・日本ヨーグルト培養微生物

マサチューセッツ州ボストン
Áron Boros

私は2001年に日本に行ったときヨーグルト培養微生物を持ち帰り、それ以来それを使ってヨーグルトを作っています（JFK空港の税関職員がこれを見つけていたら、きっとただでは済まなかったことでしょう！）私は超シンプルなテクニックを使っています。表面に見かけの悪いものがあればすくい取り、食べたいだけ食べて、そして容器の底に約1/2インチ／1.3cmだけヨーグルトを残しておきます。それから全乳を注ぎ、ガーゼをかぶせてカウンターの上に約24時間放置します。3回か4回作るごとに、中身を丸ごと清潔な容器へ移し替えます。加熱も、かき混ぜも、何もしません。超簡単ですが、これで9年も作り続けているのです！　多少緩めのヨーグルトができます（時にはとてもうまく固まることもあります—どうしてうまく固まるのか、あまり考えたことはありませんが、冷蔵庫へ入れるタイミングがぴったりなのか、室温に何か関係があるのかもしれません）。
これが有名な、長寿を約束する「ブルガリア・日本ヨーグルト培養微生物」だという噂を聞きつけましたが、由来を確かめたことはありません。何回か、3・4週間放置して、表面に黄色／茶色／オレンジのだめになった被膜ができてしまったことがありますが、掘ってみると下に白いヨーグルトが少し残っているので、毎回それを使って少しずつ大きなバッチを作って全体を回復できています。

の主張によれば、いまだに創業者がニューヨークへ移民した時に持っていたスターターから作ったヨーグルトを提供している。ノルウェーのAfter Eva Bakkeslettは『天然発酵の世界』（築地書館）でYonah Shimmel'sのヨーグルトの話を読んで、ニューヨークを訪れた時にこれを買い、サンプルを自宅へ持ち帰った。彼女は現在までそれを数年間植え継ぐことに成功し、広く分かち合い、そしてこのスターターやその他のミルク培養微生物の広まりを示すブログ[20]を立ち上げている。

ヨーグルト培養微生物は、バッチを2回か3回作るごとにスターターを更新する必要があるほど、脆弱で回復力のないものとは限らない。ヨーグルトの伝統が今まで続いてきたからには、数世代どころか無限に継続できるはずだ。私は何人もの微生物学者やその他の「専門家」に、実験室に由来する培養微生物よりも伝統的な培養微生物のほうがはるかに高い安定性を維持しているのはなぜなのか、理由を聞いてみた。何十年も商業的に数多くの培養微生物を植え継いでいるGEM culturesの共同創業者であるBetty Stechmeyerは、伝統的なヨーグルト培養微生物の微生物的な多様性が安定性と持続性の源だと見ている。「多様性の少ない（ボウルの中の）生態系は、多数のプレイヤーのいる生態系と比べて、より簡単に『バランスを失い』やすい」。

微生物学者のJessica Leeも、バクテリオファージ（バクテリアを攻撃するウイルス）に触れながら、これに同意している。単一株のバクテリアだけでは、「ファージの発生によってバクテリア個体群全体がすぐに死滅し、発酵プロセスは終わってしまう」と彼女は言う。分離された2種類の株から作られるヨーグルトも、回復力がないのは同様だ。「ローカルなバクテリオファージは結局、そのスターターを構成する数種の株に感染できるように進化して、次第にそれらを死滅させてしまう」。伝統的なスターターで異なるのは、より多様なバクテリアから構成されているため、「ひとつの株がファージの餌食となっても、それと入れ替わって発酵を維持してくれる別の株が存在する。これは、生物多様性と発酵の伝統的手法の実用的な価値を物語る、エレガントなストーリーだ」。[21]

New England Cheesemaking Supply Companyでは数種類のヨーグルト株を販売しているが、「再培養発酵可能(re-culturable)」として市販されているものもあれば、そうでないものもある。私がその理由を尋ねたところ、受け取った電子メールには彼らの販売している再培養発酵可能な培養微生物は「不明確」だが、明確なものは通常再培養発酵可能とはみなされない、と説明してあった。その理由については、「私が培養微生物の専門家に質問したところ、彼らもよく分かっていないようだった」。[22]

不明確や経験的な培養微生物ではなく、明確な株を使うことに（特に商業生産では）数多くの実用的なメリットがあることは、私も疑っていない。*L. bulgaricus*と*S. thermophilus*の組み合わせから、快い食感と風味のあるおいしい発酵食品が作れることも事実だ。実験室で作り出されたスターターは、バッチごとに純粋

昔ながらのヨーグルト培養微生物の入手先

微生物が生きているどんなヨーグルトからもヨーグルトは作れるが、いつまでも植え継いで行けるのは伝統的な、昔ながらのヨーグルト培養微生物だけだ。昔ながらのヨーグルト培養微生物の販売元は、「参考資料」に掲載してある。多少の検索をいとわなければ、読者の住んでいる近くに何年もヨーグルト培養微生物を維持している地元の人が見つかるかもしれない。地元のコンピューター掲示板にメッセージを投稿したり、スローフード協会やWeston A. Price Foundationなどの地元の支部や食品支援グループに連絡を取ったりしてみよう。地元のフードライターにも連絡してみよう。地元紙に短い記事が載れば、適切な人物の目に留まるかもしれない。

な培養微生物を使う限りでは、均一で良質な製品を作り出してくれる。

しかし私は、多様な昔ながらの乳製品発酵微生物から何が失われてしまったのか、気にせずにはいられない。一握りの「改良」品種によって地方独特の品種が大規模に打ち捨てられてしまった、野菜の種の悲劇を私は思い出す。改良品種は理想的な条件であればよく育ったが、現実の気候や環境の条件にはうまく適応できず、灌漑や農薬が必要とされた。さらに、ハイブリッド種子（子孫に同じ性質を残すことができない特殊な雑種）は、専門的な育苗会社でなくては作り出せないため、以前なら継続して採り蒔きできた種子をその会社に依存することになってしまう。ヨーグルトについても、かつては直前のバッチから引き継いで作ることが当たり前だったのに、種子と同様に先祖やその共進化パートナーからの生きた遺産は失われ、一般人には手の届かない技術に依存するようになってしまった。生きた発酵の遺産を復興し、取り戻し、そして再発明しよう。今も生き残っているヨーグルトや、あまり知られていない培養微生物を探し出そう。実験室で分離され育種された純粋培養微生物がどんな改良をもたらしてくれるとしても、力強い自立したコミュニティとして機能する培養微生物の代わりにはならないのだ。

ケフィア

ケフィアは、ミルクの発酵によく使われる、もうひとつの人気のある培養微生物だ。この作り出す飲み物はミルクよりも濃く、非常にまろやかな酸味も激烈な酸っぱさも可能で、そして何と言っても（適切に作れば）発泡するという特徴がある。ミルクを発酵してケフィアを作り出す微生物の群落には酵母が含まれ、これが1パーセント未満から3パーセント程度まで、発酵期間の長さなどの要因に応じた濃度のアルコールを作り出す。アルコールを含み発泡性があるため、ケフィアは「ミルクのシャンパン」と呼ばれることもある。

ケフィアが他の発酵乳と比べて大きく違うのは、発酵乳を少し残しておいて次のバッチのスターターとするのではなく、SCOBY、つまりバクテリアと菌類の細胞が集まって複雑な代謝作用を行い、栄養素を分かち合い、繁殖を調整し、そして共同して被膜を作り出すよう進化した、目に見える大きさのゴム状の粒が使われるという点だ。その形は実にさまざまだが、白くてぷっくりしていて、曲線状に波打つ表面を持ち、カリフラワーの小房か小さな脳みそのような形は共通している。これまで見かけたケフィアグレインは、差し渡し数インチの凝集塊に成長したものが大部分だった。もっと小さく、成長しても小さな凝集塊を数多く作り出すだけで大きくならないものもある。何度か非常に大きなケフィアの凝集塊を見たこともある。カラー口絵の写真に収録したケフィアは、両手がいっぱいになるほど大きいひとつのかたまりにつながったものだ。今まで見た最大のケフィアは、幅1フィート／30センチ以上のシート状に広がった凝集塊で、通常のケフィア凝集塊が平らな部分でつながった形をしていた。ここでも、生物学的な形態が系統樹の分岐を反映していることがわかる。

ケフィアの生態は、非常に魅力的だ。ケフィアは自己増殖する共生体であり、それを構成する個別のバクテリアや菌類を集めても、ケフィアグレインを新しく作り出すことはできない。すべてのケフィアグレインは、一度あるいは何度もの自然発生的な共生を通して、自己増殖し進化してきた。「グレインの中に通常存在する純粋または混合培養微生物からケフィアグレインを作り出そうという徹底的な調査と数多くの試みにも関わらず、これまでに成功例は報告されていない」と『Journal of Dairy Science』は報告している。[23] 生物学者のLynn Margulisは、「ケフィアは、オークの木やゾウと同様に、化学物質や微生物の『正しい配合』によって作り出すことはできない」と主張している。

シンビオジェネシスの分野でのMargulisの業績は1章で触れたが、彼女はケフィアを用いて生命や死、セックス、そして進化といった基本的な生物学の概念を生き生きと描写している。彼女は、ケフィアグレインが動物や植物やその他の一部の生物とは異なり、「プログラムされた死」を持たないこと、したがって十分な栄養があり環境条件が許容可能であれば、理論的には永遠に生き続けられることを指摘している。ケフィアグレインには30種類の異なる微生物の群落が含まれ、その中には発酵食品によく見られる*Lactobacilli*、*Leuconostoc*、*Acetobacter*、そして*Saccharomyces*や、その他にもよく知られていないものがあるとMargulisは説明している。実際、Margulisによればこれらの微生物のうち、知られていたり名前が付けられたりしているものは半数にも満たない。それにもかかわらず、「これらの特定の酵母やバクテリアは、受精などのセックスの側面を伴わない協調した細胞分裂によって共に繁殖し、ケフィアカードという、この稀有な微生物的個体の一体性を維持しているはずである」と彼女は書いている。これを構成する微生物は「それら自身が作り出す化合物や糖タンパク質、そして炭水化物によって緊密に結合されている……。ケフィア微生物は、真核細胞の構成要素となったかつての共生バクテリアが統合されているのとまったく同じように、全体として新しい存在に統合されている……。ケフィアは、我々の細胞がバクテリアから進化した統合プロセスが今もなお起こっていることを、目覚ましい形で実証しているのだ」。[24]

ケフィアは不死の可能性を秘めているが、あまり長く栄養を与えずに放置されると、ケフィアグレインは死んで分解してしまう。私はケフィアグレインを、それが作り出した酸性のケフィアの中に数週間も放置して、溶かしてしまったことがある。Margulisは以下のように観察している。「死んだケフィアカードには、ケフィア以外の種類の生物が取り付いている。無関係な菌類やバクテリアの悪臭を放つどろどろとしたものが、もはや統合されていない形で、かつては生きた個体だったものの死体の上に、繁茂し代謝している」。[25] このお話の教訓は、ケフィアグレインには定期的な世話と栄養補給が必要だということだ。

定期的なリズムを保つという課題を除けば、ケフィア作りは非常に簡単だ。加熱や温度調節は必要ない（しかし、ミルクを冷蔵庫の温度から室温まで穏やかに加熱すると、ケフィアは速く発酵する）。ジャーに入ったミルクにケフィアを加えるだけでよい。1クォート／1リットルのミルクに対して、だいたい大さじ山盛り1杯のグレインを使う。大部分の文献は、ケフィアの培養発酵に最適なグレインの比率は約5パーセントだという点で一致している。[26] 二酸化炭素が発生して体積が増加するため、ジャーはいっぱいにしないようにする。ジャーは密封しても（この場合には内圧が高まる）、ゆるく覆いをしても、どちらでもよい。ケフィアは室温に置いて直射日光を避けて発酵させ、定期的に振り混ぜるかかき混ぜるかする。微生物の活動はグレインの表面に集中するので、撹拌してグレインを移動させ、ミルクを循環させることによって、微生物の活動を広げることが重要だ。ケフィアにとろみが出てきたら完成だ。これには約24時間かかるが、冷涼な環境の場合には（あるいは酸っぱいのが好きなら）もっと時間がかかる。ケフィアの入ったジャーを最後にもう一度振ってから、グレインを取り出す。スプーンですくいあげてもいいし（グレインが大きい場合）、ざるで濾してもよい。発泡させるには、膨張の余地を残して密封できる容器へ濾したケフィアを移し、もう数時間密封して発酵させるか、数日間冷蔵庫へ入れる。ケフィアの入った密封ジャーを開けた時に、泡が盛り上がってくるはずだ。

実に簡単だ。私はいつも全乳を使い、入手できるときは生乳を使うが、友達のNinaは無脂肪乳を使って作るほうが好きだと報告してくれた。私は生乳でも低温殺菌牛乳でも、超高温殺菌されたものでさえ、よい結果が得られている。ヤギのミルクでも牛乳でも、均質化（ホモジナイズ）されていてもされていなくても、大丈夫だ。

ケフィアグレインを金属と接触させないことを推奨している文献もある。他の酸性の発酵食品と同様に、金属との長期間の接触が腐食の原因になるという点では私も確かに同意見だ。しかしケフィアのプロモーターの中には、金属（例えば金属製のざる）と短時間接触しただけでもケフィアグレインが死んでしまうと言い張る人もいる。私には、このような経験は一度もない。私がインターネットのケフィア王と呼んでいるオーストラリアのDominic Anfiteatroも同様だ。彼は、彼一流の大局的な見地から小実験を行っている。「我々はステンレス鋼のざるを使って何か月もケフィアを濾し続けてきたが、いかなる意味でもグレインや微生物フローラが損なわれたことを示唆する証拠はまったく存在しない」と彼はウェブサイトに書いている。[27]

ケフィアグレインと濾し分けたケフィアは清潔なジャーへ移し、グレインには新鮮なミルクを注ぎ、そして同じリズムを繰り返す。このリズムを継続することが難しい。理想的には、グレインから発酵の進んだケフィアを濾し分けるたびに、新しいバッチを始めてほしい。あらゆるSCOBYと同様、ケフィアグレインを維持することは、要するにペットを世話するようなものだ。付きっきりの必要はないが、継続して注意を払う必要がある。十分に栄養を与えなければ、死んでしまうからだ。私は今まで旅行中に、ケフィアグレインを死なせてしまったことは一度ではきかない。現在私は1日おきに、約2カップのケフィアを作って飲んでいる。朝には1日おきにケフィアを濾して、新鮮なミルクをグレインに注ぐ。グレインは、1週間から10日で倍に増える。余ったグレインを保存しておいて後で人に分けるつもりなら、栄養を与える必要はなく、乾燥させておけばよい。水洗いし、吸い取り紙の上で水気を切ってから、日に当てるか低温の乾燥器で乾燥する。冷蔵庫に入れてケフィアグレインの活動を抑制することもできるが、それでも約1週間に1度は栄養を与える必要がある。また、冷凍して長期間活動を止めることもできる。[28] しかしケフィアグレインの元気と健康を保つには、頻繁な世話と定期的な栄養が一番だ。

健康なケフィアグレインの特徴のひとつは、急速に成長して増えることだ。ミルクに対するグレインの比率が大きくなると、ケフィアはどんどん速く発酵するようになる。余分なグレインを取り出して、グレインとミルクの比率を約10パーセント以下にするのが良いだろう。このようにしていると、ケフィアグレインを維持して定期的にケフィアを作っている人は、誰でもグレインを持て余すことになる。そのような人が見つかったら、喜んでグレインを分けてくれると思って間違いない。（インターネット上の培養微生物交換所のリストについては「参考資料」を参照してほしい。ここにはグレインを分けてくれる人や、ケフィアグレインの販売元が掲載されている）。

ケフィアの興味深い側面のひとつに、米国を含めた世界の大部分で商業的に生産されている製品のほとんどが、伝統的なケフィアグレインを使わずに作られていることがある。その代わりに、伝統的なケフィア共生体に含まれることが知られている微生物の一部（ただし全部ではないし、ケフィアの進化した生活形の複雑性と一体性もない）から構成されるスターター培養微生物を使って作られているのだ。この理由の一部は、文献に引用されている。ひとつの理由はケフィアグレインの成長が遅いことで、このために生産規模の拡大が制約されてしまう。もうひとつの理由はケフィアグレインの複雑な生態のため、均質な製品の製造が難しいことだ。さらに、ケフィアに存在するアルコー

ル（ノンアルコール飲料に許容される最大値0.5パーセントを超える可能性は確かにある）によって、コンブチャの項でも述べたような、規制や法的な面での問題が発生するおそれもある。また、一般的にアルコール発酵は乳酸菌発酵の後に支配的となるため、アルコール発酵が「製品の配送段階で起こり、そのためエタノールと二酸化炭素ガスの形成による風味と味わいの大幅な変化だけでなく、容器の膨張と内容物の漏えいが引き起こされるおそれがある」。[29]

これらの理由から、ケフィアの代わりとなるスターター培養微生物の開発に多大な研究が行われてきた。「グレインを使わずにケフィアのような飲み物を製造できるプロセスが、いくつか開発されている」とJournal of Dairy Scienceは報告している。[30]「ケフィアのような飲み物」とは、なかなかうまい言葉遣いだ。ケフィアは、固有の形態を持つ独特な培養微生物によって作り出される、独特な製品だ。これまでケフィアの定義そのものであったグレインを使わずに作られた発酵乳製品を「ケフィア」と呼ぶのが正しいことだとは、とても思えない。実験室で作り出されたスターター培養微生物でも、非常においしくて健康によい飲み物を作れるかもしれないが、それはケフィアではない。「これらのケフィア製品の品質は、グレインを使って発酵されたケフィアとは大きく異なっている」とJournal of Dairy Scienceは結論付けている。[31]「ケフィアグレインから作られた最終製品が、少数の純粋培養微生物の混合物から作られたケフィアよりも、数多くの多様な微生物を含むことは明らかである」とFood Science and Technology Bulletinは述べている。[32]

ケフィアを模した粉末スターターは、大規模製造業者だけではない。いくつかの粉末ケフィアスターターが、小規模な家庭での製造用に市販されている。私は粉末スターターを試したことは一度もないが、生きたケフィアグレインを世話する決心がつかず、定期的なリズムではなく時折ケフィア作りをしたい人にとっては特に、粉末スターターは役に立つかもしれない（できるものが実際にはケフィアではなかったとしても）。

ビーリ

ビーリ（viili）はフィンランドの発酵乳で、極端に粘り気が強く、べとべとしていることが主な特徴だ。ビーリを食べた人たちは、その食感をゴム糊やマシュマロフラフ（パンに塗るマシュマロ）に例えている。私の友人Johnni Greenwellがビーリを発酵させていたある夜、彼は発酵によって膨張が起こることを知らずに、ボウルになみなみとミルクを注いで発酵させてしまった。朝になってみると、ビーリがボウルからテーブルへあふれていただけでなく、ボウルは空になってしまっていた。ビーリ全体がくっつきあっているため、漏れた一部がビーリ全体をボウルから引きずり出してしまったのだ。この「極端な」テクスチャーにも関わらず、ビーリには繊細でマイルドな、わずかに酸っぱい風味がある。

ビーリの培養微生物はGEM Cultures[33]などの販売元から市販されている。私はGEMから入手したが、Betty Stechmeyerは自分たちのビーリがフィンランドからカリフォルニア州フォートブラッグへ、彼女の亡くなった夫GordonのKinnunen一家によって持ち込まれたものだと教えてくれた。Bettyは私に、彼女の夫のVanおじさん（Waino Alexander Kinnunen）の胸を刺すような話を語ってくれた。彼は一家の13人の子どもの末っ子で、彼らが米国に到着してから生まれたのだった。

> Vanは、私たちの家から道を行った先の森の中にある、3部屋の小屋に独りで住んでいて、90代になってもまだかなり独立した生活を営んでいました……。95歳の誕生日の後に彼は転倒し、そのときから彼の健康は衰え始めました……。ある日の午後、彼のベッドの脇でテレビを見ていると、彼は静かに頼みごとをしました。「タネの世話をしてくれんかね？」。私は彼に、やり方をちゃんと教えてくれたしやりますよ、と請け合いました。その日の真夜中、彼の部屋の明かりが点いていることに気づいて中に入ってみると、彼は死んでいました。
> 「タネ」とは、フィンランドの乳製品fiilia（ビーリ）の「スターター」や「発酵微生物」の意味でフィンランド人が使う言い方のひとつです。Vanはフォートブラッグで生まれましたが、その「タネ」はKinnunen一家と共にフィンランドから来たもので、おそらく何十もの他の家族も同じことをしていたでしょう。清潔なハンカチーフの隅に少量の発酵乳を塗り付けて乾かし、巻いて手荷物の中にそっと押し込み、新しい生活への長い旅に持って行くのです。タネ、つまり発酵微生物は、新しい土地での新しい生活や、生活の変化があった際に、生活を継続するための手段なのです。

今後もタネを世話してくれる人がいると知ったVanおじさんにとっては、発酵微生物を受け継いで行くという伝統が、たとえ彼自身の生命が終わったとしても、命が引き継がれるという安心につながったのだろう。

ビーリの作り方はとても簡単だ。ボウルかジャーを容器として使う。発酵済みのビーリをスプーン1杯取り、それを容器の内側に塗り付ける。次に、膨張の余地を少し残して、容器にミルクを入れる。軽く覆いをして虫やほこりが入るのを防ぐが、多少は空気が流通できるようにしておく。そして約24時間室温に置くと、ビーリに粘り気が出てくる。バッチを作るたびにスプーン1杯を取り分けておき、次のバッチを始めるのに使おう。プレーンのまま食べても、フルーツやシリアルを入れても、あるいはディップやソースのベースとして使ってもよい。私はビーリをテネシー州の夏に作るのに苦労した。ビーリは80°F/27℃を大幅に超えるような暑さや、高い湿度を嫌うようだ。

私は2008年にフィンランド人のErol Schakirから電子メールを受け取った。彼はすでに私のトークのポッドキャストを聞いており、それにはVanおじさんのビーリの話が含まれていた。「おもしろかったのは、彼ら／彼／一家が何年もたった後でも『ルーツ』を持ち続けていることだ。私の経験では、『ルーツ』や『タネ』は次第に弱まり、最後にはもはやミルクをビーリに変えることができなくなってしまう。どのようにして彼は、タネを強い状態で生かし続けてきたのだろう？私自身は、店に行って新しいビーリの缶を買ってきて新しい『タネ』にしている」。私には、これがヨーグルト培養微生物の状況とそっくりに思える。Erolは商業的に改良された、実験室で育てられた培養微生物に頼っているが、Vanおじさんと Bettyは昔ながらの共進化した微生物群落を保ち続けてきたのだ。

私はErolの電子メールをBettyに転送して、彼女がどう思うか聞いてみた。以下が彼女の返事の概要だ。

> 私には、長生きのために必要な十分に多様な微生物が、市販のスターターに含まれているとは信じられません。ほとんどの企業では、スケジュールを守って均質な最終製品を作る必要があるため、それに合った微生物を選んでいます……。Erolさん、市販のビーリをタネに使っても、すべてのプレイヤーはそろわないと思いますよ……。私があなたにお勧めしたいのは、伝統的な入手先、つまり長い間タネを保ち続けてきた昔ながらの家族から、タネを入手することです。

ヨーグルトやケフィアと同様、ビーリの大量生産に用いられるスターターには、綿々と使われ続け、世代から世代へと受け継がれてきた伝統的な培養微生物の安定性が欠けていることは明らかだ。

その他の乳発酵食品

乳発酵食品の種類はあまりにも多いので、私がすべてを知ることも、包括的に説明することも不可能だ。ミルクのために動物を飼い慣らしてきたすべての地域、あるいは遊牧民や移動放牧の文化が通過した土地には、ミルクを発酵させる文化が育っている。ここではいくつか、顕著な例を挙げておこう。

クミス（koumiss）は中央アジアの草原地帯で発達した発酵乳で、アルコールを含むことが特徴だ。「良い発酵［アルコール］飲料の原料（フルーツや穀物やハチミツ）は、草原ではなかなか手に入らなかった」とPatrick McGovernは観察している。彼は古代のアルコール飲料を研究している人類学者だ（4章を参照してほしい）。「いつものように人類は、創造力を発揮して、雌馬のミルクから飲み物を作り出した（トルコ語でkimiz、カザフ語ではkoumiss）。雌馬のミルクにはヤギや牛のミルクよりも多くの糖（乳糖）が含まれるため、アルコールの含有量も高くなる（2.5パーセント程度）」。[34] 13世紀のモンゴルへの旅人が、そのプロセスを以下のように記述している。

大きな馬皮の袋と、内部が空洞になった長いバットを用意する。袋をきれいに洗って雌馬のミルクを満たす。少量の酸乳[発酵済みのクミス、スターターとして]を加える。泡立ち始めたらバットで叩き、発酵が止まるまで叩き続ける。テントを訪ねてくる人は、テントに入る際に袋を何回か叩くことが求められる。クミスは3日から4日で飲めるようになる。[35]

1953年版の『The Joy of Cooking』には、「アメリカンスタイル」のクミスのレシピが掲載されている。その作り方は、室温のミルクにイーストを加え、密封できるびんへ移して、室温で10時間発酵させ、そして最後に、時々びんを振り混ぜながら24時間冷蔵するというものだ。「びんを開ける際には、目に入らないように注意して下さい」と注意し、「クミスは希望と同じように沸き立つものなのです」と締めくくっている。[36]

バターミルクは、米国のスーパーマーケットで普通に市販されている発酵乳製品だ。市販のバターミルクをスターターとして新鮮なミルクに加えて、1日室温に置いて発酵させれば、さらに「バターミルク」を作ることができる。引用符(かぎかっこ)を付けたのは、米国でバターミルクとして売られているものは古典的なバターミルクではないためだ。バターミルクは歴史的に、クリームをチャーニング(撹拌)してバターを作る際の、栄養豊富な副産物だった。バターミルクとクリームの関係は、ホエーとミルクの関係と同じだ。そしてバターは歴史的に生クリームから作られてきたため、バターとバターミルクには固有の(または添加された)バクテリアが豊富に含まれている。

タラ(tara)は、ケフィアと同様にSCOBYの形をしたチベットの乳発酵微生物だ。私は『天然発酵の世界』(築地書館)に取り掛かる直前にタラのグレインをもらったので、その本でもこれについて書いている。[37] 私が最初のケフィアグレインを手に入れてケフィアを作り始めてみると、私はケフィアとタラの区別が(最終製品もグレインも)できなかった。したがって私はこれらが、同じではないにしても密接に関係したものとみなしている。残念なことに、私のタラは世話を怠ったため結局死んでしまい、それ以来入手できていない。

スキュル(skyr)は、アイスランドの発酵乳だ。スキュルと呼ばれた製品は、米国では現在「アイスランドヨーグルト」として市販されている。私がアイスランドのフードライターNanna Rögnvaldardóttirに、伝統的なスキュルがどのくらいヨーグルトに似ているか質問したところ、彼女の答えは「あまり似ていません」だった。彼女は、1960年代に北方の人里離れた農場で食べて育ったスキュルを、「濃厚でもろく、そして今作られている(まるでヨーグルトのような)ものよりも、ずっとずっと酸っぱいもの」と説明してくれた。自家製のスキュルは一般的ではないが、スローフード協会のアイスランド支部では今でも家庭でスキュルを作っている人を探している、と彼女は報告している。

ガリス(gariss)はスーダンの発酵させ

たラクダのミルクで、Hamid Dirarによれば「ラクダのくらに吊り下げたヤギの皮（si'in）の中で「ひっきりなしに振り混ぜられて」作られる。彼はこれを4つの「スーダンの本当に固有の発酵乳製品」のひとつとみなしている。これ以外にエジプトから入ってきた「準固有の」発酵乳が2種類存在する。[38]「この発酵製品を飲んだ後には、発酵乳の体積をほぼ一定に保つように、新鮮なラクダのミルクがsi'inに注ぎ足される」。[39]

これは本当に大ざっぱな概要だ。世界中の地方固有の文化で発達してきた発酵乳のさまざまな作り方は、グローバル化しつつある経済や都市化、そして文化の均一化といった圧力の下で急速に衰退し、その文化自体と共に消滅しつつある。

植物由来の乳発酵微生物

乳製品の発酵スターターとして植物などの自然資源を利用することに関しては、さまざまな話題がある。前セクションで説明したスーダンの発酵させたラクダのミルク、ガリスを作る際、以前のバッチのスターターがない場合には「ブラッククミンの種数粒とタマネギの鱗茎1個を容器に加えて、発酵が開始される」とHamid Dirarは報告している。[40] Priyaという名前のフードブロガーは、インドの彼女の育った地方では「スターターが悪くなったりなくなったりした場合には、私の故郷の街の家族ならチリペッパーの茎を使って新しいスターターを作るでしょう」と書いている。[41] トルコのフードライターAylin Öney Tanは、「イチジクの樹液からマツカサやドングリ、さらにはアリの卵や草の上から集めた朝露といった珍しいものまで」記録されたさまざまなヨーグルトのスターターを引用している。[42] ブルガリアでも、「羊のミルクを発酵させる最も古い手法は、森のアリを入れることです」と民族学者のLilija Radevaが書いている。[43] 私も、イチジク（特に、摘みたてのイチジクの茎からにじみ出る乳液）をケフィアのスターターに使うという話を聞いたことがある。私の友人Mekaは、少量の生のヤギのミルクをイチジクの乳液と混ぜてケフィアグレインが作れると聞いた、と私に報告してくれた。私はそれを試してみたが、うまく行かなかった。（Mekaは、この不思議な作り方には何か別のカギがあるのではないかと考えている。「一緒に歌を歌ってみた？」と彼は私に電子メールをくれた）

テッテメルク（tettemelk）はスカンジナビアの発酵乳で、他の大部分の発酵乳と同様、通常は直前のバッチをスターターとして使って作られる。しかし昔からの民間伝承によれば、ムシトリスミレ（英語ではbutterwort）と呼ばれる植物（*Pinguicula vulgaris*）の葉でテッテメルクを発酵させることもできるらしい。現代の研究者がこれを試して「実験はこの伝承を裏付けなかった」と報告しているが、ムシトリスミレはミルクを凝固させるためにも使われており、またノルウェー語でtettegrasetsと呼ばれることから、研究者たちはこの植物がかつてミルクと共に使われていたが、その慣習は途切れてしまったのかもしれないと認めている。「ムシトリスミレの役割は、おそらく忘れ去られ、取り違えられてしまったのだろう」。[44] 発酵再興主義者の我々には、うってつけの仕事ではなかろうか！

その他にも数多くの植物が、ミルクを凝固させるために使われてきた。いくつか例を挙げれば、セイヨウイラクサ（*Urtica dioica*）、イチジク（*Ficus carica*）、オオガタホウケン（*Opuntia ficus-indica*）、ゼニアオイ（*Malva*spp.）、カキドオシ（*Glechoma hederacea* ）、カワラマツバ（*Galium verum*）、そしてアザミ類（*Cynara cardunculus*、*C. humilis*、*Centáurea calcitrapa*、*Cirsium arietinum*、および*Carlina* spp.）などだ。[45] ハーブ研究家のMaud Grieveは、セイヨウイラクサの使い方を以下のように示している。「イラクサのジュース、またはこの緑のハーブを濃い塩の溶液で煮出したエキスは、ミルクを凝固させるので、チーズの作り手にとってはレンネットの良い代替品となる」。[46] Martha Washingtonの料理本では、ミルクを温め、イラクサにかけ、そして一晩置いて凝固させるという、もっとシンプルな方法を推奨している。[47] 私がMarthaの手法を試してみた時には、ミルクは凝固したもののイラクサの葉の周りだけで、またカードを植物材料から分離するのが難しかった。しかし少量の緑のイラクサの濃い浸出液（1/2ガロン／2リットルのミルクに対して、1カップ／250mlの熱湯を1/2オンス／14gの乾燥させて砕いたイラクサの葉に注いで一晩置いて浸出させたもの）でミルクはうまく凝固したものの、レンネットほど速くは固まらなかった。24時間ほど待つ覚悟が必要だ。

ミルクの発酵に植物を使うもうひとつの方法は、この章の冒頭で述べたケニアの発酵乳で説明したように、植物を燃やした煙や灰を使うことだ。国連食糧農業機構（FAO）では、「ミルクの保存に用いられる容器を煙でいぶす習慣は、その地域のさまざまな牧畜および農牧コミュニティに共通する特徴だ。この処理には、煙の香りをミルクや乳製品に移し、容器を滅菌（殺菌消毒）する効果がある」と報告している。FAOのリストには、エチオピア、ケニア、そしてタンザニアのさまざまなコミュニティでこのように利用される植物（草本、低木、高木を含む）が十種類以上含まれている。[48]

クレームフレーシュ、バター、そしてバターミルク

生の牛乳が手に入るのなら、クリームをすくい取って発酵させてみてほしい。牛乳は（ヤギのミルクや羊のミルクとは違って）自然に分離し、クリームが表面に浮かんでくる。クリームをすくい取った際に残るものはスキムミルクと呼ばれ、これがオリジナルの低脂肪乳だ。これも飲んだり発酵させたりできるし、これからチーズを作ることさえできる。一方ヤギやヒツジのミルクは、元々均質化されているので、乳脂肪は全体に分散されたままだ。しかし牛乳の表面に浮かぶクリームはリッチで素晴らしいものだし、手間なく発酵させられる。

クレームフレーシュ（crème fraîche）は、単純にクリームを1日か2日発酵させたものだ。粘り気があり、リッチでベルベッ

トのような食感がある。大部分の現在のレシピでは、スターターとして少量のバターミルクをクリームに加えるが、これは低温殺菌されたクリームを使う場合には理にかなっている。しかしクリームが生の場合には、培養微生物を加える必要はない。暖かい場所で約24時間、粘り気が出るまで発酵させる。冷蔵庫に移した後でも、粘り気と風味は増し続ける。ソースやスープ、そしてデザートに入れて賞味しよう。

上記のプロセスで発酵中のクリームを、チャーニング(撹拌)すれば固まってバターとなる。単なるバターではなく、発酵バターだ。小規模で、特別な器具を使わずにこれを行うには、ジャーを使うのが最も簡単だ。ジャーの4分の3以下までクリームを入れ、しっかりと蓋を密封する。それからジャーを振るか、前後に回転させるか、あるいはさまざまな手法を使って5分から10分撹拌すると、突然バター脂肪球が寄り集まって液体のバターミルクから分離する。バターの大きなかたまりがジャーの中の液体に浮き沈みしていることに気づいたら、振り混ぜを止めてよい。またこれはフードプロセッサーや、ボウルとスプーンを使って行うこともできる。バターが形成されたら、バターミルクから取り除く。冷蔵庫があれば、仕上げ前のバターを入れて少し固める。その間に、なめらかでおいしい新鮮なバターミルクを味わってみよう！　バターが少し固まってきたら冷水で洗い、こねて中に閉じ込められたバターミルクを取り除く。こねた後にはもう一度洗い、洗った水が透明になるまで繰り返す。そして乾かしてから、冷蔵庫の中または外で保存して、発酵バターの風味を高める。

ホエー

先ほども述べたように、ミルクが酸性化などによって凝固する際に固体のカードから分離する水のような液体がホエーだ。Sally Fallon Morellは、彼女の著書『Nourishing Traditions』の中で、野菜からソーダに至るまで、数多くの発酵食品のスターターとしてホエーを使うことを推奨している（この本のいくつかの章で、私も同じことをお勧めしている)。これによって混乱してしまった人もいる。そのような人たちは、ホエーが何か、あるいは発酵乳製品からどうやって得られるかを明確に理解していないのだ。例えば、私はホエープロテインパウダーを購入した人から、それを使って発酵が開始できない理由がわからないという電子メールをもらったことがある。

ホエーには大量のタンパク質が含まれ、乳脂肪の大部分は取り除かれている。したがって、乾燥させ、ボディービルダーなどタンパク質の濃縮された食品を摂取したい人の食用にも提供されている。しかしホエーを乾燥して粉末にすると、元のホエーに生きた微生物が存在していたとしても、すべて死滅してしまう。さらに、ミルクを凝固させるにはたくさんの方法があり、中には加熱を伴う場合もあるため、すべてのホエーに生きた培養微生物が含まれるわけではない。例えばfarmer's cheeseやパニールなど、単純に熱と酸によって凝固させたチーズから作られるホエーには、生きた培養微生物は含まれない。[49]

しかし発酵乳や、生または培養発酵させたチーズに由来するホエーには、豊富に生きた培養バクテリアが含まれている。ホエーをヨーグルトから得るには、目の細かいガーゼかふきんにヨーグルトを包んで、ボウルの上につるしておく。ホエーがゆっくりとヨーグルトからしたたり落ち、ボウルの中にたまって行く。ホエーをケフィアから得るには、単純にケフィアをジャーに入れ、カードとホエーが明確に分離してくるのがわかるまで、室温で放置する。普通はカードがホエーの上に浮かぶので、やさしく、注意深くカードをすくい取る。残ったものがホエーだ。ヨーグルトとケフィアの微生物の違いが、それらの作り出すホエーにも反映されていることに注意してほしい。ケフィアのホエーには二酸化炭素を産生する酵母が含まれているため、発泡させたいソーダなどを作るにはヨーグルトよりも向いている（6章の「ホエーをスターターとして使う」を参照してほしい）。

アイスランドのNanna Rögnvaldardóttirは、当地ではホエーが広く使われていることを報告してくれた。スキュルなどの発酵乳製品から分離した発酵ホエーはsýraと呼ばれ、水で薄めて飲むか、他の食品を保存するための媒体として使われる。Rögnvaldardóttirは、子ども時代には「ほとんど毎晩、ホエーで保存した食品が食卓に並んでいました。今では主に、冬のお祭りの最中に食べられています」と言っている。sýraで保存した食品はsúrmaturと呼ばれるが、これは直訳すると「酸っぱくした食品」だ。ホエーで肉を保存するアイスランドの方法について詳しくは、12章の「ホエーで魚や肉を発酵させる」を参照してほしい。

ホエーで缶詰食品を生き返らせる

カリフォルニア州メンドシーノ
Anna Rathbun

私は低所得家庭に健康的な料理を教えることを仕事にしてきました。私たちが定期的に教えていることのひとつは、「缶詰食品を生き返らせる」ことです。少量のホエーを加えて12時間置けば、豆やサルサなど、何でも発酵できます。冷蔵庫を持っていない人でも、何かにホエーをちょっと加えれば、製品にもよりますが一晩から2・3日は持つようになります。

完璧な世界では、すべての人が冷蔵庫を持っていて、新鮮なオーガニック食品を毎日買うことができるのでしょう。しかしこの不完全な現実世界では、多くの人が政府から支給される缶詰食品に頼っており、また料理や保存をする手段を持っていません……。我々はホエーを使って食品が悪くなるのを防ぎ、缶詰食品を生き返らせているのです。

チーズ

チーズは濃縮された固体状のミルクで、作るにはミルクの水分の大部分（ホエー）を取り除く必要がある。伝統的な手法には、比較的少ない割合のホエーを取り除いてソフトなチーズを作るものや、もっとホエーを取り除いて固いチーズを作るものがある。ホエーをたくさん取り除くほど、同じミルクから得られるチーズの歩留まりは低くなる。また一般的に言って、ホ

Swiss
Camembert

エーを多く取り除くほどチーズは長期間（よりゆっくりと）発酵し、保存できるようになる。

私はチーズという食品の分野に存在する信じられないほどの多様性に畏敬の念を覚える。さまざまな気候やさまざまな季節に、さまざまな牧草地で育ったさまざまな動物からは、非常に多様なミルクが得られる。多様な培養発酵、多様な凝固剤、多様な温度処理、多様な塩やスパイスや付随材料、多様な包装、多様な熟成の条件や期間や手法、これらすべてとそれ以外にも多くの要因が、多様なチーズに見られるユニークな品質に寄与している。すぐに悪くなってしまうミルクを製品に加工して保存し、食糧の少ない時期に命をつなぎ、そして交易するために、さまざまな土地で用いられる多様な手法のすべてに存在する、人類の発明の才を証明するものがチーズなのだ。

チーズ作りは魔術的な経験と言っても過言ではない。一連の操作を通して、液体のミルクが風味の濃縮された固形のブロックに変化して行く。チーズは家庭のキッチンでも、わずかな道具さえあれば作ることができる。二重鍋（大小の鍋を使って代用できる）と、正確な温度計は非常に役立つ。一部のチーズにはガーゼ（英語ではcheesecloth［チーズ布］という）が不可欠だ。多くの発酵食品と同じように、チーズ作りに必要な手順の多さは難題だが、ひとつひとつの手順は、比較的単純明快だ。

培養発酵

低温殺菌されたミルク（超高温殺菌されたミルクからチーズを作ろうとは思わないでほしい）からチーズを作るには、あるいは特定のスタイルのチーズを再現するつもりなら、培養微生物の導入が必要になる。伝統的に生乳チーズに利用されるバクテリアはミルクにもともと存在するものや、繰り返し使われる容器に存在するもの、ヨーグルトなどの発酵乳に含まれるもの、場合によっては植物原料に由来するものが多い。

凝固

凝固は、バクテリアによる酸性化や植物由来の凝固剤によることもあるが、たいていはレンネットが用いられる。「レンネット」とは、本来は反芻動物の赤ちゃんの第四胃（皺胃）に由来する、酵素（キモシンなど）の複合体だ。私の友人のJordanはヤギの赤ちゃんを屠殺していて、胃の中に消化プロセスの一部として凝固したチーズのかたまりを見つけた。我々は、乾燥させた胃の切れ端を温水に浸しただけのレンネットを使ってチーズを作ったことがあり、うまくできたのだが濃度の調整が難しかった。市販の抽出物は効き目が規格化されている。また、自然に発生する*Mucor miehei*というカビはキモシンを作り出すため、「植物性の」レンネットとして市販される場合もある。現在ではほとんどのレンネットは遺伝子組み換えされた微生物によって作られていて、これが最も安価なキモシンの供給源となっている。どの種類のレンネットを使う場合であっても、チーズ作りを実験する際には、レンネットを節約して使おう。少しの差でも積み重なれば大きくなるし、レンネットを使いすぎるとゴム状で堅い、苦い風味のカードができてしまう。凝固の際には、使う凝固剤の種類が何であっても、ミルクは揺らさずに放置すること。揺らすと凝固は簡単に中断してしまう。凝固の進み具合を判断するには、ミルクの端を見る。凝固が進むと体積が減り、容器からはがれてくるからだ。

切断と加熱

ミルクは凝固すると、ゼラチン状のカスタードに似たかたまりになる。通常はこの時点で露出する表面積を大きくするためにカードを切断し、ホエーを引き出しカードを固めるレンネットの作用が継続するように、たくさんの小さな塊に切り分ける。私は鋭いナイフを使い、好みの間隔で一方向に切れ目を入れる。次にそれと交わるように、もう一度切れ目を入れる。それからさらに、異なる角度で斜めに切れ目を入れる。カードが縮んできたらやさしくかき混ぜ、大きなカードが残っていたら必要に応じてさらに切れ目を入れて小さくする。カードの大きさが均一であるほど、できるチーズの食感も均一になる。チーズのスタイルにもよるが、カードをさらに固めるために、ホエーを加熱して酵素の活性を高めることが多い。ほとんどすべての場合、カードはゆっくりと徐々に加熱するよう文献には力説されている。二重鍋を使うのが、最も簡単な方法だ。カードは115°F / 46℃以上に加熱しないこと。その後もチーズの風味を増し続けてくれるはずの培養微生物が死滅してしまうからだ。

脱水、塩、そして成形

カードを脱水して得られるホエーは、飲んだり、煮詰めてリコッタ(「再料理した」)チーズを作ったり、穀粒を浸したり、あるいは(すでに説明したように)スターターや漬け汁として使うことができる。柔らかいカードは、崩れたり散らばったりしないように、やさしく取り扱う必要がある。

一部のチーズは、脱水の際に塩を加える。それ以外のチーズは、チーズを型に入れて成形した後で、外側から塩をするだけだ。通常、カードは型に入れて脱水し、チーズに成形する。チーズを意味するフランス語の単語fromageやイタリア語のformaggioはラテン語のformaticumに由来し、型に入れたチーズの形状または形態を意味する。缶に排水のための穴をドリルで開けてからガーゼを内張りして、型をこしらえた人の話を聞いたことがある。さまざまな形状の型が、1ガロンの生乳よりも安い値段で市販されている。大部分のハードチーズは圧力をかけてさらにホエーを絞り出す。かける圧力の大きさと時間の長さによって、チーズの固さが決まる。

エージング

チーズのエージングはかなり厄介だ(洞窟のすぐそばに住んでいるのでなければ)。自家製のチーズをワイン用の冷蔵庫でエージングしている人や、普通の冷蔵庫に温度コントローラー（3章の「温度コントローラー」を参照してほしい）を取り付けて約55°F/13℃の温度を保つようにしている人に会ったことがある。湿度も重要だ。比較的湿度の高い環境では、乾燥を遅らせることができる。エージング室が乾燥しすぎていると、チーズの外側が乾いてしまい、水分は内部に閉じ込められる。すると皮がもろくなってひびが入り、チーズの内側が露出してカビが生えやすくなる。チーズのエージングで大事なのは、外皮を発達させることだ。カビ熟成されるチーズもあり、その場合はカビの発生を促進するか､培養微生物によってカビを導入することさえある。その他の自然外皮チーズでは、塩水やワインや酢などのカビ防止剤で外皮を毎日洗うことがもある。それ以外のチーズは、十分に乾燥した後にろうで覆い、長いエージング期間にわたって表面を保護する。数多くの変数や可能性が存在する。

＊　＊　＊

正直に言えば､私はここ数年あまりチーズを作っていない。私が『天然発酵の世界』（築地書館）を書いたときには、ヤギの群れのいるコミュニティに住んでいて、ミルクを出す家畜が何頭もいた。我々は5頭のヤギのミルクを搾り、ミルクの量が最も多くなる夏には搾ったミルクが冷蔵庫に入りきらず、チーズを作らざるを得ない場合も多かった。しかし数年前にミルクの製造規模を縮小することに決めてからは、めったに余りは出なくなった。そのうち私は少し離れたところに引っ越して、近所のヤギの群れ共有プログラムを通してミルクを買うようになった。

ヤギとの親密なふれあいが懐かしい。またチーズに関しては、私は腕のなまった実験家だ。このセクションを書くために何度か作ってみたが、チーズ作りの気まぐれさと私自身の経験や知識の不足を思い知らされた。私があまり得意ではないプロセスについてこれ以上読者に説明するよりも（私が『天然発酵の世界』（築地書館）のチーズ作りのセクションを書いた時より上達していないことは確かだ)、「参考資料」に挙げた文献を読んでもらったほうがよくわかると思う。真剣にチーズ作りを学びたいなら、農場のチーズ作り職人を訪問して作り方を見学することをお勧めする。可能であれば、弟子入りなども考慮してみてほしい。

工場でのチーズ作りと農場でのチーズ作り

チーズ作りの複雑さは、専門化を促す傾向にある。私が訪問したプロのチーズ作り職人の大部分は、広い範囲をカバーするのではなく、数種類のスタイルだけをマスターしようとしていた。この本を、発酵がシンプルで不安なく実験できることを示そうと思って書いたのだが、チーズ作りを含む（しかしそれに限らず）発酵の大生の領域は、人々が自分の職業や一生を捧げる価値のある高度な技能だということにも同意したい。良質なチーズを作り続けることは、技術的に困難な課題だ。「農場のチーズ作り職人にとっての難問は、芸術と科学のバランスをうまくとることだ」とPaul Kindstedtは振り返っている。[50]「気難しい職人や製品といった、見せかけだけのそぶりは捨てるべきだ」とロンドンにあるNeal's Yard DairyのBronwen PercivalとRandolph Hodgsonは書いている。「伝統の技とは、実際にはコントロールを意味するのだ」。[51] チーズ作りでは、コントロールを試すべき変数が多数存在する。

産業革命の時期、専門化はチーズの大量生産をもたらした。世界で最初のチーズ工場は、1851年にニューヨークに誕生した。最初の年、その工場は100,000ポンド／45,000キロを超えるチーズを製造したが、これは当時最大の農場での生産量の約5倍だった。「その結果、規模の経済によって、その後のチーズ作りが情け容赦なく大規模な製造へと突き進むことはすぐに明白となった」とKindstedtは書いている。[52]「農場でのチーズ作りは、ほとんど消滅してしまった……。農場のチーズ作り職人は尊敬を失い、嘲笑の対象に成り下がってしまった」。

職人によるチーズ作りが米国で復活しつつあった時期にチーズ科学で博士号を取り、この業界で働こうという抱負を抱いていたKindstedtは、この点に関してユニークな見方をしている。彼の指導教授だったFrank Kosikowskiは、1983年にAmerican Cheese Societyを創立した1人だが、その最初のミーティングを主宰するにあたって大学院生たちが手伝ってくれることを期待していた。Kindstedtは以下のように回想している。

> 私の心の中で、チーズ作りは大規模な工場で行われるものでした。私は農場のチーズ作り職人の話を聞いたことはありましたが、軽薄にも私は、彼らがヤギを育てることに興味を持った1960年代のヒッピーの生き残りだと決めつけてしまったのです。農場でのチーズ作りは時代遅れの、はるか昔に消え去った時代へ戻ろうとする浅はかな試みだと私は思っていました。私は傲慢にも、こんな風変わりな反逆児たちとの会議を調整するなんて貴重な時間の無駄ではないかと考えていたのです。今ではそれを恥じています。[58]

Kosikowski教授は、Kindstedtや仲間の大学院生たちを説き伏せた。「伝統的なチーズ作りが単なる食品でも美食家の楽しみでもなく、文化と地域のアイデンティティの重みを持つ、我々の人生に文脈と意味を提供してくれる非常に重要なものであることを、彼は理解してくれました」。実際、すべての食品は広い文脈の中に存在するものであり、集中的に大量生産された食品は、そのような文脈を狭めているのだ。

チーズ作りの文脈は、社会的なものから生物的なものへと広がる。さまざまなチーズ作りの伝統は、すべて特定の環境要因から発達してきたものだ。具体的には、さまざまな動物に適し非常に異なるミルクを作り出す気候や地形の違いや、さまざまな土地のエージング環境やミルクに存在するさまざまな微生物などだ。「これらの微生物の名前よりも重要なものは、歴史を通してそれらが演じてきた重要な役割であり、それが特定の土地にユニークな風味を与え、またぴったりの微生物相を持つ特定の環境条件でだけ特定の製品が作られる理由を説明してくれる」と歴史家のKen Albalaは書いている。また彼は、一般的にはワインについて用いられ、ワインが製造される場所のユニークな環境要因を表現するテロワール（terroir）の概念が、チーズなどの発酵食品にも同様に適用できると論じている。[54]

チーズ作りの最初の微生物的な文脈は生乳に見られるバクテリアであり、このため生乳チーズは、低温殺菌されたミルクと分離され標準化された培養微生物から作られるチーズよりも、はるかに優れたものになっている。人類学者のHeather Paxsonは、米国における生乳チーズの復活について書き、「現代の職人チーズ文化のポスト・パスツール的なエトス、つまり微生物がどこにでも存在し、必要であり、そして実際においしいものであると認識すること」を確認している。[55]これは、実利的な目的で選ばれた特定の株以外のバクテリアは危険をもたらすという、支配的な「パスツール的」世界の見方（米国の規制の枠組みに反映されている）とは対照的だ。しかし、ミルクやチーズの本当の危険はバクテリアよりも、不健康な動物を作り出す工場飼育だ。高品質なミルクを作り出してくれる放牧地の健康な動物の文脈では、微生物が保護的な役割を演じ、我々が育種し育てているミルクを出す動物との共進化関係のカギとなる。微生物学者でありチーズ作り職人でもあるR. M. Noella Marcellinoは、「微生物の視点からは、市販のバクテリアと菌類を含む培養微生物を使ってチーズ作りが集中化されればされるほど、各地域のチーズと調和して発展してきた固有の微生物個体群の生物多様性のリスクは高まる」と予言している。[56]

自家製チーズと工場で作られたチーズだけが選択肢ではない。米国では農場でのチーズ作りが復活してきており、我々はこれを支援して、今後も続くように応援しなくてはならない。農場のチーズは酪農の副業として作られるため、操業規模は限定されている。このような規模の商業的な製造業者が生き残ることは、次第に難しくなってきている。食品安全の名のもとに、規模にかかわらずチーズ製造業者には多大な要求が突きつけられており、農場規模でのチーズの製造は重荷となりつつある（13章を参照してほしい）。規制のハードルにもかかわらず、これまでのところ農場でのチーズ作りは復活してきている。チーズ作りを支援し、また近所に小規模な食品の製造所があれば、それも支援して行こう。

乳製品以外のミルク、ヨーグルト、そしてチーズ

「ミルク」という言葉は、あらゆるクリーミーな液状物質（例えば、ココナッツミルク）を意味するようになってきた。現在では、豆乳はどこでも手に入る牛乳の代用品となっているが、どんなナッツや種子からもミルクを抽出する（あるいはチーズにする）ことはできる。ヒッコリーナッツ（私の地域では豊富にとれ、おいしくて栄養豊富だが、残念なことに殻を割るのが難しく手間がかかることで有名）を賞味する素晴らしい方法のひとつは、ミルクに加工することだ。ナッツの油脂分と風味を液体に抽出することによって、殻や芯や表皮を取り除く手間が省ける。大きな2個の石に挟んでナッツを割る。殻の大きな破片を取り除き、中身とそれにくっついているものをすりつぶすか刻んで粗びき粉にする。新鮮な冷水に浸して、時々かき混ぜながら一晩置く。油脂分がナッツから水へ抽出されて行く。布で濾し、絞ったり押したりして、できるだけ多くの液体を絞り出す。刻んだナッツの量に対して水が少ないほど濃くクリーミーなミルクができ、水を多くすれば薄いものができる。

どんな種子やナッツでも、同じようにして抽出してミルクにできる。ヘンプシードミルクはおいしいし、アーモンドミルクもおいしい。アーモンドミルクを作るには、すりつぶす前にアーモンドを湯通し（約1分間熱湯に入れてから冷水ですすぐと簡単に皮がむける）しておく。皮がとても苦いことがあるからだ。いろいろな種子やナッツとその比率について、（小さなバッチで）実験してみよう。

哺乳類のミルクと同様に、ナッツや種子のミルクも発酵させることができる。しかし、発酵乳とまったく同じ結果は期待しないでほしい。種子のミルクを発酵させたものの中で、乳製品と最もよく似ているものはヨーグルト培養微生物で発酵させた豆乳だ。豆乳は普通のミルクと同じ手順で発酵できるし、市販されている豆乳「ヨーグルト」を買ってきてスターターとして使うことさえできる。しかしどんな「生」のナッツや種子のミルクも自然発酵させることはできるし、乳製品のスターターやザワークラウトのジュース、あるいはウォーターケフィアなど、ほとんどすべてのスターターで培養発酵させることもできる。

必ずしも果肉を捨ててしまう必要はない（ヒッコリーナッツのように、食べられない殻と混じっている場合を除いて）。種子やナッツから作った濃厚で、成形したり延ばしたりでき、すりつぶしたナッツや種子の果肉が入ったチーズは（乳製品のチーズと同様に）、液体のミルクよりもずっと魅惑的だ。私が種子やナッツ（私はこれらを混ぜ合わせることが多い）のチーズを作るには、まず種子やナッツを水に浸し、それから少量の浸した水とザワークラウトのジュースなどの生きた微生物を含むスターター、そして新鮮なハーブと共に、（フードプロセッサーかすり鉢で）すりつぶす。ゆっくりと少しずつ水を加え、望みの濃さになったら虫が入らないように覆いをして、時々かき混ぜながら1日か2日エージングする。必要に応じてガーゼに包み、つるして脱水する。

私が試した中で最高の非乳製品「チーズ」はレバノンのKeckek el Fouqaraだ。これは発酵させたブルグアの団子をオリーブ油に漬けたもので、8章で説明する。乳製品（あるいは、あなたが食べられなかったり食べたくなかったりする任意の食品）をまねしたり置き換えたりする食品を考えるよりも、あなたが本当に食べたい食品と、その食品を発酵するための（あるいはその他の方法で賞味するための）素晴らしい方法に意識を絞ることをお勧めする。この本の他の章では非乳製品の発酵食品をたくさん紹介しているので、参考にしてほしい。

トラブルシューティング

ヨーグルトがまったく固まらない

おそらくスターターが生きていないのだろう。もしかしたら、115°F/46℃よりも高い温度でミルクにスターターを加えてしまったのかもしれない。あるいは、保温温度が高すぎた（115°F/46℃以上）か、低すぎた（約100°F/38℃未満）のかもしれない。

ヨーグルトが緩い

保温中にヨーグルトの温度が下がってしまったことが原因であることが多い。保温箱にお湯を足して110°F/43℃まで温度を上げ、培養発酵したミルクをゆっくりとその温度まで熱してから、もう少し長い時間保温してみよう。これ以外の要因が関係している場合もある。ヤギのミルクのヨーグルトは、牛乳のヨーグルトよりも緩いのが普通だ。少なくとも180°F/82℃まで熱してから冷ましたミルクで作ったヨーグルトよりも、生乳ヨーグルトは必ず緩くなる。加熱がタンパク質を変性させ、それがヨーグルトの中で再構築をすることによって固化するからだ。超濃厚なヨーグルトを作るには、牛乳を使い、少なくとも180°F/82℃まで熱して、15分程度その温度を保つ。ミルクから水分が蒸発し、濃縮されてさらに濃いヨーグルトができる。

ヨーグルトにだまができる

ヨーグルトのだまは、ミルクを急いで加熱しすぎたことが原因だ。次回は、もっとゆっくりと、やさしくミルクを加熱しよう。

ヨーグルトが焦げたような味がする

ヨーグルトをゆっくりとやさしく加熱し、かき混ぜ続けて焦げないようにする。

ヨーグルトが凝結してしまった

凝結したヨーグルトからホエーが分離する現象は、シネレシス（離漿）と呼ばれる。ゼラチンなどの安定剤をヨーグルトに添加しない限り、ヨーグルトが古くなるとある程度はこの現象が起こることは避けられない。発酵期間中にこれが起こる場合には、発酵が長すぎたことを示唆している。私は、ヨーグルトの保温温度の限界をテストしている際にこの問題を経験した。115°F/46℃で4時間保温したヨーグルトは、ホエーの中に沈没していた。そのような高い温度では、ヨーグルトは数時間で凝固する。酸性化の継続によって、ホエーが放出されるのだ。新鮮なヨーグルトからホエーが分離していたら、もう少し低い温度や短い時間で発酵させてみてほしい。

ケフィアが酸っぱすぎる

もっと短い時間で、あるいはミルクに加えるケフィアグレインの比率を少なくして、培養発酵させてみてほしい。

ケフィアが凝固する

前項と同様。ケフィアはまず、粘りが出てくる。さらに酸性化が進むと、凝固する。勢いよく振り混ぜれば回復する。

グレインを濾し取るのが難しい

ケフィアに粘り気が出てきてべたつくようになると、濾すのが難しくなることがある。ケフィアがざるに詰まってしまい、押し通す必要があるからだ。スプーンや清潔な指を使ってケフィアグレインを取り出してから、ざるにこすり付けながらかき混ぜ、ざるを通して濃厚なケフィアを押し出す。

ケフィアグレインが成長しない

時々、通常は、栄養不足や極端な温度などの環境的なストレスのため、ケフィアグレインが成長しなくなったり、完全に死んでしまったり、そして最後には放置されていた酸性のケフィアの中で分解してしまうことさえある。私は今までに何度も、ケフィアグレインなどの培養微生物の世話を怠って死なせてしまった。グレインにはやさしくしてあげよう。また時には、ケフィアグレインが死んでいないのにしばらく成長を止めているだけのこともある。成長の止まったグレインがおいしいケフィアを作ってくれなくなった場合には、それを捨てて別のグレインを探してみよう。成長していないように見えたとしても、前と同じようにおいしくミルクを発酵してくれる場合もある。ちょっとグレインを甘やかして、より頻繁に栄養を与えたり、手に入れば生乳を与えたり、極端な高温や低温から保護して、ミルクの中でかき混ぜてあげよう。もしかしたら再び成長し始めるかもしれない。

Corona mill
oats soaking
grain sprouting
sourdough bread
sourdough rising
cassava root
sourdough veggie pancakes

8章 穀物とイモ類を発酵させる

Fermenting Grains and Starchy Tubers

穀物とイモ類は最も基本的な日常の主食であり、我々人類のほとんどはそれによって生命を維持し、食欲を満たし、必要なエネルギーを獲得している。そこに彩りを添え栄養を補うのが、野菜やフルーツ、肉や魚、チーズ、豆など他のすべての食品だ。国連食糧農業機構（FAO）によれば、重要な穀物を世界全体の生産量と（人と家畜の両方の）消費量が多い順に並べると、トウモロコシ、小麦、米、オオムギ、ソルガム、雑穀、オーツ麦、そしてライ麦となる。イモ類の中で重要なものは、ジャガイモ、キャッサバ、サツマイモ、ヤムイモ、そしてタロイモだ。[1]

穀物農業の発達により、最初期の帝国が成立した。乾燥穀物の安定性と保存性は、それまでには不可能だった富の蓄積と政治力の発達を促した。「複雑な社会の出現、文字記録を残す必要性、そしてビールの普及は、すべて穀物の余剰によってもたらされた」とTom Standageは『A History of the World in 6 Glasses』の中で書いている。[2] 現在に至るまで穀物の経済的・社会的・政治的な重要性は、きわめて大きい。穀物の不作は政権を転覆させ、革命を引き起こした。

穀物の安定した保存を可能にする稠密で乾燥した性質は、同時に消化を難しくしている。我々が穀物から栄養を十分に得るには、発酵による事前消化が**必要**なのだ。穀物には、フィチン酸と呼ばれるリン酸塩の一種など、消化を妨げる数種類の「栄養阻害物質」が含まれている。『Journal of Agricultural and Food Chemistry』の記事によれば、「フィチン酸やその誘導体は必須ミネラルと結合し、吸収を不可能に、または部分的にしか吸収できなくしてしまう」。[3] フィチン酸は、それが含まれる食品だけでなく、同時に消化される他の食品中のミネラルの利用性をも低下させる。[4]

発酵によってフィチン酸や穀物中に見

られるその他の有毒化合物は変成作用を受けるため、有害な影響は中和される。[5] 穀物の場合、バクテリアによる発酵はアミノ酸（リシン）の生体利用性も向上させる。[6] 発酵の事前消化力は、キャッサバの場合にはさらに際立つ。キャッサバは、多くの熱帯地域で重要な主食作物となっているイモ類だ。キャッサバには青酸（シアン化水素酸）の前駆体となる化学物質が含まれることが多く、未処理のまま食べるときわめて有毒な場合がある。穀物に含まれるフィチン酸と同様に、キャッサバの毒性は発酵によって低減または消失する。このような化学反応の知識なしに我々の祖先が、穀物やキャッサバの栄養価を高め消化を容易にするには水に浸す（それによって微生物の活動を開始させる）必要があることを本能的に理解してそれを守ってきたことは、奇跡としか言いようがない。

ニシュタマリゼーション

ニシュタマリゼーション（nixtamalization）とは、中米のトウモロコシ文化圏で発達した加工法だ。この単語は、アステカ文化のナワトル語に由来する。広大な地域に普及したため、この加工法の詳細についてはかなりのバリエーションが存在する。私がトウモロコシをニシュタマリゼーションする方法は以下のとおりだ。私は広葉樹の灰を使う。常に身近にあるからだ。現在では消石灰（水酸化カルシウム）を使うように指示されることが多く、これはメキシカンマーケットではcalと呼ばれ、簡単に手に入る。2ポンド／1kgの乾燥した全粒トウモロコシに対して、1カップ／250mlのふるった木灰または大さじ1／15mlのcalを使う。トウモロコシに水を加えて煮立たせる。水と混ぜた木灰、または水に溶かしたcalを、煮立ったトウモロコシに加える。すぐにトウモロコシは鮮やかなオレンジ色になるはずだ。弱火にして約15分間、または皮が粒からはがれ始めるまで煮る。（もっと長く煮ると、まず皮が、そして最後にはトウモロコシの粒全体が溶けてしまう。私は灰を入れすぎ、長い間ニシュタマルを煮すぎて、トウモロコシを完全に溶かしてしまったことがある）。皮が粒からはがれてきたら、鍋を火からおろしてふたをして、この熱いアルカリ性の溶液の中にトウモロコシを一晩または冷めるまで浸しておく。よく水洗いする。もし皮がまだトウモロコシについていたら、手のひらの間でこすって取り去る。これでトウモロコシはニシュタマル（nixtamal）になった。

刻み込まれたパターン

世界中で主食の穀物やイモ類を発酵させる地域的なスタイルの詳細には、信じられないほどの多様性がある。しかしまた各地の文化を見渡してみると、さまざまな場所でさまざまな穀物やイモ類を発酵させ料理する方法には、共通のパターンが見られる。水に浸す場合には、粉にしたり、叩いたりすることも多い。穀物は発芽（モルト処理）させてから発酵させる場合も多く、これによって複合炭水化物が単糖に分解される。また伝統的に穀物にカビを育てたり、時には穀物を噛んだりして、同様の酵素による変成作用を起こす場合もある。穀物は煮ると粥や重湯になる。焼いてフラットブレッドやパンケーキにしたり、蒸したり、あるいは焼いてパンにすることもある。

発酵のスタイルに目を見張るようなバリエーションが存在する穀物がトウモロコシ（コーン）だ。この穀物の原産地メキシコでは、トウモロコシの発酵によって多種多様な食品や飲み物が作られている。現代のメキシコの発酵食品だけでなく古代においても、たいてい（トウモロコシを発芽させる場合以外は）ニシュタマリゼーション（nixtamalization）と呼ばれるアルカリ化プロセスが行われ、全粒トウモロコシは木灰または石灰で煮沸される（コラムを参照してほしい）。このプロセスによって、硬いトウモロコシ穀粒の外皮が取り除かれ、風味が変化し、そしてトウモロコシの栄養価が向上する。[7]

トウモロコシ栽培によって興ったマヤ文明の子孫たちは、ニシュタマリゼーションされたばかりのトウモロコシを荒く潰して固い生地（マサ）を作り、団子に丸めて（スターターは加えずに）バナナなどの大きな葉で包んで発酵させる。（またタマーレのように、トウモロコシの皮で包むこともある）。この団子は数日間、またはそれ以上発酵される。歴史家のSophie D. Coeは、ユカタンの初期のスペイン人司教Diego de Landaによるマヤ人の生活に関する報告から以下のように引用している。「この生地の大きな団子は旅人に与えられ、何か月保存してもただ酸っぱくなるだけで日持ちする」。[8] この発酵団子はポソル（pozol）と呼ばれる。時間がたつと表面にカビが生えてくることも多い。「この表面における菌類フローラが風味に寄与している可能性があり、そのため伝統的なスタイルのポソル生地は、菌類によって熟成された乳酸菌発酵食品とみなせるかもしれない」と微生物学者のチームは考察している。[9] ここではポソルが、中国などのアジア各地にみられる混合カビ発酵穀物食品（10章を参照してほしい）やチーズに類似したものとされている。

国連食糧農業機構は、「発酵プロセスのさまざまな段階で」ポソルのかけらが1:2から1:3の割合で水と混ぜられることを報告している。塩、チリペッパー、砂糖、またはハチミツを加えて「作られる白っぽい粥は、大規模なコミュニティの日常の食生活における基本的な食べ物として、未加熱の状態で食べられている」。ポソルは便利で簡単な、元気づけの飲み物として野外や路上で飲まれている。ポソルを、全粒トウモロコシのシチューであるポソーレ（pozole）と混同してはならない（ただし、ポソーレも発酵させたトウモロコシで作れる）。「ポソルは主にメキシコ南東部の各州で、インディオやメスティーソの人々によって消費されている」。[10]

dried corn

アトリ（Atolli）はもうひとつの古代のトウモロコシベースの飲み物で、発酵して作られることが多く、スペイン語ではアトーレ（atole）と呼ばれている。アトーレは、トウモロコシを薄くて飲みやすい粥に調理したものだ。Diego de Landaは、スペイン人到来時のマヤの人々にとってそれが重要だったことを以下のように説明している。

> 最も細かく挽いたトウモロコシから抽出したミルクを火の上で煮詰めて作った粥のようなものを、熱いうちに彼らは朝に飲む。彼らは朝の残りに水を掛けたものを日中に飲む。彼らは水そのものを飲むことに慣れていないからだ。また彼らはトウモロコシを炒って挽き、少量のコショウとカカオを混ぜて、非常に元気の出る飲み物を作る。挽いたトウモロコシとカカオから、彼らは泡

の出る飲み物を作り、祝宴に出す。彼らはカカオからバターのような油脂を抽出し、これとトウモロコシを使って、また別のおいしく珍重される飲み物を作る。[11]

アトーレは、最も初期のカカオが入った飲み物のひとつだったと考えられている。Sophie Coeは、アステカの人々がしばしばアトーレを4・5日（「心地よい酸っぱさ」になるまで）放置して酸っぱくさせ、xocoatolliにしていたと報告している。[12] アトーレは、「その調理のさまざまな時点で」酸っぱくさせることができた、とCoeは書いている。

ひとつの方法は、硬く熟したトウモロコシを、石灰を加えずに、自然にほとんど溶けるまで何日も水に浸すことだった。あるいは、水に浸けて挽き、酸っぱくなるまで放置してから煮ることもできた。挽いて薄めても酸っぱくなる。あるレシピでは、挽いて水を加えたトウモロコシ生地を2つの同じ大きさに分け、片方は煮て、煮なかったほうに加えて一晩置く。次の日にはまたそれを煮る……。若いトウモロコシのアトリも酸っぱくさせることができた。[13]

スペイン語では、xocoatolliはアトーレアグリオ（atole agrio、酸っぱいアトーレ）とも呼ばれる。（これについては後で詳しく説明する。）

まったく異なる微生物のトウモロコシの変成作用によるものがメキシコで賞味されているウイトラコーチェ（huitlacoche）で、これは英語でcorn smut（トウモロコシ黒穂病菌）と呼ばれる菌類*Ustilago maydis*の生育したトウモロコシだ。この菌類は成長中の植物に発生し、植物に病気を引き起こす。感染したトウモロコシの穂についた穀粒は、巨大化して不規則なスポンジ状の黒いかたまりになり、「こぶ（galls）」と呼ばれる。アステカ料理や後世のメキシコ料理では、この菌類に侵されて黒くなったトウモロコシの特異な風味が珍重されるようになったため、この菌類を意図的に感染させる場合も多い。

メキシコの一部、特にウイチョル族やタラマウラ族の人々の間では、トウモロコシを発酵させてtesgüinoと呼ばれるビールを作ることも行われている。tesgüinoを作るには、まずトウモロコシを発芽させる（モルト処理とも呼ばれ、この間に酵素が複合炭水化物を単糖に消化する）。次に発芽したトウモロコシを挽いてペースト状にし、約12時間以上煮てから冷まし、さまざまな植物性触媒を加えて発酵させる。（詳しくは、9章の「tesgüino」の項を参照してほしい）。また、モルト処理したトウモロコシをホットチリペッパーと発酵させると、メキシコ中部のマザフア族の人々がsendechoと呼ぶビールになる。[14] 非常に異なるプロセスでトウモロコシからビール（chichaと呼ばれる）を作ることが、南米のアンデス山脈で行われている。複合炭水化物を単糖に分解する酵素は、唾液から得られる。トウモロコシを噛んで穀粒を砕き、唾液の酵素をしみこませることによって、この変換が行われる（9章を参照してほしい）。ブラジルでは、水に浸した全粒トウモロコシを挽いて水と砂糖、そして時にはフルーツやショウガなどのスパイスを加え、発酵させてアルア（aluá）と呼ばれる軽い飲み物を作る。[15]

チェロキー族の人々は、トウモロコシを発酵させてgv-no-he-nvという酸っぱい飲み物を作る。これは基本的にはtesgüinoに似ていて、コーンを発芽させるのではなくニシュタマリゼーションする点だけが異なる。[16]『Zuni Breadstuff』の中で、1870年代から1880年代にズニ族の人々と暮らしていた著者のFrank Hamilton Cushingは、「最も珍重されるパン種」は、かみ砕いたコーンに「適度に細かい粗びき粉と温水を混ぜて首の細い小さなつぼに入れ、発酵が起こるまで暖炉の上または近くに置き、それから石灰［で処理したトウモロコシ］の粉［マサ］と少量の塩を加えたもの」であり、そうして作られるイーストは「いかなる意味でも我々のものに劣っていない」と言っている。[17] Cushingは、そのようなイーストを使って作られる、ダンプリングやプディング、「トウモロコシパン（batter-cakes）」や「ファイアローフ（fire loaves）」など、さまざまなズニ族の発酵トウモロコシ食品について説明している。

米国南東部のアパラチア地方では、人々はトウモロコシを軸についたまま、または軸から外して、塩水に漬ける。ジョージア州ギルマー郡のErnest Parkerは、以下のように昔を回想している。「彼らはクラウトや豆を塩漬けにするのと同じように、トウモロコシの穂を丸のまま何樽も塩水に漬けていた」。[18] Farmer's DaughterブランドでAppalachian Soured Cornを（その他数多くの発酵食品や保存食品も）製造販売しているApril McGregerは、このトウモロコシを塩水に漬けるというアイデアを最初に私に紹介してくれた人物だ。「私は常日頃からサワーコーンが、ヨーロッパの伝統的なサワーキャベツを取り入れて地元の食材に適用したものだと思っていました」とAprilは説明してくれた。しかしチェロキー族の民俗学者と話した後、彼女は「サワーコーンがもともとネイティブアメリカンの伝統であって、サワーキャベツを食べて育ったヨーロッパの人々がそれを好んだ」ことを理解した。Aprilは、新鮮なスイートコーンを使い、1クォート／1リットルの水に対して約大さじ3の塩を加えた5パーセントの塩水（5章の「湿塩法」を参照してほしい）に、スパイスとして粒コショウを加えて漬けることを勧めている。デンプン質の飼料用トウモロコシの場合、「ミルクを固めるために」彼女はトウモロコシを1分間ゆでることを勧めている。スイートコーンには糖分が多く、また暑い気候で熟すため、すぐに酸っぱくなる。サワーコーンは軸付きのままピクルスとして食卓に出したり、薬味として、サルサに混ぜて、あるいはさまざまなサラダや料理の材料として使ったりすることができる。

トウモロコシや、それを発酵させるスタイルは、初期に栽培されていたアメリカ大陸から遠くにまで広がっている。ニュージーランドのマオリ族は、彼らがkaanga waiと呼ぶプロセスでトウモロコシを水に浸して発酵させる（コラムを参照してほしい)。「この発酵方法では、トウモロコシの穂を何週間も水に浸しておくことがある」とBill Mollisonは書いている。「穀粒はすりおろしたサツマイモと混ぜて、モスリンかトウモロコシの葉に包んで約1時間蒸すこともある(好みに応じて塩コショウ、またはバター、砂糖、そしてミルクを加えてもよい)。穀粒は塩と豚脂で揚げたり、粥にしたりもする」。[19]

アフリカ各地で、トウモロコシから作られた粥や飲み物は生活の必需品となっている。ナイジェリアのogiやケニヤのujiは、トウモロコシや雑穀などから作られた酸っぱい粥だ。熱い粥はpapとも呼ばれ、粥が冷えて固まったものはagidiと呼ばれる。[21] kenkeyはタマーレに似たガーナの発酵食品で、トウモロコシを1日か2日水に浸してから挽いてペーストにして、数日間発酵させる。それから半分を煮て粥にして、冷えてから加熱していないものと混ぜて団子にして、トウモロコシの皮か料理用バナナの葉で包み、蒸す。[22] mahewuはアフリカ南部で広く賞味されているトウモロコシを発酵させた酸っぱい飲み物だ。沸騰したお湯9に対してコーンミールを1の割合で混ぜて約10分間、粘り気が出てくるまで煮る。冷めてから小麦粉(使ったコーンミールの量の約5パーセント)を混ぜる。これは微生物の生きているスターターとして働く。発酵容器に移して、暖かい場所に置いて発酵させる。報告によれば、アフリカ南部のmahewuの場合、約24時間発酵させるのが通常らしい。[23] テネシー州では、風味が出てくるまで数日間待たなくてはならなかったが、その風味はマイルドで快いものだった。毎日混ぜて味を見て、発酵の進行を判断する。アフリカ各地には、他にも多くの名前と形態の発酵トウモロコシがある。

もちろん、コーンブレッドやコーングリッツなど、現在の米国のトウモロコシ料理も水に浸すだけで発酵させることができるし、イタリアのポレンタも同様だ。トウモロコシやその他の穀物から作られた食べ物や飲み物で、発酵できないものはない。もうひとつ、触れておくべきトウモロコシの発酵形態は、ムーンシャイン(別名コーンウィスキー)だ。ウィスキーは蒸留してアルコール濃度を高めたもの

マオリ族のkaanga wai

ブロガーシェフTallyrand[20]

直訳すると「トウモロコシ水」となるが、実際には水中で熟成させたトウモロコシの料理だ。マオリ族の食品は彼らの伝統と文化に根差したもので、また旬の食材を容易に利用できるようにしたり、あるいは将来のために保存する方法を見つけたりといった、必要から生まれたものでもある。kaanga waiは明らかに後者に属す食品で、「腐ったトウモロコシ」とも呼ばれている。これには非常に強く不快なにおいがあるが、それを乗り越えることができれば(マオリ族以外の大部分の人には無理だが)、それほど不快な風味ではない。

元々は軸から外したホワイトコーンを粉袋に入れて杭に結び付けて流れに浸していたが、最近ではドラム缶に入った水に浸け、2か月間毎日水を変えて作られることが多い。その時までにトウモロコシは本当にやわらかく、ぐずぐずになる(非常に臭いにおいがするのは言うまでもない!)。これを洗い、つぶすか細かく切る。トウモロコシ2に対して6の割合で水を加え、コンロで煮ると、粥のような料理が出来上がる(できれば屋外で、あるいは窓を大きく開けて作ること!)。そしてこれを、好みに応じてクリームと砂糖を加えて食卓に出す。kaanga waiにクリームと卵と砂糖を加えてオーブンで焼けば、焼きプリンを作ることもできる。あなたにこれを試す勇気が本当にあるのなら……どうぞ召し上がれ!

だが、蒸留によってアルコール分を高めるためにはまず発酵によってアルコールを作り出さなくてはならない。ムーンシャインはテネシー州の私が住んでいる田舎の郡ではニュースになっていた。当地では投票によって、ウィスキー作りが合法化されたばかりだったからだ。私にとって最も興味深かったのは、これによって明らかになった歴史だった。禁酒法以前には、我々の小さな郡にも18か所の蒸留所が操業許可を得ていた。これらの蒸留所は地元農家のトウモロコシに市場を提供し、現金収入が得られる保存可能な農産物として郡の外へ輸出されていた。禁酒法後もこの地域では酒造りが引き続き禁止されていたため、この郡では他に有効な経済的基盤を見出すことができなかった。たぶんこの発酵による付加価値活動が再び盛んになれば、農家を支援し、仕事を作り出し、そして沈滞した地元経済の復興に役立つことになるだろう。

トウモロコシは、それが広まったどの地域でも重要な作物となり、複雑な文化的慣習を作り上げたり、新たな表現を付け加えたりした。その文化的慣習は場所ごとに違っているが、やはり共通のパターンが存在する。これらの発酵食品はすべて、種子そのものを発芽させる生命力と同じ、創造的共同作業の精霊から生まれたものだ。「7千年間の蓄積されたエネルギーが、種子から発散される」とSELUのMarilou Awiaktaは、トウモロコシの神聖さとその強力な霊性を説明している。我々は自分の手にそのエネルギーを感じられ、そして「量子跳躍を行って線形時間から脱出し、メキシコの暖かく湿った大地に立ってみると、そこでは現地の住民たちが同様の体験をし、ある野草に初めて触れている」。最初のコンタクトというその神秘的な瞬間のかなたで、Awiaktaはこの植物と栽培者との間に展開される共同作業の道のりを思い描いてみるよう我々に促す。

彼らの敬意に満ちた勤勉な世話によって、この野草は次第に自分を保護していた殻を脱ぎ捨て、その生殖寿命を人間の手に委ねるようになった。これは人々が神聖な法則と、マザーアースとの契約に従って解釈したプロセスであった。丁寧な世話によって、豊穣がもたらされた。世話が欠ければ、何物も生み出されない。何かを得るならば、その代わりに何かを差し出さなければならない。贈り物を返すのだ。
人々は契約を守った。彼らは種子から無限のバラエティを発展させ、それは今では「栽培植物化の空前絶後の至高の成果」と呼ばれている……。精霊(トウモロコシの本質)から人々は生存の知恵、環境と調和して助け合う生き方の常識を学んだ。精霊を敬い知恵を貴ぶために、すべての部族は、その習慣に従って、祭りや儀式、歌、芸術、そして物語を作り出した。すべての物語はそれ自体が種子であり、そこにはトウモロコシの精霊が、その基本的な教えと共に、凝縮されている。子どもの心に植え付けられた物語は子どもと共に成熟し、彼女や彼を養って知恵と才能を育てる。物語と生命は、互いに絡み合っているのだ。[24]

トウモロコシの物語の重要な部分は、それが栽培されてきたということだけではなく、それが加工されて発酵されてきたということだ。我々の食べ物を取り戻すことは、我々の物語を調査し、学び、そして究極的には語り直すことなのだ。

小麦には特有の物語と伝統的な発酵スタイルの連続体が存在し、その点は米やライ麦など他の穀物についても同様だ。そしてトウモロコシの発酵スタイルは、すべて他の穀物にも応用できる。もちろん、その結果は異なるものになるだろう。

I. N. COGNITOのマニフェスト

私たちはグルテンや乳糖を許容できないわけではありません!! 問題は小麦ではありません。問題なのは、ひどい料理人のほうです! もうちょっとだけ時間と手間を掛けて、生来の酵素の活動を刺激する調理を行えば、自然由来の望ましくない栄養阻害物質が中和され、そして素晴らしく複雑な植物性タンパク質であるグルテンも変成されて容易に消化できるようになるのです。現代のすべての食品の99パーセントがそうであるように、あわただしく食品を調理してしまうと、特にパンの場合に未転換のグルテンが(そして炭水化物も)有毒なアレルギー反応を人体に引き起こします。事前調理は身体の調和のために不可欠です……。1950年代以降、我々は古代の料理の伝統へとつながる糸を失ってしまいました。それは食品中の有毒な栄養阻害物質を無効化するために不可欠のものであり、またタンパク質や炭水化物、麦芽などを無害化するだけでなく、最大限に消化可能で栄養豊富な、おいしいものにしてくれるものだったのです。
この失われた伝統のプロセスが発酵であり、その失われた生息地がスローなキッチンなのです。またそれだけでも十分に苦痛だというのに、冷酷に利益をむさぼり病気を作り出し続けている医薬品疾病業界やその共犯者である食品業界カルテルと、そのような強欲から我々を守ることを期待されていながら言いなりになっている政府の規制機関によって、我々はひどく痛めつけられ、だまされ、そして沈黙させられているのです。[25]

穀物はそれぞれ独特の性質、食感、生化学、そして風味があるからだ。しかしすべての穀物発酵食品は、水と穀物を混ぜ合わせるというシンプルなテクニックを組み合わせて複雑化した、いくつかの基本パターンに従っている。穀物は数多くの異なる方法で水と合わせることができ、それらはすべて発酵によって効果を高めることができる。

穀物を水に浸ける

穀物を発酵させる最もシンプルな方法は、それを水に浸けることだ。水はすべての生命の源であり、乾いた種子が変質せず貯蔵できるのも、まさに利用可能な水が存在せず、表面に必然的に存在する微生物の作用や成長が不可能なためだ。微生物は確かに存在するものの、種子そのものと同様に、水によって目覚めるまで休眠状態にある。穀物は水に浸けると膨らみ始め、一連の変化を開始し、条件さえそろえば芽生えて新しい植物へと成長して行くことになる。同時に、水は種子の表面に存在するバクテリアや菌類をも復活させ、発酵を開始させる。

穀物は、全粒でも挽いてあっても水に浸す利益がある。ここでは全粒穀物と、挽き割り麦や押し麦など部分的に挽いてある穀物について説明する(粉については後で述べる)。カルキ抜きした水を、穀粒の調理に使う予定の比率で使うこと。時間のないときには、ほんの数時間漬けるだけでもよい。事前消化は始まったばかりだが、まったく浸さないよりはましだ。

より速く事前消化させるには、穀物を（体温程度の）ぬるま湯に浸し、活性培養微生物（前に穀物を浸した水やホエー、サワー種スターター、バターミルク、あるいはザワークラウトジュースなど）を多少加えるか、酢やレモンジュースなどの酸を加える。8時間から12時間浸せば完全に膨らむが、1日から数日間浸せば十分に事前消化され、風味が本当に増してくる。このリズムをつかんだら、毎回浸した水をカップに数杯取っておき、次に浸す際に使うことをお勧めする。浸すのは簡単だ。ちょっとした計画性以外には、実際には余分な作業は必要ない。

穀物を浸した水でそのまま調理するか、あるいは浸した水を捨てて新しい水に入れ替えるかに関しては、考え方が分かれている。この問題に関しては、私も確固とした回答は持ち合わせていない。私自身は、長い間浸していた水は使うようにしている。より多くの栄養素が水に溶けだして、風味も増しているからだ。短期間浸した場合には、吸収されなかった水を捨てて、同じ体積の新しい水に入れ替えることをよくする。Paul Pitchfordは、『Healing with Whole Foods』の中で、「浸した水は捨てなさい」とはっきり言っている。[26] しかし、彼はその理由は示していない。『The Hip Chick's Guide to Macrobiotics』の著者Jessica Porterや『Complete Guide to Macrobiotic Cooking』の著者アヴェリーヌ偕子久司（Aveline Kushi）は、二人ともレシピの中で浸した水を使って穀物を調理するよう指示しているが、どちらもこの問題について論じてはいない。多くの人に穀物を水に浸すことを教えた『Nourishing Traditions』の著者Sally Fallon Morellは、浸した水を使わない理由があるかどうか、この本の中では示していない。私が電子メールで彼女に問い合わせたところ、「普通、私は水を捨ててしまいますが、オートミールの場合には、浸した水で調理します」という答えが返ってきた。私と同様に彼女も一貫しておらず、時には浸した水を捨て、時には使うようだ。すべての問題に、究極の答えがあるわけではないのだ。

発芽させる

穀物を水に浸けることは発芽の最初のステップだが、穀物や種子は浸されたままでは発芽できない。発芽には水が必要だが、酸素も必要だ。浸された種子は膨らんで発酵するが、水がなくならないと発芽することはない。したがって、全粒穀物やその他の種子を発芽させるには（一般的には、無傷で挽いていない種子だけが発芽可能だ）8〜24時間浸してから、水を捨てる。発芽させる際、普通私は種子をジャーに入れて浸し（4分の1よりも多くは入れない）、口をネットで覆って輪ゴムで止める。浸した後、そのまま余分な水を捨て、それからジャーをひっくり返したまま、水切りかご、または計量カップやボウルの上に立てて、捨てた水が穀物の周りに残らないようにする。発酵愛好者Nancy Hendersonは、ナイロンストッキングを使って発芽させることを提案している。「ジャーよりも安上がりで、場所も取らず、扱いやすくて、より良い結果が得られます……。普通に一晩だけ浸し、それからストッキングに移して、水道の蛇口か何かにつるしておきます」。どんな方式を使うにしても、穀物を湿った状態に保つため、少なくとも1日に二度(朝晩、夏場はもっと頻繁に)洗ってその後毎回水を捨てること。発芽に必要な時間の長さは穀物の種類によっても、また温度や洗う頻度によっても異なる。光合成と苦味の発生を防ぐため、発芽中の穀物は直射日光が当たらないようにすること。大まかなルールとして、穀物自体と同じくらいの長さまで芽が伸びてくれば、発芽は完了だ。発芽穀物はそのまま、またはパンやケーキなどの生地として、あるいはリジュベラック(下記参照)またはtesgüino(9章の「tesgüino」を参照してほしい)などの飲み物を作るのに使ったり、もしくは乾燥器や日光や低温のオーブンで乾燥させてビールを醸したり(9章を参照してほしい)、粉に挽いたりすることができる。

リジュベラック

リジュベラック(rejuvelac)は、発芽済みの穀物を水の中で発酵させて作る強壮飲料だ。リジュベラックを作るには、まず穀物を発芽させる必要がある。発芽した後、水に浸す。1日か2日発酵させてから、濾した液体を賞味する。リジュベラックは冷蔵庫で保存すること。お望みなら、もう一度穀物を水に浸して「二番煎じ」することもできる。リジュベラックは、1960年代のローフードのパイオニアであるAnn Wigmoreによって開発された。その風味が大好きな人もいるが、魅力を感じない人もいる。また多くの人が、リジュベラックをその他の種類の発酵食品のスターターとして使うことに成功したと報告している。

粥

誰でも穀粒から今のようなパンを作るようになる前は、粥や重湯を作っていた。そのほうがずっと簡単で作りやすかったからだ。重湯(gruel)は薄くてとろとろした液体で、普通は飲む。粥(porridge)はもっと濃厚で、通常はボウルからスプーンで食べるが、指でつまんでシチューに浸して食べられるほど固い場合もある。しかしこれらは連続体として存在し、どこまでが重湯でどこまでが粥なのか、区別することは難しい。私が普段作るのは粥だが、どんな粥も水で薄めれば重湯になる。発酵は粥や重湯の風味を向上させ、消化しやすさと栄養利用率を高めてくれる。

粥—重湯連続体は、とても体に良い食べ物だ。私は祖母が、一緒にいるときにはいつでも弟と私のためにCream of Wheat(朝食用の小麦粥の商品名)を作ってくれたことを懐かしく思い出す。重湯は、たいていの人が乳離れの際に食べる最初の食べ物として重要だ。「すべての伝統的な離乳食は、地域の食材から作られる重湯の形態を取る傾向にある」と『Journal of Tropical Pediatrics』に書いてある。[27] 幼児は、栄養不足や下痢性感染症のため、離乳期に罹病率や死亡率が最大となる。離乳食の重湯を発酵させることは、世界各地で伝統的に行われており、重湯の栄養素密度を高め、栄養素の利用率を向上させ、重湯をバクテリア汚染から守り、またそれを食べる幼児の微生物生態系の構築を助ける効果がある。これらの効果により、幼児の病気や死亡率が減少することが示されている。[28]

米国では、粥はメープルシロップ、ハチミツ、砂糖、あるいは異性化糖などで甘味を付けることが多い。読者には、粥に甘味の少ない風味付けをしてみる実験をお勧めする。私はバターと塩と胡椒の入った粥を食べて育った。リトアニアのユダヤ人の子孫である私の父は、これを「Litvak風」と呼んでいた。最近では、私は普通バター、ピーナッツバター、みそ、そしてニンニク（全部一緒に）で粥を風味付けする。たいていの人はそうだと私は信じているのだが、私と同じように読者が調味料好きならば、お好きな調味料を粥に入れて食べてみてほしい。そして大胆な実験を恐れずに行ってみてほしい。

オートミールを発酵させる

オートミールを発酵させるには、ローラーで押しつぶした、または挽き割りのオーツ麦を2〜3倍の体積の水に浸す。2倍の水だと濃いオートミールになる。3倍だとクリーミーな、とろりとしたものができる。一晩または24時間、あるいは数日間、時々かき混ぜながら水に浸すこと。それからオーツ麦とそれを浸していた水にひとつまみの塩を加えて煮立たせ、水がすべてオーツ麦に吸収されてオートミールが均一な濃度になるまで、かき混ぜながら煮る。オートミールが濃すぎるようであれば、少しずつ水を足しながら調整する。あまり薄いようであれば、もう少しオーツ麦を加える。このように、発酵粥を作るのはとても簡単だ。「ブルターニュ地方では、かつてオーツ麦の粥は一晩発酵させた後に食べられていた」とClaude Aubertは書いている。「この一晩の発酵によって、この伝統的な料理には特徴的な味わいとわずかな酸味が加わるが、それは現在の粥には見当たらないものだ」。[29] 水に浸すことによって、全粒のオーツ麦も発酵させることはできるが、調理にはさらに長い時間が必要だ。私は冬に時々、水に浸した全粒のオーツ麦を夜に煮て、そのまま火を弱めた薪ストーブの上で温めておくことがある。脱穀した全粒オーツ麦を一晩掛けてゆっくりと煮たオートミールは、比べようがないほどクリーミーでおいしいものだ。

私の友人Brett Guadagninoは、ニューオーリンズでパン屋をしているが、サワー種スターターを使ってオーツ麦を発酵させ、水ではなくミルクに浸している。「私は大きなメイソンジャーいっぱいのオーツ麦とミルクに、小さじ1杯弱の培養微生物を加えています」と彼は教えてくれた。「コツは、朝食時に酸っぱくなりすぎないように、タイミングをうまく図ることです。とろみが出てきてチーズのような食感と風味になるのが理想的です。少し甘味を付けても、しょっぱくしても素晴らしい朝食になります」。またBrettは、このサワー種オートミールをシチューのとろみ付けに使うという、目新しいこともしている。

英国の新聞Guardianでパンについて書いているDan Lepardが、sowensという名前の粥のレシピを送ってくれた。これは1929年発行の『The Scots Kitchen: Its Traditions and Lore with Old-Time Recipes』という料理本に載っていたものだ。sowensはsidsから作られる。これはオーツ麦の穀粒の内皮で、オーツ麦から取り除かれた後でもまだデンプンが多少付着している。まず、このsidsを4日以上水に浸してから、ふるいを通して濾す。「sidsをしっかり絞って栄養分をすべて引き出してください。途中でほんの少し冷水を加えるといいでしょう」と著者のF. Marian McNeillは助言している。sidsそのものは捨ててしまい、浸した液体をもう1日置くと、sidsから絞り出されたデンプンが沈んで底にたまってくる。「使う必要が出てくれば、透明な液体を注ぎこぼし、沈殿物の一部を鍋に入れ……水を加えます……。塩少々を加えて10分以上、よくかき混ぜながら粘りが出るまで煮ます」。[30] ここでは、そのままでは捨てられてしまったであろう、残ったデンプンを活用する手段として、発酵が使われている。

グリッツ／ポレンタ

グリッツは、現在も米国南東部で食べられているトウモロコシの粥だ。ニューヨークに育った私は、1970年代のテレビコメディ「Alice」でFloがMelに「私のグリッツをお舐め！」と毒づくような、不案内な文化の象徴としてしかグリッツを知らなかった。しかし私は、ポレンタはよく知っていた。これはイタリアのトウモロコシ粥キャセロール料理で、私は食べるのも好きだったし、時々は自分でも作っていた。私はテネシー州に引っ越してからグリッツと出会い、チーズの入ったスパイシーなグリッツに目玉焼きを乗せたものは、私の朝食のレパートリーのひとつになった。そして私はグリッツやポレンタを作っているうちに、この2つの違いについて考えるようになった。グリッツは普通（いつもではないが）「ホミニー(hominy)」グリッツと呼ばれる。**ホミニー**とは、石灰で処理したトウモロコシを意味する（アルゴンキン語から借用した）英単語だ。そのやり方は、先ほどニシュタマリゼーション（アステカ語の単語を英語化したもの）として簡単に説明した。**グリッツ**は「挽き割り」という意味で、ホミニーグリッツは石灰処理したトウモロコシの挽き割り、ということになる。対照的に、ポレンタは通常この加工をせずにトウモロコシを粉にしたものだ。ヨーロッパ人は、トウモロコシそのものと一緒に現地の食習慣は輸入しなかったらしい。しかし、トウモロコシをニシュタマリゼーションするかしないかということ以外は、ポレンタとグリッツはまったく同じトウモロコシの粗びき粉だ。

どちらも同じ方法で発酵させることができる。一晩、1日か2日、あるいはもっと長く（あれば何らかのスターターを入れてもいいし、入れなくてもよい）水に浸す。こうして浸すことによって、グリッツやポレンタはよりクリーミーになり、より消化が良くなり、そしてよりおいしくなる。浸した後、水と塩をひとつまみ加えて、（だまを崩して底の焦げ付きを防ぐために）かき混ぜながら煮る。私はよく、お湯の入ったやかんを用意しておいて、必要に応じてお湯を足したりもする。

グリッツやポレンタは、ゆるい状態でも固まった状態でも食卓に出すことができる。熱い間はゆるくても、冷めると粘り気が出てくる。さっき少し触れたナイジェリアの発酵トウモロコシ粥ogiは、熱い粥の状態ではpapと呼ばれ、冷えて固まったものはagidiと呼ばれる。私はたいてい、たっぷりグリッツを作って、熱くて粘り気があるものをかき混ぜられる程度の状態で食べ、残りをパイ型やパン型に広げて冷ましている。固まった後で、スライスして揚げるとおいしい！

また、水に浸した全粒トウモロコシから直接トウモロコシ粥を作ることもできる。ニシュタマリゼーションして皮の取れたトウモロコシの粒を、すり鉢とすりこ木ですりつぶすか、あるいはフードプロセッサーかミルで挽いてペースト状にする。（ぬれた穀粒をミルで挽く場合、必ず錆を防ぐために後で掃除して乾かしておくこと）。発酵させたい場合には、微生物が栄養素を利用できるようにペーストの状態で1日か2日発酵させる。それからトウモロコシのペーストに塩少々とさらに水を加えて煮立たせ、常にかき混ぜながら、必要に応じてお湯を足し、望みの粘り気になるまで煮る。

雑穀の「ポレンタ」　Lisa

私の家族はイタリア北部のドロミテアルプスで育ちました。寒い冬の時期、私たちはよくポレンタを食べました。これは荒く挽いたコーンミールで作ったお粥です。近所の農家で作られたチーズとバターミルクを添えて食卓に出されました。私はもうそれほど乳製品は食べないので、このトッピングの風味に似せた他の穀物で実験してみました。この料理のおいしいバージョンが、雑穀で作れることがわかりました。ぜひ試して、この発酵シリアル穀物のリッチな風味を楽しんでください。1/4カップ／50mlの雑穀を1クォート／1リットルのメイソンジャーに入れ、小さじ2／10mlの塩を加えて水をいっぱいに注ぎます。ジャーをガーゼで覆って、暖かい場所に24時間から2日置きます。雑穀を濾して洗い、1と1/2カップ／350mlの水と一緒に鍋へ入れます。火にかけて煮立たせます。（オプション：オレガノ、ターメリック、クミン、パプリカ、塩をそれぞれ小さじ1／5mlずつ加えます）。火を弱め、雑穀の粘りが出るまで（約20分）煮ます。オートミールを煮ているときと同じように、時々かき混ぜます。大さじ3／45mlのオリーブオイルと大さじ1／15mlのレモンジュース（オプション）を加えます。雑穀がもったりして来るまで、時々かき混ぜながら、弱火で煮込みます。8インチ×8インチ／20cm×20cmの容器（または同じくらいのサイズのもの）に流し込み、冷まします。最後に、スライスしてトーストしたり、グリルで焼いたり、あるいはそのままで食卓に出します。

アトーレ・アグリオ

アトーレ（atole）は薄いトウモロコシの重湯で、通常は飲み物として飲まれる。数多くのメキシコ料理の本の著者であるDiana Kennedyによれば、これは「トウモロコシのマサ（masa）の重湯で、伝統的にはほとんど加熱調理されていない、石灰処理されていない、そして細かいマサに挽いた乾燥トウモロコシを使って作られる。土地の慣習に従って、熱くしたり冷たくしたり、甘くしたり風味付けを加えたり、さまざまな材料を加えて食卓に出される」。[31] アトーレのスタイルのひとつにアトーレ・アグリオ(atole agrio)があり、これは酸っぱいアトーレだ。

Kennedyは、ウアウトラ・デ・ヒメネスに住むセニョーラBlanca Floresのアトーレ・アグリオの作り方について報告している。まずトウモロコシを素焼きのつぼの中で水に浸けて4日置くと、「その時までに酸っぱくなり始めている」。それから未加熱のトウモロコシを洗って細かいマサに挽き、そしてもう1日放置して酸っぱくさせる。最後に、マサに水を加え、濾して大きなかけらを取り除き、加熱調理してアトーレを作り、食卓へ出す。[32]

私はセニョーラFloresの作り方に従ってみたが、その結果は素晴らしいものだった。非常になめらかで満足のいく、飾り気のない素朴さがあるが、さまざまな方法で甘くしたり、塩味を付けたり、スパイシーにしたりすることもできる。私は浸したトウモロコシの粒を手回しのCoronaミルで挽き(その後掃除して完全に乾燥させた)、作業しやすくなるまで十分に水を加えた。もう1日発酵させた後でさらに水を加えてスラリー状にして、網ざるで濾した。その後、残ったものに少し水を注いで、できるだけ多くのデンプン質の液体を絞り出した。このなめらかなデンプン質のトウモロコシ水を鍋へ移して、焦げ付きを防ぐため常にかき混ぜながら静かに沸騰させた。煮ているとすぐに固くなってくるので、お湯を足す。塩をひとつまみ加えて、酸っぱいコーンの風味を引き出す。薄い重湯の粘り気になったと思ったら、鍋を火からおろして冷ます。夏の時期だったので、冷たいアトーレを飲みたかったからだ。冷めたものは固まってなめらかなトウモロコシのプディングになっていて、これはこれでおいしそうだったが、私のほしいものとは違っていた。そのためアトーレを再加熱し、さらに水を足して、もう一度、今度はもっと粘り気が薄く均一になるまでかき混ぜた。粥や重湯は非常に用途が広く、広い範囲の粘り気に調理することができる。

雑穀粥

どんな穀物からでも粥は作れる。私個人としては、発酵させた雑穀の粥を食べるのが好きだ。雑穀そのものには非常にマイルドで甘い風味があり、発酵によって風味に複雑さが加わる。雑穀粥を作るには、雑穀を荒く挽いて1日か2日水に浸けてから加熱調理する。(あるいは、雑穀を1日か2日浸してから、挽いてペーストの状態でもう1日か2日発酵させてもよい)。雑穀に、穀物1に対して水4程度の割合の水と塩を加えて、煮て粥にする。私は計量しないのが普通だ。常にそばにお湯の入ったやかんを置いておき、粥が粘ついて来たらお湯を足せるようにしている。発酵雑穀粥のクリーミーさに衝撃を受ける人は多い。そもそも雑穀を見たことがあったとしても、乾燥して粒状のものを想像するからだ。発酵させ、挽いて、大量の水と一緒に煮ることによって、素晴らしいクリーミーさが生まれる。

ソルガム粥

ソルガムは、米国では雑穀よりもさらに知られていない穀物だ。私はソルガムビール（9章の「ソルガムビール」の項を参照してほしい）を作るためにソルガムを少し買ってみたら、ソルガムで作った粥がものすごく気に入ってしまった。acedaを作るには、ソルガムを荒く挽いてボウルに入れ、ajinと呼ばれるスーダンの手法で発酵させる。これを行うには、カルキ抜きした少量の水で粉を湿らせる。粉にほんの少しずつ水を足しては混ぜ、粉に乾いた部分が残らなくなるまで少しずつ水を足して行く。布で覆って、定期的にかき混ぜながら、1日か2日発酵させる。粥を作るには、ajinの約3倍の水を沸騰させ、ajinを入れてかき混ぜる。かき混ぜ続けていると、煮えて次第に粘り気が出てくる。私はたいてい15分ほど煮る。「経験を積んだ女性は、簡単なテストでacedaが煮えたことをチェックする」とDirarは説明している。

> 女性は自分の指を濡らし、acedaのかたまりに押し付ける。よく煮えた粥は指を離すとすぐに元に戻り、くっつかない。生煮えのacedaは弾力が弱く、指にくっついてしまう。半熟のacedaも、水を加えると崩れ、部分的に溶けてしまう。[33]

私は朝のうちにacedaのバッチを作っておき、一部を熱いうちに食べて、残りを皿に移して冷やし固め、他の料理と一緒に一日中食べ続けるのが好きだ。固まった粥を食べていると、ポリッジとパンはよく似ているなあと私は思う。実際、ソルガムが日常の主食となっているスーダンでは、kissraという単語が粥の意味で使われていた。その後、ソルガムを食べる方法としてフラットブレッドが普及すると、フラットブレッドがkissra-ra-hifaと呼ばれるようになった。Hamid Dirarが彼の著書『Indigenous Fermented Foods of the Sudan』を出版した1992年には、kissraはほとんどソルガムのフラットブレッドだけを指す言葉になっていた。「都市文化の影響が村落にまで非常に急速に広がったため、次第に固い粥がaceda、薄いパンがkissraと呼ばれるようになったことは明白だ」。[34]

米粥

中国料理の粥は、英語ではcongee（米粥）と言う。他の粥と同様に、米粥はあらかじめ穀物を水に浸しておくことによって、よりクリーミーに、より消化しやすくなる。米以外に、米粥には雑穀、スペルト小麦などの穀物を入れることもできる。米粥を作るには、先ほど説明した脱穀全粒オートミールの作り方にならうのが良いだろう。まず穀物を水に浸す。それから穀物が入ったまま水を煮立ててから、火を弱めた薪ストーブやヒーターの放熱板など、穏やかな熱源の上で一晩ゆっくりと加熱調理する。あるいは、最近亡くなった私の友人Dr. Crazy Owlが何十年も毎日していたように、穀物と沸騰したお湯を予熱した保温調理機に入れ、一晩置くという方法もあり、これはキャンプにも最適だ。朝になっても米粥はまだ熱く、完全に火が通っているのですぐ食べることができる。

Crazy Owlは、特に病人や衰弱した人にとって、米粥が癒しに役立つと称賛していた。彼はあまりにも熱心に毎日米粥を食べることを習慣にしていたため、彼がその代わりにフルーツスムージーを食べたいと言い出し始めたことは、「もうすぐ旅立つつもりだ」という彼の言葉に信憑性を与えることになった。そして2週間後、彼は実際に他界した。米粥は、ヒーリング効果のある食べ物として広く用いられている。『Healing with Whole Foods』の著者であるPaul Pitchfordによれば、米粥は「容易に消化及び同化され、血液と氣のエネルギーを強化し、消化を和合させ、痛みを和らげ、体を冷やし、そして栄養を与えてくれる」。[35] 野菜や豆、フルーツ、みそなどの発酵調味料、肉汁、そして薬草などを、風味付けや特定の治療効果のために加えることもできる。

米粥は、粥ではなくスープに分類されることもあり、実際にスープのようなものが典型的だ。しかし食感は均一ではなく、デンプン質の懸濁液の中に米粒が浮かんでいる。穀物1に対して水6が大まかな割合だが、これより少なくても多くてもよい。「水は少なすぎるよりは多すぎるのが良い」とPaul Pitchfordはアドバイスしている。「米粥は長く煮れば煮るほど、『パワフル』になると言われている」。[36]

古いパンの粥

古くなって干からびたパンを活用する素晴らしい方法のひとつに、粥にするというものがある。まずパンをさいの目に切り、水に浸す（あるいは、パンが固すぎて切るのが難しければ、先に浸す）。少量の水（またはミルク）で煮て、必要に応じて液体を足しながら、好みの濃さの粥にする。甘くない調味料（みそ、しょうゆ、ピーナッツバター、練りごま、ホットソース）や甘い調味料（ジャム、メープルシロップ、ハチミツ、砂糖）で味付けする。

ジャガイモの粥

ついにイモ類！　ジャガイモの粥のコンセプトを私に教えてくれたのは、「Porridgehunters Were Here」というブログを書いているJana FröbergとVanda Fröbergのスウェーデン人姉妹で、粥について書いた本がもうすぐ出版される予定になっている。[37] 実はマッシュポテトは、ジャガイモの粥なのだ！　Porridgehuntersのレシピでは、ジャガイモを煮た水の中でジャガイモをつぶし、ライ麦粉でとろみ付けをして少し煮る。しかし、あらゆるクリーミーなマッシュポテトは、粥とみなすことができる。また、ジャガイモを事前発酵させることもできる。ジャガイモを小さめのさいの目に切り、ボウルまたはジャーの中で水かホエーに浸す。1・2日間、覆いをして放置し、それから調理する。ここで穀物粥からイモ類の発酵へのつなぎとしてこの即興的なコンセプトを取り上げたのは、イモ類が粥のようなやり方で調理されることが多いからだ。ジャガイモの発酵に関するアイデアについては、「ジャガイモを発酵させる」を参照してほしい。

ポイ

ポイは、タロイモ（*Colocasia esculenta*）をつぶして粘り気のある紫色のペーストにしたハワイの発酵食品だ。タロイモはハワイの先住民にとっては主食であると同時に神聖なものであり、カロ（kalo）と呼ばれている。ポイはジェームズ・クック船長に強い印象を与えたようで、彼はハワイからの最初の報告に以下のように書いている。「我々が遭遇した唯一の手の込んだ料理はタロイモのプディングであり、酸味のある不快な食べ物であるが、現地人はがつがつと貪り食っていた」。[38] 1933年のハワイ大学の研究では「他の食品が、この古代の保存食を駆逐しつつある」ことが報告されていた。[39] それでもなお、ポイは生き永らえた。「ハワイの文化と言語は1970年代に始まった再興を着実に継続させており、カロの重要性もまた再び注目されている」と『Maui Magazine』は2007年に報告している。[40]

ポイに加工されるタロイモの部位は、球茎と呼ばれる肥大した地下茎だ。タロイモの球茎は、シュウ酸カルシウムの結晶を中和させるために、蒸すかゆでるかして完全に火を通さなくてはならない。未調理の状態でシュウ酸カルシウムの結晶を食べると、「グラスファイバーを食べているような感じがする」と友人のJay Bostは報告してくれた。調理後、球茎の皮をむき、まだ温かいうちにデンプン質の中身を、必要に応じて水を加えながらつぶす。伝統的には、加熱調理したタロイモは特別な木の板の上で、pohaku ku'i 'aiと呼ばれる重い石の鈍器を使って潰されていた。すり鉢とすりこ木、またはポテトマッシャーを使って手でつぶしてもいいし、フードプロセッサーを使ってもよい。できるだけペーストをなめらかにするため、かたまりを探してつぶすようにする。

発酵させるには、つぶしたタロイモを陶器またはガラス製のボウルやかめに詰めるだけでいい。ポイは発酵中に膨らむので、容器には膨張の余地を残しておく。室温で数日間発酵させる。通常は培養微生物を導入する必要はないが、熟成したポイがあれば新しくつぶしたタロイモに少々加えてもよい。表面にカビが生えたら、すぐに混ぜ込む。

私にとってちょっとしたミステリーなのは、発酵を開始させる生の副材料を何も加えていないのに、加熱調理した培地からこれほど早く発酵が始まることだ。しかし、どういうわけか発酵は始まる。ハワイ大学の2名の微生物学者が、ポイの発酵に関する5年間の研究結果を1933年に公表した。彼らはバクテリア細胞の計数を、未調理のタロイモ球茎上、調理直後の外皮上、皮をむいた加熱後のタロイモ上、そして発酵済みポイ上で行った。「発酵を引き起こす微生物は、加熱直後の蒸したタロイモ球茎上に豊富にみられた」と彼らは報告している。「つぶした球茎を挽くことは、球茎上のバクテリアのかたまりあるいはコロニーを分断し、それによって微生物の数を増やすだけでなく、新鮮なポイにわたって比較的均一な分配を促すことに役立っている」。[41]

あらゆる発酵食品と同様に、1日か2日しかたっていないマイルドなポイが好きな人もいれば、もっと日数をかけて発達したより酸っぱい風味を好む人もいる。ハワイの気温では3日から5日が通常の発酵期間だが、もっと涼しい場所ではさらに時間がかかる。ポイの色や食感は、発酵の進行によっても変化する。毎日味を見て判断してほしい。

ポイは、ゆるく作ることもできるし粘っこく作ることもできる。ポイの粘り気は、食べるのに必要な指の数で表現されるのが普通だ。大部分の資料は、2本の指で食べるポイが理想的だという点で一致している。非常に粘っこいポイは1本指、ゆるいポイは3本指になる。しかし最終的には、食べる人の好みの問題だ。シンプルに水を加えてこね、好みの食感にしてほしい。発酵を遅らせて長期間保存するためには、ポイはできるだけ粘っこく作り、その後必要に応じて水を加えて薄める。

ポイには、独特のユニークなヒーリング効果がある。Pamela Dayは、ポイが彼女の娘の命を救ってくれたと感謝している。その娘は複数の食物アレルギーに苦しんでおり、乳児期に母乳や豆乳を受け付けなかったのだが、ポイは食べられたのだ。「ポイは、アレルギーや発育障害を持つ幼児に用いて有望な効果を示す」と専門誌『Nutrition in Clinical Care』は報告している。[42] さらに、ポイは抗腫瘍効果や免疫刺激効果を有する可能性があることが、研究によって示唆されている。[43]

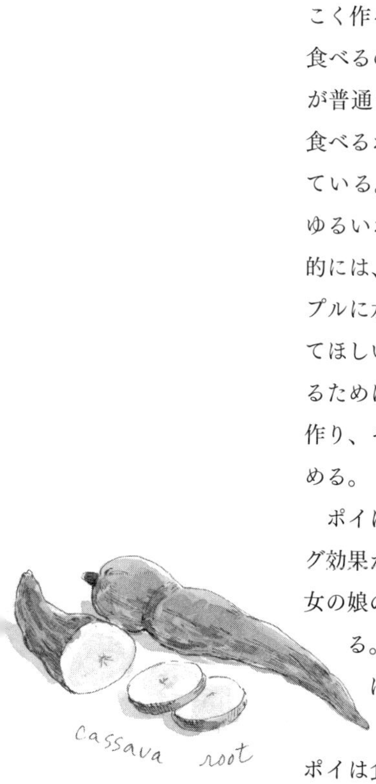

Cassava root

キャッサバ

タロイモと同様に（あるいは、それ以上に）キャッサバは世界中の熱帯地域の多くで重要な日常食となっている熱帯性のイモ類だ。キャッサバは米国では主に、プディングなどの増粘剤や結合剤として使われるタピオカの形で知られている。私がキャッサバを、フランス語のマニオクという名前で知ったのは、数か月かけて西アフリカを旅していた1985年のことだった。旅の途中で我々は、主に青空市場の店先で買ったものを食べていた。通常は魚か肉の入った野菜のシチューで、たいていフフ（fufu）と呼ばれる白くてふんわりしたデンプン質の食べ物が付いてきて、それはマニオクから作るのだと教わった。他の人々が食べている様子を見て我々が学んだのは、フフを少し（必ず右手で）ちぎって丸め、そして親指で押してくぼみのあるスプーンのような形にして、シチューに浸してくぼみを満たし、すくって口まで運んで食べるという方法だった。私はフフの風変わりなネバネバした食感や、それでスプーンを作ってすくって食べるという作法が気に入った。

私はマニオク／キャッサバについてよくは知らなかったが、この食べ応えのあるデンプン質のものが、別の店先で売られている巨大なイモから作られたものだということがだんだんとわかってきた。残念なことに、当時の私はこのイモからフフを作る方法を詳しく調べなかった。しかし、あちらこちらでリズミカルなビートとして聞こえてくるマニオク／キャッサバを女性たちが叩いている音から、たくさん叩く必要があることは明らかだった。私は米国に戻ってから、フフの作り方について情報を探し求めた。入手できた情報の大部分ではキャッサバの代わりにインスタントのマッシュポテトを使うことが推奨されており、固くこねるというだけのもので、あまり面白いものではなかった。しかし結局、発酵について調べているうちに、フフは発酵させたキャッサバから作られることが多いことがわかってきた。

『International Journal of Food Science and Technology』によれば、「発酵はキャッサバを加工する重要な手段であり、可食性と食感を向上させ、タンパク質を強化し青酸配糖体を減少させることによって栄養価を高める」。[44] この青酸配糖体はシアン化水素、別名青酸を発生させるため、非常に毒性が強い。キャッサバの品種によっても、育つ土壌によっても、キャッサバに含まれる青酸のレベルは異なり、場合によっては非常に高くなる。キャッサバに含まれる青酸を減らすには、皮をむく、キャッサバをすりおろしてできるだけジュースを絞り出す、徹底的に加熱する、そして発酵といった、さまざまな手段が取られる。伝統的には、これらすべての手法を用いる場合が多い。「キャッサバ中毒による事故死は、非常にまれなようだ」と食品微生物学者のKofi Aidooは書いている。「しかし、キャッサバを消費する住民への長期にわたる毒素の影響（例えば甲状腺腫やクレチン病）は、絞り出したジュースがスープやシチュー作りに利用されるアマゾンでは、特に深刻かもしれない」。[45] さまざまなキャッサバの解毒手法の中で、皮をむいて刻んだキャッサバの塊根を水に浸して発酵させることは「キャッサバに含まれるシアンのレベルを低下させるうえで最も効率的な加工法であり、95〜100パーセントの低下率がしばしば報告されている」と『Food Science and Technology』が報告している。[46] 微生物学者のMpoko Bokangaは、ザイールでは「塊根全体を水に沈めたまま放置し、3〜5日間自然に発酵させる」と報告している。シアンが実質的に取り除かれるだけでなく、塊根が酸性化し食感が「固くてもろいものから、柔らかくてパルプ状のものへと」変化する。[47]

すべての主食作物と同様に（麦と水を混ぜたものにどれほど多くの名前があるか考えてみてほしい）、キャッサバを発酵させて食べるための加工法はさまざまであり、またさまざまな名前がついている。フフ以外にも、アフリカではガリ（gari）、lafun、attiéké、miondo、bobolo、bidia、chickwangue、agbelima、attieke、placali、kivundeなどがあり、おそらく他にもたくさんあるだろう。それ以外にもアジア、中南米、そしてカリブ海で、数多くの発酵キャッサバ食品が知られている。[48]

丸のままのキャッサバの塊根から調理を始める場合、最初のステップは皮をむくことになる。この皮には高い濃度の有毒な青酸配糖体が含まれている。米国の輸入品マーケットでは、急激な分解を遅らせるためキャッサバにはろうが塗られているのが普通だ。皮をむいた後、キャッサバを荒く刻み、水に浸す。発酵中、毒性が実質的に取り除かれるだけでなく、塊根は柔らかくなり酸性度が高まる。大部分の資料では、3日から5日の自発的発酵が報告されている。キャッサバの発酵期間の違いを比較した学術的な研究によれば、「パネリスト［ナイジェリア大学の学生たち］は、発酵期間の長い調理済み『フフ』の特徴的な食感とにおい」を、より好んだ。[49] 浸す水には塩もスターターも加えないのが通常だが、加えてもよい。流儀によっては、毎日水を捨てて取り換える場合もある。

発酵後、キャッサバの塊根のかたまりは柔らかくなるまでゆでるか蒸すかして、それから大きなすり鉢とすりこ木を使ってなめらかなペーストにすりつぶす。片方の手で（強く！）叩きながら、もう一方の手（あるいは別の人）がすり鉢の側壁からキャッサバのかたまりをそぎ落として中心へ戻す。この手は濡らしておき、それによってキャッサバにすこしずつ水分を加える。キャッサバがつぶされ、露出したデンプンが水を吸収するにつれて、叩いたキャッサバは粘り気が出てまとまってくる。フフのなめらかな団子ができるまで、叩き続ける。

Chadという名前のジャマイカの学生が、キャッサバの塊根をすりつぶし、その後すりおろした塊根をTシャツに包んで力いっぱいねじり、有毒なキャッサバのジュースをできるだけ絞り出すという、彼の祖母の手法を教えてくれた。Chadはすりおろしたキャッサバをココナッツと混ぜて揚げ、彼が「bammy」と呼ぶケーキを作ってくれたが、甘くて軽く、おいしかった。私は一部をサワー種に加えて数日間発酵させてから、甘くないサワー種パンケーキを作った（「フラットブレッド／パンケーキ」を参照してほしい）。発酵させたキャッサバがパンケーキにチーズのようなおいしさを付け加えてくれて、これは大好評だった。

もうひとつの人気のあるキャッサバの形態が、ナイジェリアのガリ（gari）だ。ガリを作るには、キャッサバの塊根の皮をむき、すりおろす。すりおろしたキャッサバには多くの場合スターター（以前のバッチからのもの）が接種され、大きな袋に入れて重い重石を乗せ、すりおろした根からジュースを絞り出す。数日間重石を掛けたままにしておくと、その間に固体発酵が進行する。この点が、水中で発酵させるフフとの違いだ。発酵後、ガリは乾燥させるが、焼くこともある。袋入りの乾燥ガリはナイジェリアから輸出されているので、アフリカからの移住者向け食品店で世界中どこでも手に入る。ガリは冷水または熱水と混ぜて、濃いペーストや薄いペーストを作る。私は熱水を加えて煮て、激しくかき混ぜながらできてくるかたまりがあればスプーンでつぶしながら、濃いペーストにするのが好きだ。これはスプーンで食べてもいいし、団子状に成型してつまんで食べられるようにしてもいい。ガリには独特の風味があるが、他のキャッサバ料理と同じように、おいしく食べるには付けたりすくったりするソースが必要だ。ガリは、きっとお腹を満たしてくれるだろう。

南アメリカのキャッサバのパン

発酵させたキャッサバの使い道のひとつとして南米で人気があるのがパン作りで、卵とチーズがたっぷりと入ることが多い。このようなパンは、ブラジルではポン・ジ・ケージョ（pão de queijo、「チーズのパン」という意味）、コロンビアではpan de yucaまたはpan de bonoと呼ばれる。これらのパンは、一口大の小さな団子状に作ることが多い。酸っぱいキャッサバデンプンを卵たっぷりの生地へ混ぜ込むと、劇的に膨らむようになり、これらのチーズボールはポップオーバー（中が空洞になっているマフィンのようなパン）のようなふわふわと軽い食感になる。「この製品の主な特徴は、イーストやベーキングパウダーなどの特別な材料を使わなくても、焼いている間に膨らむ性質があることです」と『International Journal of Food Science and Technology』は報告している。[50]

主原料である発酵させたキャッサバのデンプンは、ポルトガル語でpolvilho amido azedo、スペイン語でalmidón agrio de yucaと呼ばれる。これは、ラテンアメリカ食材店やインターネット上で購入できる。1ポンド／500gの粉で、約50個の小さな団子ができる。約1と1/4カップ／300mlのミルクと1/2カップ／125mlの植物油、それに小さじ2／10mlの塩を混ぜて、沸騰直前まで加熱する。この熱い液体を酸っぱいキャッサバデンプンに注いで混ぜる。手でこねられるほど生地が十分に冷めてから（しかしまだ温かいうちに）軽く泡立てた卵2個と1カップの細切りチーズを混ぜ入れる。生地を手で10～15分間、なめらかになるまでこねる。オーブンを450°F/230℃に予熱する。天板に油を塗り、生地を小さな1インチ／2～3 cmの団子状に成形し、膨張する余地を残して天板の上に並べ、約15分間、色づくまで焼く。余った生地の団子は未加熱の状態で冷凍しておき、後で焼くこともできる。暖かいうちに食卓へ出す。

ジャガイモを発酵させる

ジャガイモも発酵できる。ジャガイモ農業の発祥の地であるアンデス山脈高地では、毒性のあるアルカロイドの除去と保存の両方の目的で、苦い品種はchunoとして発酵される。「複雑な手順を経て、ジャガイモは極端な温度変化によって『フリーズドライ』されます」とchunoを奨励するために組織されたスローフード協会のプレシディオ（食の砦）は述べている。[51] Bill Mollisonによれば、ジャガイモは「丸のまま、未調理のまま、寒気にさらされます。完全に凍っていることを確かめるため検査されます（細胞壁が分離し細胞液が浸出する）。次に踏みつけて皮をむき、細胞水が絞り出されます。黒ずみを防ぐため日中は藁でおおわれ、その後（藁でおおわれたまま）1～3週間流水に浸して甘味を加え、広げて日干しされます」。[52] 乾燥させたジャガイモは「白く、非常に軽くなり、軽石に似た状態になります」とスローフード協会のプレシディオは言及している。「この状態のジャガイモは、約10年間保存できます」。

私は調理したジャガイモ（つぶしたり、蒸したり、揚げたりしたもの）を、発酵中の生野菜に入れることがよくある（5章を参照してほしい）。Nourished Kitchen[53] というウェブサイトを立ち上げた発酵提唱者で教育者のJenny McGrutherは、揚げる前にジャガイモを発酵させている。彼女はジャガイモを幅1/4インチ／0.5cm以下の棒状に切り、水とスターター（彼女はホエーか市販のスターターを推奨しているが、私はさらにザワークラウトジュース、サワー種などの活性培養微生物を付け加えたい）に浸して、室温で1～3日間発酵させる。ジャガイモは水に浮く傾向があるので、この実験をするつもりなら、皿などの適度の重さの重石を使って押さえつけること。発酵後、ジャガイモは多少酸っぱい香りがしてくる。水を捨て、洗ってタオルで水気を拭きとる（パリッと揚がるように）。お好きな油で揚げるか、オーブンで加熱する。好みに応じて塩や調味料を振りかけ、暖かいうちにフライを賞味してほしい。Jennyの主張によれば、発酵によってジャガイモに含まれるデンプンが減少するため、アクリルアミドの発生が減少するとのことだ。アクリルアミドはデンプン質に富む食品を油で揚げた際に発生する化学物質であり、欧州連合やカナダが発がん性物質の可能性を調査している。

サワー種のはじめ方とメンテナンス

サワー種（sourdough）は、（それ以外にも数多くの料理に利用されるが）パンを膨らませるための混合培養微生物スターターを意味する最も普通の単語だ。基本的にこれは、以前のバッチの一部を次のバッチのスターターとして使う、バックスロッピングだ。また、より純粋な形態のパン酵母が市販され始めるようになった2世紀前まで、実質的にすべてのパンが作られていた方法でもある。Louis Pasteurがパン酵母の微生物を分離する以前でさえ、1780年にオランダの醸造所が、発酵中のアルコールからすくい取った酵母の泡をパン屋へ販売し始めている。1867年には、ウィーンの工場がこのプロセスを改良し、酵母を含んだ泡をすくい取り、ろ過して洗い、圧縮して固形イーストを作るようになった。これはViennese プロセスと呼ばれ、現在でも用いられている。[54] 1872年、圧縮イーストを製造する改良プロセスの特許をCharles Fleischmannが取得して、その製造で産業王国を打ち立てた。現在では、ほぼすべてのパン作りが分離酵母を使って行われており、サワー種は手作りのベーカリーを除いて珍しいものとなっている。スピードと均質性の点で、パン作りに分離酵母は多少の利点があることは確かだ。しかしこれらの利点は、複雑な風味、しっとりとした食感、優れた保存性、そしてより完全な事前消化など、伝統的な混合培養微生物のパン種の優れた点を犠牲にして得られたものだ。小麦粉の場合、混合培養微生物サワー種による事前消化によって利用可能なリシンの含有量が「大幅に」増加し[55]グルテンの存在が減少する[56]ことを研究者が見出している。

サワー種を始める最も簡単な方法は、少量の粉と水（水よりも粉のほうを多めに）をボウルの中で混ぜ、なめらかになるまでかき混ぜることだ。必要に応じて水か粉を少しずつ加えて、傾けて注げる程度には液体状だが、スプーンにくっつく程度の粘り気がある生地にする。ライ麦粉が最も速くできるようだが、どんな穀物の粉でもサワー種は作れる。塩素を含んでいない水を使うか、カルキ抜きをすることを忘れないように。粉のかたまりがあればつぶして、生地をなめらかにする。スプーン（またはあなたの手）にくっつき、（すぐに）泡が消えないほどの粘り気があるのが望ましい。少なくとも1日に1回はかき混ぜながら数日置くと、表面に泡が出てくるのがわかるようになる。そうなったら新しい粉を、残っているスターターに対して約3倍から4倍の新しい粉と水という高比率で加える。このように高比率の粉を加えることで、サワー種環境の酸性度を和らげ、酵母に競争上の優位を与える。これはサワー種の活力を高めるために良い方法だ。

サワー種を始めるための方法は、他にもたくさんある。ジャガイモをゆでたお湯（加える前に体温まで冷ます）を好んで使う人もいるし、穀物を洗ったり浸したりしたデンプンを含む水や、フルーツ、フルーツや野菜の皮を使う人もいる。時には、別のスターターを使ってサワー種のスターターにする人もいる。私は、発酵中のビールからすくい取った泡を使ってパンのスターターにしている人や、ヨーグルト、ケフィア、サワーミルク、ウォーターケフィア、コンブチャ、リジュベラック、そして発酵ナッツミルクなどを使っている人の話を聞いたことがある。サワー種のスターターとしてドライイーストを使い、そこから自然に多様化させている人も多い。確立したスターターをインターネット上で購入したり、人からもらったりして使っている人もいる。培養発酵の手段として、清潔な手でかき混ぜることを推奨している人もいる。しかし、本当に必要なのは粉と水だけだ。それ以外にも、すべてのサワー種には多少の忍耐と粘り強さも要求される。

私は何度も、粉と水からサワー種を始めている。穀物には、豊富な微生物が存在している。「穀物と、穀物から作られた粉には、常に大量の微生物が生息している」と微生物学者のCarl Pedersonは書いている。「これらの微生物を取り込むことなしに生地を作ることはできない」。[57]この常在微生物フローラは、乾燥した穀物や粉では休眠状態にあるが、粉が水を含むと微生物の活動は再開する。かき混ぜることによって微生物の活動は刺激されて拡散し、酸素によって酵母の生育が促進され、そして表面でのカビの成長が抑制される。栄養分を供給し続け、好適な環境を維持すれば、培養微生物（微生物学者のJessica Leeが「酵母とバクテリアのコンソーシアにおける相互に補完し合う代謝関係」[58]と呼ぶ、微生物の複雑な群落）は何世代にもわたって永続できる。微生物群落の安定性に重要なのはその酸性環境であり、「他の微生物を寄せ付けない強力な武器」とLeeは書いている。高比率の粉を加えて酸性度を制限した場合であっても、サワー種の酸性度によってその微生物群落は保護され、また焼いた後のパンもカビやバクテリアの生育から保護される。サワー種のパンは一般的に古くなっても味が落ちにくく、また特定の状況では時間と共に味がよくなる場合さえある。(パンの保存期間を延ばすには、プラスチックではなく呼吸のできる紙で包むとよい)。外側の皮が乾いてしまっても、カビが発生することはなく、内側はしっとりとしたおいしさを保っている。

さまざまな場所で、さまざまな粉や手法を使って培養されたサワー種には、非常に独特のものもある。人々は手間をかけてサワー種スターターの世話と手入れをし、喜んで分かち合う。芸術家でありパン焼き職人でもあるRebecca Beinartは、彼女のスターターのサンプルを、説明書きと共に見知らぬ人に配ろうと思い立った。彼女は、ウェブサイトhttp://www.exponentialgrowth.org/で自分のサワー種培養微生物の広がりを示すインタラクティブな地図を公開している*。世界各地の特化したサワー種を探し求めている人もいて、Sourdoughs International[59]など、そのようなサワー種を提供している企業もある。

*訳注：このドメイン名は現在使われていないようだ。

長年にわたって、数多くの素晴らしい人たちが私にサワー種スターターを贈ってくれた。そのような素晴らしいスターターのひとつがBread and Puppet Theatre Companyからのもので、この劇団は劇の上演にパン焼きを取り込んで、サワー種パンを配っている。彼らのサワー種は、劇団創立者のPeter Schumannがドイツから持ち込んだものだ。もうひとつのまったく違ったサワー種は、私の友人であるMerril Mushroomがくれたものだ。彼女は友達から手に入れたこのサワー種を、何十年にもわたって維持している。Merrilのスターターは、水ではなくミルクを足しているため、非常に独特のものになっている。私の本の読者や学生たちも、自分たちのサワー種を私に分けてくれた。それほど多数のスターターを長いこと維持することは不可能だったので、私が今使っているサワー種は私が粉と水から何年も前に始めたものに、もらったスターターをすべて加えたものになっている。混合培養微生物を祝福し、純粋培養という無益な探求はやめようではないか。

タサハラの思い出

William Shurtleffは、彼の妻Akiko Aoyagiとの共著で『The Book of Miso』、『The Book of Tempeh』など数多くの本を書いていることでよく知られている。その前の2年間、彼は1968年から1970年までカリフォルニア州北部のタサハラ禅センターで過ごしていた。彼は以下のような思い出を語ってくれた。

タサハラでサワー種に使う野生酵母を捕まえるため、私たちは大きな陶器のボウル（直径約18インチ／46cm）に（通常よりも多少甘い）パン種を作り、それから過熟したバナナを2本から4本つぶして混ぜ込んでいました（これが必須だと考えていたのです）。粉は、手回しのCoronaミルで挽きたてのものを使っていました。それからパン種に覆いをせず、台所の近くの網戸のある屋外のエリアに置きます。そこは日常の食材を保存しておくための場所でした。私の記憶では、パン種は1日に1度かき混ぜて、暖かい気候では通常3～4日置くと、生命／活動／発酵の兆候が表れてきます。サワー種の一部を取っておくことはありませんでした。バッチは新しく作っていたのです。

始まりがどうあれ、サワー種スターターは静的な微生物学的存在ではない。主にその環境と、程度は少ないが与えられる栄養によって、変化するのだ。「野生酵母をえり好みすることはできません」とパン焼き職人のDaniel Leaderは、彼の著書『Local Breads』の中で書いている。

> あなたの培養微生物は、あなたの粉や空気に存在するあらゆる酵母からユニークな風味の特徴を受け継ぎます。例えば、サンフランシスコのパン屋からサワー種培養微生物を手に入れたとしましょう。それを家に持ち帰って何度か更新すれば、新しい環境に適応して行きます。あなたの粉と空気から取り込まれた新たな酵母が、培養微生物の中で生育を始めます。バクテリアの異なる組み合わせが発生するのです。[60]

これを論証するため、Leaderはカリフォルニア州のパン屋からサワー種スターターを手に入れた。彼はその一部を研究所に送って微生物を分析してもらい、そして残りをニューヨーク州の自宅に持ち帰った。4日後、大陸横断フライトと数回の補充を経て、彼は別のサンプルを研究所へ送った。

> 新たな研究所での試験によって、培養微生物の中で現在生育している酵母は、西海岸で生きていた酵母とは違っていることが確認された。特に強い株の酵母が新たな場所への旅を生き抜いて、地元の粉と空気と水を補給された培養微生物の中で繁栄を続ける可能性はある。しかし私の経験では、地元の酵母が支配的となり、すべてのサワー種パンを地元の産物にしてしまう。[61]

サワー種培養微生物の群落動態に関して、いくつかの魅力的な研究が微生物学者たちによってなされている。大部分のサワー種では、乳酸菌が数的には酵母をはるかに上回っている。これらが構成するコンソーシアは群落として共存し、時間と共に大きな安定性を示す。ベルギーのIlse Scheirlinckとその同僚たちは、国中のさまざまなベーカリーからのサワー種のサンプルを分析した。場合によっては同一のベーカリーから、異なるスターターや異なる穀物から作られた異なるサワー種の複数のサンプルが集められた。分析によって、さまざまなサワー種の微生物的な「群落構造」が「そのサワー種を製造するために用いられた粉の種類ではなく、ベーカリーの環境によって影響されている」ことが判明した。[62] 1年後、このチームは再び、今回は同一の11のベーカリーからさらに異なるサワー種をサンプリングして、同じ実験を繰り返した。彼らはサワー種が「時間と共にほとんど変化していない」ことを見出し、また「ひとつのベーカリーからの異なるサワー種の間には、限定された変異のみが認められる」ことを確認した。[63]

あなたの家庭は(必ずしも)ベーカリーのように微生物に満ちているわけではないことを、肝に銘じておいてほしい。上記の研究は、利用した粉よりも特定のベーカリーの環境が重要だったことを示しているが、それでも粉には発酵を開始するだけの微生物が豊富に含まれている。サワー種を始めるために、ベーカリーに行ったり、サンフランシスコ（あるいはベルギー）に行ったりする必要はない。乳酸菌と酵母はどこにでも存在するし、やさしく取り扱って定期的に手入れをすればそれでいいのだ。「どこのどんなサワー種にも、ほんの数属の酵母やバクテリアしか見つかっていません」とJessica Leeは報告している。[64]「遠く隔たった場所からのパン種に見られる微生物個体群の注目すべき類似性は、選択プロセスの有効性を立証している」とKeith Steinkrausは結論付けている。[65]

混合サワー種群落中の酵母の生育を促進するには、この泡立つスターターに高比率の新しい粉と水を繰り返し供給してやることだ。つまり、サワー種の大部分（75～95パーセント）を使ってしまい（または廃棄し）、残った少量のスターターを（ほぼ取り去った分と同じ量の）新しい粉と水に加えることを意味する。同様に、サワー種スターターをパンに使う際には、酸っぱい風味を強調したいのでなければ、低比率（生地全体の25パーセント以下）のスターターを使ってほしい。私も時たま酸っぱい風味のパンを焼くが、より繊細な風味やアクセントの違うパンを食べたくなることもある。このように、限定された比率でサワー種スターターを使いながら永続させて行くことは、強烈な酸っぱさではなく繊細な風味のサワー種パンを作るためのカギだ。

Sourdough veggie pancakes

このようにスターターに栄養を与えるたびに大部分を廃棄してサワー種を発展させ維持することを勧めている説明を私が見たのは何年も前のことだが、大量の食品を廃棄するという考えに私は怖気づいてしまい、完全にそれを無視してしまった。現在の私は、よりよく軽いパンを速く作れるという、このテクニックの利点を経験によって理解している。そして余ったスターターの良い使い道を私は見つけた。次のセクションで説明する、甘くないパンケーキだ。

たいてい私はサワー種を、粘っこいが固体ではない、液体の状態で維持している。固い生地として、固体の状態でサワー種スターターを維持するのを好む人もいる。実験して、自分の好きなスタイルを見つけてほしい。サワー種を持って旅行する場合、あるいは旅行中にサワー種を家に置いておきたい人は、粉を足して固体の状態にしておくことをお勧めする。固体の生地は密度が高いため、微生物の活性は低下する。またスターターを冷凍する人もいる。この場合、より乾燥した固体の状態にあれば、生存可能性をより高く維持できる。サワー種の発送や保存には、乾燥も用いられる。言い伝えによれば、数多くの移民が自分のサワー種などの培養微生物を、ハンカチの上で乾燥させて持ち込んだということだ。

サワー種には毎日栄養を与えるのが理想的だが、2日か3日ごとでも一般的には十分だ。暖かいキッチンでは、涼しいキッチンよりも頻繁に栄養を与えるように心がけてほしい。たまにしかスターターを使わないのなら、冷蔵庫の中に保存し

サワー種培養微生物

Lynn Harris、
『Gastronomica: The Journal of Food and Culture』[66]から
許可を得て抜粋

実験や強迫観念のようなもの、そしてインターネットから、激烈な論争が、あるいは少なくとも、マクロレベルの些細な論争が生まれている。サワー種愛好者は、「酸っぱい」サワー種を培養する人と、それを捨ててしまう人の2種類に世界を分類しているが、それにとどまらない。以下のような下位区分を考えてみよう。

1. 市販のイーストを使って培養微生物を手軽に作ることを容認する人と、それを罵倒する人。(「サワー種［スターター］がサワー種でなくなるのはどんなときか？　穀物と水以外の材料が加えられたとき！　はい論破」)。
2. ブドウやミルクなど余計なものをスターターに入れる人と、粉と水だけのミニマリスト。(反射的に純粋主義者へ精神的勝利を与えないように、ブドウを入れる側にはNancy Silvertonや、Anthony Bourdainが「[神の] 専属パン焼き職人」と呼ぶ男など、強打者がそろっていることに留意してほしい)。
3. スターターの親を制限する人と、寛容な人。(「カリフォルニアのゴールドラッシュの試掘者たちは、なんでも手に入るものからサワー種を作っていた。川の水と全粒粉。もしかしたら、古いコーヒー。ちくしょう、ちょっとブドウを入れちまえ。彼らは持っているものをなんでも、できる限り頻繁に与えた。どれもサワー種を甘やかしたり、定期的に栄養を与えたり、ちょうどいい量のエネルギーを供給するものではなかった。そうやって酸っぱさが台無しになるのだ。弱く都会化してしまうのだ。パンはもとより、小さなパンケーキさえうまく膨らませる根性がないのだ。全然ダメ」)……。

新たなサワー種の質問は次々に生まれ、回答の数も膨大だ。ギザのパン焼き職人からGreat-Grandma Griffith、そしてインターネットのニュースグループに至るまで、現代のサワー種の培養微生物愛好家は彼らが分かち合い、栄養を与え、甘やかし、あるいは放置するスターターそのものを思い出させる。そこに表れるのは、彼ら自身の愛する微生物的弾薬の大宇宙だ。辛辣で軽いエレメント、自分の土地を守る昔の入植者たち、はつらつとした成長を示すすごい新人、データや議論の胞子を貪欲に求める活動的な細胞。何千人ものCarl［退役空軍大佐Carl T. Griffith、彼の広めたサワー種で有名］の親しい友人たちと同様に、これらの先駆者たちがきっとサワー種培養微生物の生命と泡立ちを保ってくれることだろう。

ておくこと。1週間に1度冷蔵庫から取り出し、室温に戻して、栄養を与え、それから室温のまま発酵させてから冷蔵庫に戻す。冷蔵したスターターを使う際には、まず温めてから、何回か高比率の栄養を与えてからパンを焼くこと。同様に、冷凍庫で「バックアップ」したスターターの場合には、解凍してゆっくりと室温に戻してから、盛んに活動するようになるまで栄養を（必要に応じて複数回）与えてほしい。

フラットブレッド／パンケーキ

私はパンをたまにしか焼かないので、パンケーキを焼くためにサワー種を最もよく使う（そしてサワー種を新鮮で活力のある状態に保っている）。お好みなら、サワー種で甘いパンケーキを作ることもできる。低比率のスターターを使って生地を作り、一晩発酵させる。高比率のスターターを使う場合、あるいは生地が好みよりも酸っぱい味がする場合には、**少量の**重曹（2カップ／500mlの生地に対して小さじ1／5mlほど）を、パンケーキを焼く直前に加えてほしい。こうすると、サワー種の乳酸と重曹が反応する（そして中和する）ことによって、パンケーキはよりふわふわになり、甘くなる。

たいてい私の作るパンケーキは甘いシロップを掛けて食べるようなものではなく、甘くないパンケーキで、その場合には酸っぱい風味が引き立つことが分かったので、私は重曹を入れない。スターターの余りを使い切ってしまおうとしている場合には、スターターだけでパンケーキを作ることもある。それ以外の場合には、水と粉、そして低比率のスターターをボウルに合わせ、一生懸命かき混ぜてから一晩置くか、数時間おいて発酵させる。余った穀物がある場合には、粉の一部をそれで置き換えることもある。私は普通、ラディッシュ、カブ、サツマイモ、ズッキーニ、ジャガイモなど、本当にどんな野菜でもすりおろして生のまま生地に加える。パンケーキを焼く直前に、タマネギやニンニク、時にはパプリカやオクラなどその他の野菜を炒める。野菜を炒めている間に、卵を1個か2個泡立てて生地に加え、塩とすりおろしたチーズを入れる。それから炒めた野菜を加えて混ぜる。粘り気が強すぎるようなら、水を少々加える。薄すぎるようなら、粉を少しずつ加える。私はこの生地を、油を引いた年季の入ったフライパンで焼いてパンケーキを作り、ヨーグルトやサワークリーム、ホットソース、アイバルなどの調味料をつけて食べる。

この世はフラットブレッドと揚げパンで満ちている。これらはどんな穀物からも、どんなイモ類からも作ることができる。インジェラは、伝統的にテフという穀物の粉から作られるエチオピアのサワー種パンケーキだ。[67] ミシガン州オクスフォードのDeanne Bednarは、彼女がインジェラ生地を使う方法について手紙で教えてくれた。それは私がサワー種を使ってパンケーキを焼く方法に非常に近いものだった。

> 私はインジェラスタイルの生地を、ほとんどいつでも準備してあります。いつでも好きな時に、調理台の上のボウルの中から、あるいは冷蔵庫の中のジャーから取り出して、「ラップ」を何枚か焼くことができます。普通は使う直前に、重曹をほんの少し（泡が出るのが面白いのです）と塩少々、時には刻んだ野菜やニンニク、あるいは卵を加えると、素晴らしいラップができます。

funkasoは、西アフリカの雑穀から作るサワー種パンケーキだ。[68] kissraは、ソルガム粉から作る、紙のように薄いスーダンのサワー種パンケーキだ。薄い生地をフライパンの片側から流し込み、gergeribaと呼ばれる道具で広げる。これは単純にヤシの葉を長方形に切り取ったもので、使わない時には水に浸しておく。「gergeribaは真ん中を右手の指でつまんでまっすぐに保持し、長辺を生地の右端に角度をつけて当てる」と『The Indigenous Fermented Foods of the Sudan』

の著者Hamid Dirarは書いている。

> 次に生地は、この小さな道具を右から左前方へ動かすことによって、一度にこそげ取られる。gergeribaの動きに従って、熱い鉄板の表面にくっついた焼けた薄い層だけが残る。生地の反対側に達すると、手をねじってgergeribaの角度と動く方向を反転させ、こんどは生地が左から右わずかに前方、つまり焼き手のほうへ向かってかき取られる。このプロセスが、実質的に生地がすべて塗り広げられるまで繰り返される……。このgergeribaの「シャトル効果」は非常に高速に行われるので、kissraのシートはほんの数秒で薄く塗り広げられる。[69]

何と詳細な記述だろう！　もちろん、テクニックは直接見て覚えるのが一番だ。しかしこのような詳細な記述を頼りに試行錯誤すれば、文化復興主義者は他の賢い人々の開発したテクニックを学び、使うことができるだろう。

サワー種パン

私はパンを焼くのが好きだ。パン焼きにはリズムと触覚が必要で、得られる報酬はゆっくりと、大きく高まって行く。最初に来るのは比較的繊細な生地のアロマと、発酵中のパンの粘着力と、そしてパンが膨らむ視覚的な喜びだ。パンをオーブンで焼いた後、焼き立てのパンの香りはより強く自分を主張し、食欲をそそる香りで家じゅうを満たす。パンが焼けてオーブンから取り出した後、熱いうちにそれをスライスして味わってみたいという誘惑に抵抗することは難しい。しかしパンは冷めながら中心では焼かれ続けているのであり、その誘惑に耐えてアロマと期待を楽しむことができれば、パンの中心部まで十分に加熱されることになる。30分後、まだ温かく十分に中心部まで火が通ったパンは、十分に待った甲斐があるものだ。まだ温かい焼き立てのパンよりもおいしいものは、めったにない。

ドライイーストを使ってパンを焼くほうが簡単で手っ取り早いのは確かだが、野生の酵母とバクテリアのパワーを活用してパンを焼くのは魅惑的な体験であり、パンそのものも（風味も皮も保存性も栄養素の利用可能性も）はるかに優れている。サワー種パンを焼くために最も重要な材料は、活力のあるスターターだ。古代の系統である必要はないが、活力がなくてはならない。つまり活動的であり、目に見えて泡立ったり膨らんだりするものでなくてはならない。不活発な、あまり活動的でないスターターで生地を作らないでほしい。表面が泡立ち、粘り気のあるスターター生地が膨らんでくるまで、前にも書いたように、スターターには頻繁に栄養を与えてかき混ぜよう。そうなって初めて、より稠密なパン生地を膨らませる準備ができるのだ。

サワー種パンは、酸っぱいとは限らない。私が『天然発酵の世界』（築地書館）を書いているときに作っていたパンは、パン種に低比率の新しい粉を繰り返し加えることによって粘り気を次第に増し、

ワンランク上のサワー種パンを作るために

オレゴン州ウィリアムズ
Liz Treeからのヒント

- スターターには、必ず注意を払ってください!! ペットのように栄養を与えてください。私はパンをたくさん焼くので、毎日栄養を与えています。私は100パーセント加水［粉と水が同じ重さの］スターターを使い、加える水と粉の比率も同じになるように計量しています。
- 温度に注意を払ってください。パンに最適な温度は74–78°F /23–26℃です。私は粉とスターターをこの温度にして、それから必要に応じて水の温度を調節しています。
- 私は約30ドルでキッチン用の秤を購入して、すべてをグラム単位で計量しています……。これによって、私の計量はバッチごとに一貫したものになっています。
- パン職人のパーセンテージ（bakers' percentages）［粉を100パーセントとして、その他すべてをそれに対するパーセンテージで表現する］を使いましょう。ワンランク上を目指すなら、これは重要です。パン作りで最も大事なのは、水と粉の比率だからです。
- また私は、バッチごとに行った小さな変化を記録するようにしています。（私は同じパンを何度も何度も作り続けているのです！）

このように、温度管理、メモを取ること、そしてパン職人のパーセンテージなど、私は科学的手法をパン焼きに取り入れています。かつて私はそれに抵抗を感じていましたが、十分にそれだけの価値がある結果が得られます！

高い酸度を維持し強調することによって、酸っぱい風味が強調されたものだった。生地を作る際、そしてサワー種を維持する際には、低比率のスターター（25パーセント以下）を高比率の水と粉に加えることによって、酸度を低下させ、膨らむ大きさと速度を向上させ、酸っぱい風味があまり強調されないパンを作ることができる。

この話題については多種多様な文献が存在するため、パンの焼き方についてはあまり深入りしないことにする。私はパンの本を読むのが好きで、その多くに影響を受けている（「参考資料」を参照してほしい）。私は、才能のある職人がパン作りの作業をしたり、何十個も何百個ものパンを一度に焼いたり、手の込んだリズミカルなダンスのように見える優雅な手つきを見ることから、さらに大きなインスピレーションを得ている。素晴らしいパンの焼き方を学びたい人は、時間があればパン焼き職人の後片付けを手伝って、彼らのパンの焼き方を観察したり質問したりしてみよう。本を読もう。パンの焼き方に関しては、経験から学ぶことは欠かせない。必ず、さまざまな手法やスタイルを実験してみよう。情報源やインスピレーションを得るために役立つ、素晴らしい本やウェブの情報、そして良い教師になってくれる人はたくさん存在する。

酸っぱいライ麦のおかゆスープ（ジュル）

サワー種スターターには、パンやパンケーキ以外にもたくさんの用途がある。ポーランド料理にはジュル（zur）と呼ばれるスープがあり、そのベースとなっているのは薄いライ麦粥のように調理したサワー種だ。「都会でも村落でも、すべての家庭にはジュルを発酵させるための素焼きのつぼがあります」とポーランド民族学者のAnna Kowalska-Lewickaは書いている。「このつぼは、通常毎回使用後に洗うことはせず、発酵を促進するために液体を少し残しておきます」。[70] このスープは（また近い関係にある「ジュルと同様に作られるが粉の比率が高い」kisiel [71] も）、スラブ料理に取り込まれた発酵ライ麦の利用方法の連続体（飲み物のクワス、ライ麦パン、そしてこの中間的な形態の甘くないライ麦粥のスープ）を垣間見せてくれる。ジュルのベースはzakwasと呼ばれるライ麦のサワー種だ。古いパンから作られるロシアの酸っぱい飲み物クワスは、6章で説明した。「サワー種」を意味するロシア語の単語zakvaskaはクワス（kvass）から派生したもので、ポーランド語のzakwasも同様だ。4人分のジュルを作るには、約2カップ／500mlのライ麦サワー種スターターが必要となる。スターターに栄養を与えずに数日置いて、いい感じに酸っぱくさせる。お好みなら、ニンニクをサワー種へ加えれば、ニンニクの風味をサワー種に付け加えることもできる。ポーランド南部では、ライ麦の代わりにオーツ麦が使われることもある。ポーランド東部では、そばもたまに使われる。[72] ジュルを作るには、まずタマネギとニンニク、そして（好みに応じて）ベーコンやソーセージなどの肉を炒める。沸騰した湯を加え、ベイリーフ、黒コショウ、マジョラム、そしてオールスパイスを加える。少し煮てからzakwasを加える。頻繁にかき混ぜながら沸騰させる。刻んで煮たジャガイモや刻んだ堅ゆで卵など、その他の好みの材料を加える。このスープは食べ応えがあり、寒い時期には特においしい。サワークリームかヨーグルトを添えて食卓に出す。

サワー種チョコレートケーキ　Bloodroot Collective

とても簡単に作れておいしい、ヴィーガン（絶対菜食主義者）のケーキです。これを作るには、良質の無糖ココアとサワー種スターターが必要です。このレシピで、2層の9インチ／22cmのケーキができます。

1. 9インチ／22cmのケーキ型2つに軽く油を塗り、オーブンペーパーを敷き詰める。オーブンを330°F /165℃に予熱しておく。
2. 粉の材料をボウルに合わせる。
   無糖ココア…3/4カップ／180ml
   砂糖…2カップ／500ml
   無漂白小麦粉…3カップ／750ml
   重曹…小さじ2／10ml
   塩…小さじ3/4／3ml
   穀物コーヒー（Cafixなど）…小さじ2／30ml
   シナモン…小さじ1/2／2ml
   乾いた泡だて器で混ぜる。
3. 液体の材料を別のボウルに合わせる。
   サワー種スターター…1カップ／250ml
   水…2と1/4カップ／550ml
   酢…大さじ2／30ml
   グレープシードオイル…3/4カップ／180ml
   バニラ…小さじ1と1/2／7ml
   泡だて器でよく混ぜる。
4. 乾いた材料と液体の材料を、できるだけ少ない回数で混ぜる。すぐにケーキ型へ流し込み、25〜30分、またはケーキの中央が乾いてくるまで焼く。取り出して棚の上で冷ます。
5. フロスティングを作る。
   良質のセミスイートチョコレート1カップ／250mlを刻んで鍋に入れる。以下の材料を加える。
   バニラ…小さじ1／5 ml
   メープルシロップ…大さじ3／45ml
   グレープシードオイル…1/4カップ／60ml
   ココアパウダー…大さじ3／45ml
   とろ火（または二重鍋）にかけ、かき混ぜて溶かす。火からおろして冷ます。
6. ケーキとフロスティングが冷めたら、フロスティングをケーキの層の間に広げ、ケーキ全体にかける。

シエラライス

シエラライス（sierra rice、arroz fermentado とか arroz requemado とも呼ばれる）は、エクアドルの標高の高いアンデス山地地域で食されている発酵米のスタイルだ。「発酵によって米が50～80℃［122–176°F］に加熱されるため、シエラライスは短時間の加熱調理で済み、このことは水の沸点が100℃［212°F］よりも低いアンデス山地では非常に重要である」と Andre G. van Veen と Keith Steinkraus が『Journal of Agricultural and Food Chemistry』で指摘している。[73]「発酵は、湿らせた米を戸外のセメントまたは藤のマットに広げ、防水シートで覆うことによって誘発される」と Herbert Herzfeld が専門誌『Economic Botany』で報告している。「これによって比較的刺激性の強い、不快なにおいが発生し、穀物にしみこむ。このアロマは米を乾燥して脱穀すると弱まるようだが、調理中にある程度復活するようである」。[74]

通常、収穫されたばかりの米が、乾燥や脱穀の前に発酵される。湿らせた米を覆うことは乾燥を防ぎ、*Aspergillus flavus* や *Bacillus subtilis* などの微生物の自発的成長に適した多湿環境を作り出す効果がある。[75]『Economic Botany』の記事によれば、発酵が始まるには3～10日かかり、それに伴って温度が上昇する。米が湿っているほど、発酵は速い。米が乾いている場合には、湿らせる場合もある。発酵が始まってから4・5日後に、堆肥と同じように山を天地返しすることにより、熱を逃がして微生物の活動を拡散させる。「次第にペースを落としながら、米は発酵を続ける。相対湿度と気温に応じて、6～15日たってから再び米を天地返しし、戸外に放置して乾燥させる」。[76] 発酵の進み具合は、色で判断する。

> 籾がシナモン色に変わり、発酵が長く進むほど、暗い色になってくる。一方では、発酵させて脱穀した米粒の色は、黄金色から濃いシナモンブラウンの範囲にある。取引に最も適した色は、黄金色または薄いシナモンである。過剰な、または不均一な発酵の場合、販売に不適な黒い米ができる。[77]

その後、発酵シエラライスは未発酵の米と同じように調理されるが、はるかに短い時間で炊き上がる。

ホッパー／アッパム

どちらも発酵させた米とココナッツのパンケーキを指すが、ホッパー（hopper、appa と綴る場合もある）はスリランカの名前で、アッパム（appam）は南インドの名前だ。スリランカ出身の Jennifer Moragoda が、（電子メールで）私にホッパーを紹介し、その後非常に詳しい説明を写真付きで送ってくれた。ついに私がホッパー作りに取り掛かった時も、期待は裏切られなかった。Jennifer が「どういうわけか外国ではうまくできないのが普通なのです」と警告していたものの、私は自分の出来栄えに満足した。デンプン質の米が、甘くて脂肪分の多いココナッツと溶け合い、どちらも活発な発酵によって引き立っている。ボウル形をしたパンケーキは縁が薄く、泡がカリッとした格子状に焼けていた。おいしい！

1ポンド／500gの米と1個のココナッツで、少なくとも8個の大きなホッパーか、もっと多くの小さなホッパーを作れるだけの生地ができる。米を一晩水に浸す。Jenniferは、粘り気の少ない品種を使うように指定している。私は短粒種の玄米を使ってうまく行った。Jenniferの手法でホッパーを作るには、ココナッツウォーターとココナッツミルクの両方が必要だ。どちらも茶色く熟した同じココナッツから抽出できる。

ココナッツウォーターはココナッツの中心部にある液体で、無傷のココナッツを揺らすと音や感触でわかる。ココナッツを丈夫な台の上に置き、ハンマーと大釘、ボウルを用意する。ココナッツの端（3つの「目」がある）を探す。目を上にしてココナッツを固定し、目のひとつに釘を当て、釘でココナッツの目に穴を開ける。次に2番目の目に穴を開ける。穴の中で釘を揺らして穴を広げ、ココナッツウォーターをボウルかカップに注ぎ出す。

ココナッツウォーターが取れたら、ココナッツを直接ハンマーでたたいて殻を2つ（以上）に割る。それからココナッツの破片を裏返しにして内側をこちらへ向け、スプーンを使って茶色の殻から白い果肉を削り取る。果肉をすりおろしてボウルに入れ、約2カップ／500mlの沸騰したお湯を注ぐ。やけどしない程度に湯が冷めたら、両手を使って水中のココナッツを絞り、ミルクを抽出する。このココナッツ浸出水がココナッツミルクだ。ガーゼを敷いたざるを通してミルクを濾す。それから全力を振り絞って、ココナッツからできるだけ多くのミルクを絞り出す。果肉をガーゼに乗せてひねって絞り、固い表面に押し付ける。すりおろしたココナッツをボウルに戻してもう一度、こんどはさっきよりも少ない量の沸騰した湯を注ぎ、2度目の抽出をする。

浸しておいた米に戻ろう。水を捨て、ミキサーかフードプロセッサー、ミル、あるいはすり鉢とすりこ木を使って細かくすりつぶす。次に、すりつぶした米の中心にくぼみを作り、スターターを加える。スリランカでは、トディー（toddy、発酵させたココナッツの樹液）をスターターとして使うのが普通だ。Jenniferの指示によれば、ココナッツウォーターにイーストと少量の砂糖を加えたものを使うことになっている。ココナッツウォーターに少量のサワー種スターターを加えてもよい。私はココナッツウォーターに、その時発酵させていたライスビールを少量加えたものを使った。ココナッツウォーターとスターターをすりつぶした米と混ぜ、柔らかい生地にする。必要に応じて、ココナッツウォーター（または水）を少しずつ加える。生地に覆いをして暖かい場所に置き、だいたい2倍になるまで数時間膨らませる。

生地が膨らんだら、次の日まで冷蔵庫に入れておいてもよい。（冷蔵庫に入れる場合には、冷蔵庫から出してから数時間かけて生地を室温まで戻してから、続きを始めるようにする）。味を見ながら塩とココナッツミルクを少しずつ加え、生地をゆるめて非常に薄く延ばせるようにする。もう3時間ほど生地を発酵させて膨らませる。

次に、ホッパー鍋を予熱する。スリランカでは、ホッパーはtachhchiあるいは「China Chatty」と呼ばれる特別な鍋で作るのが普通だ。この鍋は中華鍋にちょっと似ているが、より小型で、縁が急激に立ち上がっている点が異なる。その代わりに、使い込んだ中華鍋を使うのもよいだろう。鍋に薄くココナッツオイルを引く。少量の生地を鍋に注ぎ、すぐにぐるぐると回して側面が大部分おおわれるようにする。側面は薄く生地でおおわれてパリッとした縁になり、中央は厚くスポンジ状に焼けるのが望ましい。鍋にふたをして、中央部を蒸し焼きにする。縁が色づいてくるまで、弱火で調理する。

私は使い込んだ平らなクレープ用のフライパンで何回か作ったが、とても上手にできた。私がJenniferに電子メールで自分の経験を伝えたところ、彼女はすぐに次のような返事をくれた。「パンケーキ用のフライパンではなく、中華鍋を使うことを強くお勧めします。パンケーキ用のフライパンで作ったものは本物のホッパーではないからです。ホッパーというものは、スポンジ状に蒸し焼きになった中央部の周りにレース状の薄くてパリッとした縁があるべきで、また平らではなく『3次元』であるべきなのです」。ごもっとも。トルティーヤやのり巻き、チーズやサラミを見て分かるように、形というものは料理にとって非常に重要だ。しかし私の普通のフライパンでも、生地を中央に注いでゆっくりと回し、中央部よりも緑のほうがずっと薄くなるように生地を行き渡らせてからふたをして蒸し焼きにすれば、「スポンジ状に蒸し焼きになった中央部の周りにレース状の薄くてパリッとした縁」を作ることはできた。

sourdough bread

ホッパーの人気のあるバリエーションのひとつにエッグホッパーがある。生地を広げた後、ふたをする前に卵を1個ホッパーの中心に割り入れるだけだ。蒸し焼きになったホッパーからの蒸気が、卵を調理してくれる。そして食べるときには、半熟状の卵の黄身をホッパーに付けながら食べる。またホッパーは、さまざまなカレーやサンボル（sambol、日本のふりかけに似たスリランカの調味料）を添えて食卓に出される。数多くの調味料でアクセントが付けられるが、そのままの状態でも十分においしい。レシピもさまざまだ。米ではなく米粉を使う人もいるし、缶詰のココナッツミルクを使う人もいる。南インドのケララ州のアッパムは基本的には似ているが、レシピはさまざまで、炊いたご飯や生米を生地に入れることもある。

キシュクとKeckek el Fouqara

キシュク（kishk）は、ブルグア（煮て乾燥させて砕いた小麦）とヨーグルトを少量の塩と混ぜて生地を作り、発酵させたものだ。発酵させた生地はその後乾燥させて砕き、スープに風味やとろみをつけるために使われる。[78] ブリュッセルに住むイタリア人発酵実験家のMaria

Tarantinoは、時々ブルグアの代わりにクスクスを使ってキシュクを作ると報告してくれた。そしてキシュクを乾かして砕くのではなく、「私は完全には乾かさずにキシュクを使って小さな団子を作り、ドライハーブを加えて（ヤギ乳チーズを保存するのと同じように）オリーブオイルに漬けておきます」おいしそう！

Terra Madre（国際的なスローフードのイベント）で私はMariaと会い、一緒にKeckek el Fouqaraという食品を味わった。これは「貧乏人のチーズ」とも呼ばれ、ミルクが手に入らない人たちがキシュクの手法を応用して作ったものだ。このリッチな味覚は、私が今までに食べたどんな非乳製品チーズよりも、はるかにチーズの風味に近い。スローフード協会プレシディオ（食の砦）の認定によれば、Keckek el Fouqaraの作り方はブルグアに水と塩を加えて3〜5週間発酵させ（温度による）、そして、

> 均一でしなやかなかたまりになるまで手でこねる。この製品は、プレーンな味でも、タイムやクミンやnigel seeds、ごま、レッド／グリーン／ブラックペッパーなどの風味を加えてもよい。かたまりに湿り気が残っているうちに、小さな団子状にまとめる。次にこれらをガラスジャーにコンパクトに積み重ね、全体がかぶるまで地元産のエクストラバージンオリーブオイルを注いで、この菜食主義者のチーズを保存し味を保つ。この貧乏人のチーズは、1年以上保存できる。この製品はmune製品と呼ばれるもののひとつであり、これは「仕入れる」という意味のmanaという動詞に由来する。これらは、常に移り変わり続ける豊穣と欠乏の時期を乗り越えるために、すべての家庭が持つべき備蓄食料である。[79]

私はKeckek el Fouqaraを何回か作ってみたが、非常に好評だった。まずブルグアを、それよりも少し多めの体積の水と混ぜる。毎日かき混ぜる。約1週間で鋭い風味が出てくるが、日にちがたつにしたがってよくなってくる。2・3週間後に、スパイスを加える。私が一番気に入ったのは、ニンニク、キャラウェイ、クミン、そしてセージと塩を、すり鉢とすりこ木ですりつぶしたものだった。スパイスをブルグアに混ぜ込み、必要に応じて味を

ザウアーセイタン

テキサス州サンアントニオ
Alan Hardy

私自身が発見したかもしれないことを、この場を借りて共有しておきたい。何年も私はセイタン、つまり小麦の「肉」、日本の植物性タンパク質*が好きで作っていた。おいしくて栄養豊富だが、大部分のタンパク質と同様に、消化が難しい。私はリジュベラックから作ったスターターでサワー種パンを作り始めた……。そして、サワー種パンと同じように発酵させれば、セイタンももう少し消化しやすくなるのではないか、とひらめいた。そこで……粉のグルテン（Vital Wheat Glutenという名前で市販されている）を、水の代わりにリジュベラックと混ぜ、生地を団子状にまとめて一日一晩発酵させた後、圧力なべで調理するか、1時間煮る。これで、通常のセイタンとは食感の違う、そしてもちろん風味も異なる、素晴らしく酸っぱいセイタンができる。[著者による注記：私は自分のサワー種スターターを使ってこれを作ってみたが、素晴らしい出来だった！]

*訳注：いわゆる生麩。

調整して、それから直径約1と1/2インチ／4cmの団子状にまとめる。スパイスを加えて発酵させたブルグアの団子をジャーに詰め、オリーブオイルを注いで浸し、少なくとも数週間、あるいは約6か月エージングする。クラッカーを添えて、チーズの代用品として食卓に出す。

その他の食品と一緒に穀物を発酵させる

穀物は、ほとんど思いつく限りのあらゆる種類の食品と一緒に発酵させることができる。先ほど説明したキシュクでは、小麦をヨーグルトと混ぜて一緒に発酵させていた。私の友人のMerrilは自分のサワー種スターターの栄養として小麦粉とミルクを混ぜたものを与えていたし、他の人が同じことをしていると聞いたこともある。魚や肉のような、ほとんど炭水化物を含まない食品で乳酸を作り出すためには、穀物が必須となる場合がある。12章では、フィリピンのburong isdaや日本の馴れずしという、米と一緒に発酵させた魚について説明する。5章では野菜を米やジャガイモと一緒に発酵させることに触れたし、その他の穀物やイモ類も同様に取り入れることができる。9章で説明する穀物ベースのビールも、ごく初期に記録された形態ではフルーツや樹液などの糖分と混ぜられていた。11章のイドリーはダールと米を発酵させたものだし、みそも大豆だけでなく穀物にコウジカビ*Aspergillus oryzae*を育てた麹から作ることができ、これについては10章で説明する。

余った穀物（イモ類）を発酵させる

発酵は、余った穀物やイモ類を利用する素晴らしい方法だ。私はよく余った穀物を、この章の前のほうで説明したように、サワー種パンやパンケーキに混ぜ込んで使う。私はポーランドの酸っぱいライ麦スープ、ジュルも大好きなので、似たようなものを余った穀物で作ることもある。調理済みの穀物を水に浸し、かたまりをつぶしてスラリー状にして、ライ麦粉を少量加えてとろみをつけ、サワー種スターターを加える。数日間発酵させてから、加熱調理してスープにする。余った穀物は、余ったイモ類と同様、ザワークラウトやキムチに使ってもよい。

トラブルシューティング

サワー種が泡立たない

水道水をカルキ抜きしましたか？　飲料水中のバクテリアを死滅させるために添加されている塩素やクロラミンが、発酵を阻害している可能性がある。また、ひたすらかき混ぜて、空気を取り込むことによって酵母の生育を刺激しよう。スターターを家の中の暖かい場所に移動してみる。（低い温度によって発酵が抑制されている可能性がある）最後に、何を試してもうまく行かない場合には、オーガニックなライ麦粉を加えてみよう。これでサワー種は泡立つはずだ。

サワー種は泡立ったが、その後不活発になって復活しない

一度泡立って不活発になるサワー種には、おそらく高比率の栄養を与える必要がある。つまり、サワー種の約75パーセントを廃棄して（またはそれを使ってパンケーキを作り）、それから残った25パーセントに高比率の新しい粉を与えるのだ。残ったスターターに、3倍から4倍の粉と水を加えればよいだろう。

サワー種からひどいにおいがする

サワー種は、複雑な微生物の群落だ。新しく高比率の栄養を受け取ると、酵母の活動が最も活発となり、サワー種からは酵母のにおいがしてくる。次に、酵母に代わって乳酸菌がサワー種環境で支配的になると、さらに酸性化が進む。しかしサワー種へ栄養を与えるのを怠ると、乳酸菌は栄養を使い果たしてしまい、やはり群落に含まれる腐敗菌が支配的となる場合がある。スターターからひどいにおいがするときには、このようなことが起こっているのだ。すべて捨ててしまうのではなく、ジャーの底の部分から少量を取っておく。高比率の栄養を与えて、休眠状態の酵母と乳酸菌を再び目覚めさせる。毎日かき混ぜ、暖かく保って、すぐに泡立ってこなくても毎日か1日おきに栄養を与えて、しっかり世話をしよう。サワー種は非常に回復力が強く、極端な放置からも回復が可能だ。

サワー種のはじめ方に関して、矛盾する情報に混乱しています

大部分の物事と同じく、サワー種のはじめ方も一通りではない。さまざまな手法の間に矛盾があるように見えても、途方に暮れる必要はない。しっかりやり方を守れば、すべてうまく行くのだ。私は単純に粉と水を使い、ひたすらかき混ぜる方法を支持している。しかし、その他の数多くの手法でも（中にはとても手間がかかるものもあるが）、素晴らしいサワー種スターターを作ることができる。どの手法でも、活発なサワー種スターターを得るためには定期的に栄養を与えることがカギだ。

表面のカビや、ジャーの中の水に浸かっていない部分のカビ

表面のカビの発生を防ぐ最善の方法は、頻繁にかき混ぜることだ。カビは、常にかき乱されている表面では容易に生育できない。カビが生え始めているのに気づいたら、それをすくい取り、より意識して毎日かき混ぜるようにしよう。サワー種を蓄えているボウルやジャーにも、特にサワー種の残りがかさぶた状に乾燥して内壁にくっついている場合には、カビが生えることがある。そのようなカビに気が付いたら、サワー種を別の容器へ移し、元の容器をきれいに洗ってから、サワー種を戻そう。

SAKÉ
Sorghum beer
glass flask
sprouted sorghum
sweet potato makgeolli
sweet potato
malted barley
hops
cooked rice
hops vine
brewed tesgüino
dried corn

9章

ビールなど穀物ベースのアルコール飲料を発酵させる

Fermenting Beers and Other Grain-Based Alcoholic Beverages

多くの人は、**発酵**という言葉を聞くとビールをまず思い出す。私はたくさんの人と発酵に関して短い会話を交わして、そのことを知った。彼らが通常考える、モルト処理した大麦をホップと醸造したビールは、私も大好きだ。しかし、私は**ビール**の定義を、ビールの適法な材料を制限している有名な1516年のバイエルンビール純粋法（Reinheitsgebot）やその他の法律よりも、ずっと広くとらえている。私の**ビール**の定義は、アルコールが主に穀物（またはイモ類）の複合炭水化物に由来する発酵アルコール飲料、というものだ。

前章で見てきたように、穀物が自然発酵すると、一般的にはアルコールではなく酸っぱい飲み物ができる。ハチミツや砂糖、フルーツジュース、植物の樹液などの単糖は自然に発酵してアルコールができるが、穀物を発酵させて十分な量のアルコールを得るには、その前に酵素の活動を利用して複合炭水化物を単糖に変換することが必要だ。

これを行う酵素は、西洋のビールづくりでは伝統的に大麦のモルト処理から得られる。モルト処理とは、普通の言葉で言えば発芽させることだ。「胚芽はその生化学的機構を再開し、さまざまな酵素を作り出す。その中には大麦の細胞壁を壊すものや、栄養保存組織（内胚乳）細胞内のデンプンやタンパク質を分解するものが含まれる」とHarold McGeeは説明している。「そしてこれらの酵素は胚芽を通して拡散して内胚乳に至り、そこで酵素は協力して細胞壁を溶かし去り、細胞に侵入し、そして内部のデンプン粒やタンパク粒の一部を消化する」。[1]

穀物やイモ類を発酵させてアルコールにするために酵素の変成作用を利用する方法は、モルト処理だけではない。伝統的に米や雑穀などの穀物からアルコールを作るためアジアで最も多く使われている酵素は、カビから作られる。南米やアフリカ、そしてアジアの一部で穀物（およびイモ類）を分解してアルコールを作るために（おそらく最も古くから）用いられている第3の酵素の原料は、穀物やイモ類を噛むことによって得られる人間の唾液だ。[2] これらの手法のそれぞれを、この章では解説して行く。

穀物からアルコールを作るには、ブドウなどの糖原料よりも大規模な処理が必要となるが、穀物には固有の利点がいくつかあり、中でも原材料が手に入りやすいことは最も重要だ。穀物は「ブドウよりも速く容易に育ち、面積あたりの生産量がはるかに高く、発酵する前に何か月も保存でき、そして……収穫時だけでなく、1年中いつでもビールが作れる」とMcGeeは要約している。[3]

原料の穀物からビールを作るには、うんざりするほどの数の手順が必要だ。現在では実質的にすべての醸造者（家庭の趣味のビールの作り手、手作りビールのブルワリーやマイクロブルワリー、地域ブランド、そして業界の大企業）が、出来合いのモルトや麦芽エキスを利用している。この章では後のセクションで、大麦のモルト処理について説明する。私と同じように、さまざまな変成作用のプロセスすべてを直接経験してみたいと熱望している人のためだ。今まで私はほとんどの場合、穀物からビールへのプロセス全体にわたってビールづくりを行ってきた。しかし単純さと技術的な容易さを重視したため、私が実験してきたビールは、ろ過と清澄化によってデンプン質をほとんど取り除く洗練されたスタイルよりも、濃厚でデンプンを多く含む栄養価の高い「不透明」なビールの範疇に入るものが多かった。以下のセクションでは、私が学習しながら作ってきた不透明なビールに重点を置いて説明する。これらのビールの作り方の大部分は、現地の文脈で私が実際に体験したものではない。私の従ったプロセスは実験的なもので、時には矛盾し詳細の異なる文字情報に基づいたものだ。私が説明するプロセスは、私の解釈であり即興である。

天然酵母ビール

私のビールづくりで変わっているもうひとつの点は、主に天然発酵を利用してきたことだ。ワインやシードル、そしてミードの材料（フルーツやハチミツなどの単糖）には、加熱調理されて（または砂糖のように、加工の際に熱を加えられて）いない生のものであれば、常に発酵酵母が存在する。対照的に、ビールはほとんど常に加熱調理されてから発酵されるため、マッシュの中の穀物は発酵微生物を確実に供給できる原料とはならない。「自然発酵は偶発的なプロセス以上のものであり、自然酵母の供給と好適な環境を必要とする」と『Wild Brews: Beer Beyond the Influence of Brewer's Yeast』の著者Jeff Sparrowは書いている。[4] 混合培養微生物は（有名なベルギーの天然酵母ビールのように）空気から得られたり、モルト処理された生の穀物や他の植物材料から得られたり、場合によっては容器に残ったものやかき混ぜる儀式に使われる小枝などを含めた、以前のバッチから得られるスターターの場合もある。『Sacred and Herbal Healing Beers』の著者Stephen Harrod Buhnerは、自然酵母による発酵の開始を助けるために、実用的な手法を使う以外に精霊を呼び出すことを勧めている。

> 麦汁［発酵前の大麦モルト、濾して発酵できる状態にしたもの］の準備ができたら、広口の容器に入れて覆いをせずに放置しておいてもよい。そして、そのそばに座り、酵母の精霊に語り掛けてbryggjemannやkveikを呼び出し、どうなるか観察するのだ。そのようにすることは、発酵の古代からの伝統に再びつながることであり、世界中の小さな村落で醸造容器のそばに立って麦汁に火をともすよう精霊を呼び出す何千人もの賢い女性や男性につながることを意味する。あなたが天然酵母を生きたまま家に持ち帰ったら、刻み目を入れた棒を発酵容器に差し込み、酵母がその刻み目の奥深くまで入り込むようにしてほしい。ビールができたら棒を取り出し、どこか邪魔にならないところにつるして干しておく。次に発酵を行う際には、その棒を発酵容器に入れて、もう一度復活させるのだ。[5]

私はこの本を書いている間にベルギーの首都ブリュッセルを訪れて、そこに住む私の友人で醸造家のYvan De Baetsの勧めに応じてBrewery Cantillonを見学してきた。ここは、この地域独特のランビック（lambic）という天然発酵ビールの小規模醸造所で、ツアーや公開醸造セッションを提供している。そこで私が会ったのが、4世代前からの家族経営企業を引き継いでいる、オーナーで主任醸造家のJean Van Royだ。彼の曽祖父が1900年にこの醸造所を立ち上げたとき、ブリュッセルには何百軒もの醸造所があった。現在では市内に残った伝統的な醸造所は、Cantillonだけになってしまった。

Cantillonで醸造されるビールは、空気から自然に取り込まれる天然酵母とバクテリアで発酵させたものだ。最高のビールを作り出す微生物の配合に冷涼な気候が味方するので、この醸造所では寒い時期にしか醸造を行わない。醸造後、熱い麦汁はクールシップと呼ばれる、広い表面積を持つ大きな口の開いたタンクで冷やされる。このタンクは、通気垂木の下にあり、浅い銅製の水遊び用プールにみたいなものだ。酵母や乳酸菌が耐えられる温度にまで麦汁が冷えると、環境中に存在するこれらの微生物が取り込まれる。「伝説によれば、そのような発酵はブリュッセル地域、もっと具体的にはセンヌ川（ブリュッセルを貫いて流れる川）の流域でしかできないそうです」とCantillonのパンフレットには書いてある。センヌ川酵母の性質について私が聞いた説明のひとつは、この地域には歴史的にサクランボやその他の果樹が集中していたというものだったが、残念なことにこれらの果樹は前世紀に大きく減少してしまった。[6] 私はJeanに質問してみた。センヌ川に酵母が集中しているということは、醸造所をその中の別の建物に移転できるのですか？　彼の答えは「無理」だった。彼は、特徴的な天然微生物はそ

の建物自体に住み着いていると思う、と強く主張した。「新鮮な野生酵母の継続的な供給源として、ブリュッセル近郊のSchaarbeekサクランボ果樹園が失われてしまったことを考えると、この建物は今まで以上に重要な役割を果たすことになります」とJeff Sparrowはコメントしている。[7]

過去には、ビールはすべて野生酵母を利用して作られていた。米国には少なくとも1軒、地元の野生酵母を使ってビールを醸造している新興ブルワリーがある。ボストンのMystic Breweryだ。「我々は（まさに文字通り）悪臭微生物を恐れない」とMysticのウェブサイトにはある。「我々の方針は、古い伝統で新しいビールを醸造することだ。我々の方針は、生きたビールを作ることだ」。[8]

野生酵母ビールは、鋭い酸っぱさを持つ傾向がある。「かつては、すべてのビールはある程度ピリッとした酸っぱさのある、酸味を呈していました」とJeff Sparrowは書いている。「現代の醸造手法では、ビールからこれらの特徴は実質的に消滅しています」。[9] ビールブロガーのMichael Agnew [10] は、以下のように熱を込めて語っている。「酸っぱいビールは、世界中で最も刺激的な、ユニークで複雑な、そしておいしいビールだ。ビールはこうあるべきだ、という概念を完全に打ち砕いてくれるビールだ」。[11] しかし、我々にはみな先入観がある。「私は、醸造家にとって最も大切なことは、自分自身のパレットを作り出すことだと思います」と醸造実験家のLuke Regalbutoは述べている。

あなたが米国で市販されているビールを飲み慣れているのなら、天然発酵ビールはあなたの期待する味ではないかもしれません。天然発酵された飲み物はとても酸っぱくて独特の味がすることが多いので、少し慣れが必要です。ヨーロッパへ旅した時、伝統的な天然発酵のビールやシードルがとても酸っぱいことに私は非常に驚きました……あまりに酸っぱいので、実際にはまだ飲めるのに酢になってしまったと思って天然発酵ビールを捨ててしまったことに気が付いたほどです。

我々の期待は経験によって形作られるし、ほとんどすべてのビールにはほんの数種類の分離された酵母の種しか使われていない。「さまざまな微生物を用いることは、最も研究の進んでいない、そして（現在のところ）最も実践されていない醸造分野です」とコロラド州にあるNew Belgium Brewing Companyの醸造マスターPeter Bouckaertは述べている。[12]「ビールを酸っぱくさせる微生物は1つや2つの変種ではなく、何十もの、時には何百もの異なる株なのです」とは、Jeff Sparrowの言葉だ。「科学者たちは、ランビックの醸造に関わっている200を超える種類の微生物を分離しました」。[13]

この章で説明するビールの大部分は、酵母の取り込みを空気からではなく、モルト処理した生の穀物を加えることによって行っている。これは、伝統的な現地のビール醸造でも時折用いられる、簡単な手法だ。しかし、空気から酵母を取り込むことも試してほしい（特に、近くに果樹が多い場合)。また酵母の供給源として新鮮でオーガニックなフルーツや、別の活発な酵母発酵の泡を使ってみたり、頻繁にかき混ぜることによって空気から酵母を捕まえてみたり(同じ道具を洗わずに使い続けてほしい)、あるいはこのような天然発酵の実験をすべてスキップして、ドライイーストを加えてもよい。

tesgüino

tesgüinoは、メキシコ先住民の一部に伝統的なビールで、モルト処理したトウモロコシから作られる。多くの伝統的なビールと同様に、濃くてデンプンが多く含まれるので、酒であると同時に栄養豊富な食品でもある。tesgüinoはおいしいし、作るのも簡単だ。要は、乾燥した飼料用トウモロコシを、おおよそ5日から1週間かけて芽の長さが1インチ/2.5cmになるまで発芽させ、それからつぶして細かいペーストにする。必要に応じて水を加えながら、このペーストを8〜12時間、または24時間かけて煮る。この発芽トウモロコシのペーストは、草っぽいにおいと味がする。結局、トウモロコシを含め、すべての穀物は草なのだ。長時間加熱調理することによって糖がカラメル化し、変成作用によって草っぽさは甘くて深い味わいとなり、特徴的なトウモロコシ風味の甘いシロップができる。その後このシロップを水で薄め、冷まして発酵させればほんの数日でtesgüinoが出来上がる。(このプロセスは、後のセクションでもっと詳しく説明する)。

人類学者John G. Kennedyによればメキシコ北部のタラウマラ族の人々にとって、tesgüinoは「社会組織および文化において主要な機能的重要性を持つ」。tesguinadaと呼ばれるtesgüinoを飲む行事は、「人々の基本的な社会活動」であり、儀式であることも多い。tesguinadaは、経済的にも重要な役割を果たしている。慰労会であることも多く、その席ではtesgüinoが手伝いの報酬の役割をする。

草取り、収穫、まぐさ切り、肥料散布、垣根作り、あるいは家の建築など、手間のかかる仕事を行う必要があるときの手続きは、適切な量のtesgüinoを作り、そして周辺の牧場から男たちを招待し、労働と飲み会に来てもらうことである。tesgüinoは、その仕事に対して受け取る報酬と考えられ、その状況では必須のものではあるが、基本的な動機付けは近所の男たちが持つ相互の絆、義務、そして特権である。「招待者」がさまざまな家庭を回る際、彼は「明日、ちょっとtesgüinoを飲みに来ませんか?」という言い方をする。彼は、仕事がそのプログラムの一部であることにまず言及することは不必要だと感じ、tesguinadaというその後の社会的な側面を強調しているのである。男はどんな仕事も一人でするか、それともtesgüinoを作るか選ぶことができるが、後者のほうがはるかに好まれる。時間と労力が節約でき、また比較的孤独な日常生活ではあまりにも不足している集団参加の幸福感が得られるためである。この集団の仲間意識は、もち

ろんアルコールの効果によって大幅に増強される。[14]

tesguinadaの重要性は、労働以外の広い範囲にも広がっている。「それは宗教集団であり、経済的集団であり、娯楽集団であり、論争が仲裁され、結婚が取り決められ、そして取引が完了される集団である」。

民族植物学者のWilliam Litzingerは、tesgüinoを作るタラウマラ族の手法を、1983年の彼の博士論文の中でかなり詳細に記述している。「穀粒の発芽が、このプロセスで最も時間のかかる部分である」とLitzingerは書き、クロロフィルの苦味が生じないようにトウモロコシを光から保護しながら発芽させるために用いられる容器の種類を以下のように記述している。

トウモロコシの穀粒を発芽させるためには、木箱や缶を含め、多くの種類の容器が用いられる。地面に掘った穴も用いられる。これは、家の近くのよく日の当たる保護された場所に掘られる。穴は草の葉など緑の葉が敷き詰められ、松葉の層で覆われる。冬の時期には屋内に置かれた、ちょうどよい均一なレベルの暖かさが維持されているかまどの近くの容器の中で穀粒が発芽される。[15]

私は1ガロン／4リットルのジャーを使って、光をさえぎるために布をかけている。1ポンド／500gのトウモロコシから、約1/2ガロン／2リットルのtesgüinoができる。トウモロコシの穀粒を約24時間水に浸してから、しっかりと水を切る。引き続き1日に数回ずつ水洗いしてそのたびにしっかりと水を切ることを、芽の長さが約1インチ／2.5cmになるまで約1週間繰り返す（発芽の基本については、8章の「発芽させる」を参照してほしい）。

乾燥全粒トウモロコシがどういうものか、またどこで手に入るかを理解していない人は多い。乾燥飼料用トウモロコシは、新鮮なスイートコーンとは別のものだ。通常はデンプン質に富み、水分の少ないトウモロコシの品種で、飼料用や製粉用に栽培され、穀粒を軸から外した状態で市販されている。ポップコーン用品種とも違う。自然食品の店や、共同購入クラブで見つかることが多い。最近は遺伝子組み換えトウモロコシが普通に栽培されているため、オーガニックなコーンを探すことを私は強くお勧めする。自分でトウモロコシを栽培したければ、「デントコーン」品種を選んでほしい。また、スペイン語でjoraと呼ばれるモルト処理済みのトウモロコシも、多くのメキシカンマーケットで手に入る。

次に、モルト処理したトウモロコシを挽いたり搗いたりしてペーストにする。私はtesgüinoを作るのに、すり鉢とすりこ木を使ったこともあるし、フードプロセッサーを使ったこともあるが、どちらもうまく行った。それから、発芽トウモロコシのペーストを水で煮る。時間をかけるほど良い。弱火を保ち、頻繁にかき混ぜること。私が見つけたレシピでは、8時間から24時間かけて煮ることが推奨されていた。私は間を取って約12時間煮ている。定期的にかき混ぜ、必要に応じて水を足す。何時間もたつと、トウモロコシの香りがだんだん良くなってくる。十分に長い時間煮たと判断したら、濾して固体のかたまりを取り除き、冷ましてから、培養微生物を加える。

タラウマラ族の人々は、単純に専用のolla(「つぼ」という意味)に入れることによって、酵母をtesgüinoに取り込むのが普通だ。「タラウマラ族の人々は、絶対に発酵用のollaを洗ったりすすいだりしない」とLitzingerは書いている。「このためollaの内面は、厚い有機物の層で覆われることになり」、これには*Saccharomyces cerevisiae*が含まれることが知られている。[16] この部族に関する書籍を1935年に発行したW. C. BennettとR. M. Zinggによれば、タラウマラ族の人々は彼らの使うollaを「よく煮ることを学んだ」と形容している。[17]

tesgüino専用の容器を持っていない場合には、何か別の方法で培養微生物を加えなくてはならない。この時点で、単純にドライイーストを加えてもよい。私が作った最初のバッチには、サワー種を加えた。その次は、取り分けて置いた生の(加熱調理していない)発芽トウモロコシペーストを少々加えた。どちらのバッチも勢いよく発酵し、味も素晴らしいものだった。習慣的に作るなら、tesgüinoの各バッチの一部をジャーに取り分けて冷蔵庫に保存しておき、次回のバッチのスターターとして使うこともできる。

タラウマラ族の人々は、私と同じように泡の立ち方を見て発酵の進み具合を判断するとLitzingerは書いている。「このサイクルは、ゆっくりと発泡する段階に始まり、次は盛んに発泡する段階が来る。盛んな発泡が終わるのが、飲み頃のサインだ」。泡立ちが収まってきたら、ぜひ飲み干して味わってほしい。私はよく、圧力が測定できるように(そして破裂を避けるために!)プラスチックのびんに、まだ発酵しているものをびん詰めして、それから多少圧力が高まって来たらすぐに飲むか、冷蔵するようにしている。

現代風のtesgüinoのレシピの中には、砂糖を加えて甘くしたマサの粉の薄い粥(piloncillo)を発酵させるものもある。人類学者のHenry Brumanは、このバリエーションへの軽蔑を隠そうともしない。「スペイン人による征服以降、このプロセスが堕落していることは明らかだ」。[18] コロンブス以降の500年にわたるグローバル化の実験の中で、変化を免れた慣習や伝統は存在しない。文化はダイナミックなものであり、また文化同士が影響を与え合うことも事実だ。「[tesgüino]作りの手法は、さまざまな民族集団の間で異なっている」とSteinkrausは述べている。[19] BennettとZinggは、「我々は行った先どこでもtesgüinoを飲んだが、味には大きな違いがあった」と報告している。[20] さまざまな植物性材料の追加を重要とみなしている集団もあれば、そうでない集団もある。共通のルーツを持つ習慣も、各世代で遭遇するさまざまな条件や影響につれて、時間と共に分岐することが多い。習慣が意味を持ち続けるためには、適応しなくてはならないのだ。

tesgüinoは、新鮮な緑のトウモロコシの茎から抽出する樹液からも作られる。

たぶんこれが「オリジナル」のトウモロコシ発酵ビールであり、他のすべてはその応用なのだろう。人類学者たちは、穀物としてトウモロコシが利用される前に、発酵可能なジュースを得るために茎が利用されていたと推測している。John SmalleyとMichael Blakeは、「トウモロコシは食品としてではなく、飲み物を作るために栽培化され」最初期のトウモロコシの飲み物は甘い茎から作られた、という仮説を立てている。「当初、メキシコに住んでいたアルカイック時代初期の人々は、実験的にトウモロコシ属（*Zea*）の甘い茎を時々収穫し、単純にそれを噛んでいた。その後彼らは、茎をつぶして絞ることによって大量の甘いジュースが得られることを理解した。そして彼らはそのジュースを、おそらくは他の植物にすでに利用されていたテクニックと技術を利用して、発酵させた」。この理論によれば、トウモロコシがこの目的で栽培された結果として、より大きな穂と穀粒が発達したことになる。[21]

Sprouted sorghum

本当の起源を知ることは不可能だ。しかし起源がどうあれ、引き続き利用され応用されることがなければ、我々の文化的伝統は失われてしまう。

ソルガムビール

ソルガムビールは、アフリカの多くの地域で伝統的なビールだ。家庭で醸造され、新鮮で魅力的で、複雑な甘酸っぱいアルコールの風味がある。作り方は面白くて教育的だ。tesgüinoと同様に、ソルガムビールはデンプンの懸濁液で、「不透明ビール」と呼ばれる場合もある。「不透明ビールは、飲み物というよりも食べ物に近い」と国連食糧農業機構のレポートは述べている。「これには高い比率でデンプンと糖が含まれ、それ以外にもタンパク質、脂肪、ビタミンやミネラルが含まれる」。[22] 人類学者のPatrick McGovernは、西アフリカのブルキナファソでは、ソルガムビールが「摂取カロリーの半分を占めている」と報告している。[23]

ソルガムビールは、現在では米国で商業的に生産され、グルテンフリーのビールとして市販されている。これはソルガムから作られるが、大麦ビールのスタイルでホップを加えて清澄化させるため、不透明ではない。「大部分の欧米諸国では、不透明なソルガムビールが受け入れられることはないだろう」と家庭醸造専門家のCharlie Papazianは書いている。

> 私はこのビールが、歴史上初めて醸造されたビールのひとつであったことにかなりの確信を持っている……。メソポタミアや古代エジプトのビールとは異なり、このソルガムビールは現在も生き続けている伝統だが、またそれ以上に歴史的なものでもある……。実際ソルガムビールは、ピルスナーやボック、ペールエールやスタウトなど、どんなビールよりも長い伝統を誇っているのだ。[24]

広範囲に拡散したあらゆる古代の伝統と同様に、ソルガムビールはさまざまな地域で「困惑するほど多種多様のレシピで、混乱するほど多くの名前で」作られてきた。[25] 時にはソルガムに加えて、またはその代わりに雑穀やコーン（トウモロコシ）などの穀物が使われることもある。

このビールは基本的には、モルトと共に発酵させた薄い粥であり、作り方には少なくとも粥と同じだけのバリエーションがある。細部には風変わりな点もあるが、一般的なプロセスはかなり単純明快だ。(1) ソルガムを発芽させ、(2) 日干しし、(3) 挽いて、(4) 未発酵の穀物の粥を作り、挽いたモルトを少々加えて糖化させて酸っぱくさせ、(5) 水を足して煮て、そして最後に (6) スターターとして生のモルトをさらに加えて発酵させる。

ソルガムという穀物は、米国内ではアフリカ食材店や種苗店以外では手に入りづらい。雑穀でも十分代用になるし、入手しやすいかもしれない。ソルガムの発芽は、他の種子とまったく同じように行う（8章の「発芽させる」を参照してほしい）。種子を一晩水に浸して水を切り、直射日光の当たらない換気の良い場所で湿った状態を保ち、芽の長さが約3/4インチ／2cmになるまで発芽させる。伝統的にはモルトを日干しするが、乾燥器や扇風機などで低温乾燥してもよい。乾燥後のモルト処理した穀物は安定して乾燥保存でき、使う前に数か月エージングする場合も多い。[26] 醸造してビールを作る前に、ミルやすり鉢とすりこ木、あるいは他の手段を用いてモルト処理した穀物を挽く。さらに、最初に水に浸してモルト処理したのとだいたい同じ量のモルト処理していない穀物を挽いておく。「ビールにさまざまな風味や色を付けるため、地域の村落や家庭では穀物やモルトの全部または一部をローストする場合がある」とCharlie Papazianは記している。[27]

ソルガムビールは、（少なくとも）2回の異なる発酵によって作られる。最初は主に乳酸菌発酵が行われる。2番目は、酵母発酵が主体だ。すぐに飲まれない場合は、3番目の酢酸発酵が続いて起こる。私が本を読んで得た知識では、ソルガムビールの作り方には地域や部族による変異が大きいようだ。ここで説明する手法は私の場合にはうまく行ったが、決定版ではないことは確かだ。この後に、メリッサと呼ばれるスーダンのビールを作るための、もうひとつの非常に異なるソルガムビールづくりの手法を説明する。

1ポンド／500gのモルト処理した穀物と、別のモルト処理していない穀物1ポンド／500gから、約1ガロン／4リットルのソルガムビールができる。モルト処理した穀物とモルト処理していない穀物と水との割合は、1:1:3だ。湯を沸かす。モルト処理していないソルガムのグリッツまたは粉を混ぜ入れ、粥のような粘り気が出るまでかき混ぜ続ける。火からおろして冷ます。粥が140°F/60℃まで（あるいは、温度計を使わない場合には、まだ熱いが触れる程度に）冷めたら、モルト処理したソルガムのグリッツまたは粉の半量を加え、半量は後で加えるために取っておく。モルトを粥と完全に混ぜる。生のモルトに含まれる酵素の作用する効率がこの温度でピークとなり、複合炭水化物を単糖に消化してくれる。虫が入らない

ように覆いをかけて、暖かい（または断熱した）場所に置く。数時間後、マッシュが110°F/43℃以下に冷めてから、残ったモルトの半量を加え（半量はさらに後で加えるために残しておく）、よくかき混ぜて分散させる。暖かい場所に12時間から24時間（温度による）放置すると、その間に乳酸菌が増殖し、pHを下げて有利な選択的環境が作り出される。

次のステップは、この酸っぱくなったマッシュにさらに水を加えて数時間煮て、糖をカラメル化することだ。必要に応じて水を足し、粥のようなデンプンの懸濁液を維持する。体温程度に冷ましてから、最後に残った生の挽いてモルト処理したソルガムを加える。この酸っぱく発酵した原液に生のモルトを加えることによって、最後のアルコール発酵のための酵母が導入される（あるいはドライイーストで代用してもよい）。虫が入らないようにしながら、暖かい場所で発酵させる。熱帯地方では、発酵時間は時間の単位となる。私の住んでいる場所の温度では、通常は2・3日発酵させ、それからガーゼで濾してプラスチックのソーダボトルにびん詰めし、あと数時間発酵させて発泡させる。新鮮なソルガムビールは微生物が生きていてあっという間に圧力が高まるので、常に過剰発泡には気を付けよう。

すべての現地発酵飲料と同様に、ソルガムビールは移り変わる社会経済的な文脈の中に存在し、コミュニティの慣習に深く埋め込まれている。多くの場所では相互に贈り物を交換する文脈で生まれ、今でも存在し続けている。しかしまた、ソルガムビールは交易ルートを通して広まり、初期の家内制手工業としても発展した。「アフリカ南部では、現金収入を得るためのビールづくりは当初、働き口を得るために都市部へ移住した男たちに女性がソルガムビールを提供するという形態を取った」と経済学者のSteven J. Haggbladeは、ボツワナにおけるソルガムビールに反映された移り変わる経済パターンに関する博士論文の中で述べている。[28] 1972年の国際労働機関の報告によれば、家内工業規模のビールづくりは「一部のアフリカ諸国においては最も大きな雇用を、特に独身女性について生み出している可能性がある」。[29] ボツワナ政府は1970年に、ビールづくりが「ボツワナ農村部において最も広範囲に行われている製造活動であり、農村経済における女性の最も重要な働き口である」と報告している。[30] ボツワナなどのアフリカ南部では、ソルガムビールを製造販売する女性はShebeen Queensと呼ばれ、その店（通常は彼女らの家）はshebeensと呼ばれている。

この地域に最初のソルガムビール工場が現れたのは、1900年代初頭のことだった。Haggbladeは、ボツワナではソルガムビールの醸造が「最初の近代的な製造業」だったと報告している。[31] 1930年代末、南アフリカ政府は都市部での家庭醸造ビールの販売を禁止し、地方自治体にソルガムビールの供給を命じた。Haggbladeの説明によればその後「商業的な醸造が本当に離陸した」。[32] 現在ではアフリカ南部で最も人気のあるソルガムビールの銘柄は、（ミルクと同じように）パラフィン紙カートンに入って売られているChibukuであり、このビールは「液体と固体が分離する傾向があるため」Shake Shakeとも呼ばれているとBBCは報告している。「振ることによって、この飲み物はヨーグルトっぽいざらざらとした以前の食感を取り戻す……［その］ピリッとした発泡性はランブルスコ*を思わせるものがある」。[33]

工業的に製造されたビールの市場シェアは増加し続けているが、それには経済的な影響が伴っている。「工場でのビールづくりの重要性が増した結果として、雇用、収入、そして全体的な経済的利益は、すべて減少し続けている」とHaggbladeは書いている。「そのため、貧困層や中間層から富裕層への大規模な所得の再配分が生じている」。[34] これに似たことは、世界中のあらゆる場所で起こっている。食品の大量生産者が富を蓄積し、文化的差異を抹消し、重要な文化的知識やスキルを廃れさせ、依存関係を生み出し、そして我々の食品の文脈を失わせているのだ。

メリッサ（スーダンの煎りソルガムビール）

公式には宗教的に禁じられているにもかかわらず、古代からのビールの伝統が残っている場所のひとつがスーダンであり、そのソルガムビールは主にメリッサ（merissa）という名前で知られている。「メリッサは、イスラム教の教えに抵抗して消え去ることのなかったアフリカの遺産のひとつであり、スーダンの生活様式の複雑さに顕著な影響を与えている」と1993年にHamid Dirarは書いた。「スーダンにおけるその製造と消費は、異教徒、キリスト教徒、そしてムスリムに共通したものである」。[35] メリッサは、標準化された製品とは程遠い。「スーダンはソルガムビールの宝庫だ」とはDirarの言葉だ。「この国に見出されるビールの種類をすべて数え上げるのは不可能だ……。これらのビールは、材料も製造手順も異なっている」。[36] しかし1980年代以降はイスラム法による統治のため「メリッサの販売と公の場での消費は違法とされている」とDirarは報告している。[37] 私はDirar博士に電子メールを送って現在でもメリッサの製造が広く行われているのか確かめようとしたが、彼と連絡を取ることはできなかった。その後私は運よく、現在は米国に住んでいるスーダンの若者Crazy Crowに会うことができ、彼は20年にわたる法的な禁止（違反すると40回のむち打ちの刑に処せられる）にもかかわらず、メリッサ作りの伝統が生き残っていると報告してくれた。

2011年7月9日、独立国としての南スーダンの誕生とイスラム法の制約からの解放を祝って、私はメリッサを作った。参考にしたのは、Dirarの素晴らしい著書『The Indigenous Fermented Foods of the Sudan』に書かれたプロセスの信じられないほど詳細な記述だ。メリッサは材料がソルガムと水だけという点ではシンプルだが、この2つの材料が実にさまざまな方法で取り扱われる。前述のソルガムビールと同様に、2ポンド／1kgのソルガムから約1ガロン／4リットルのビールができる。

*訳注：イタリアの微発泡性ワイン。

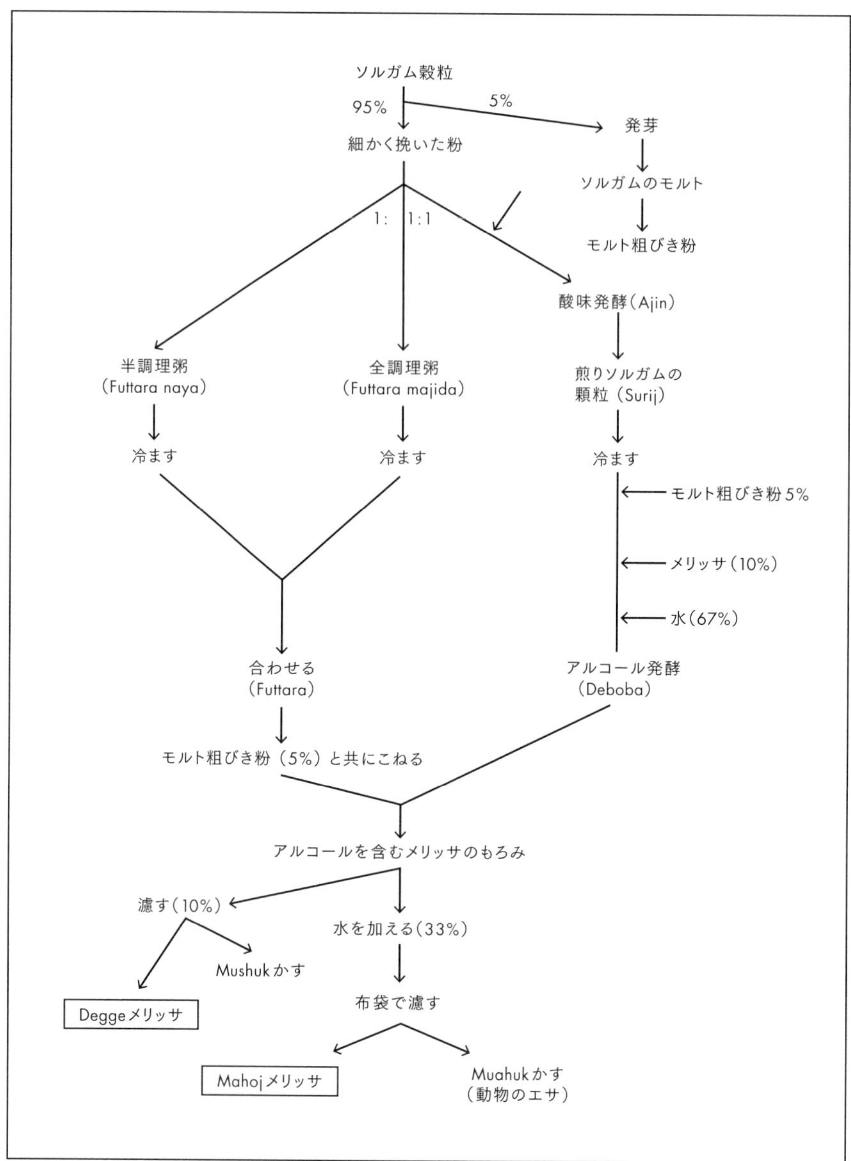

Hamid A. Dirar著『The Indigenous Fermented Foods of the Sudan: A Study in African Food and Nutrition』（Wallingford, UK: CAB International, 1993）から、フローチャート

モルト処理

メリッサには、ビールに用いられるソルガム全体の5〜10パーセント（重量でも体積でも）という、少量のモルト処理されたソルガムしか必要とされない。前述のソルガムビールと同様、穀物を一晩水に浸して水を切り、直射日光の当たらない換気の良い場所で湿った状態を保ち、芽の長さが約3/4インチ／2cmにな

るまで発芽させる。伝統的にはモルトを日干しするが、乾燥器や扇風機などで低温乾燥してもよい。乾燥させた後のモルト穀物は安定して乾燥保存でき、使う前に数か月エージングする場合も多い。この少量のモルトに、10倍から20倍のモルト処理していない穀物を加える。その後のプロセスにかかる時間はスーダンでは48時間以下だが、温帯の気候ではもう少し長くかかる。

ajinの発酵

ajinとは、スーダンのソルガム発酵微生物の中心となるサワー種だ。ajinを作るには、ビール用のモルト処理されていないソルガムを粗びきにして三等分し、それぞれ別の処理を行う。加える水の量を量る際に必要となるので、三等分した後の体積を書き留めておくこと。挽いた粉の1単位が、ajinに発酵される。挽いたソルガムを非金属製のボウルやジャーに入れて、最小限の水で湿らす。粉に少しずつカルキ抜きした水を加えて混ぜ、粉に乾いた部分がなくなるまで、さらに少しずつ水を加える。私がこれを行った際には、湿らせる粉の約50パーセントの体積の水が必要だった。布で覆う。Dirarは、スーダンの暑さの中で36時間かけて発酵させることを推奨している。私は毎日かき混ぜてはにおいをかいでいたところ、3日ほどで酸っぱいアロマが感じられるようになってきた。

surijの乾煎り

surijは、乾煎りしたajinだ。この段階で、メリッサに特徴的な風味と色が付く。鋳鉄製などの重いスキレットを中火で熱する。ajinを加えてひっきりなしに鍋の中であおったりかき混ぜたり返したりして、焦がさないように均一に乾煎りする。煎っているソルガムの粗びき粉の下に差し込めるような、硬いエッジのあるへらなどの道具を使うのが良いだろう。加熱にむらができないように、ひっくり返す。鍋の隅までかき混ぜるように注意してほしい。かたまりがあれば崩して、乾燥を促進する。ソルガムが乾いてきて、煎っているうちに色が濃くなってくるのがわかるだろう。水が蒸発するにつれて、「蒸気の色が、水蒸気の白から煙の色に変わってくる」とDirarは観察している。これがsurij完成のサインだ。「surijを煎ることは、このプロセスに欠かせない」。[38]完全に炭化させるのではなく、焦げ始めたくらいのものが望ましい。多くの食品と同様に、ソルガムはわずかに焦がすと風味が際立つが、完全に焦げてしまうと台無しになる。surijは乾燥して保存することもできるし、すぐ使うこともできる。「surijを高熱で処理する主な狙いは、酸を作り出すバクテリアを死滅させ、その後の酵母発酵にほとんど関与できないようにするためらしい」とDirarは説明している。

ajin発酵の主な役割は、酵母の生育に適したレベルまでpHを低下させるのに必要な乳酸を提供するとともに、多くの食品や飲料でスーダン人に一般的に好まれるわずかに酸っぱい風味を作り出すことにある。しかし、作り出される乳酸の量が多すぎたり、さらに悪いことに一定限度以上の酢酸が作り出されたりすると、メリッサの風味に悪影響を与える。したがって、これらの酸を作り出す微生物を含んでいるajinに「滅菌処理」を行ってsurijを作ることは重要だ。[39]

debobaの発酵

メリッサ作りの次の段階は、少量の水と少量の熟したメリッサを使ってsurijを湿らせることだ。私はマザーとなるメリッサを持っていなかったので、生のモルト以外にスターターを使わない、より一般的なソルガムビールのレシピ(前のセクションを参照してほしい)で作ったバッチを使った。スターターとして生のモルトだけを使ったり、イーストを加えたり、あるいは別の活発に発酵しているビールを使ってもよいだろう。どんなスターターを使うにせよ、スターターや水は一度にごく少量ずつ加えてよくかき混ぜてほしい。surijが吸収できるだけの量の液体を加えること。ここでの目的はsurijを湿らせることであって、水浸しにすることではないからだ。(私が湿ったsurijを味見してみると、朝食シリアルのGrape-Nutsを思い出させる味がした)。数時間置いて発酵させる。スーダンでは4・5時間だが、温帯の気候ではさらに数時間かかる。

この最初のわずかに湿った発酵の後、挽いたソルガムのモルトを混ぜ入れる。Dirarの指示によれば、ajinを作るのに使ったソルガム粉を単位として5パーセントのモルトを使うことになっている。私は、モルト処理の間にソルガムがあまりよく発芽しなかったため、この2倍の量を使った。ソルガムのモルトを、湿ったsurijに手で混ぜ込む。それから、ソルガム粗びき粉1単位の3倍、別の言い方をすれば、メリッサに使ったモルト処理していないソルガム全体の体積とほぼ同じ体積の水を加える。この水を加えると、すぐに活発な泡立ち発酵が始まる。「定期的に、醸造者はsurijへのモルトの作用を見守り、マッシュを時々味わって十分に甘くなったかどうかを判断し、必要に応じてさらにモルトを加える」。[40] こうしてできるdebodaは「あまり食欲をそそらない、黒くて粘っこい、苦い味のするどろどろとしたものだ」とDirarは説明している。[41]

メリッサの発酵

このようにdebobaは約7時間発酵されてから、次の材料が加えられる。少なくともその時間が経過する1時間か2時間前に、加える粉を準備しておかなくてはならない。三等分した粉の2単位はそれぞれ、わずかに異なる方法で調理される。これらはどちらも水と煮て粥(aceda)にするが、一方は完全に煮て、他方は半煮えにするのだ。それから両方のacedaは冷まして混ぜられ、futtaraと呼ばれる生地になる。Dirarは、完全に煮た粥と半煮えの粥とを合わせることによって、ゼラチン化したデンプンに対するゼラチン化していないデンプンの割合が最適化されるのかもしれないと推理しているが、地方の醸造者たちは「半煮えのfuttaraの役割は、消費者の好みに合ったざらざらした食感を与えるためだと説明している」と彼は報告している。[42] 完全に煮た粥を作るところから始めてほしい。そちらのほうが冷めるまでに時間がかかるからだ。

粥を作るには、1単位の粉の約3倍の体積の新鮮な冷水を鍋に満たす。加熱しながら、冷水の表面に一握りの粉をまく。沸騰してきたら、残りの粉を加えて一生懸命かき回す。粉のだまを壊し、焦げ付きを防ぐため鍋底を常にこそげる。ソルガムが煮えてくると、水を全部吸い込んで粘っこくなる。さらにかき混ぜ続ける。煮えたかどうかをテストするには、水で濡らした指でacedaをつついてみる。指になにもつかず、粥が元に戻れば煮えている。さらに煮る必要があれば、かき混ぜ続けて数分後に再度テストする。

acedaがこのテストをパスしたら、広げて冷ます。クッキーシートの上に注ぐと、粘着性があるため完全な円形を保ちながら冷える。

完全に煮えたacedaを冷ましている間に、半煮えの粥を作るための水を加熱し始める。今度はさっきよりも少量の、1単位の粉と同じ体積の水を使う。さっきと同様に、加熱している間に冷水の表面に一握りの粉をまく。沸騰してきたら、残りの粉を加えて一生懸命かき回す。粉のだまを壊し、焦げ付きを防ぐため鍋底を常にこそげる。今回は、粥が粘っこくなるまでかき混ぜてから火を弱め、もう一度同じ体積の冷水を加え、均一な濃さになるまでかき混ぜ続ける。半煮えのacedaをクッキーシートか大きなボウルに広げて冷ます。

完全に煮えたacedaと半煮えのacedaが両方とも手で触れる程度まで冷めたら、これらを「互いに手で混ぜてfuttaraを作る」。それからfuttaraへモルトを、混ぜた2単位分の粉に対してモルトが約5〜10パーセントの割合で、こね入れる。できた生地を、すでに発酵しているdebobaへ移すが、「固体の生地よりも、粘っこいスラリー状のdebobaの量が多くなるようにする」。かき混ぜず、「futtara生地をゆっくりと溶かす」。[43] こうすると発酵が遅くなるため、熱い夏には望ましい。冬の季節には、発酵を早めたいので、futtaraを積極的にdebobaへ混ぜ入れる。[44]

最後に、さまざまなソルガムと水の組み合わせをすべて一緒に発酵させる。しかしこれは、ほんの短い時間だ。Dirarは、スーダンでの典型的なメリッサの発酵時間は約7時間だと書いている。その後、濾して飲み始める。「遅い時間になるとメリッサは鋭い酸味が目立つようになり、夕方までにはだめになってしまうだろう」。[45] しかしテネシー州の7月の暑さでは、メリッサのプロセスのどの段階もDirarの説明ほど速くは進まなかった。私は約7時間後にメリッサの一部を濾し、24時間後にまた一部を濾した。24時間たったもののほうがずっと強かったが、過剰な酸味はまったく感じなかった。

濾すには、ざるをボウルの上に置き、ざるの上には目の細かい大きな綿布を敷く。メリッサを注ぐ。慎重に布の角と縁を合わせて、布に入ったメリッサをざるから持ち上げる。布の中身をねじって、布を通して液体を絞り出す。ざるに押し付ける。絞ったり押したりを繰り返して、液体を絞り出す。布の中身が少なくなり密度が濃くなってきたら、よりきつく包んで絞り続ける。液体が残っていないと感じられるまで絞ること。メリッサはいっぱいにびん詰めすれば冷蔵庫で数日間は保存できるが、大部分の現地ビールと同様にこれは分かち合って楽しむための贈り物であり、ひとり占めするためのものではない。メリッサを冷蔵庫に入れていると、デンプンがびんの底にたまって行き、上澄みはチョコレートスタウトなどの非常にダークなビールを思わせる、透明で黒いビールとなる。これを注意深く注ぎ出して賞味する。おいしい！

Dirarは、メリッサの2つのグレードについて説明している。daggaは、発酵中の液体の約4分の1を絞り出したものだ。「メリッサの大部分を占める残りは、まず同体積の水で薄めてから濾される。こうして得られた弱いメリッサはmahojと呼ばれ、メリッサは通常この形態で市販される」。私は自分のメリッサをすべてdaggaとして絞り出し、それから残ったものに多少水を足してみたところ、非常に弱いものができた。メリッサから液体を絞り出した後に残る固体はmushukと呼ばれ、「高く評価される、肥育効果のある飼料」として動物に与えられる。[46]

私はメリッサを、おいしくて珍しいビールづくりの経験として強くお勧めする。そのリッチで多層的な風味は、製法の複雑さを反映している。メリッサの文化が、新しい独立国である南スーダンで再び花開きますように。

アジアの米から作る酒

日本酒は、西欧で最もよく知られている米をベースとしたアルコール飲料だ。日本酒はいくつかの点で独特ではあるが、カビの酵素を利用して米などの穀物を糖化するという点では、アジア全体で作られている飲み物の非常に広いグループに属する。次の章ではカビそのものについて、そしてカビを育てるための概念と簡単な手法について説明する。この章での議論は、カビを使って穀物ベースのアルコール飲料を発酵させるための基本的なテクニックに関するものであり、カビ培養物は市販のものを買うか物々交換によって手に入れるか、あるいは次の章で説明する方法で作ると仮定している。

私は中国の餅麹（10章を参照してほしい）を使った発酵で、素晴らしい結果が得られた。餅麹は直径約1インチ／2.5cmの小さな団子の形をした「イースト」として売られており、多くのアジア食材店やインターネット上で手に入る。酵母とバクテリア以外にさまざまなカビを取り込んだ同様の混合培養微生物スターターはアジア各地で利用されており、ラギ(ragi、インドネシアやマレーシア)、ムルチャ(marcha、インドやネパール)、ヌルク（nuruk、韓国)、bubod（フィリピン)、loopang（タイ）など、数多くの異なる名前で呼ばれている。[47]日本の麹（10章の「麹を作る」を参照してほしい）は同じ伝統に由来するが、現在では酵母やバクテリアを除外して培養された、分離された単一系統のカビ（*Aspergillus oryzae*）が用いられるのが普通だ。

これらさまざまな場所で米から作られるアルコール飲料は、詳細な点では大いに異なるプロセスで製造されるが、西欧で伝統的に作られるビールとは区別される独特の手法は、このグループすべてに共通している。中でも重要なのは、糖化（複合炭水化物を発酵可能な単糖へ分解すること）が、糖類からアルコールへの発酵と同時に行われることだ。西欧の伝統では、糖化（モルト処理と、その後マッシュを制御された高い温度に保持して酵素を活性化すること）は、常にアルコール発酵の前に行われる。これらアジアの穀物発酵飲料に独特のもうひとつの特徴（ソルガムビールやtesgüinoなど、現地ビールの大部分とも共通する）は、常に加熱調理された穀物そのもの（そこから抽出された液体ではなく）を発酵させることだ。この点は、穀物のマッシュから抽出された透明な液体（麦汁）のみが発酵される、現在の西欧のモルト処理された穀物から作られるビールとは対照的だ。米が糖化し発酵するにつれて、米は液化する。古代中国では、この液体をストローで抽出して飲んでいた。（実際には、ストローでろ過したビールを飲むという慣習は、Patrick McGovernによれば「世界的な現象」であり、古代中国だけではなく肥沃な三日月地帯、太平洋諸島、南北アメリカ大陸、そしてアフリカで「現在でも広く行われている」。[48]この章で説明する、雑穀から作るネパールのトンバは、通常はストローを使って飲む）。

基本的なライスビール

ライスビールの一般的な製法はきわめてシンプルだ。米を加熱調理する。冷ます。スターター培養微生物を加える。発酵させる。濾す。飲む。私が初めて作ったのもこの単純な製法で、その後何十ものレシピを調査していくつかのバリエーションを試してみた後でもこのシンプルさが大好きだ。私は短粒種の玄米を使い、事前に浸したりせずに、いつもと同じように炊く（しかし塩は使わない）。約2ポンド（4カップ）／1kg（1リットル）の米と1個の小さな餅麹の団子から、約3クォート／3リットルのライスビールができる。

米を炊いた後、体温程度まで冷ます。冷ましている間に、餅麹の団子を砕いて粉にする。すり鉢とすりこ木を持っていない場合には、頑丈なボウルの中でスプーンの背を押し付けて砕けばよい。1kg／2ポンドの米に対して、1個の餅麹の団子を使う。レシピによってはもっと少ない場合もあるし、多く使えば速くできる。米が冷めるまでに、かめなどの容器に移しておく。体温程度になったら、粉砕した餅麹を加える。私は自分の手をきれいにして米に差し入れ、かたまりをつぶして完全に混ざるようにしている。（たぶんスプーンを使ってもうまく行くだろう）。

スターターが米の中によく分散したら、スプーンを使って米の中央にくぼみを作る。発酵プロセスが進んで液化が起こると、このくぼみには液体、つまりライスビールがたまってくる。暖かい場所で保温する。1年の大部分の時期には、私は照明用の白熱灯を点灯した（オフにした）オーブンを使う。夏には、室温で十分だ。液化した米がくぼみを満たした後、米は泡立つ液体に覆われるが、同時にこの泡立ちによって米は液体の上に浮かんでくる。この段階では、1日に数回かき混ぜる。

発酵が進んでいる間はずっと、ライスビールはとてもおいしく飲めるが、約1週間たつとアルコール分が強くなってくる。濾した液体を濁ったまま賞味するか、あるいはデンプンを沈殿させて上澄みを注ぎ出す。短期間なら冷蔵庫で保存でき、低温殺菌すれば長期間保存できる。そうしないと、混合培養微生物中の乳酸菌によってどんどん酸っぱくなってしまう。

本やインターネット上のレシピを調べてみると、このプロセスのあらゆる細部には多数のバリエーションと文化による特色がみられる。アジアの広大な大地に散らばった、何千もの固有の文化を持つ何十億人もの人々によって行われてきたためだ。「済んだ液体であったり、濁った懸濁液であったり、時には半固体の、濾していないマッシュの状態のこともある」と中国の江蘇省にある江南大学のXu Gan RongとBao Tong Faは、彼らのオンライン記事『Grandiose Survey of Chinese Alcoholic Drinks and Beverages』の中で説明している。[49] インドのタミル・ナードゥ州にあるBharathidasan大学のS. Sekar博士は、彼の『Database on Microbial Traditional Knowledge of India』の中で、19種類ものライスビールの製法と、それらの醸造に使われるさまざまなスターターについて詳述している。その中のひとつ、インド北東部の丘陵地帯にあるナガランド州のruhiと呼ばれるライスビールの製法は以下のとおり。

> 炊いた米はマットの上に広げて冷まされる。米に育った酵母と、nosanの葉が混ぜられる。この接種された米は、円錐形の竹かごに注ぎ入れられる。素焼きのつぼが円錐の下に置かれて、発酵した液体を受け止める。この液体が新しく炊いた米に移されることが、3回か4回繰り返される。最終的に集められた液体が、最高品質のruhiとなる。[50]

オンラインのレシピの中には、米の種類を選ぶものもある。私の考えではこの理由は、さまざまな地域で多数の異なる種類の米が重要とされており、これら特有の米から発酵された飲み物に特有の性質を与えているためなのだろう。しかし私のいい加減なやり方では、ライスビールの実験に間違った種類の米を使ってしまうことのほうが多いし、使ってきた米の種類も粘りがあるものやそうでないもの、色も茶色や白や黒などさまざまだったが、どういうわけかいつもおいしいものができた（しかしもちろん、特有の伝統に忠実なものではない）。米を炊くように書いているレシピもあれば、蒸すように指示しているレシピもある。私は両方試してみたが、両方ともうまく行った。

スターターに関しては、砕いた乾燥酵母を水に浸してよみがえらせ、活性化させる流儀もある。また、私がさっき説明したように、砕いたスターターを乾燥したまま米に混ぜ入れる流儀もある。さらに、水をまったく加えずに、液化によって水没するまでスターターの微生物と酵素を好気的環境で活動させる流儀もある。それ以外に、炊いた米に直接水を加えて、完全に液体培地の中で発酵を行わせるものもある。

日本酒など一部の流儀では、米が間隔を置いて段階的に発酵へ投入され、20パーセントもの非常に高い濃度のアルコールが酵母によって作り出される。これは、他のどんな種類の醸造酒よりもはるかに強い。また流儀が異なれば、異なる温度が理想的とみなされる。日本酒の場合、米は約60°F /15℃という冷涼な環境で数週間発酵される。他の多くの流儀では、米は温暖な環境（約90°F /32℃）で約1週間発酵され、時にはその後もっと涼しい場所で仕上げられる場合もある。また、室温で発酵を行う人々もいる。

典型的には、ライスビールは飲む前にろ過され、残った固形物や酵母の残骸が除去される。この残骸（日本酒の場合は酒かすと呼ばれる）は、漬け地（5章の「漬物：日本のピクルス」を参照してほしい）またはパンケーキなどに混ぜる材料として、あるいは家畜の飼料や堆肥として使われる場合もある。濾した後、そのまま置いて懸濁したデンプンを沈殿させてから上澄みを静かに注ぎ出せば、さらに透明な液体が得られる。しかしライスビールは、必ずしも濾さなくてよいのだ。Mickという名前の発酵愛好家はこう語っている。

> 私はかつて、とある中国中央部の農村地帯を友人と一緒に歩いていて、立ち寄った農家で食事と、アルコール発酵させた米を何杯もごちそうになった。それは酒ではなく、発酵させた米そのもので、濾せば酒になっただろう。非常に強いものだった。

アルコール発酵させた米は、米ごとスープなどの料理を作るために用いられることも多い。あるブロガーが、「私の家庭では、酒の使い道として最も多いのは柔らかいポーチドエッグの風味付けです」と書いている。これはjiu niang danとしても知られている。

> 沸騰しているお湯に卵を割り入れて、白身は固まったが黄身はまだ固まっていない状態にします。卵は一人分ずつ小鉢に入れて、小さじ1杯の砂糖と少量の熱湯を注ぎます。大さじ数杯のjiu niang米と酒を加えて、米が温まり砂糖が溶けるようにかき混ぜます。[51]

私が読んだ別のバージョンでは、お湯を沸かし、酒と砂糖を加えてからスクランブルエッグを混ぜ入れるというもので、ポーチドエッグというよりはかきたま汁を思わせるものだった。[52] どちらにしても、これはとてもおいしい（砂糖なしでも）。

以下のセクションでは、この基本的なライスビールのテーマに沿って3つの具体的なバリエーションを探求して行く。発酵の培地として米にサツマイモを加える韓国のマッコリ、雑穀から作られるネパールのトンバ、そして日本の日本酒だ。

サツマイモで作るマッコリ

マッコリ（makgeolli）は、韓国のライスビールだ。私が最初にマッコリを知ったのはニューヨーク市のLinda Kimからで、彼女は自分がマッコリを作った経験を電子メールで書いてよこしたのだった。「とてもシンプルで、発酵には3〜5日しかかかりません」。私はその音が好きだ。Lindaは私に、ヌルクと呼ばれる韓国のスターター培養微生物をインターネットで見つけたと教えてくれた。ところが私が「ヌルク（nuruk）」で検索してみても、何も見つからなかった。その後、韓国人の経営する食料品店チェーンとウェブサイトのリンク[53]をLindaが送ってくれた。そこでは「粉末酵素アミラーゼ」としてヌルクを売っていたので、私は5ドル分だけ買ってみた。私がインターネットで検索してみるとマッコリのレシピがたくさん見つかり、その中で最も興味深いもののひとつが「Seoulful Cooking」というブログのもので、これには私の大好きな食べ物のひとつ、サツマイモが使われていた。[54] 以下に示すマッコリの作り方は、Linda Kimの電子メールやSeoulful Cookingブログ、そしてその他のインターネット上のレシピから得たものを私がアレンジしたものだ。

マッコリを作るには、まず、もち米2ポンド／1kgを洗い、一晩（またはまる一日）水に浸す。よく水を切ってから、米を蒸す。私は、大部分のアジアンマーケットで手に入る、竹製のせいろを積み重ね、米が隙間から落ちてしまわないように綿布を敷いて蒸すのが好きだ。米が蒸し上がったら、トレイかクッキーシートに広げて冷ます。その間に、1/2ポンド／250gのサツマイモを洗い、皮が付いたまま大き目の乱切りにして、柔らかくなるまで蒸し、冷ましておく。米が触れる程度まで冷めたら、少なくとも1ガロン／4リットルの容量のかめ、ボウル、またはジャーに移す。約2クォート／2リットルのカルキ抜きした水を加える。手で米をもんで、米粒をほぐす。砕いたヌルクを加えて混ぜ込む。サツマイモを皮ごと加え、手でつぶしながら混ぜ込む。布で覆い、暖かい場所に置く。

数時間後、この米とサツマイモとヌルクの混ざったものをかき混ぜて、酵素と酵母の活性を分散させ再分配を促す。その後これを少なくとも1日に2度繰り返す。最初、加えた水はすべて米に吸収されるが、酵素による消化が進むにつれて、次第に液化が起こり、しばらくするとかたまりが液体に浮かぶようになる。数日後、容器を覆っている布を、より硬くて通気性のないふたに変えて空気の流通を制限する。米粒が大部分底に沈むまで発酵させる。これには、暖かい環境であれば数日間、涼しい場所なら2週間ほどかかる場合がある。濾してびんに移す。好みに応じて、もう1日びんを室温に置いて発泡させる。マッコリは数週間であれば冷蔵庫で保存できるが、低温殺菌しない限りゆっくりと酸性化が進むことに注意してほしい。マッコリに砂糖を加えて甘くしてから飲む人も多いが、個人的にはその必要があるとは思わない。

雑穀から作るトンバ

トンバ（tongba）は雑穀のビールで、伝統的な混合培養微生物スターターを使ってライスビールのスタイルで作られる。私が最初にトンバを知ったのは友人のVictoryからで、彼はネパールを旅した時からトンバに懐かしい思い出を抱いていた。

発酵させた穀物は背の高いグラスで食卓に出され、それと一緒に湯を入れた魔法瓶と、穀物をフィルターするため綿のかたまりがくくりつけられて底が覆われたストローが添えられていた。背の高いグラスは、5回か6回は湯を足して飲むことができた。2杯目のグラスを飲んだ後、みな酔っぱらってその夜を陽気に過ごし、我々はみなふらつきながら家に帰った。液体のパンのような味がした。

実際には、トンバ（toongbaaと書く場合もある）は伝統的にこの飲み物（kodo ko jaanr）が供される竹の容器の名前らしい。Jyoti Prakash Tamangの著書『Himalayan Fermented Foods』によれば、「toongbaaは発酵した雑穀の種子が入れられ、湯が足される容器だ。抽出液は細い竹のストローで吸って飲む……ストローの端には両側に穴が開いており、吸ったときにグリッツが入ってこないようになっている」。[55]

私は、この強くて独特な醸造酒（温かくてミルクのような味がする）が大好きだし、それに伴う儀式も楽しいと思う。これを飲むには、マグの半分くらいまで発酵した雑穀のマッシュを入れ、それから残りをお湯で満たす。私は10分間待ってから暖かいうちに飲み、そしてこれを繰り返すようにしている。私には、2回か3回の継ぎ足しで十分だ。私はストローを使わずに、必要に応じて自分の歯をフィルターとして使って大部分の液体を穀物から吸い取ってしまうが、マテ茶（yerba maté）を飲むのに使うbombillaという鉄製のストローを使って飲むのも楽しかった。また、ざるで濾して飲むこともできる。

ネパールで使われる雑穀（スズメノコビエ、*Paspalum scrobiculatum*）は、米国で栽培されている雑穀（トウジンビエ、*Pennisetum americanum*）とは多少異なるが、私はトウジンビエから作るトンバも大好きだ。だいぶ前にネパールに住んでいてトンバとchaangの作り方を学んだ友人のJustin Bullardが、ネパールのスターターであるムルチャ（marcha、10章の「植物原料のカビ培養物」を参照してほしい）の作り方を記録するためにネパールに戻った時、私にムルチャを持ってきてくれたので、正統的なスターターが手に入った。ムルチャの購入先をインターネットで見つけることはできていないが、中国の餅麹でも代用でき、同様の結果が得られる。

まず、雑穀を準備する。私は雑穀に対して約2.5倍の比率の水を使う。煮立ったら弱火にして蓋をし、約15分間種子が破れるまで煮る。そうなったら火からおろす。Justinは、調理した雑穀が浸る程度の少量の冷水を雑穀に加えることを教えてくれた。触れる程度まで冷めたら、清潔な手で雑穀をもんでかたまりをほぐし、液体の中で雑穀の粒をバラバラにする。雑穀が体温以下まで冷めたら、砕いたムルチャか中国の餅麹を加えて徹底的に混ぜ、分散させる。私はJustinの勧めに従って、1ポンドの雑穀に2個のムルチャを使った。中国の餅麹の場合には、1ポンド／500g当たり1個で十分だろう。半分でも間に合うかもしれない。

Justinは次のように書いている。「少なくとも、マッシュの泡立ちが止まるまで発酵させる。マッシュは1シーズンほど持つが、発酵から約1か月後に使うのがベストだと私は思う」。『Himalayan Fermented Foods: Microbiology, Nutrition, and Ethnic Values』の著者であるJyoti Prakash Tamangは、全部で5〜10日という短期間のプロセスを説明している。私は1週間たったものが気に入った。アルコール分が強く、もはや甘くはなく、そしてわずかに酸っぱかった。最初に作ったものの飲み残しがかめの中に数日間残っていたので、私は泡立ちが終わったことに気づいてから密閉したジャーへ移し、さらに数週間置いておいた。もう一度味わってみると、トンバはアルコールの点でも酸っぱさの点でも、より強くなっていた。もっと早く、発泡が落ち着いた時点で密閉したジャーへ移していれば、おそらく酸っぱくなることがある程度は防げたのではないかと思う。

日本酒

先ほども述べたように、日本酒は本国以外でもよく知られるようになった、米を発酵させた飲み物だ。日本食レストランで食事したり寿司を食べたりする人は、スムーズで強い日本酒を楽しむことが多く、また温めて飲むことも多い。日本のカビを付けた穀物である麹については10章で詳しく説明するが、これが日本酒のスターターだ。麹は、*Aspergillus oryzae*というカビの胞子だけを米に接種して作られる。このカビに含まれる酵素が、米のアルコール発酵（およびその他数多くの発酵）に必要な糖化を行う。しかし、アルコール発酵を実際に行う酵母は麹には含まれていない。この点が、中国の餅麹やヌルク、ムルチャなど、*Aspergillus*などのカビの他に酵母とバクテリアを含む混合培養微生物スターターとは違う。現在の日本酒の醸造元では大部分、特殊化した市販の単一種酵母スターターを加えている。これは日本では100年以上前にさかのぼる伝統だ。[56] もちろん、より古くからの天然発酵の伝統も存在する。

日本酒造りの特徴のひとつは低温が要求されることで、時には45°F/7℃という低い温度で行われ、また必ず60°F/15℃以下でなくてはならない。私は冬に、熱を締め出せる部屋で実験を行った。ワイン用の冷蔵庫や、温度コントローラーを取り付けた冷蔵庫を使うこともできるだろう（3章の「温度コントローラー」を参照してほしい）。

日本酒造りの最初のステップは、麹を作るか買ってくることだ（10章の「麹を作る」

を参照してほしい)。少量の麹を、水、蒸したばかりの米、そして通常は酵母スターターと混ぜる。これは酛（もと）または酒母と呼ばれ、70–73°F/21–23℃という暖かい環境で数日間発泡させ続ける。これには、大量の米を加える前に酵母の活性を高めるために行われるが、また伝統的に乳酸を発生させるという目的も果たしている。乳酸は、十分に存在すれば「野生酵母や望ましくないバクテリアが増殖し、風味に悪影響を与えることを防止する」と日本酒に関する数冊の本の著者であるJohn Gauntnerは述べている。20世紀初頭には、プロセスの開始時に乳酸が直接加えられるようになった。「最初から乳酸を加えることによってプロセスの速度が向上」するとともに「プロセスが開始時から保護される」。現在では大部分の日本酒に行われているこの慣習は、速醸酛（そくじょうもと）として知られている。伝統的なプロセスでははるかに長い時間がかかり、「よりゆっくりと乳酸が増加するため、多少の悪臭バクテリアや野生酵母さえもが酛に入り込むことは避けられない。このためより野性味のある、堂々とした風味プロファイルが結果として得られる」。[57]（私は酵母や乳酸菌の供給源としてサワー種スターターを使って日本酒を作ったが、確かに堂々とした風味プロファイルだった！）。

酛が熟成したら、1回ごとに加える量をほぼ倍に増やしながら、米と麹と水を3度に分けて加える。この高度に定式化されたプロセス*では、加える回数ごとに名前がついている。最初は初添（はつぞえ）だ。麹と水が夕方に加えられ、その翌朝にさらに米が加えられる。2日間、踊り（おどり）と呼ばれる発酵が行われてから、2度目の中添（なかぞえ）で2倍の麹、2倍の水、そして翌朝に2倍の米が加えられる。さらに1日後、各材料がさらに2倍ずつ、最後の留添（とめぞえ）として加えられる。米がすべて加えられた状態の米のマッシュは醪（もろみ）と呼ばれ、さらに2週間発酵される。この発酵の後、通常はろ過と圧縮によって固体の残滓（酒粕）から発酵した液体が分離される。日本酒はこの状態で飲むこともできるし、エアロックの付いた容器へ移して泡立ちがすべて収まるまで1・2週間待つこともできる。この時点で、必要に応じて日本酒はろ過されて清澄化され、白っぽく濁ったデンプンを取り除く。個人的には、コクがあるので私は濁っているほうが好きだ。日本酒は、典型的にはびんに詰めた状態で低温殺菌され、酸性化を防ぐ。生酒は低温殺菌されていない日本酒であり、とてもおいしいが、冷蔵状態で保存するか、すぐに飲んでしまわなくてはならない。酸っぱくなった日本酒も、それほど悪いものではない。私は蒸し料理の調味料として使うのが好きだし、乳酸菌を豊富に含む強壮飲料としてちょっとずつ飲んだりもしている。

現代の日本酒は精白米、つまり精米して外側の層を削り取った米から作られるのが普通だ。これには、精白された穀物を食べるのと同じ問題がある。外側の層には重要な栄養素が含まれているのだ。したがって、大部分の日本酒のレシピでは、さまざまなミネラルや酵母の栄養素を加えることが必要になる。「玄米を使

*訳注：三段仕込みと呼ばれる。

えば、他の化学物質を何も加えなくても酵母は育ちます」と、旅する発酵実験家Eric Haasは指摘している。

Ericは日本から、次のような手紙をくれた。「自分で日本酒を作っている人はほとんどいませんでしたが、素晴らしいものを作っている人もいます」。彼は特に一人の日本酒醸造者を取り上げて、彼の作る「日本酒は濃くて濁りがあり、生で、まるで雲のようにドリーミーでした。いままで飲んだ中で最高の日本酒です」と言っている。Ericによれば、この作り手は自分で米を栽培し、麹を作り、市販の酵母は一切使わずに、特に優れたバッチをスターターとして使い、天然発酵を行っているということだ。

より詳細な日本酒造りの情報が掲載された本やウェブサイトについては、「参考情報」を参照してほしい。

大麦のモルト処理

最後に、おなじみのビールについてみて行こう。ビールはモルト処理された大麦に、風味付けと保存のためにホップを添加して、発酵させた飲み物だ。モルト処理が、ビールづくりの最初のステップになる。ビールの作り手は、たいてい大麦のモルト処理を専門業者に任せている。私は、社内でモルト処理を行っている小規模なブルワリーを1軒だけ（オレゴン州ニューポートのRogue Brewery）と、自分でモルト処理した大麦からビールを作っている熱心な家庭醸造者を何人か見つけることができた。大麦を発芽させることが他の穀物よりも難しいわけではないが、最適な酵素の生成を促すために多くのテクニックと技術が要求される、技法や科学としてモルト処理は発達してきた。

歴史的にモルト処理は醸造プロセスの一部とみなされていたが、ブルワリーが大規模化し製造業のあらゆる分野で専門化が進むにつれて、モルト処理は大部分が醸造から切り離され、地元や地域の麦芽製造所が複数の醸造所へモルトを供給するようになった。20世紀の末までに、モルト処理は高度に集中化された。1998年の調査によれば、米国とカナダでは8つの企業がモルト製造の97パーセントを支配している。[58] ビール醸造の背景となる科学を説明している『Brew Chem 101』という本はその他の点では有益だが、モルト処理については1文しか費やしていない。「実際、彼または彼女自身で穀物を発芽させている家庭醸造者は非常にまれなので、それについては触れないことにする」。[59]

しかしモルト処理は、ビールづくりの不可欠な部分であり、自分で穀物をモルト処理してみれば、穀物がビールになるプロセスがよりよく理解できることは間違いない。モルト処理の技術的な困難さを考慮すれば、専門化は当然なのかもしれない。しかし、自家製造したモルトでも完璧に素晴らしいビールを作ることはできるし、それには酵素の最適化は必要なく、またモルト処理の専門化は産業の集中化をもたらすものではない。これは、穀物自体が遠く離れた地域で単一栽培される必要はないのと同じことだ。過去十年間の地元食品の再興の中で、地域に回帰したモルト製造者たちが少しずつ操業を始めている。穀物の栽培もまた、地元食品の復活と農業の多様化の一部として行われ始めている。これらの新しい動きは、地ビールに関する我々の理解を再定義することになりそうだ。

大麦をモルト処理するには、**外皮の残った**大麦を使うように注意すること。大麦のモルト処理には、55〜60°F/13〜16℃程度の比較的冷涼な温度が最適だ。大麦は、収穫したてでないもののほうが良い。大部分の資料では、大麦を発芽させる前に少なくとも6週間保存することを推奨している。大麦を水に浸してかき混ぜる。もみ殻が表面に浮いてくるので、水ごと流し出して取り除く。大麦が浸るように必要に応じて水を足し、約8時間水に浸す。こうして浸した後、水を切ってから換気の良い場所に大麦をさらに8時間置く。それから再び水に8時間浸す。これが「間欠水浸法（interrupted steeping）」で、「空気にさらすこと（air rests）」をはさみながら水に浸すことによって、発芽中の穀物に酸素が与えられる。[60] 2度目に大麦を水に浸してから水を切ると、ひとつひとつの穀粒に白いふくらみが見えてくるはずだ。これが幼根だ。大麦をもう一度、こんどは長めに12〜16時間空気にさらしてから、みたび8時間水に浸す。浸す時間は「品種、穀粒のサイズ、タンパク質の含有量、そして穀物の生理的状態などのパラメーターによって異なる」と最も信頼のおける『Scientific Principles of Malting and Brewing』の著者、Charles Bamforthは説明している。[61]

私がお勧めしたジャーを使って発芽させる方法（8章の「発芽させる」を参照してほしい）は、1〜2ポンド／500g〜1kg以上の量には向いていない。「伝統的に、水に浸された大麦は長く天井の低い建物の床の上で10cm［4インチ］程度の深さに広げられ、10日程度発芽される」とBamforthは書いている。「発芽中の大麦の温度を下げる必要があるか、それとも上げる必要があるかに応じて、作業者は熊手を使って穀物を広げたり積み上げたりする」。[62]

排水と通気のため底に穴を開けた5ガロン／20リットルのバケツや、床に置いた桶の中でビールづくりに使う大麦のモルト処理をしている人を見かけたことがある。手紙で自分のモルト処理の経験を説明してくれたドイツの家庭醸造者Axel Gehlertは、モルト処理の容器として麦汁濾過機（lauter tun、麦汁から固形物を濾し取るために家庭醸造者が使う道具）を使っていた。要件として重要なのは、穀物に酸素を与えられることだが、同時に穀物は乾燥せず湿った状態を保たなくてはならない。穀物を頻繁に天地返しすることによって、多くの穀物が空気に触れ、均一な発芽が促進される。カルキ抜きした水を穀物に軽く吹きかけることによって、乾燥を防ぐことができる。

malted barley

発芽が進んでくると、幼根と共に芽も伸びてくるが、このプロセスのほとんどの期間で芽は外皮に隠れている。「重要なのは、（髪の毛のような細根ではなく）幼芽鞘（acrospire）と呼ばれるメインシュートが、穀物の4分の3から同じ長さになった時に発芽を停止させることです」とWilliam Starr Moakeは雑誌『Brew Your Own』に書いている。「これによって、完全に改質された大麦モルトができます」。[63] 最初に水に浸してからここまで約1週間かかるが、正確な時間は穀物の品種、温度、湿度などの条件によって変わってくる。

モルトが十分に発芽したら、熱を加えて乾燥させることによってプロセスを停止させるが、これには通常低温のオーブンか窯が使われる。もし発芽が続いたとすれば、大麦種子の中に新しく作り出された糖は、成長を続ける胚によって消費されてしまうだろう。窯での加熱には、発芽を停止させるだけでなく、風味を変化させる働きもある。Charles Bamforthの言葉を借りれば、窯での加熱は「『未熟（green）』なモルトの望ましくない生の風味（モヤシやキュウリを思わせる風味で、それ自体は悪くないがビールにはふさわしくない）を消し去り、心地よいモルトの風味を作り出す」。[64]

窯での加熱温度を大幅に変化させることによって、さまざまな目的に応じて異なるスタイルのモルトが作り出される。例えば、酵素が豊富な糖化性（diastatic）のモルトを作るには、「熱による酵素の破壊を避けるため」通常は131°F/55℃以下の温度で加熱される、とBamforthは説明している。それ以外の「特殊な」モルトの中には428°F/220℃という高温で加熱され、「酵素のためではなく、比較的少量の醸造に用いられ、色づけと個性的な風味を付けるために製造される」ものもある。一般的に言って、窯での加熱は120°F/50℃程度から始めて、ゆっくりと温度を上げて行く。少量の場合には、オーブンを使ってランプを点灯させるか、非常に低い温度でオン・オフさせて行うこともできる。

シンプルな不透明大麦ビール

私は、ソルガムビールのような現地の粥とモルトを使ったビールのスタイルで、大麦ビールを作ってみることにした。私は外皮の残った大麦1ポンド／500gをモルト処理した。それから少量のモルト処理していない「精白」大麦を粗びきにして、粥を煮た。これを断熱「クーラーボックス」の中で140°F/60℃まで冷ますと同時にクーラーボックスを保温器として使うために予熱した。粥が冷めてから、モルト処理した大麦の半分を（粗びきにして）加え、予熱したクーラーボックスの中で保温した。数時間後、まだ温かく酵素の働きで甘くなった粥を保温箱から取り出し、約110°F/43℃まで冷ました。次に、残ったモルト処理した大麦の半分を加え、約12時間かけて酸っぱくさせた（これは夏の暑いさなかだったので、それ以外の季節では24時間かかっただろう）。それからこれを数時間、定期的にかき混ぜ必要に応じて水を加えながら煮て、もう一度今度は室温まで冷ました。最後に、残ったモルトを加えて酵母を導入し、マッシュをかき混ぜて発酵を促進させていると、そのうち泡立ってきた。

私は約1週間、頻繁にかき混ぜながら

発酵させた。発酵の泡によって大麦の固形物が浮き上がってくるので、かき混ぜて発酵中の液体へ（活発な泡立ちによって再び浮き上がってくるまで少なくとも一時的には）混ぜ戻すようにする。約1週間後、泡立ちがだいぶ収まってきたら、ガーゼでビールを濾し、その上から水を少し注ぎ、最後にガーゼの上に残った穀粒の団子を絞って、できるだけ多くの液体を絞り出した。

このビールは、かなり強かった。また多少酸っぱくもあった。これは意図したものでもあるし、このスタイルの醸造法では避けられない。私にとってこの経験は、他の穀物を使った現地のビールと我々が慣れ親しんでいるビールとの間の系譜を理解し味わうという意味で、やりがいのある演習だった。興味深いことに、スーダンのソルガムビールであるメリッサがbouzaという名前でも知られていることをHamid Dirarが報告している。[65] 歴史家のPriscilla Mary Işsinによれば、bouzaは古代トルコの言葉でビールを意味し、「シュメール文明にさかのぼることができ……中央アジアや東ヨーロッパ、そして北アフリカの20を超える言語に取り込まれて」おり、おそらく英語のbooze（強い酒）という単語の語源でもあるらしい。[66]

キャッサバとジャガイモのビール

キャッサバからビールを作るには、いくつかの方法がある。南米のアマゾン川流域やアフリカの一部では、女性がキャッサバを噛んで糖化を行うことによって、masatoと呼ばれる発酵飲料が作られている。人類学者のチームが、masatoの製造を以下のように報告している。

> 最初に、キャッサバをゆでて木製容器の中で冷ます。1人の女性がなめらかになるまでキャッサバを叩き潰し、別の女性がそれを噛んで唾液を含ませる。一部の家族は、砂糖を使って発酵を行わせることによって噛むことを避けている。水っぽい状態になったら、これを素焼きのジャーに入れて発酵させる。3・4日後、水と混ぜてコップに入れて訪問者へ提供される。[67]

興味深いことに、南米の別の地方、例えばガイアナでは、キャッサバをアルコール発酵させるための糖化という同じ目的を達成するためにカビが使われ、ここではparakariと呼ばれる飲み物が作られている。菌類学者のTerry Henkelによれば、「parakariは、デンプン分解性のカビ（*Rhizopus*）を利用して、その後固体基質エタノール発酵が行われるため、新世界の中ではユニークな飲み物だ」。彼はガイアナで用いられる手法を観察して書き留めたが、これはアジア各地におけるカビの利用や植え継ぎの方法（10章で説明する）と非常によく似ている。「南米における*Rhizopus*の栽培化は、アジアにおける古代の*Rhizopus*の栽培化と類似してはいるものの、独立に行われたようである」とHenkelは書いている。[68]

私はキャッサバ（近くの都市で入手でき

るが、熱帯地方のどこかから輸入されたものだ）を使ってこれをやってみようと思ったが、ちょうどそのときジャガイモを収穫中だったので、この方法を私の家庭菜園で取れたイモ類に適用してみることにした。大麦ベースのビール（あるいは砂糖ベースのカントリーワイン）に副材料としてジャガイモやジャガイモデンプンを加えることを除いて、伝統的なジャガイモベースの発酵飲料に関する情報を見つけることはできなかった。

口噛みジャガイモビール

ワークショップのグループから親切な手助けをいただいて、私は口噛みジャガイモビールを作った。素晴らしいとは言えないものの、これは確かにアルコールを（わずか24時間の発酵で）含んでおり、許容可能で興味深いが魅力的とは言えない風味があった。たくさんの人々がこの味を楽しんだが、大きなマグカップ1杯を飲んだのはHannahひとりだけだった。以下に示すのが、私が従ったプロセスだ（レシピとしてではなく、冒険好きな実験家の出発点として受け取ってほしい）。

まず、柔らかくなるまでジャガイモを丸のままゆでてから、水を切って冷ます。ジャガイモを噛む方法は、一口かじり、歯で噛んだり舌で口蓋に押し付けたりしながらしばらく時間をかけて完全につぶすようにする。唾液を多すぎず含んで湿っている、かなり細かくつぶされた、小さなマッシュポテトの団子ができればよい。どろどろに崩れずに形を保っていられるほど水分が少なくなくてはならない。これをグループで行う。ジャガイモを噛んで吐き出すことの大変さに驚かされるかもしれない。ひとりではそれほど多くは作れない。マッシュポテトの団子はそのまま使ってもよいし、冷蔵しても、あるいは日光や乾燥器で乾燥させて長期間保存することもできる。

鍋に少量の湯を沸かし、（噛んでいない）ジャガイモを荒く刻んで加える。酵素のしみこんだジャガイモには、これらのジャガイモを十分に糖化できるほどの唾液由来の酵素が含まれている。ジャガイモが柔らかくなったら、湯の中でつぶす。それから、薄いジャガイモ粥が150°F/65℃以下に冷めるまでつぶしながら、冷水を少しずつ加える。次に唾液入りマッシュポテトの団子をこの粥に加え、温度が140°F/60℃以上になるまで頻繁にかき混ぜながら弱火で加熱する。この高めの温度が唾液中のアミラーゼ酵素を刺激して、最も活発に活動させるのだ。この温度を1・2時間保つ。とろ火のコンロの上で、定期的にかき混ぜればよいだろう。あるいは、予熱した断熱材入りクーラーボックスか保温箱を使うこともできる。この温度をしばらく保ったら、放置してゆっくりと冷ます。

ジャガイモ粥が室温まで冷めたら、こんどは沸騰するまで再び加熱して、数時間弱火で煮る。これによって酵素の活動が停止され、問題となり得る唾液中のバクテリアが死滅し、変換されたばかりの糖がカラメル化される。その後ジャガイモ粥を火からおろし、室温まで冷ます。

私はこれをすぐに発酵させてジャガイモを噛んだグループに味見してもらいた

かったので、ドライイーストを加えた。代わりに、スターターとして活発なサワー種やベリーをこの時点で加えてもよい。私は風味付けとして、新鮮なセージの葉も加えた。発酵は始まるとすぐに、急激に進行してピークを迎えた。私は粥を夕方に作り、翌日ドライイーストを加え、昼下がりには発酵が非常に活発になり、発泡によってジャガイモの固形分が表面に浮き上がったので、簡単にすくって取り除くことができた。そして翌朝には発酵が完全に停止して、液体は静かになっていた。私は残ったジャガイモの固形物を濾し取り、ビールをびん詰めした。びんを（いつものように、過剰発泡させないように十分注意しながら）室温に24時間置いて発泡させ、冷蔵庫で冷やし、その夜にはジャガイモビールを食卓に出すことができた。

また私は、中国の餅麹（「アジアの米から作る酒」を参照してほしい）を利用して、カビを使ってジャガイモビールを発酵させる実験もしてみた。私は2ポンド／1kgのジャガイモを蒸してから、少量の蒸し汁を加えてつぶし、体温まで冷ましてから、中国の餅麹2個を砕いて混ぜ込んだ。最初は甘い香りがして、多少の液化も見られたが、その後はアセトンのにおいが強くなる一方だったので、私は実験を中止して捨ててしまった。私が実験に失敗したのはこれが最初ではないし、最後でもないことは確かだ。

ホップを越えて：その他のハーブや植物材料を添加したビール

さまざまな場所と時間で人々は、多種多様な植物材料をビールに加えてきた。というよりはむしろ、私の想像によれば、人々はすでに多様な植物から作られていた古代の発酵の伝統に、穀物を加えたのだろう。酒の醸造は集会の延長として始まり、そして植物の栽培と余剰穀物を利用して行われるようになった。初期のビールを醸していたのは、植物採集者つまり女性であり、多くの文化では醸造はもっぱら女性の領域にとどまっている。

最近亡くなったビール冒険家のAlan Eamesは彼の著書『Secret Life of Beer』の中で、chichaを醸すケチュア族の女性のグループとの会話を以下のように物語っている。彼は、男がビールを醸すことがあるのかと質問した。「私の質問は、声高な爆笑で迎えられた。女たちは大笑いした。おかしさのあまり身をかがめながら、ある女性が答えた。『男には酒造りなんてできっこない！　男が作ったchichaなんて、お腹にガスがたまるだけさ。あんた、おかしな男だねえ。ビールづくりは女の仕事さ』」。[69] この見方は、ケチュア族だけのものではない。「世界各地で、女性は発酵飲料の最初の醸造者として認識されている」とフェミニズム理論家のJudy Grahnは書いている。「ブルースター（brewster）やエールワイフ（alewife）はアフリカから中国、南米から北ヨーロッパにかけての中心人物だった」。[70] Alan Eamesは以下のように報告している。「世界中の隠れた辺鄙な土地では……女たちが今でも発酵の技術を守っている。彼らの古代の女神たちへ祈りながら、技術を持たない社会の女性たちはビールの秘密を自分の娘たちに伝承し続けている」。[71] そしてビールの秘密は、植物やそれに関連する微生物の数多くの秘密の一部なのだ。

機能的には、ビールへの植物材料の添加には風味付けや保存、微生物の接種、酵母の栄養、そして医薬品や向精神薬としての役割がある。ドイツの植物考古学者Karl-Ernst Behreは、ヨーロッパだけでビールの添加物として使われた40を超える植物種を、文書に残った歴史的記録に基づいて列挙している。これによって「多種多様なビールが生まれた」とBehreは書いている。「町ごと、そして時には醸造所ごとに、独自のビールがあった。これは比較的均一な近代のビールとは対照的だ」。[72]『Sacred and Healing Herbal Beers』の著者であるハーブ研究家のStephen Harrod Buhnerは、ヘザー、ヨモギ、セージ、ワイルドレタス、セイヨウイラクサ、カキドオシ、サッサフラス、ニガハッカ、ニワトコ、さまざまな常緑樹など、ホップ以外にも数多くの植物を使ってビールが作られてきたことを記録している(そして、そのレシピを示している)。

ヨーロッパの一部地域では、地ビールの風味付けがグルート(gruts または gruits)として知られてきた。Buhnerは、グルートに含まれていたのは通常「3種類のマイルドから中程度に麻酔効果のあるハーブ、すなわちヤチヤナギ(*Myrica gale*)、セイヨウノコギリソウ(*Achillea millefolium*)、そしてイソツツジ(*Ledum palustre*)」に加えて、ジュニパーベリー、ショウガ、キャラウェイシード、コリアンダー、アニスの実、ナツメグ、そしてシナモンなどの「ユニークな風味、味覚、そして効果を生み出す追加的なハーブ」だった。「各グルートの厳密な処方は、コカコーラのそれと同様に、独占的な、固く守られた秘密であった」。[73]

神聖ローマ帝国では、グルートがビールの課税手段となった。「11世紀の間、神聖ローマ帝国はグルートの製造と販売の地域独占権Grutrechtを帝国全体の教区に与えた」と経済学者のDiana Weinertは書いている。[74] これは、集中化された社会統制へ至る多くの段階のひとつであった。広大な領域にわたる、ビールとビールに分類されるものの規制によって、実質的に権力は、ハーブを採取してビールを醸していた女性たちから、帝国の新興機関へと移行した。地方独自のグルートハーブとスパイスのミックスは、独占的な免許制となった。Weinertの分析によれば、「風味のユニークさは、独占権を行使しビールの製造者や消費者から使用料を取り立てる聖職者の能力に不可欠なものであった」[75]

ホップ(*Humulus lupulus*)は、一部のグルートに使われていたハーブのひとつだった。ホップがビールのハーブとして最初に言及されているのは1150年代のSt. Hildegard of Bingen(Physica Sacra)の著書だ。ホップを用いて醸造されたビールの保存性が素晴らしかったこともあり、ホップの利用は広まった。そしてもちろん、神聖ローマ帝国の法律はどこにでも適用されたわけではなかった。北ドイツのハンザ同盟都市は、グルートの規制に縛られていなかった。新式のより大きな銅製の醸造ケトルを使って、ハンブルグの醸造者たちはビール製造の大規模化に成功し、ホップを使って作られたビールの輸出を始めた。彼らは、ビールの大量生産と遠距離輸送の先駆者だ。

「かつて、**ビール**という用語はホップが添加された大麦の飲み物だけを指していたが、エールは風味付けや保存のためにいくらでも他の植物を加えることができた」と民族植物学者のDale Pendellは書いている。[76] 1400年代までに、ホップだけを使って醸造されたビールは広く知られるようになり、グルートで醸造されたビールと競合し始めた。[77] ホップと大型の銅製ケトルと、それらによって促進された国際ビール貿易は「既存の規制制度を実質的に侵食して行った」とWeinertは結論付けている。[78] しかし、もうひとつの規制制度がすぐ後に続いた。ホップの使用を義務付ける最も初期の法律（1434年）は、より広範囲の布告であり、価格設定と参入障壁に関してビール市場をも規制した。「消費者を保護する代わりに、この法律は消費者を犠牲にして、醸造者が結託して高い価格を請求することを可能とした」。[79]

神聖ローマ帝国によってグルートはコントロールされていた。そしてグルートを中心とした規制制度への挑戦は、宗教改革として知られるその帝国の分裂と時を同じくして起こった。Stephen Harrod Buhnerは、ビールへの植物添加材料の利用がこの分裂に果たした役割について、説得力のある解釈を提供している。「カトリック聖職者（そして実際にはカトリック教会）に対するプロテスタントの論難のひとつは、彼らが食べ物や飲み物、そしてぜいたくなライフスタイルにおぼれていたことである」とBuhnerは書いている。「このようなふるまいは、非常にキリスト教的でないものだと感じられた」。[80] Buhnerによれば、大部分のグルートで中心となっていた3種類のハーブ、セイヨウノコギリソウとヤチヤナギとイソツツジは「エールに用いられた際には非常に人を酩酊させ刺激するものであって、発酵以外の個別の効果とはけた違いであった」。[81]「発酵モルト飲料への添加物」として用いられたホップ以外の苦いハーブについて、Pendellは「その多くは向精神性のものである」と書いている。[82]

対照的に、ホップは「飲み手に眠気を催し、また性欲を減退させる」とBuhnerは書き、ホップが優勢となったのは、カトリック教会のグルートに普通に見られた催淫性や向精神性のハーブによってかき立てられた、カトリック教会の放埓なふるまいに関するプロテスタントの意見に後押しされたものであったと主張している。[83] ホップを使ったビールにもアルコールは含まれるが、より抑制されたふるまいと、最終的には不活発状態をもたらす。「最終的に結果としてもたらされたのは、ヨーロッパにおけるハーブを使ったビールづくりの何千年にもわたる伝統の終わりであり、ビールやエールを、ホップの入ったエールまたは現在われわれがビールと呼んでいる、ビール製造の制約された表現へ狭めることであった」。[84]

文化復興主義者は、ホップを使ったビールのモノカルチャーのくびきから自分たちを開放するために、実験主義の精神でハーブを使ったビールを再発明し、無限のバラエティで植物が表現されるアルコール飲料の人類の遺産を取り戻そうとしている。ハーブ研究家で醸造家のAdrienne Jonquilが、彼女の信じられないほどおいしいセイヨウニワトコのエールを1びん私に送ってくれた。Adrienneは以前にも私に手紙をくれたことがあり、彼女は「ホップ以外の植物を使って作られたエールの精神、魂、そして身体へ与える影響」について知りたがっていた。発酵によってさまざまな植物に特有の作用がどう変化するか正確に説明することが、価値ある文化復興主義者の仕事として求められていると私は思う。系統的であってもそうでなくても、実験しよう！どんなハーブもスパイスも、またフルーツやエディブルフラワー、樹皮、根など、ミードに加えたり（4章を参照してほしい）その他の方法で食べたりできる植物の部位なら何でも、穀物ベースのアルコール飲料の風味付けに使うことができる。

蒸留

蒸留とは、アルコール（またはその他の揮発性物質）を濃縮するプロセスだ。アルコールを作り出せるのは発酵だけであり、蒸留はすでに発酵によって作られたアルコールを濃縮することしかできない。どんな種類の発酵アルコールでも、蒸留することは可能だ。このプロセスは、蒸留器（スチル）と呼ばれる器具の中で行われる。蒸留は、物質によって沸点が異なる性質を利用して、発酵アルコールを一度蒸発させてから凝結させることによって行われる。アルコールは173°F/78℃で沸騰するが、水はみなさんご存知の通り、212°F/100℃で沸騰する。したがって発酵アルコール（アルコールと水の混合物）が加熱されると、蒸気や、その蒸気が冷やされてできた液体には元の液体よりも高い比率のアルコールが含まれることになる。繰り返し蒸留器を通すと、次第により純粋なアルコールが得られる。

家庭でアルコールを蒸留することは、米国を含め世界のほとんどで違法とされている。この禁止の理由として典型的な説明は、蒸留プロセス中にエタノールと共に非常に毒性の強いメタノールが濃縮されてしまうため、蒸留は危険性を伴うというものだ。しかしメタノールはエタノールよりも沸点が低いため、蒸留器で最初のほうに捕集される濃縮液（これにはメタノールが濃縮されており、蒸留者には「初溜」として知られている）は一般的には廃棄される。家庭での蒸留の禁止についてのもうひとつの説明は、蒸留酒は重要な税収の源であるから、というものだ。

法的な制約以外に、家庭での蒸留の障害となるのは特殊な器具が必要となることだ。蒸留器を買うことはできるが、米国では連邦政府の酒類たばこ税貿易管理局がその売買を監視している。私は、カリフォルニア州オークランドでブータンやネパールからの移民グループに会い、その創意工夫に感銘を受けた。彼らは普通の家庭用品から蒸留器を作り上げ、彼らが雑穀から発酵させて作るチャン（chang）からラキシー（raksi）と呼ばれる蒸留酒を作る伝統を引き継いでいたのだ。彼らの蒸留器の土台は携帯コンロの上に置かれたアルミニウム鍋で、その中にはこれから蒸留されるチャンが満たされていた。その鍋の中には普通の陶器の植木鉢の鉢底穴を大きくしたものが吊り下げられ、その穴を通ってチャンから蒸発する蒸気が上がってくるようになっていた。その植木鉢の中には取っ手が2つある小さなボウルが吊り下げられていて、蒸気がその周囲を通って上がるようになっていた。最後に、さっきのものよりも一回り小さな、もうひとつのアルミニウム鍋に冷水を満たしたものが、植木鉢の上にぴったりと収まっていた。蒸気は冷水の入った鍋に触れて凝結し、その下にある小さなボウルの中へしたたり落ちて行く。鍋の間の隙間を埋めるため、ぬれたハンカチーフを巻いて蒸気が逃げないようにしていた。我々は、なめらかでおいしく、そして強いラキシーを、まだ温かいうちに飲むことができた。（この蒸留器の写真は、カラー口絵ページに掲載してある）

floating
baking
dish
plastic storage tub
aquarium
heater
crumbled overripe
tempeh
(making starter)
koji starter
tempeh
steamed barley
soybeans
incandescent
light bulb
(for incubation)
making tempeh
in a plastic bag

10章 カビを培養する

Growing Mold Cultures

カビを食べる、という概念を不快に感じる人は多い。しかし、顕微鏡的な大きさのカビは多くの食べ物に存在しているし、一部のカビには食物加工の手段として育てられてきた長い伝統がある。欧米で最もなじみ深いカビ発酵食品はチーズだが、カビチーズは誰にとってもおいしいものではないようだ。「大部分の欧米人はカビ食品に対して根深い偏見をいまだに抱いており、一般的には『カビ』という言葉を食物の腐敗と結びつけ、『カビの生えたパン』といった言い方をする」とWilliam ShurtleffとAkiko Aoyagiは観察している。[1]

アジアでは、カビははるかに広く利用され、そしてはるかに広く受け入れられている。「アジアでは『カビ』という言葉は、欧米での『イースト』と同様に、比較的良い意味合いで使われる」とShurtleffとAoyagiは書いている。穀物上で培養される、酵母とバクテリアを含むが通常はカビが卓越する混合培養物は、中国語で麹と呼ばれ、アジアでは何千年もの昔から利用されてきた。「麹に当たる英単語は存在しない」とH. T. Huangは書いている。

麹は、barm（泡酵母）やleaven（パン種）やyeast（酵母）、そしてstarter（スターター）など、さまざまな英語に翻訳されてきた。どれも不十分な点はあるが、ferment（発酵物）がおそらく最良の訳語だろう。麹には、酵素と生きた微生物の両方が含まれるからだ。培養中、酵素が穀物由来のデンプンを加水分解し、胞子が発生し、そして菌糸体が増殖してさらにアミラーゼを産生する。酵母は数を増やし、生成された糖をその場でアルコールに発酵する。この手順はAmylomyces、あるいは単純にAmyloプロセスと呼ばれる。[2]

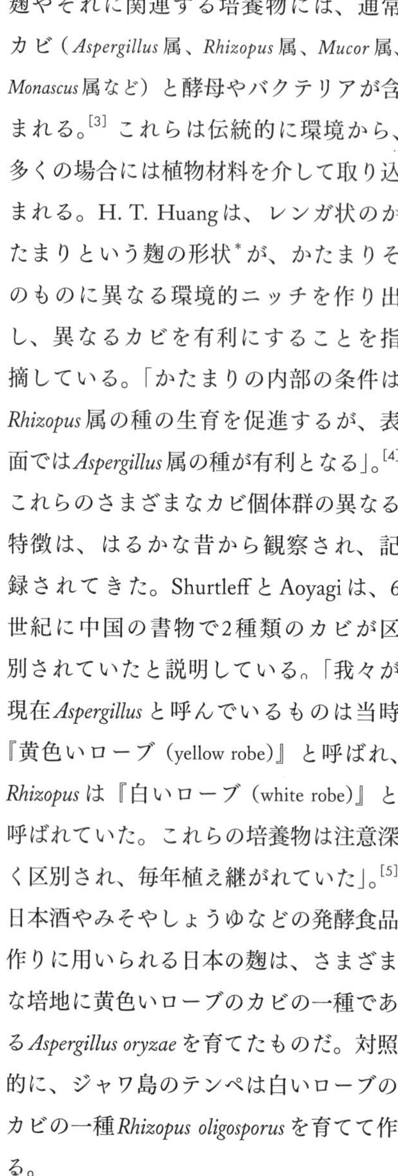

麹やそれに関連する培養物には、通常カビ（*Aspergillus*属、*Rhizopus*属、*Mucor*属、*Monascus*属など）と酵母やバクテリアが含まれる。[3] これらは伝統的に環境から、多くの場合には植物材料を介して取り込まれる。H. T. Huangは、レンガ状のかたまりという麹の形状*が、かたまりそのものに異なる環境的ニッチを作り出し、異なるカビを有利にすることを指摘している。「かたまりの内部の条件は*Rhizopus*属の種の生育を促進するが、表面では*Aspergillus*属の種が有利となる」。[4] これらのさまざまなカビ個体群の異なる特徴は、はるかな昔から観察され、記録されてきた。ShurtleffとAoyagiは、6世紀に中国の書物で2種類のカビが区別されていたと説明している。「我々が現在*Aspergillus*と呼んでいるものは当時『黄色いローブ（yellow robe）』と呼ばれ、*Rhizopus*は『白いローブ（white robe）』と呼ばれていた。これらの培養物は注意深く区別され、毎年植え継がれていた」。[5] 日本酒やみそやしょうゆなどの発酵食品作りに用いられる日本の麹は、さまざまな培地に黄色いローブのカビの一種である*Aspergillus oryzae*を育てたものだ。対照的に、ジャワ島のテンペは白いローブのカビの一種*Rhizopus oligosporus*を育てて作る。

*訳注：ここでは特に中国の餅麹を指して言っている。

麹の利用は米や雑穀ベースのアルコール飲料の発酵に始まり、小麦などの他の穀物や、野菜、魚、肉、大豆など、それ以外の培地にも広がった。「カビ発酵は、もともとは酒造りのために発達したが、やがてさらにその活動を利用して多様な発酵食品が製造されるようになり、そのことが中国の食生活と中国料理の特徴や風味の形成に役立った」とHuangは説明している。[6] また麹の利用は、アジア全体にも広まった。19世紀末の微生物学の到来と共に、「微生物学者たちは混合培養微生物の興味深い製法に注目し」、カビの個別種を分離してそれを「古代の中国人が4千年以上も昔に穀物のカビを安定して培養する方法を発見した時には思いもよらなかったような」新しい方法で利用し始めた。[7] 現在では、麹に由来するカビの酵素は（異性化糖の製造を含めた）食品加工や蒸留、バイオ燃料など、数多くの産業に広く利用されている。「*A. oryzae*のゲノム配列は、驚くほどの流動性を示すことが判明した」と専門誌『Bioscience, Biotechnology, and Biochemistry』は書いている。「それは酵素と代謝の宝庫だ」。[8] Steinkrausによれば、「50を超える種類の酵素が麹の中で発見された」。[9]

この宝庫を、バイオテクノロジー専門家だけに独占させておく必要はない。カビの利用は非常に有益であり、また家庭でも簡単かつ安全に育てられる。しかし、カビの環境的な要求条件は、他の大部分の発酵微生物とは少し違う。カビは育つために酸素を必要とする。つまり、好気性なのだ。酵母や乳酸菌など大部分の発酵微生物は嫌気性であり、生物学者にとってはこれが発酵の定義でもある。厳密に言えば、「好気性の発酵」は矛盾した表現なのだ。パラドックスと言うほうが正確かもしれない。麹は、テンペや酢やコンブチャなど数多くの好気性プロセスと同様に、発酵として広く理解されているからだ。

カビには酸素が必要だが、多すぎてもいけない。湿気も必要だが、多すぎてはいけない。また熱も必要だが、多すぎてもいけない。他の大部分の発酵と比較すると、カビは多少扱いに骨が折れる。はるかな昔にこれらのプロセスを発見した人々は「菌類が生育するのに適切な好条件を、偶然に発見した」とC. W. Hesseltineは書いている。[10] これらの条件に関する基本的な洞察と、多少の創造的な才能さえあれば、だれでも家庭の台所で適切な培養条件を作り出すことができる。

私のベッドの微生物

アーバナ在住のqiloによるポエム、2008年3月

一番上の引き出しでは
ほこりっぽく白い
精白丸麦が
発酵しています。
やさしい地球は
華氏95度という
一定の温度に保たれて
どこにでもあるディナーテーブルにかかっていた古いリネンに
包まれて腐って行きます

柔らかい皮は
ハート形に詰め込まれた
タオルの周りに巻き付きます

私は腐りたい
そして音を立てて花開きたい
静かな夜に流れる星の中で
消化
を超えて食べましょう
さあ、動き出しましょう
何百万ものバクテリアに
支えられながら。

カビを育てる保温箱（麹室）

おおよそ80–90°F/27–32℃と高い湿度の周辺気候を維持できるほど幸運な人以外にとって、麹やテンペ、餅麹などアジアの食品用カビを育てるための最大の技術的難関は、このような条件を何らかの保温箱の中でシミュレートすることだ。このようなほどほどの暖かさでは、カビの成長が促進される。またカビには酸素が必要なので、3章で説明したように空気の流通を妨げる断熱材だけに頼って温度を保つよりは、低レベルの熱源を備え、空気の流通が多い保温箱が通常は望ましい。しかし、目標範囲よりも温度が高くなりすぎるとカビが死んでしまうおそれがあり、またネバネバした納豆菌*Bacillus subtilis*（11章の「納豆」を参照してほしい）が増殖しがちなので、注意してほしい。

これらの条件はカビを**育てる**際に必要なものであって、利用する際のものではないことに注意してほしい。餅麹を使ってライスビール（9章の「アジアの米から作る酒」を参照してほしい）を作ったり、麹を使ってみそ（11章の「みそ」を参照してほしい）を作ったりする際には、そのように厳密な条件は要求されない。しかし、これらのスターターとなるカビを育てるには、最適な温度と湿度の条件が要求されるのだ。以下、私が利用したり見かけたりしたことのある、即興的な保温手法

をいくつか紹介する。

オーブンを使う方法

台所用のオーブンは、この用途に簡単に流用できる断熱箱だ。オーブンは、カビが育つ温度範囲よりもはるかに高い温度を保つよう設計されているが、適度な温かさを保つために使うこともできる。現在市販されているオーブンには、照明用のランプが点灯できるものが多い。私のオーブンでは、ランプをオンにするだけで、オーブンの中が90°F/32℃という完璧な温度になる。私は温度計をオーブンの中に入れて温度を監視し、温度が高くなりすぎたらランプを消すかドアをちょっと開けるかして、温度を調節している。

種火のあるガスオーブンも、保温箱として使える。オーブンには点火せず、種火を熱源として使うのだ。通常ドアを閉めた状態で、種火の付いたオーブンは90°F/32℃よりも高温になるが、その程度は炎の大きさによって異なり、たいていのオーブンでは簡単に調節できる。何か作るものを保温する前に、オーブンの中に温度計を入れておこう。この目的に最適な温度計は、肉の内部の温度を測定したり、外気温を屋内から読み取ったりするために、表示部が別になっているタイプのものだ。そのような温度計を使えば、オーブンのドアを開けなくて済むので、温度を変えることなく測定が行える。そのような温度計がない場合でも、手持ちの温度計を使って何とかできるだろう。

ドアを閉じたオーブンの中に温度計を入れ、少なくとも15分間放置して、温度を読み取る。90°F/32℃よりも高い場合には、可能であれば種火を小さくしてみよう。それが不可能な場合には、何か小さなもの（私はメイソンジャーのふたを使うのが好きだ）を挟んでドアをわずかに開いた状態にする。さらに15分間放置して、再度温度をチェックする。まだ高すぎるようであれば、もっと大きなものをドアに挟んでみてドアをさらに広く開ける必要がある。オーブンが冷たすぎる（温度が85°F/30℃よりも低い）ようであれば、ドアの開き具合を小さくする必要がある。木製のスプーンや、厚紙の切れ端などを使って試してほしい。温度がちょうどよくなるまでオーブンの開き具合を調節し、保温中も定期的に温度を監視するようにしよう。

オーブンに種火もランプもない場合、あるいはランプでは十分な熱が出ない場合には、ワット数の低い裸の白熱灯をオーブンの底に取り付ける方法もある。陶器の鍋敷きか水の入った鍋を白熱灯の上に置いて熱を拡散し、温度が高すぎてカビが死んでしまうような「ホットスポット」ができないようにしよう。白熱灯をしばらく点灯させた後で温度をチェックして、望ましい範囲よりも温度が上がりすぎるようならドアを少し開けるようにする。

オーブンを使う方法では、種火もランプも乾式加熱なので培地がすぐに乾いてしまい、カビが増殖できなくなってしまう。だから、発酵微生物が乾燥しないような手段を講じることが絶対に必要だ。テンペの場合、このためによく使われる方法は、小さな穴の開いたポリ袋に接種した豆を入れておくことだ。ポリ袋で湿気が大部分保たれ、また穴によって必要な空気の流通も確保される。これは、テンペを包むのにインドネシアで伝統的に用いられるバナナの葉をシミュレートしたものだ。麹を作る場合、空気を通す布地で包んで穀物がすぐに乾かないようにするのが普通だ。具体的な包み方は、各発酵食品の項で詳しく説明する。

オーブンでの保温に関して、最後にもう一言。オーブンのスイッチをマスキングテープか付箋で覆い、あなた自身や同居している誰かが間違ってオーブンをオンにして、発酵微生物を高熱で殺してしまうことがないようにしておこう。

水槽用ヒーターを使う方法

この手法は特別な機器を必要とするが、温度を自動的に調節してくれるという利点がある。必要な機器は、以下のとおり。(1) サーモスタット制御の水槽用ヒーターで、約88°F/31℃に温度が設定できるもの、(2) ホテルパンなどの深い（少なくとも2インチ／5cm）オーブン皿で、水に浮かべられるもの、そして (3) ふたの付いたプラスチック製の保存容器で、中に水を入れてオーブン皿を浮かべられるだけの大きさがあるもの。

保存容器に水を4〜6インチ／10〜15cmの高さまで入れる。ヒーターを容器の底に置き、電源に接続する。温度を約88°F/31℃に設定する。しばらくして水が温まったら、温度計で温度を確認し、必要に応じてヒーターを調節する。オーブン皿に接種した培地を入れて、水に浮かべる。培地の温度は、それを浮かべている水の温度に保たれる。保存容器のふたにはタオルを巻いて、結露した水が増殖中のカビに垂れないようにしておく。ふたは、わずかに隙間を開けておくこと。ふたによって蒸発が防止されるが、隙間を開けておくことによって空気の流通が保証される。ぴったりとふたをしてしまうと、空気が通わなくなってしまう。私はこの手法をカリフォルニア州サンタクルーズのテンペ愛好家Manfred Warmuthから教えてもらった。彼はインターネット上に、この手法のパワーポイント資料を投稿している。[11]

温度コントローラー

温度コントローラー（3章の「温度コントローラー」を参照してほしい）があれば、白熱灯を使った保温箱を自動調節させることができる。私はそのような機器を使って、熱源となる白熱灯を87°F/30℃にセットした温度コントローラーに接続し、保温箱の上部に設置した。白熱灯は、サーモスタットが目標温度になるまではオンの状態を保ち、その後オフになってから温度が下がったことをサーモスタットが検知すると再びオンになる。手動で調節する場合ほど監視の必要がないので、自動調節システムは便利だ。

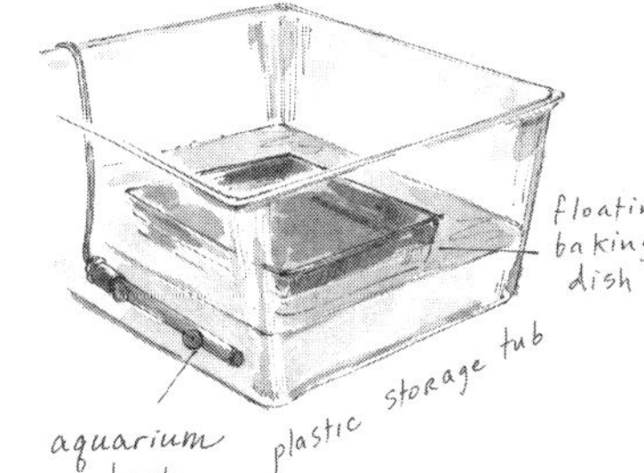

専用設計の保温箱

最近私が使っている保温箱は、故障した業務用冷蔵庫に、白熱灯とそれを制御するサーモスタットを取り付けたものだ。それ以外に私がした改造は、冷蔵庫の底のあたりにいくつかドリルで穴を開けて、通気性を良くしたことくらいだ。この冷蔵庫は、最初から上部に換気口が開いていた。発泡スチロール製のトロ箱やクーラーボックスに、同様の仕掛けをしたものを見かけたこともある。小さな保温箱で大量のカビを育てる場合、プロセスの後半ではカビの成長によって熱が発生し始めるので、頻繁に温度を監視するよう気を付けてほしい。換気が十分でないと、熱がこもってカビが死んでしまうことがある。

発明の才のあるテンペの作り手の中には、大きな保温箱を使い、大量のテンペが発生する熱の放散を容易にすることによって、この問題を解決している人もいる。Caylan Larsonは水槽用ヒーター保温システムをさらに一歩進めて、保温した水の上に改造した屋内用の温室を置いて、その中に棚を取り付け、非常に大きな保温スペースを作り出している。Manfred（最初に水槽ヒーター保温箱の設計を見せてくれた人物）も、サーモスタットを使ってクローゼットやバスルームに設置した暖房用ヒーターとファンを制御して、大規模な保温箱を作っている。「クローゼットに棚を取り付ければ、膨大な量が作れるよ」と彼は手紙をくれた。「tempeh incubator design（テンペ 保温箱 デザイン）」でインターネット検索すると、数多くのデザインや設計図や写真が見つかるので、参考にするとよいだろう。

パン種を膨らませるための空間があれば、通常それが使える。また私は、暖房パネルや湯を入れたボトルを熱源に使っている人のことも聞いたことがある。ワシントン州シアトルのFavero Greenforestは、以下のような手紙をくれた。「私は床暖房のある部屋を、理想的な保温場所として使っています」。どの保温システムやデザインも、ベストとは言えない。どれにも利点と欠点があるからだ。手元にあるもので実験してみること、そして頻繁に、または大量にカビを育てる場合には、システムを改良して行くことをお勧めしたい。

テンペを作る

私が最初に作り方を学んだカビは、インドネシアのジャワ島発祥のテンペ（tempehまたはtempeと綴る）だった。テンペは、*Rhizopus oligosporus*を主体としたカビを、通常は大豆に育てて作る。カビは大豆を事前消化し、ひとかたまりにまとめ、また調理に必要な時間を大幅に短縮してくれる。新鮮なテンペは本当においしくて、通常の市販品よりもはるかに良いものだ。テンペは大豆発酵食品としてよく知られているが、どんな豆類や穀物の組み合わせでも（そして、それ以外の培地でも）作ることができる。私は何年も何らかの豆が必要なのだと思い込んでいたが、私の友人であり助手でもあるSpiky（彼は熱意に満ち溢れた実験家だ）が、まったく豆類を使わずに穀物のみで雑穀とオーツ麦のテンペを作ってみようと言い張った。それはうまく行っただけでなく、とてもおいしくて、大豆のテンペよりも風味が軽く、ほとんどナッツのようだった。たいてい私は、豆と穀物が半々の割合でテンペを作る。

私が昔からテンペに親しんでいるのは、欧米のベジタリアンサブカルチャーではテンペがポピュラーだからだ。40年前、1970年代初頭に、The Farm（テネシー州にあるコミュニティ）のヒッピーたちが、ヴィーガン（完全菜食主義）の食事を自給自足する方法を試し始めた。彼らは大豆を栽培し、大豆加工場を立ち上げて、豆乳と豆腐を作った。大豆を食品に加工するさまざまな伝統的手法を学んで行くうちに、彼らはテンペのことを聞きつけ、USDA培養微生物コレクション[12]から培養物を入手し、そしてテンペを作り始めただけでなく、作り方の本を書き、作り方を教え、胞子を繁殖させ、そしてその胞子を詳細な説明書付きで市販したのだ。「テンペを米国一般人に紹介した功績の大部分は、The Farmのものだと言えるだろう」とShurtleffとAoyagiは書いている。[13] そして実際、私が最初にテンペづくりを試みた際に使ったスターターは、The FarmのTempeh Labから来たものだった。

テンペのスターターはカビの胞子を培養したものだ。胞子は菌類の生殖細胞であり、植物の種子に相当する。胞子が形成されるまでテンペを過熟させれば、スターターを植え継ぐことができる（「テンペ胞子の植え継ぎ」を参照してほしい）。あるいはテンペのスターターを購入することもできる。これは通常、穀物の粉の培地にカビの胞子が混ぜ込まれた形態となっている。テンペのスターターを商業的に供給する業者は増えている。私の知っているものを、付録に示した。

スターターなしで、新鮮な生きたテンペのかけら自体からテンペを作ることも可能だ。この手法には新鮮なテンペが必要だということは強調しておきたい。市販のテンペは、保存性を増すために低温殺菌されてから冷凍されたものがほとんどだからだ。しかし新鮮な生きたテンペが手に入ればそれを細かく切って、煮て冷ましてから乾燥させた材料に約10パーセントの割合で熟したテンペを加えればよい。「胞子を利用しなくても、菌糸体は急速に育ち続けます」とShurtleffとAoyagiは説明している。

> しかし、胞子形成手法によるスターターから作ったテンペよりも、このスターターから作ったテンペはわずかに菌糸体が弱く、培養期間も少し長くなるのが一般的です……。そして、元のテンペに必ず多少の望ましくないバクテリアが存在することは覚えておいてください。不注意だったり湿度が高かったりすると、代を重ねるごとにそのようなバクテリアの数が増え、最終的には圧倒的となって、良質なテンペができなくなります。[14]

スターターを手に入れたら、カビの培地として働く豆や穀物を準備する必要がある。カビによって豆や穀物はテンペのブロックにまとまる。大豆を使う場合、最初のステップは皮をむくことだ。大豆の皮は、ヒヨコマメのような他の豆の皮と同様に、手ごわい障壁だ。豆が皮の中に入ったままでは、豆にカビを育てようとしても、カビはタンパク質豊富な中身を利用できない。豆を割ると、皮は豆からはがれる。私は通常、水に浸す前の乾いた状態で、手回しのミルを使って豆を割る。歯の間の距離を約1/4インチ／1/2cmにセットして、大豆が粉にならずに2個以上のかけらに割れるように調節する。伝統的な手法としては、豆に熱湯をかけて冷ましながら一晩浸すというものがある。冷めた状態では、皮は優しくこすったりこねたりするだけではがれるようになる。

一般的に言って、(乾いた豆の場合には砕いた豆をゆすって浮き上がってきた皮を吹き飛ばしたり、水の表面に浮き上がってきた皮をざるや穴開きスプーンですくい取ったりして）はがれ落ちた大豆の皮を積極的に取り除きたくなるものだが、実用的にはその必要はない。豆からはがれ落ちた皮はカビの増殖を妨げることはなく、またテンペに食物繊維を付け加え、かさを増やしてくれるからだ。

伝統的に、テンペに使う豆は煮る前に必ず水に浸しておく。このステップは絶対に必要なものではないが、プロセスや最終製品に利益をもたらす。Steinkrausは、このように書いている。「熱帯の自然条件の下では、テンペの製造には2種類の発酵が伴う」。ひとつは24時間水に浸すことで、これは「バクテリアによる発酵であり、豆の酸性化をもたらす」。[15] pH4.5〜5.3の範囲への酸性化は「カビの成長には影響しないが、テンペを腐らせてしまうおそれのある望ましくないバクテリアの増殖を防止する」。テンペを水に浸すことの重要性について研究している微生物学者のチームが、以前の研究では「*Rhizopus oligosporus*による菌類発酵の段階に主に注目していた」が、酸性化を行う事前発酵が「テンペの品質を左右する重要なイベントとして浮上してきた」と述べている。[16] 別の研究者のグループは、「乳酸菌を主体とするこの酸性化によってカビの成長に好適な条件がもたらされ、コンタミネーションや有毒産物が抑制される」と結論付けている。[17] 多くの発酵食品と同様に、バクテリアの産生した酸が病原性のおそれのあるバクテリアから守ってくれる。テンペの場合には、豆を煮ることによってバクテリア自体は死滅するが、その作り出した酸が引き続き望ましいカビの成長に有利な選択環境を作り出す。

温帯の気候では、単純に水に浸けるだけでは熱帯の暑さで起こるような急激な酸性化はもたらされない。上記に引用した研究では、豆のpHを4.5まで低下させるために十分な酸性化発酵には、98.6°F /37℃の場合と比較して68°F /20℃では3倍の時間（36時間）がかかるとのことだ。欧米のテンペづくりの手法では大部分、伝統的な事前発酵の代わりに酢を使っている。William ShurtleffとAkiko Aoyagiは『The Book of Tempeh』の中で、豆を煮る水に酢を加えることを推奨している（1ポンド／500gの豆を煮るための10カップ／2.5リットルの水に対して、小さじ1と1/2／25mlの酢)。The Farmのテンペのレシピでは豆を浸すステップを完全に省き、その代わり接種の直前に煮た豆へ直接酢を(乾燥大豆1ポンド／500g)に対して酢を小さじ2の割合で)加えることによって酸性化を行っている。(これを行う場合、スターターを加える前に完全に酢を分散させることを忘れないでほしい)。GEM Culturesの共同創業者であるBetty Stechmeyerは、彼女が製造販売するスターターに添付する説明書では酢を使わないことにした。「私の実験は、私が最初にテンペづくりの作り方を書いた30年もの昔にさかのぼるものです」とBettyは回想している。

> 私は、接種前の煮た豆に酢を加える『The Farm Vegetarian Cookbook』のレシピを利用していました。一度それを忘れてしまったのですが(テンペを保温箱に入れた後、あらかじめ量ってあった酢がカウンターに置きっぱなしだったのです)、それでもテンペに変わりはありませんでした。私はもう一度、接種材料を減らして酢なしで試してみましたが、それもうまく行きました。[18]

私は、水に浸したり酢を加えたりしないBettyの手法でテンペを何年も作り続け、それでうまく行っていた。Steinkrausの2種類の発酵についてのテンペの記述を読んだ後になって、私は水に浸すことが重要かもしれないと気づいた。36〜48時間浸しても問題ないこともある。また、水に浸す際の発酵を加速するには、保温箱で温めたり、生きた乳酸菌を含むザワークラウトジュースやサワー種スターター、ホエーなどを加えて培養したりすればよい。

テンペづくりのカギは、豆を煮すぎないことだ。大豆の場合、約45分間煮て、かみ切れる程度にはやわらかいが、食べたいと思えるほど柔らかかったり煮崩れたりはしない状態にすればよい。豆を煮すぎると、豆の間の空間(ここに酸素が通ってカビの増殖が可能となる)がなくなってしまうのだ。したがって、豆は半煮えの状態にしなくてはならない。大部分の豆を煮るのに必要な調理時間は、大豆よりも短い。多くの豆は、5分から10分間だけ煮ればテンペづくりに使える。赤レンズマメは、1分ほどで十分だ。注意深く豆を見張っていよう。豆がかみ切れるほど柔らかくなったらすぐ、そして絶対に煮崩れる前に、湯から引き上げること。

次に、豆を乾かして冷やす必要がある。煮た後の豆は濡れていて、この自由水によって望ましいカビではなくバクテリアの成長が促進されてしまう。Keith Steinkrausは、豆を乾かしてこの余分な水を取り除くための、さまざまな伝統的な手法を要約している。

> マレーシアの人々は、接種前に布に包んで豆の表面を乾燥させる。製造業者の中にも、豆を小麦粉でコーティングして、余分な水分を吸収させているところがある。インドネシアでは、竹を編んだ平らなトレイに煮た豆を広げることが多い。余分な水はトレイの底からしたたり落ち、豆の子葉の表面は豆が冷えるにしたがって乾いてくる。[19]

『天然発酵の世界』（築地書館）で私は豆をタオルで包んで表面の水分を吸収し乾燥させることを推奨していた。Steinkrausによればマレーシア方式となるこの方法は、小規模では十分だが製造が大規模になると面倒になってくる。より簡単に豆を乾かすには、扇風機を使えばよい。扇風機の風が豆に向かうようにして、表面に風を吹き付けながら豆をかき回す。こうすれば、豆はすぐに乾くし冷める。

いつも私が穀物と豆を混ぜてテンペを作るようになった理由のひとつは、穀物をドライに（穀物の体積と同じだけの水で）煮ると、穀物を使って豆を乾かすことができるからだ。こうするには、ドライに煮た穀物を煮た豆に加えて、すべてが熱々の状態でよくかき混ぜる。豆の表面の湿気は、まだ水分を吸い込もうとしている穀物に吸収される。また私は乾燥した海藻をハサミで細く切って加え、豆の水分を吸収させることも多い。

テンペの材料に培養微生物を加える際には、体温以下に冷ましておくことが重要だ。そうしないと、熱でスターターが死んでしまう。扇風機に当てながらかき混ぜれば、素早く冷やせる。また豆や穀物を薄く広げて、空気に触れる表面積を増やすことも効果がある。材料が体温程度に冷めたら、スターターを加える。必要なスターターの量は、スターターの入手先によって異なる。大部分の市販品では、豆や穀物1ポンド（乾燥重量）あたり小さじ1／5mlのスターターが推奨されているが、入手先でそれとは違う比率が指示されている場合には、それに従おう。胞子ではなく生きたテンペを使う場合には、培地の約15パーセントの比率のスターターを使う。

スターターを、完全に混ぜ込む。かき混ぜる際には、ボウルの隅までかき取ってすべてを混ぜるように気を付けよう。私は左手でボウルを回しながら、右手でかき混ぜるのが好きだ。スターターを少ししか使わなかった場合には、時間をかけて混ぜてスターターと接触する豆や穀物の表面をなるべく多くすることによって、ある程度は埋め合わせることができる。豆が冷えすぎてしまうほど混ぜてはいけない。包んで保温する際に、まだ温かい感触が残っているのが良い。

スターターが培地と完全に混ざったら、発酵中のテンペの容器となる包装材料に移す。バナナなどの大きな葉は、ジャワ島で伝統的に使われている包装材料だ。バナナの木や、その他の大きな食品に使える葉が入手できる場合には、テンペをそれに包んで作ってみてほしい。テンペの材料を葉でやさしく包み、糸で縛る。小さな穴の開いたポリ袋は、欧米のテンペ製造でよく使われる包装材料だ。針やアイスピック、あるいはフォークを使って1インチ／2.5cmおきくらいに小さな穴を開ける。テンペをよく作るなら、タッパーなどのプラスチック製食品容器に穴を開けて、テンペの容器として使うのが良いだろう。また私は、ステンレス鋼のトレイを（時にはトレイの底や側面に穴を開けて）、穴の開いたアルミホイルやオーブンペーパー、あるいはラップで覆って使うこともよくある。テンペの容器に関

making tempeh in a plastic bag

しては、ぜひ創造力を発揮してほしい。Caylanは湿度の高い保温箱の中で、バスケットを容器としてゴージャスなテンペを作っている。(カラー口絵ページの写真を参照してほしい)。

培養は、注意深く見守る必要がある。初期には、比較的温暖な環境によって、*Rhizopus*属のカビが他の菌類やバクテリアに対して強力な競争的優位を獲得し、また実際に体温(98.6°F/37℃)では最も速く育つことが示されている。[20] ある種のバクテリア、特に「グラム陽性菌」や「嫌気性胞子生成菌」に対してカビを保護する物質が作り出されるため、カビの急速な成長を促進するのは良いことだ、とHesseltineとWangは述べている。[21] しかし、(温度にもよるが)8時間から14時間たってカビが活発に育ち始めると、かなりの熱が発生するようになり、その熱がこもって(体温以上に達すると)カビが死んでしまうおそれがある。そのため、テンペは普通80–90°F/27–32℃という低めの温度で培養する。培養中にカビが発熱するという事実は、カビの成長を理解する上で重要な概念だ。培養期間には頻繁に保温器の様子を見て、温度が上がりすぎないように、ドアを開けたり、熱源をオフにしたり、手であおいだりするのがよいだろう。

ほとんどの発酵食品と同様に、発酵が完了したという客観的な瞬間は存在しない。テンペは、菌糸体が十分に成長して豆や穀物を粘着性のあるマットに包み込むことによって形成される。新鮮なテンペには、酵母のような、またはわずかにキノコを思わせる、アロマと風味があ

テンペを使った彫刻 | Betty Stechmeyer

若い正方形のテンペ(6枚切りの食パン程度の大きさ)を容器から取り出し、皮をむき、スライスして、それを積み木のように使って造形できる。保温箱に戻せばオーバーラップした部分がくっついて、作ったバスケットや家がしっかりする。私は一度、七面鳥を作ったことがある。また、接種したテンペを保温しながら定期的にかき混ぜれば、菌糸体がくっつきあわないようになる。約16時間たったら、バラバラのけば立った豆を使ってボウルの中でツバメの巣のようなものを作ったり、パイ型の内側に半発酵した豆を並べて一回り小さなパイ型を押し付けて成形し、タンパク質のパイ皮を作ったりすることもできる。半発酵したテンペは、例えばチョリソーのシーズニングなど、カビ成長を邪魔してしまうような強いシーズニングを混ぜ込む培地としても使える。

る。通常、テンペが熟したとされるのは、胞子形成の最初の兆候(黒い斑点)が現れ始めたときだ。穴を開けた容器の中では、胞子形成は空気の流通が良く、表面が乾燥する穴の部分から始まる。胞子形成が進行すると、テンペは熟したチーズのような、アンモニアの混じった強いアロマと風味を放つようになる。ジャワの人々は、さまざまな胞子形成段階のテンペには独特のおいしさがあると考えていて、それを味わう。私のフランス人の友人Lucaは、過熟したテンペを生のまま食べるのが大好きだ。彼によれば、カマンベールチーズを思わせるのだそうだ。

室温では、そして冷蔵庫の中であっても、テンペは発酵を続け、胞子形成により色は黒ずみ、アンモニアのアロマと風味は次第に強くなってくる。伝統的に、テンペは新鮮な状態で食べたり売り買いしたりするものであり、非常に傷みやす

い食べ物だとみなされている。別の言い方をすれば、この発酵食品は保存のための手段ではない。欧米で作られて市販されるテンペの多くは冷凍されており、また冷凍前に蒸して低温殺菌されている場合が多い。私自身はいつもテンペを新鮮なうちに、保温箱から出したらすぐ食べるようにしている。そして冷蔵庫に保存するのは、私が数日のうちに食べると思う分だけで、テンペは重ねずに（重ねた部分の中央部に熱がこもり、カビが成長を続けてしまうので）、冷蔵庫の中に分散させて、冷気に触れる表面積が最大となるよう気を付けている。もっと長期間保存するために、作ったテンペの残りは冷凍するが、この時にもテンペは重ねずに分散させるように気を付ける。テンペが凍ったら、空間を有効に使うために重ねて構わない。よく包装されたテンペは、冷凍庫の中で少なくとも6か月は保存できる。

tempeh

テンペを使った料理

テンペをどうしたらよいのか、アイデアがわかない人は多い。インドネシアでは、細切りにしてフライにしたり、さいの目に切ってココナッツミルクのカレーシチューに入れたり、甘いバーベキューソースで料理したりする。フライにする前に、（時にはスパイスやタマリンドの入った）塩水などのマリネ液に漬けることも多い。テンペに完全に火を通すために蒸してからマリネしたり揚げたりするのが好きな人もいる。（私は普通、蒸すことはしない）。

ハチミツなどの甘味料、酢やザワークラウトジュース、みそやたまり醤油、そして時にはホットソースを混ぜて作った甘酸っぱくて塩辛いソースでマリネしたテンペが私は大好きだ。私はKen Albalaの『Beans: A History』という本から、私の大好きなテンペのマリネ液を新しく仕入れた。塩、ニンニク、そしてコリアンダーシードを混ぜて、すり鉢とすりこ木ですり混ぜてペースト状にする。水を加え、スライスしたテンペをマリネする。私は普通テンペをココナッツオイルかバターで揚げるが、あるときシュマルツ（鶏の脂）で揚げてチキン・フライド・テンペと名付けたところ、これが大好評だった。大量にテンペを料理する場合には、楽をするために、テンペをブロックごとマリネして、ブロックのままオーブンで焼き、それからスライスすることもよくある。

先ほども述べたように、（通常は温度が上がり過ぎたために）作ったテンペがうまくかたまりになってくれない場合には、ほぐしてチリソースやミートソースに混ぜるのが私は好きだ。William ShurtleffとAkiko Aoyagiの書いたテンペに関する英語の本の決定版『The Book of Tempeh』にはたくさんレシピが載っているし、ベジタリアン向けの料理本やインターネットも参考になる。

テンペの胞子を植え継ぐ

テンペの胞子を植え継ぐには、数多くの方法がある。テンペに関するすべての

テンペ賛歌 | Spiky

テンペは、家庭菜園のトマトと同様、スーパーマーケットで売られている味気ない同類とは名前しか似ていない。自家製であれば最高だ。保温箱から取り出したばかりのテンペは、オーブンの中の焼き立てのパンと同じように、その暖かいアロマでキッチンを満たしてくれる。おなかをすかせた群衆が、よだれを垂らしながら集まってきて、スライスされたテンペが食卓に並ぶのを待っていることだろう。

私はテンペが大好きだ。友達にあげるために新しいテンペを包むとき、私はジョン・レノンの「ビューティフル・ボーイ」という曲を口ずさむ。ただし、コーラスの中の「ボーイ」は「テンペ」に置き換えて。テンペは私を誘惑し、どのように料理しても常に私を満足させてくれる。残念なことに、私はテンペと恋に落ちたことによって、豆腐に煮え切らない思いを抱くようになってしまった。豆腐はまるで、忘れてしまいたい高校時代の痛い恋の思い出のようだ。テンペは素晴らしい。だから私はほしくなるし、ものすごい量を作るし、朝食にも、昼食にも、夕食にも食べたい。新鮮なテンペのあるキッチンは、真に幸いなるキッチンだ。

数年前の冬にSandorと私が一緒にテンペづくりを始めた時、新しい保温器の実験をしていたので、定期的にたくさんテンペを作っていた。有り余るほどのテンペで我々やShort Mountainの仲間の料理人たちは、自由に実験ができた。冬だったので、私は暖かくてとろみのあるデンプン質の食べ物を料理していて、その作っていた食事にテンペが素晴らしくよく合うことに気が付いた。私は朝食に、バターで揚げたテンペをハッシュドポテトと半熟卵で挟んでみた。昼食には、もろくなったテンペを細かくして、たまり醤油を振りかけて、ケサディーヤの中に詰め込んだ。ジャガイモはテンペのナッツのような風味を引き出し、サツマイモはおいしさを引き立ててくれる。クリーミーなマッシュポテトは、テンペを混ぜ込んだり上に乗せたりすると、果てしなくおいしくなった。テンペをスライスして、焼いたサツマイモにバターと一緒に挟んだものもおいしかった。

インドネシア料理では、ホットペッパーやココナッツミルク、レモングラスやタマリンドなどと一緒に、テンペを炒めたり揚げたり、あるいはスープに入れて煮ることが多い。ほとんどいつでも、ご飯が付いてくる。テンペとココナッツを混ぜて、バナナの葉で包んで蒸す料理もある。また、テンペを甘いソースで一晩マリネしてから、シシカバブのように焼く料理もある。ここテネシー州では、ズッキーニ、サヤインゲン、バジル、トマト、ピーマン、キャベツといった我々の夏の菜園のあらゆる収穫を、テンペがおいしくしてくれる。私は夏の収穫を中華鍋に投げ込み、テンペ、ココナッツミルク、そしてグリーンカレーのペーストと一緒に、炒めるのが好きだ。

ベジタリアン向けの料理本には、テンペをベーコンやステーキの代用品に仕立てたものが見受けられる。肉を食べたいのならそれも仕方ないが、自家製のテンペは最高だし、素晴らしい食べ物だし、独特のリッチな風味があるので、何か他の食べ物のまがい物として使う理由なんてない。肉のまがい物から卒業しよう。実験しよう。いままで作っていた、どんな料理にも使ってみよう。

ことと同様に、William Shurtleff と Akiko Aoyagiの本にはテンペの植え継ぎについて最も包括的な情報が掲載されている。[22] インドネシアでは、一部のテンペをwaruと呼ばれるオオハマボウ（*Hibiscus tiliaceus*）の葉にサンドイッチして育てるのが普通だ。このテンペは過熟させると、胞子が葉に絡みつくので、それを乾燥させて、胞子の付いた側を外へ向けて片手で持ち、皮をむいて煮て冷ました豆と混ぜて使われる。過熟して胞子を形成したテンペは、どんなものでもスターターとして使うことができる。しかし綿密に作業すれば、それだけ純粋な胞子が得られ

る。混合培養微生物の伝統的な文脈では、これはまったく問題ではなかった。菌類とバクテリアから構成されるテンペの群落が安定していたからだ。「インドネシアでは、良質の混合培養微生物スターターが、非常に非衛生な条件で、何千もの街角のテンペ屋で毎日作られています」とShurtleffとAoyagiは指摘している。[23] インドネシア以外に住む我々の大部分が知っている純粋培養テンペの文脈では、世代ごとにバクテリアによるコンタミネーションとカビの弱体化のおそれがある。純粋培養を維持するには、几帳面で入念な努力が必要だ。

本当に正直に言うと、私はテンペスターターの植え継ぎにあまり成功していない。私はここで説明する手法を用いて、何回か良いテンペを作ることができた。しかしそれよりも頻繁に、何日か培養した後で、他のカビ、特に甘い香りのする黄色の*Aspergillus*属のカビ（私は同じ培養スペースでこのカビをたくさん育てている）が増殖し始めることが多かった。純粋培養は、複数の培養を行っている何でも屋にとっては難題だ。

カビの繁殖期である胞子形成は、菌糸体の成長の後に起こる。テンペの場合、胞子形成は黒ずんだ色が特徴だ。すでに述べたように、空気穴の近くのテンペによく見られる黒い斑点は、胞子形成の最初の兆候だ。酸素濃度の高さと乾燥した条件の両方が、胞子形成を促進する。

胞子を採取する最も簡単な方法は、テンペを過熟させることだ。胞子をたくさん作らせるには、露出する表面積をなるべく多くするとよい。そのために私は、菌糸体ができてかたまりになったテンペを薄くスライスして、保温器の中に放置している。かたまりになった後で空気にさらすと、胞子形成と乾燥の両方が促進される。胞子を形成したテンペを単純に砕いてスターターとして使うこともできるが、そうすると次のテンペは新鮮な培地に古く過熟した大豆の破片が混ざるので、風味を悪くするおそれがある。

最も簡単に過熟したテンペから胞子を抽出するには、水に入れればよい。塩素を含んでいない水、あるいはカルキ抜きした水を使うこと。胞子が形成されたテンペを砕いてジャーに入れ、水を張る。ジャーを密封して、1・2分間激しく振り混ぜる。胞子が水に放出されるので、水が黒ずんでくる。このように一生懸命振った後で、固形物を濾し取って捨てる。黒ずんだ胞子の混じった水を、約15分間放置する。胞子は底に沈み、黒い泥のように見える。濁った水を静かに捨てて、この泥だけを残す。この泥が、新しいスターターだ。この手法の欠点は、胞子が湿っているため乾いた状態のものよりも不安定なことであり、2・3日のうちに使ってしまわなくてはならない。より長期間保存するには、胞子を形成したテンペを冷凍しておき、必要に応じて水で胞子を抽出する。

大量のテンペ胞子を作る**最も良い**方法は、（体積にして）米より少ない量の水で堅く炊いた米を培地として育てることだ。かたまりになることもないし、パルプ状ではなくうまく粉に砕けるし、保存の際にも安定している。圧力なべで蒸して滅菌すれば、スターターにろくでもないバクテリアが入り込むことも少なくなる。ろくでもないバクテリアは、テンペをスターターから作る場合には問題とならないが、コンタミネーションのレベルがその後の世代にも引き継がれると、育てたい*Rhizopus*属のカビの優位が崩れるのは時間の問題だ。家庭や家内制手工業での生産では、几帳面に清潔を保って米を圧力なべで調理すれば、テンペスターター作りには十分だ。より広範囲に配付するための生産には、例えばクリーンルーム内で米に接種するなど、より高いレベルの保護と、各バッチを顕微鏡で検査して品質管理することが求められる。コンタミネーションに対するこれらさまざまなレベルの保護については、ShurtleffとAoyagiの著書『Tempeh Production』に詳しく説明されている。ここでは、私自身のそれなりの規模の生産でうまく行った（まあまあの成功をおさめた）手法を説明しよう。

この手法を簡単に言うと、(1) 米をメイソンジャーの中で水に浸す、(2) 米をジャーに入れたまま、ジャーリングか輪ゴムでコーヒーフィルターを止めて、圧力なべで蒸す、(3) ゆっくりと体温まで冷ます、(4) 米にスターターを接種する、(5) 温度を監視し、かたまりを砕くために1日に数回振り混ぜながら、4〜7日培養する、そして (6) メイソンジャーを直付けできるミキサー、またはすり鉢とすりこ木で粉にする、というものだ。

大部分の文献では、テンペスターター作りに白米を使うことを推奨している。玄米ではなく白米が通常使われる理由についての議論を、私は見つけることができなかった。保護膜が除去されているため白米のほうがカビの生育が早いのが理由ではないかと私は想像している。Betty Stechmeyerは、玄米の走査電子顕微鏡の画像が「非常に複雑な表面を示していて、この溝が抵抗力のあるバクテリアや菌類の胞子の隠れ家となり、スターターのコンタミネーションが引き起こされるのだろうと想像した」ことを回想してくれた。それでもなお、私自身の実験では玄米のほうが良い結果が得られている。白米はかたまりができやすいため、ひとつひとつの米粒にカビを育て、胞子を形成させることが難しいからだ。一般通念に従って白米を使う場合、タルク（ケイ酸マグネシウム）でコーティングされた米は避けるようにしてほしい。最初に米をよく洗い（洗った水が透き通るまで）、米の表面から粉末のデンプン質を除去すること。

米国農務省Northern Regional Research Laboratoryの科学者たちが、さまざまな湿度でさまざまな培地上に育てた*Rhizopus*属の生きた胞子の数を求めるという実験を行った。この研究によって、小麦や小麦のふすま、あるいは大豆などで育てたものよりも、米で育てた*Rhizopus*のほうが胞子の数が多いことが判明した。また、（白）米では、米10に対して水6の比率で培地が作成された場合に胞子の産生が最も多くなることも判明した。[24] ShurtleffとAoyagiは『Tempeh Production』の中で、テンペの作り手がさらに実験を行って米10に対して水5の比率で「より豊富な胞子形成が得られたと共に、さらに重要なことには、より少ない乾燥でより容易な細粉化がミキサーで行える」ことを見出したと報告している。[25] 玄米に関しては、オーストラリアの研究者John McCombが「未加工の玄米が白米よりも良い結果を残し」、また「玄米10に対して水8の比率を用いた」際に最良の結果が得られることを見出したと、ShurtleffとAoyagiが報告している。[26]

これらの比率が現実的には何を意味しているかというと、1/4カップ／0.1ポンド／50gの米（1パイント／16オンス／500mlのジャーに適切な量）に必要な水の量は玄米の場合には大さじ3弱／40mlであり、白米の場合には大さじ2弱／25mlだということだ。この比率では、ジャーはほとんど空の状態であることに注意してほしい。これは、ジャーを横倒しにした際に米が広がって比較的薄い層となり、最大の表面積が暴露され、胞子形成を最大化するために必要なことだ。お手持ちの圧力なべが、1クォート／1リットルのジャーを立てた状態で収容できるほど大きなものであれば、そのような大きなジャーを使ってジャーに入れるすべての材料の量を倍にすればよい。私はいつも、一度に数個のジャーを使っている。

玄米を使う場合には、ジャーの中で直接、推奨される量の水に米を一晩浸す。白米の場合、まず米をよく洗い、水を切ってから、定期的に振り混ぜながら約1時間だけ浸す。ジャーの口をコーヒーフィルターで覆い、ねじぶた、あるいは輪ゴムかひもで止める。圧力なべに数インチ水を入れ、何か支えになるものを置いてジャーが水面よりも上になるようにする。圧力を掛けて蒸す（圧力なべに圧力計が付いている場合、約15ポンド／100kPaで）。玄米の場合、40分間圧力調理する。白米ならば、20分で十分だ。圧力なべを火からおろした後、密封したまま放置して圧力と温度がゆっくりと下がるようにする。

圧力が抜けて体温まで冷めたら、圧力なべを開けてジャーを取り出し、激しく振って米のかたまりをほぐす。振っただけではかたまりがほぐれなければ、（熱湯消毒した）スプーンなどの器具をジャーの中へ差し込み、できるだけかたまりをほぐすようにする。米が体温になったら、スターターを接種する。この場合も消毒した器具を使うこと。1/4カップの米に対して、小さじ1/8のスターターで十分だ。1/2カップの米には小さじ1/4を使う。コーヒーフィルターをジャーの口に固定して、さまざまな方向に振ってスターターを米の中に分散させてから、ジャーを横倒しにして保温箱に入れる。

テンペを作る場合と同様に、80–90°F/27–32℃の温度範囲で培養する。しかし、通常のテンペは24時間で出来上がるが、スターターは数日間（玄米の場合には7日かかることもある）培養して完全に胞子形成させることが必要だ。毎日、何回か振り混ぜてかたまりをほぐす。胞子が形成されたら、ミキサーやコーヒーミル、あるいはすり鉢とすりこ木で米を砕く。どのツールを使う場合でも、スターターのコンタミネーションを最小化するため、熱湯消毒した後で乾燥させ冷えてから使うこと。スターターは、テンペにする豆や穀物の乾燥重量1ポンド／500gについて約小さじ1の割合で使う。

ひとつの例外を除いて、私はいつも米国で市販されている粉末テンペスターターを使っている（「参考資料」を参照してほしい）。これらはすべて、元をたどればUSDAのCulture CollectionでNRRL 2710, *Rhizopus oligosporus* Saito株としてリストされ、Keith Steinkrausが提供者としてクレジットされている*Rhizopus oligosporus*の胞子に由来する。Saitoは、1905年に初めて*Rhizopus oligosporus*を主要なテンペのカビとして分離し命名した日本人の微生物学者の名字だ。

さっきひとつの例外といったのは、インドネシアからスターターを持ち帰った仲間のテンペ愛好家から数年前にもらったテンペスターターだ。このスターターは細かい黄色の粉末で、暗い灰色のNRRL 2710株とは見かけが大きく異なっていた。これで作ったテンペもまた独特で、より甘く、どこか複雑な風味がした。私はこの黄色のスターターが、*Rhizopus*属以外に*Aspergillus*属をも含む、より広範囲のカビの混合物だったのではないかと推測している。結局、伝統的な発酵微生物はすべて混合培養されたものなのだ。私は本を読んで、テンペに似たそれ以外の食品に、さらに他のカビが見つかっていることを知った。例えば中国のmeitauzaは、培地が豆腐の製造時に出る大豆の固形物の残滓（おから）であり、そこからは*Actinomucor elegans*というカビが分離されている。[28]

微生物学を利用して分離された純粋培養微生物は、人々が伝統的に利用してきたものとは違う。伝統的な発酵微生物は**すべて**混合培養の雑種であり、さまざま

テンペのバリエーション

ヒヨコマメのテンペ

ニューヨーク州ニューパルツ
Lagusta Yearwood

ヒヨコマメのテンペは100パーセントがヒヨコマメで、ヒヨコマメは調理時間が短いため保温箱に入れて2時間もかからずに完成します。また、味がとてもまろやかなので、通常のテンペを好まない人にもぴったりです。

ソラマメのテンペ

カリフォルニア州バークレー
Greg Barker

私が大好きで強くお勧めするテンペの材料が、皮をむいて乾燥させたソラマメです。ソラマメの風味は素晴らしいですし、圧縮するとよい菌類のマットになります。しかし、大事なのは時間が節約できることです。私はミルなど、大豆の皮をむくための道具を持っていません。皮をむいたソラマメはその問題を解決してくれます（また本当にすぐに煮えます）し、水に浸した豆に接種してからテンペになるまでの時間はあっという間で、たった15分間の作業です。

乾煎りした大豆を使ったテンペ

かつてBetsy Shipleyはテンペを業務で作っていたが、
引退してこのような数多くの創造的なテンペづくりのアイデアを
インターネットに投稿している。[27]

私たちのテンペを作る最も簡単な方法は、半分に割った（塩をしていない）遺伝子組み換えされていない、または有機栽培の大豆をまず乾煎りすることです。こうすると、通常の大豆の皮をむいてから煮る作業がすべて必要なくなります。半分に割った大豆24オンス（約680g）を熱湯に入れ、火からおろして24〜48時間置きます。豆は2倍の大きさに膨らみますから、熱湯はたっぷり使ってください。このように半分に割った大豆をあらかじめ浸した後、水を切ってから豆の高さよりも約1インチ（2.5cm）上まできれいな水を入れ、煮立てます。

な、そして時には変化する形態を示す。さまざまな混合培養微生物を見たり、味わったり、そして利用するのは非常にエキサイティングなことだ。私は可能な限り、伝統的な培養微生物の非公式な配付を歓迎するし、お勧めする。残念なことに、培養微生物を気軽に輸入することは困難だし、公衆衛生や安全のため公式には違法とされている。もしかすると、他のテンペ株の輸入を始めるために必要な事務手続きを誰かがしてくれるかもしれない。それまでの間は、手に入るものを利用しよう。それでも素晴らしいテンペは作れるのだ。

麹を作る

私が豊富な経験を積んできた、もうひとつのカビ発酵物が麹だ。これは中国の餅麹の日本版であり、同じように伝統的には混合培養微生物だったが、現在では単一株の菌類*Aspergillus oryzae*として育てられるのが普通だ。私が麹を育て始める前には、カビと恋に落ちるなんてことがあるとは思ってもいなかった。しかし私は、急速に成長する菌糸体が複合炭水化物を酵素で消化する際の発熱に伴う、新鮮な麹の甘い香りに魅せられてしまったのだ。このカビに情熱を注いでいるのは、私ひとりではない。ミズーリ州の発酵愛好家Alyson Ewaldは、次のように書いている。「私は知っていればよかった。麹を接種した米のアロマは、私を魔法にかけてしまった。その魔法から私は逃れることはできないし、逃れたいとも思わないのだ」。ワシントン州の発酵家Favero Greenforestは、こうまくし立てた。「麹の香りは、あまりにも素晴らしかった。私はそれに包まれていたい。これほどおいしそうな香りはほとんどない」。実際に麹を育てた人でなくては、我々がなぜそんなに夢中になっているのか、理解してはもらえないだろう。

麹そのものは、一般的には食品として食べられることはない(おいしいのだが)。麹は、精巧に加工される数多くの食品や飲み物への最初のステップだ。私は麹を使ってみそ、しょうゆ、甘酒、日本酒、そして漬物を作っている。私が『天然発酵の世界』(築地書館)を書いた時点では、そしてだいたい2005年までは、私はよそ(最初はAmerican Miso Company、その後はSouth River Miso Company)から手に入れた麹だけを使っていた。麹は安いものではない。毎年20ガロン/75リットルもの(時にはそれ以上の)みそを作るようになった私にとっては、なおさらだ。私は*Aspergillus oryzae*の胞子が簡単に手に入ることを知っていたが、正直に言うと、48時間もの長時間にわたって培養を続けることに恐れをなしていたのだ。(しかし実際には、その心配は無用だった)。

一般的に言って、麹を作るにはスターター(種麹)が必要だ。このセクションの最後に、新鮮なトウモロコシの皮に自生する微生物から麹を作ることができた方法を説明するが*、少なくとも一度は種麹を使って、成長する新鮮な麹のユニークなアロマを経験してみることを強くお勧めする。その特徴的な香りを確認することは、トウモロコシの皮を使って麹を

*訳注:後でもう一度警告するが、由来のはっきりしないカビを使って麹を作ることはお勧めできない。

自然発生させようとする場合、正しいカビが育っているかどうかを判断する最も単純明快な方法だからだ。

私が使っている種麹の入手先はGEM Cultures[29]で、ここでは培地の種類と、米の場合にはさまざまな最終製品の種類に応じて、数種類の種麹を販売している。選択肢の多さにとまどうことなく、どれかひとつを選んで始めてみよう。その後で、他の種麹も実験してみればよい。私のお気に入りは大麦麹で、私はこれをみそや甘酒、そして漬物作りに使っているが、これから説明するプロセスはどんな培地で麹を育てる場合でも同じだ。

麹の基本的なプロセスは、水に浸す、蒸す、冷ます、接種する、そして培養するという手順になる。培養期間は、一般的には36〜48時間だ。精白大麦を一晩水に浸す。約2時間、火が通るまで蒸す。私は、穀物がこぼれないように綿布で包んで、積み重ね式の中国の竹製のせいろを使っている。大麦は蒸すとネバネバしたかたまりになる。蒸した大麦を蒸し器から取り出して、大きなボウルか鍋に入れる。かたまりをほぐして、大麦を体温まで冷ます。

その間に、保温器を80–95°F/27–35℃の温度範囲に予熱しておく。パン型などの幅の広い口の開いた容器に、清潔で香りの付いていない綿シーツなどのすべすべした布を折りたたんで敷いておく。大麦が体温まで冷めたら、種麹を接種し（入手先の推奨する比率で）、よくかき混ぜる。接種した大麦を布の上に、中央に山ができるように置く。山の中央に温度計を差し込み、シーツで山と温度計の周囲を覆う。布で覆われた山から、温度計が突き出ているような形になる。これを保温器に入れて、80–95°F/27–35℃の温度範囲を保つ。「一般的に言って、カビの培養温度が高いほど、デンプン分解活性が高くなる」とKeith Steinkrausは言っている。「培養の温度が低いと、（タンパク質を消化する）プロテアーゼの生成が促進される」。[30]つまり、甘酒や米の飲料を作るには培養温度を範囲の上限近くに設定し、みそやしょうゆを作るには低い温度に設定すればよいことになる。

定期的に温度を監視して、約16時間たったら大麦の様子を見てみる。約24時間たったころには、大麦が甘い香りを放ち、成長した粉っぽい白いカビにまみれながら、くっつきあい始めているのがわかるはずだ。このような兆候が見えたら、カビは熱を発生し始めているので、目標を十分な温かさを保つことから温度の上がり過ぎを防ぐことへと切り替える。大麦の山をならして、厚さ2インチ／5cm以下の均一な層にする。麹のマットが厚すぎると、熱がこもってカビが死んでしまうことがあるので、このことは重要だ。麹を入れている容器が小さすぎる場合には、クッキーシートを使うか、2個のパン型に分割する。必要に応じて創意工夫を発揮してほしい。さらに温度を調節するには、指を熊手のように使って麹に溝を付け、表面積を増やして熱を発散させる。麹を布で覆って、保温箱に戻す。

数時間ごとに、麹をチェックし続けよう。（清潔な！）手を差し込んで、かたまりを見つけたらそれを砕き、ホットスポットができないように大麦をならして、溝をつけ、再び包んで保温箱に戻す。作業中、生育する麹の魅惑的なアロマを楽しんでほしい。麹が育ってくると、成長した白いカビが増えて穀物の粒を覆うようになる。成長したカビで穀物が覆われているように見えたら、麹を使うことができる。表面に黄緑色の斑点ができ始めたら、胞子形成が始まったことを示しているので、必ず培養をストップすること。新鮮な温かい麹をみそや甘酒、あるいは日本酒のプロジェクトへ直接加えてもよい。すぐに使わない分は、薄い層に広げて室温まで冷ましてから、包装して冷蔵庫に入れる。より長期間保存するには、麹を日光または乾燥器で短時間乾燥させてから保存する。

現在GEMでは米麹用に2種類の株を販売しているため、混乱している人もいるようだ。GEMの「ライトな」米麹は甘酒や日本酒、漬物、そして一部のみそを作るためのものだ。「赤い」米麹（中国の紅麹(ang-kak)と混同してはいけない。紅麹は、麹と似ているがベニコウジカビ*Monascus purpureus*という別のカビだ）は、「赤」みそを作るために使われる。GEMの説明書では、どちらも精白した米を使うことを推奨している。私は玄米を使って、やはり良い結果が得られた。白米を使う場合には、タルクの添加された米は避けてほしい。そして米をよく洗い、米の表面からデンプン質を除去すること。さらに、水に浸した後、蒸す前に、米を数分間ざるにあげて水を切っておく。表面に水が少ないほど、加熱調理中に米粒がくっつくことが少なくなる。また、さらに数分間、直接タオルに包んで水を吸い取ったり、扇風機の風を米に当ててかき回したりしてもよい。「さらに乾燥させることによって、加熱調理された米にはかたまりが少なくなります」とBetty Stechmeyerは説明している。すべてのGEM製の種麹についてくる彼女のていねいな説明は、明快で詳細だ。玄米は白米のようにはくっつかないので、それほど神経質になる必要はない。

大豆の麹を作る方法は、基本的には大麦の場合と同じだ。蒸し上がるまでにはずっと長い時間がかかり、圧力なべを使わない場合には6時間もかかることもある。できれば圧力なべを使って大豆を蒸してほしい。そうすれば約1時間半しかかからないからだ。大豆は、指で挟んで簡単につぶれるほど柔らかいのがよい。発酵中は、温度を非常に慎重に監視する必要がある。大豆には大量のタンパク質が含まれるので、95°F/35℃を超える温度では*Bacillus subtilis*が増殖するおそれがあるからだ。麹の香りは大豆の場合にはそれほど強くないが、快いアロマを持つことには変わりない。特に、煎った小麦と共に培養してしょうゆを作る際にはそれが言える（11章の「しょうゆ」を参照してほしい）。

麹のスターターである種麹を植え継ぐには、玄米を使う。「白米には、カビの最適な成長をサポートする必要栄養素が欠けているので、種麹づくりには使われません」とShurtleffとAoyagiは説明している。[31] 先ほども説明したように、米を水に浸し、よく水を切り、蒸してから冷ます。米が体温まで冷めたら、接種する前に、ふるった広葉樹の灰を米の乾燥重量の約1.5パーセント混ぜ込む。この灰が、カビの健康な成長と胞子形成を促進するカリウムやマグネシウムなどの微量元素を供給してくれる。種麹を接種し、通常麹を育てる温度よりもわずかに低い、約79°F /26℃で培養する。最初の24時間は米を山にしておき、混ぜて再び山を作ってさらに24時間置く。約48時間後に、先ほど説明したとおり均等な層に広げて綿布で包む。そのまま手を加えずに、麹を約79°F /26℃でさらに48時間培養する。そうすると、麹は増殖したオリーブグリーンのカビに覆われてくるはずだ。かたまりをほぐして、種火を付けたオーブンか乾燥器に入れ、約113°F /45℃で乾燥させる。乾いた種麹は冷蔵庫などの冷暗所で保存する。種麹は穀粒のまま使ってもよいし、粗びき粉に挽いてもよい。また穀物をふるって胞子を抽出し、粉と混ぜることもできる。種麹を作るこのプロセスはShurtleffとAoyagiの著書『Miso Production』からの引用であり、この本ではこの話題に1章を費やして、かなり詳しく説明している。[32]

甘酒

甘酒は、日本の甘い米粥／プディング／飲み物であり、米（または他の穀物）を麹で発酵させて作られる。基本的に甘酒は、日本酒などの米ベースのアルコール飲料の最初の段階だ。ShurtleffとAoyagiは甘酒を「甘い酒（sweet sake）」と翻訳しているし、[33] Elizabeth Andohは甘酒が「一夜酒」とも呼ばれると報告している。[34]

私が穀物の章ではなくここに甘酒を含めたのは、麹に関する重要な点へ注意を引くためだ。それは、麹が発酵食品に使われるのは通常は酵素の原料としてであって、カビの菌糸体そのものを継続的に成長させるためではない、という点だ。これまで見てきたように、麹を育てるためには酸素が必要であり、また温度に敏感であるため、体温よりもかなり高い温度に長時間置かれると麹は死んでしまう。しかし、麹の作り出す酵素の環境的要求条件は同じではない。これらの酵素は酸素を必要とせず、また実際にはより高い温度で最も効率的に働くものもある。

甘酒には、麹とほとんど同一の材料を使う。両方とも米（または他の穀物）を加熱調理してからコウジカビ*Aspergillus oryzae*を接種して作られる。違うのは、*A. oryzae*が導入される段階と、維持される環境だけだ。麹を作るには、胞子の段階でコウジカビを加え、そして濡れてはいないが高い湿度と、ほどほどに暖かい温度と、制約された空気の流通によって生育を促進する。甘酒を作るには、すでに育ったコウジカビを使い、それを加熱調理直後のまだかなり熱い（140°F /60℃）米とジャーやかめの中で混ぜて、その後もできるだけ高い温度を保つようにする。大量の新鮮な麹と高い温度によって、麹の酵素の活動は活発になる。

私に最初に甘酒づくりを始めたのは、マクロビオティックを普及させた久司道夫の妻であるアヴェリーヌ偕子久司の影響だ。彼女の著書『Complete Guide to Macrobiotic Cooking』には数多くの発酵食品が掲載されており、私の初期の実験の手引きとなってくれた。久司は（未調理の）米4カップ／1リットルにつき麹を1/2カップ／125ml使うことを推奨していて、何年も私が大好きな甘酒を作るときにはこの比率に従っていた。彼女はもち米の玄米を使い、一晩水に浸してから、塩なしで圧力調理することを推奨していた。

> 手で触れるくらいまで冷めたら、手で麹を米に混ぜ込みます。そしてガラス製のボウル（金属製のものを使ってはいけません）に移し、ぬれた布かタオルで覆い、オーブンやラジエーターの近くなど、暖かい場所に置きます。4〜8時間、発酵させます。発酵している間、時々かき混ぜて麹を溶かしましょう。発酵後、甘酒を鍋に入れて煮立てます。泡が出てきたら、火を止めます。[35]

米に対する麹の推奨比率は、資料によって大きく異なっている。久司は4カップの（未調理の）米に対して1/2カップの麹、つまり1:8の比率を使っているが、ShurtleffとAoyagiは米1カップに対して2カップの麹（2:1）を示唆しており、[36] Bill Mollisonの著書『Ferment and Human Nutrition』でも同様だ。[37]

どの比率を使うべきか長年悩んだ末、最終的に私はインターンMalory Fosterの助力を得て、対照実験を行った。我々は6カップの米を調理し、6個のジャーに均等に分けた。2個のジャーには2カップの麹（2:1）を、2個には1カップの麹（1:1）を、そして2個には1/2カップの麹（1:2）を混ぜた。それぞれの比率の一方のジャーは、90°F/32℃で培養した。それぞれの比率の他方のジャーは、約140°F /60℃で培養した。

すべてのジャーで甘酒はできたが、速度は非常に異なっていた。12時間後、140°F /60℃で培養したすべてのジャーは甘くなっていた。2:1のものは活発に泡立ち、ほとんど完全に液化して、非常に甘かった。1:1のものは甘くて液化していたが、その程度は多少低かった。そして1:2のものも甘く液化していたが、さらにその程度は低かった。90°F /32℃で培養したものは、2:1の比率であっても、わずかに甘いだけだった。

15時間後、140°F /60℃で培養した1:1のものは完全に甘くなり液化していて、1:2のものは「甘いがそれほどでもなく」、そして低い温度で培養したものはまだわずかに甘いだけだった。21時間たった時点で、高い温度で培養したジャーはすべて完成したと我々は判断した。90°F /32℃で培養したものは、2:1と1:1のものはいい感じに甘く、大部分の米が液化していたが、1:2のものは甘くなり始めたばかりで米はまだ形を保っていた。次の日、最後のものは酸っぱくなり始めた。

この実習の私にとっての教訓は、麹の比率よりも培養温度のほうが重要だということだが、麹が多いとプロセスが速く進むことも分かった。酵素による変成作用は、高熱によって破壊されない限り繰り返し働くので、これは納得できる。低い培養温度や低い麹の比率のためにプロセスが遅くなりすぎると、甘さが最大に達することはない。デンプンがすべて糖に変換される前に、酸っぱくなり始めてしまうからだ。十分に麹があって2:1の比率で甘酒を作れる人は、ぜひそうしてほしい。麹が不足していて低い比率で使いたい場合には、可能な限り140°F/60℃に近い温度で培養すること。

甘酒が完成したと判断したら、発酵を停止させないと酸やアルコールへの発酵が続いてしまう。(アルコールに発酵させたい場合には、9章の「日本酒」を参照してほしい) 少量の水と塩をひとつまみ加えて沸騰させる。甘酒は冷蔵庫に保存すること。飲み物にするには、甘酒1に対して1の割合で水を加える。ショウガなどで風味を付けてほしい。Eric Haasは、甘酒に日本酒や酒粕を加えることを推奨している。「しばらく煮立たせると、素晴らしい組み合わせになります」。水で薄めない状態の甘酒はプディングとして賞味したり、パンを焼く際の甘味料として使ったりできる。ShurtleffとAoyagiは、2単位の砂糖または1単位のハチミツの代わりに、3と1/2単位の甘酒を使うことを推奨している。

植物由来のカビ培養物

純粋培養された胞子の粉末が最初からスターターとして入手できたわけではないことが明らかだ。これらの伝統的なアジアのカビ培養物は、発酵に用いられる実質的にすべての培養微生物と同様に、植物に由来する。「伝統的な現地の植物によって作り出される高品質のアルコール飲料に、純粋培養を利用したものが追いつくことは、おそらく絶対にないだろう」と、中国にある江南大学のXu Gan RongとBao Tong Faは、彼らの著書『Grandiose Survey of Chinese Alcoholic Drinks and Beverages』の中で書いている。[38] 植物材料は発酵のスターターとして用いられるだけでなく、風味付けや酩酊効果を高めるためにも利用される。

H. T. Huangは、中国の発酵食品の歴史に関する著書の中で、餅麹の製法を古代中国の文献からいくつか引用している。賈思勰によって544年に書かれた『斉民要術』*から、Huangは以下の記述を翻訳している。これは「ヨモギ属」(ヨモギやニガヨモギなど、数多くの種を含む)の葉を使って「秦州春酒麹を小麦から作る方法」の記述だ。

*訳注：最古の料理書と言われているが、内容が難解なことでも知られている。以下の翻訳は『斉民要術 現存する世界最古の料理書』(雄山閣)を参考にした。

> このプロセスは、第7の月［通常は現在の8月］に開始されるべきである……。虫の付いていない、良質で清潔な小麦を用意し、大鍋でかき混ぜながら煎る……。火は弱くすべきで、小麦は揺り動かしながらすばやくかき混ぜる。かき混ぜる動作は、一瞬たりとも止めてはならない。さもなければ、穀粒は均一に熟成されないであろう。小麦は、黄色くなって良い香りが出てくるまで煎る。焦がしてはならない。煎り上がったら、ざるに広げ、異物があれば取り除く。それから小麦を挽くが、細かすぎても荒すぎてもいけない……。このプロセスを始める数日前に、ヨモギ属の植物を採集して洗っておく。雑草を取り除いたヨモギを、水分が少なくなるまで日干しする。挽いた小麦

と水を均等に混ぜて準備する。これは固く乾いていて、触ってもくっつかないものがよい。こね終わったら、一晩保存してから次の日の朝、適切な硬さになるまでさらに搗く。縦横1尺、厚さ2寸の木製の型に入れ、強健な若者に踏ませて餅麹とし、中央に穴を開ける。木製の枠に竹製の棚を乗せる。乾燥させたヨモギの葉を、棚の上に乗せる。生の餅麹をヨモギの上に乗せ、その上をヨモギの層で覆う。ヨモギは下を厚く、上を少し薄くすべきである。そして（小屋の）戸口と窓が閉ざされ、密封される……。7日間が三度（全部で21日）たった後、餅麹は完全に熟成しているはずである。戸を開き、餅麹を検査する。五色の菌糸体が表面に見られれば、その餅麹を取り出して日干しする。菌糸体が見られなければ、ドアを再び密封し、餅麹をあと3日から5日培養する。それから餅麹を日干しする。干している間、餅麹を何回かひっくり返す。完全に乾いたら、棚に積んで使う時まで保存する。この麹1斗は、（加熱調理した後の）穀物7斗を発酵させることができる。[39]

「現在の我々の知識に照らして、この説明は全体として科学的に正しいことがわかる」とHuangは結論付けている。彼はまた、「加熱調理した培地に、発酵食品の粉を接種してから培養することが、現在一般に行われている」と報告している。別の言い方をすれば、バックスロッピングだ。[40]

しかし、アジア各地で人々は今でも、地元で普通に取れる植物材料を麹に似たスターターへ取り込んでいるため、これには多少地理的な特色がある。インドネシアのスターターであるラギ（ragi）は、米粉をショウガの根やガランガルの根、サトウキビ、その他スパイスと混ぜて作られる。「何をどのくらい加えるかは、作り手によって異なる」とSteinkrausは記している。

材料は水か、あるいはサトウキビのジュースで湿らされ……［その後］以前のバッチのラギを乾燥させ粉にしたものが接種される。平らにした直径3cm／1.2インチで厚さ0.5～1cm／1/2インチ以下のケーキが竹のトレイに置かれ、室温で数日間培養されてから、必要になるまで保存するためケーキは乾燥される。空気乾燥または日干しされたラギケーキには、必須の微生物が熱帯の室温で数か月は保存される。[41]

ネパールでは、ムルチャ（marcha）が伝統的なスターターであり、植物は異なるものの手法はよく似ている。私の友人のJustin Bullardは、10年前に1年間ネパールに住んでいて帰国してから私にムルチャのことを最初に教えてくれた人物だが、2011年に再びネパールを旅してムルチャ作りを調査してきた。「私は、この製品が1種類の植物から作られると思い込んでいた。そして私はMaila［彼と彼の妻DidiがJustinにプロセスを教えてくれた］が私にその『1種類の植物』を示してくれると期待していたのだが、実際に教えてくれたのは2種類の植物で、その後彼と彼の妻はさらに11種類の植物材料を合わせてムルチャを作り始めたのだ！」。その植物材料にはバナナの葉や皮、サトウキビの葉、若いパイナップルの葉、ショウガの根、砕いたトウガラシとその葉などが含まれ、また以前のバッチからの古いムルチャも使われる。「ムルチャのこの特定のレシピは、Didiに彼女の母親や祖母から伝えられたものであり、起源はマガール族にあると思われる」とJustinは書いている。しかし、

> ネパールにおける多くの自家製食品と同様に、材料が正確に計量されることはほとんどない。食品は作られるたびに「目分量」や味見によって、経験やプロセスを見て覚えたことに基づいて、特定の材料をどのくらい足したり引いたりする必要があるのか判断する場合が多い。あるいは、入手できない材料が省略される場合もある。
>
> 植物材料は、砕いて雑穀の粉に混ぜ込まれ、材料をまとめて荒い生地を作れるだけの水が加えられる。
>
> 次に、手のひらの大きさよりも一回り小さい（約3〜4オンスの）ケーキが生地から形作られる（ケーキが大きすぎると、うまく乾かない）。以前のバッチのムルチャのケーキが砕かれて、新しいムルチャのケーキがひとつひとつその粉にまぶされてから、日陰で乾かした草のマットに乗せられて、さらに草の層で覆われる（これはケーキを断熱して暖かく保つためのようだ）。これによって、新しいムルチャのケーキが「咲く」あるいは「熟す」ことが促進されると言われている。2日目、天気が暑くて乾燥していれば、ムルチャのケーキから覆いが外され、日光に当てて数時間、平らに編んだバスケットの上で乾かされる。ケーキが日干しする準備ができたり熟したりしたことがどうやってわかるのか、と質問したところ、「におい」でわかると教えられた。確かに、ケーキはパン生地のようなイースト臭がした。さらに、ケーキは非常に細かい白カビで覆われており（Mailaがケーキの上の草のマットの層を取り去った時、私はケーキがカビの薄い層で覆われているのが見えたし、においはかなり鼻についた）、したがってphool chha、つまり「咲いて」いた。ケーキは日に当てられた後、再びマットにくるまれて庇の下に取り込まれた。3日目、ケーキは再び日に当てて干される。乾燥プロセスはこのように5日まで、あるいはそれ以上続けられ、次第にケーキの色は日にさらされて白くなる、と説明があった。それからケーキは保存され、後日使用される。

ヒマラヤ山脈の別の場所、Tons Valleyでは、keemと呼ばれる米から作られる飲み物のスターターにはアサ、シナモン、そしてチョウセンアサガオなど42種類（！）もの植物が含まれる。私がkeemのことを知ったのは、インドのタミル・ナードゥにあるBharathidasan大学のS. Sekar博士が作成した『Database on Microbial Traditional Knowledge of India』からだった。Sekar博士によれば、「*Cannabis sativa*の新鮮な小枝を刻んだもの（8kg）、*Sapindus mukorossi*［ムクロジ］の葉5kg、そしてさまざまな植物種10〜15kgが日陰で乾燥され、粉砕される。この植物から作られた粉は、約50kgの大麦粉と混ぜられる」。この粉の材料は、jayarasと呼ばれるハーブの浸出液で湿らされる。これらを混ぜて生地が作られ、小さなケーキに形作られる。

> このように形作られたケーキは、締め切った部屋の中で*Cannabis sativa*と*Pinus roxburghii*［ヒマラヤマツ］の柔らかい若い枝から作られた植物のベッド（地元ではsatharと呼ばれる）と交互に重ねられることによって、さらに加工される。これをそのまま24日間、手を加えずに置いておく。25日目、部屋が開けられてケーキがひっくり返され、もう12日間そこに置いておく。その後ケーキは取り出され、日光または戸外の空気に当てて乾燥される。ケーキが乾燥したら、スターターとして使うことができる。[42]

keemの製造に関するデータを収集した研究者たちは、「この目的に用いられる植物は、土地によってわずかに異なる。この研究の途上で著者らは、自分たちの先祖はこのプロセスに他にも数種類の植物を使っていた、と明かす人々に出会った。しかし、誰もその植物をすべて特定したり名前を挙げたりすることはできなかった」と報告している。[43] これらのスターター培養物の植物材料は、急速に消え去りつつある重要な民族植物学的情報だ。

適切な植物材料（ここでは新鮮なトウモロコシの皮）を微生物の原料として、スターターを使わずに麹を作ることができる*。米や大麦などの穀物を先ほど説明したように蒸すが、接種して山積みにして布に包むのではなく、小さな（2インチ／5cm以下の）団子状にして、ひとつひとつの団子を新鮮なトウモロコシの皮で包む。包んだ団子をひもで縛り、つるすか通気性のある棚の上に置く。80–95°F/27–35℃の培養温度を維持する。私が最も良い結果を得られたのは、蒸し暑い夏の気候の軒下だった。

もちろん、何事にも例外はあるもので、植物性材料を（穀物の培地以外には）使わず、また熟したバッチからのバックスロッピングも行わず、培地上やエージング環境に存在する微生物だけに頼って作られる混合培養発酵スターターも存在する。韓国のヌルクは、粗びき小麦を湿らせてこね、大きなケーキ（おおよそ直径が4〜12インチ／10〜30cmで厚さが2インチ／5cm）を作る。伝統的に接種材料は用いられてこなかったが、現在では*Aspergillus usamii*の胞子を導入して製造されることが多い。次にこれらのケーキは86–113°F/30–45℃の温度範囲で10日間、その後95–104°F/35–40℃のより狭い温度範囲で7日間培養され、その後86–95°F/30–35℃で2週間乾燥されて、室温で1・2か月以上エージングされる。[44]

*訳注：コウジカビが含まれる*Aspergillus*属のカビには、アフラトキシンと呼ばれる毒素を作り出すものがある。もちろん、食品の製造に用いられる市販の麹ではそのような毒素は発生しないが、右記のように自然由来のカビをスターターとして使う場合には毒素が発生するおそれが高い。アフラトキシンには強い発がん性があり、輸入食品の検疫などで検出されることがある。アフラトキシンが食品に含まれているかどうかは見かけやにおいではわからないし、調理による加熱でも分解されないので、由来のはっきりしないカビを使って麹を作ることはお勧めできない。参考：http://www.tokyo-eiken.go.jp/assets/issue/health/webversion/web052.html

トラブルシューティング

テンペのカビが目に見えず、豆がまとまらない

カビが育っていない。スターターが生きていなかったのかもしれない。スターターを導入した際の豆の温度が高すぎたのかもしれない。保温箱の温度が高すぎたり低すぎたりして、カビが生育できなかったのかもしれない。

テンペがネバネバする

テンペの表面がネバネバするのは、培養中にテンペの温度が高すぎたことを示唆している。カビが定着して急激に育ち始めると、かなりの熱を発生する。カビの成長によって発生するこの熱で、カビ自体が死んでしまうことがある。特にテンペのブロックが厚かったり、保温箱にあまり通気性がなかったり、あるいは大量のテンペを小さい保温箱に詰め込んだ場合には起こりやすい。非常に耐熱性の強いバクテリア*Bacillus subtilis*の胞子は、一般的に加熱調理後であってもテンペ培地の表面に存在する。テンペのカビが育っている間は、*B. subtilis*の生育は抑制される。しかし、高熱のためテンペのカビが死滅してしまうと、それを待ち構えていた*B. subtilis*が生育を開始し、その特徴的なネバネバした皮膜と独特のアロマを作り出す。これでテンペが危険になることはないが、まとまりが悪く風味のきついテンペになってしまう。テンペがこうなってしまった場合、私はテンペに「B級品」という印をつけて、砕いて味の濃いチリやミートソースなどの料理に混ぜ込んでしまう。

テンペが黒くなってしまった

テンペのカビが最初に目に見えるようになった際には、菌糸体が豆や穀物をまとめているので白く見える。約24時間育った後、カビに暗い灰色の斑点ができ始める。これは胞子形成が始まった兆候だ。穴を開けたポリ袋の中では、カビが酸素を利用しやすい穴の近くで胞子形成が始まる。オープントレイのシステムでは、表面全体が黒くなる場合もある。胞子形成の初期段階が始まったということは、通常はテンペが十分長く培養されて食べられるようになったという印だ。テンペを保温箱から取り出さずにいると、胞子形成が継続して起こり、においと風味が強くなってくる。ジャワ島では、この過熟したテンペがテンペbusukと呼ばれ、独特の珍味とされている。

テンペからアンモニア臭がする

カビが育つ最初の24時間では、テンペは新鮮で土臭いにおいがする。カビが生育を続けて過熟すると、すでに述べたようにテンペからアンモニア臭がしてくる。あるいは、William ShurtleffとAkiko Aoyagiの含蓄のある言葉を借りれば、「鼻を突く過熟したアロマは良質のカマンベールチーズのそれに酷似しており、食感は柔らかくなってわずかにクリーミーで官能的なものになる。これを理解する

には、味わってみなくてはならない」。[45]恐れずに過熟したテンペを試してみよう。

麹にカビが育たない

スターターが生きていなかったのかもしれない。スターターを導入した際の穀物の温度が高すぎたのかもしれない。保温箱の温度が高すぎたり低すぎたりして、カビが生育できなかったのかもしれない。

麹がネバネバする

麹の表面がネバネバするのは、培養中に麹の温度が高すぎたことを示唆している。カビが定着して急激に育ち始めると、かなりの熱を発生する。カビの成長によって発生するこの熱で、カビ自体が死んでしまうことがある。特に接種された培地が厚い層になっていたり、保温箱にあまり通気性がなかったり、あるいは大量の麹を小さい保温箱に詰め込んだ場合には起こりやすい。非常に耐熱性の強いバクテリア *Bacillus subtilis* の胞子は、一般的に加熱調理後であっても麹の培地の表面に存在する。コウジカビが育っている間は、*B. subtilis* の生育は抑制される。しかし、高熱のためコウジカビが育ってしまうと、それを待ち構えていた *B. subtilis* が生育を開始し、その特徴的なネバネバした皮膜と独特のアロマを作り出す。こうなってしまった場合、その麹をこの先の発酵プロジェクトに使うことはできない。廃棄するしかない。

麹が黄緑色になってしまった

コウジカビが最初に目に見えるようになった際には、菌糸体が培地をかたまりにまとめているので白く見える。36〜48時間育った後、カビに黄緑色の斑点ができ始める。これは胞子形成が始まった兆候だ。大部分の用途では、胞子形成の最初の兆候は通常、麹が十分に長く培養されて使えるようになったという合図になる。麹を保温箱から取り出して冷やさないと、胞子形成が継続する。浜納豆(11章の「発酵黒豆：浜納豆と豆豉」を参照してほしい）など特定の用途には、黄緑色の胞子を形成した麹が好まれる。プロセスの後半では成長中の麹から目を離さずに、適切なタイミングで培養を中止して必要な種類の麹が得られるようにしよう。

甘酒の米が甘くならず液化しない

加えた麹が生きていなかったのかもしれない。麹を導入した際の米の温度が140°F/60℃よりも高く、熱で麹の酵素が破壊されてしまったのかもしれない。十分な麹を加えなかったり、培養温度が低すぎたりしたのかもしれない。もしそうなら、さらに麹を混ぜ込んで、培養箱をもっと暖かくしてみよう。

甘酒が酸っぱい

これは、培養期間が長すぎたことを示している。麹の酵素によって米が甘くなると、乳酸菌や酵母が糖を発酵して酸やアルコールを作り始める。甘酒は、十分に甘くなった時点で発酵を止める必要がある。通常は煮沸することによって、甘酒を何か別のものに発酵させかねない微生物を死滅させる。

vanilla pod & beans
soaking acorn meal
SOY SAUCE
sprouted acorns
idli steamer
sunflower head
idli
MISO
COFFEE
mortar & pestle

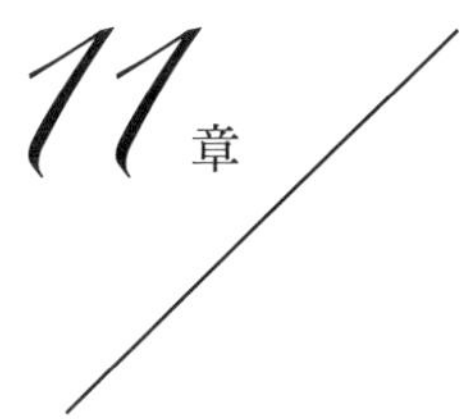

豆類や種子、ナッツを発酵させる

Fermenting Beans, Seeds, and Nuts

豆類は、ほとんどの農業食品システムの重要な要素となっている。それは豆類が、土壌に「窒素固定」を行えるためだ。実際には、豆類の根粒に生息する土壌バクテリア（*Rhizobium*属）が大気中の窒素を代謝して土壌中の窒素化合物としている。しかし豆類は、人間と人間の飼育する家畜の両方にとって、重要な栄養素も提供している。「豆類は多くの人々の生死を分けてきた」と歴史家のKen Albalaは『Beans: A History』の中で書いている。「豆類は、完全に乾燥され保存状態が良ければ実質的に朽ちることがなく、したがって飢饉や飢餓の時期に重要な保証を提供してきた」。豆類は効率良く栄養を提供するため、人口密度の高い地域では豆類への依存度が高いところが多い。「しかしヨーロッパや、いわゆる先進国では、肉を買えない人々だけが豆に依存していた。したがって豆は階級の標識となり、典型的な小作人の食べ物、あるいは『貧乏人の肉』とみなされてきた」。[1]

豆を重要な保存食としている不朽性は、豆を穀物と同様に（もしかするとそれ以上に）消化が難しいものにしている。特に大豆には、豆のタンパク質の消化を困難にする酵素阻害物質が含まれる。豆は、多くの文化のユーモラスな民話に、ガスを発生させる悪役として登場する。栄養阻害物質や毒素を減少させ、豆の消化を良くし栄養素を利用しやすくするための手段として、水に浸すこと、そして長時間加熱することと並んで、発酵が用いられてきた。興味深いことに、この手段はアジアでは広く用いられ、アフリカでも多少は見られるが、欧米の料理の伝統には（豆も発酵も存在するというのに）まったく見当たらない。大豆と違って他の食用の豆類は、効果的な消化のため発酵を必要としないが、大豆を発酵させるために用いられるテクニックは他の豆類にも効果的に適用できる。

ナッツや種子にも、発酵によって除去できる有毒な栄養阻害物質が含まれることが多い。ドングリなど、一部の種子やナッツは、あく抜きのために長時間水に浸けることが必要であり、これによって必然的に発酵が始まる。豆の発酵について詳しく述べる前に、種子やナッツを発酵させる方法について軽く触れておくことにする。もちろん、発酵野菜に生のままの、または煎った種子やナッツを丸のまま、または砕いて混ぜてもいいし、それもおいしい。

種子やナッツを発酵させたチーズやパテ、そしてミルク

ナッツや食用の種子（ごま、ヒマワリ、カボチャ、亜麻など）には豊富に油脂が含まれるので、他の材料と一緒に（あるいは他の材料なしでも）砕いたりつぶしたりして、おいしいチーズやパテ、そしてミルクにすることが可能だ。ナッツや種子を砕く前に水に浸しておいたほうがクリーミーで味の良いものができ、また新鮮な状態でも、培養微生物を加えて発酵させても賞味できる。

私は種子やナッツのチーズやパテを、食感と何を混ぜるかによってさまざまに変化する連続体とみなしている。パテ（pâté）とペスト（pesto）は両方とも、叩くとか砕くという意味のラテン語のpestareを語源としている（すりこ木を意味するpestleもそうだ）。通常、私が知っているペストには比較的低い比率の種子やナッツと、大部分を占めるバジルなどの野菜とオリーブオイル、そしてニンニクが含まれる。一方、種子やナッツのチーズには、時には95パーセントもの種子やナッツと、少量の液体やオイル、そして数種類のハーブが含まれる（ハーブは含まれないこともある）。パテは、実際にはこれらの中間にあるすべてのものを指す。[2] しかしここで重要なのは、これらはすべて培養微生物を加えて発酵できるという点だ。

私はたいてい、種子やナッツを混ぜたものをザワークラウトのジュースやピクルスの漬け汁、あるいはみそを使って発酵させている。またホエーや生醤油、サワー種（特に上部に分離した液体）、リジュベラックなど、酸を作り出すバクテリアの生きている培養微生物を使うこともできるだろう。私はこれらのパテやチーズを、一晩かせいぜい数日という短期間発酵させて作っている。毎日かき混ぜて味を見る。すべての発酵食品と同様に、暑いと発酵が速く進み、寒いと遅く進む。ちょうどよい味になったら、新鮮なうちに賞味するか、あるいは冷蔵庫に入れれば数日間は発酵を遅らせることができる。長く発酵させすぎると、刺激的な風味が強くなるので不快に感じる人も多い。最終的にはタンパク質が腐敗してしまう。

ナッツや種子のミルク（7章の「乳製品以外のミルク、ヨーグルト、そしてチーズ」を参照してほしい）も発酵させることはできるが、私にはその経験があまりない。Linda Gardner Phillipsが、カシューナッツとデーツから作ったミルクを発酵させた経験を報告してくれた。[3]「最初にそ

れが発酵したのは偶然でしたが、私はその匂いを嗅いで、非常に心地よく酸っぱいにおいがするのに気づきました。その匂いは、私が子どものころ父が作っていたバターミルクやサワー種スターターを思い出させるものでした」。Lindaは、そのカシューナッツとデーツのミルクをサワー種スターターとして使っている。もう1人の発酵実験家Shoshは、発芽した穀物ではなく、発芽したヒマワリの種を使ってリジュベラック（8章の「リジュベラック」を参照してほしい）を発酵させていると手紙をくれた。

ドングリ

ナラの木のナッツであるドングリは食べられるし、実際に北米など各地で多くの先住民に重要な栄養源として利用されてきた。しかし主流文化では、ドングリは人間の食べる食品としてはほとんど無視されている。一方では皮肉なことに、地球規模の食糧不足の差し迫った脅威が、森林破壊とバイオテクノロジーの発達を正当化する根拠として絶えず利用されている。私は誰にもドングリだけを主食とすべきだなどというつもりはないが、食料不足という神話に惑わされることなく、すでに我々が持ち合わせている豊富な食糧資源を活用しようではないか。

秋にドングリを集める。目に見えて虫食い穴があるものは避ける。ドングリを貯蔵する前に、空気乾燥する。ドングリがすでに芽生え始めていても問題ではない。カリフォルニア州のドングリ愛好家Suellen Oceanは以下のように書いている。

> 私は芽生え始めたドングリを集めるのが好きです。芽生えることによって、ドングリの栄養価が高まるからです。ドングリは「デンプン質」の段階を過ぎて、「糖」の段階に変化しています。芽生えによって、殻をむくのも楽になります。芽生えたものは良質のドングリなので、虫の食ったドングリを集めて時間を無駄にしなくて済むというメリットもあります。ドングリの果肉が緑色になってしまっていない限り、2インチ／5cmの芽が生えたドングリは大丈夫だということがわかりました。私は芽を折り取って使います。[4]

多くのナラの木のドングリには高レベルのタンニンが含まれており、食べる前にあく抜きが必要なことには注意してほしい。あく抜きをするには、ドングリの殻をむき、砕いて水に浸ける。ドングリは乾いたまますり鉢とすりこ木で粉にしてもよいし、水を混ぜてミキサーかフードプロセッサーで砕いてもよい。ドングリはなるべく細かい粉にして、水と触れる表面積を大きくし、タンニンがしみだしやすくするのが良いだろう。

ドングリのあく抜きは、細かい網の袋に入れて蒸気に当ててもよいし（これが最も速い方法だ）、何日間か繰り返し水に浸してもよい。ドングリの粉を水に浸しているうちに、果肉が容器の底のほうに沈んで水が黒ずんでくる。少なくとも1日に1回は黒ずんだ水を静かに注ぎ出して捨てる。これを繰り返すうちにタンニンが抜けて、水の黒ずみが少なくなってくる。黒ずみがなくなるまで、清水ですすぐ。ドングリの粉を発酵させたい場合には、タンニンが抜けた後もさらに数日間、少量の水に浸しておく。

ドングリは、さまざまな食品の栄養価を高めたり風味を付けたりするために使える。かつて私はドングリのニョッキを作ったことがあるが、素晴らしかった。カリフォルニア州ヨセミテヴァレーに住むミウォク／パイユート族のJulia F. Parkerが、『It Will Live Forever』というドングリ調理に関する美しい本を書いている。この本の中で彼女は、あく抜きしたドングリの粉と水だけを使って作るシンプルな粥（nuppaと呼ばれ、とてもおいしい！）を作る伝統的なテクニックを説明している。そして、また別のカリフォルニア先住民族Cahto族の言語のウェブサイトで私は「発酵ドングリ／ドングリチーズ」（ch'int'aan-noo'ool'）への言及を見かけた。[5] 発酵ドングリチーズについてそれ以上の情報は見つけられていないし、実験もしていないが、この情報を手掛かりにして、他のドングリを愛する発酵家がこの種の実験を行ってくれることを期待している。

ココナッツオイル

発酵は、ココナッツからココナッツオイルを抽出するためにも使える。ノースカロライナ州フランクリンの発酵家Keith Nicholsonに教えてもらったこのシンプルなプロセスには、果肉の硬い、熟した茶色のココナッツが必要だ。最初のステップは、ココナッツを開いて果肉を取り去る。次にココナッツの果肉を水と混ぜてスラリー状にし、固形物を濾して取り除き、圧縮して可能な限りココナッツミルクを抽出する。ココナッツミルクをジャーやかめ、あるいはボウルに入れて暖かい場所に置き、1・2日間発酵させる。発酵して酸性化が進むにつれて、ココナッツオイルが分離して表面に浮かぶ。冷蔵庫に入れてオイルを固めれば、簡単に取り出せる。

カカオやコーヒー、そしてバニラの発酵

これらのエキゾチックな熱帯の豆類は、現在のグローバルした世界では裕福な国々の日常食となっている。これらの植物が育つ熱帯地域で収穫後、発酵が行われていることに気付いている人はほとんどいない。私も自分で経験したことはない。以下の説明は、書物から得たものだ。

カカオ（*Theobroma cacao*）

収穫後、豆のさやを切り開いて「白く甘い果肉に絡まった」[6] 種子を取り出す。この種子は山積みにするか桶に入れてバナナの葉をかぶせ、土か砂で重石をして、発酵させる」とBill Mollisonは書いている。「発酵は2日以上、あるいは10日かかる場合さえあり（山は1日に2回天地返しされる）、その後種子は容易に水洗いされてきれいになる」。[7] 天地返しするのは、

中心にこもった熱を放出して温度が上がりすぎないようにするためだ。「微生物は、交響楽団のように作用する」と、コミュニティの交代について鮮やかな隠喩を交えながら、Jeanette Farrellは述べている。[8]「見たところ、発酵はかなりの程度、パルプ質の豆がどれほどきつく詰まっているかによって決まるようだ」と微生物学者のCarl Pedersonは書いている。「通気性の良い豆では酵母や酢酸菌による発酵が促進されるが、きつく詰まった豆では乳酸発酵が促進されることになる」。通常、これら3種の発酵がすべて同時に進行する。「チョコレートの前駆体は、種子が死んだ直後に形成される」とPedersonは説明している。「種子の死は、微生物発酵によって産生される酸とアルコール、そして熱によって引き起こされる」。[9]豆は、「種子の中の胚乳が適切に縮んだ」際に完成する、とFarrellは言っている。「豆が乾燥されないと、微生物が胚乳それ自体を分解し始め、菌類が生育し始めて、そのリッチな、しかし必ずしも望ましくない風味を付け加える」。[10]

コーヒー（*Coffea* spp.）

小さなサクランボのサイズの果実には、それぞれ2粒の豆が入っている。豆は膜につつまれて、黄色の果肉に埋め込まれている。発酵によってこの果肉が消化され、種子が解放される。国連食糧農業機構によれば、「発酵は、豆をプラスチックのバケツかタンクに入れて粘液が分解されるまで置くことによって行われます」。

粘液中の天然酵素と、環境中の酵母やバクテリアが協力して粘液を分解します。コーヒーは時折かき混ぜるべきであり、時には手のひらいっぱいの豆を水で洗ってテストすべきです。粘液を洗い流すことができ、豆を触るとつるつるではなくざらざらと感じられれば、豆は完成です。[11]

Pedersonは、以下のように報告している。「コーヒー果実の発酵は自発的なもので、さまざまな微生物が関係しています。発酵不足は正常な乾燥プロセスを阻害する一方、過剰な発酵は風味とアロマに悪影響を与えます」。[12]

バニラ（*Vanilla* spp.）

バニラは、数種のランの種の入ったさやを発酵させ乾燥させたものだ。さやは熟す前に、さやの下の部分が緑色から黄色に変わり始めた状態で収穫される。つるに付いたまま熟すと、さやが開いてしまい、種子が露出して「実質的に価値がなくなってしまう」。[13] 熟成の方法はいくつかあり、通常はさやを熱湯で湯通ししてから数日間「汗をかかせる（sweating）」ことによって行われる。このプロセスによって、耐熱性のある*Bacillus*属のバクテリアの優越が促進される。[14] バニラのさやが十分に熟成したことは、その表面に「細い針状の結晶」が発生することで判断する。[15] その後、熟成した豆は通常アルコールで抽出されて風味付けに使われる。

豆の自然発酵

この章ではこれ以降、豆（ここでは熟した乾燥豆を意味する）の発酵について考察して行く。新鮮な豆は、時には生のまま、時には加熱調理して、野菜として発酵させることができる（5章を参照してほしい）。乾燥豆はまた発芽させてから野菜と一緒に生の状態で発酵させることも可能だ。しかしそれ以外の場合、少なくとも伝統的には、豆は発酵の前か後に必ず加熱調理される。発酵の微生物的な文脈は、豆が事前に加熱調理されたかどうかによって大きく異なる。

idli steamer

生の豆が自然発酵されるのは、イドリーやドーサ（他にもたくさんバリエーションがある）と呼ばれるインドの発酵食品や、アフロ・ブラジリアン料理アカラジェのグループだ。どちらの場合も発酵後、生の発酵した生地が加熱調理される。豆が発酵**前**に加熱調理される場合、豆を自然発酵させる微生物が熱によって死滅し、豆は微生物的に白紙の状態となるため、低温殺菌された牛乳と同様に、腐敗しやすくなる。

したがって、加熱調理された豆の発酵はスターターを加えた培養によって行われるのが普通だ。前章で説明したテンペは*Rhizopus oligosporus*を主としたカビを利用しているが、みそやしょうゆはそれとは異なる*Aspergillus*属のカビや、熟成したみそに存在する混合微生物スターターを利用する。世界中の数多くの発酵食品と同様に、これらに共通の微生物のもともとの起源は、生の状態のさまざまな植物だった。加熱調理後の豆でも普通は生き延びるバクテリアの胞子の芽胚がしぶとい*Bacillus subtilis*であり、これによって大豆は納豆と呼ばれる日本の大豆発酵食品や、その他アジアやアフリカで賞味される同様の大豆発酵食品に変化する。温度が上がり過ぎて豆で生育している*Rhizopus*や*Aspergillus*属のカビが死滅してしまっても*B. subtilis*は生き延び、その後釜に座るのが普通だ。

イドリー／ドーサ／ドークラ／カマン

イドリー（idli）は発酵した米とレンズマメの蒸しケーキで、南インドでよく食べられている。ドーサ（単数形はdosa、複数形はdosai）はデリケートな紙のように薄いクレープで、全く同じ生地の薄いバージョンだ。このテーマに沿った他のバリエーションに、ドークラとカマンがある。イドリーやドーサを作るには、まず米とケツルアズキのダール、またはその他のレンズマメを、別々に一晩水に浸ける*。比率は、レシピによって違いがある。Steinkrausは「米とケツルアズキの比率は4:1から1:4まで、市場での相対的なコストに応じて変わる」と報告している。[16]私は米2〜3に対して1の赤レンズマメを使うのが好きだ。多くのレシピではフェヌグリークの種子も、ずっと少ない比率で加えている。これには風味と共に微生物を提供する意味がある。

生地を作るには、水に浸した米とレンズマメ、そしてフェヌグリークの種をミ

*訳注：このセクションには「レンズマメ」という言葉が出てくるが、実はイドリーに使われるケツルアズキ（別名ブラックマッペ）はアズキの仲間で、レンズマメとはあまり関係がない。英語ではケツルアズキのことをblack lentil（黒いレンズマメ）とも呼ぶので、おそらく著者は混同してしまったのだろう。

キサーにかけるかすり鉢ですって、必要に応じて水を加えてスラリー状にする。イドリーには、かなり粘り気のある生地が必要だ。ドーサには、水を多くして薄くする。塩を少々加えて、気温に応じて12時間から24時間発酵させる。スターターは普通加えないし、その必要もないが、ヨーグルトやケフィア、あるいは少量の熟成した生地などのスターターを加えてもよい。また好みに応じてハーブやスパイスを加えてもいいが、伝統的にはシンプルに作ってトッピング（ドーサの場合）やシチュー（イドリーの場合）やチャツネで味付けする。私はイドリーやドーサの生地をガラス容器（3分の2以上は入れない）の中で発酵させて、ドラマチックな膨らみ具合を見るのが好きだ。

生地が目に見えて膨らんで来たら、加熱調理してイドリーやドーサを作ろう。発酵時間が長すぎると、パンの場合と同様に、栄養素が使い尽くされて膨らむ力が失われてしまう。イドリーの場合、このためにデザインされた特別な型に入れて蒸すか、あるいは即興で蒸し器を作って蒸す。即興で作るテクニックのひとつに、発酵した生地を（タマーレのように）トウモロコシの皮で包んで蒸すというものがある。約20分間蒸して、よく固める。イドリーはサンバール（sambar）と呼ばれるスパイシーな野菜のダールと共に食卓へ出されることが多い。ドーサの場合、生地はより薄く作り、できるだけ薄い層に広げて、使い込んで油を引いたフライパンか、くっつき防止加工されたフライパンで焼く。

ドークラ（dhokla）はイドリーと同じようなものだが、使う豆の種類と蒸す型が違う*。ドークラは、皮をむいたチャナ豆と米で作るのが普通だ。私の友人のSeanは、インドに住む家族を訪ねた際、彼の大好きなドークラはヒヨコマメから作ると報告してくれた。この生地はより大きな型（または油を引いたパイ型）に入れて蒸す。蒸した後、ドークラは小さな四角形に切って食卓へ出す。「私が経験したやり方では、ケーキを蒸した後、マスタードシードとアサフェティダ［インド料理に利用される植物性の風味付け］ひとつまみを油に混ぜます」とSeanは説明してくれた。「これらを混ぜたものをドークラの上に塗り、甘くない刻んだココナッツとコリアンダーの葉を振りかけます」。カマン（Khaman）はドークラとほとんど同じものだが、米を使わない点が異なる。生地は皮をむいたチャナ豆（またはその他の豆類）と、水と塩だけを混ぜて作られる。[17]

*訳注：通常のドークラは甘くないが、お菓子として食べる甘いドークラのことをカマン・ドークラと言う、と説明しているブログもあった。

アカラジェ（アフロブラジリアンの、発酵させた黒目豆のフリッター）

この、発酵させた黒目豆*から作るブラジルの揚げパンは、クリーミーで軽く、そしておいしい！　私の妹は、ラートケ（ジャガイモのパンケーキ）に似た味がすると言っていた。私にアカラジェを教えてくれたのは、30年以上も前からコネチカット州ブリッジポートで発酵フレンドリーなフェニミストベジタリアンレストランを営業しているBloodroot Collective

*訳注：ササゲの一種。

のSelma Miriamだ。アカラジェはブラジルのバイーア州の名物料理だが、黒目豆と同様に起源は西アフリカで、ヨルバ族の人たちはacaraと呼んでいる。

アカラジェの作り方は、かなり簡単だ。黒目豆を一晩水に浸す。1カップ／1/2ポンド（250ml／250g）の豆で、4〜6人分ができる。浸した後、できるだけ豆から皮を取り除く。豆を水に浸したまま、両手を水の中に突っ込んで、両手を逆方向に回しながら手のひらの間で豆をもんで、豆から皮をはがすようにする。親指と人差し指の間に豆を挟んでつぶしたり、何か重いもので豆を叩いたりする必要があるかもしれない。定期的にすすいで水をかき回すと、はがれた皮が表面に浮いてくる。はがれた皮は取り除いて捨てる。必要に応じて水を足し、これを何回か繰り返す。たくさん皮がはがれるほど生地はなめらかになるが、たぶん全部はがすのは無理だ。少なくとも私は全部はがせたことがない。その後、水に浸して皮を取り除いた豆に、粗みじんに切ったタマネギとチリペッパー、そして塩こしょうを加える。ミキサーにかけるか、あるいはすりこ木とすり鉢を使ってペースト状にする。必要に応じて、水分を補い粘り気を出すために少量の水を加える。このペースト状の生地をボウルの中で発酵させる。Bloodrootのレシピでは1〜4時間だけ発酵させることになっていたが、私はもっと長時間の発酵を実験してみた。私は約4日間という長さまで発酵させてみたが、その範囲内では発酵期間を長くするほどおいしくなる。さらに数日間（正確に何日かは、温度や塩分などの要因に依存する）置くと、鋭い風味が弱まって、腐敗臭がしてくる。

ブラジルでは、アカラジェの生地は通常パーム油で揚げて調理する。もちろん揚げたものもおいしいが、私はパンケーキのように少量の油で焼くことがほとんどだ。どちらにしても、好きな油を使ってほしい。生地は、加熱調理する直前に、必要に応じて少しずつ水を足し、時間をかけて泡だて器で混ぜることによって、なめらかできめの細かい生地になる。この作業によって生地は劇的に変化し、ずっとずっとクリーミーなものになる。生クリームや卵の白身と同様に、泡だて器で

ドーサのバリエーション

ニューメキシコ州
Orese Fahey

私は黒米を使って、濃い紫色のドーサを作ったことがあります。赤いダールを使うと、ピンクのドーサができます。またリゾット用の米と、黄色や白のダールを使うこともできます。米2に対してダール1の比率を守っている限り、これらのバリエーションはすべてうまく行きました。刻んだグリーンチリを生地に加えたものは大好評でしたし（私たちはニューメキシコ州に住んでいます）、みじん切りにしたニンニクとさいの目に切ったタマネギを生地に入れたり、ターメリックを加えたりして、素晴らしい金色のドーサもよく作ります。私はクレープ用のフライパンを使ってドーサを作りますが、インド料理店ほど生地は薄くしません。私たちがレストランで食べたドーサは非常に薄く、また私の意見では、ほとんど味がしませんでした。私はトルティーヤの厚さでドーサを作るので、さまざまなフィリングを包むのにぴったりです。私はよく、七面鳥やラム肉のひき肉にシーズニングとさいの目に切ったタマネギなどを混ぜて、大さじ数杯のココナッツ繊維と卵を混ぜてつなぎにし、混ぜたものを魚雷型に成形してドーサにぴったり収まるようにしています。また私たちは、新鮮なフルーツやホイップクリーム、自家製のアップルソースなどをドーサで巻いて「デザートドーサ」を食べることもあります。私たちは、フィリングの材料の甘さを引き立てる、ドーサの酸っぱさが好きなのです。

混ぜることによって生地が空気を含みやすくなると同時に、空気の泡が取り込まれる。タンパク質は、「物理的なストレスにさらされた際、ほどけて互いに結合する」傾向がある、とHarold McGeeは（別の文脈で）説明している。「したがって、タンパク質はかき混ぜられて粘度を増し、互いに結合を形成しようとする。そして連続した堅固なタンパク質のネットワークが泡の表面に広がり、水と空気の両方を閉じ込める」。[18] アカラジェの生地は、ピンと角が立つまで泡立ててほしい。私が（少量を）手作業で泡立てたときには、10分ほどかかった。電動ミキサーやパドル付きのフードプロセッサーなど、生クリームや卵の白身を泡立てるのに使う道具なら何でも使えるはずだ。豆を泡立てるなんてそれまで考えたこともなかったが、本当に軽くてふわふわしたものになるのだ！　アカラジェはバイーア州では街角でよく見かける食べ物で、油で揚げて切り開き、シチューやソース（エビが入っていることが多い）を挟んだり掛けたりして食べるのが普通だ。インターネットで検索してみれば、おいしそうな付け合わせがたくさん見つかるだろう。

ナイジェリアでは、同じ生地をゆでたりバナナの葉で包んで蒸したりしたものがabaráと呼ばれる。[19] 蒸してabaráを作る際には、生地をかなり濃く作り、タマーレのようにトウモロコシの皮で包んで（好みに応じて、おいしい具を中に入れてもよい）ひもで結わえ、約20分間蒸すのが良いだろう。

大豆

それ以外の伝統的な豆の発酵食品で私の知っているものは、大部分が中国、日本、韓国、インドネシアなどのアジア各地で大豆と共に発展してきたものだ。歴史家のKen Albalaは、中国の支配者たちが3千年近くにわたって大豆の栽培を奨励してきたこと、そして中国の長く安定した文明や帝国が、そのような豆の手の込んだ加工法を発達させ、広め、そして永続させてきたことを指摘している。枝豆（若い大豆を乾燥させる前の新鮮なうちに調理する）を除き、大豆が加熱しただけで食べられることはほとんどない。乾燥大豆に含まれる栄養阻害因子（酵素阻害物質や、どんな豆類や穀物よりも含有量の多いフィチン酸など）のため、消化が困難だからだ。[20] 中国をはじめとしたアジア各地では、乾燥大豆はほとんど常に発酵させて食べるか、あるいは豆乳に加工して凝固・圧縮して豆腐にするかのどちらかだった（そのプロセスはチーズ作りに似ている）。

大豆は一般的にはそのまま食べられることがないため、Albalaによれば初期にアジアへ旅行したヨーロッパ人たちが「大豆とそれから作られた食品とのつながりを認識することはほとんどなかった」。[21] 米国でこの植物へ最初に持たれた関心は、人間の食用作物ではなく、土壌を保護する被覆作物や動物飼料としてであった。[22] いくつかの偶然の出来事によって、20世紀初頭に米国の大豆栽培は急激に増加した。第1次世界大戦中の食糧不足によって、肉の代替品や食用油への需要が高まった。植物油の新たな原料の必要

性は、1920年代に米国の綿花畑がワタミゾウムシの被害を受けたことによって、さらに高まった。植物交配の発達によって米国中西部により適した大豆品種が生まれ、農民はその作物のトウモロコシとの相性の良さに注目した。

さらに、農業技術の向上と、政府の農業政策により、大豆の栽培が促進された。荷役用家畜の必要性が減少したため、それまで牧場だった何百万エーカーもの土地が、大豆などの作物に転換された。また、米国の農場では大部分の馬が大豆飼料を食べる豚に入れ替わったため、大豆への農業需要がさらに高まった。より大型で改良されたトラクターやコンバインによって労働効率が向上し、米国の大豆は世界市場で競争力を強めた。最後に、大恐慌時代の米国の農業政策は、トウモロコシなどの作物の栽培を制限することによって価格を維持し農業経済を支援しようとしていたが、大豆の栽培面積には制約はなかった。[23]

技術は大豆の生産だけでなく、大豆の利用方法の革新をも後押しした。1934年、Archer Daniels Midland Company（ADM）が大豆油からレシチンを取り出すことに成功し、すぐに数多くの産業用途に使われるようになった。大豆にチャンスを見出した重要なビジネスリーダーの1人がHenry Fordで、彼は大豆を自動車の製造に利用する方法に多額の研究費をつぎ込んだ。Fordは農場で育ったため、大規模農家を支援することに熱心で、1941年にはボディが大豆ベースのプラスチックでできた自動車の試作品を展示した。[24]現在では大豆は、自動車だけでなくコンピューターにも使われており、またオイルやペンキ、プラスチック、インキ、化粧品、そしてもちろん食品加工など、数え切れないほどの産業用途に利用されている。第2次世界大戦中のバターや食用油の欠乏のため、米国の消費者は、新たに開発された水素化プロセスによって大豆油から作られたマーガリンやショートニングを使うようになった。戦時中の需要を満たすため、米国の大豆生産量は急激に増加し、戦争中に米国は中国を抜いて世界最大の大豆生産国となった。

戦時中の欠乏は、「平和な時代には快適で経済的な便利さに姿を変えた」とSidney Mintzは書いている。現在、大豆は米国の換金作物の上位に入っている。除草剤ラウンドアップへの耐性を持つよう遺伝子組み換えされた品種が生産量の93パーセントを占めることは偶然の一致ではない。遺伝的浮動の性質を考慮すれば、遺伝子組み換えされた材料のオーガニックな製品への使用が法的に禁止されているにもかかわらず、組み替えられた遺伝子が残りの7パーセントにも表れることが予想できる。

遺伝子組み換えと同様に、大豆が消費者の目には触れることはほとんどなく、大豆油は「表側のラベルに『大豆』という単語が印刷されて市販されることはほとんどなかった」とMintzは述べている。[25] 破砕した大豆から作られる油やレシチンやタンパク質などはほとんどの加工食品中に存在するが、マーケティング的に脚光を浴びることはほとんどない。そして米国人の消費する大豆の大部分は、鶏肉や豚肉を通して間接的に食べられている。それを考慮すれば、これらの肉をたくさん食べているため、米国人1人当たりの大豆消費量は日本人よりもかなり多いことになる。[26]

大豆が食品として話題になるのは、肉の代用品として、あるいは健康上の効用が主張される場合だけだ。健康食品プロモーターのJohn Harvey Kelloggがタンパク質の豊富な肉の代用品として大豆について書いたのは、1921年という初期のことだった。[27] 1970年代の欧米カウンターカルチャーにおける菜食主義の流行と共に、豆乳や豆腐がミルクや肉の代用品としてもてはやされた。逆説的に、農業や産業にとって非常に重要なこの作物は、歴史家のWarren Belascoが「カウンターキュイジーヌ（反体制料理）の象徴」と名付けたものとなった。[28]

大豆業界は、一般への大豆の魅力を「機能性食品」として高めようと、更年期の女性へのセラピーや、がん、心疾患、アテローム性動脈硬化、そして骨量低下のリスクを減らすための利用を支援する研究に資金を投じている。しかし、医療従事者や支持者たちはこれらの効用に疑問を持つと共に、未発酵の大豆の消費によって引き起こされた可能性のある問題を指摘するようになってきている。栄養学者のKaayla Danielは、彼女の著書『The Whole Soy Story: The Dark Side of America's Favorite Health Food』の中で、胎児や幼児や子どもの不規則な性的発達、認知能力の減退や脳の老化の加速やアルツハイマー病の罹患率の増加、不妊や生殖機能の減退、不整脈や甲状腺異常や特定のがんのリスクの増加など、数多くの増大する健康問題に未発酵の大豆の大量消費が重要な役割を演じている可能性がある、という証拠を示している。[29] ハーブ研究家のSusun Weedは、ミルクや肉の代わりに豆乳や豆腐を食べるようになった人々を数十年も治療してきたベテランだが、以下のようにまとめている。「低動物性タンパク質あるいはまったくそれを含まない食生活で未発酵の大豆を頻繁に食べると……栄養阻害因子が、骨粗しょう症、甲状腺の問題、記憶喪失、視覚異常、不整脈、うつ、そして感染症にかかりやすくなるなどの害をなすおそれがあります」。[30]

私が見たことのある大豆への批判はほとんどすべて、未発酵の大豆に関するものだ。大豆を食べたいならば、発酵が最善の方法だ。遺伝子組み換え食品を避けたいなら、オーガニックな大豆を使ってほしい。そして大豆に対してできることは、ほとんどすべて他の豆にも応用できるが、結果は異なる。あまりそのことについて心配する必要はない。大豆もその他の豆も、発酵によって多くの面で改善されるからだ。

みそは、日本の発酵豆ペーストだ。よく加熱調理した豆をつぶし、麹（穀物にコウジカビ*Aspergillus oryzae*を育てたもの、10章の「麹を作る」を参照してほしい）、塩、そして多くの場合は熟成したみそなどの材料を加えて作られる。日本では伝統的に、多くの異なるバラエティや地

域的なスタイルのみそが作られている。William ShurtleffとAkiko Aoyagiの書いた『The Book of Miso』は英語で書かれたみそ入門書の決定版で、さまざまな伝統的なバラエティについて豊富な情報が掲載されている。「みその風味や色、食感やアロマの幅広さは、世界で最高級のワインやチーズと同じくらい変化に富んでいます」とShurtleffとAoyagiは、みその歴史を扱ったもうひとつの素晴らしい書籍の中で書いている。[31] 私自身の経験は、もっと実験的なものだ。ShurtleffとAoyagiの基本的な手法の説明を参考に、私は思い付く限りの豆を使い、また時間と共により高い比率の麹と野菜を使うようになってきた。

私が麹を多く使い始めたのは、前章で詳しく説明したように、自分で麹を作る方法を学んだためだ。私は麹の魅力的なアロマを経験し、新鮮な麹の力強さを知り、また麹を買うかなりの費用を節約できるようになったことで、私の使う麹の比率は増加した。高い比率の麹を使ったみその魅力は、一般的には塩の使用量が非常に低く、長期間の熟成にも低温のセラー条件を必要としないことだ。

これからみそづくりの基本的なプロセスを説明しよう。比率については、後で説明する。みそを作るためには麹が必要だが、これは10章で説明したように自分で作ることもできるし、市販品を買うこともできる(「参考資料」を参照してほしい)。みそに使う豆を一晩、水を吸って膨らんでもかぶるくらいの十分な水に浸す。朝になったら、新しい水に替えて豆を煮る。煮立ったら、表面に集まった泡をすくい取って捨てる。これは特に大豆の場合には重要だ。私はたいてい、豆を煮ているところにコンブを少し加える。豆が柔らかくなって簡単につぶれるまで煮るが、時間は豆の種類によって異なり、大豆の場合には6時間ほどかかる。煮すぎても問題はない。ただ、底までよくかき混ぜて豆が焦げないようにしよう！

煮あがったら、豆をざるで濾して鍋かボウルに入れ、煮汁は取っておく。計量した塩に熱い煮汁（または熱湯）を少量注いでかき混ぜて溶かし、わきに置いておく。次に、豆をつぶす。通常5ガロン／20リットルのバッチを作る際には、私は床に置いた大鍋に豆を入れ、ペースト状となるよう必要に応じて豆の煮汁や水を加えながら、上から超大型のマッシャー(セメントミキサーという名前でも市販されている)でつぶすのが好きだ。さまざまなツールを使ってなめらかで均一な食感まで豆をつぶしてもいいし、好みに応じて多少かたまりが残っていてもいい。私の理解では、伝統的にみそはかたまりのある状態で賞味されてきたが、比較的最近の大量生産の時代になって、つぶしたり砕いたりして市販のなめらかな商品にすることが広く行われるようになってきたようだ。それに近づけるよう努力してもいいし、私のように荒い食感を楽しんでもいい。

つぶした豆に麹を加える前に、温度を計っておこう。麹の酵素は約140°F/60°Cまでの温度に耐えられるが、これよりも熱い豆や、触れないほど熱い豆に麹を加えないように気を付けてほしい。つぶした後でも豆が熱すぎる場合は、頻繁にかき混ぜて中心部の熱を逃がしながら、しばらく放置して冷ます。豆が十分に冷めたら、麹を加えて混ぜ込む。

ここで、先ほど熱湯や豆の煮汁に溶かしておいた塩に戻ろう。この時までには体温程度まで冷めているはずだ。長期間熟成する塩分量の多いみそを作る場合には、ここに微生物の生きている、低温殺菌されていない熟成みそを加えて、よくかき混ぜて分散させる。この加えたみそは「種みそ」と呼ばれることもある。コウジカビに加えてみその中で生育する乳酸菌などの微生物を導入する、スターターの役割をしてくれるからだ。市販のものを含め、低温殺菌されていないみそならどんなものでもこの目的に使うことができる。短期間発酵させるみそは普通麹だけを使い、種みそを入れない。種みそを入れると、すぐ酸っぱくなってしまうからだ。種みそを入れる入れないにかかわらず、溶かした塩をつぶした豆と麹に加える。野菜(これについてはすぐ後で説明する)や、お好みのその他の材料を加える。さらに豆の煮汁か水を加えてのばしやすい湿ったペーストにするが、流れずに形を保つ程度には固い状態にする。みそが温かい場合、冷めるにしたがって固くなる。また、麹も水分を多少吸収する(麹が新鮮ではなく乾いている場合は特に)。どの時点でも、みそが乾きすぎていると感じたら、少しずつ水を加えて混ぜ込むようにしてほしい。

みその材料が良く混ざったら、かめに詰めてエージングする必要がある。みそをかめに入れる際には、みそを足す都度よく押さえつけてエアポケットができないように注意してほしい。エアポケットがあると、内部でカビが増殖し、カビ臭い風味になってしまうおそれがあるからだ。かめに詰めた後、熟成中のみそには重石をする必要がある。私の経験では、この重石は省略できない。野菜の場合には、ジャーにきつく詰め込んで発酵させれば重石は必要ないのだが。みその初期の麹による発酵は、極めて活発で膨張力が強い。私がこのことを学んだのは、みそを5ガロン/20リットルのかめに詰めた後にまだ残りが出た時だった。私はこの余ったみそをジャーに入れ、ゆるくふたをして地下室に置いた。約1週間後、私の目に入ったのは、ジャーのふたを押し上げて、ジャーのわきやあたり一面に飛び散ったみその姿だった。みそは、飛び出したり漏れ出したりせず容器の中に閉じ込めておくために、重石をする必要がある。また、ガスを逃がせるようにしておく必要もある。

いつも私はみそを陶器のかめで作り、プレートか広葉樹の円板でふたをして、通常は1ガロン/4リットルの水差しの重石を置き、虫やほこりを避けるために古いシーツなどでその上を覆ってかめにきつく結んでおく。このやり方は、3章の「かめを使う方法」で説明した私がザワークラウトを作る方法とまったく同じだ。また厚手の、または二重にしたポリ袋に水を入れてカバーと重石の役目をさせることもできる。これは3章の「かめのふた」で説明したような、円筒形をしていない、内部よりも口がすぼまっているジャーなどの容器には特に有効だ。

みそをエージングする場所については、

表11-1：みその一般的な比率

	甘みそ（1ガロン／4リットルあたり）	辛みそ（1ガロン／4リットルあたり）
豆	2ポンド／1kg	2ポンド／1kg
麹	2ポンド／1kg	1ポンド／500g
塩	～6パーセント＝0.25ポンド／120g	～13パーセント＝0.4ポンド／200g

あらかじめ考えておく必要がある。どんな場所で熟成させるかによって、作れるみその種類がある程度限定されてしまうからだ。甘みそは、比較的短期間（約2～6週間）発酵させるみそで、さまざまな環境でエージングできる。温度が高いと発酵が速まり、低いと遅くなる。甘みそには、麹の比率を高く、塩の比率を低くする。より長期間発酵させる辛みそは、最低でも約6か月発酵させるもので（数年間発酵させる場合も多い）、特にある程度長くエージングする場合には、セラーのように極端な温度から保護された暖房のない場所に保存する必要がある。

このような長期発酵みそは、一般的に言って塩の比率を高く、麹の比率を低くする。このような長期発酵みそを作るのは、エージングするのに適切な場所がある場合だけにしてほしい。住居全体に暖房が入っている場合には、甘みそを作るほうが良いだろう。1年以上暖房の入った場所に置かれたみそは、縮んでレンガのように固くなってしまうことがある。私はそうなってしまったみそを見たことがある。

私が採用しているシンプルな比率は、甘みその場合にはほぼ1対1の比率の豆とみそに約6パーセントの塩を加える。塩辛い長期発酵みそには、麹の約2倍の豆と、約13パーセントの塩を使う。これらの塩の比率は、材料の乾燥重量に対するものだ。例えば、約3ガロン／12リットルの甘みそを作ると仮定すれば、以下の比率になる。5ポンド／2.25kg(乾燥重量)の大麦から麹を作る。これを同じ重さのインゲン豆に加える。そして、これらの合計、つまり10ポンド／4.5kgに6パーセント（0.06）を掛けて塩の重量を0.6ポンド（9.6オンス／0.27kg）と求める。これはおおよそ1と1/4カップ／300 mlに相当する。辛みその場合、同じ5ポンド／2.25kgの大麦麹から5ガロン／20リットルのみそができる。使う豆の量が倍の10ポンド／4.5kgになるからだ。塩を計算するには、穀物と豆の乾燥重量の合計（15ポンド／6.75kg）に13パーセント（0.13）を掛ければ1.95ポンド／0.88kgが得られる。この約4カップの塩に相当する。このシンプルな計算は、どんな計量単位を使う場合でも同じだ。穀物や豆の乾燥重量は1ポンド当たり2カップ、あるいは1キロ当たり1リットルと見積もることが

William Shurtleffのみそ汁

『The Book of Miso』や『The Book of Tempeh』などの本の共著者

私はこの本を書いている間、William Shurtleffをカリフォルニア州ラファイエットにある自宅（SoyInfo Centerでもある）に訪ねた。1994年に最初にみそづくりを経験して以来、彼の著書『The Book of Miso』は私の教科書だった。何年もの間電子メールをやり取りした後で、私は近くのサンフランシスコへ行ったときに彼に会いに行ってよいかと聞いてみた。彼が私に一杯のみそ汁をご馳走してあげようと言ってくれた時、私は胸を弾ませた。Shurtleffは近年、大豆の歴史のすべての側面に関する学問と情報の収集に専念している。彼は中国古代の文書を英語に翻訳し、大豆について書かれた文書の年代順の目録を作成し、そして米国の初期の商業的なみそとテンペのメーカーを記録した。これは彼のライフワークであり、彼はその研究自体だけでなく、この情報をフリーに利用してもらえるようにするというアイデアに熱心に取り組んでいる。彼と、彼の妻であるAkiko Aoyagiの書いた本の大部分はGoogle Booksからフリーで全体が利用できるし、彼らの最近の本はすべてデジタル化されて自費出版されており、無料でGoogle Booksと彼らのウェブサイトの両方から入手できる。[32] Shurtleffはインターネットによって可能となったことを喜んでおり、彼が収集した情報や文書が、遠く離れた場所にいる人々に栄養豊富な大豆を利用することを促し、またそのために役立つことを望んでいる。

Bill Shurtleffの学問と情報収集への専念は、彼の関心をキッチンから遠ざけることになった。私にはそれが理解できる。私も本を書いたり人に教えたりすることで、それまで庭仕事やキッチンで費やしていた時間が失われてしまったからだ。私がBillに自家製のみその入ったジャーをプレゼントしたところ、彼は自分が最後にみそを作ってから何年もたつことに驚いていた。そして実際、ランチタイムが来ると、彼は乾燥したインスタントのみその袋から、おろしたてのショウガを添えた、完璧においしいスープを作ってくれた。みそ作りの導師がこの究極のスローフードの粉末インスタントバージョンを食べているのを見るのは、ある意味では、ついにオズの魔法使いに会ったような気分だった。Billは、すべてに関して非常に現実的だった。彼は、自分の優先順位について明確で、言い訳しようとはしなかった。また彼は、みそを乾燥させてインスタントスープの粉末にするプロセスを最初に開発した人々のコンサルタントも務めたことがあり、実際に彼は我々が食べたものを作る役割を果たしていたのだ。我々のとりとめもない会話の中で、Billは仏教の中道の概念、極端に走らず独断的な見方をしないこと、常にさまざまなアプローチに価値を認めること、「どちらか」を選べと制約するのではなく「両方」取り込むために努力すること、などを繰り返し述べた。Billが私にごちそうしてくれたインスタントみそには鰹節が入っていたが、彼は40年間もベジタリアンを続けていて、そもそも彼がみそに興味を持ったのもそれが理由だった。ここでも彼は中道と、独断を排することの価値を引き合いに出した。矛盾と思えるようなことも、Billは恬淡として受け入れているようだった。

できる。一定の重量の塩の体積は、塩の結晶の細かさや粗さ、そして密度によって異なるので、重量を量るのが最も正確な方法だ。台所用の秤を持っていない場合には、3章の「塩」を参照して塩の重量から体積への大まかな変換をしてほしい。

みそが塩辛い食べ物だということは否定できない。大量の塩なしでは、豆はすぐに腐敗してしまう。とは言え、これらの比率にとらわれすぎる必要はない。その気があれば、わずかに少ない塩の量で実験してみてほしい。どれほど塩を少なくしても大丈夫なのか、私は正確には知らない。みその塩分量は、エージングする期間の長さに関係するので、これはある塩分比率でどれだけ長くエージングしてよいかという問題になる。

長期発酵辛みそは、通常は空中のバクテリアのレベルが相対的に低い、寒い季節に作られる。バクテリアによるコンタミネーションへの更なる備えとして、私はみそを入れる前のかめの湿った内面に塩を振りかけることが多い。外側の塩分濃度を高めるためのこのアイデアは、ShurtleffとAoyagiの推奨しているものだ。私は忘れない限りそうしている。私はこれを、保護の儀式だと考えている。私は重石を掛ける前のみその表面にも、さらに多くの塩を振りかけているが、こちらのほうが重要かもしれない。

みそについては、あまり長く説明するつもりはない。ShurtleffとAoyagiが『The Book of Miso』の中でこの話題を包括的に取り上げているだけでなく、だれでもフリーにアクセスできるように、この本をはじめとした彼らの著書の多くをオンラインで公開しているからだ。ShurtleffとAoyagiが説明している数多くの伝統的な日本のみそのスタイルの中で、私がいま一番好きなのは2種類の短期発酵甘みそだ。ひとつは「なめみそ」(伝統的な名前で、私が名付けたものではない)と呼ばれる、野菜が入っているものだ。なめみそを作るには、同量の麹と豆、そして6パーセントの塩の他に塩漬けして刻んだ野菜を、他の材料の体積に対して約10〜25パーセントの割合で加える。なめみそは、ペーストというよりは粒入りのチャツネやピクルスのような調味料だ。甘味と塩味と酸味が同時に味わえて、食感の違いも魅力的だ。私は通常、約2週間たってから食べ始めるが、時間がたつと次第に酸味が強くなってくる。

金山寺納豆は、また別の種類の粒入り甘みそだが、大豆が丸のままの形を保っているという違いがある。丸のまま加熱調理した大豆1に対して約2の大麦麹と1のしょうゆ(保存料が含まれていないことを確かめてほしい)、そしてコンブ、大麦モルト(またはその他の甘味料)、そしてショウガの千切りを加え、すべてを混ぜてから2〜4週間発酵させる。金山寺納豆のつやつやした丸大豆は、非常に異なる大豆発酵食品である納豆(「納豆」の項を参照してほしい)と似ているためこのような名前がついているが、そのせいで混同されることも多い。みその実験に興味はあるが1年以上も待つのは嫌だという人には、なめみそや金山寺納豆などの短発酵甘みそをお勧めする。

みその使い方

日本食レストランで食事をしたことがある人なら、誰でもみそ汁は知っているだろう。実際、スープはみその素晴らしい使い方のひとつだが、みそは数多くの料理に応用できる、万能の風味付け調味料なのだ。甘みそやなめみそは食卓調味料としてそのまま食卓へ出すこともできるが、一般的には塩気の強い長期発酵みそは、そうするには風味が強すぎる。ここでは、料理や食品の調理にみそを利用するアイデアをいくつか紹介しよう。

みそを使ったマリネ

みそは、肉や野菜、豆腐やテンペなど、バーベキューにしたりあぶったり焼いたり炒めたりするものなら何でも風味付けできるマリネ液の優れたベースになる。みそを酢、油、ホットソース、ハチミツまたは砂糖、ビールかワインか日本酒またはみりん（甘い日本の料理酒）、ハーブ（ほとんどどんなものでもよい）と混ぜる。よく混ぜ合わせ、マリネする食品の表面に塗り広げ、定期的にひっくり返したり塗り直したりしながら、数時間から数日間マリネする。食品上にマリネ液を付いたままにしておくと、焼いたときにカラメル化して香ばしくなる。

みそを使ったドレッシングやソース、スプレッド

種子やナッツのバター、ヨーグルト、そしてサワークリームなど、脂肪分に富むベースはみその濃厚な塩味にぴったりとマッチする。みそと練りごまは古典的なベジタリアンの調味料だが、みそとピーナッツバターやみそとヨーグルトの組み合わせも、同じようにおいしい。みそ1に対してベースが約4の割合から始めて、好みに応じて比率を調整してほしい。ベースとみそを混ぜたものを、柑橘系のジュース、ザワークラウトやキムチのジュース、野菜の煮汁、あるいは水で薄める。その他にも、好きな風味付けを何でも加えてほしい。どのくらいの濃さに薄めるかによって、同じ材料でスプレッドやソース、あるいはドレッシングが作れる。

みそ漬け

みそは漬け地としても最適だ。詳しくは、5章の「漬物：日本のピクルス」を参照してほしい。

甘みその粥

甘みそは、発酵期間が短いため、一般的には複合炭水化物を単糖に消化できる酵素がまだ残っている。South River Miso Companyの創業者の1人であるChristian Elwellが、このテクニックを私に教えてくれた。晩に、塩を入れずに粥を作る。140°F/60℃以下に冷ましてから、甘みそを加える。よくかき混ぜてみそを粥の中に分散させ、ふたをして、暖かい場所に一晩置く。朝までに粥は多少液化して、ずっと甘くなっているはずだ。弱火で温め直して、甘い粥を賞味してほしい。

みそ汁

古典的で素晴らしい料理だ。一般的に、みそは他の材料よりも後で加える。これは、みそを煮立てたり、不必要に加熱したりしないためだ。「煮すぎると、みその大事なアロマが損なわれると同時に、消化を助ける微生物や酵素も破壊されてしまいます」とShurtleffとAoyagiは述べている。[33] もちろん、沸騰点以下でも熱いスープの温度では大部分の微生物は死滅してしまうが、沸騰させなければ一部の酵素は保存される可能性があり、また揮発性の風味化合物はきっと残る。

通常、みそ汁はシンプルなだし（コンブや鰹節を煮出したスープストック）から作られる。またBill Shurtleffが私に教えてくれたように、シンプルなみそ汁におろしたてのショウガを少々加えると、風味が引き立つ。肉や魚をベースとしたスープストックから作るスープなど、どんなスープやシチューでも、みそを加えると味が深まる。みそを加える前に、スープを火からおろしておく。おたまかマグを使って、数オンス（数十ml）のスープをすくい取る。そこへみそを入れて溶かす。だいたいスープ1カップに付き大さじ1／15mlのみそを入れればよいだろう。ただし、スープがリッチなベースからできている場合には、もっと少なくていい。みそを溶かした液体をスープに戻してかき混ぜ、味見する。必要に応じて、これを繰り返す。

miso

しょうゆ

英語で大豆を表すsoyという単語は、日本のしょうゆから来ている。実際、日持ちのする発酵させたしょうゆは、中国や日本などの東アジア料理には欠かせない調味料だが、ヨーロッパに最初に紹介された大豆食品でもあり、現在では欧米のキッチンでも広く使われている。「しょうゆは、地球上でもっとも広く普及した発酵豆製品です」と人類学者のSidney Mintzは述べている。[34] 初期のしょうゆは、みそやその原型となった中国の醤など発酵中の大豆ペーストの桶の上部にたまった液体そのものだった。しかし時間と共に、しょうゆを作るための独特のプロセスが発達して行った。[35]

プロセスの点で、みそとしょうゆとの間の最も大きな違いは、みそでは一般的に穀物に*Aspergillus*属のカビを生育させるが、大豆に作用するのはカビ自体ではなくそれによって産生される**酵素**である点だ。しょうゆでは、*Aspergillus*属のカビが穀物だけでなく大豆にも直に生育するため、「しょうゆではみそよりも、より複雑な代謝化合物、より高度なタンパク質の加水分解と液化、そして、はるかに鋭く強い風味の生成」がもたらされる。[36]

微生物の観点からは、しょうゆは最も複雑な発酵食品のひとつであり、3種類の微生物（*Aspergillus*属のカビ、乳酸菌、そして酵母）が2種類の発酵に関わっている。国連食糧農業機構は、「これらの発酵の中でいくつかの密接な関係がカビとバクテリアと酵母との間に発生し、大量のさまざまな風味やアロマ化合物が産生される」と報告している。[37] しかし、大豆と一般的には麦にカビを育てるものの、それ以外の微生物の継承は、微生物の生きている少量のみそやしょうゆをスターターとして加えることによって行われる。アジア各地には数多くの独特の形態のしょうゆが存在し、魚やホットペッパー、パームシュガーなどのスパイスを含むものもある。

現代では、多くのしょうゆは「脱脂」大豆、言い換えれば油の搾りかすから、酸加水分解によって製造されている。この手法には発酵は関与していない*。Journal of Industrial Microbiologyによれ

*訳注：現在、少なくとも日本では、約8割のしょうゆが発酵を用いた伝統的な本醸造方式で作られている。http://www.maff.go.jp/j/syouan/seisaku/c_propanol/soysauce.html

ば、「酸加水分解されたしょうゆはアロマや風味の点で劣る。これは、発酵プロセスに由来するエステルやアルコール、そしてカルボニル化合物などの芳香物質が欠如しているためである」。「一部の国々では、発酵と酸加水分解の組み合わせが、安価なしょうゆの製造に用いられている。高品質のしょうゆは、発酵プロセスのみによって製造される」。[38]

私は2種類の日本のしょうゆの発酵に挑戦した。大豆と煎った小麦から作るしょうゆと、小麦などの穀物を加えず大豆だけから作るたまり醤油だ。私の場合、たまり醤油よりもしょうゆのほうがはるかに良い結果が得られたので、ここではしょうゆのプロセスを説明する。最初、私は小麦を使ったしょうゆはアメリカナイズされたバージョンだと思い込んでいたが、今では小麦が何千年も前から中国で使われていてしょうゆ作りに小麦を使う長い伝統があること、そして実際にしょうゆの風味に複雑さと深みを加えてくれることを理解している。

しょうゆを作るには、大豆と麦を混ぜたものに*Aspergillus*属のカビを育てる。3ポンド（1.5kg）ずつの大豆と小麦から、1ガロン（4リットル）のしょうゆができる。大豆を一晩水に浸けてから、簡単につぶせるほど柔らかくなるまで蒸し器で5・6時間、あるいは圧力なべで1時間半、蒸す。その間に、小麦（軟質小麦が最適だ）の粒、またはブルグアを、鋳鉄製のスキレットで、頻繁にかき混ぜながら、香ばしく色づいてくるまで乾煎りする。「風味を引き立てるためには少し焦がすことが望ましい」とGEM CulturesのBetty Stechmeyerは言っている。彼女の詳細な説明書は、このプロセスの最初の私の教科書だった。（Bettyの素晴らしい説明書は、GEM Culturesのスターターすべてに添付されている）。全粒小麦を使う場合、穀物ミルで（粉にするのではなく）1粒が数個のかけらに分かれるように荒く挽く。ブルグアを使う場合には、挽く必要はない。

大豆に十分火が通ったら、よく水を切ってから、まだ熱いうちに乾煎りした粗びき小麦を混ぜ、体温まで冷ます。冷めたらスターターを加え（GEMではこのように1ガロン作る場合には小さじ2の量を推奨している）、10章の「麹を作る」で説明したように保温する。約48時間（もっと短かったり長かったりするかもしれない）たって、麹が白いカビで覆われ胞子形成の初期の兆候（黄緑色の斑点）を示し始めたら、その他の材料と混ぜてもろみを作る時期だ。このもろみを、6か月から2年間発酵させるとしょうゆになる。

最初に使った乾燥大豆と小麦の重量をベースにして、40パーセントの塩（各3ポンド／1.4kgの大豆と小麦の場合には、2.4ポンド／1.1kgの塩になる）と、豆・小麦・塩の合計と同じ重さ（この場合には8.4ポンド／3.8kg、約1ガロン／4リットル）の水を混ぜる。よくかき混ぜて塩を溶かしてから、麹を加える。また、乳酸菌と酵母を導入するために、少量の生醤油またはみそを加える。すべてを混ぜ合わせて、かめなどの発酵容器に移す。かめには布をかぶせて虫が入るのを防ぐ。

最初の週は毎日かき混ぜ、その後は週に1度か2度（夏には必ず週に2度）かき混ぜる。定期的にかき混ぜることによってカビが防げるはずだが、表面にカビが生えてしまった場合には、すくい取って捨てる。発酵中のしょうゆは、暖房のある場所に置いておく。蒸発のために体積が減少したら、必要に応じてカルキ抜きした水を加えて元の分量を保つようにする。Steinkrausによれば、「伝統的な発酵は室温で1〜3年続けられ、色と風味が増してきます」。熟成したもろみは非常に濃いさび色をしていて、粘り気と心地よいアロマがある。しょうゆができるまで3年も待つ必要はないが、少なくとも1年は必要だ。一部を取り出して使い、残りは引き続き熟成させよう。

このプロセスで（待つこと以外に）最も大変なのは、粒の混じったもろみから液体のしょうゆを物理的に絞り出す作業だ。メッシュ地やキャンバス地などの荒い織りの圧搾袋、またはガーゼを数枚重ねたものの中に、もろみを入れる。これをねじって圧縮し、液体を絞り出す。体重をかけ、全身の力を込める。頑丈な板に押し付けて、流れ出した液体がボウルにたまるようにしておくのが良いだろう。誰かほかの人に手伝ってもらえば、倍の力でもろみから液体を絞り出すことができる。可能な限り絞り出したと思ったら、袋を開け、中身をかき混ぜ、なるべくきつく袋をねじって、もう一度絞り出す。工学的才能のある人はそれを発揮して、もろみから可能な限り多くのしょうゆを絞り出す、即席の圧搾機を作り上げてほしい。

しょうゆはびん詰めして、冷蔵庫か涼しい場所に保存する。低温殺菌していないしょうゆの露出した表面には、カビが生えてくることがある。そうなったら、カビを取り除いて捨て、あとは気にしない。リッチで複雑な自家製しょうゆの味を、シーズニングとして賞味してほしい。また一部は次のバッチのスターターとして取っておこう。圧縮したもろみはみそとして、あるいは野菜を漬ける漬け地として利用できる。

発酵黒豆：浜納豆と豆豉

発酵黒豆は丸のまま発酵させた大豆であり、中国では豉という。発酵の結果として黒くなるが、どんな大豆からも作れる。発酵黒豆は欧米ではほとんど知られていないが、より広く知られた発酵大豆ペーストやソースすべての先祖であると考えられている。「すべての発酵大豆食品の中で最も古いこの食品が、現在では世界的に最も知られていないのは皮肉なことです」とWilliam ShurtleffとAkiko Aoyagiは書いている。[39]

欧米で最もよく知られ、最も広く入手できる発酵黒豆は、中国の発酵黒豆（豆豉）だ。私が作った経験があり、以下で説明する日本のものは、浜納豆と呼ばれる。浜納豆は、納豆と呼ばれて広く知られている発酵食品（次のセクションで説明する）とはまったく違うものであることには注意してほしい。私が最初に浜納豆に興味を持ったのは、Cynthia Batesとの会話がきっかけだった。彼女は発酵大豆の愛好家で、テネシー州にあるThe Farmで何十年もTempeh Labを運営していて、今までに食べた中で一番おいしかった発酵大豆が浜納豆だ、と教えてくれたのだ。実際、このおいしくクリーミーで塩辛く酸味とうまみのある大豆には、濃密で魅力的な風味が詰まっている。

浜納豆を作るには、大豆を一晩水に浸して柔らかくなるまで蒸す。水を切った大豆を、体温まで冷ます。大豆麹（GEM Culturesから入手できる）を接種する。10章の「麹を作る」で説明したように、80–90°F /27–32℃で48時間またはそれ以上培養する。浜納豆の場合、カビに胞子を形成させたいので、緑色になるまで生育させる。カビが大豆の上で胞子を付けたら、日干しするか乾燥器の中で乾かす。完全に水分が抜けるまで乾燥させる必要はない。日本の発酵食品を研究しているUSDAの科学者が、商業的な日本の浜納豆の製造では、豆は「水分が12パーセントに減少するまで」乾燥されると述べている。[40] 私にはそんなに正確に水分を測定する手段はないが、要は豆はほとんど乾いているが、多少の水分と柔らかさを保った状態にするのが良いということだ。

発酵の第二段階では、これらのカビの付いた乾燥大豆をかめなどの重石のできる容器に入れる。15パーセントの塩水（水の重量に対して15%の塩）を作り、大豆を浸す（塩分濃度は、大豆自身から出る水分によってだいぶ薄くなる）。私の1ポンド／500gの大豆を使ったバッチを浸すのに必要な塩水は3カップ未満で、この塩漬け大豆の体積は約1クォート／1リットルだった。薄切りにしたショウガを塩漬け大豆に加えてよく混ぜ、重石を置いて、布をかぶせて虫が入らないようにして、6か月から1年、室温で発酵させる。

発酵途中の浜納豆を味見して、風味の発達をサンプリングしてみてほしい。完成とみなしたら、日に当てるか乾燥器に入れて、もう一度乾燥させる。私は6か月間発酵させた後で乾燥させた。最初、ぬれた状態では、豆をつぶさずに豆を分離するのは難しかった。私は単純に発酵中の豆を天板に空けてかたまりに分け、そしてトレイに乗せたまま戸外に出して直射日光に当てた。数時間すると、かたまりは十分に乾いて簡単に豆粒に分かれるようになる。豆が乾いてくると、豆粒に分けられるようになったが、それはまるでレーズンのようだった。またショウガの薄切りも拾い出して（これはとてもおいしかった）、千切りにした。数日間、昼は日干しに夜は扇風機に当てて干したところ、黒豆は乾燥した状態になった。乾燥させすぎてはいけない。硬かったりもろかったりせず、ちょうどレーズンのように、ソフトで柔軟なものが良いのだ。

浜納豆は、本当においしい！　スナックとして食べるのもおいしかったが、とても塩辛いのであまりたくさん食べることはできない。私は主に、有名な中国の黒豆ソースを大まかなモデルとして、ソースやドレッシングに深い風味を付け加えるベースとして使った。（中国の黒豆は、これから説明するように、ほとんど同じプロセスで発酵される）。大さじ数杯の浜納豆を水に浸す。数分間水に浸して戻した後、水を切って細かく刻む（戻し汁は取っておく）。油を熱し、ニンニク、ネギ、タマネギなどを浜納豆のみじん切りと一緒に炒める。そこへ戻し汁、スープストック、ライスビールまたは酢、しょうゆ、ホットソース、少量のハチミツや砂糖などの甘味料、お好みの調味料を何でも、そして少量のコーンスターチを水に溶いたものをとろみ付けに加える。かき混ぜながらソースを数分間煮詰めてとろみをつける。この魅力的な発酵大豆ソースは、ほとんど何にでも合うのでぜひ試してほしい。また、シンプルに丸のままソースに入れたり、蒸し煮に入れてしばらく加熱したりしてもよい。

中国の黒豆である豆豉(このソースのベースとして伝統的に使われる)は、浜納豆と同様のプロセスで作られる。大豆(黄色でも黒でも)を水に浸し、柔らかくなるまで加熱調理して、冷まし、*Aspergillus*属のカビの胞子または混合カビ培養物を接種して、80–90°F/27–32℃程度で約72時間培養すると、豆に付いたカビが緑色になってくる。これが胞子形成のしるしだ。先ほど説明した浜納豆とは違って、豆豉の場合はこの段階で豆を乾かさず、苦い風味を放つ胞子を洗って取り除く、第2段階の発酵では、豆を塩水(砂糖やホットチリペーストを加える場合もある)のなかで4〜6時間発酵させてから乾燥させる。[41]

納豆

納豆は日本の大豆発酵食品で、ちょっとオクラに似た、ぬるぬるした粘液質のコーティングが豆の表面にできる。日本語では、このような性質を「ねば」という。納豆は非常に粘り気が強いので、「ねばねば」だ。Journal of Food Scienceによれば、「この非常に粘性の高い粘液が、良質の納豆の最も重要な産物だ」。[42] 納豆の風味には、(ある種のチーズや過熟したテンペのような)アンモニア臭が多少混じっており、発酵期間が長いほど強くなる。私は納豆が大好きになったが、小さいころから食べていない人の大多数は魅力を感じないし、拒否反応を示す人さえいる。

納豆は、日本食のマーケットやレストランではほとんどどこでも手に入るが、レストランで私が納豆を注文しようとするとウェイターに止められることが多い。私が思うに、何も知らない人がうっかり注文して嫌な思いをすることが多いからではないだろうか。納豆は確実に万人の食べ物ではないが、一部の人は**本当に**大好きだし、もしあなたが食の冒険家ならぜひ試してみることをお勧めする。多くの食べ物と同様、作り方と提供の仕方によって食感は大きく違う。

納豆に似た発酵食品は中国(tan-shih)、タイ(thua-nao)、韓国(joenkuk-jangやdam-sue-jang)、ネパール(kinema)など、東アジア各地に見られる。[43] 大豆以外の種子から作られる類似したグループの発酵食品は、西アフリカ各地に見られる(次のセクションを参照してほしい)。納豆やそれに関連する食品と他のすべての大豆発酵食品との大きな違いは、発酵にカビや乳酸菌がまったく関与しないという点だ。大豆を納豆に変化させるバクテリア*Bacillus subtilis*var. *natto*(納豆菌、以前は*Bacillus natto*と呼ばれていた)は、酸性化を引き起こすのではなく、アルカリを産生する。私が納豆を作るときは、だいたい

GEMから買ってきたスターターを使うが、これは日本から輸入したものだ。また、市販されている納豆や以前の自家製のバッチをスターターとして使ったり、伝統的に行われてきたように稲わらをスターターとして使ったり、あるいは推奨される温度範囲で大豆に自生する納豆菌を育てることさえできる。これが一般的に可能なのは、大豆に納豆菌が普通に存在し、また納豆菌の芽胞は非常に耐熱性が高いためだ。

納豆作りで唯一の課題は、適切な培養スペースを確保することだ。納豆の発酵に最適な培養温度は約104°F/40℃だが、おおよそ体温から113°F/45℃までという、はるかに広い温度範囲でも育つ。私はたいてい、パイロットランプを点灯させたオーブンを使って納豆を培養している。また、予熱した断熱材入りのクーラーボックスに熱湯の入ったびんを入れて、温度を保つこともできる。

納豆は通常、大豆から作られる。私は他の種類の豆から作ることを試してみて、いつでも何かしら食べられるものはできたが、あの特徴的なぬるぬるした納豆のコーティングができないこともあった。納豆を作るには、豆を洗って、たっぷりの量の水に一晩浸しておく。浸している間に大豆が倍以上の大きさに膨らむからだ。浸した大豆を、親指と人差し指の間に挟んで簡単につぶれるようになるまで煮るか蒸す。これには約5時間かかる。圧力なべがあれば、45分間圧力をかけて蒸せばよい。圧力なべの場合、大豆は煮るよりも蒸すほうが良い。圧力なべの中で煮ているうちに豆の皮がむけてあぶくと共に上昇し、圧力弁を詰まらせてしまうことがあるからだ。実際に爆発事故も起こっている。

大豆が柔らかくなったら、水を切って冷やし始める。納豆のスターターとして芽胞を使う場合、豆から湯気が出るほど熱い（約175°F/80℃）うちに接種する。文献によれば、これほど高い温度でも芽胞は耐えられるだけでなく、「熱衝撃」による利益もあるそうだ。[44] スターターの入手先で推奨している比率があれば、それに従う。必要とされるスターターの量がわずかな場合には、効果的に分散させるために別のもっと容量の多い粉の媒体(小麦粉など)に混ぜる必要があるだろう。以前のバッチの納豆をスターターとして使う場合、約5パーセントの比率でスターターを使ってほしい。スターターの納豆を細かく刻み、培養温度の温水を少量加えてから、加熱調理済みの大豆に、必ずそれが培養温度まで冷めた後で加えること。生育中のバクテリアには、芽胞のような耐熱性がないからだ。どちらの場合でも、スターターがすべての豆粒に行き渡るように隅のほうまでかき混ぜて、完全に混ぜ込んでほしい。

スターターを加えた大豆を、ガラスやステンレス鋼製のパン型の上で、厚さ2インチ／5cm以下の均一な層に広げる。湿度を保つため、ラップやアルミ箔、またはクッキングペーパーで覆う。保温箱に入れて、温度と好みの風味に応じて6～24時間発酵させる。保温箱を監視して、必要に応じて隙間を開けて冷やしたり、熱湯の入ったびんを入れて温めたりして、温度を調節する。納豆ができたかどうかテストするには、大豆を箸かスプーンでかき混ぜて、ネバネバした糸を引くかどうか見てみればよい。長く培養するほど顕著に糸を引くようになり、また風味も強くなる。

スターターなしの納豆作りに挑戦したいなら、接種以外の上記の手順すべてに従ってほしい。納豆を自然発酵させたいなら、豆を圧力調理してはいけない。圧力鍋の中では高温となるので、沸騰に耐える芽胞も死んでしまう可能性があるからだ。納豆ができるまでに多少長い時間がかかること、また、選択されたバクテリア株から作られた納豆よりも風味が強くなることを覚悟しておいてほしい。また、稲わらをスターターとして使う伝統的な手法を試すこともできる。ShurtleffとAoyagiによれば、「かつて納豆は……調理した大豆をシンプルに稲わらで包み、粘り気が出るまで一晩暖かい場所に置くことによって作られていた」。[45] 発酵愛好者のSam Bettは日本から、彼が食料品店で買ったわら納豆を食べたことを報告してくれた。「発泡スチロールで包装されたものよりも、土臭い風味があります。またより刺激臭が強く、はるかに粘り気と糸引きが強く、そしてよりおいしいのです」。

納豆は、そのまま食べられることはほとんどない。クラッシックな日本のやり方で納豆を満喫したいのなら、生の卵黄と少量のしょうゆ、からし、そして米酢を混ぜてほしい。円を描くように箸を動かしながら、液体調味料をネバネバした豆のコーティングと混ぜ合わせる。温かいご飯にかけ、ネギのみじん切りともみのりを上に乗せて賞味しよう。豆の粘り気をなくしたり減らしたりしたければ、のり巻きやサラダや甘くないパンケーキなどに入れたり、刻んでソースやドレッシングの材料にしたりすればよい。

納豆は、ナットウキナーゼと呼ばれるユニークな化合物の健康効果のため、近年かなりの関心を集めている。ナットウキナーゼは発酵バクテリアによって作り出され、納豆の粘液の中から発見された。専門誌『Cellular and Molecular Life Sciences』に掲載された1987年のレポートでは、研究者たちが多少ぎこちなく「植物性チーズ納豆」と呼ぶものに「強力な繊維素溶解活性［血栓を分解してくれるという意味］が実証された」とアナウンスされている。[46] 15年後、医学文献のレビューに以下のようなまとめが掲載された。「先行するすべての疫学および臨床研究は、高血圧、アテローム性動脈硬化、冠動脈疾患（狭心症など）、脳卒中、そして末梢血管疾患など、広い範囲の病気の処置におけるナットウキナーゼの有効性と安全性を示している。日本の人々の高用量の長期間の利用から得られるエビデンスは、ナットウキナーゼが非常に強力な繊維素溶解剤として作用する安全な栄養素であることを示している」。[47] 最近の研究では、繊維素を分解するだけでなく、アルツハイマー病に特徴的なアミロイド斑の分解にも効果があるかどうかが調査されている。[48] 医学では常に、食品から有効成分を分離しようとするため、ナットウキナーゼは納豆という自然食品の形態よりも、サプリメントに含まれる抽出物のほうが手に入りやすくなっている。

ダワダワとそれに関連する西アフリカの発酵種子調味料

西アフリカ各地で、さまざまな野生や栽培された植物の種子（中には発酵させなければ食べられないものもある）から作られる、納豆に似た一連の発酵調味料が料理に使われている。種子がそのような調味料に使われる植物にはメロン（*Citrullus vulgaris*）、アフリカイナゴマメ（*Parkia biglobosa*）、アフリカ油豆（*Pentaclethra macrophylla*）、メスキート（*Prosopis africana*）、バオバブ（*Adansonia digitata*）、アメリカネム（*Albizia saman*）、クイーンナッツ（*Telferia occidentalis*）、トウゴマ（*Ricinus communis*）などがあり、それ以外に大豆が使われることも多くなっている。[49] ナイジェリアの微生物学者O. K. Achiによれば、「調味料の製造に用いられる培地はさまざまであり、2種類以上の原材料から製造することができる」。[50]

納豆と同様に、これらの発酵食品はアルカリ性であり、*Bacillus subtilis*や近い関係にあるバクテリアの作用によって作られ、調味料や風味付けに用いられる。これらの発酵食品の一般的な呼び名をいくつか挙げると、ナイジェリアではダワダワ（dawadawa）やogiri、ブルキナファソやマリやギニアではsoumbala、そしてセネガルではnetetouなどと呼ばれる。ダカールで行われた調査では、「セネガル料理の主要なレシピのほとんどすべてに利用されていることが示された。」[51]

一般化しすぎかもしれないが、私はこれらをひとまとめにして、豆や種子の*Bacillus*属によるアルカリ発酵がかなり広く行われていること、そしてひとつの地理的な領域に限定されてはいないことを説明したい。私は若いころ西アフリカを旅していた時、これらの発酵食品のどれかで風味付けされたシチューを食べたことは疑いないが、残念ながら当時の私はそれに気づかず、その風味を認識したり、作り方を尋ねたりすることもなかった。しかし私がついにダワダワ作りを実験して料理のシーズニングに試しに使ってみた時、私はその際立った風味が、どれだけ懐かしいものだったのか気付いたのだ。それは私がほとんど意識することなく、ずっと昔に味わった、西アフリカのシチューの底流にある深い旨味だった。

文献から、このグループを構成する発酵食品がきわめて独特であり、また製法の詳細はさまざまであることを理解できた。しかし、それらはある一般的なパターンを示しているように思える。通常、豆や種子は（時には非常に長い時間）手で皮をむけるほど柔らかくなるまで煮られる。それから皮をむかれ、また再び煮られる場合もある。一部の流儀では、種子は丸のまま発酵されるが、スライスしたり叩き潰したりする流儀もある。灰を混ぜ込む場合もある。通常調理したものはバナナなどの大きな葉で包んで湿気を保つ。スターターは普通使われないが、以前のバッチからのバックスロッピングによって培養発酵される場合もある。それでもなお、「さまざまな豆の発酵プロセス中、

*Bacillus*属の種が卓越的に成長する」とAchiは述べている。「発酵中の野菜マッシュの粘り気は、発酵が進むにしたがって、粘っこいチーズのプディングにも例えられるものになる」。発酵時間は培地や環境、そして流儀によって異なる。多くの場合、完成した発酵食品は日干しして保存される。これらは「発酵が抑制されずに長く続いた場合、品質が保たれない」からだ。[52]

これらの発酵食品の実験に私が取り組んだ際に直面した主な制約は、文献に記述された特定の種子が手に入らないことだった。私はアリゾナ州ツーソンに住む友人のBrad Lancasterに送ってもらったSouthwest desert mesquiteのさやから取り出したメスキートの種子で試してみたが、種子が非常に小さかったので、1時間かけて皮をむいても小さじ1杯分にしかならなかった。私はこれをアマランサスの葉でくるんだが、かびてしまった。私はトウゴマで試そうと思ったが、わずか1ミリグラムのリシン（トウゴマに含まれる最も毒性の強い化合物）で大人1人が死んでしまう[53]ことを知って、発酵のデトックスのパワーを信じていた私の信念は難題に直面した。伝統的に行われてきたように、豆の発酵に解毒作用があることは明らかだが、非常に異なる環境で天然発酵の実験を行えば、非常に異なる結果が得られるかもしれない。私がトウゴマのマッシュを発酵させたとして、非常に毒性が強いおそれがあることを知りながら、それを味わう覚悟があるだろうか？　また、私は読者に同じことを勧めたいと思うだろうか？　そういうわけで、これらの調味料の原料である他のアフリカの豆がどれも入手できないため、私は歴史的なトレンドに従って、大豆というナンバーワンのグローバルな豆類のスーパースターを発酵させることにした。

Charles Parkoudaらは、大豆ダワダワ（soydawadawa）のプロセスを以下のように要約している。「大豆は選別し、洗って、12時間水に浸し、手で皮をむく。その後2時間煮て、プランテーン（料理用バナナ）の葉を敷いたヒョウタンの中で保温しながら、72時間発酵させる」。[54] O. K. Achiの説明するプロセスは、わずかに違っている。

> 子葉は、バナナの葉を敷いたラフィアヤシのバスケットの中に広げられ、その後数層のバナナの葉で覆われる。そのまま放置して2〜3日発酵させる。木灰が加えられることもある。発酵したものは、次に1〜2日間日干しされ、暗褐色または黒色の製品が出来上がる。[55]

私は大豆を一晩浸し、両手の手のひらの間で豆をこすって手で皮をむいた。大豆を約4時間、柔らかくなるまで煮た。それから大豆を、何も他の材料を加えずに、ガラス製のパイ皿に（バナナの葉がなかったので）トウモロコシの皮を敷いたものの上に乗せて、湿気を保ちバクテリアの生育を促すために、トウモロコシの皮で包んだ。この包みの上にボウルをひっくり返して乗せ、オーブンに入れて（加熱はオフに、照明用ランプはオンに、そしてドアを少し開けて）発酵させた。約36時間、

100°F /38℃程度の温度を保った。次第ににおいが強くなってきて、できたものは納豆そっくりだった。

大豆ダワダワが納豆と違うのは、次に乾燥させることだ。私は豆を丸のまま乾燥させたが、伝統的にはまずペーストにしてから乾燥させる場合もあるようだ。可能ならば日干しするが、乾燥器や低温のオーブンを使ってもよい。乾燥させた発酵大豆は、常温で保存可能だ。粉に挽いてから使う。シチューなどの食品に、シーズニングとして加える。たくさん加える必要はない。ちょっと加えるだけで、繊細だが深い風味の層が加わる。セネガルのフードブロガーRamaはnetetouというこのグループの調味料を、彼女がオンラインで公開しているレシピのひとつに使っていて、以下のような警告をしている。「これには非常に強いにおいがありますが、素晴らしい風味をシチューに付け加えてくれます」。[56] 私は好きだし、それを知った以上は、もっといろいろなものに使う実験をしてみるつもりだ。おいしい！

豆腐を発酵させる

発酵されずに作られる、伝統的な大豆食品のひとつが豆腐だ。しかし、豆腐になった後で発酵されることもある。実際、豆腐を発酵させるには数多くの方法がある。発酵させた豆腐は、豆腐乳（sufuまたはdoufu-ru）などの名前で呼ばれている。豆腐は究極的に味のない食品だが、発酵プロセスによって顕著な風味が付け加わる。発酵した豆腐は「マニアにはたまらないが、慣れない人にとってはひどい味がする、特別な美味のひとつとして久しく著名である」とH. T. Huangは述べている。[57] 用いられるプロセスと発酵期間の長さによって、得られる風味は微妙に鋭いものから、圧倒的に刺激的なものまでいろいろだ。また発酵によって、豆腐の消化も良くなる。1861年の中国の食品百科事典には、以下のように書いてある。「固くなった豆腐は［消化が難しく］、子どもや老人、あるいは病人にとって健康に有益ではない。豆腐から作られる豆腐乳は、エージングしてあるのでより良い。病人には非常に良い」。[58]

この話題に関して私が英語で見つけることのできた最も包括的な情報は、これもまたWilliam ShurtleffとAkiko Aoyagoの著書、『Book of Tofu』だ。この本で説明されている豆腐を発酵させるための最も単純な手法は、豆腐を薄切りか一口大のさいの目に切り、シンプルに数日間みそ、中国の同等品である醤、あるいはしょうゆでマリネするというものだ。中国では、これを醤豆腐と呼んでいる。醤豆腐はそのまま食べることもできるし、豆腐と同じようにして調理しても、あるいは発酵した豆腐とマリネ液を一緒にミキサーにかけてソースにしてもよい。

豆腐を発酵させる手法は、豆腐にカビを生育させた後、カビの生えた豆腐を塩水や各種のスパイスの入ったライスワインの中でエージングするものが大部分だ。カビの生えた豆腐は、pehtzeと呼ばれる。微生物の分析によって、pehtzeには通常*Actinomucor*属、*Rhizopus*属、そして*Mucor*属のカビが卓越していることが判明した。伝統的な接種の手法には、豆腐のスライスまたはキューブを稲わら[59]またはカボチャの葉[60]に載せたり、新鮮な木灰で覆ったり[61]するものがある。豆腐のキューブを、まず最低限に熱したオーブンで10〜15分間かけて部分乾燥させ滅菌すると書いてある記事もある。

私は、わら（稲わらではない）とカボチャの葉の両方で豆腐のキューブを包んで、カビを自然発生させようとしてみた。文献中の記述では、白または灰色のカビの生育が言及されている。ShurtleffとAoyagiは、「芳香のある白色の菌糸体の稠密なマット」[63]と表現しているが、Steinkrausは「灰色がかった髪の毛のような菌糸体」[64]と書いている。私の2つの実験で自然発生したカビは、鮮やかな赤い斑点のある黄色のもので、まったく食用に適したものではなかった。しかし私が米国農務省のCulture Collection[65]から入手した*Actinomucor elegans*の純粋培養サンプルを試してみたところ、素晴らしい結果が得られた。ふわふわした白いカビが生えた後、私は塩水（5章の「湿塩法」を参照してほしい）とライスビール（9章の「アジアの米から作る酒」を参照してほしい）と新鮮なチリペッパーを混ぜて、その中でカビの生えた豆腐を発酵させた。かびて発酵した豆腐のキューブには、素晴らしくなめらかな食感と、魅力的な鋭い風味が生まれた。これはとてもチーズに似ていて、約3か月後に発酵しすぎた状態になるまで、1週間たつごとにどんどんおいしくなっていった。

また、臭豆腐（chou dou fu）と呼ばれる中国の紹興市の手法を使って、カビなしで豆腐を発酵させた際にも素晴らしい結果が得られた。その作り方はフードライターFuchsia Dunlopの説明に従った。豆腐を発酵させる前に、アマランサスの茎を塩水の中で発酵させてluを準備する必要があり、これが豆腐を発酵させる培地となる。そのプロセスは、5章の「中国のピクルス」で説明してある。そして、シンプルに豆腐のキューブをこの漬け汁に加え、ジャーかかめの中で浸った状態で発酵させる。発酵に関する多くの情報と同様に、Dunlopの記事には発酵の長さについて具体的な説明はなかった。数日から数週間の間は、発酵中の豆腐の香りと味は素晴らしかった。臭みはまったく感じられなかった。発酵に入ってから6週間ほどたっても、私にとっては豆腐はおいしく感じられ、風味は鋭く刺激的だったが、決して不快だったり食べたくなくなったりするようなものではなかった。

しかし、私が3週間ほど留守にして帰ってきてから発酵豆腐を食べてみたところ、その名前が示唆するような臭みが感じられた。「1種類以上のイオウを含むアミノ酸の分解によって産生される硫化水素が、完成した製品の胸が悪くなるようなにおいの正体です」とDunlopは説明している。これは、腐った卵から立ち上るあの嫌なにおいのガスと同じものだ。Dunlopによれば、紹興市の屋台で臭豆腐を油で揚げると、このにおいが「周囲全体に立ち込め」、その香りが、「愛好者たちの途方もない情熱をかき立てる」のだそうだ。[66]この段階まで来てしまった臭豆腐を私は堆肥に突っ込んで、次のバッチはよいにおいのするおいしい段階で賞味した。

特別な塩水を準備せず、豆腐を野菜発酵食品に入れてもよい。「たいてい私はキムチのシーズニングで作っていますが、プレーンもおいしいものです」と発酵愛好家のAnna Rootは書いている。「(生の豆腐と違って)日持ちしますし、生のまま食べても非常に消化しやすいのです。十分に塩を効かせて作れば、フェタチーズのような味になります」。

トラブルシューティング

みその表面にカビが生えた

1年以上も手を加えられることもなくかめの中で発酵していたみそは、きっとカビで覆われているはずだ。かめのふたを最初に開けた時、表面のカビでみそがひどい状態になっているように見えることもある。また、いやなにおいがすることもある。恐れてはいけない。カビの生えた層を、それによってみそが変色した部分があればそれも一緒にかき取って、捨てる。その下では、空気から守られたみそが、きっと素晴らしい見栄えとにおい、そして味を保っているはずだ。

みそが乾いて縮んでしまった

長期発酵みそを暖房のある場所でエージングしていると、長期間の発酵中に乾燥して縮んでしまう。そこからどうすればよいかは、乾燥と縮み具合による。においや見栄えが大丈夫そうなら(カビをかき取って捨てた後で)、シンプルに少量の水を加えて均等にかき混ぜれば、みそはペースト状の柔らかい性質を取り戻す。みそがレンガのように固くなっている場合には、湿らせてもペーストには戻らないかもしれない。もしそうなってしまったら、捨ててしまおう。長期間発酵させるみそには、暖房のないセラーのようなスペースか、あるいは地面にかめを埋めてしまうことが必要だ。暖房のある居住空間でみそを作りたいなら、より発酵期間の短い甘みそを作ることをお勧めしたい。甘みそは、ほんの数週間でできるし、暖房のある室温で発酵させても大丈夫だし、熱で乾燥してしまうほど長くはエージングしないからだ。

みそのあちこちに
カビのポケットができてしまった

表面のカビは、表面にしかできないので取り除きやすい。しかし、みそを作るときに容器にきっちりと詰め込まず、大きなエアポケットが残ってしまうと、このエアポケットにカビが発生し、かめからみそを掘り出した時に遭遇することになってしまう。1個か2個のポケットだけなら、その部分のカビだけを取り除いて捨てることができるかもしれない。全体にポケットが広がっている場合には、取り除くのは不可能かもしれない。このような問題を防ぐため、みそを発酵容器に詰める際には、しっかり下に押し付けて、エアポケットをなくすよう注意してほしい。

salami
weight
nam-
pla
salt
herring
making sausage
proscintto

肉、魚、卵を発酵させる

Fermenting Meat, Fish, and Eggs

世界中どこでも人々は来るべき欠乏の季節に備えて、肉や魚が豊富に取れる時期にこれらの重要な食物資源を保存する手法を文化として発達させてきた。冷蔵と冷凍の歴史的なバブルという歪んだレンズを通した我々の視点からは、このような技術なしに肉や魚の保存や流通や利用の方法を考え出すことは、ほとんど不可能に思えてしまう。肉は、我々の食べるものの中で最も日持ちしない食材だ。通常の室温では、腐敗菌と酵素の作用により、肉はあっという間に新鮮さを失ってしまう。どんな食品と比べても、肉は微生物によるコンタミネーションを受けやすく、また接触伝染の媒体となるおそれがあるとされている。冷蔵は、基本的に発酵や酵素の活動を抑えることにより、肉や魚の可食期間を延長する（この点は他の食品も同様だ）。冷蔵技術の到来以前の人々は、穴埋め、セラー、井戸水、そして氷など、さまざまなローテクな手段を用いて食品を冷やしていた。また歴史を通して人々はそれ以外にも、酵素やバクテリアによる肉や魚の品質劣化を食い止めたり遅らせたり、あるいは制限するための幅広いテクニックを発展させてきた。このテクニックには、乾燥、塩蔵、燻煙、熟成、そしてもちろん発酵が含まれる。

これらの手法は、さまざまに異なる組み合わせで用いられてきた。気候や利用可能な資源、そして伝統により、魚や肉の乾燥には塩蔵や熟成が伴うこともあれば伴わないこともあり、燻煙が行われることも行われないこともある。また、完全に乾燥させずに塩蔵や燻煙することもある。発酵の役割は明確でないこともあるが、肉や魚を保存する手段には発酵も関与する場合が多い。一般的には、病原性バクテリアの増殖を阻害し望ましい微生物の増殖を促進する選択的環境を戦略的に作成するために、時には別の培地を追加して、限定的な乾燥、塩蔵、燻煙や熟成が用いられる。

肉や魚には、発酵が用いられる他のすべての食品培地と、特に異なる基本的な点がある。わずかな環境への操作のみで、乳酸菌や酵母はあらゆる生の植物性培地に確実な優位を占めることができるし、その点はミルクやハチミツなどの動物性食品についても同様だ。危険な微生物がこれらの食品に存在する可能性があっても、急速に作り出される酸やアルコールによってそれらの微生物は死滅してしまう。対照的に、肉や魚の身には炭水化物、つまり通常の発酵微生物の栄養素となる物質が、ほとんど存在しない。さらに、内部の肉は無菌状態であるため、屠畜や食肉解体中にさまざまな微生物にさらされると、発酵だけでなく分解や腐敗を引き起こす微生物が増殖する場合もある（その境界はあいまいなことも多いが）。

これらすべての微生物の中で最も恐れられているのは*Clostridium botulinum*だ。一般的にはボツリヌス菌と呼ばれるこのバクテリアは目に見える分解や知覚できる腐敗を引き起こさないが、人類に知られている最も毒性の強い物質、ボツリヌス神経毒を作り出す。この毒素は、体重1キログラムあたり百万分の1グラムという微量を摂取しただけでも生命の危険がある。[1] ボツリヌス毒素は、野菜を含めた酸性度の低い缶詰食品との関連が広く知られている。これは、ごく普通の土壌微生物である*C. botulinum*が、非常に耐熱性のある芽胞を作り出すためだ。つまり、不十分な熱処理のため缶詰食品中の他のすべてのバクテリアが死滅しても*C. botulinum*の芽胞だけが酸性度の低い培地に無傷で残ってしまうようなことがあると、真空パックされたジャーや缶詰という完璧な嫌気的環境の中で増殖し、神経毒を作り出してしまうことになる。

herring

19世紀に缶詰が発明される前には、ボツリヌス中毒はソーセージと関連付けられていた。ケーシングに詰め込まれたひき肉は、これもまた*C. botulinum*の生育に適した嫌気的環境となる。**ボツリヌス中毒**（botulism）という言葉は「ソーセージ」を意味するラテン語（botulus）に由来しており、乾塩熟成された未加熱のソーセージを食べて具合の悪くなった人々から最初に観察され名付けられた。現在北米では、ボツリヌス中毒の大半はアラスカ州で報告されている。アラスカでは、伝統的に草を敷き詰めた穴の中で魚を発酵させていた一部の先住民が、現在では魚の発酵食品の保存にプラスチック容器を使って*C. botulinum*に適した嫌気的環境を作り出すという間違いを犯しているためだ。この危険性に留意しながら、魚や肉を安全に発酵させるパラメータを確実に理解し守ることを、読者にはお勧めしたい。基本的に安全で心配なく実験できる生の植物性材料の場合とは異なり、肉や魚が危険をもたらす可能性は高いからだ。私がこんなことを言うのは、肉や魚を自分で発酵させてみたいという読者の意欲をくじく意図からではない。実験をするなら、危険性に注意して、賢く行ってほしい。

とは言え、肉をおいしく発酵させることは十分に可能だ。発酵させた肉や魚は世界の一部地域では生存のために必須であり、その他の多くの地域でも最上の珍味とされている。場所によっては、**新鮮な**肉や魚が疑わしいものとされていたこともある。[2] 非常に率直に言って、植物材料や他の動物性食品（ハチミツやミルクなど）と比べて、肉の発酵に関する私の個人的な経験は乏しい。私の実験は現在進行中だ。私は実地経験こそ乏しいが、文献を渉猟したり、仲間の実験家や職人の実践者たちを訪ねたり質問したり文通したりして、この領域でもかなりの研究を行ってきた。この話題に関して興味を持つ人が多く、また明確な情報がほとんどないことがよくわかったため、この章で私は肉と魚の発酵の概念と手法を概観し、それを実践するための幅広い保存テクニックを紹介することにした。

乾燥、塩蔵、燻煙、そして熟成

魚や肉の乾燥は、微生物や酵素による変成作用を防ぐために行われる。乾燥の目的は、これらの微生物や作用が機能するために必要な水をなくしてしまうことだ。例えば*C. botulinum*は水分活性（aw）が0.94を下回る環境では生育できないが、*Listeria monocytogenes*の活動を抑制するにはawが0.83未満という、より乾燥した環境が要求される。[3]

もちろん肉を瞬間的に乾燥させることはできないので、多少の微生物の活動が偶発的に起こることは避けられない。この場合、環境が嫌気的とはほど遠いため、ボツリヌス中毒の心配はない。ジャーキーや切り干し肉（biltong）やペミカンなどの乾燥肉や、干し魚（stockfish）や塩漬けタラ（salt cod）などの乾燥魚では、乾燥中に起こる微生物の増殖や酵素の活動が、かえって製品の風味や食感に貢献することさえある。しかし、肉や魚が日持ちするのは発酵のためではなく、乾燥によるものだ。

乾燥と共に、塩蔵や燻煙も行われる。ノルウェー沿岸部など、乾燥した冷涼な晴れの多い気候では、脂肪分の少ない魚なら塩蔵や燻煙しなくても風に当てればすぐに乾燥する。しかし多くの気候では、腐敗が始まる前に肉や魚を日干し乾燥させることは難しいのが普通だ。例えば北米の太平洋岸では、先住民の多くはいぶし火からの煙を利用して鮭を乾燥させている。しかし、食品への煙の変成作用は乾燥だけではない。木の煙には数多くの化合物が含まれる。「セルロース……に含まれる糖は、キャラメルと共通した甘い、フルーティーな、花のような、あるいはパンのアロマを持つ多くの分子に分解する」とHarold McGeeは説明している。また木の煙には「揮発性のフェノール類などの低分子が生じるため、バニラやクローブに特有のアロマや、一般的なスパイシーさ、甘さ、そして刺激性がある」。[4] 煙の化学物質にはリッチな風味だけでなく、抗菌性や抗酸化性の化合物も含まれ、これがバクテリアや菌類の増殖を抑制し、腐敗臭をもたらす脂肪の酸化を遅らせる。[5] 残念なことに、肉や魚に含まれる煙からの残留化合物の中には、人体にがんを引き起こすものも含まれる可能性がある。

塩蔵も、乾燥の有無にかかわらず、肉や魚の保存に重要な役割を担ってきた。(そしてまた、塩の大量摂取も多くの健康問題に関係している)。浸透という物理的なプロセスによって、太陽や熱や煙の助けを借りなくても、塩は肉や魚から水分を引き出し、残った水も微生物の増殖に適さないものにする。肉や魚の水分活性を低下させることに加えて、塩そのものにも一部の微生物や酵素を抑制する働きがある。したがって塩分のレベルは、生育可能な微生物の種類を決める重要な要因だ。10パーセントの塩分濃度（非常に塩辛い）では、通常の室温と中性のpHでも*C. botulinum*の増殖が抑制される。[6] もっと低い塩分濃度でも、酸性化や低温や限定された乾燥と組み合わせれば、*C. botulinum*など病原性バクテリアの増殖を抑制することが可能だ。

熟成は、塩蔵と密接に関係している。肉や魚の保存においては、熟成（cure）という単語はあいまいな意味で使われることもあれば、特定の意味で使われることもある。広い意味では、これはあらゆる形態の収穫後の追熟を包含する。タバコ、薪、サツマイモ、オリーブ、そしてベーコンは、ごく普通に熟成が行われる数多くの植物性や動物性の製品の数例だ。肉や魚の保存という文脈では、熟成は単純に塩を（多くの場合はスパイスと、また時には砂糖と共に）まぶすという意味のことが多い。例えば、スカンジナビア半島のグラブラックス（gravlax）は現在、(歴史的に祖先たちが行ってきたように) 鮭を地中に埋めるのではなく、塩や砂糖やディルなどのスパイスで魚をコーティングした状態で数日間、冷蔵庫の中で熟成させることによって作られる。この熟成によって魚の身の水分が減少し、微生物や酵素による劣化が抑えられ、そして食感や構造を変化させる化学反応が引き起こされる。

場合によっては、「熟成」はもっと特定の意味で使われる。キュアリングソルト（curing salts）と呼ばれる特定のミネラル塩化合物(亜硝酸塩や硝酸塩)を利用して、肉の保存に役立つ化学反応を引き起こすことだ*。硝石と呼ばれることの多い硝酸カリウム（KNO_3）は、(火薬の材料として、また最近では肥料としての利用と並んで）肉の熟成剤として昔から使われてきた。歴史的に肉の熟成に硝石は、特に肉の赤色を引き立てるため重宝されてきたとともに、肉の安全性を高め保存可能期間を延ばすと認識されていた。20世紀初頭になって微生物学が登場すると、熟成肉に含まれるバクテリアが次第に硝酸塩（NO_3）を亜硝酸塩（NO_2）に分解すること、そして実際に肉を保存する化合物は硝酸塩ではなく亜硝酸塩であることがわかってきた。肉のタンパク質であるミオグロビンと反応することによって、亜硝酸塩は脂肪の酸化を抑制し、熟成肉に特徴的な明るいピンク色を呈する。一部のバクテリア細胞壁に含まれるタンパク質と反応することによって、亜硝酸塩は*C. botulinum*など特定のバクテリアの増殖に必須の酵素を不活性化させる。

*訳注：日本語では、特にこの意味での熟成を指して「塩せき」という。

亜硝酸塩は、主に亜硝酸ナトリウム（$NaNO_2$）塩の形態で肉の熟成に用いられる。より長期間熟成させる肉には、硝酸塩から亜硝酸塩へ徐々に分解されることをねらって、硝酸ナトリウム（$NaNO_3$）も利用される。亜硝酸塩や硝酸塩はキュアリングソルトや「insta-cure」、あるいはピンクソルトと呼ばれることが多い。これらの化学物質はわずかな量だけ用いられる。硝酸塩は大量に摂取すると毒性があるからだ。肉の中のミオグロビンと結合するのと同様に、硝酸塩は我々の血液中に含まれるヘモグロビンと結合してメトヘモグロビンとなり、血液が酸素を運ぶ能力を減少させてしまう。

多少の亜硝酸塩や硝酸塩を摂取してしまうことは避けられない。硝酸塩は窒素サイクルの一部を構成しており、土壌や我々が普通に毎日摂取している植物組織にごく普通に含まれているからだ。キャベツやザワークラウトにさえ硝酸塩は含まれるし、生のキャベツよりもザワークラウトのほうがわずかにそのレベルは高い。[7] 食べた硝酸塩の一部は、唾液や消化管で亜硝酸塩に分解されるが、我々の身体は血液中に多少のメトヘモグロビンが継続的に存在しても耐えられるのが普通だ。しかし亜硝酸塩や硝酸塩を過度に摂取すると大量のメトヘモグロビンが作り出され、命にかかわることもある。米国の法律では、熟成肉に含まれる硝酸ナトリウムの上限を500ppmに、亜硝酸ナトリウムについては200ppmに定めている。欧州連合では、許容されるレベルはさらに低い。

肉に含まれる亜硝酸塩や硝酸塩に関する健康上の懸念は、メトヘモグロビンの生成による毒性だけではない。亜硝酸塩は、特に我々の胃腸の強い酸性の環境やフライパンなどの高温の環境で、アミノ酸と反応してニトロソアミンと呼ばれる化合物を生成することがある。「ニトロソアミンは、強力なDNA損傷化学物質として知られている」とHarold McGeeは述べている。[8] しかし疫学的な研究では、亜硝酸塩で熟成された肉を食べることが、がんのリスクを高めるという結論は出ていない*。「それでも、熟成肉は適度の量を食べ、程よく加熱するのがおそらく賢明だ」とMcGeeは結論付けている。

* 訳注：2015年になって、WHOから加工肉に発がん性があるとの発表があった。http://www.bbc.com/japanese/features-and-analysis-34645057

乾塩熟成法の基本

乾塩熟成法は、シンプルに肉（または魚）へ塩を直接すり込む方法だ。塩が肉から水分を引き出すと同時に、中に吸収されて行く。「塩の中で肉を熟成させる期間が長いほど、肉は安定し、そして塩辛くなります」とHugh Fearnley-Whittingstallは説明している。彼の著書『River Cottage Meat Book』には、肉の熟成に関する素晴らしいセクションが含まれている。「どの動物のほとんどどんな部位も、世界のどこかで塩と混ぜられたり、塩の中に埋められたり、あるいは塩をすり込まれたことがあるはずです」。[9] 塩が保存の役割を果たすためには、肉や魚は一般的な人の好みよりもだいぶ塩辛くなってしまうのが普通だ。この場合、肉はシチューやソースに風味と塩味を付け加えるために使われるか、あるいは食べる前に水に浸して塩抜きされる。

時には、ベーコンやある種のハムのよ

うに、塩蔵した肉が短期間だけ熟成され、その後調理される場合もある。あるいは、塩が肉にしみこんで、肉を安定させ腐敗に対して保護するのに十分なだけ水分活性を低下させてから、塩蔵した肉を吊り下げて長期間エージングする場合には、エージング済みの肉は生で食べられるのが普通だ(米国南東部の「カントリーハム」やイタリアのプロシュートのように)。

エージングした肉製品が実際に発酵しているかどうかに関しては、多量の混乱と論争が見られる。ほとんどの場合、「発酵した」という言葉は、ハムなどの肉をそのまま使った製品ではなく、乾塩熟成されたソーセージにふさわしい。ソーセージの場合、糖(ブドウ糖が使われることが多い)などの炭水化物原料が肉と塩に混ぜ込まれ、乳酸菌が活躍するための栄養を供給している。(サラミなどの乾塩熟成法によるソーセージについては、この後のセクションで詳しく説明する)。

ハムなどの挽いていない肉を乾塩熟成させた製品では、内部の肉にツールや人の手、あるいは空気でさえ直接触れることはなく、「そのため基本的にハムの内部は最初から無菌状態なのです」とPeter Zeuthenは『Handbook of Fermented Meat and Poultry』の中で指摘している。[10]また、炭水化物材料を中身に混ぜ込むことは不可能だ。結果として、微生物の活動は「熟成にわずかな影響しか及ぼさない」(Journal of Applied Microbiologyで公表された研究によれば)。[11] しかし、微生物は疑問の余地なく存在している。「これらの肉製品の典型的な微生物フローラは、*Micrococcaceae*科のバクテリアと乳酸菌、そしてカビや酵母から構成されるが、*Micrococcaceae*の関与が非常に重要である」と、伝統的なスペイン風ハムの研究を行っている食品科学者のチームが説明している。「halotolerant[耐塩性]という特徴によって、これらのバクテリアは製品の製造期間を通して永続的に存在でき、また硝酸塩の亜硝酸塩への還元による発色やproteolytic[タンパク質分解]およびlipolytic[脂質分解]プロセスに重要な役割を果たして、これらの製品の特徴的な風味の向上に寄与している可能性がある」。[12]『Journal of Agricultural and Food Chemistry』に掲載された別の研究では、この点をさらに強調している。「微生物はパルマハムの風味を引き出すために重要であり、関連する揮発性化合物はすべて微生物の二次代謝によって生成された可能性がある」。[13]

肉の乾塩熟成法についての私の経験は、かなり限られたものだ。私の最初の経験は、狩猟家の友人John Whittemoreにもらった鹿のもも肉で、私はこれをプロシュートのスタイルで熟成させた。プロセスは驚くほどシンプルだった。まず、肉がゆったり入るほど大きな非金属性の容器を用意する。(私はプラスチック製の食器洗い桶を使った)ちょうどいい大きさのものがあればガラスや陶器でも大丈夫だが、金属は塩と反応するおそれがある。

キュアリングソルトを使うレシピもあるが、ひき肉や刻んだ肉をケーシングに詰める乾塩熟成ソーセージとは違い、このように肉を丸ごと使う場合にキュアリングソルトを使うのは色や風味のためであって、安全のためではない。乾塩熟成ソーセージのように安全性が重要な場合を除いては、私は個人的にはキュアリングソルトを使わずに、自然由来の微量の硝酸塩が含まれる海の粗塩を使うことにしている。しかし、キュアリングソルトの鮮やかな発色と独特の風味を求めているのなら、ぜひそちらを使ってほしい。

熟成させる肉の重量の約6パーセントの塩を使って、肉に塩をする。4ポンド／2kgの肉には1/4ポンド／120gの塩が必要になり、これは約1/2カップに相当する。清潔な手で、肉の全表面に塩をすり込み、肉を容器に入れて、肉を完全に覆うように肉の下や周囲にも塩をまく。塩が余っていれば、後で使うために取っておく。塩をすり込んだ肉をオーブンペーパーかラップで覆い、冷蔵庫に入れるか、セラーなどの涼しい場所に置く。多くの気候では、食肉の解体や熟成は寒い時期にだけ行われていた。温度が高いと、塩が浸透する前に肉が腐ってしまうおそれがあるからだ。

2・3日ごとに、塩をすり込んだ肉を冷蔵庫から出してチェックする。容器の中にたまった液体は、塩によって肉から引き出されたものなので、捨てる。必要に応じて表面に塩を振り直し、肉の天地を返す。必要であれば最初の塩の残りを使い、必要に応じてさらに塩を追加して表面が塩で覆われた状態を保つ。肉が変化し、水分が失われるにつれて硬くなっていくことに注目してほしい。最初の塩漬けには、肉1ポンド／500gにつき1日から2日ほどかかる。十分に塩が浸透したかどうか判断するには、重さを計ってみればよい。水分が失われるため、肉は最初の重さよりも15パーセントほど軽くなっているはずだ。

肉の塩漬けの段階が完了したと判断したら、真水で洗って表面の水分をふき取る。乾燥やひび割れのおそれを防ぐため、表面にラードの層を塗り広げて、粗びきこしょうをラードの上に振りかける。これには虫を避ける効果がある。塩漬けにしてラードを塗りこしょうを振りかけた肉全体を、数層のガーゼで包む。それからこのミイラ化したパッケージ全体をひもでしばり、ひっかけるための輪っかを作っておく。暖房のないセラーなど、涼しい乾燥した場所に肉をつるして、6か月以上熟成させる。肉からは水分が出続けるので、下の地面にはドリップの跡ができるはずだ。時間の経過と共に肉は固く感じられるようになり、元の重量から少なくとも3分の1減った時点で完成する。ラードのコーティングをふき取り、薄くスライスして賞味してほしい。

proscuitto

このようにして私が熟成させた鹿のもも肉は、素晴らしい出来だった。6か月エージングした後の肉は味わい深く、柔らかくて魅力的だった。鹿肉をこのようにプロシュートのスタイルで熟成するというアイデアは、イタリアのTerra Madre（国際的なスローフードのイベント）で味わった素晴らしいヤギの熟成もも肉から得たものだ。この肉は多少バイオリンに似た形をしているため、violino di capra（ヤギのバイオリン）と呼ばれていた。これはイタリア北部Valchiavenna地方の特産で、当地のスローフード提供者が持ち込んでスライスしたものだった。この肉は信じられないほどリッチでおいしいだけでなく、8歳の乳用のヤギの肉とは思えないほど柔らかかった。私がいつも聞かされている一般通念では、この非常に活発な生き物は筋肉を発達させると非常に固くなってしまうので、食べるに値するヤギ肉（そもそもヤギ肉が食べるに値するとみなされるならば）はほんの数か月の若い子ヤギのものだけだというものだった。過剰なぜいたくが許されない自給自足の文化では、食品を日持ちさせ保存するだけではなく、おいしく柔らかいものにしてくれる、このような戦略が発達した。このような戦略は、ほとんど廃れようとしている。

鹿のもも肉プロシュートの実験のために私が見つけることのできた本やネット上の手引きの大部分は、ヤギや鹿ではなく、豚の熟成についてのものだった。さまざまな肉を熟成する手順の大部分は、よく似ている。私の鹿のもも肉プロシュートの唯一の問題点は、塩気が強すぎたことだった。私は1か月以上塩漬けしていたのだが、この期間の長さは鹿ではなく豚のもも肉にふさわしい。定期的に肉の重さを量り、15パーセント水分が減少した時点で十分に塩漬けしたと判断していれば、この問題は解決できたはずだ。肉の乾塩熟成についてのより詳しい情報は、「参考文献」に掲載した本を参照してほしい。

湿塩熟成法：コーンドビーフと牛タン

もっと簡単に肉を塩蔵する方法が、塩水に漬ける湿塩熟成法だ。「塩を水溶液にすれば、食品の100パーセントの表面に均一な濃度で触れるため、非常に効果的だ」とシェフのMichael Ruhlmanは述べている。[14] 現在では、肉の湿塩熟成は保存のためではなく、主に風味を付け柔らかくするために行われるが、その慣習のもともとの理由は保存のためだった。

おそらく、湿塩熟成した肉の中で最も有名なものはコーンドビーフだろう。**コーン**（Corn）とは、穀粒、砂粒、あるいは塩など、あらゆる小さく硬い粒を指す古風な英単語だ。つまり、塩漬けビーフがコーンドビーフなのだ。古代アイルランドでは、塩を振った牛肉を泥炭地に埋めていた。[15] この慣習が時間と共に進化して、湿塩熟成プロセス法となったのだ。最も硬い牛肉の部位のひとつとされるブリスケット（牛の胸肉）から作る自家製のコーンドビーフは、本当に口の中でとろけるほど柔らかい。この柔らかさは大部分、肉を湿塩熟成することによって得られたものだ。おいしくて脂肪分の多い牛タンも、まったく同じように湿塩熟成される。

まず、約10パーセントの塩と5パーセントの砂糖を混ぜて漬け汁を作る。これは1クォート／1リットルの漬け汁に対して、おおよそ大さじ6の塩と大さじ3の砂糖に相当する。多くのレシピでは硝石などのキュアリングソルトを使うことになっている。プロシュートなど肉を丸のまま乾塩熟成する場合と同様、亜硝酸塩や硝酸塩はボツリヌス中毒を防止するために必要なものではなく、肉に鮮やかな赤色を付けるためだけに用いられるため、私はそれらを使わないし、それでも肉は十分に赤色を保つことがわかった（安全のために必要な場合はこれらの化合物を使うことにやぶさかではないが、見た目だけのためには使いたくないのだ）。

6ポンド／2.5kgのブリスケットには、約3クォート／3リットルの漬け汁が必要だ。2ポンド／1kgの牛タンには、約1クォート／1リットルが必要となる。私は漬け汁に、クローブ、ニンニク、粒こしょう、そしてベイリーフを加えるのが好きだ。また出版されているレシピでは、ジュニパーベリー、タイム、シナモン、オールスパイス、ショウガが使われているのも見たことがある。漬け汁に入れるスパイスは、好みに応じて加減してほしい。カルキ抜きした水に塩と砂糖とスパイスを加え、塩と砂糖が完全に溶けるまでかき混ぜる。

大部分の現代のコーンドビーフのレシピでは、冷蔵庫の中で漬け込むことが推奨されている。冷蔵スペースがあれば、それを使うのが良いだろう。冷蔵スペースがなければ、地下貯蔵庫のような涼しい場所が必要だ。68°F /20℃付近の通常の室温では、数日後に肉が本当にひどい状態になってしまう。残念なことに、漬け込んだ肉がどの程度まで高い温度に耐えられるのか私はお伝えすることができない。漬け汁の濃さと温度、そして時間との間には関連がある。温度が高ければ、濃い漬け汁を使い、漬け込む時間を短くしてほしい。そしてすべての肉の熟成は、伝統的に比較的低い温度で行われる季節的活動だった。私としては、おおよそ地中温度（55°F /13℃）よりも高い温度では、一晩以上漬け込まないことをお勧めする。冷蔵庫の温度では、肉を10日から2週間ほど漬け込んでほしい。野菜室に密封したジップロックの袋を入れておくのが一番簡単だと私は思うが、いろいろな方法を試してみるのが良いだろう。数日ごとに、漬け込んだ肉をひっくり返すようにしてほしい。

漬け込みが終わったら、ブリスケットを流水で洗ってから鍋に入れ、約1インチ／2.5cm上まで水を張る。タマネギ1個と、漬け込み時に使ったスパイスを（新しく）少々加える。火にかけて煮立ったら、火を弱めて2・3時間、肉がフォークで簡単にほぐれるようになるまで煮る。乱切りにしたジャガイモとくし形に切ったキャベツを加えてもう約15分、ジャガイモが柔らかくなるまで煮る。肉と野菜を煮汁から取り出し、肉をスライスして、自分で作ったコーンドビーフを賞味しよう。（コーンドビーフを煮る代わりに、熟成したブリスケットをパストラミに調理するには、たっぷりの粗びきこしょうとコリアンダーなどのスパイスをすり込んで燻煙すればよい）。

牛タンの場合、漬け込んだ後の手順は1975年版の『Joy of Cooking』の指示に従うことにしている。牛タンを冷水に入れて煮立たせ、約10分間煮る。タンを煮汁から取り出して、冷水に浸す。その後新しい水とタマネギ、そして漬け込み時に使ったスパイスを（新しく）少々加えて鍋に入れる。1ポンド／500gにつき、

約50分煮る。タンを煮汁から取り出し、冷水にしばらく浸して手で触れる程度まで冷やす。タンの皮が、表面から部分的にはがれてくるはずだ。皮を全部はがして捨てる。タンの中に骨や軟骨があれば取り除く。タンを煮汁に戻し、暖かい状態で食卓に出す場合には温め直す。斜めにスライスする。[16] スライスしたタンは、冷たくしてマスタードと一緒にサンドイッチの具にしてもおいしい。ここまで見てきたところで、このように冷蔵庫の中で肉を漬け込む際には、発酵がほとんどまったく関わっていないことは認めざるを得ない。しかし、おいしいのは確かだ。

乾塩熟成ソーセージ

発酵食品として最も頻繁に取り上げられる肉製品は、サラミとして広く知られている乾塩熟成ソーセージだ。発酵から生じる乳酸が（熟成や空気乾燥と相まって）肉を保存し、またそれ以外にも、特に*Staphylococcus*および*Kocuria*（以前は*Micrococcus*と呼ばれていた）属のバクテリアが、硝酸塩を亜硝酸塩へ代謝することによって熟成を促進する。酵母やカビも、このプロセスに寄与している。[17]

サラミには、効果的な発酵を促進する特徴が2点ある。ひとつは、肉を挽くことによってより多くの表面積を暴露し、発酵微生物との（と共に腐敗を引き起こす微生物や、可能性としては病原体にも）接触を増加させて、それらの微生物がより多くの栄養素を利用できるようにしていること。また肉を挽いて混ぜることによって、塩、キュアリングソルト、スパイス、乳酸菌の栄養となる炭水化物、そしてスターター培養微生物など、さまざまな材料を追加し、肉の中に均等に分散させることが可能となる。サラミの健全な発酵や乾燥と熟成を促進するもうひとつの特徴は、肉を詰め込むケーシング（動物の腸から作られる）によって保護されていることだ。「これらの腸に特徴的な性質は、空気中汚染物質に対する障壁として働くほど十分に頑丈であると同時に、『呼吸』できるほど十分に浸透性があることだ」とHugh Fearnley-Whittingstallは説明している。

自然のカビはサラミの外側で胞子を作るが、ケーシングを貫通して肉を侵すことはできない。虫が卵を産むことさえあるかもしれないが、孵った小さな幼虫も皮膜を通過することはできない。適度な冷たい空気の流通によって、これらの自然のケーシングは着実に水分を減少させて次第に乾燥させるため、サラミは要求される「熟した」状態に到達する。固く、緻密で、リッチな風味と、わずかな水分が残った状態だ。[18]

現在の発酵ソーセージには短期間だけ発酵されるものが多く、またその後冷薫して、ソーセージに風味を付けると共に冷蔵状態での日持ちを良くする場合もある。これらの「高速発酵」または「セミドライ」ソーセージは、食べる前に加熱調理されることを想定しているものが多い。これらは、短期間の（高温で行われることが多い）発酵期間中に急速な酸性化を確実に引き起こすため、スターター培養微生物が用いられるのが普通だ。しかし、サラミなど大部分の伝統的な発酵ソーセージは、数か月という時間をかけて、低い温度と適度に高い湿度で熟成され、発酵され、そして乾燥される。これが安全で効果的な保存となるのは、手法の組み合わせによるものだ（これらを合わせて「ハードル効果」と呼ぶ）。[19] これらの手法は、いずれもほどほどに適用されるため、一緒に行われた場合にのみ効果を発揮する。塩やキュアリングソルト、乾燥、あるいは酸性化は、理論的には単独でも肉を保存することができるだろうが、その結果として非常に塩辛い、乾燥した、または酸っぱいものが出来上がってしまうことだろう。これらの手法を組み合わせ、それぞれをほどほどに適用することによって、サラミは水分と風味とおいしさを保つことができる。十分に塩漬けされ、熟成され、酸性化され、そして乾燥された状態のサラミやその他の発酵ソーセージは、冷暗所であればいつまでも保存でき、また一般的にはそのまま生で食べられる。

そのプロセスは、伝統的にはきわめてシンプルだった。サラミを作るには、まず肉と脂肪を細切れにして、塩、キュアリングソルト、そしてスパイスと混ぜる。時には、酸性化を促進する炭水化物を供給するために、糖（あるいは、タイの伝統では米）を加える場合もある。混ぜたものをケーシングに詰め、涼しい、適度に湿気のある環境につるして、ゆっくりと発酵させ、あまり早く乾燥してしまわないようにする。歴史的にこれは季節的活動であり、適度な気候の場所で涼しい時期にのみ行われるものだった。これまで述べてきたとおり、食品の伝統はその特定の地理的文脈の中で発達する。乾塩熟成サラミを家庭で作る際に唯一難しい点は、熱と湿度をコントロールしてこれらの条件をシミュレートすることだ。

乾塩熟成のプロセスが特に複雑なものではないとはいえ、「肉の熟成ほど、フードライターが非常な警告と恐怖と共に取り扱ってきた題材は他にない」と食品歴史学者で発酵愛好家のKen Albalaが彼の大胆な著書『The Lost Art of Real Cooking』の中で述べている。私自身、この話題はかなりの注意を持って取り扱ってきたし、他の章の「何でも試してみて心配するな」という態度とは対照的に、この章ではすでにボツリヌス中毒に関する厳しい警告を示している。そこには、本物の危険が潜んでいるからだ。しかし私は、Kenの「基本的ないくつかの注意さえ守れば、自分自身で肉を熟成しない理由はないし、食中毒を引き起こしてしまうおそれにおののく理由もない」[20] という言葉に全面的に賛成する。

私はこの本を書きながら初めて乾塩熟成ソーセージ作りに手を染めたので、専門家でもなんでもないことは確かだ。私がここで述べることはほとんど、書物を読んだり、肉の熟成を行っている農夫や職人、愛好家、そして他の実験家たちの訪問、試食、会話、そして文通を通して学んだりしたものだ。しかし私の最初の挑戦で得られたものは、私が今まで味わった中で最もおいしいサラミだったのだ！友人のVincentと私は、肉と脂を手作業で細切れにしたのでかたまりが残っていたが、この大きなかたまりが舌の上でとろけるのだ。おいしい！

肉を乾塩熟成する際の最大の難関は、特に専用の設備を持たない初心者にとっては、環境を最適な温度と湿度に保つ方法だ。比較的高い温度で行われることの多い発酵の最初の数日間を除けば、サラミは54–59°F /13–15℃の温度範囲と80〜85パーセントの湿度の環境で乾塩熟成するのが最適だ。ソーセージを乾燥させることが目的なのに湿度の高い環境を維持することが重要な理由は、環境が乾燥しすぎているとソーセージの外側がすぐに乾いてしまい、内部の水分が引き出されて腐敗を引き起こしてしまうからだ。ソーセージのケーシングが乾いてしまったら、軽く霧を吹いて乾燥を遅らせるのが良いだろう。

私の友人が古い冷蔵庫を改造して設定可能なサーモスタットを外付けし、温度のコントロールができるようにしてくれた（3章の「温度コントローラー」を参照してほしい）。私は湿度を保つために冷蔵庫の中に濃い塩水を入れた鍋をふたをせずに入れると共に（塩は水の表面にカビができないようにするためだ）、湿度センサーを使って湿度をモニターしている。湿度が80パーセント以下に下がった時には、しばらくドアを開けて湿った夏の空気を取り入れたり、時には軽く霧を吹いたりしている。私の友人もワイン用の冷蔵庫を使っているし、それ以外にもネット上で検索すれば乾塩熟成箱を作るための賢いアイデアがたくさん見つかるだろう。適切な気候と季節とセラーに恵まれれば、非常にシンプルに暖房なしのセラーでこれを行うことができる。

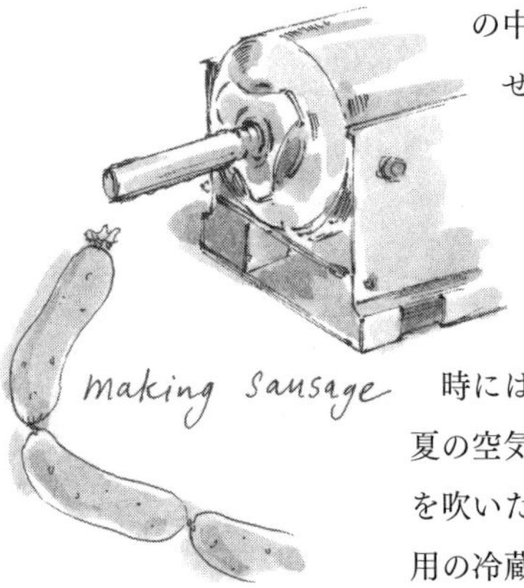

Making Sausage

私が保温箱を作った時、私が直面した最大のジレンマは天然発酵に頼るか、それともスターター培養微生物を使うかという問題だった。少なくとも米国の、正統的な文献のほとんどすべてでは、スターター培養微生物を使うように指示している。そして米国での現在のサラミづくりでは、スターター培養微生物を使うことが普通になってきている。この文脈における最古の形態の培養微生物は、どんな特定の微生物の分離よりもずっと前から行われてきたバックスロッピングであり、これはすでに発酵済みのヨーグルトを使って新鮮なミルクを培養するのと同じように、すでに発酵済みのソーセージの詰め物を新しいバッチに導入するというシンプルな方法だ。乳製品の培養微生物と同様、微生物学者たちは選択されたバクテリア株を分離している。これらの市販されている培養微生物は、伝統的な天然発酵よりも一貫した結果を生み出し、また発酵を速くスタートさせてpHが低下し始めるまでのタイムラグを減らすことにより、ソーセージ作りをより安全にするものだと広く信じられている。「最近の製造手法では、プロセスの開始時点から大量の乳酸菌（スターター培養微生物）が肉に導入され、これによって健全で強力な発酵が保証される」と、『The Art of Making Fermented Sausages』の共著者であるStanley MarianskiとAdam Marianskiは書いている。「これらの善玉バクテリアの軍団が、その他の望ましくない種類のバクテリアと食品を巡って争いを開始し、それらが増殖したり生き延びたりする機会を減少させる」。[21]

伝統的に、発酵ソーセージは加工中に肉へ入り込んだ微生物を使って作られてきた。「ほとんどの場合、原材料中には必要となる十分な数の微生物が存在しています」と、ドイツの微生物学者で食品科学者のFriedrich-Karl Lückeは報告している。[22] 2007年版の『Handbook of Fermented Meat and Poultry』は、「自然のフローラに依存することは、不均一な品質の製品を生み出すことになる」と述べ、スターター培養微生物の利用を推奨している。それでもなお、著者らはそれがトレードオフであることを認めている。スターターの利用は「数多くの良質で受け入れ可能な製品ができることを意味する。しかし、非常に優れた製品はほとんどできない。大部分のスターター培養微生物はわずか数種類の微生物の組み合わせであるため、多数の種が関与した際に得られるバランスの取れた風味を作り出すことができないからだ」。[23] これは、食品歴史学者で料理本著者のKen Albalaの分析を裏付けるものだ。彼はこのように書いている。

> 食品安全や予測可能性、そして製品の均質性の名のもとに、これらの食品には……実験室でテストされ注意深くコントロールされた微生物株が接種されるのが普通だ。こうして、低温殺菌などの一見害のないプロセスによって、あるいは非常に高速に作用するスターター培養微生物に圧倒されることによって、ローカルなバクテリア個体群のユニークな特性は消え去ってしまう。結果として、味覚の最小公倍数に迎合した、面白みのない均質な食品が生まれる。風味に欠ける、特徴のない、無菌状態の製品は、もはやその土地を反映したものではなく、長距離の輸送や長い保存期間、そして最も重要なことには均一性と均質性を必要とする産業界の要求を反映したものだ。[24]

Kenは、清潔だが手袋などをしない自分の手でソーセージの材料を混ぜ合わせることが、発酵バクテリアを導入する効果的な方法だと示唆している。「現代の専門家が最も懸念しているのは、ひき肉にバクテリアを定着させる方法だ。自分の手を使えば、これは問題とはならないはずだ。これは、ほんの数十年前までずっと行われてきた方法だ」。[25]

伝統的な手法を使っているサラミ作り職人は、規制当局から自分たちの慣習を防御することを強いられている。加工プロセスに「殺菌段階」(加熱や放射線照射、あるいは保存料の使用)が含まれず、また選択された培養微生物を導入していなかったため、ニューヨークのサラミ製造者Marc Buzzio(マンハッタンにあるSalumeria Bielleseのオーナーでもある)は、彼が製造する伝統的な発酵サラミが安全であることを米国農務省に証明する必要に迫られた。

熟成ソーセージを、あなたの父親が行ってきたのと同じ方法や、他の人たちが何百年もしてきた方法で作っているこ

> とは、証明になりません。また、あなたの製品で誰も病気になったことがないという事実や、伝統品種の豚だけを使ったり自分の子どもを世話するように愛情を込めてサラミを作ったりしていることも、証明にはなりません。製品にバクテリアが検出されなかったとしても、証明になりません。USDAが気にするのは、プロセスだけです。少量の塩とたくさんの時間だけを使って生肉を食べられる製品に加工するという伝統的な手法が、彼らを非常にナーバスにさせるのです。[26]

Buzzioが自分の製品の安全性を証明するためにしなければならなかったことは、政府機関に頻繁に引用される科学者に（100,000ドル以上の金額で）研究を委託することだった。

> 科学者は、ひとつの例外を除いて、Salumeria Bielleseのプロセスに正確に従いました。彼はすべての製品に純粋な*E. coli*と*L. monocytogenes*を注入し、生肉に通常見られるものよりもはるかに高いレベルのバクテリアを作り出しました。そして彼は、Salumeriaとまったく同じ方法で製品をエージングしました。エージング期間の終わりに科学者が肉をテストしたところ、非常に高いレベルのバクテリアが消失していることがわかりました。基本的に、彼の研究は何世紀にも及ぶ慣習によってすでに論証されていたことを確認したのです。それは、十分な知識と注意を持って行えば、乾塩熟成法によって生肉は安全に食べられるものになる、ということです。[27]

USDAはこの研究を証明として受け入れ、Buzzioは米国で最も著名なサラミの作り手のひとりであり続けている。

乾塩熟成法と発酵肉に関する数冊の教科書の著者であるスペインのFidel Toldráは、乾塩熟成ソーセージの選択的環境を以下のように特徴付けている。

> 生のソーセージミックス中に自然に存在する微生物フローラの起源と組成はさまざまだ。どんな微生物フローラが存在するかを決定する要因は、例えば肉の取り扱い時の衛生状態、環境および添加物中に存在する微生物など、多数存在する。しかし、プロセスにおける塩と亜硝酸塩の存在、酸素の欠乏、pHの低下、awの低下、そして例えばバクテリオシンなど特定の代謝産物の蓄積によって一種の選択性が生じ、*Kocuria*属や*Staphylococcus*属、そして乳酸菌の生育は促進されるが、病原性や腐敗性の微生物など望ましくない微生物フローラの増殖は抑制される。[28]

ほとんどの発酵と同様に、環境がバクテリアを選択する。難しいのは適切な環境を作り出すことであって、そこにバクテリアを持ってくることではない。スターターは手っ取り早く、均一性を向上させるかもしれないが、絶対に必要なものではない。最高級の手作りサラミとされるもののほとんどは、最高級の手作りチーズと同様に、選択株の混ぜ合わせではなく、幅広いスペクトラムの自然発生常在バクテリアによって作られる。

スターターの問題を経験的に評価しようと、私はサラミのバッチを2つ用意した。これらは肉や挽き方、塩、キュアリングソルト、砂糖、そしてスパイスについてはまったく同じものだ。私は一方にはスターターを加えずにケーシングに詰め、他方にはT-SPXという名前の培養微生物を買ってきて加えた。どちらのサラミの風味も素晴らしかった。薄いスライスは、私の口の中でとろけるようだった。本当に、私はまったく違いを見出せなかったのだ。培養微生物を加えたものが、それによって品質が向上したとは私には感じられない。また、自然に発酵させたものの風味が、取り立ててより複雑だったり特別だったりすることもなかった。私の実験は、どちらのアプローチでも素晴らしいサラミが作れるということを示してくれた。しかしもちろん、それは数多くの要因によって決まるものだ。

何よりもまず、良質のサラミには良質の肉が必要だ。私は豚肉と背脂を、テネシー州ホウィットウェルで農業をしている友人のBill Keenerから入手している。どんな種類の肉でもソーセージに使うことはできるが、通常はたっぷりの量の刻んだ脂を赤身の肉と混ぜると、ソーセージはしっとりと豊かな風味になる。肉は、機械で挽いても手で刻んでもよい。肉と脂を両方とも細かく刻んでもよいし、あるいは粗く刻むと素朴な感じになる。（ご参考：脂は、部分解凍した状態だと簡単に刻める）。肉は冷たい状態に保つべきであり、長時間室温に放置すべきではない。また、使う道具や作業スペースも可能な限り清潔にしておこう。「食品の乾塩熟成には暖かく湿気の多い状態が必要とされるため、バクテリアが大量に増殖するおそれがあります」と、Michael RuhlmanとBrian Polcynは彼らの著書『Charcuterie』の中で説明している。「したがって、加熱調理したりすぐに食べてしまったりする食品を取り扱う際よりも、衛生がはるかに突出した懸念事項となるのです」。[29]

自然素材のケーシングは、何回か水を替えながら冷水に浸し、水洗いしてから詰める必要がある。これは塩分を取り除き、柔らかくするためだ。牛の大腸のように大型のケーシングを乾燥させるには、小型のケーシング（3〜4週間）よりも長い時間がかかる（3〜4か月）。「初心者にとって最上の戦略は、小さめの、乾燥に時間がかからない、ヒツジや豚のケーシングに詰めたソーセージから始めることでしょう」とRuhlmanとPolcynはアドバイスしている。「乾燥に時間がかかるほど、問題が起きるおそれが増すからです」。[30]

キュアリングソルトについては、乾塩熟成ソーセージに伴う長期間の熟成には亜硝酸塩と硝酸塩の両方が必要とされる。硝酸塩はバクテリアによって亜硝酸塩に代謝され、ゆっくりと放出される。米国では、この組み合わせは「cure #2」として市販されている。実際にはcure #2はほとんどが食塩で、6.25パーセントの亜硝酸ナトリウムと4パーセントの硝酸ナトリウムが含まれる。安全に乾塩熟成ソーセージを作るには、肉に対して0.2パーセントの割合でcure #2を使

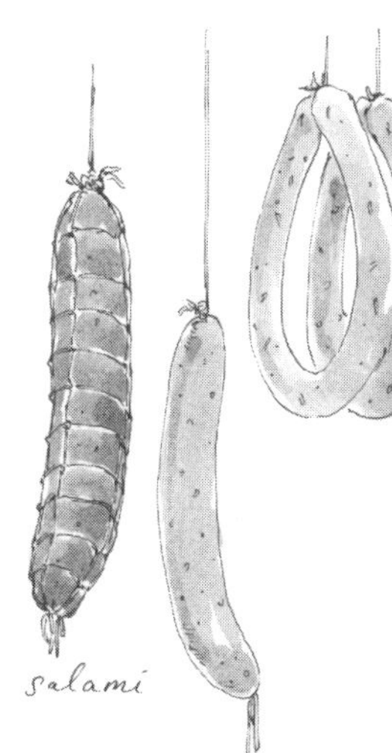

うこと。これは5ポンド／2.5キログラムの肉に小さじすりきり1杯、あるいは1キログラムあたり2グラムに相当する。他の国で入手可能なキュアリングソルトの配合は異なるかもしれないので、ガイドラインに従ってほしい。しかし乾塩熟成ソーセージの場合、必ず亜硝酸塩だけでなく硝酸塩を含むキュアリングソルトを使うこと！　塩に関しては、天然発酵させる場合には肉の重量に対して3〜3.5パーセントを使う。スターター培養微生物を使う場合には、2パーセントほどでよい。多くのレシピでは、一般的に0.3パーセント以下の糖も加えることになっている。一部のレシピではブドウ糖を指定しているが、これはエネルギー源として細胞が利用する最も基本的な形態の糖であり、またStanleyとAdam Marianskiが説明するように、「すべての乳酸菌によって直接乳酸に発酵可能な」唯一の糖だからだ。[31] 好みに応じて、シーズニングやスパイスを加える。ワインを少々加えると書いてあるレシピもある。

私はシンプルな機械式の充填機を使わせてもらえたので、一部はそれを使って詰めた。また、一部は機械式充填機に付属のチューブを使って手作業で詰めた（手で詰める場合には、大きなじょうごがあると便利だ）。どちらの場合も、私は最初のほうに詰めたソーセージを詰め直さなくてはならなかった。ケーシングにどれだけいっぱいに、またどれだけ速く詰めればよいか判断するには、実際に触って覚えることが必要だからだ。しかしすぐに私はこつを呑み込んで、どちらの場合も固くぴっちりと、均一に中身の詰まったソーセージを作れるようになった。どちらかというと私は手詰め作業のほうが楽しかったし、小さなバッチであれば完璧にうまく行くと思う。詰めたソーセージにエアポケットがあることに気付いたら（家庭で作る場合には避けられない）、火であぶって殺菌した針で刺してたまった空気を抜き、ケーシングが縮んで肉の周りにくっつくようにしてやろう。

通常、乾塩熟成中のサラミにはカビが発生する。最もよく見られるカビは、*Penicillium* 属、*Aspergillus* 属、*Mucor* 属、そして*Cladosporium*属のものだ。[32]「表面上の望ましいカビの厚い層は、酸素や日光の悪影響から保護する役割を果たし、またマイコトキシン毒素を産生するカビが定着することを防いでくれる」とFidel Toldráは説明している。[33] 実際、一部の商業生産や家庭での製造では、サラミの表面にカビの胞子を植え付けることがある。緑色のカビや、白以外の色をしたカビが生えたサラミは廃棄することを推奨している文献もある。しかし多くの伝統主義者たちは、そのアドバイスに反対している。「暗緑色から白色まで、あるいはオレンジ色をしたものさえ、数多くのカビがケーシング上に形成される可能性がある」とHugh Fearnley-Whittingstallは説明している。「どれも心配する必要はない」。[34]

「現代の加工業者は科学的な手法を使って見た目に美しい白いカビを維持しているが、本来の性質としては芸術家のパレットのような色とりどりのものができるのが普通だ」と、John Piccetti、Francois Vecchio、そしてJoyce Goldstein

は彼らの著書『Salumi』の中で書いている。[35] 私のサラミには、乾塩熟成中に白、灰色、そして青緑色をしたカビが生えた。カビが生えたサラミに関する私の確信は、私が熟成室をチェックするたびに立ちのぼる、快い魅力的なアロマによって強まった。

どんな発酵プロセスであっても、いつになったら食べられるのか、ということが最大の問題になる。乾塩熟成ソーセージの場合、これは主にソーセージから十分に水分が抜けて常温保存可能になったかどうかの問題だ。最も簡単にこれを判断するには、最初作った時にソーセージの重さを量っておき、その重さを記録しておいて、熟成中に定期的に重さを量って乾燥の進み具合を監視すればよい。乾塩熟成ソーセージは、元の重さの約3分の1が失われた時点で完成となるのが普通だ。これにかかる時間の長さは、何よりもまずソーセージの直径（太いサラミは細いものよりも乾燥に時間がかかる）、そして湿度、温度、空気の流通、その他の熟成条件によって、数週間から数か月まで変動する。私は自分で作ったソーセージを1か月後に試してみたが、その時までに約40パーセントの重量が失われていた。その後は地下室の暗い隅につるしておいたが、蒸し暑い夏の気候にも関わらず、悪くなりはしなかった。

魚醤

魚醤は、すべての調味料の母だ。現在は東南アジア料理に最もよく利用されている魚醤は、2,000年前には古代ローマで最も好まれていた調味料だった。当時も現在も、魚醤は沿岸地域で豊富に取れる小型の海産物を栄養豊富で日持ちのする、そして風味豊かな食品資源へと転換するための手段だ。魚醤は基本的には液化した魚であり、魚の細胞は、科学の専門書に**自己分解**や**加水分解**として記述される酵素の消化作用によって、固体から液体へと変化する。このプロセスが、塩をした魚では（急速に乾燥されなければ）自然に始まるという事実を考察して、歴史家のH. T. Huangは魚醤が「発明されるのは時間の問題であった」と書いている。[36]

小型の海水魚や軟体動物、あるいは甲殻類をはらわた（内臓）ごと使う。「魚のタンパク質加水分解を行う酵素は、主に内臓に存在する」とKeith Steinkrausは報告している。[37]『Journal of Agricultural and Food Chemistry』でタイの魚醤ナンプラーの製造を調査していた研究者のチームによれば、魚は塩をする前に24時間から48時間、室温に放置される。「これによって実際に発酵プロセスが始まる」。[38]

次に、塩を加えてよくかき混ぜ、均一に行き渡らせる。十分に塩をすることは、魚を急速な腐敗や、*C. botulinum*を含む危険なバクテリアの増殖から保護するために重要だ。大部分の現在のスタイルの魚醤には、（重量比で）25パーセント以上の割合で塩が含まれるし、これよりもかなり多いものもある。食品歴史学者のSally Graingerは、古代ローマ帝国の魚醤のレシピでは約15パーセントと

いう、はるかに少ない割合の塩が使われていたことに注目している。彼女は、現在の魚醤に大量の塩が使われるのは「ボツリヌス中毒など、危険なバクテリアを恐れるため」だとしている。[39] しかし、『International Handbook of Foodborne Pathogens』では、室温で「水様液フェーズ」にある魚のボツリヌス中毒のリスクは10パーセントの塩で十分に防止できるとされている。[40]

魚醤には、まったく水を加えないのが普通だ。塩をした魚は、かめ、樽、タンクなどの容器に入れられて、エアポケットを排除し固形物が表面に浮かび上がるのを防ぐため、(ザワークラウトと同じように) 重石をされる。最初、塩が浸透圧によって魚の細胞から水分を引き出す。その後、酵素と微生物の作用によって加水分解が引き起こされる。温度や塩の含有量、そして流儀にもよるが、魚醤は6か月から18か月間発酵され、その間定期的にかき混ぜられる。フィリピン風のパティス (patis) と呼ばれる魚醤を作るために私が利用したレシピは、友人のJulian (母親がフィリピン出身) が私に送ってくれたもので、暖かい場所で「好ましいアロマが出てくるまで」発酵させることになっていた。時間の経過と共に色も濃くなり、魚の固形物も液化して行った。私は約6か月間発酵させた。確かに魚醤のような味はしたが、私は味の違いがわかる食通だと言い張ることはできない。Keith Steinkrausはパティスの製造に関して、発酵期間は6か月から1年の範囲だと報告している。[41] フィリピンでは伝統的に、魚醤は固形物と分離される。この液体のソースがパティスだ。残った固形物の骨を取り除き、挽いてペースト状にしたものはバゴーン (bagoong) と呼ばれ、これも調味料として使われる。魚醤は、濾してから生の状態で使うこともできるし、低温殺菌してびん詰めされることも多い。アルコールが添加されることもある。

微生物学者たちは、魚醤の製造における発酵の重要性について論争してきた。「一般的に言って、塩を加えた後では魚に含まれるバクテリアの数が着実に減少する」とSteinkrausは書いている。[42] それにもかかわらず、微生物分析によれば好塩性のバクテリアが「典型的な魚醤のアロマや風味の熟成や発達に重要な役割を演じている可能性が高い」ことが判明している。[43]

これが基本的なプロセスだ。ローマ料理愛好家Heinrich Wunderlichは、魚と塩の温度を104°F/40℃に保ってくれるヨーグルトメーカーを使って、ガルム (garum、古代ローマの魚醤) の発酵を速めることを提案している。丸のままの小魚、あるいははらわただけを使い、重量比で15～20パーセントの塩を加え、1日に一度かき混ぜた場合、魚は3日から5日で液化して、骨だけが残った状態になると彼は書いている。風味の向上はさらにゆっくりしており、ヨーグルトメーカーを使った場合でも、数か月たたないと完全には風味が引き出されない。[44] 基本の魚醤には数多くのバリエーションがあり、特定の魚や軟体動物や甲殻類を使うもの、砂糖、タマリンドの果肉、パイナップルなどの材料や、穀物にカビを付けたり (麹や餅麹など、10章を参照してほしい)、発芽させたり、酒粕(酒造りから出る固体の残滓、9章を参照してほしい)あるいはもみ殻の形で加えるものがある。また、大豆麹を発酵中の魚醤に追加した、魚醤としょうゆのハイブリッドソースもある。[45]

魚の塩漬け

魚は、塩水に漬けて保存することもできる。魚が分解してしまう魚醤やペーストの場合と違って、魚の塩漬けは形を保つ。最もよく知られているスタイルの魚の塩漬け、例えばニシンの塩漬けやその変種の多くには、発酵はあまり関与していない。水分を抜いてバクテリアや酵素による劣化を遅らせるため、魚には非常に強く塩が振られ、その後脱塩されてスパイスの入った酢に漬けられる。大部分の塩漬けニシンでは、微生物の活動は制約されている一方で、かなりの酵素の活性が見られる。魚のはらわたを抜く際、幽門盲嚢(pyloric caecum)と呼ばれる、酵素を貯蔵する消化器官はそのまま残される。この幽門盲嚢の中の酵素が「循環し、筋肉と皮膚の両方の酵素の活性を補助することによって、タンパク質が分解され、柔らかくおいしい食感と、魚と肉とチーズが混じりあったような、素晴らしく複雑な風味が生まれる」とHarold McGeeが言っている。[46]

より控えめに塩をすることによって、ニシンなどの魚を意図的に発酵させる場合もある。繁殖期が始まる直前で一番脂が乗る時期の晩春から初夏にかけて収穫されたニシンに短期間軽く(8〜10パーセント)塩をして熟成させたもの[47]をオランダではマーチェス(maatjes)ニシンと呼び、これにはより発酵が関与しているが、やはり制約されている。[48]歴史的にこれは季節限定のごちそうだったが、低塩熟成を生き延びられる寄生虫を除くためにニシンを冷凍しなくてはならないと法律で規制された結果、今ではマーチェスを一年中食べられるようになった。

スウェーデンのシュールストレミングは、より印象的な発酵ニシンの例であり、その強烈な匂いと風味はよく知られている。ストレミングはバルト海のニシンのことで、シュールは「酸っぱい」という意味だ。シュールストレミングは薄い塩水(塩分3〜4パーセント)に漬けたバルト海のニシンで、温暖な北欧の夏の気候の中で1〜2か月間、樽の中で発酵される。現在の製法では、シュールストレミングは次に塩分濃度のより高い環境に移されて缶詰にされ、引き続き熟成される。膨らんだ缶が、熟成したシュールストレミングのしるしだ。[49] Harold McGeeによれば、「缶の中で熟成を行う珍しいバクテリアは*Haloanaerobium*属の種で、水素ガスと二酸化炭素ガス、硫化水素、そして酪酸、プロピオン酸、酢酸を作り出す。その結果、基本的な魚の風味の上に、腐った卵と、悪くなったスイスチーズと、酢の混じった風味が付け加わる!」。[50]

食欲がわいてきただろうか? 私は、シュールストレミングに関する論文を書いたスウェーデンの食品学者Renée Valeriが、会議に持ってきたシュールストレミングを試食させてもらったことがある。本当に、缶は内部の活発な発酵による圧力で膨らんでいた。シュールストレミングの強烈な匂いのため、試食は戸外で行われた。Valeriの論文では「不快なにおいとおいしい味という矛盾する特徴」と、シュールストレミングだけでなく数多くの食品に言えることだが「最初に感じる抵抗を乗り越えて試してみれば、その味はとても違ったものに感じられる」という事実について調査していた。ひどい腐敗臭がすることはみんな知っていたが、私を含めた勇敢な食品冒険者たちが、試食に列を作った。この悪臭を放つ発酵した魚をフラットブレッドに乗せて口に入れた時、私はこれを飲み込むことができるだろうかと疑った。しかし噛んでいるうちに私はこの風味に慣れてきて、濃厚な後味は列が終わるのを待ってもう一度味見したいと思わせるほどだった。

ノルウェーのラクフィスク（rakfisk）は、これにちょっと似た、通常はマスから作られる発酵食品だ。レシピには普通、*C. botulinum*との接触を避けるため、魚を土に触れさせてはいけないと指示されている。私が見かけた最も詳細な情報はWikipediaのもので、以下のようなプロセスが記述されていた。魚は洗って、はらわたを除き、魚の重量の約6パーセントの塩を腹腔に詰める。魚は腹腔を上にして、かめや樽などの容器に入れ、層ごとにひとつまみの砂糖を振りかける。重石をしてしばらく置くと、塩によって細胞から水分が引き出されるため、魚は塩水に浸った状態になる。この塩水の中で2〜3か月、40–45°F /4–8℃で魚を発酵させる。[51] 北欧の気候では気温が適切なので、特に塩が豊富に手に入らない場所では、日常的にそのような比較的低塩の魚の発酵が行われていた。「冬の季節に食糧を供給するため、余剰な漁獲物は保存しておく必要があった」とValeriは説明している。[52] 一般的に、北欧の低塩魚発酵食品の起源は、魚を地面に埋める風習であると考えられている。埋めた魚の一般的な名前はgravfiskだ。スカンジナビアでは、地面の穴が樽に置き換わり、そしてシュールストレミングの場合には缶に変わった。しかしそれ以外の場所では、魚を埋める伝統は今でも残っている。後のセクションで、この魚の穴埋めについて説明する。

興味深いことに、一時期シュールストレミングに対する関心は薄れていたが、その後（歴史的に利用されていた範囲をはるかに超える）スウェーデン全土で非常に人気のある食品となった。同様に、ノルウェーの民族誌学者Astri Riddervoldによれば、ラクフィスクは「山地や内陸の農場の食卓から飛び出して、都市社会でシックなものとして受け入れられるようになってきた」。[53] Valeriは、「なぜ新しもの好きの食通たちが、これほど評判の悪い料理を受け入れたのだろうか」と疑い、「たぶんその答えのひとつは、境界を乗り越えようとする現代の欲求にあるのだろう」と述べている。発酵魚は確かに、食べられるものと食べられないものとの間のあいまいでとらえどころのない境界に我々を直面させる。そしてまた、我々がそこに挑戦するよう仕向けているのかもしれない。

魚を穀物と発酵させる

発酵によって魚を保存する際の制約のひとつは、発酵プロセスが生物性保存料（酸およびアルコール）を副産物として作り出すためには炭水化物の栄養素が必要とされることだ。魚の身にはタンパク質や脂肪は豊富だが、炭水化物は不足している。アジアでは伝統的に、加熱調理した穀物（通常は米）と共に魚を発酵させることが多い。穀物が炭水化物の培地を乳酸発酵に提供し、そしてその乳酸が腐敗を防ぐ選択的環境を作り出す。日本では、米と共に塩漬けにした魚は「馴れずし」と呼ばれ、現在国際的に人気の高い生寿司の先輩でもある。

非常に包括的な内容の大著『Fermentations and Food Science』（Cambridge University Pressの大作『Science and Civilisation in China』シリーズに収められている）の著者H. T. Huangは、魚だけでなく肉を穀物と共に発酵させる慣習が何千年もの昔にさかのぼることを記録している。中国語の「菹」という単語は、この伝統と発酵野菜の両方の意味を含んでいる。Huangは、544年に書かれた『斉民要術』（庶民のための重要な技術）にある、鯉から「鮓」（すし）を作る詳細なプロセスを翻訳している。魚のうろこを取り、切り身にし、洗い、塩を振り、数時間から一晩かけて水分を抜く。「我々はこの塩を『水出し塩』と呼んでいる。これによって水分が引き出されると同時に魚に塩が吸収されるからである」と6世紀の著者は書き*、またうるち米を使うよう指示している。「硬めに炊くのがよく……柔らかいのは良くない」。飯と魚の層をジャーの中に重ね、その上から竹の葉と茎を重ねてふたにする。「白い汁が上がってきて、酸っぱい味になったら熟成している」。Huangによれば、この書物には他にも6種類の魚から作る「鮓」と、生肉や加熱調理した肉で作るものが記述されている。[54]

*訳注：『斉民要術』には、この記述はないので、H. T. Huangによる注釈と思われる。

フィリピンのburong isdaとbalao-balao

フィリピンでは、米と共に発酵させた魚はburong isdaと呼ばれ、また米と共に発酵させたエビはbalao-balaoまたはburoと呼ばれる。フィリピンの発酵食品は比較的速くできるし、とてもおいしく、また発酵した魚と米を加熱調理してから食べるので神経質な人にも安心だ。普通burong isdaは淡水魚から作られる。私はサバヒー（文献に繰り返し言及される魚のひとつ）とティラピアで作ったことがある。魚のうろこを取り、内臓を取って三枚におろし、切り身にする。切った魚を15〜20パーセントの塩（1ポンド／500gあたり大さじ5〜6）と混ぜる。よく混ぜて、魚の表面がすべて塩で覆われるようにする。このまま数時間おいて、塩に魚から水分を引き出させると共に塩を魚に吸収させる。

その間に、米を炊く。私は魚の約2倍の乾燥重量の米を使うことをお勧めするが、私が見たレシピの米の比率は大きくばらついていた。好きな種類の米を使い、普通どおりに炊く。炊いた米が体温まで冷めたら、みじん切りにしたニンニクとショウガと一緒に、塩を振った魚とそのジュースとよく混ぜる。少量（1〜2パーセント）のangkak（紅麹）を加えると書いてあるレシピもある。紅麹は栄養サプリメントの店や、アジア食材店で手に入る。米と魚を混ぜたものを広口の密閉可能なジャーまたはかめに、エアポケットができないように上から押し付けながら詰める。表面に魚が出ていたら、押し込んで米に覆われるようにし、膨らむことを見越して多少のスペースを残しておく。ジャーを使う場合には密閉する。かめを使う場合には、表面をほとんど全部覆うような内ぶたやプレート、または水の入ったポリ袋（3章の「かめのふた」を参照してほしい）を使う。また、かめには布をかぶせてひもかゴムで固定し、虫が入らないようにしておく。1〜2週間発酵させる。食卓に出す際には、ニンニクとタマネギをソテーし、それから発酵したburong isdaと水を少々加え、必要に応じて水を足しながら火を通す。[55] 私はburong isdaを初めて試してから、何度も本当においしく食べている。チーズの入った魚のリゾットのような味だ。また私はburong isdaを料理持ち寄りパーティーに2回持って行ったが、大好評だった。

balao-balaoも作り方は同じだが、魚ではなくエビから作るという点だけが違う（殻は付けたままだが、頭は取り除く）。エビに振る塩は多少多めに約20パーセント、つまり1ポンド／500gあたり大さじ6程度にする。発酵期間はそれほど長くなく、4〜10日程度だ。発酵が進んでエビと米が酸性化してくると、エビの殻の硬いキチン質が柔らかくなってくる。burong isdaと同様に、balao-balaoも発酵後に加熱調理する。私の作ったbalao-balaoは発酵が進むにしたがって非常に鋭いにおいが出てきた。7月の熱波の時期だったので、発酵自体の特性ではなく温度のせいだったのだろうと思う。私は10日近く発酵させてみたが、温度を考慮すると4日で（あるいは2・3日でも）十分だったかもしれない。

私はbalao-balaoの安全性については心配しなかった。そのにおいは、それまで何度も経験したものだったからだ。しかし、balao-balaoを調理する際にさらに材料を加えて、強いにおいを（たぶん味も）薄めてしまおうというアイデアが浮かんだ。そのとき家庭菜園に豊富にあったトマト、オクラ、ズッキーニなどの野菜と豆類を加えてシチューにすることにした。食べてみるとbalao-balaoの風味はにおいほど強くなかったが、チーズによくあるような、非常にこなれた味だった。balao-balaoのシチューは本当においしかったが、エビ自体（残念なことに、アジアから輸入した冷凍ものだった）は固くてまずかった。

私はbalao-balaoのシチューを作った後、冷蔵庫に保存して、温め直して何度か友人たちに振舞った。彼らはみな、この味が気に入ったようだった。私は食べるたびに、もっと好きになった。この鋭い風味に慣れてくると、やみつきになってしまうのだ。持ち寄りパーティーの夜が来て、私は1月前に多くの人がburong isdaをおいしいと言ってくれたことを思い出しながら、balao-balaoのシチューを持って行った。シチューを温めている間、そのにおいについて一言も私に言う人はいなかった。私は自分の食べ物を取って、別の部屋へ行って食べることにした。隣の部屋から、何度か爆笑が聞こえた。直観的に、私はその笑いがbalao-balaoのせいだということがわかった。友人のJimmyは、balao-balaoのにおいが大嫌いだと身振りで示した後、その鍋を屋外へ出してしまった。チャレンジ精神から、少し食べてみた人もいた。他の人は食べてみようともしなかったり、口を付けたものを捨ててしまったりしていた。私は驚いてしまった。その風味は、私にとってはとても魅力的だったからだ。作ってから約1週間たって何回か温め直したため、エビが（以前はあんなに固かったのに）殻ごと、文字通り溶けてなくなりかけていることに気付いた。米も同様だった。最後は家に持って帰り、スクランブルエッグと小麦粉を少々混ぜてエビのスフレのようなものを作った。これも私にとっては、ずっと変わらないbalao-balaoのおいしさだった。

ネット上のburong isdaやbalao-balaoのレシピは、多くの点でさまざまに異なっている。フィリピン民族学者のR. C. MabesaとJ. S. Babaanは、米の炊き方（固く炊くか粥にするか）、米に塩を入れるかどうか、魚の種類、内臓を取るかどうか、米と混ぜる前に塩を振って置く時間、そして紅麹を使うかどうかの違いについて調べた。「しかし、これらの違いによって、全体的な品質の点で最終的な製品に大きな違いは見られなかった」。[56] Philippine Institute of Fish Processing TechnologyのMinerva Olympiaによる1992年の論文では、これらの手法が、

> 家庭で発展したものであり、改善は作業者の観察に基づくものであった。発酵プロセスは通常、世代から世代へと伝えられた。微生物の役割の理解や、製品の中で起こる物理的および化学的変化にはほとんど関心が持たれていない。認識されるのは、プロセスの変更、または材料や条件の違いに起因する、色、におい、そして味の変化である。[57]

と指摘している。

本を読んで知ることができるのはここまでだ。このような食品は作ってみなければ、経験的な学習は始まらない！

日本の馴れずし

歴史的には魚だけでなく哺乳類や鳥からも作られていた[58]日本の馴れずしは、伝統的に非常に長い期間発酵させる食品だ。現在まで伝わった最も著名な例は鮒ずしであり、この郷土料理は日本の滋賀県にある琵琶湖固有種のコイ科の淡水魚ニゴロブナ（*Carassius auratus grandoculis*）から作られる。この魚は春に漁獲され、内臓やうろこを取り除いて、塩を詰める。フナは塩の中で、容器の中で浮き上がらないよう重石をされた状態で、数か月間（あるいは2年程度まで）熟成される。塩漬けの後、フナは洗って飯と混ぜ、魚と飯を一緒に6か月から2年の間発酵させる。ある鮒ずし製造業者は「骨が柔らかくなるまでには2年は必要だ」[59]と感じており、それだけ時間をかけると飯も柔らかくなって形がなくなり、「ネバネバでど

ろどろの乳酸の糊」になる、と日本生まれのフードライターKimiko Barberは書いている。[60]

馴れずしには地域による変種が数多く存在し、麹や発芽米、生野菜、あるいは日本酒を使って発酵を速めるものもある。かぶらずしは、Tokyo Foundationによれば「スライスしたカブの間にブリを挟んで米麹に約10日間漬けたもの」だ。[61] Barberは、興味深い地域のスタイルをいくつか記述している。

> 北海道には「えずし」があり、これはダイコンやニンジンの塩漬けと鮭、ハタハタまたはホッケに、麹を加えて3か月発酵させて作られる。一方、青森県ではニシンずしが供される。これは三枚におろして塩を振った魚と飯を重ねて日本酒に浸し、まだ温かいうちに混ぜて木の樽に入れ、重石をして40日ほど発酵させたもの。かぶらずしは富山県と石川県で作られており、塩をした鮭やサバの切り身をカブの塩漬けで挟み、調味した飯の中で約1週間発酵させる。これには、デリケートにバランスしたカブからの甘味と、旨味の詰まったおいしさがある。粥ずしは山形県で正月祝い料理の重要な一品として作られるもので、鮭と数の子と鮭の白子に、ニンジンの塩漬けとサヤインゲンとコンブを米や麹と一緒に混ぜ、家庭によっては日本酒を加えて、2週間から6週間発酵させる。

これらのさまざまな馴れずしのテクニックは、魚を保存する手段として発達した。我々が知っている寿司（早寿司）はそのインスタント版であり、伝統的な乳酸発酵を米酢で置き換えたものだ。「自然発酵させた寿司は、絶滅の危機に近づいている」とBarberは書いている。「その技術の多くは永遠に失われてしまった」。しかし彼女は、最近になって馴れずしが復活してきているようだと報告している。「多くの小さな地方の村々では、地域の知名度を上げたいと願っており、ほとんど失われかけた技術を再興し、村の経済を活性化させるために発酵ずしを復活させようとしている」。

H. T. Huangは、魚醤やペーストなどのシンプルな塩漬け魚が最初の魚発酵食品であり、その後麹のようなカビを付けた穀物（餅麹、10章を参照してほしい）を加えて魚や肉から醤が作られ始めたのが紀元前6世紀から10世紀の間、そしてさらに後の紀元前1〜3世紀になって、飯を加えるようになった（米と共に野菜を発酵させる、すでに使われていたテクニックに触発されて）と推測している。[62] Huangは、先ほど引用したものと同じ、544年に書かれた『斉民要術』（庶民のための重要な技術）から、肉醤の作り方を翻訳している。

> 牛、羊、ノロジカ、鹿、そしてウサギなどの肉はすべて使うことができる。殺したばかりの動物から良質の肉を取り、脂肪を取り除いてよく切り刻む。乾いてしまった古い肉は使うべきでない。残った脂肪が多すぎると、肉ペーストが脂っこい味になってしまう……。およそ1斗（すなわち10升）の肉に、5升の粉末麹［餅麹、10章を参照のこ

> と]、2升半の白い塩、そして1升の黄色カビ麹［胞子を形成した*Aspergillus*属のカビ、10章の「麹を作る」を参照のこと］を混ぜ合わせる。

これらの材料を混ぜ合わせ、容器に入れて（泥で）密封し、そして日光に当てながら約2週間発酵させる。[63] Huangの引用したそれ以外の歴史的な肉醤のレシピは、酒を使ってもっと長く熟成させている。

ホエー、ザワークラウト、キムチの中で魚や肉を発酵させる

生きた乳酸菌が存在しなくても、酸性の培地を使えば魚や肉を熟成させることができる。セビーチェは、ライムジュースに魚を漬けたラテンアメリカの軽くておいしい料理だ。ほんの数時間で、酸によって魚の外観が「調理された」状態になるのがわかる。また私は生の牛肉を、その牛を育てた農夫が酢に一晩マリネして、同様に変化させたものを食べさせてもらったことがある。実際には加熱調理されていないのに、外観と食感は加熱調理された肉そのものだった。

ホエー、ザワークラウト、キムチなど、乳酸菌の密集した個体群によって酸性化された食品も、肉や魚を安全に発酵させる環境として同様に利用できる。アイスランドでは、発酵したホエー（sýra）がsúrmatur（「酸っぱい食品」という意味で、たいてい動物や魚の一部から作られる）と呼ばれる食品群の発酵培地としてよく利用される。アイスランドのフードライターNanna Rögnvaldardóttirが、歴史的にホエーが保存にどう利用されてきたのか、そして彼女自身がキッチンでどのように利用しているのかを語ってくれた。

> 魚はほとんどの場合、酢漬けにはせず乾燥させますが、特定の部位はsýraの中で保存されることもあります。大部分は現在では食品とは考えられない、胃腸や浮袋、白子、卵、肝臓、皮、尾、ひれなどの部位です。（ここでは、あらゆるものを利用していた極貧者の料理について話しています）。魚の骨さえ（その他の骨も）時には1年以上酢漬けにしてから、柔らかくなるまでゆでて食べることもありました。たいていの骨は、十分に長い時間sýraの中で保存すれば柔らかくなると教わりましたが、試したことはありません。
>
> 肉は昔も今も酢漬けにしますが、最も普通に酢漬けにされる食品はくず肉、つまり、頭、ヘッドチーズ、足、ブラッドソーセージ、レバーソーセージ（ハギスに似ています）、ラムの睾丸や腸や乳房、そしてアザラシのひれ、クジラの脂肪、海鳥などです。時には殻をむいたゆで卵をsýraの中で保存することもありました。小さな海鳥の卵は、殻の付いたまま酢漬けにすることもありました。そうすると、時間と共に殻が溶けて行くのです。
>
> 今、私の冷蔵庫には小さなプラスチック製の保存容器が入っていて、sýraの中にブラッドソーセージやレバーソー

セージ、ヘッドチーズやラムの睾丸を漬けています。[64]

Rögnvaldardóttirは、sýraはつぎ足しながら永続的な培地として使えると報告している。母親の話として、彼女はこのように書いている。「母はsýraを一度も交換したことがなく、必要に応じてホエーを足すだけで、12年くらい使い続けていると思います」。

ホエーを使った発酵の強力な支持者であるSally Fallon Morellは、彼女の著書『Nourishing Traditions』の中で、ホエーに鮭を漬ける素晴らしいレシピを紹介している。鮭の切り身を室温で24時間、薄めたホエー（ホエー1に対して水8）にハチミツ少々と塩、タマネギ、レモン、ディルなどのスパイスを加えたものでマリネするのだ。[65] デンマークはコペンハーゲンのAndreas Haugeは私への手紙で、このレシピに従ってみたが「キッチンをシェアしている人たちに我慢してもらうのが大変なほど、とても強いにおいがありました。元のレシピを変更して、水の代わりにレモンやライムをたっぷり塩とホエーに混ぜるようにすれば、ほとんどの人に受け入れられるレベルまでにおいを減らすことができます！」と教えてくれた。

同様に、魚や肉もキムチに加えてもよい。『The Kimchee Cookbook』（これは私が英語で見つけた最も総合的なキムチの参考書だ）には、アンチョビペーストやカキ、スケトウダラ、カレイ、カイトフィッシュ、タコ、イカ、カニ、そしてタラを使ったキムチのレシピが掲載されている。これらのレシピでは（すべてではないが）、あらかじめ魚に塩を振って置くことが多い。また私は、生の塩漬け肉と肉汁を使ったキムチのレシピを見たこともある。

肉や魚は、同様にザワークラウトに入れてもよい。ポーランドで私はビゴスという、ザワークラウトでマリネした肉のシチューを食べた。歴史的に、「この料理は何日もかけて加熱と冷却を繰り返して作られる」とポーランドの民族学者Anna Kowalska-Lewickaが書いている。[66] カリフォルニア州ソノマ郡のRick Headleeは、私にこんな手紙をくれた。彼の古い友達は、スウェーデンからワイオミング州への移民なのだが、大量のザワークラウトを作って「その中によくプロングホーンの腰肉を漬けていた」そうだ。ノースカロライナ州アシュビルに住む発酵愛好家のDallin Credibleは、ザワークラウトで鹿のジャーキーを発酵させる実験に成功したと報告してくれた。「私は鹿のジャーキーを小さく切って、キャベツとよく混ぜました。とてもおいしい」。また私も、余ったソーセージを細かく切って、すでに熟したザワークラウトに加えたことがある。日持ちしたし、おいしかったし、ザワークラウト自体の味も引き立った。ザワークラウトやキムチのように、生の植物材料と塩からできていて予測可能な酸性化が起こる培地では、少量の（生や加熱調理済みの）魚や肉を加える実験が、心配なく、自由に行える。

卵を発酵させる

卵は、さまざまな方法で発酵させることができる。殻をむいた堅ゆで卵は、発酵野菜のかめの中にうずめておくだけで、野菜の酸性化によって保護される。中国料理の皮蛋（ピータン）は、英語でcentury eggs（1世紀の卵）やthousand-year-old eggs（千年たった卵）と呼ばれるが、ほんの数か月だけ熟成されるのが普通だ。「ソーダ［重曹］、生石灰、食塩、そして灰（茶葉やもみ殻を加えることも多い）を混ぜて作られるペーストが生卵に塗り付けられ、そのまま約3か月保存されます」とFuchsia Dunlopは書いている。彼女は最初に皮蛋を試した際、「その暗灰色にぎょっとしました」が、「今では大好きです」と告白している。彼女は皮蛋を「リッチでクリーミーな黄身が強調された卵のようなもの」と形容している。[67] あるブロガーのバスク菓子博物館のレポートには、その地で19世紀末から20世紀初頭にかけて、卵の生産が減少する冬の季節に卵を保存するために使われていた、同様のテクニックの情報が含まれていた。「卵を保存する通常の方法は……冬に石灰の中に埋めておくことでした。卵は大きな素焼きのつぼに入れ、水と生石灰を混ぜたものにうずめておけば、何か月も完璧な状態を保ちます」。[68]

H. T. Huangは、「糟」（ライスビールを作った時に残るもの、基本的に酒粕と同じ）を使う別の種類の中国風発酵卵について書いている。「軽くひびを入れた卵を、塩と糟を混ぜたものと交互に敷き詰め、5〜6か月保温する」。[69] 最後に、William Shurtleffと Akiko Aoyagiは半熟卵の黄身をみそに漬ける方法を記述している。

> 6インチ／15cm四方の容器の底に、1インチ／2.5cmの深さに赤みそを敷き詰めます。卵の太いほうの端を4か所でみそに押し付けて4つのくぼみを作ってから、みそをガーゼで覆ってガーゼをくぼみに押し付けます。3分間ゆでた卵を用意します。壊れないように卵黄を慎重に取り出し、4つのくぼみに卵黄を1個ずつ入れます。その上をガーゼで覆い、みそでやさしくふたをして、1日半から2日待ちます。チーズのようになった卵黄をオードブルとして、あるいは炊き立てのご飯の上に乗せていただきます。[70]

アラスカでの魚の発酵実験 ｜Eric Haas

私の最近の最もエキサイティングな魚の実験は、オヒョウのキムチだ。これにはマンゴーがちょっと入っている。（私はキムチにフルーツやナッツを入れるのが大好きだ）。まず、基本のキムチの強烈なやつを作る。ショウガをたくさん使うこと。ショウガは肉を柔らかくしてくれるし、肉を分解しておいしくし、キムチになじみやすくしてくれる。キムチが十分発酵してきたら（だいたい10日前後）、細かく切った魚を混ぜ、キムチペーストを少々加えて風味を付ける。私は、軽く蒸した魚や新鮮な生魚、それに冷凍した生魚（もちろん、解凍してから）を使ったことがある。味は基本的にどれも同じだ。約1週間で食べられるようになる。基本的に同じ方法で、本当においしいサーモンザワークラウトも作ったこともある。緑のキャベツ、すりおろしたニンジン、キャラウェイシード、塩を混ぜてザワークラウトを作り、十分発酵させてから、鮭を蒸すかあぶるかして加え、混ぜて再び重石をして、1週間ほど待つ。サーモンは本当にやわらかく、しっとりとしておいしくなるし、またさっきのオヒョウとは違って、風味と形が保たれる。とても良いものだ。

William ShurtleffとAkiko Aoyagiは、別の種類のみそに堅ゆで卵を漬ける方法も記述している。

肝油

特に北欧の一部で伝統的に治療効果のあるサプリメントとして使われるタラの肝油は、伝統的には発酵によって作られる。サメやエイなど、他の魚の肝油も同様だ。ネブラスカ州のDavid Wetzelは、伝統的なものと現在の工業製品に使われているものと、両方の肝油について抽出プロセスを調査した。Wetzelが学んだのは、市販の肝油を抽出するために用いられる工業的なプロセスでは「アルカリ精製、漂白、ウインタリング（脱ろう）、そして脱臭などが行われ、このすべて、特に脱臭工程で、貴重な脂溶性ビタミンの一部が失われる」[71] ことだ。伝統的な手法に関しては、彼は「肝油の化学」に関する1895年の記事を引用している。その中で著者のF. Peckel Möllerは「原始的な手法」を記述している。この手法では、漁師が毎日その日の漁獲物を売った後にタラの肝臓を家に持ち帰って樽に入れる。

> 漁師は肝臓から胆のうを取り除いたりせず、単純に毎日獲れたものを詰め込んで行くだけであり、海から戻ってくるたびにこのプロセスを繰り返し、樽がいっぱいになればふたをして新しい樽に入れ始める。これが漁獲期の終わりまで続けられ、そのときになって漁師たちは、いっぱいになった樽を家に持ち帰る。付記するならば、最初の樽は1月のものであり、最後のものは4月初旬のものだが、家に帰った漁師たちにはやるべきことがたくさんあるため、5月になるまで肝臓の入った樽を開ける時間が取れることはめったにない。もちろんその時までに肝臓は、かなり腐敗が進んだ状態になっている。分解の過程で肝臓の細胞が破裂し、肝油の一部が漏れ出す。これが上にたまってきたものをくみ出す。樽のふたを閉めてから……開けるまでに2・3週間以下しかたっていない場合には、またその間の気候があまり暖かくなければ、肝油は淡黄色であり、生薬用油（raw medicinal oil）と呼ばれる。しかし当然のことながら、この品質の油はごく少量しか得られない。実際、普通は量が少なすぎるため、漁師はわざわざこの油を別に集めることはしない。ほとんどの樽からは、だいたい濃い黄色から茶色がかった油が得られる。この油をくみ出し、肝臓はそのままさらに腐敗させる。再び十分な量の油が表面に上がってくれば、くみ出しが繰り返され、このプロセスは油の茶色がある程度まで濃くなるまで続けられる。[72]

Wetzelはこう書いている。「このくだりを読んだ後、ヨーロッパ産の最後の天然肝油が消えることを予見して、私はこの古い手法に従って薄茶色の発酵肝油を作ろうと決心した」。[73] 実際、彼は発酵肝油を作り始め、Green Pastureというブランド名で市販している。

魚や肉の穴埋め発酵

先ほど、魚の塩漬けのセクションで、gravfiskと呼ばれる穴埋め魚の伝統にルーツを持つ、スカンジナビアの樽熟成魚を紹介した。シンプルな日光や空気や燻煙による乾燥(これらは、効果的に行わる限り、顕著な発酵はもたらされない)以外にも、魚や肉を地面に掘った穴に埋めることは、余剰産品を貯蔵し、確保し、そして保存するために最も古代から行われている手法のひとつだ。「本来は、狩人が戻ってくるまで昆虫や盗人から食品を隠したり保護したりするために行われていたのかもしれない」と、『Pickled, Potted, and Canned』の著者であるSue Shephardは推測している。Shephardによれば、中世の英国においては「鹿肉は、つるされる代わりに埋められることもあった」。彼女はこう説明している。「冷たく湿った地面に横たえられて湿り気を保つことによって、食品は自分自身の酵母や酵素を利用してゆっくりと発酵して行き、非常に強い風味の保存食品が出来上がる」。[74]

保存のために肉や魚を埋めることは、さまざまな場所で広範囲の文書に記載されているが、最も目立つのは極北の地だ。気候が寒いほど、長期間保存できることは確かだ。しかし南アフリカのケープタウン大学の考古学者たちは、初期のオランダ人入植者によって記録されていた、砂の中に鯨肉を埋める慣習を再現しようと試みたところ、約10日間はバクテリアのレベルが生食できるだけのレベルにを超えることはなく、また肉を加熱調理した場合にははるかに長く食べられる状態が保てることを見出した。[75]

しかし、魚の穴埋めが最も広く行われ、また生存に最も不可欠となるのは地球の極北の地だ。料理歴史家のCharles Perryは、ロシア太平洋岸にあるカムチャッカ半島のイテリメン族の人々が「軟骨が溶けるまで穴の中で魚を腐らせ、時にはひしゃくのようなもので穴からすくい取らなくてはならない程度にまで腐らせる」という18世紀の記事を引用している。[76] スカンジナビアの熟成鮭グラブラックス(gravlax、「穴の鮭」という意味)は、歴史的には砂に鮭を埋めて作られていた(しかし、先ほど触れたように、現在では埋めたり大幅に発酵させたりはさせずに、通常は冷蔵下で塩と砂糖で数日間熟成して作られる)。キビヤック(kiviak)は、はらわたを抜いたアザラシの腹腔内にカモメやウミスズメを丸のまま詰め込んで縫い合わせ、穴に埋めて(アザラシを破裂させずにガスが抜けるように縫い目を上にして)大きくて平らな石を乗せ、数か月間発酵させたグリーンランドの珍味だ。「彼らは頭を食いちぎり、酸味のあるはらわたを絞り出す」と直接体験したインターネットの記事にある。「熟成したチーズのような味がして、非常な刺激臭がある。この料理には、何も気持ち悪いものはない」。[77]

アラスカでは、イヌピアト(Inupiat)族の人々がキングサーモンの頭を地面に埋めて、彼らがnakaurakと呼ぶ(英語ではstinkheads「くさい頭」という)珍味を作っている。イヌピアトの魚を料理し保存する伝統的な方法が、Anore Jonesによってまとめられて2006年にUS Fish and Wildlife Serviceから出版されており、これにはベーリング海峡近くのアラスカ州コツェビューに住むMamie Beaverの語ったnakaurakを発酵させる方法の詳細が含まれている。「地面に日が当たらない場所に、2フィート／60cmの深さの穴を掘り、緑の草を敷き詰めます」と彼女は教えている。

> 鮭の頭をよく洗い、血や汚れを取り除きます。えらは付いたままにしておきます。魚の頭を粉袋に入れ、その袋を草の穴に入れます。草を数インチの厚さにかぶせ、その上から砂をかぶせ、さらに人が踏みつけないように板をかぶせます。そのまま、においが少し強くなってきて、鼻の皮がはがれてくるまで、あるいは簡単に取れるようになるまで置いておきます。この鼻の皮が一番おいしい部分で、まるで柔らかいゴムのようです。においがあまり強くなってはいけません。[78]

もちろん、「あまり強く」というのは主観的な判断だ。口述歴史がたくさん詰まったこの文書には、次のようなnakaurakに関する2人のイヌピアト族の老人の間のやり取りが含まれている。「私は、緑色でネバネバしているのを食べるのが好きだ」と1人が言う。「私はそんなに強いものは食べられない」ともう1人が答える。「緑色でネバネバし始めたものは、私は犬のエサにしてしまう」。実際、犬もまた全体的な食糧システムの一部であり、エサをやる必要があるのだ。

大部分の発酵食品と同様に、穴埋め魚も連続体として存在しており、時には（少なくとも一部の人にとっては）極端に走ったものもある。その限界は、明確ではないのが普通だ。しかし、非常に明確な限界のひとつとして、地面に掘った穴に埋める際、魚をプラスチックで包んではいけないということがある。穴には、草または葉が敷き詰められる。魚は麻袋で包まれる場合もある。しかし、このプロセスにプラスチックを使わないということが絶対的に重要なのだ。プラスチックは、*Clostridium botulinum*の増殖を助長する完全な嫌気的条件を作り出してしまうおそれがある。現在の北米では、報告されるボツリヌス中毒の件数のうち不釣り合いなほど多い割合をアラスカ州が占めており、これらはすべて「伝統的なアラスカ先住民食品の不適切な調理や保存と関連している」と米国疾病対策センター（CDC）の報告に記されている。[79] CDCは、プラスチックの中で魚を発酵させる危険を例証する、啓発的な実験を行った。イヌピアト族の魚の伝統に関するFish and Wildlife Serviceの報告には、このCDC公式記事が含まれていた。

> ボツリヌス中毒が見られた主な食品（魚の頭、アザラシのひれ、そしてビーバーの尾）について、それぞれ4つのバッチを取得した。2つのバッチは適切な伝統的方法で作成され、そして2つは一部の人が最近しているように、プラスチックの袋やバケツを使って作成された。各バッチのひとつにボツリヌス菌が接種され、もうひとつは自然のまま残された［接種されなかった］。発酵プロセスの完了後、我々はそれらのバッ

チを検査した。驚いたことに、伝統的な方法で作成された食品のバッチには、ボツリヌス菌の芽胞を接種した食品であっても、ボツリヌス毒素の痕跡は見当たらなかった。一方、プラスチックで作成された食品のバッチ［ボツリヌス菌の芽胞を接種したものと接種しなかったもの］は両方とも、ボツリヌス陽性という検査結果だった。この実験から導き出されるアドバイスは、「発酵食品作りは続けなさい、ただしプラスチックの袋やバケツは絶対に使わないこと、そして一切省略したり変更したりせずに伝統的な先住民の方法で確実に行うこと」だ。[80]

どうか、この警告を心にとめておいてほしい。

極地の気候では、魚を効果的に保存するために穴埋めさえ必要とは限らない。イヌピアト族の魚の伝統に関するこの驚くべき報告に記載されたもうひとつの伝統的な魚発酵手法は、単純に魚を山に積み重ねることだ。この山は、夏が終わりかけたころ、日陰で作り始める。魚の内臓は完全には取り除かない。魚の損傷と酸化のおそれを最小限にするため、小さな切り込みから肝臓と胆のうだけを取り出す。毎日の漁獲物が山に加えられ、草で覆われる。イヌピアト族の老人が、次のように説明している。

気候が涼しくなってくると発酵も遅くなるので、一番上の層の魚が最も新鮮になります。この場合、肝臓を取り出すことはそれほど重要ではなくなるので、やめます。氷点下の気温でかじかんだ指でそうすることは難しいという理由もあります。それからは、魚を丸のまま山に積み上げます。肝臓と胆のうは、魚の他の部分よりも速く、また違った状態で発酵するため、発酵が長くなるとその周りの部分がだめになって行きます。

雪が降り始めて氷点下の気温が続くようになると、山を積み直して魚をばらし、それぞれが完全に凍るようにする。「こうしないと、地面が凍るまで何週間も発酵が続いてしまい、強くなりすぎるからです」。

凍ってしまうと、発酵は停止する。長い冬の間中、魚（tipliaqtaaq quaqと呼ばれる）は必要に応じて山から取り出して食べられる。凍った山から魚を取り出すには、「斧で叩いて、はがします」。山は中心に向かって小さくなって行くが、中心の魚ほど長い時間発酵されている。「古い、最初に漁獲された魚の身は、魚の身の食感とは似ても似つかない、チーズのような食感に変化しています……。新鮮な魚とtipliaqtaaq quaqとの違いは、新鮮な真水を飲むことと、リッチな塩辛いスープ、あるいは強くて甘いワインを飲むこととの違いに例えられるでしょう。それ以外にも、tipliaqtaaq quaqには、豊かで複雑な、常に変化する風味が数多く含まれているのです」。しかし、強いことがいつでも良いことだとは限らない。「私たちがこれらの魚を食べるときには、どの魚、あるいはどの部位が食べられるか、そしてどの部位が強すぎて犬にやるしかないか、常に判断しているのです」。[81]

ハイミート

肉や魚を保存する歴史的な手法に関する文献の中には、腐りかけた肉を「ハイミート（high meat）」という名前で呼んでいるものがある。プライマルダイエット（Primal Diet）と呼ばれる現代のダイエット法では、健康のためにハイミートを食べることを提唱している。このダイエットの創始者でありプロモーターでもあるAajonus Vonderplanitzという男性は、アラスカで（先ほど説明したような）穴に埋めた肉を食べるというドラマチックな癒しを経験して以来、ハイミートの癒しのパワーを信じるようになったと語っている。

極地以外の気候に住んでいる人のためにVonderplanitzが翻案したハイミートを作るプロセスは（彼自身は南カリフォルニアに住んでいる）、さいの目に切った肉をジャーに密閉して冷蔵庫に入れ、定期的に取り出して空気に当てながらエージングするというものだ。私が文通していたイリノイ州エヴァンストン在住のBeverly Pedersenという、これを実践している女性が、私にそのプロセスを説明してくれた。

> 1クォート／1リットルの広口のジャーにゆるく詰めて半分になる程度の量の肉を一口大に切ります。ふたをして冷蔵庫に入れます。数日おきに取り出してジャーを開け、振り動かして新鮮な空気に当てます。家の中がくさくならないように、これは屋外でやることをお勧めします。ふたを閉め直して冷蔵庫に入れます。これを1か月間続ければ出来上がりです。冷蔵庫に入れておけば、長期間保存できます。

私はここ数年で、この教えを信奉している人々に何人も会ったことがある。しかし彼らが私にくれたハイミートは味わっていない。いつも私にとっては敬遠したくなるにおいがするからだ。私が会った1人の女性は食べるときに鼻をつまんでいたし、噛まずに飲み込めるよう小さく切り刻んでいた。この教えを私が支持しているわけではないし、その安全性について疑問を持っていることも確かだが、私が会ったハイミートを食べている人はみな完全に健康そうだったし、そのおかげで健康が大幅に改善されたと言っている人もいた。私の個人的な懸念にもかかわらずハイミートをここで取り上げたのは、肉の発酵という話題を完全にカバーするためだ。

肉と魚の倫理

肉や魚の発酵についての章を終えるにあたって、これらの慣習がそれぞれ、特定の文脈の内で意味を持つ戦略として発達してきたという点を強調しておきたい。特に重要なのは、1年の中の特定の時期に特定の場所で、どんな肉や魚が豊富に利用できるかという点だ。しかし、不幸なことに現代のような消費者の楽園で、それを実感している人はほとんどいない。特に肉や魚に関しては、我々の食べている食品の出どころや、それらを我々に届けるためのシステムの詳細はぞっとするようなものであることが多い。

健康的で持続可能な、そして思いやりのあるやり方で動物を育てようとしている小規模な農家は、多くの場所に存在する。私はそのような人々から直接肉を買っているし、読者にもそうすることを勧めたい。しかし、持続可能で思いやりのある育て方をするには、動物1頭あたりかなりの土地を必要とする。そうすると肉の値段が高くなるだけでなく、供給可能な数量も限られることになる。食肉用の動物が健康的で苦痛なく育てられてほしいと望むなら、全員が肉を食べる量を減らさなくてはならない。私は肉を食べるのが大好きだし、私が尊敬する農家から地元産の肉を買う機会もあるし、それを買うだけの余裕もある。それでも私自身、肉を賛美することには抵抗を感じる。肉食を持続可能にするためには、少しだけ食べることが必要だと私は信じている。

魚に関しては、私には新鮮な魚を買うつてもないし、自分で魚を取る機会にも（まだ）恵まれていない。私は冷凍した魚を使って実験をしてきたが、冷凍した魚のグローバルな取引をサポートしようというつもりは特にない。もし日常的に新鮮な魚が手に入る沿岸部に住んでいたら、私はもっと魚を買おうというつもりになっただろう。しかし、グローバルな市場の需要を満たすための漁業の大規模化は、広範囲の乱獲と個体数の減少を招いてきた。また、水質汚染が進んでいること、そして重金属などの毒物が魚に蓄積される可能性も忘れてはならない。肉と同じように、魚を食べることを持続可能にするためには、少しだけ食べることが必要なのだ。

しかしこの話も、文脈がすべてだ。何かの資源が豊富に手に入る人は、それを活用するよう心がけてほしい。そのようにして肉や魚を発酵させる伝統も発展してきたわけだし、その伝統が今後も重要であり続けるようにアレンジするためにも役立つはずだ。

LOOK FOR
LOCAL
ARTISAN
FOODS
EXTRA
IPA
PALE ALE
Roasted Garlic Must
Mo's
KIMCHI
FRESH
ORGANIC
RAW
KIMCHI
BEER
RELISH
KOMBUCHA
BLACK-TEA
FRANK'S
ALL-NATURAL
SODA
natural
cream
cheese
yogurt
LOCAL
ARTISAN
CHEESE
ALL NATURAL
CHEESE
MADE IN SMALL BATCHES
NEW
LOCAL
PRODUCT
FARM-
DIRECT
Kosher
Dill
Chips
Cheddy
Aged
2 years
Natural
Soy
Sauce
HOT
SAUCE
PICKLES
CHEESE
WINNER
SAUERK
all natural
all
natural
Sauerkraut

事業化を考えている人のために

Considerations for Commercial Enterprises

この本は読者に自分で発酵を手掛けてもらいたいという気持ちで書いたものだし、私がいろいろな実験に興味のある人を応援する気持ちは誰にも負けないつもりだ。しかし私も自分で幅広い実験をしてきたとはいえ、ほとんどの発酵食品は一度か二度しか作ったことがなく、大部分はあまりうまくできなかったし、すべてをいつでも作れるわけでもない。そうすることは現実的ではないし、有益でも必要でもないだろう。非公式な贈り物の交換や物々交換のため、あるいは商業的な生産のため、ビールやパン、ザワークラウト、テンペ、コンブチャなどを作ることもできる。個人も家計がすべてを自給自足することは不可能だし、そうする必要もない。取引は、あらゆる人の可能性を広げてくれる。

歴史的に見て、発酵は大いに専門化を促すとともにそのプロセスを通してテクニックも洗練させる役割をしてきた。これまでの章で取り上げてきた発酵の領域それぞれに、仕事や人生をささげてきた人々がいる。発酵はすべて根本的には十分にシンプルなものだが、テクニックは非常にニュアンスに富んだ手の込んだものになることもある。原料となる農産物が素晴らしいテクニックと職人芸によって日持ちのする輸送可能なごちそうに変化して、我々のキッチンや食料品店に届けられるという意味で、発酵食品は本来の意味での付加価値製品のひとつだ。

地元や地域スケールで発酵を復興させることは、食品や経済が地元に回帰する流れの中で、地元農産物の復興と密接に関係している。発酵の技術を身に付け、それを経済的な自活の手段として活用しようと考えている人々にとって発酵の企業化は魅力的な選択肢だ。このような経済的発展は、本物の製造、本物の価値、そして本物の利益をもたらし、地元の食品の幅を広げ、コミュニティにより良い選択肢を提供してくれる。発酵食品の地元での商業生産を復興することは可能だ。そのことは、マイクロブルワリーや農場チーズ生産、そして職人のパン屋の復活が実証している。他の人がしてくれるのを待つ必要はない。家庭での発酵食品作りと同様に、地場産業の形で発酵を再興させることも、自分で手掛けられる事業だ。

この章では、小規模な発酵ビジネスを始めた人々から寄せられたストーリーや教訓を紹介する。私は発酵についての情報を広める活動をする中で、発酵ビジネスを始めた多くの人に出会ってきた。その規模は、ライセンスを取得していない非公式でアンダーグラウンドな製造業者から、年商が数百万ドルに達する定評のあるビジネスまで、多岐にわたる。私が食品製造をビジネスとして行ったことは一度もないということは、はっきりと言っておきたい。私にとって食品とは、楽しみや探求、創造、分かち合い、そして時には改革運動の領域に属するものだった。商業スケールの食品製造に乗り出すことは、今までの私の人生には縁がなかった。そのような製造は楽しみを殺してしまう可能性があるし(必ずしもそうではないが)、利益の追求は理想と干渉する可能性がある(必ずしもそうではないが)。「利益を追求するビジネスと、私の改革運動としての食品との付き合いとを両立させることは、確かに最大の難題でした」とワシントン州オリンピアにあるOlyKrautのSash Sundayは振り返っている。「我々の社会の中で持続可能なビジネスを行うには、一定量の資本主義が必要とされますし、何が最善の判断であるかを知ることは時には難しいこともあります」。製造には多くのモデルがあり、ここで取り上げたのはその一部だ。発酵食品作り自体に創意工夫が発揮できる人なら、同じように創意工夫を発揮して発酵のスキルで生計を立てて行くこともできるだろう。

一貫性

一貫性は、家庭での実験には必ずしも重要なものではない。個人的に私は毎回異なるみそやザワークラウトができてしまっても気にしないし、それは私の実験学習に多くの発見をもたらしてくれた。また、まれではあるが、バッチごとに完全にユニークな製品を上手にマーケティングしている製造業者も存在する。奇抜な単一バッチの製品を製造販売しているニューヨーク州のEnlightenment Winesがその一例だ。

しかし、商業生産では一定レベルの一貫性が求められるのが通例だ。これは、変化に富んだ微生物の生命を考慮すれば、困難な場合もある。我々が頼りにしているバクテリアや菌類は、非常に広い背景の中に存在している。それらは温度や湿度などの環境や栄養の違いに敏感であると同時に、常に増殖によって個体群密度を変化させ、環境を変化させる代謝副産物を作り出し、微生物群落の遷移を引き起こす。発酵は、本質的に変化するものなのだ。「私は、自分の顧客にそのことを伝えようと大いに努力しました」とノースカロライナ州カーボロにあるFarmer's

Daughter BrandのApril McGregerは言っている。「そして私はほとんど完全に直販しているので、それができるのです。私はまた、新しいバッチがどんなものか知ってもらうために味見してもらうほうがいいと思っています」。

ミシガン州のYemoosで培養微生物の植え継ぎと販売をしているNathan PujolとEmily Pujolは、「一般的に言って、発酵食品はより一貫したものになってきました。私たちは、材料や時間を無駄にしないためにタイミングをより厳格に測るようにしてきたからです」。それでも、発酵食品には変動が避けられない。「培養微生物は季節ごとに異なる段階を通過します……［私たちは］良い結果が得られるよう常にスケジュールを調整していますし、正しい決定を行えるよう、寸暇を惜しんで培養微生物の世話をしています」。培養微生物の植え継ぎは、それ以外のどんな発酵の作業にも増して、付きっ切りで世話をすることが必要であり、「しょっちゅう外出や旅行を楽しみたいような人には不可能」な作業なのだ。

季節の移り変わりは、発酵ビジネスに多くの影響を与える。温度が変動したり、発酵が速く進んだり遅くなったり、また異なる微生物や酵素の活動が促進されるだけでなく、必要な材料の入手性も変化する。オレゴン州のCathy Smithは、野菜発酵ビジネスを始めることを検討しつつ、これらの問題を熟考していた。「私には、季節的な材料に基づいてビジネスプランを組み立てる方法がわかりません」と彼女は電子メールに書いてきた。

一年を通して供給できるほど十分な量、私の素晴らしいピクルスを作ることができるでしょうか？　それができるとして、適切に冷蔵するにはどうすればよいのでしょうか？　キュウリのピクルスが自然になくなったら、冬にはビートのピクルスと入れ替えるのでしょうか？　この2つは、別の市場に向いていそうな気がします。

地元の野菜を使った発酵食品ビジネスにとって、これは大きな問題だ。「私たちは、6月から11月にかけて収穫する、はしりの時期のキャベツの品質がとても気に入っています」と、ワシントン州ポートタウンセンドにあるMidori FarmでザワークラウトをI作っているMarko Colbyは語っている。「保存したキャベツは少し硬く、味が強くなる傾向があります。一年中にわたる需要に応じながら、完全に地元産の製品を作り続ける方法を、今でも模索しているところです」。発酵野菜食品の作り手たちの大部分は、地元産の農産物を使うことにこだわって、旬の時期に野菜を発酵させ、それから冷蔵して一年中保存するという方法を取っている。

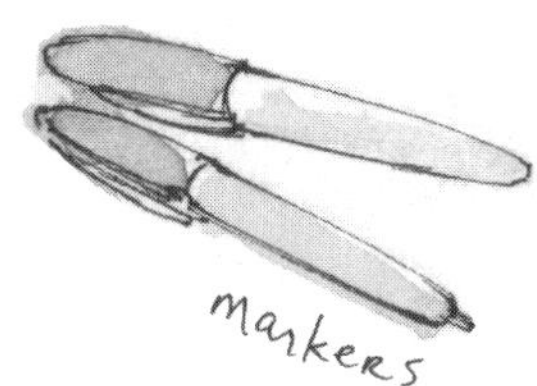

年間の気温の変動も、発酵に影響する。夏の暑い盛りには発酵食品作りを避けている企業もある。「暑さのために酵母やカビのコントロールが難しくなるので、夏には発酵の規模を少し落としています」とApril McGregerは言っている。「夏は果物保存食品を作るのに忙しい時期なので、私にとってはこれでうまく行くのですが、もし私が発酵食品だけを作ってい

たとしたら、うまく行くかどうかよくわかりません」。多様化は、強さの源ともなるのだ。

季節的な変動に適応している企業もある。「幸いなことに、ほとんどの季節的変動は緩やかに起こってくれます」と、ニューヨーク州ロチェスターにあるSmall World Collectiveでパンと発酵野菜を作っているErin Bullockは語っている。

> 冬になると、パンが膨らむのに少し時間がかかるようになります。私たちはこれに気が付くと、発酵食品全体をキッチンの暖かい場所へ移動したり、プルーファーの電源を入れたり、スターターの分量を増やしたりします。もっと劇的な変化は、小麦のロットが変わった時に起こります。その年の気候や品種、土壌、栽培や収穫のスケジュールなどによって、大きな違いが生じるのです。慣れるまでには、何回か作ってみる必要があります。そのような「練習」をあまりせずに、注文に応じられるようになればよいのですが。

自宅で培養微生物の植え継ぎをしているNathan PujolとEmily Pujolは、棚や戸棚を「家じゅうの戦略的な場所に作り付け、季節を通して直射日光や、極端な高温や低温が避けられるようにしています。季節が変わると、最適な状態を保つために家の中を配置換えしなくてはなりません」。地理的な場所によって、温度の安定性には差がある。ポートタウンセンドにあるMidori FarmのMarko Colbyは、次のように書いている。「私たちは幸運です。ここの気温はピュージェット湾とサンフアン海峡のおかげで安定していて、一年のほとんどはエアコンなしでも発酵に理想的な温度ですし、一貫性のある製品作りに本当に役立っています」。対照的にカリフォルニア州サンタクルーズで発酵野菜を作っているKathryn Lukasは、夏の熱波でザワークラウト2樽が柔らかくなってしまってからは、温度を64°F/18℃に保つためザワークラウトのエージング室にエアコンを設置せざるを得なくなったと報告してくれた。「大規模な生産には、安定した温度が非常に重要なようです」とKathrynは結論を出している。

それ以外にも数名の作り手が、安定した発酵を行うためのヒントを教えてくれた。「すべてを記録することです」とErin Bullockは力説している。レシピやプロセス、あるいは条件の小さな変化の影響を判断するには、時間がかかることもあるからだ。カナダのケベック州サン・テドウィッジュにあるCaldwell Bio FermentationのSimon Gormanは、科学的アプローチを推奨している。「十分な科学的裏付けを確保しておきましょう。そうすれば、製品を規格化するために発酵食品で何が起こっているのかを知ることができますし、複雑な『生きた』プロセスに取り組む際に必然的に発生する問題に対処することもできるからです」と彼はアドバイスしている。発酵野菜の製造からスタートしたCaldwell Bio Fermentationは、Agriculture Canada研究所と共同で野菜に適したスターター培養微生物を開発し、現在ではそれを製造販売している。

一貫性とは、実験の余地がないという意味ではない。いくつかの主要な製品を広く販売する一方で、もっと少数の人にアピールする実験的なバリエーションを少しだけ作っている製造業者も多い。「表の冷蔵庫には現在10種類のザワークラウト、8種類のコンブチャ、15種類の季節限定のピクルスと、3種類の伝統的な日本の漬物（奈良漬、粕漬け、みそ漬け）が入っています」とカリフォルニア州バークレーにあるCultured Pickle ShopのAlex Hozvenが報告してくれた。「ザワークラウトは、我々が大量生産してカリフォルニア北部全域に販売している唯一の製品です。他の物はすべて、ここ［彼らの製造拠点］とファーマーズマーケットだけで小売りしています」。Cultured Pickle Shopを含め、あらゆる規模の商業的な製造業者の大部分にとって、実験的なバリエーションがどれほど楽しくやりがいのあるものだったとしても、ビジネスの核となるのは最も親しまれている製品だ。「我々は、ぶちインゲンマメと黒インゲンマメのテンペを作りました」とフロリダ州ゲインズビルのテンペ製造業者Art Guyが報告してくれた。「どちらも市場ではよく売れました。我々は、珍しいテンペを作るだけでなく、この食品を普通のレストランのメニューに載せてもらおうと頑張っているのです」。

最初のステップ

さて、あなたは発酵食品への情熱を小規模なビジネスに注ぎ込むというアイデアが気に入った。どこから手を付ければよいだろうか？「初めに手掛けたもので、良い結果を出すことです」とMarko Colbyはアドバイスしている。「小さく始めて、品質にこだわりましょう」。Nathan PujolとEmily Pujolは、ビジネスを始める前に一年にわたって発酵食品を作ってみることを勧めている。「少なくとも夏の暑さと冬の寒さを経験してから、発酵ベンチャーを始めてください」。

小規模なビジネスは、口コミで営業し規制機関の「レーダーをかいくぐる」ことも可能だが、「合法な」食品製造ビジネスを確立するためには規制機関の承認を得なくてはならない。「まず、あなたの地域の規制機関を確認してください」とApril McGregerはアドバイスしている。「州ごとに、また時には郡ごとに、状況は異なります」。多くの地域では、農事調査機関や規制機関、あるいは教育機関が、ライセンスと認証取得の要件について、志望者の理解を助けるための講座を開設している。ペンシルベニア州にあるLititz Pickle CompanyのMark Olenickは、次のように勧めている。「食品科学の課程がある一番近くの大学を見つけてください。そのような大学には産業的な公開講座があることが多く、スタートアップビジネスを支援するために助成金が出ているのが普通です」。

起業時の出費と規制機関の詮索を減らせる方法のひとつに、共同キッチン施設を利用した起業がある。「私たちは約1年かけて、小規模な食品製造ビジネスを起業するために必要な情報を調査してきました」と、オハイオ州シンシナティにあるFab FermentsのJennifer De Marcoは説明してくれた。「私たちは、インキュベーターキッチンを共同利用してビジネスを始めるという決断をしました。これは私たちにとって、重要な決断でした。自分たちでキッチンを作り維持して行くという重荷がなくなったからです」。インキュベーターキッチンは、手厚い小規模ビジネス振興支援を受けているものもあり、多くの場所に存在している。ビジネスが小規模のままであれば、大きな設備投資なしに同じ場所で継続できる。失敗しても、大きな損失にはならない。またビジネスがうまく離陸できた場合には、共同施設を卒業することになるだろう。「7年間コミュニティキッチンで操業した後、昨年ついに私たちは自社ビルを購入して、私たち専用のピクルス工場に改装しました。それ以来、事業はとても好調です」と、マサチューセッツ州グリーンフィールドにあるReal PicklesのDan Rosenbergが報告してくれた。

私が話をした発酵起業家の大部分は、ささやかな規模で起業することを勧めている。「私としては、小さく始めて有機的に育てることをお勧めします。つまり、最初は本業を辞めてはいけません」とApril McGregerは言っている。彼女は自分のビジネスを自宅で営んでいる。これは場所によっては可能だが、そうでない場合もある。「どこから農産物を調達するか決めましょう。市場や競合の価格や需要などを知っておきましょう。私は直販を強くお勧めします。またファーマーズマーケットは、私がビジネスを始め、育てるにはぴったりの場所でした」。

野心の大きさはどうあれ、小さく新たな事業を始めれば、作ろうとしている製品が売れるかどうか、またそれによってお金が儲かるかどうかという、ビジネスプランの成否を決める究極の質問への答えを、大きな投資をする前に知るチャンスが生まれる。「どんなビジネスでも同じですが、新興ベンチャーはまだ満たされていないニーズに対応するか、新しい創造的な製品から需要を作り出さなくてはいけません」と、カリフォルニア州ヒールスバーグでピクルスとザワークラウトを作っているAlexander Valley GourmetのDave Ehrethは言っている。「発酵食品をベースとした新興ベンチャーは、何かエキサイティングで新しいものを市場にもたらすべきです」。

私の住んでいる農村地域を含め、多くの場所では地元の農産物の発酵食品は市販されていないため、その市場も（大したものではないかもしれないが）まったく開拓されていない。しかし、その市場はどれほどの大きさなのだろうか、どう売り込めばよいのだろうか、あるいはどうすれば作り出せるのだろうか？　ケンタッキー州フランクフォートで野菜を育てSour Powerブランドの発酵食品を作っているBrian Geierは、次のように言っている。「ザワークラウトにはそれ自体の魅力があり、人々はそれを欲しがっています。だから我々には、周囲の小さな街にそれを供給するという大切な仕事があります……。今後しばらくは、小規模な発酵ビジネスがたくさん生まれてくるような気がします」。別の場所、例えばサンフランシスコ・ベイエリアやマサチューセッツ州西部のパイオニアバレーでは、さまざまな種類の発酵ビジネスが地元で生まれており、たくさんの選択肢がある。「このパーティーに早くから参加した人たちは、微生物の生きている基本的な発酵食品が食料品店の棚にまったく並んでいなかったため、先行者利益が享受できました」とDave Ehrethは振り返る。「しかし他の市場と同じく、発酵食品市場は競争が激しくなってきています」。

また一方では、さまざまな種類の発酵食品が相互に高め合い、補完し合って、相乗効果が生まれる場合もある。マサチューセッツ州グリーンフィールドにあるKatalyst KombuchaとGreen River Ambrosia (Meadery) のWill Savitriは、次のように記している。「私が、このマサチューセッツ州西部地域の非常にユニークな状況だと感じているものをお知らせしたいと思います。ここでは、自然発酵食品をベースとした中小規模のビジネスが、おそらく国内のどの他の地域よりも大規模に集積していると私は信じています」。彼の2つのベンチャーに加えて、20マイル圏内にはSouth River Miso CompanyやReal Pickles、数軒のブルワリーやワイナリーやベーカリー、さらにはWest County Cider、Caveman Foodsウォーターケフィアソーダ、そして米国の数少ない小規模モルト製造業者のひとつであるValley Maltが存在する。

正しい時期に正しい製品を正しい市場に投入した、才能と幸運に恵まれた製造業者もいる。わずか3年前にザワークラウトの商業生産を始めた、カリフォルニア州サンタクルーズにあるFarmhouse CultureのKathryn Lukasは次のように報告している。「私たちは現在月に8,000ポンド［約4トン］販売していますが、売り上げは順調に伸びています。カリフォルニアの住民は、新鮮なザワークラウトを本当に待っていたようです」。ノースカロライナ州アシュヴィルでコンブチャを作っているBuchiのNathan Schomberは、「需要に生産が追い付かない」と語っている。またニューヨーク市近郊のハドソンバレーにあるEnlightenment WinesのRaphael Lyonsは、彼の「コミュニティに支援されたアルコール」モデルのデビューを発表した際、「問い合わせが殺到しました。ブログ界はその話題で持ちきりでしたし、気が付いてみると……ほんの数日の売り上げで、CSA［コミュニティに支援された農業］の会費の元が取れてしまったんです」。

これら数多くのサクセスストーリーにも関わらず、成功は決して確約されたものではない。「お金が儲からなくても毎日、一日中（文字通り）働くことを覚悟してください」とLuke Regalbutoは言っている。「数年間は、お金が儲かると期待してはいけません」。ノースカロライナ州アシュヴィルで昨年起業したViable Culturesの創業者であるBrian Moesは、もう少し楽観的だ。「私の経験では、まだ収益性と財務上の成功には課題があるとしても、それは十分可能なように思えます」。

ピクルス作りの事業に10年以上の経験を持ち、新しいビルを手に入れたDan

Rosenbergは、次のように警告している。

> これらの食品の市場には、大きな制約が残っています。自然食品や農場指向の市場は非常に有望ですが、もっと普通の市場への売り込みに現実的に取り組むことが重要です。
> 発酵食品を売る場合には、できるだけ製品の一貫性を保つこと、そして顧客となり得る人々に、製品の「特殊な」性質について理解してもらうためにリソースを割くことが重要です。

顧客教育の必要性は、多くの発酵事業者が繰り返し口にしている。「あなたの製品を購入する人たちに、これは低温殺菌された常温保存可能な製品ではないので冷蔵庫に保存する必要がある、ということを必ず理解してもらうようにしてください」とErin Bullockは言っている。「発酵ベンチャーを起業する人にアドバイスするとしたら、販売には理解と教育が伴う必要がある、ということでしょうか」とNathan PujolとEmily Pujolは述べている。

規模拡大

家庭での発酵食品作りから商業的な生産へ規模を拡大するためには、たくさん学ぶべきことがある。「塩水に漬けない野菜のピクルス（ザワークラウト、ニンジンの細切りなど）は、問題なく規模拡大できることがわかりました」とDan Rosenbergは語る。

> しかし、塩水に漬ける製品、特にキュウリのピクルスは、塩分濃度の点で非常に規模拡大が難しかったのです。私たちはディルピクルスのレシピを1クォート／1リットルのサイズから15ガロン／60リットルへ、次に30ガロン／120リットルへ、そして最終的に55ガロン／200リットルへと規模拡大して行く過程で、塩の量をうまく決められるような公式は、結局見つかりませんでした。最適な塩分濃度は、試行錯誤によって見つけるしかありませんでした。ザワークラウトの場合には、意外なことに規模拡大に伴って品質と一貫性が向上しました。大量の野菜と、それに伴う多数の乳酸菌個体群によって、より活発な発酵が引き起こされたのかもしれませんし、全体のエアロックがうまく働いたということなのかもしれません。

ミズーリ州北東部に住むAlyson Ewaldは、週に一度18個のパンを焼き、寄付と物々交換による緊密なコミュニティの中で非公式に配布している。そのような小規模であっても、彼女は規模拡大の際「巨大なハードル」に遭遇した。

> 私は、温度、湿度、パン屋のパーセンテージなど、私が家庭でパンを焼いていた時にはあまり考えもしなかった数多くのことを学びました。私は、生地やパンや火と私の個人的なつながりが、最も重要な要素であることを学びました。常につながりを保ち、観察と学習をし続ける必要があると学んだのです。

Brian Moesにとって、規模拡大の難題は「主に設備、インフラストラクチャー、そしてテクニックに関するものだった」が、異なる場所で異なる設備を実験してみると「もう一度、順応するための試練がありました……。細かいディテールがたくさん存在したのです……。商業的な発酵食品について教えてくれる人がいなかったので、転換期を乗り切るために私自身の創造性を発揮したり、友人やビジネス仲間の創造性を借りてきたりしました」。

規模拡大における最大の課題のひとつは、安全で合法で有効で耐久性があり、手ごろな価格の適切な容器を見つけて確保することだ。小規模な操業には陶器のかめが多く使われているが、これらは高価で壊れやすく、そして重い。バークレーのCultured Pickle Shopでは、ワイン製造用にデザインされたステンレス鋼のバットを、液面まで押し下げて内容物を真空シールすることが可能な可動式のふたと共に利用している。酸性化に耐えるように設計されていないステンレス製の容器は、使わないように気を付けてほしい。「切羽詰まって、大きなステンレス鋼の醸造用ポットを使ってみたのです」とLuke Regalbutoは語る。

> 私たちは、高い授業料を払って、これが悲惨な結果を招くことを知りました。安価なステンレス鋼のポットには、ハンドルがアルミニウムで固定されていることが多いのです。私たちは、製品を大量に廃棄する羽目に陥りました。酸のため、アルミニウムの固定部分が完全に腐食してしまっていたからです。また安いポットには、ステンレス鋼の上に塗られた仕上げ塗料のようなものが溶けだしてくるという問題もありました。

ほとんどの場合、衛生指導員は木製の樽の利用を認めてくれない。Kathryn Lukasによれば、「適正な容器を見つけるのは、ものすごく大変でした」。

> 木製の樽は（衛生局が言うには）問題外ですし、陶器は重すぎて高価で、ステンレス鋼は高価なうえに地球にやさしくありません。私たちは、青いプラスチックでできた食品用の57ガロン／215リットルの樽で発酵を行っています。これは本当に難しい決断でした。私たちは、包装にはどんな種類のプラスチックも使わないという方針を曲げてしまったのです（私たちのザワークラウトは、小売店レベルでは再利用可能な陶器のかめに、ファーマーズマーケットでは生分解性のデリ容器に入れて売っています）。数名の専門家が、私たちの使っている樽は安全で移転もないことを確認してくれましたが、できれば木を使いたかったと思います。バイオプラスチック業界が、なるべく早く代用品を提供してくれることを願っています。

発酵食品の上に乗せるための、食品グレードの重石を見つけるのに苦労している製造業者もいる。「私たちは現在、ガラス製造業者と共同でカスタムメイドの食品グレードのガラス製の円盤を使ってピクルスを塩水に漬けるテストをしています」とDan Rosenbergが説明してくれた。「食品グレードの重石に適切な他の選択肢は見つけられていません」。

容器以外にも、適切なツールを使うことが規模拡大の助けとなるかもしれない。「フードプロセッサーは友達です」とErin Bullockは言う。Marko Colbyは、Midori Farmが購入したRobot Coupe社製の業務用連続供給千切り器（愛情をこめてMidori Farmでは「スーパーシュレッダー」と呼ばれている）がすごいと教えてくれた。「40ポンド／約20kgのキャベツが8分で千切りにできますし、製品ごとに千切りの幅をコントロールできるのです」。千切りにした後、Erin Bullockと同僚たちは140クォート／140リットルの「スパイラルミキサー」を使ってザワークラウトを混ぜる。

これはとても有効で、20分間混ぜた後ではキャベツから大量のジュースが放出されます。ザワークラウトを手でつぶす必要はまったくありません。ミキサーを4分の1までいっぱいにしてから3〜5分間動かしてキャベツを圧縮すれば、さらにキャベツを入れる空間ができます。

Brian Moesは、pHメーターを入手して校正の方法と正しい使い方を学び、発酵食品のpHレベルを監視することを勧めている。しかし、起業前に高価な機材をたくさん買ってしまわないようにしよう。最初は小規模でシンプルに始め、「需要が増えてきたら機材をアップグレードしましょう」と、オレゴン州ポートランドにあるSalt, Fire, and TimeのTressa Yelligは言っている。

どんな食品ビジネスでも考慮が必要なもうひとつの点が包装だ。健康や環境問題に敏感な消費者にはプラスチック容器よりもガラス製のジャーに入った食品を好んで購入する人が多いが、もちろんそのために価格は上昇する。再利用可能な容器にデポジット（預り金）を徴収して、顧客に容器の返却を促し、再利用し

The Tempeh Shop | フロリダ州ゲインズヴィル

私が旅の途中で立ち寄ったある発酵ビジネスは、創造的な問題解決を通して培われた有効なシステムによって、さまざまな技術的小問題が克服できることを実に鮮やかに実証してくれた。Jose Caraballoがテンペの商業生産を始めたのは、1985年のことだ。現在彼はThe Tempeh Shopという自分のビジネスを、息子や娘と共に営んでいる。彼らはテンペをレストランに供給し、ファーマーズマーケットで販売し、そして地元の食品店に卸している。

私が彼らの「工場」を見学した時、印象的だったのはJoseが既存の技術を賢く取り入れていたことだ。大豆の乾燥は、テンペづくりの最も労力のかかる工程のひとつだが、彼は水を切った大豆を鍋ごと入れるシンプルなデバイスを作っていた。鍋は角度をつけて固定されて回転されるため、大豆は常にかき混ぜられ、そこにファンの空気が直接当たるようになっている。彼らは穴の開いたポリ袋でテンペを作っている。ほんの数枚であればピンやフォークを使って手作業で穴を開けることもできるが、何百枚もの袋はどうする？ Joseは、穴を開ける釘が突き出した巧妙なローラーを作っていた。Joseと彼の家族は、大豆を冷まして乾燥させ、胞子を接種して袋に詰める。袋は1インチ／2.5 cmの厚さにならされ、ローラーの付いたラックの棚に並べられる。(カラー口絵の写真を参照してほしい)。このラックが保温室へ運ばれ、そこにはサーモスタットに接続されたスペースヒーターとエアコンが備え付けられていて、85–90°F /29–32°Cの最適な温度範囲でテンペを発酵させる。Joseがここまで洗練されたシステムを作り上げるには何十年もかかったが、それによって彼は人類の不屈の創作精神を実証した。あなたにもそれができるのだ！

ている企業もある。環境に優しいビジネスの中には、トウモロコシから作ったプラスチックを容器に使い始めたところもある。食品や培養微生物を出荷する事業では、包装に関してさらに気配りが必要だ。Nathan PujolとEmily Pujolは、培養微生物を米国全土へ出荷している。「培養微生物を最も新鮮で生き生きした状態に保つことはかなりの難題です。それまでとは違った条件に置かれることになるからです。そのため私たちは、自分たちの手法を常にテストし、季節ごとに微調整しています。また私たちは出荷先や、届くまでの時間、そして輸送中の一般的な温度についても意識する必要があるのです」。

条例、規制、ライセンス

個人的な発酵から商業生産に移行するにあたって、最大の難問のひとつは、商業的な食品企業が遵守しなくてはならない複雑な規制の枠組みだ。小規模な事業の場合、法執行機関の「レーダーをかいくぐって」この法的枠組みから外れたところで操業している人たちもいる。これは、毎週アースオーブンで18個のパンを焼いているAlyson Ewaldの状況だ。「私は、どんなレーダーにも映らない小さな点なのです」と彼女は言う。Jean Kowackiはフロリダ州に住むシングルマザーで、毎週約100本のコンブチャと発酵野菜を売っている（「2つとして同じバッチはない」）。買ってくれるのは彼女の子どもたちの学校の父兄や、地元の健康食品店や地域の栄養支持団体を通して知り合った人たちで、すべて口コミだ。「今のところ私は商業的な活動と見られないように努めています。私にとって、自分のビジネスを正式なものにするにはお金がかかりすぎるからです」と彼女は言う。「合法な食品ビジネスにまつわる官僚主義やオーバーヘッドは、あまりに多すぎて気持ちがくじけそうになるほどです」と、Wild West FermentsのLuke RegalbutoとMaggie Levingerが報告してくれた。Chicago Honey CooperativeのMichael Thompsonは、もっとはっきりこう言っている。「できるだけ長く、レーダーに引っかからないように飛び回るんだ！」。

十分に小さなベンチャーにとっては、非公式にレーダーをかいくぐるやり方が合っていることもあるだろう。あらゆるレベルの政府機関から食品製造ビジネスに対する登録と報告の要求が高まる一方の現状を考慮すれば、なおさらのことだ。しかしレーダーをかいくぐるビジネスには、厳しい制約がある。プロモーションが自由にできなければ、ビジネスを発展させて行くのは難しい。世界中どこでも人々は、確立された規制の枠組みとうまく折り合いをつけながら、さまざまなスケールで発酵食品や飲み物づくりをなんとか続けている。

これらの枠組みは変化し続けているし、一般的には小規模ビジネスよりも大規模な事業に適したもののように見受けられる。2011年のFood Safety Modernization Act（食品安全近代化法）という米国の法律によって、米国食品医薬品局（FDA）

に「食品供給全体にわたる包括的で科学に基づいた予防的管理を要求する法的権限」が与えられた。[1] 非常に小規模なものを除いて、すべての食品製造業者は危害要因分析重要管理点（HACCP）* プランを策定し実施しなくてはならない。FDAによれば、

*訳注：HACCPについては厚生労働所の下記サイトにある資料を参照した。http://www.mhlw.go.jp/stf/seisakunitsuite/bunya/0000098735.html

> HACCPは、以下の7つの原則に基づいて食品安全への危害要因を特定し、評価し、そして管理するための系統的アプローチである。
>
> 原則1：危害要因分析を行うこと。
> 原則2：重要管理点（CCP）を決定すること。
> 原則3：管理基準を設定すること。
> 原則4：モニタリング方法を設定すること。
> 原則5：改善措置を設定すること。
> 原則6：検証方法を設定すること。
> 原則7：記録と保存方法を設定すること。[2]

これは大規模な組織が（たぶん中規模の組織でも）利用するには優れた方法論だ。しかし、小規模な、個人やパートナーシップや家族経営でパートタイムの従業員が1人か2人しかいないような企業では、これほどの定式化の強制は重荷になり、生産規模に見合わない時間とリソースを取られる可能性がある。HACCPの幽霊を恐れるあまり、数年前に私が訪れたことのあるカリフォルニア州でヤギを飼いチーズを作っていたPascalとEricのパートナーは、彼らの夢をあきらめてしまった。「要求されるであろうテストをすべて行って文書化するためには、週に25時間から30時間の作業が必要となったはずです」とPascalは説明してくれた。

> 我々にとってそれはパートタイムの従業員を1人雇うことを意味し、またそのために我々はADAに適合したトイレと更衣室と休憩室、それに設備の整った実験室が必要となったことでしょう。給料と労災保険、内部でのテストと契約実験室での微生物テストには、1年に5万ドルの予算が必要となります。我々が1年に作るチーズは5,000ポンド／2,300kgです。このような理由から、操業を続けるためにチーズメーカーは1年に50,000ポンド／46,000kgから100,000ポンド／92,000kgのチーズを作る必要があると考えています。

2011年食品安全法では、総売上高が50万ドル未満で直販が大部分の事業者に対して、HACCP要件を明示的に免除している。しかし特に肉やミルクなど、分野によっては、特別な監視が行われている。

FDAは生乳チーズに対するポリシーを繰り返し見直しているが、生乳から作られるチーズは、60日を超えてエージングされる限り、許可されている。これは1940年から行われている、合理的な（しかし多少恣意的な）基準だ。生乳チーズの製造者や愛好者の多くは、生乳チーズが完全に禁止されるのではないかと恐れている。ニューヨークタイムズによれば、

10年前のFDAの見直しは「チーズ愛好者の多くが禁止されるのではないかと恐れた輸入生乳チーズに関して、懸念の波が巻き起こされたため」棚上げされた。「職人チーズ事業が盛況を迎えている現在では、焦点が国内のチーズメーカーに移っている」。[3]

American Raw Milk Cheese Presidium（アメリカ生乳チーズプレシディオ）は、スローフード協会とRaw Milk Cheesemakers' Associationのメンバーとの共同事業だ。プレシディオに加入するメンバーは、FDAよりもはるかに厳しい基準に沿ったHACCPプランやバクテリアテストなどの、厳しい自主的な要件を順守しなくてはならない。[4] 多くの大規模事業者は、明確な科学に基づいた規制を歓迎している。一部の小規模な事業者にとっては不可能であったり重荷であったりするかもしれないが、それ以外の余裕のある事業者はやっていけるだろう。動物の健康や衛生管理、そして食品安全の重要性が、大規模な事業者よりも小規模な事業者にとって低いと言うつもりはない。しかし、農場経営者にとってこれらの要件が重荷となるほど小さな規模では、危険が起こる確率やその規模も小さくなるはずだ。小規模な農場での生産を実質的に不可能にしてしまうことは、望ましくない。

法執行機関に対する経験は実にさまざまだ。「私たちがどんな製品を作ろうと、まったく違いはないようでした。要件は全部同じだったのです」とErin Bullockは説明している。「実際には、我々の製品は（缶詰ではなく）微生物の生きている発酵食品なので、ライセンスを得るのは

農場乳製品製造所の挑戦

Nathan Arnoldは、テネシー州シクアッチーにあるSequatchie Cove Creameryで、酪農とチーズ製造事業を同時に立ち上げた。州農政局に送った最初のチーズのサンプルが*Listeria monocytogenes*の検査で陽性とされ、また次のバッチが*Staphylococcus aureus*の検査で陽性とされたことで、彼はショックを受けた。陽性のレベルが高くなかったためチーズの販売は禁止されなかったし、バクテリアの作り出したエンテロトキシン（腸毒素）は検出されなかった。チーズを販売するか廃棄するかは「経営上の判断」だと彼は告げられた。Nathanは安全策を取って、チーズを廃棄した。

結局、農場では*S. aureus*の検査結果が陽性だった牛を群れから間引くことにした。有機農場の認定を受けるためには、動物に抗生物質を処方することはできないからだ。Nathanは、農場チーズを作り始めようとしている人へ、牛に*S. aureus*の検査をするようにアドバイスしている。牛を手に入れたときに全部の乳首を検査して、その後も毎月検査を行う。またチーズのすべてのバッチについて、3日目と熟成時に*S. aureus*と*L. monocytogenes*の検査を行う。月に一度、バルクタンクからサンプルを取って検査する。間引きと頻繁なテストによって、Nathanは乳製品製造所のコンタミネーションの問題を解決することができた。これにはフランスのチーズ作り技術コンサルタントと自主的なHACCPプランが助けとなった。このHACCPプランを彼は「責任を実証するプロアクティブなスタンス」とみなしている。

Nathanと彼のチームがチーズ作りに熟練してくると、作るチーズをすべて売りさばくことが難しくなってきたので、マーケティングにさらに注力するとともに、洞窟条件の貯蔵能力を増加させなくてはならなかった。「とてつもない学習曲線だったよ！」と彼は振り返る。

彼の乳製品製造所は、バクテリアのテストに何千ドルも費やしたし、現在でも定常的に総収入の4パーセント以上を検査に費やしている。

Nathanの展望は、長期的だ。現在2年目の最初のシーズンに入ったところだが、彼は5年目の目標を「一貫性とマーケティングの成功、そして収益性」を達成することに置いている。

むしろ簡単でした」とMarko Colbyは主張している。「私の目の前で何度もドアは閉ざされましたし、私はあちこちで邪魔されました」と、バージニア州でコンブチャを商業生産しようとしていたPatricia Grunauは報告している。「時には、業界／政府全体が我々のビジネスに反対していると思えることもあります」と、フロリダ州のテンペメーカーArt Guyは回想している。

駆け出しのビジネスは、法執行機関からのあからさまな敵意に直面することもある。「最近、嫌な出来事がありました」と、カリフォルニア州マリン郡にあるWild West FermentのLuke Regalbutoが報告してくれた。

> 平服を着た男が警察官のバッジをちらつかせ、私を外へ連れ出して質問を始めました。すぐに彼は脅迫と脅しの戦術を使い始め、私が直面するであろうトラブルから助けてやると悪賢くもちかけるのでした……。彼はこんなことを言いました。「お前がどこに住んでいるか知っている、捜査令状を取ってもいいんだぞ」とか「お前たちのやっていることが気に入らず、閉鎖を望んでいる執行機関がいくつかあるんだ」とか。何が問題なのかを私が正確に理解しようとすると、彼は非常にあいまいになるのです。どうやら、何らかの苦情か不安があり、我々の製品にボツリヌス毒素が含まれるのではと危惧しているようでした。だから、彼は週末が終わったら真っ先に彼の所へ来て我々の製品のサンプルを届けるように、そうすれば彼は車で数時間のところにある実験室へそれを届けてテストしてもらうと言うのです。彼のボツリヌス毒素の懸念に対して、我々の製品は発酵されているのだと私が彼に伝えると、彼はぽかんとした顔をしました。翌朝、私は彼と会いましたが、私は彼が自称しているような特別調査官ではないのかもしれないと疑っていました。彼にサンプルを渡した後、私は再び、我々の製品は微生物の生きている発酵食品で缶詰ではなく、冷蔵する必要があるのだと説明しました。今度は理解してもらえたようで、彼の上司への電話の後、彼らは本当に誤解だったと判断し、調査を取りやめました。この出来事が警報を鳴らしてしまったようで、郡の保健局が我々の奇妙な食品加工に特別な興味を持つようになりました。そして彼らは絶えず我々にひどく大変な思いをさせているのです。

彼は、このような一般的なアドバイスをしている。「一般的に言って、なるべく保健局とは没交渉であるのが一番です」。

発酵ビジネスのライセンスを得ようとする人の多くが、発酵プロセスにほとんど知識や理解のない係官に直面する。「規制機関にいる人の多くは、この種の食品製造に精通していないんです」とBrian Moesは言う。「保険会社も同じです」。April McGregerは、「明確に定義されたルールがないことが頭にくる」ようだと見ている。彼女は回想してくれた。「ノースカロライナ州の農政局は、私をどうしたらよいかわかりませんでした」。

郡の係官はそれまで一度も発酵食品を取り扱った経験がなかったので、彼らは私と行動を共にしながら学ぶことになりました。私は先回りして酸性化した食品を販売するライセンスを取得しましたが、実際には発酵食品を販売するためにライセンスは必要なかったことがわかりました。発酵食品は「自然に酸性化された」食品に分類されるからです。結局、彼らが決めたことは、私がpHメーターを購入して販売する製品の各バッチのpHを試験すること、そしてその結果を帳簿に記録することでした。

他の人たちも同様に、規制係官を教育したり、各バッチの品質と安全性を文書化する方法を見つけたりといった経験をしている。「一般的に言って、我々に応対する地域や州や連邦の規制係官は、乳酸発酵に関して事前知識がほとんどないことがわかりました」と、匿名希望の製造業者は報告してくれた。

しかし、我々が自分のしていることを理解していることを規制係官が信頼してくれるような自信に満ちたトーンでプロセスについて知っていることを伝えれば、通常この難題は克服できることを我々は初期に学びました。規制係官たちは各バッチのpHを記録することを要求しましたが、(HACCPやFDA酸性化食品規則など)厳格な管理体制は課しませんでした。

あなたが作ろうとしている発酵食品の安全性を示す文書を提出せよ、という難題が降りかかってくるかもしれない。「市販のよく知られている製品のリストを作って、それを自分の製品と対比させるのが良いでしょう」とLuke Regalbutoはアドバイスしている。専門的な研究者の支援を仰いだ製造業者もいる。「カリフォルニア州当局は私の『低塩』ザワークラウトに非常な懸念を持っていたのですが、もちろん実際にはまったく低塩ではありません(1.5パーセント)」とKathryn Lukasは説明している。

そこで彼らは私に、カリフォルニア大学デービス校の微生物学者にレシピを見てもらうように言い、その微生物学者が私をザワークラウト専門家でもある微生物学者のFred Breidt博士(ノースカロライナ州立大学)に紹介してくれました。Breidt博士は頼りがいのある味方になってくれましたし、時には奇妙なレシピで私が乳酸発酵の限界を試す際にはアドバイスをもらっています。それ以外にも、特にBreidt博士がザワークラウトに関連した食中毒の事例は1件もないこと、そして乳酸発酵は最も安全な食品保存手法のひとつとみなされていることを説明した後では、公務員の皆さんはとても冷静になってくれました。

発酵の有効性と安全性は普通、簡単に文書化できる。歴史的・生物学的事実の裏付けがあるからだ。調査して、その事実を提示すればよい。もしかすると、あなたもJennifer De Marcoと同じような経験をするかもしれない。「私たちは、検査官の主な目的が私たちの成功（他の人々に食べてもらえる最も安全な食品を作ること）を助けることにあるように感じています。ぜひそうあってほしいものです！　検査官は、発酵について学ぶことを楽しんでいるように思えますし、家族と一緒にザワークラウトを作った時のことを思い出している人さえいます」。

アルコール飲料、乳製品や肉製品、そして有機認証に関しては、はるかに多くの特別な規制が存在する。米国内では、アルコール飲料の製造（エタノールバイオ燃料も含め）は財務省の管轄下にあるアルコール・タバコ・火器局（ATF）と酒類たばこ税貿易管理局（TTB）や、それらに対応する州機関など、さまざまな機関によって厳しくコントロールされ、規制され、そして課税されている。政府も分け前にあずかりたいのだ！

これらの機関は、実際に誰がアルコールの製造を所有しコントロールしているのか、ということにも関心を持っている。Raphael LyonsはEnlightenment Winesビジネスを「コミュニティに支援されたアルコール」として宣伝し、ワイナリーへの「出資」として会員を募集した。彼の珍しいビジネスモデルがいくつかの人気のあるブログに掲載された後、彼はニューヨーク州酒類管理局から「ライセンスの制約に関して」厳しいメッセージを受け取った。「ワイナリーへ『出資』して1年に3ケースのワインを『配当』として受け取ることは、絶対にダメだ。ライセンスに記載のない人がワイナリーの一部を所有することは認められない」と彼は通告された。

数名の発酵起業家は、規制が最も厳しかったのは有機認証だったと語ってくれた。「加工食品が有機認証を受けるためには、びっくりするような量の書類の作成が必要になります」とMarko Colbyは言う。「材料のほとんどは農場から来るものだから簡単だと思うかもしれませんが、農場から加工場のキッチンへ運ばれる材料ひとつひとつについて、インボイスを作成する必要があるのです。ああもう！」。材料そのもの以外にも、加工に使う機材はすべて有機認証を受けたものでなくてはならない。だから、例えばリンゴのシードルの小規模製造業者が有機栽培のリンゴを別の施設へ持って行って絞ってもらったとしたら、その施設が有機認証を受けていない限り（通常はそうではない）、シードルに有機のラベルを貼ることはできないのだ。

異なるビジネスモデル：農場ベースの事業、多角化、そして専門化

発酵ビジネスを始める人たちは、さまざまに異なるビジョンを持っている。ある人は多少の収入をもたらす小規模な個人企業を考えているが、大きな野心は持っていない。また、成長の見込みにスリルを感じる人もいる。農業の補完として、農場の農産物原料に価値を付加するために農場で始める事業もある。非常に特殊なニッチを埋めるように発展して行くビ

ジネスもある。発酵を、例えばレストランやケータリングなどの、より広範囲の食品ビジネスに取り込む人もいる。発酵ビジネスのビジネスモデルはひとつではないのだ。

発酵の多くの分野は、歴史的に農場から発生している。ワインづくりは常にブドウ栽培の延長（あるいはその逆かもしれない）であり、チーズ作りは常に動物の飼育や搾乳と密接に関連していた。もちろん脱農業・脱工業社会の現在では、ワインやチーズやその他の食品は、農場から遠く離れたところで大量生産されたものがほとんどだ。しかしワインもチーズも、またリンゴのシードルや発酵野菜も、おそらくその他の種類の発酵食品と共に、数多くの小規模な復興主義の生産者たちが自分たちの農場で作り続けている。

ウィスコンシン州ヴィオラのMark Shepardとその家族は、パーマカルチャー（持続型農業）の理念と多様な森の恵みを利用して、ヘーゼルナッツとクリ、そしてリンゴを中心とした、型破りな農場を営んでいる。品質の良いリンゴは売ることもできるが、地面に落ちたり傷がひどかったりするものは発酵させてシードルにする。「4年たって、やっと合法的に私たちの付加価値農場製品を販売できるようになりました。ハードシードルです！」とMarkは2010年にアナウンスした。バーモント州にあるFlack Family Farmは、野菜とミルク、そして肉を提供する多角化農場だ。毎年秋になると、Flack農場では友人や近所の人を招いて何日か泊まってもらい、掃除をしたり野菜を刻んで樽に詰めたりする手伝いをしてもらう。全員がバケツ一杯の刻んだ野菜を家に持ち帰って家庭で発酵させる一方で、Flack農場は野菜畑で採れた野菜を日持ちのする製品に変える手伝いをしてもらい、それを一年中他の季節も販売できるというわけだ。ミシガン州トラバースシティのNancy CurleyとPat Curleyは、彼らがFARM-entationと名付けた事業を行っている。「種から植物を育て、収穫して製品にするまで、発酵食品を私たち自身の農場で作るのです」。

「自分で農産物を育てよう！」とMarko Colbyは主張している。彼のMidori Farmでは、ショウガなどのスパイスを除いて、発酵食品の材料となるすべての野菜を育てている。「新鮮な農産物からは、いつでも品質の優れた発酵食品ができます」。私の友人であるBrian Geierは、ケンタッキー州フランクフォートで野菜を育てSour Powerブランドの発酵食品を作っているが、彼のビジネスをより大規模な農業者・生産者協同組合に発展させようと構想している。

> 私の夢は、我々が育てられるよりも多くのものを加工して販売できるようになるまでこのビジネスを育てること、そして他の有機農業者をオーナーとして、そして生産者として招くことです……そうなれば、我々は現在使っているキッチン［共同使用のインキュベーターキッチン］を卒業して、完全に送配電網から独立した、発酵容器や完成品のジャーを保存する食品貯蔵庫のある業務用キッチンを建築することになるでしょう。私は、たとえ規制があっ

ても、これは可能だと思っていますが、実現するためにはたくさん働かなくてはなりません。いい仕事をしましょう！

小規模な事業を始める大部分の起業家と同様に、Brianも事業拡張のビジョンを持っている。実際に離陸し、急速に成長している発酵ビジネスもある。「私たちの会社は5年前に、ガレージで個人事業としてスタートしました」とカリフォルニア州ヒールズバーグにあるAlexander Valley GourmetのDave Ehrethが報告してくれた。「私たちは現在数名の従業員を抱え、おそらく今年は生産量が倍増する予定です」。Kathryn LukasのFarmhouse Cultureはわずか2年で、カリフォルニア州北部に9つのファーマーズマーケットと58の販売拠点を持つまでに成長し、カリフォルニア州南部の市場も開拓中だ。成長へ向けたLukasの構想は、彼女の製品を全国に供給するのではなく、「さまざまな場所に発酵教室（fermentoriums）を作り、地元で豊富に取れる材料を使ったレシピを開発し、そしてそのザワークラウトをその地域だけで販売することによって成長する」ことだ。

すべての発酵起業家が、自分のビジネスを成長させることに熱心なわけではない。「私のビジネスは今でも非常に小さなものですし、私は毎日、どうやって成長させるか、そして成長させるべきかどうか、もがいています」とApril McGregerが語ってくれた。

現状のまま小さな規模を保つということは、私のキッチンから旅立って行く製品のすべてのバッチを私自身が作り、検査することを意味します。現在私はこうして一貫性を保っているのです。今でも私のキッチンはかなり手狭になってきているので、規模を拡大するならば新しい場所を見つけ、新しい（たぶん、もう農政局ではなく保健局の）ライセンスを取得することが必要になるでしょう。

小規模な発酵起業家の中には、成長は望んでいないと力説する人たちもいる。「小規模でい続けることは、技術やビジネス上の判断以上のものです」。Raphael Lyonsは宣言している。「私にとって、それは私を革新的にさせ、過激な実験を永続化するものなのです」。

ビジネスは、両極端に振れがちだ。実験を永続化するのではなく、特別なニッチを見つけてそれを埋めようとする人もいる。手作り発酵ムーブメント向けの興味深いニッチのひとつが、発酵培養微生物の植え継ぎと販売だ。少なくともひとつの培養微生物製造業者にとっては、彼らが販売しているものが食品自体ではないという事実が、規制当局との関わり合いを避けられている理由となっているようだ。「私たちはライセンスを求めていません。これは厳密な意味での食品ではないからです」。

私の知っている発酵ビジネスのひとつ、カリフォルニア州セバストポルのCeres Community Projectは、「ティーンたちに健康的な食品を育てて作る経験をしてもらい、がんなどの生命を脅かす病気と闘っている人々に栄養豊富な食事を供給し、食品や癒しと健康との間の結びつきについて大規模なコミュニティを教育するという統合的なモデルによって」運営される非営利団体から生まれた。彼らのザワークラウトビジネスは、これらの広汎な目標から派生した副産物だ。ティーンの作業者たちが、がん患者のために作っていた食品のひとつがザワークラウトだった。そのザワークラウトの人気に応えて、彼らはザワークラウトを小分けして、地元の小売店やホールフーズ・マーケットで売り始めた。現在では、ザワークラウトの売り上げがこの団体の奉仕活動を支えるために役立っている。

多様性を尊ぶ人々にとってのもうひとつのモデルが、「コミュニティに支援されたキッチン」(CSK) だ。これは「コミュニティに支援された農業」(CSA) にインスパイアされたものだが、生野菜の代わりに調理した食品を供給する。食品には、季節によって変わる選りすぐりの発酵食品も含まれる。このビジネスモデルは、カリフォルニア州バークレーのThree Stone Hearthによって提唱されたものだが、急速に広まっている。これに関連するアイデアが、もっと伝統的な調理済みの食事ケータリングサービスだ。私の友人であるLagusta Yearwoodは、ニューヨーク州ニューパルツでヴィーガン(厳格な菜食主義者)向けの食事サービスを始め、そのために自分でテンペ、ザワークラウト、みそ、そして酢を作っている。また、自家製の発酵食品をメニューに取り入れているレストランも多い。

＊　＊　＊

ここまで述べてきたのは、人々が生計を立てるために発酵への情熱を役立てている方法を、ごく簡単に説明したものに過ぎない。発酵に基づいた事業に乗り出そうとしている人への私からのアドバイスは、そのようなビジネスを他の人たちが立ち上げた方法について、なるべくたくさん学びなさいということだ。可能ならば、あなたが尊敬する製品を作っている経験豊富な職人に弟子入りすることも考えてみてほしい。他の作り手とも交流しよう。ただ話すだけでもいいし、彼らの事業所を訪ねたり、自分の進路を決めるため相談に乗ってもらったりしてもいいだろう。地元の企業があなたを競合相手とみなして情報共有を渋ったら、もっと遠くの人と連絡を取ってみよう。誰かが本当に興味を持っていると感じたら、喜んでテクニックやシステムを教えてくれる人はたくさんいる。

何よりも、私は自活する方法を見つけ出そうとしている発酵愛好者を励ましたいのだ。発酵が、実現可能で名誉ある進路を提供してくれるかもしれない。我々の食品を地域に回帰させようとすれば、地元の農業以外にも、発酵を中心としたさまざまな地元の加工事業を作り出し、支援して行く必要があるのだ。

silage
compost
making indigo
earthen hut

食品以外への発酵の応用

Non-Food Applications of Fermentation

微生物の変成作用は、我々の消費する飲食物の製造以外にも、さまざまな用途に利用されてきた。この章では、食品以外への（好気性と嫌気性の両方の微生物プロセスを含む広い意味での）発酵の応用を、農業、土地と水質の改良（バイオレメディエーション）、廃棄物処理、繊維や建築への利用、エネルギー生産、そして医薬品とボディケアという、大まかな（重なり合うことも多い）カテゴリーに分けて見て行く。

農業

発酵は、土壌改良、種子保存、家畜用飼料の保存、そして害虫駆除など、基本的な農業分野に数多く応用されている。

堆肥

堆肥は、バクテリアや菌類の変成作用によって、台所や庭のごみ、落ち葉、木くず、家畜のふん、わら、草など、実質的にあらゆる有機質を、土壌そのものの生産力をよみがえらせる腐植質へと変換してくれる。堆肥を作るには、さまざまに異なった手法がある。何の手法も使わなくても、有機質のごみの山は分解して行く。しかし手法の違いは、堆肥の山の出すにおいの良し悪し、顕著な発熱の有無、分解の速度、そして繁殖する微生物の違い（好気性か嫌気性）に影響する違いがある。

微生物の接種と栄養素の両方を供給するのが、堆肥の「原料」だ。一般的に言って、原料は変化に富んでいるほど望ましい。堆肥の原料は、炭素と窒素とのバランスが重要だ。炭素はすべての生物細胞の主要な構成元素であり、窒素も必須の

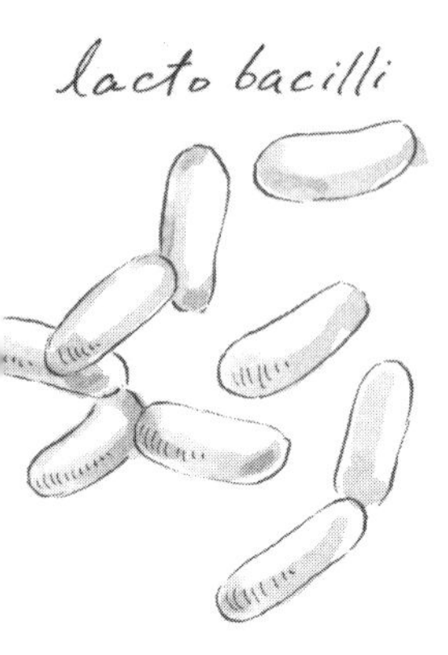

元素だ。しかし炭素と窒素の比率は、さまざまな有機質の種類によって異なる。植物の葉やふんに比べて、木は窒素が相対的に少ない傾向にある。窒素の多い原料は、窒素の少ない原料と混ぜることによって、さまざまな微生物が活発に増殖する条件が作り出せる。食品廃棄物は窒素分が相対的に豊富な傾向があるので、おがくずや木片、わらあるいは紙など、乾燥した窒素分の少ない材料と混ぜるのが良い。USDAの有機基準では、初期C:N比が25:1から40:1となるように初期材料が配合されたプロセスを**堆肥**と定義している。営利事業や几帳面な個人、そして有機認定農場などでは、どの材料をどのくらい使えば平均C:N比がその範囲になるか計算している。さまざまな材料のC:N比の表は、ネットでたくさん見つかるはずだ。

小規模な裏庭での堆肥作りの場合、実際にはC:N比にあまりこだわる理由はない。さまざまな種類の緑色や茶色をした有機材料を積み重ねればよいのだ。私の自宅の例では、私は比較的消極的な、手間のかからない方法で堆肥を作っている。台所のごみを、わら、木片、おがくず、木の葉などと混ぜるだけだ。樹皮や、動物のふんなどを追加することもある。私は時々新しく堆肥の山を作り、古い山を切り返す。時間と共に（1年以上かけて）ごみは分解し、虫を呼び寄せ、そして軽くて美しい腐植質になる。このプロセスは、時間はかかるが簡単なので、私には合っているようだ。しかし私の友人Billyの農場Little Short Mountain Farmでは、何エーカーもの牧場や畑の生産力を改善する戦略の開発や実践を私が手伝ってきた。何年間も化学肥料を施されていたこの土地の生産力を復活させるために、微生物学者のElaine Ingham博士から私が学んだ原則に従って、我々はもっと組織的な方法で堆肥を（また、そこから液体堆肥も）作っている。

土壌の生産力を高めるためにElaine Ingham博士が（他の多くの人も）推奨しているのは、好気性微生物の生育を促す堆肥作り手法だ。厳密に言えば、この堆肥作りは（嫌気性代謝と言う発酵の定義に従えば）発酵プロセスではまったくないことになる。Ingham博士は、窒素などの必須栄養素は、好気的な土壌条件の下で植物に最もよく吸収されると説明している。最も優れた土壌は、表土を通して空気が拡散できるローム質の構造をしているので、これは納得できる。彼女はまた、好気性のバクテリアや菌類は「糊のように」すべてにくっつき、土壌をまとめて保水性を高め流出や侵食に耐える「超微細構造」を作り出す、と指摘している。Ingham博士は、嫌気性（発酵）微生物の副産物の中には、我々の大好きなアルコール（濃度が高すぎると、人間にとっても極めて有毒となるおそれがある）だけでなく、ホルムアルデヒドや揮発性酸やフェノール類など、植物にとって有毒となるものがある、と論じている。好気的な堆肥には、マイルドで土臭いアロマがある。嫌気的な堆肥は、（必ずしもそうではないが）悪臭を放つ沼地のようなにおいがすることもある。

スポンジのように水気を含んでいるが水浸しではない、少なくとも1立方ヤード／約1立方メートルの好気的堆肥の山が、かなりの熱を発生することは避けられない。持続的に131°F /55℃を超える温度では、堆肥材料に含まれる雑草の種や病原性バクテリアや害虫などが死滅し、プロセスを加速するため、これは一般的には好ましいことだと考えられている。この熱を発生させているのは、生育に理想的な条件が与えられた微生物による、活発な代謝活動だ。ただ問題は、約158°F /70℃を超えるほど中心部で熱が発生しすぎると、酸素が最も供給されにくい中心部では、もはや酸化的（好気的）代謝が持続できなくなり、山の中心部が「嫌気化」してしまうことだ。

発熱する好気性堆肥の山は、驚異的な見ものだ。その熱は元素が混じりあうことによって魔術的に作りだされたもので、私は畏敬の念に打たれる。私は、堆肥の中に食物を埋めて調理する人や、堆肥の山からの熱で温室を温めている人の話も聞いたことがある。しかし蒸気を出す堆肥の山は、注意深く監視しなくてはならない。そして中心部の温度が150°F /66℃を超えた際には、それなりの時間を取って山を切り返さなくてはならない。これによって中心部に蓄積した熱が放出され、酸素が供給され、そして元素が再混合されて材料や微生物の活動がより均一に分散される。私の友人の農場では、トラクターを使って巨大な山を切り返している。我々は4フィート／1.3mの温度計を購入して山の中心部の温度を監視し、温度が急上昇した際に山を切り返すようにしている。フロントローダー付きのトラクターでも、これには約1時間半かかる。シャベルやピッチフォークでは、ほとんど1日がかりになってしまうことだろう。数週間経過して、4回か5回切り返すと活動が収まってくるので、そのまま堆肥を放置して数か月間熟成させる。

こうして作った堆肥はゴージャスでリッチな腐植質で、顕微鏡での検査により、生物多様性の宝庫であることも確認されている。我々は堆肥の一部をメッシュのバッグに入れて巨大なティーバッグのようなものを作り、強力な空気ポンプを接続した水のタンクの中につるし、海藻の粉、フミン酸、少量の糖蜜を加えて、そこへ膨大な量の空気を24時間吹き込み、好気的な液体堆肥を作っている。この液体堆肥を使うと、通常の堆肥をまくよりもはるかに広く、またはるかに容易に、善玉微生物をスプレーできる。

大規模な農場では大量の有機材料が発生し、またそれを処理する機械や人手も利用できるので、このような大がかりな作業もへっちゃらだ。しかし、大きな堆肥の山を、たとえ一度でも手で切り返すのは、大変なプロジェクトだ。温度の急上昇に合わせて数日ごとに切り返せと言われても、裏庭に畑のある忙しい人にはほとんど不可能だろう。だから実際には、大部分の人はもっとカジュアルでゆっくりとした、労働集約的でない手法で堆肥を作っている。一部の（私のような）人は、集めた材料を単純に山積みし、時たま山を切り返して、時間をかけてゆっくりと分解させている。切り返しのために使う機材を賢くデザインした人もいる。ミミズを養殖して台所のごみを速く効率的に変換している人もいるし、ごみをそのまま鶏のエサにして、ほとんど手間をかけずに残飯をふんに変えている人もいる。

そして、食品発酵テクニックと同様のアプローチを採用している人もいる。このスターター培養微生物を使う手法は、マイクロスケールの屋内の堆肥作りに有効だ。この集合住宅向きのテクニックをニューヨーク市で教えている堆肥活動家E. Shig Matsukawaは、私も使いそうな言葉を使って、「食品廃棄物をピクルスにする」と呼んでいた。Shigは、日本で開発され世界中で利用されているEfficient Microorganisms（EM）と呼ばれる接種材料を使っている。これは乳酸菌、酵母、そして光合成細菌を含む微生物群落だ。「微生物を直接利用することによって、我々のプロセスに役立つことが分かっている微生物種を正確にコントロールでき、また十分な数（「菌体密度感知」）が確保できます」とShigは説明する。先ほど説明した堆肥作り手法のように、「条件を整えたり材料を加えたりして、望ましい微生物を引き寄せたり連れてくる方法とは対照的です」。食品発酵（およびそれ以外の用途）に普通に使われる微生物を数多く利用することによって、栄養素は植物にとって利用しやすい形態に分解され、酸性化によって病原体が防止され、廃棄物は悪臭なく保たれるため、廃棄物は密閉容器の中で何か月も保存できる。「その香りは酢か（ビールに似た）アルコールのようなものです」とShigは言っている。

Shigのプロセスは、実際には3段階で行われる。準備段階では、小麦や米やオーツ麦のぬかやおがくず、あるいは細かく砕いた落ち葉など、乾燥したフレーク状の培地を、液体スターター培養微生物（EM-1）を用いて発酵させる。密閉容器の中で約2週間発酵させたものを、乾燥させて保存し、スターターとして適宜利用する。食品廃棄物が発生したら、密閉容器に入れてスターターを振りかける。容器がいっぱいになったら、密封して室温で約2週間発酵させる。発酵後の食品廃棄物は、必要となるまで悪臭なしに密封発酵容器で保存できる。土の中（家の中の植木鉢でもよい）に埋めてさらに熟成させてから、植物へ与えることもできる。（プロセスや割合の詳細については、コラムを参照してほしい）。

私は、堆肥に関するElaine Inghamの見解（好気的でなくてはならない）とEM発酵手法が、見たところ矛盾している点に興味を持った。Shigはこの問題について考察し、いくつか鋭い指摘をしてくれた。まず何よりも、「すべての好気性バクテリアが善玉ではないし、すべての嫌気性バクテリアが善玉でないわけでもない」と彼は言った。彼はまた、EM-1を加えた堆肥の山と加えなかったものとを比較した堆肥の研究を引用した。EMの山は、対照群よりも好気性微生物の数が有意に多かった。[1]「この実験は、土壌へのEM-1微生物の適用が、他の善玉微生物の生育を促すことを示しています。その中には従属栄養生物、シュードモナス、放線菌類、菌根菌などの糸状菌が含まれ、これらはどれもEM-1には含まれないものでした」。バクテリアはミステリアスな変身をするものだ！　スターターにいるとわかっている微生物と、土壌に定着する微生物は同じではない。遺伝的に流動性のあるバクテリアは順応するのだ。「おそらく、追加した有機材料と共に、EM-1中で支配的な微生物が環境中の微生物に与えた影響により、これらの善玉微生物が通常よりも多く生育し、また多様性も増加したのでしょう」とShigは推測している。どんな発酵食品、どんなガーデニングテクニック、そして人生のほとんどあらゆる事項にも言えることだが、ベストな手法はひとつではない。あなたが自分で試してみてうまく行けば、それがあなたにとってのベストなのだ。Shigは「最も大事な証拠は、植物それ自身です」と言っていた。私は彼に同意する。

EMは、**ぼかし**と呼ばれる日本に古くから伝わる園芸の伝統を、現代風にアレンジしたものだ。ぼかしは、米ぬか、魚粉、そして油粕など、利用できる有機材料を何でも発酵させて作られていた。他の発酵と同様に、歴史的には自然発酵として始まったはずだが、時間と共にバックスロッピング、つまり新しいバッチごとに前の世代の残りを加えることによって意識的に植え継がれるようになってきた。EMには非常に熱心なファンがいる。食品廃棄物の発酵以外にも、食品の発酵、プロバイオティクスの補給、家庭や業務用の清掃、浄化槽など汚水処理への応用を含め、数多くの用途に有効に利用されていると聞いている。しかしぼかしは、天然発酵で作ることもできる。Bruno Vernierは、「ホエーと糖蜜と水を細切れにした紙に混ぜるだけで、簡単にお金をかけずできる」と教えてくれた。私が聞いたもうひとつの興味深いぼかし作りの方法は、「常在微生物（IMO）」と呼ばれている。

「常在微生物は、土壌生物相の善玉メンバー（糸状菌、酵母、バクテリアを含む）で、適用される地域に近い未耕作の土壌から集められる」とフィリピンの『Bokashi Nature Farming Manual』は説明している。米や米ぬかが、既存の土壌微生物を育てるための培地として利用される。私が読んだところでは、2種類の異なる手法があるようだ。一方は、1か所以上の場所から採取した土を少量の水を加えた米ぬかと混ぜて団子を作り、この団子をつるして自然発酵させるというもの。[2] 他方は、炊いた米を敷き詰めた木の箱を、4日から1週間森の中に本当に埋めるというものだ。この箱はペーパータオルでゆるく覆い、さらにネズミから保護するため金網で覆い、そして水が入らないようにプラスチックの層で覆い、そして最後に葉で覆う。[3] どちらの場合もカビの生えた穀物が得られるので、これを食品廃棄物のぼかし発酵などに配合するスターターとして使う。もっと詳細なこのプロセスの具体的な情報は、インターネットで入手できる。

最後に紹介する手法は、土壌の生産力を高めるための手段の一部として発酵を利用する、バイオダイナミック手法だ。バイオダイナミックの生産者は、さまざまな配合（「プレップ」と呼ばれることが多い）を用いる。これには、錬金術的に混合された材料の発酵が伴う。例えば、牛の角に乳牛の新鮮なふんを詰めて、秋から春まで土に埋めるというものだ。別のプレッ

自分でぬかを発酵させて食品廃棄物をピクルスにする方法

E. Shig Matsukawa
recyclefoodwaste.org

小麦のふすま、米ぬか、おがくず、砕いた落ち葉、粉砕した庭のごみなど、どんな種類の有機材料でも使えます。材料は乾燥していて、粒状のものでなくてはいけません。我々は、使いやすくて比較的値段も安い、小麦のふすまを使っています。2.5ポンド／1キログラムの小麦のふすま（未加工のもの）に対して、1オンス／30mlの廃糖蜜、1オンス／30mlのEM-1微生物接種材料、約20オンス／600mlの水を加えます。液体の比率は1:1:20、つまり、糖蜜1に対してEM-1が1、水が20の割合です。液体をボウルの中で混ぜ、糖蜜を完全に溶かします。小麦のふすま（乾燥してフレーク状になったものがよい）を、混合びんの中に入れます。液体混合物を少しずつ小麦のふすまに加えて、約30パーセントの水分量にします（手で握ると団子ができ、触るとすぐに砕ける程度）。液体を小麦のふすまと完全に混ぜます（乾いた部分や水分の多すぎる部分がないように）。完全に混ざったら、密閉容器に入れます。押し付けて空気を抜いてください。ポリ袋かシートを表面に乗せて、ふたをしっかり閉めます。直射日光を避けて、室温で保存します。白カビが現れるのは良い兆候です。2週間後、薄く広げて空気乾燥するか、日干しします。乾いたら（パリパリした感触になったら）、容器かジップロックに入れて湿気を避けて保存し（1年以上保存できます）、いつでも使うことができます。

発酵食品廃棄物（FFW）を作るには、発酵したふすまをひとつかみ、空の容器に加えます。食品廃棄物を追加するたびに、発酵したふすまを振りかけます。（理想的な比率は1:33です。）容器には常にふたをして密閉を保ってください。白カビが現れるのは良い兆候です。容器がいっぱいになったら、密閉容器に入れたまま、2週間以上室温に放置します。直射日光は避けてください。土に埋める場合には、以下のようにします。

- 溝に埋める場合には、その上に土を6〜12インチ／15〜30cmかぶせます。2週間たてば、種まきや植え付けが可能です。
- 穴に埋める場合には、少なくとも既存の植物から1フィート／30cm、樹木の場合には3フィート／90cm離れた場所にします。1〜2フィート／30〜60cmの深さに埋めて、その上に土を少なくとも6インチ／15cmかぶせます。2週間たてば植え付けが可能ですし、そのまま周りの植物の肥料にしてもいいでしょう。
- 植木鉢やプランターの場合には、植木鉢やプランターの中の土でFFWをサンドイッチします。まず、砂利や小石や砂を植木鉢やプランターの底に入れます（約1インチ／2.5cm）。次に、土を1〜2インチ／3〜5cm加えます（または植木鉢／プランターの1/4）。2〜3インチ／5〜8cmのFFWを加えます（または植木鉢／プランターの1/3）。そしてその上に、いっぱいになるまで土を加えます。雨を避け、2週間たってから植え付けます。

発酵食品廃棄物をミミズのエサにすることもできます。ミミズ養殖の一般的なルールに従ってください。ただしミミズがすぐにFFWを食べつくしてしまうので、より頻繁に与える必要があります。

プでは、鹿の膀胱にセイヨウノコギリソウの花を詰めたものを、夏の間じゅう木につるす。発酵後、少量のプレップを水に加えて、丸1時間かき混ぜる。そのかき混ぜ方さえもが規定されている。ぐるぐるとかき混ぜて、渦を作る。それから方向を反転させて、反対方向の渦を作る。それから何度も何度も方向を逆転させながら、丸1時間かき混ぜるのだ。これらのプレップは、地球と宇宙の力を取り込み、調和させることを意図したものだ。このようにかき混ぜることによって、プレップがエネルギー的に「活性化」される。あるいは酸素注入によって好気性微生物の急速な繁殖が促進される。どちらでも、お好きな説明を選んでほしい。このプレップは庭や畑にまいたり、植物に直接スプレーしたり、あるいは堆肥の山に混ぜる場合もある。

尿を発酵させる

土壌の生産力を高めるために用いられる、もうひとつの発酵プロセスが尿の発酵だ。このプロセスはシンプルで、尿を集めて何もせず、数週間放っておくだけでよい。多くの園芸家が自分や人のおしっこを集めて、窒素分を必要とする植物の肥料としている。屋外で、専用の容器に集めよう。Short Mountainには、しばらく前から「PEE HERE NOW」という看板を掲げたおしっこステーションがある。通常、おしっこは集めて発酵させるには時間がかかるので、意図的にエージングする場合もある。実は英語には、発酵させた尿を表すlantという単語が存在する。通常は清掃に使われるエージングさせた尿のことだ。「尿のアンモニア性発酵」の顕微鏡による観察が、すでに1890年にはAmerican Society of Microscopistsの予稿集に掲載されていた。[4] pHを増加させ、アンモニアを作り出すのがアルカリ発酵だ。

酸性化発酵が多くの病原体を死滅させるのとまったく同じように、アルカリ化発酵も病原体を殺してくれる。発酵させた人の尿を肥料として使っているアクアポニックス*の園芸ブロガーが、尿のサンプル（一部は意図的に糞便で汚染させたもの）を実験室へ送って分析してもらった。一部はそのまま実験室へ送り、残りはpHが9に上昇するまで発酵させてから、実験室へ送った。そのまま送ったものは、どちらも大腸菌検査が陽性だった。発酵させたものは、どちらも陰性だった。「このことから、エージングすれば私自身の尿をアクアポニックスシステムの肥料として使っても、病気になったりはしないことがわかりました」。[5]

*訳注：水産養殖と水耕栽培を組み合わせた農業。

尿をエージングさせて土壌の肥料として使うことは、普遍的に入手できる窒素資源を活用する手段として、さまざまな場所で古くから行われている。86歳で美しい庭と果樹園を持っている私の友人のHector Blackは、土壌改良材として尿をそのまま、あるいはエージングさせて使うことに信頼を置いている。「私の尿はすでにエージングされている」と彼は冗談を言った。Hectorは尿をそのまま果樹園に、乾燥した気候の際には水で1:1に薄めて、地面が水を含んでいるときには薄めずに、与えている。「エージング

させると何か良いことが起こるのだと思う」とHectorは言う。「私はエージングさせたものを野菜畑に使っている。特に、葉物野菜やトウモロコシなど、窒素分が必要な植物だ。素晴らしい効果がある！」

発酵させた尿の使用は、ウガンダで広まっている。「私たちは自宅の尿を、もはや無駄にはしていません」と農家のMary Batwaweelaが報告してくれた。「私の家族は毎晩空き缶に尿をためて、朝にそれを大きな容器に空け、28日間発酵させます」。[6] エージングさせたおしっこは、その後同量の水で薄められてから土壌に与えられる。インターネットでは、中国[7]、インド[8]などの場所で行われているという記述を見つけることができた。

動物飼料を発酵させる

人間が発酵の力を利用して自分で食べるための食糧を豊富な時期に保存し強化して欠乏の季節に備えるのと同じように、発酵を利用して飼料作物を保存し事前消化させ、飼料の不足する冬の時期に家畜に与えることも行われてきた。

サイレージとは、草（トウモロコシなどの穀物を刈り取った後の茎や、その他の緑の牧草を含む）を収穫し、それをサイロに詰めたり、山積みや穴埋めやロールにして発酵させたものだ。発酵は乳酸菌発酵が主体となり、セルロースを分解してpHを低下させる。「効率的な発酵によって、よりおいしく消化の良い飼料ができます」とノースダコタ州立大学の公開講座の刊行物に記載されている。[9] 飼料となる材料が非常に湿っている場合には、サイレージする前に乾燥させる必要がある。また、取り込まれる空気の量を減らし好気的な活動を制約するために、材料は小片に切断してきつく詰める必要もある。通常、サイレージは植物材料に存在する微生物によって自然発酵する。

サイレージは、人間が消化できないセルロースを豊富に含む草や茎へ、野菜発酵の原理を適用したものだ。地域によっては、その他の食用作物の葉や茎も発酵させて動物の飼い葉としている。ポーランドにおける野菜のピクルスを歴史的に調査した文献では、次のように述べている。「今世紀［20世紀］半ばまでは、カブやビートやキャベツなどの葉が巨大な桶の中で発酵され、冬季の飼い葉として利用されていた」。[10]

家畜の健康を向上させたいという気持ちから、フィチン酸の含有量を減らし栄養素利用率を向上させるため、穀物を水に浸している人もいる。Monique Trahanは、農業をしている彼女の祖父の習慣について教えてくれた。「彼は、手桶にオーツ麦と水を入れ、泡立つまで置いてから豚にやります」。酪農家では、チーズの製造で出たホエーに穀物を浸して家畜の飼料にしているところも多い。

動物のためにザワークラウトを作っている人さえいる！　私の愛犬Kittyは時々ザワークラウトを食べているが、いつもではない。彼女はザワークラウトの大きなかたまりよりも細かく刻んだものが好きなようだし、あまり酸っぱくないものが好みのようだ。Barb Schuetzは、彼女の作った最上のザワークラウトではなく、野菜くずを発酵させたものを動物に与えている。「農産物のうち、ザワークラウト作りに使わなかった切れ端を5ガロンのバケツに入れて、動物のために発酵させています」。

種子の保存

一部の種子は普通、それを包む果肉の中で発酵させてから、乾燥させて保存する。私の友人で我々のコミュニティの名園芸家Daz'lが、この方法でトマトの種子を保存するのを何年も私は見てきた。彼は最も健康な植物から旬の季節に果実を収穫し、果肉から種子をすくい取る。(種を取った後のトマトの果肉は食べられる)。Daz'lは各品種の種子と果肉を半分まで水の入ったコップに入れ、約3日間発酵させる。その後、彼は種子を洗って果肉を取り除く。「よく洗うほど、粘り気は少なくなる」と彼は力説する。そのほうが乾燥した後で分離しやすくなるからだ。Daz'lは新聞紙（ペーパータオルよりも種子がくっつきにくい）の上で乾かしてから、次の年の種まきの時期まで涼しくて乾いた場所に保存しておく。

植物の栽培に関することならなんでもそうだが、種子の保存にはさまざまなテクニックが使われる。オーストラリアのSeed Savers' Networkの共同創業者であり『The Seed Savers' Handbook』の共著者でもあるMichel FantonとJude Fantonは、少し違う手法を用いている。

果実を、食べごろの段階を過ぎるまで熟させます。切って開き、ゼリーと種を絞り出し、品種ごとに分けて種をジャーまたはボウルに入れます。素晴らしいItalian Plumのように、ドライで肉質のトマトの種子を保存する場合、少量の水を加える必要があるかもしれません。ジャーにラベルを貼り、暖かい場所に2・3日置きます。かき混ぜずにいると、上部に泡ができ、有益な発酵が起こります。これは*Geotrichum candidum*という微生物が種子の周りの粘り気のあるゲルに作用しているのです。抗生物質活性が、バクテリアによる斑点、しみ、そしてこぶなどの病気に対抗します。唯一の危険は、発酵プロセスを長期間放置しすぎると、発芽が早まってしまうことです。泡ができたらすぐ、それをすくい取り、水を加えてそのロットをざるに注ぎます。きれいになるまで、こすり洗いします。種子の周りのゼリーが洗い落とされて、種子は綿毛で覆われた感じに見えるようになります。光沢のある紙の上に重ならないように広げて、直射日光の当たらない安全な場所で乾燥させます。数時間乾燥させた後で、種子を手のひらの間でこすって、くっつかないようにします。[11]

またFantonは、キュウリの種子にも同一の手順を用いて種子の周りのゼリーを溶かし、「種子によって媒介される病気を根絶する」ことを推奨している。[12] 実際、イリノイ大学公開講座の普及指導員の1人は、種子が液果に包み込まれているようなどんな野

sunflower head

菜でも、種子を発酵させることを勧めている。

> 液果に包まれる種子は、湿潤法を用いてきれいにするのがいいでしょう。トマトやメロン、ズッキーニ、キュウリ、そしてバラは、この方法で準備できます。種子の部分を果実からすくい取るか、果実を軽くつぶします。種子の部分を少量の温水と共にバケツかジャーに入れます。これを2〜4日発酵させます。毎日かき混ぜます。発酵プロセスによってウイルスが死滅し、良い種子が悪い種子や果肉から分離されます。2〜4日後、良い発芽能力のある種子は容器の底に沈み、果肉と悪い種子は浮かんできます。果肉と水と悪い種子、そしてカビを流し出します。良い種子を、スクリーンかペーパータオルの上に広げて乾かします。[13]

害虫駆除

発酵を農業へ応用するもうひとつの方法が、害虫駆除だ。シンプルな昔ながらの手法では、防ぎたい害虫の標本を取り、水の中でつぶし、数日間発酵させ、濾して植物にスプレーすることにより、それらの害虫から保護する。ある特殊なバクテリア（*Bacillus thuringiensis* あるいはBtと呼ばれる）が、葉を食害する青虫の殺虫剤として昔から作物に利用されてきた。このバクテリアが作り出すタンパク質は、青虫などの感受性のある昆虫の腸の上皮細胞と反応し、彩餌できなくして殺してしまう。より新しい、独占的な微生物由来の殺虫剤も開発されている。Spinosadは、土壌バクテリア *Saccharopolyspora spinosa* の発酵によって作られる。Abamectinは、また別の土壌微生物 *Streptomycetes avermitilis* から得られたものだ。

カリフォルニアのワイン醸造家Lou Prestonは、生乳チーズ作りから得られた微生物の生きているホエーを、「チーズ脱水テーブルから得られたまま（エージングなしで）」彼のブドウ畑の葉にスプレーした。最初の年、彼は純粋なホエーを直接テストパッチの植物にスプレーしたところ、これらのブドウにはうどんこ病が見られなかった。次の年、彼はホエーに曝気した液体堆肥を混ぜて、彼のブドウ畑により広範囲にまいたところ、多少のうどんこ病は見られたものの、その数はわずかであり、また最もうどんこ病にかかりやすい品種に限られていた。Louはまた、「ボルドー液の散布による影響を受けなかったため、益虫の個体数がはるかに増えた」ことも指摘している。残念なことに、ホエーを作っていた乳製品製造所が閉鎖してしまったため、今年のLouはホエーを大量に入手できなかった。しかし彼は草をサイレージのスタイルで発酵させており、また抽出したジュースをスプレーする実験も計画している。

バイオレメディエーション

バイオレメディエーションという新しい分野では、汚染物質を分解汚染し土壌や水を浄化するために、バクテリアや菌類を利用して栄養素を循環させる生物学的なプロセスがさまざまな方法で活用される。米国環境保護局によれば、「バイオレメディエーションは、多くの汚染地の浄化に成功してきた」。[14] 私がこの本を書いている2010年には、ディープウォーターホライズンという石油掘削施設の事故によって、高圧の原油がメキシコ湾に噴き出した。そのニュースには、原油にまみれた環境破壊のショッキングな画像が数多く掲載されていた。油田にふたをしようという試みが繰り返し行われたが失敗し、Scientific Americanはこう宣言した。「現在流出を続けている原油を最終的に浄化してくれるのは、バクテリアなどの微生物だけだ」。[15]

実際、非常に低い濃度ではあるが、化石燃料を構成する化学物質である炭化水素は環境のどこにでも存在し、それを消化可能なバクテリアもいたるところで見られる。「どんな微生物も1種類では、環境中に流出した原油や生成燃料の成分をすべて分解できるわけではない」と、American Academy of Microbiology（AAM）の報告書は説明している。

> 石油を構成する何万種類もの化合物は、協調して作用する微生物の群落によってのみ生分解され得る。一部のバクテリアは数種類の炭化水素、あるいは炭化水素の1クラスを分解できる。群落の総合作用によれば、ほとんどすべての成分が分解可能だ。[16]

この能力を流出した原油に適用する際に問題となるのが、時間とスピードだ。大規模な流出をバクテリアが浄化するには長い年月がかかり、その間に莫大な被害が生じてしまうかもしれない。

原油の分解速度は、さまざまな要因によって大きく変化する。まず、遅滞期、つまり突然豊富になった栄養に比較的少ない個体数の炭化水素分解バクテリアが対応するまでの時間が必要だ。次に、「一般的には原油濃度が減少するに従って分解速度は遅くなり、明確な終点を計算することが困難となる」とAmerican Academy of Microbiologyでは説明している。「また、容易に分解可能な化合物が使い尽くされ、より扱いづらい化合物が残るために遅くなるという面もある」。[17] また、原油が海の深みに沈んで行くと、はるかに温度が低く酸素が不足するようになるため、代謝が非常に遅くなる。化学分散剤によって、水に浮かぶ原油の表面積を増し、水に浮かぶ原油にバクテリアが作用しやすくすることは可能だ。肥料を与えることによって、バクテリアの増殖を促進することもできる。遺伝子工学者たちは、より効率的に、より高速に炭化水素を分解できるバクテリアを作り出そうと試みている。しかし、遺伝子組み換えバクテリアをはじめとしたエクソンバルディーズ号原油流出事故後の浄化戦略の評価を行った微生物学者のRonald Atlasは、「スーパーバグ*はうまく行かない。環境に適応した群落と競合してしまうからだ」と見ている。[18]

*訳注：遺伝子組み換えによって作り出された有用バクテリア。

微生物を大洋にばらまくことは効果的ではなかったが、大地にまくことは効果的かもしれない。菌類学者のPaul Stametsはマイコレメディエーション、つまり菌類を利用して汚染された土壌を浄化する技術の先駆者だ。「菌類には優秀な分子解体能力があり、扱いづらい長鎖の毒素を、より単純な毒性の低い化合物に分解してくれる」とStametsは説明している。[19] 彼は、レメディエーションの最初のステップとして、菌類の菌糸を直接汚染された土壌に混ぜ込むこと、あるいは木片に埋め込んで汚染された土壌にばらまくことを提唱している。

> 単一の菌類、例えばヒラタケの菌糸体を、ほとんど生命の存在しない領域に導入することによって、他の微生物の活動が連鎖反応的に引き起こされる。少なくとも4つの生物界（菌類、植物、バクテリア、そして動物）にわたる相乗作用によって毒素は変性し、致死性のほとんどない、多様な種にとって有用な誘導体に作り替えられる……。最終的には、自然が相互依存の複雑なパートナーシップをはぐくみ、菌類が生態系の復活への道を照らし出す。[20]

純粋な菌糸体を導入するのではなく、天然のバクテリアにさらされた「順応菌糸」を利用することをStametsは重要視している。

> 菌糸体と共にバクテリアが繁殖し、それ独自の毒素分解酵素を作り出す。この形態の菌糸体は、天然微生物に事前にさらされなかった菌糸体よりも、はるかに有害廃棄物処分場の処理に適している。この理由から、純粋培養された菌糸をマイコレメディエーションに使うことが、最善の選択とは限らない……。キノコ農場から採取したエージング済みの菌糸体のほうが、マイコレメディエーション的には良い特性を持っている。[21]

バイオレメディエーション活動家の実験場と化していた米国の都市がニューオーリンズだ。2005年のハリケーンカトリーナによる洪水災害後に形成された草の根グループCommon Groundが、『The New Orleans Residents' Guide to Do It Yourself Soil Clean Up Using Natural Processes』を出版した。この本の中で、彼らは「米国のすべての都市は、命にかかわるおそれのある化学物質によって汚染されている」と記している。

> 大ニューオーリンズ地域は、何千トンもの有毒化学物質を生産し貯蔵する石油産業や化学産業としての歴史も持っています。カトリーナとリタという2つのハリケーンと洪水に襲われた際、これらの化学物質の多くは貯蔵場所から流れ出し、隣接地域の住民の家へ流れ込んだのです。洪水によって堆積した土砂の中には、ヒ素、ディーゼル燃料などの石油化学製品、重金属、フタル酸（プラスチックを柔らかくするために使われる化学物質）、多環芳香族炭化水素（PAH）、そして殺虫剤などの汚染物質が危険なレベルで含まれています。[22]

有毒な土壌を浄化するために、彼らは複数のバイオレメディエーション手段の使用を推奨している。重金属を除去するためには、ヒマワリ、カラシナ、エンドウ、ツユクサ、イノモトソウ、アカザ、ダイコン、トウモロコシ、ホウレンソウ、そしてニンジンなどの「ハイパー・アキュムレーター」植物によるファイトレメディエーション（phytoremediation）を勧めている。石油化学製品や殺虫剤の除去にはヒラタケの菌糸を使ったマイコレメディエーション。そして液体堆肥は万人にお勧めできるとして、この団体が作るのを手伝っている。

Common Groundの活動家たちはEMの利用も推奨している。ただし土壌のレメディエーションではなく、浸水した家屋の損傷した内部からカビを取り除くためだ。「手つかずのカビに覆われた家屋にEMをスプレーして1日たつと、家はずっと安全に、清潔になり、人が入れるようになります」と『DIY Clean Up Guide』には書いてある。私の友人のFreeは、カトリーナの後に復興ボランティアとしてニューオーリンズへ行ったとき、私にこんな電子メールをくれた。「カビは壁にも、床にも、天井にも、どこにでも生えていました。これをきれいにしようとしても無駄ではないか、どうやってこんなカビだらけの環境を、家族が戻って住めるほどきれいにすることができるんだ、と思わざるを得ませんでした」。Common Groundと一緒に活動していた彼女は、「EMが解決策を与えてくれる」ことを学んだ。『DIY Clean Up Guide』の説明によれば、「このバクテリアのグループはカビを殺すとともに、その後のカビの増殖を予防します。漂白剤でもカビは殺せますが、時間と共にカビが再び活動し始めるのを防ぐ効果は低いようです」。

廃棄物処理

人類は、巨大なスケールで廃棄物を作り出している。我々は生分解に耐えるようにデザインされた過剰な包装材料を使っている。我々は分秒刻みで最新のガジェットを追い求め、古くなったモデルを廃棄している。我々は、どう処理してよいのかわからない危険な放射性廃棄物を作り出している。資源を収奪し消費しようとする我々のあくなき集合的願望の中で、石油の流出、放射性物質の放出、そして有毒な汚染物質の放置などの事故が発生している。

しかし我々の**生物学的な**副産物を、廃棄物とみなす必要はない。廃棄物は不可避のものではない。自然界のシステムの中では、廃棄物は存在しない。すべての生物の副産物は、何か別の生き物の栄養となる。地球が糞尿や死体だらけになってしまわないのは、これが理由だ。「糞尿は、動物がその消化プロセスを終えた後に排出する、自然で有益な有機材料の例です」と、カルトな古典『The Humanure Handbook』の著者であるJoseph Jenkinsは述べている。「これが『廃棄物』となるのは、我々がそれを捨てた場合だけです。リサイクルすれば、それは資源になるのです」。[23]

人類初期の集落では、糞尿の処分にあまり気を使う必要はなかった。多くの場所で、人糞を集約的農業の肥料としてリサイクルする伝統が発達した。それ以外の場所では、一般的に捨てる場所は豊富にあり、また人の排泄物は洗い流されて川に入ると、他の動物の副産物と共に微生物の栄養となって他の生物に利用できる形にリサイクルされ、水の清潔さは保たれていた。問題が発生するのは排泄物が大量に水中に蓄積され、急速な微生物の増殖によって水中の酸素が消費された場合だ。過熱した堆肥の山と同様に、「富栄養化した」水は「嫌気化」する。これによって魚などの水生生物が窒息してしまう。「すぐにそのような水の流れは黒く、どろどろして、悪臭を放つ、酸素なしでも生きられる生物以外にとっては死の環境となってしまうのです」とJeanette Farrellは書いている。[24]

Jenkinsは、おがくずや台所や庭のごみと共に人糞から好気的な堆肥を作るシンプルな手法を説明している。これは、人糞を原料として加えること以外には、先ほど説明した堆肥の作り方と大きくは違わない。Jenkinsは、高熱の堆肥の山の中では病原体がほんの数分で死滅してしまうことを指摘して、糞便の病原体に関する懸念に答えている。

> 効果的に病原体を死滅させるには、低い温度では何時間、何日、何週間、あるいは何か月という長い時間がかかります。病原体が死滅したと確信するために、65℃（150°F）といった非常に高い温度を目指して奮闘する必要はありません。堆肥の山を50℃（122°F）に24時間、あるいは46℃（115°F）に1週間といった、より低温により長時間保つほうが現実的です……。糞便を好熱的処理で堆肥にする際、病原体を死滅させるための健全なアプローチは、好熱的な発熱段階が終了した後、長期間手を付けずに堆肥を放置しておくことです。堆肥の生物多様性が、堆肥がエージングするのに伴って、病原体の死滅に役立ちます。[25]

このテクニックは非常にシンプルで手間のかからないものだが、どんな人糞堆肥にも多少の積極的な管理は必要だ。

私が育った人口800万人を数えるニューヨーク市のような、人口密集地に住んでいる場合には、我々の生物学的副産物には非常に積極的な管理が必要とされる。大部分の公共システムが想定しているように、排泄物は資源ではなく廃棄物として取り扱われる。トイレを流すために貴重な水が使われるため、廃棄物は増大する。下水にはさらに、排水溝へ流し込まれる化学物質、我々が服用する医薬品、産業廃棄物、医療系廃棄物、車や化学物質のタンクなどから漏れ出す得体のしれないものが流れ込む雨水排水管などが混じりあうため、我々は排泄物を資源ではなく負債にしてしまっている。将来の生産力となる可能性を持った有機質に富む我々の人糞は、化学廃棄物のごみ溜めと化している。

汚水処理は「巨大なスケールで行われる川の流れの働きに過ぎない」とJeanette Farrellは説明している。我々が流したトイレの水は、手の込んだ都市のインフラストラクチャーを通って公共「下水」処理場へ行き着くか、あるいは裏庭の「浄化槽」に流れ込み、いずれにせよバクテリアによって我々の糞尿は分解され、それに含まれる有機質がリサイクルされる。

浄化槽システムは、酸化的代謝よりも効率の低い嫌気的消化に頼っており、数多くの副産物が生じる。「メタン、硫化水素、そして二酸化硫黄のガスが発生し、また高分子量炭化水素の汚泥も作り出される」と、汚水の微生物学に関する北アリゾナ大学のウェブサイトでは説明している。「この汚泥は、酸素と好気性バクテリアにさらされるとすぐに、さらに分解する」。[26] 浄化槽は、定期的に汚泥を除去して汚水処理工場へ送る必要がある(あるいは、埋め立てに使われる場合もある)。ホームセンターなどでは、タンクの中での消化作用を向上または加速することを意図したバクテリアや酵素を混合した「浄化槽活性剤」を購入できる。(私の友人の配管工Joe Princeは、浄化槽の働きが悪くなってきたら、バクテリアの豊富な生の鶏の皮をトイレに流せばいいと言っている)。

浄化槽とは対照的に、大規模な汚水処理では好気性微生物を用い、そのより高速な酸化的代謝を利用して、文字通り水の流れの中で大量の排泄物を分解している例が大部分だ。「一次」処理では、下水中の大きな固形物をフィルターすると共に、底に沈んだり表面に浮かんだりするものを分離する。「二次処理」では、通常は下水に大量の空気を吹き込むことによって、水中の有機質の酸化的代謝を促進する。巨大な堆肥の山と同じように、これは注意深く監視され高度に管理された環境であり、十分なレベルの酸素供給を保つことが重要となる。下水処理施設はしばしばバクテリア農場と形容されるように、微生物群落の健康を保つには有機質と酸素の流通が調整されなくてはならない。

廃水処理の大きな課題は、糞便などの「有機質」を除去することではなく、存在する有毒化学物質をすべて除去することだ。これらの毒物が未分離だと、廃水処理の副産物である「汚泥」を、農業用の堆肥として安全に利用できなくなってしまう。大規模なスケールであっても、何らかの方法で我々の排泄物を有毒化学物質とは分離して収集できれば、汚泥を堆肥として簡単に利用できるはずだ。もしかすると、より賢い方法が時間と共に生まれてくるかもしれない。しかし現在のところ、下水処理から生じた有毒な汚泥は大部分埋め立てに使われている。「汚泥を埋めることは、食糧源を埋めることと同じだ」とJoseph Jenkinsは主張している。「このような文化的慣習には、異議を申し立てる必要がある」。[27] これまでも発酵は廃棄物処理の問題に有効に活用されてきたが、廃棄物の概念そのものや廃棄物処理の問題を完全に取り除くことを目指し、その目的を資源の再生としてとらえ直すことが望まれる。

遺体の処理

我々が生きている間作り出し続けている排泄物と同じく、我々が死んだ後に残される遺体も、処分の必要のある廃棄物とも、リサイクルすべき栄養資源ともみなすことができる*。棺桶は微生物によ

*訳注：このセクションの記述は遺体が土葬されることが前提となっている。死後の復活を教義とする（キリスト教やイスラム教などの）宗教の信者は土葬されることが多いためだが、火葬が一般的な日本には当てはまらないだろう。

る遺体の分解を遅らせるし、防腐処理もホルムアルデヒドやアルコールなど、微生物の増殖を制限し一時的に肉体を保存する化学物質を利用する。エジプトのミイラ化のテクニックは「はらわたを抜き塩を詰めるという、エジプトの鳥や魚の保存手法ときわめて類似している」とMark Kurlanskyは彼の著書『Salt: A World History』に記している。[28] 12章でも述べたように、塩は主に水分活性を制限することによって、バクテリアの増殖を阻害し肉を保存する。しかし、地球上に何億もの遺体が野ざらしになっていないという事実は、遺体を保存する努力をしなければ普通は微生物が完全に遺体を分解してしまうという明白な証拠だ。

可能であれば、なるべくシンプルに、地面に掘った穴に遺体を埋めればよい（これは場所によっては合法だが、たいていは禁止されている）。本当に棺桶は必要なのだろうか？　すぐに生分解する自然繊維や紙を代わりに使うことはできないだろうか？　また、単純に地面に穴を掘ることが許されない場合でも、防腐処理せずに遺体を生分解可能な素材でできた柩に入れ、それ以外にも合成素材を使わないことによって微生物による分解を邪魔しない「自然葬（green burial）」運動が勢力を伸ばしている。自然葬協議会（Green Burial Council）は、「環境的に持続可能な遺体ケアと、自然地域を保護するための新しい手段としての埋葬を推進するために結成された。福音主義、経済的誘因、そして確固とした科学の組み合わせにより、ほとんどがボランティアの我々の組織は、この産声を上げたばかりの分野の主導者となり、またこれまで一度も超えられたことのない境界を橋渡しするという役割を担っている」。[29] 我々の遺産は、分解に耐える素材でできた飾り付きの柩と防腐剤ではなく、樹木のための栄養とすることもできるのだ。

繊維や建築への利用

有機素材処理の基本モードとしての発酵は、ファイバーアート、建築、そして装飾仕上げのさまざまなテクニックに広く用いられてきた。

バイオプラスチック

包装材料や使い捨てのカップや皿や食器などの「環境に優しい」代替品として利用されている植物素材の生分解性プラスチックは大部分、発酵によって作られたものだ。トウモロコシを原料とするプラスチックのひとつに、ポリ乳酸（PLA）がある。トウモロコシの糖が発酵によって乳酸となり、これが精製され、一連の化学処理を経てPLAとなる。同様のプロセスは、ジャガイモのデンプンやキャッサバやサトウキビや大豆にも適用されているし、潜在的にはどんな乳酸発酵可能な炭水化物にも適用可能だ。

浸漬

浸漬（ret）という言葉は、亜麻や麻などの茎から繊維を取る植物や、ココナッツの殻やキャッサバの塊根などの繊維質植物材料を水に浸したり湿らせたりすることを意味する。浸漬（ret）の語源は、腐敗（rot）と同じだ。浸漬によってペクチンなどの化合物を消化する自然発酵が始まり、これによって繊維が解放され、ロープや糸や紙などを作るために利用できるようになる。（キャッサバなど、繊維とデンプンに富む塊根の場合、繊維が取り除かれ、分離して沈殿したデンプンが食品として利用される）。

染色

発酵は、一部の繊維の染色プロセスにも利用されている。私が先日訪問した、テネシー州ナッシュヴィルにあるArtisan Natural Dyeworks（www.ecodyeit.com）では、大きなバットの中でインディゴ染料が発酵しており、別の槽には鉄の染料が入っていた。Sarah BellosとAlesandra Bellosは姉妹で小規模の染色工場を営み、インディゴを育てている。実際、彼女らは自分たちの創造的行為と農業を融合させたいという思いから染色を始めたのだった。ナッシュビルの温和な気候で彼女らが育てている（そして発酵させて染色に使っている）インディゴは、厳密にはインドで利用されている*Indigofera tinctoria*ではなく、タデ科の*Persicaria tinctoria*（アイ）であり、英語ではジャパニーズインディゴ、チャイニーズインディゴなどの名前で呼ばれている。**インディゴ**は、*Persicaria tinctoria*や*Indigofera*属のその他の植物、そしてホソバタイセイ（*Isatis tinctoria*）など、異なる植物から作られる染料を意味しており、すべて発酵によって処理される（少なくとも歴史的に、19世紀末により高速な化学処理が発見されるまでは）。

数多くの発酵プロセスと同様に、インディゴ染色も錬金術のような驚異だ。最初に、染料は予備的な発酵プロセスによって植物から抽出される。これは染料を含むペーストが得られる高温の好気的発酵プロセスか、水に浸した嫌気的発酵によって行われる。染料が水に浸出して発酵すると、水は透明から茶色へ、そしてSarahとAlesandraによれば「ライム色の冷却液のような」緑色へと変化する。これが、この染料の水溶性の形態の色だ。これに消石灰を加えて激しくかき混ぜて空気を吹き込むことによって、不溶性の形態の染料を沈殿させることができる。酸性の発酵済み浸出液がアルカリ性の消石灰と反応して酸化され、青い泡を発生させながら青い染料が不溶性の微粒子の泥となって沈殿して行く。この微粒子は濡れた状態でも保存できるが、通常は運搬や交易のため乾燥させて粉末状のかたまりにする。そしてどちらの場合でもこの染料は、ソーダ灰とアカネや煎った大麦などの炭水化物栄養源と共に水の入ったバットに入れられ、「還元」と発酵が行われる。かつてはインディゴ発酵バットに尿が利用されることもあった。

Cassava root

嫌気的環境で染料が溶解すると、青い色は失われる。酸素が入って染料の溶解が遅くなることを防ぐため、バットはなるべく揺らさないようにする。何日も何週間も経つうちに、バットからは強い魚くさいにおいがしてくる。銅のような光沢がバットの表面に出てくると、染色の準備は完了だ。繊維や衣服をインディゴのバットに浸すと黄緑色になり、液体から取り出して空気にさらすと、その時初めて酸化によって青に変わる。この劇的な変化は、写真の印画紙の現像を見ているようだ。深みのある濃い青色を得るには、繊維を何回も浸し、そして完全に酸化させることを繰り返さなくてはならないのが普通だ。

発酵染料はインディゴだけではない。インディゴ以外にも、Bellos姉妹は鉄染料を発酵させるバットを持っている。『Database on Microbial Traditional Knowledge of India』を編纂した、インドのタミル・ナードゥ州にあるBharathidasan大学のS. Sekar博士は、インド北東部の「マニプル州に住むMeitei族の人々は、伝統的な発酵を用いた手法によってさまざまな種類の天然染料や染色に用いられる定着剤を作っており」、それにはインディゴだけでなく、黄色、ピンク、赤、紫、茶色、そして黒などさまざまな色が得られる植物が含まれる、と書いている。[30]

自然建築

自然素材を用いた建築が、すべての建築の根源であることは明らかだ。「21世紀の現在でさえ、世界の人口の半分は土で作った住居に住んでいる。そのほうが、コンクリートの家やトレーラーハウスよりも温度的に快適だからだ」とCarole Crewsは『Clay Culture: Plasters, Paints, and Preservation』の中で書いている。[31]建築には鉄鋼、コンクリート、プラスチック、ガラス繊維、アスファルト、ビニール、「圧力注入処理」木材など、合成素材がより多く使われるようになっている一方で、近年では土を素材とした建築が復興してきている。私は幸運にも何人かの自然建築復興主義者と1990年代に知り合い、彼らから学ぶことができた。最小限の指導と多大な努力(そして助力)のおかげで、私は泥とわらから美しく豪華な居住空間を建設して、そのプロセスにほれ込んだ。

木材を使った建築と比較して、泥を使った建築は簡単で許容度が高い。ほとんど学習曲線が存在しないため、手を汚して働く気のある人なら子どもでもだれでも作業に参加できる。大工仕事のミスは一般的には蓄積して行くため、次のステップに進むごとに修正が必要となるが、泥のミスは簡単に塗りこめられるし、経験によって適切な混合比率を学ぶこともできる。

適切な比率の見つけ方を他の人に教える際、私はいつも食品のたとえを使っている。小麦と水とを混ぜるだけで数多くの異なる生地が作れるように、土と水とわらからも多くの形態が得られる。私が利用したslip strawと呼ばれるテクニックでは、まず粘土スリップを作る。これは粘土と水を混ぜてクリームのような濃い懸濁液にしたもので、これを混ぜた手を引き抜いても手がコーティングされているほどの濃さにする。このスリップでわらを軽くコーティングし、そして柱の間の壁のスペースの内側と外側に立てた板の間に詰め込んで壁を作る。この手法の利点は藁の比率を高くできるため、余分なわら壁を必要とせずに断熱性を高められることだ。わらをスリップでコーティングするには、まずタープの上にわらを広げ、できるだけわらをバラバラにする。それからこのわらの山の周りに少しずつスリップを広げて、ちょうどサラダにドレッシングをあえるように混ぜる。目的は、なるべく少ないスリップで、すべてのわらをコーティングすることだ。

土と砂と水とわらを混ぜて、パン生地のような濃い「壁土」を作り、これで壁を作ることもできる。パン生地と同様に、すべての材料が互いに結合するためには十分な水が必要だが、形を保てなくなるほど水が多くてはいけない。すでに出来上がった壁の仕上げに塗る漆喰として使うには、同じ材料を使う（他の材料も入れることが多い）が、より水を多くして塗り広げやすくする。

これらのプロセスのすべてに共通する重要なステップが、粘土を水に浸すことだ。これは小麦を水に浸すのとまったく同様に行われる。Carole Crewsは、粘土の特性を以下のように説明している。

> 粘土分子は、その結晶質の性質により、直線的に結合してさまざまな長さの非常に薄いプレートレットとなる。これは、濡らしたプレイングカードのように互いに滑る性質があるため、分子構造内に閉じ込められた水に加えてプレートレットが層の間に水を含むと粘土に可塑性と展性が生じる。わずか1〜2ナノメートルの厚さの顕微鏡的なプレートレットは静電気のため、互いにくっついたり、水にくっついたり、また他の物体にくっついたりする。粘土粒子の凝集力は、部分的には水の吸収によって中和され、粘土は流動的で展性を持つ、液体と固体の間の魔法のような性質を獲得する。[32]

粘土が水の中に放置されると、プレートレットのすべての層の間が完全に水で飽和した後、時間と共に「それらはより均一に整列し、粘土の粘稠度と取り扱いやすさが向上する」とCrewsは説明している。

> 中国では、少なくとも昔は、世代ごとに大きな粘土の穴を用意して、それを次の世代の陶工のためにわらで覆い、それから何年も前に彼らのために用意されたものを使う。インドでは、ぬれた泥を山にして、使う前少なくとも2週間は覆っている。[33]

Crewsは、粘土を長期間水に浸すことを「発酵」と表現している。有機質のない鉱物が発酵することは不可能だが、実際にはすべての粘土には不純物として有機質が含まれるため、発酵が起こる。「エージングした粘土は、非常に嫌なにおいがし始める場合がある」とCrewsは警告している。そのような場合、彼女は対策としてEM-1（有用微生物群）の追加を推奨している。[34]

建築に使う場合、水に浸した粘土は他の物質と混ぜられる。これにはほとんど必ず繊維と骨材が含まれ、また用途によっては追加的な結合剤と硬化剤が使われる。骨材は、通常は砂だ。骨材なしの粘土は縮んでひびが入りやすい。多くの場所で、掘り出した土にはすでに建築に適した比率の粘土と砂が含まれている。私が経験した土を使った建築ではほとんどの場合、粘土質の土に大量の砂を加える必要があった。さらに、構造強度と引張強度を高めるため、繊維を加える必要がある。わらが最もよく使われるが、他の繊維で代用することも可能だ。細かい漆喰の作業には、私は髪の毛や乾燥させて砕いた馬糞を使っていた。これは、本質的にはバラバラになった草の繊維に粘り気のあるコーティングが施されたものだ。事前に水に浸しておくとよい粘土とは対照的に、繊維は混ぜて使う直前まで乾燥した状態に保つのが一般的だ。混ぜて使う際には濡れた状態になるが、その後乾燥が始まるためわずかな時間しか発酵はしない。分解が進み過ぎると、繊維の強度が犠牲になってしまう。

壁土や塗料の結合剤には、食品も使われることがある。正麩糊は、小麦粉と水で薄い生地を作り、煮詰めてネバネバしたペーストにしたものだ。これは、都会の活動家やストリートアーティストの間で人気が高い。私は正麩糊を壁土に混ぜることを学んだが、これによって粘着力は確実に高まる。しかし、その日に使う予定の分だけ作るように気を付けてほしい。一晩置くと小麦が発酵して、壁土にコシと粘着力がなくなってしまい、ゆるくて使いづらいものになってしまうからだ。発酵がいつも役に立つとは限らない！

壁土の強度を高めたりコーティングしたりするために、一般的には発酵させて使われる食品ベースの結合剤がカゼインだ。**カゼイン**は、カード（ホエーではなく）を形成する乳タンパク質のグループだ。カゼインタンパク質は、ミルクの中に浮かぶ**ミセル**と呼ばれるクラスターとして存在している。酸性の条件では、ミセルは互いに集まってより大きなクラスターを形成する。この現象が、チーズ作りやヨーグルト作りの基盤となっている。カゼインが液体のミルクを固体に変化させるのと同じ凝集力を、壁土にカゼインを混ぜて取り込むことができる。ここでは具体的な壁土づくりのテクニックには立ち入らないが、Carole Crewsの本などには非常に詳しく説明されている。カゼインそのものは、ヨーグルトチーズとして固まったヨーグルトでも、レンネットや酢で凝固したミルクでも、バターミルクなどでもよい。私は、粉乳を壁土に混ぜたことさえある。すべてのミルクにはカゼインが含まれる。「どんなミルクもよい糊になる」とCrewsは要約している。

発酵が関係する、もうひとつの自然素材の壁仕上げが発酵サボテンを含む石灰ベースの塗料だ。私はこれを友人のAnnie DangerとRaynaから聞いた。彼女らは一緒にこのテクニックを使ってサンフランシスコにあるAnnieのアパートを塗装したということだ。粘り気のある発酵サボテンは「塗装の粘る／光沢のある／ゴムのような要素として働きます」とAnnieは説明してくれた。「これは、ほとんどまごついてしまうほど毒性のないプロセスでした」と彼女は言っている。「数日間塗装して、一度も塗料のにおいで気持ち悪くならなかったことには、驚きましたし奇妙に感じました。なんと素晴らしいことでしょう！」

この塗料を含め、どんな石灰ベースの塗料も、最初のステップは石灰に水を含ませること、つまり「消化」だ。石灰は水中に最低でも1週間（できればもっと長く）浸す必要があるので、しばらく使う予定のないバケツに入れておくこと。また、使い切ってからまた1週間待つ羽目にならないように、必要と思われるよりも多めに作っておくこと。（石灰の消化は発酵プロセスではなく、石灰と水との間の化学反応だ）。建設資材販売店で普通に売られている「タイプS」の石灰を使うこと。バケツに半分ほど水を入れてから、注意深く石灰を1カップずつふるいながら入れて、かき混ぜる。「昔ながらの個人用保護具を装着し、肺を守るためのマスク／フィルターと、完全に目を覆う保護メガネを必ず使ってください」とAnnieはアドバイスしている。「あなたの体液で石灰を水和したくはないでしょう」。パンケーキの生地のような濃さになるまで、石灰を加える。石灰が水和するには最低でも1週間必要だ。「より長く石灰を消化させるほど、良いものができます」とAnnieは言っている。余分な消化済み石灰が出たら、密閉容器に入れて置けばいつまでも保存できる。

石灰が消化したら、nopalesと呼ばれるサボテンを準備する。これは*Opuntia*属のとげの生えたウチワサボテンで、ラテンアメリカ食材店で手に入る。別のバケツを使ってnopalesを発酵させる。バケツに半分以下まで温水を入れ、1ガロン当たり1カップ（1リットル当たり60ml）の塩を加える。1ガロンの水につき、だいたい10ポンドのnopalesの割合だ（1リットルあたり1キログラム強）。10ポンド／4kgのnopalesで、RaynaとAnnieが12フィート／4メートル四方の部屋を塗るには十分だった。料理する場合とは違って、nopalesからとげを取り除く必要はない。シンプルにサボテンを薄く（1/4〜1/2インチ／1cm）スライスすればよい。Annieは、とげのあるnopalesと手の接触をなるべく避けるため、以下の方法を推奨している。「利き手でないほうの手に手袋をはめて、慎重にnopaleの根元を持ちます。バケツの上で、利き手で慎重にサボテンを切り刻み、なるべく薄く幅方向にそぎ切りにして直接バケツの中に落とします」。薄切りにしたnopalesが塩水に浸っていることを確かめて、かき混ぜてふたをし、数日間発酵させる。その間は毎日かき混ぜて、サボテンの粘りが水の中に溶け出して発酵し、感触が変化していくことに注意する。「目標は、サボテンの粘りがうまく塩水に溶けだすことですが、完全に腐ってしまってはいけません」とAnnieは説明してくれた。サンフランシスコの温和な気候では、発酵に約3日かかった。より暖かい場所では、発酵はもっと早く進むだろうし、寒い場所では遅くなるだろう。どんな発酵でも同じだが、塩を多くすればプロセスは遅くなる。Raynaは、次のようにコメントしてくれた。「別の種類のサボテンや多肉植物が豊富にあれば、それを使ってもうまく行くかもしれません。例えば、アロエベラには素晴らしい粘りが含まれています」。

サボテンの粘りが発酵したら、ざるで濾してサボテンの薄切りを取り除くと、

Annieが「純粋で素晴らしい、琥珀色の、サボテンの粘り」と呼ぶものが得られる。これを、消石灰と混ぜる。AnnieとRaynaは、さまざまな比率で実験し、サボテンの粘り3に対して消石灰2で行くことにした。「より薄い（例えば4対1の）塗料は釉薬のような感じになり、不透明にするには何回も塗り重ねる必要があります」。この塗料は、顔料を加えずに「わずかな蛍光色の輝きのある黄白色の淡彩」としてもよいし、顔料を加えて好きな色にしてもよい。顔料は、一度に少しずつ加えてほしい。好みの色になったと感じたら、試しに目立たない場所に塗って、乾くとどんな色になるか確認し、必要に応じて割合や顔料を調整してほしい。この塗料はすぐに乾き、最低限二度塗り（たぶんもっと多く）を必要とする。

さらにもうひとつの、歴史的伝統から生まれたものでない、新しい創造的な発酵建設材料が菌糸体マットだ。これは綿花殻やそば殻などの農業副産物で菌類を育て、栄養培地を結合させて堅固な板にしたもので、発泡スチロール断熱材と同じようにエアポケットが大量に存在するが、糊や樹脂を使っておらず、完全に自然素材で、完全に生分解可能だという特徴がある。このこの菌糸体断熱材はGreensulateとして市販されており、この製品の開発者は、雑誌『Popular Science』のInvention Awards（発明賞）を2009年に受賞した。この雑誌では、次のように説明している。「この混合物はパネル（あるいは、必要とされるどんな形状でも）の内部に入れられ、10日から14日後には、菌糸体が成長して稠密なネットワークを形成する。白と茶色の斑点のあるGreensulate断熱材には、たった1立方インチの中に8マイル／13キロメートルの長さの複雑に絡み合った菌糸が含まれる。このパネルは炉の中で100～150°F／38～65℃の温度で乾燥されて菌糸体の成長を停止させ、そして2週間後には、壁の材料として使えるようになる」。[35] まったく同じプロセスは、エコな包装材料を作るためにも使われている。残念なことに、『Popular Science』の記事にも製造業者のウェブサイト[36]にも、どの種の菌類が使われているのか特定されてはいないが、私はそれがこの企業の独占技術なのだと想像している。これを自分で作ってみるために、さまざまな菌類の種を型の中で成長させるという実験は、実験愛好家にとって面白いプロジェクトになるだろう。

エネルギー生産

最も広く消費される発酵産物であるアルコールはエタノールとも呼ばれ、燃料として燃やすことができる。もうひとつの発酵産物であるメタンも、燃料として燃やせる。発酵プロセスは、再生可能エネルギーやエネルギー自給の議論において、きわめて重要な位置を占めている。

エタノール

米国の大部分のガソリンスタンドでは、すでにエタノールとガソリンを混ぜた燃料を供給している。政府の政策と産業界によって、この目標はここ数年推進されてきた。急速に成長する一年生作物を燃料として使うというアイデアは非常に魅力的であり、多くの人々はこれがエネルギー自給と持続可能性への道だと信じている。米国で製造される大部分のエタノールはトウモロコシから発酵によって作られたものだが、世界第2位のエタノール生産国であるブラジルでは、主にサトウキビから作られる。発酵後、エタノールは蒸留によって濃縮される必要がある。これは蒸留酒と同様だが、回数を重ねることによって、200プルーフあるいは100パーセントに近いアルコールとなる。

近年、エタノールの生産が増加するに伴って、これがトウモロコシ価格の上昇、あるいはさらに幅広い食品価格の上昇の原因とされるようになってきた。議会予算局の報告書では、以下のように説明されている。

> 2008年、米国では30億ブッシェル近くのトウモロコシがエタノール製造に使用された。この量は、前年と比較してほぼ10億ブッシェルの増加である。エタノール製造のためのトウモロコシの需要は、その他の要因と相まって、トウモロコシ価格に上昇圧力を及ぼし、その価格は2007年4月から2008年4月までの間に50パーセント以上上昇した。トウモロコシへの需要の高まりは、耕作地の需要の増加と動物飼料の価格上昇をも引き起こした。これらの影響により、多くの農産物（大豆、食肉、家禽、乳製品など）の価格が上昇し、それに伴って食料品小売価格も上昇した。[37]

再生可能な燃料の生産は立派な目標だが、食用作物を燃料にすることには巨大な経済的波及効果があり、人類の基本的なニーズと移動や利便性へのあくなき欲求とを競わせるものとなっている。

モノカルチャー植物から燃料を生産することは「地球にやさしい」というマーケティングが成功している一方で、バイオ燃料の推進によって数多くの環境破壊が引き起こされてきた。トウモロコシやサトウキビなどのモノカルチャーは、合成窒素肥料を大量に与えないと育たない。食品と農業関係のライターTom Philpottは、以下のように問うている。「トウモロコシベースのエタノール以上に環境的な不信感を与えた『地球にやさしい』テクノロジーが、今まであっただろうか？」。[38] ブラジルでは、広大なアマゾン熱帯雨林の領域が、これまでに、そしてこれからも、発展を続けるエタノール産業のサトウキビ畑のために失われ続けている。コロンビアやアルゼンチンなど他の南米諸国でも、人々が先祖代々守り続けてきた土地を追われ、その土地はバイオ燃料作物の広大な畑に姿を変えているという報告がある。バイオ燃料の最先端の研究の中には、例えば牧草からエタノールを作ったり、海藻からバイオディーゼル燃料を作ったり（これは発酵を伴わないまったく別のプロセスだ）、食用とならない材料を燃料に変える方法を見つけようとしているものもある。しかし食用とならない飼料作物であっても、土地や水、労働力などの貴重なリソースは必要だ。バイオ燃料は万能の方策ではない。

炭水化物からエタノールを作るプロセスは、9章で説明した穀物やイモ類からアルコールを作るプロセスから始まる。通常、アミラーゼ酵素の働きによってデンプンが単糖に分解される。これはアジアの米から作る酒に用いられるカビを、工業的に利用したものだ。（これらの酵素は、イモや穀物から蒸留酒を作るためにも用いられることが多い）。酵素の代わりに、モルトを使うこともできる。この最初の炭水化物の変換の後、麦汁を煮詰め、冷やしてから、酵母を導入して発酵が始まる。

dried corn

エタノールを作るには、発酵によって作られた飲み物を蒸留して（9章の「蒸留」を参照してほしい）アルコールを濃縮する。ガソリンと混ぜられるほど純粋な200プルーフのエタノールは、一般的には（非常に特殊な機材を使わなければ）家庭で作れるものではない。しかし、特別な改造をしたガソリン自動車を180プルーフの（90パーセント純粋な）エタノールで動かしたり、さらに低いプルーフのエタノールを混ぜてディーゼルエンジンを動かしたりしている人もいる。

メタン

エネルギー源として開発されてきた、もうひとつの燃焼可能な発酵産物がメタンだ。「沼気」や「埋立地ガス」と呼ばれることもあるメタンは、下水処理や一部の堆肥作りの際に起こる嫌気性消化の産物だ。メタンは、地中から採取され、家庭の暖房や湯沸かし器、そして食品の調理に広く用いられている「天然ガス」の主要成分でもある。下水の嫌気性消化の副産物として生産される「バイオガス」も同様に利用できるし、また自動車の燃料や下水処理などにも使われており、さまざまな可能性を秘めている。

嫌気性分解プロセスからメタンを取り出すというアイデアは、新しいものではない。1,000年近く前の13世紀に、マルコ・ポーロが中国で見かけたメタンガスの利用について報告している。[39] そして3,000年前にはアッシリア人が、入浴用のお湯を沸かすのに使っていた。[40] 最近では、バイオガスを取り出して精製する技術が進歩してきた。その機材は、通常「ダイジェスター」と呼ばれる。インターネット検索してみれば、自分で嫌気性ダイジェスターを作り上げ、メタンバイオガスを利用する方法の説明がたくさん見つかるだろう。

バイオガスの生産と利用によって、多くの有益な目標が同時に達成できる。そのままでは汚染源となる動物や人間の排泄物を、燃料資源に変えることができる。また、地球温暖化の主要な原因でもあるメタンを燃料として利用すれば、その大気への放出が抑制される。さらに、バイオガスは主に田園地域の人々に暖房や調理のための燃料を供給するため、木の伐採を防ぐ役割もある。

中国はバイオガスの利用では世界一で、2005年には1700万のダイジェスターから年間65億立方メートルのバイオガスが生産されており、これをさらに増やそうという野心的な計画もある。「バイオガスは、中国で発展を続けるエコ経済の中心となっている」と、英国ベースのInstitute of Science in Societyは報告している。[41]

発酵の医療への応用

伝統的な癒しのシステムには、発酵による治療が用意されていることが多い。4章では、ハーブエキスミードについて説明し、薬草を保存し利用するための手段としてアルコール発酵が昔から使われていたことを示した。インドのアーユルベーダでは、ハーブを発酵させたものをarishtasやasavasと呼んでいる。インドのタミル・ナードゥにあるBharathidasan大学のS. Sekar博士によれば、「これらは効き目と望ましい特性があるため、価値ある治療法とみなされている」。インターネット上の彼の『Database on Microbial Traditional Knowledge of India』には、そのような調合が数十種類掲載されている。[42] 中国の儒教では発酵調味料を、食べた食物、季節、健康状態などと人とをバランスさせることによって健康を維持する手段とみなしていた。発酵から医薬品が生まれるというアイデアは、新しいものではない。

どんな生物も微生物群落も、潜在的な競争者の一部を抑制する化合物を分泌している。この観察が、抗生物質を生むことになった。スコットランドの生物学者Alexander Flemingは1928年に*Staphylococci*属のバクテリアを研究していて、たまたまペトリ皿の中に成長したカビがこれらの培養微生物を死滅させるのを観察した。彼は、このカビを*Penicillium*属と同定し、その抗菌特性の調査を開始して、医学の新しい時代を開くことになったのだ。

カビだけでなくキノコも抗菌性や抗ウイルス性を持つことが知られている。「植物の病気は通常人間を苦しめることはないが、菌類の病気は人間を苦しめる」とPaul Stametsは指摘している。「人間(動物)と菌類には、共通の微生物の敵がいるからだ……人間は、微生物の感染と闘う抗生物質を作り出す菌類の自然防御戦略を役立てることができる。つまり、我々の最も重要な抗バクテリア抗生物質が菌類に由来するのは当然だ」。[43] 現在使われている大部分の抗生物質はカビに由来するが、Stametsはさまざまなキノコ、特に多孔菌*の抗菌作用を論証している。「医薬品業界はキノコの抗生物質活性を調査するのが遅かった。その原因の一部は、カビ菌類と比較して担子菌類[キノコ]の発酵における成長が遅く、収量が少ないからだ」とStametsは説明している。「キノコのゲノムは、実質的に未開拓の新しい抗菌物質資源として際立っている……そして、微生物疾患に対する我々の社会の最大の防御となるかもしれない」。

*訳注:サルノコシカケなど。

バクテリアは、医薬品の製造で非常に重要な役割を担うようになってきた。DNA組み換え技術の出現により、特定の化合物を作り出す遺伝子が、バクテリアの細胞に挿入されるようになってきたからだ。インシュリン、インターフェロン、腫瘍壊死因子など、数多くの一般的な医薬品が、現在では遺伝子組み換えされたバクテリアによって作られている。

ある微生物学の教科書は、このことを高らかにうたっている。「バクテリアの持つ遺伝子プールと遺伝能力を考慮すれば、バイオテクノロジーの可能性は無限である」。[44] バクテリア以外に、遺伝学者たちは植物にも遺伝子を挿入して医薬品を作らせることに成功している。もし遺伝子操作された植物の花粉が逃げ出すようなことがあれば、強力な医薬科学物質によって他の植物個体群を汚染するおそれが高まっているのだ。

食品に含まれる栄養素と同様に、栄養サプリメントも発酵によって強化し、より生体利用性を高めることができる。サプリメント企業のNew Chapterは、「自然の恵みを十二分に生かしてプロバイオティクスで培養された」食品ベースのサプリメントを製造している。

性質は非常に異なるが薬という点では関連しているタバコも、特に葉巻の場合には、発酵されることもある。葉巻製造業者のAltadisは、自社のウェブサイト上で葉巻タバコを発酵させる方法について説明している。

> タバコの発酵とは、タバコの葉を巨大な「バルク」に積み重ね、その中心が熱を持つようにすることです。タバコの種類にもよりますが、バルク中心部の熱は約115°–130°F［46–54℃］を超えないようにします。そうしないと、いわば燃え尽きてダメになってしまうからです。葉の状態によってかかる時間は違いますが、いずれその温度に達したら、バルクの内側と外側をひっくり返し、再び発熱（発酵）を開始させます。発熱が収まってきたら、発酵は完了です。これは、業界では「スエット（sweats）」と呼ばれるひっくり返しを、4回から8回行った後になります。発酵しすぎると葉は「消耗」して風味とアロマがなくなり、ダメになってしまいます。「スエット」の間、発酵プロセスによって窒素化合物などの化合物が排出され、ニコチンの含有量も多少減少します。発酵後、梱包の中でさらにエージングして葉を落ち着かせ、風味と燃焼特性を向上させます。[45]

まさに堆肥の山のようだ！

スキンケアやアロマテラピーへの発酵の利用

発酵のもうひとつの利用方法がスキンケアだ。カリフォルニア州フリーストーンのOsmosis Spaでは、日本の伝統的な（と言っても1940年代から）おがくずと米ぬかを混ぜて発酵させたものの中での入浴を提供している。Osmosisでは日本から取り寄せたスターターを使っておがくずと米ぬかをしばらく発酵させ、熱が発生し植物繊維が次第に分解するため、定期的に山を切り返している。発酵中のおがくずと米ぬかが「湯船」（巨大な木の箱）に入れられた後は、頻繁にかき混ぜられ、高いレベルの微生物活性によって安全性と清潔さが保たれる。Osmosisのウェブサイトによれば：

Cedar Enzyme Bathの熱は、発酵プロセスによって生物学的に発生しているという点で、他の温熱療法とは異なっています。このプロセスには600を超える酵素の活性が必要とされます。身体の最大の器官である皮膚は、熱と共に独特の電気化学的環境を作り出す、Cedar Enzyme Bathの強力な酵素活性と直接接触します。この熱とエネルギーの組み合わせが、生体化学反応と自然洗浄プロセスに影響し、皮膚の皮下層中の老廃物を分解します。あなたの皮膚、あなたの毛穴、そして細胞そのものが、徹底的に洗浄されるのです。[46]

私は、創業者Michael Stusserのゲストとして Osmosisを訪問する栄誉にあずかった。彼は、自分の組織した華々しいFreestone Fermentation Festivalに私を招待してくれたのだ。私が湯船に行ってみると、そこにはほぼ私の体の大きさの穴が掘られており、その輪郭が示唆する姿勢は寝るのと座るのとの中間で、頭を突き出して寄りかかり、膝を挙げた状態だった。私はその穴に入って、姿勢を調節した。すると私のガイド役をしてくれていたKristenが、その中に私をうずめてくれた。私は、子どものころ砂浜で砂に埋められたときのことを思い出した。

そこはとても心地よく、柔らかく、そして湿っていたが、とても熱くもあった。(Michaelによれば140°F/60℃だが、「あなたの皮膚と接触している素材が、断熱障壁を形成します」とのことだった)。Kristenは、必要に応じて手足を外に出してくつろぐよう勧めてくれた。また彼女は私に曲がったストローの入った冷たい水を渡し、冷たい水を含ませたタオルで私の顔を拭いてくれた。圧倒的な微生物の活動による熱の中で汗をかきながら横たわってくつろいでいると、私の皮膚の死んだ組織が何十億ものバクテリアによって消化されていると想像するのはたやすいことだった。私は湯船に約20分間入っていて、その後おがくずと米ぬかを払い落とし、長時間シャワーとミストを浴びて、最後に素晴らしい深部マッサージを受けた。これらをすべて経験した後の私はまるでゼリーのようで、すっかり生まれ変わって深くリラックスした感じだった。

ここ数年、発酵スキンケア製品の使用と経験についての電子メールを私は受け取っている。ハチミツ、クリーム、ミルク、ココナッツ、植物性ハーブなど、スキンケア製品に一般的な材料の多くは簡単に発酵する。発酵によってこれらは良い方向に変化するかもしれないが、私はこの分野の研究を見かけたことがないし、コンブチャマザーやザワークラウト美顔術（どちらも素晴らしい）以外には自分で試したこともない。

Kefiplantというカナダの会社が、Kefiechというケフィアグレインに由来する微生物を使った独占的なプロセスで、発酵ハーブのスキンケア製品用のスターターを製造している。「植物材料がKefiplantで発酵されると、植物中の自然に由来する植物性化合物が解放されます」と同社のウェブサイトでは解説している。[47]「これらの解放された分子は、身体に簡単に吸収され、効率的に利用できるようになります」。

これに関連するもうひとつの発酵の応用は、ポプリを使ったアロマテラピーだ。ポプリというフランス語は、文字通り翻訳すると「腐った鍋」という意味になり、元々は現在見られるような乾燥した花びらではなく、バラの花びらなどの芳香性のハーブを鍋に入れて発酵させた、湿り気のあるものだった。発酵はその加工の重要な部分を占めており、花弁とそのアロマを保存する役割をしていた。そのプロセスは、単純明快だ。新鮮なバラの花びらと塩を、バラの花びら3に対して塩1の割合で交互に敷き詰める。ザワークラウトと同じように重石をして、バラの花びらを浸す。少なくとも2週間、長くて6週間、発酵させる。バラの花びらのかたまりが、乾いて砕けやすく湿ったケーキのようになる。これを砕き、他の芳香のある花やスパイスを加え、ジャーの中で保存し、香りが欲しい場合にふたを開ける。[48]

発酵アート

発酵の食品以外への応用として最後に取り上げるのは、アートの領域だ。カラー口絵に、発酵にインスパイアされたアート作品をいくつか掲載してある。発酵がアートや歌、そして詩を、これらの表現形式が最初に発生した時点からインスパイアしてきたことは確実だ。アーティストの中には、発酵それ自体を表現の手段として利用している人もいる。ひとつの例が、ロンドンにあるSchool of Fashion and Textilesの主任研究員Suzanne Leeによって作り出されたコンブチャの衣服だ（6章の「コンブチャの作り方」とカラーの差し込みの写真を参照してほしい）。Mike Cuilは、友達と一緒に電子音楽を演奏しながら、ステージ上でザワークラウトも作った時のことを教えてくれた。「マイクには、材料を刻んだり踏みつけたりする音がすべて拾われて、会場に流されます。最後に私たちは、ザワークラウトに関するドイツ語のラブソングを歌いました。大成功でしたよ」。Jenifer Wightmanは生物学者のアーティストで、泥と水を混ぜてフレームに入れて発酵させる、Winogradsky Rothko: Bacterial Ecosystem as Pastoral Landscapeという名前のインスタレーションを制作した。以下は、そのアーティスト自身の言葉だ。

> Mark Rothkoの絵画の寸法に作られ……19世紀の土壌科学者Sergei Winogradskyによって開発された微生物学のテクニックを応用して、染色した泥と水の中に存在するバクテリアがランドスケープを構成しました。バクテリアが自分に最適なゾーンにコロニーを形成すると、資源を消費し副産物を放出することにより、環境を変えて行きます。あるバクテリアの種が環境収容力に達すると、もはや環境は元のコロニーの住民にとって住みやすいものではなくなり、そのゾーンの潜在的な後継者にとって最適な環境となるため、生物染色の色相が変化して行きます。色の出現や消失は、有限の物質的リソースの獲得と喪失の両方を意味します。ランドスケープに作用し変化

> を統合するエージェントは、結果として彼らが変化させた世界によって、作用し返されるのです。

このアーティストは、彼女にとって「構成／解体は、始まり、変化、原因と結果の偶然性、相関性、可能性を表現します。もしかすると、私が世界への希望を託しているのは、解体なのかもしれません」と説明している。[49]

yeast
lacto bacilli
elephants eating
fallen durian
yogurt
berries
rye plant
harvester

エピローグ：文化復興主義者のマニフェスト

Epilogue: A Cultural Revivalist Manifesto

我々は、自分たちの食品を取り戻さなくてはならない。食品は、単純な栄養物をはるかに超えるものだ。食品には、網のように複雑に入り組んだ関係が具現化されている。食品は、我々が存在する文脈の大きな部分を占めるものだ。我々が食品を取り戻すことは、この入り組んだ網に積極的に関与して行くことを意味する。

現代のスーパーマーケットの棚を埋め尽くす食品は、独占的遺伝子素材や合成された危険なものも多い化学物質、モノカルチャー、長距離輸送、工場規模の食品加工、無駄の多い包装、そしてエネルギーを消費する冷蔵技術など、グローバル化されたインフラストラクチャーの産物だ。このシステムによって作り出される食品は地球を破壊し、我々の健康を損ない、経済活力を失わせ、そして我々を依存させ、消費者の立場に隷従させることによって我々の尊厳を奪っている。

それとは異なる関係性を構築することが必要だ。

植物や動物との関係

植物や動物は、我々の食品を（微生物の助けを借りて）作り出してくれる。我々はこれ以上、自分たちの食品の根源から距離を置き、我々の生活から切り離された、高度に特殊化された、遠く離れた大量生産モノカルチャーに追いやることはできない。歴史的に我々は必然的に、自分たちが食べる植物や動物との関係を保っていた。我々はそれらを知り、それらに頼り、そしてそれらを狩り栽培することによって、自分たちの環境と密接につながっていた。我々は、自分たちの生存の源とのつながりを取り戻す必要がある。周りの植物について学ぼう。ハーブや野菜を育ててみよう。採り残された果物を摘んで利用しよう。木を植えたり、世話をしたりしてみよう。庭の雑草を動物の飼料にしてみよう。卵やミルクや肉が好きなら、鶏などの家畜を小さな規模で育てることを考えてみてほしい。屠畜や食肉解体を見学したり、手伝ったりしてみよう。我々の食品となる生命を尊重し、あがめ、そして感謝してほしい。我々は、これら他の生命と共に共進化してきたのであり、我々の運命は絡み合っているのだ。

農家や生産者との関係

地元の食品を買おう！　地元の農業を支援しよう！　農家と知り合いになり、彼らから直接購入しよう。農業の再活性化は本物の経済的刺激であり、本物の経済的安全保障だ。大部分の人は農産物だけでなく、チーズ、サラミ、あるいはテンペなど、加工された食品や飲料を消費している。これらの「付加価値」加工には、発酵が利用されている場合が多い。小規模な地元の加工業者や生産者を支援しよう。それによって、より新鮮な食品、地元の雇用、地方分権化、そしてより大きな変化に対する回復力がもたらされる。地元での生産には、商業的な製造業者だけでなく、贈り物の交換、物々交換、自発的な寄付、家畜の共有、コミュニティに支援されたモデル、あるいは無免許のアングラ販売など、代替経済によって分かち合われる小規模で非公式な生産も含まれる。食品生産者たちのつながりが復活する中で、あなたが埋めることのできる隙間を見つけてほしい。

祖先との関係

我々の祖先は、現代の人々よりもはるかに多くの関心を、彼らの祖先に対して払っていた。我々には神があり、また象徴化されたさまざまな歴史上や神話上の英雄たちを賛美しているが、現在では家系そのものはほとんど評価されていない。我々の伝統がどんなものであれ、我々一人一人は古代からの家系の継承者なのであり、それによって我々には素晴らしい文化的遺産が伝えられている。我々は、できる限り自分たちの祖先を思い出し、再発見し、そして取り戻し、さらには種子や発酵プロセスなど実体のあるものを含め、彼らからの贈り物を尊重し、保護し、そして伝えて行かなくてはならない。文化的復興は、彼らから我々への素晴らしい遺産を維持して行くためにも必要なのだ。それを伝え続けて行くことは、究極の祖先崇拝だ。

神秘との関係

神秘は持続する。顕微鏡画像や遺伝子解析など、科学的調査の目を見張るほどの発達にも関わらず、微生物の世界はまだほとんど理解が進んでいない。それに関しては、我々自身の身体や精神についても同じだ。神秘を尊重し、我々がすべてを理解することはできないという事実を受け止めよう。

コミュニティとの関係

自給自足は、危険な幻想だ。我々は、お互いを必要としている。あなたの周囲の人々を愛し、育て、そして広げて行こう。あなたが育てたり作ったりした食品をコミュニティと分かち合い、他の人にも食品製造活動を勧めよう。コミュニティは常に完璧なものではなく、大変な努力を必要とする。サークルはさまざまなビジョンやアイデアや価値を持っているからだ。しかし共通点を見つけるために努力して、自分の周りの人々とのコミュニティを育てよう。

抵抗運動との関係

個人としての意識の高まりは我々自身の生活に変化をもたらし、またコミュニティは社会運動の活性化に役立つ（また、役立てなくてはならない）。地元の食品システムを復興させる一方で、我々はまた食品正義と食品主権へ向けた、既に存在する運動へ参加することによって、資源への不公平なアクセスに対抗することが可能だ。文化復興運動に先住民の人々の知恵を活用することによって、生存のため苦闘している先住民の人々に感謝し、そして連帯して活動することもできる。我々自身のカーボンフットプリントと環境負荷を制限しようと努めることによって、企業や政府の政策に同様の行動を要求する社会運動に参加することも可能だ。個人の活動も強力となり得るが、集団的行動の力には及びもつかない。

素材との関係

何であろうと豊富で容易に利用でき、環境に優しく再利用可能なものを、最大限活用するよう我々は努力しなくてはならない。特殊な機材やガジェットを、むやみに追い求める必要はない。我々は、使い捨て社会にストップを掛けなくてはならないのだ。可能な限り、素材をごみに捨てずに再利用しよう。植物や動物から繊維を作ろう。土の素材から家を建てよう。これがDIY文化だ！

＊　＊　＊

上にあげたのは、我々を養い豊かにしてくれる密接に絡み合った関係の網を構成する、ほんの数本の糸に過ぎない。発酵は、我々がこの網を意識的に育てるためのひとつの方法であり、文化復興のための日々の取り組みだ。生命の力を取り込むことによって、我々は自分たちの文脈を再発見し、そこにつながって行くことができる。

参考資料

Resources

3章

かめ作り職人

Adam Field | 韓国の伝統的なかめオンギ(onggi) | www.adamfieldpottery.com

Robbie Heidinger | www.robbieheidinger.com/products-page/pickling-crocks/

Sarah Kersten | www.counterculturepottery.com

Jeremy Ogusky | www.etsy.com/people/oguskyceramics

Amy Potter | http://amypotter.com/Amy_Kraut_Crocks.htm

4章

書籍

Bruman, Henry J. *Alcohol in Ancient Mexico.* Salt Lake City: University of Utah Press, 2000.

Garey, Terry A. *The Joy of Home Winemaking.* New York: Avon, 1996.

Kania, Leon. *Alaskan Bootlegger's Bible.* Wasilla, AK: Happy Mountain Publications, 2000.

Mansfield, Scott. *Strong Waters: A Simple Guide to Making Beer, Wine, Cider and Other Spirited Beverages at Home.* New York: The Experiment, 2010.

McGovern, Patrick. *Uncorking the Past: The Quest for Wine, Beer, and Other Alcoholic Beverages.* Berkeley, CA: University of California Press, 2009.

Spence, Pamela. *Mad About Mead! Nectar of the Gods.* St. Paul , MN: Llewellyn Publications, 1997.

Vargas, Pattie, and Rich Gulling. *Making Wild Wines and Meads: 125 Unusual Recipes Using Herbs, Fruits, Flowers, and More.* Pownal, VT: Storey Books, 1999.

Watson, Ben. *Cider Hard and Sweet: History, Traditions, and Making Your Own.* Woodstock, VT: Countryman, 1999.

インターネット

Home Winemakers Manual | Lum Eisenmanによる、フリーでダウンロード可能な電子書籍 | www.winebook.webs.com

The Joy of Home Winemaking 『The Joy of Home Winemaking』の著者、Terry Gareyのウェブサイト | www.joyofwine.net

Winemaking Blog | ミズーリ州で家庭用のワインやビール造りの用品を販売しているE. C. Krausの提供するFAQや記事などの情報 | www.winemakingblog.com

Winemaking Home Page | 愛好家Jack Kellerの作成した入門書、Q&A、レシピなど | www.winemaking.jackkeller.net

Winemaking Talk | ディスカッションフォーラム | www.winemakingtalk.com

Wine Press | ディスカッションフォーラム | www.winepress.us

5章

書籍

Andoh, Elizabeth. *Kansha: Celebrating Japan's Vegan and Vegetarian Traditions.* Berkeley, CA: Ten Speed Press, 2010.

Hisamatsu, Ikuko. *Quick and Easy Tsukemono: Japanese Pickling Recipes.* Tokyo: Japan Publications, 2005.

Kaufmann, Klaus, and Annelies Schöneck. *Making Sauerkraut and Pickled Vegetables at Home.* Summertown, TN: Books Alive, 2008.

Man-Jo, Kim, Lee Kyou-Tae, and Lee O-Young. *The Kimchee Cookbook: Fiery Flavors and Cultural History of Korea's National Dish.* Singapore: Periplus Editions, 1999.

Shimizu, Kay. *Tsukemono: Japanese Pickled Vegetables.* Tokyo: Shufunotomo, 1993.

United Nations Food and Agriculture Organization. *Fermented Fruits and Vegetables: A Global Perspective.* Online at www.fao.org/docrep/x0560E/x0560E00.htm.

6章

培養微生物交換所

Cómo conseguir kéfir | ウォーターケフィアグレイン、ミルクケフィアグレイン、そしてコンブチャマザーの国際的な入手先のリ

ストが掲載されているスペイン語のサイト | www.lanaturaleza.es/bdkefir.htm
International Kefir Community |「本物の生きているケフィアグレインを世界中のメンバーが分かち合っています」。ウォーターケフィアグレインやミルクケフィアグレインの入手先が、地理的な場所に分類されて投稿されている。一部は手渡しできる場合には無料。大部分は多少の料金がかかる | www.torontoadvisors.com/Kefir/kefir-list.php
Kombucha Exchange | Günther W. Frankによる国際的な要覧。英語とドイツ語 | www.kombu.de/suche2.htm
Project Kefir |「無料の(無料でないものもある)本物のケフィアグレインとコンブチャの」国際的な要覧 | www.rejoiceinlife.com/kefir/kefirlist.php

モービー樹皮のオンライン入手先

Angel Brand Spices, Herbs, & Teas | www.angelbrand.com
Sam's Caribbean Marketplace | ニューヨーク | www.sams247.com
West Indian Shop | ニューヨーク | www.westindianshop.com
Xnic Store | コネティカット | stores.xnicstore.com

ウォーターケフィアとジンジャービアプラントの入手先

前掲の「培養微生物交換所」のリストには、個人の愛好家を中心として、世界の数十か国の入手先が掲載されている。以下は、培養微生物の植え継ぎを専門としている小規模の商業的な企業のリストだ。それぞれのリストについて、販売している培養微生物の種類(ウォーターケフィアはWK、ジンジャービアプラントはGBP)と、会社のある国を示してある。私は、米国の3社については培養微生物を注文し問い合わせを行った。また、私が取引をしたことのないオーストラリアと英国の会社も掲載してある。現在のインターネット時代では、ちょっと検索してみれば、もっとたくさんの(おそらく本書の執筆時点では存在していなかった)入手先が見つかるだろう。

Cultures Alive | オーストラリア、WK & GBP | www.culturesalive.com.au
Cultures for Health | 米国、WK | www.culturesforhealth.com
GEM Cultures | 米国、WK | www.gemcultures.com
The Ginger Beer Plant | 英国、GBP | www.gingerbeerplant.net
The Kefir Shop | 英国、WK & GBP | www.kefirshop.co.uk
Yemoos Nourishing Cultures | 米国、WK & GBP | www.yemoos.com

コンブチャマザーの入手先

前掲の「培養微生物交換所」のリストには、個人の愛好家を中心として、世界の数十か国の入手先が掲載されている。以下は、培養微生物の植え継ぎを専門としている小規模の商業的な企業のリストだ。私は、米国のすべての会社について、培養微生物を注文するか、問い合わせしたことがある。現在のインターネット時代では、ちょっと検索してみれば、もっとたくさんの(おそらく本書の執筆時点では存在していなかった)入手先が見つかるだろう。

Cultures Alive | オーストラリア | www.culturesalive.com.au
Cultures for Health | 米国 | www.culturesforhealth.com
GEM Cultures | 米国 | www.gemcultures.com
The Kefir Shop | 英国 | www.kefirshop.co.uk
Kombucha Brooklyn | 米国 | kombuchabrooklyn.com
Kombucha Kamp | 米国 | www.kombuchakamp.com
Yemoos Nourishing Cultures | 米国 | www.yemoos.com

コンブチャに関する参考資料

Kombucha Journal | Günther W. Frank発行、30の言語(!)で書かれた、コンブチャ作りやその他に関する詳細な情報 | www.kombu.de
Kombucha Unveiled | Colleen Allen によるコンブチャに関するFAQ、研究、そしてリンク集 | http://users.bestweb.net/~om/~kombu/FAQ/homeFAQ.html
Online Kombucha Brewing Manual | Frantisek Apfelbeck による | www.noisebridge.net/wiki/Kombucha_Brewing_Manual

酢に関する参考資料

書籍

Diggs, Lawrence J. *Vinegar: The User-Friendly Standard Text Reference and Guide to Appreciating, Making, and Enjoying Vinegar.* Lincoln, NE: Authors Choice Press, 2000.

インターネット

Apple Cider Vinegar Benefits | Wayneという名前のカナダの酢愛好家のサイト。酢作りの情報が掲載されている | www.apple-cider-vinegar-benefits.com
How to Make Vinegar | howtomakevinegar.com
Vinegar Connoisseurs International |「酢に関する情報のグランドセントラルステーション」と称して、上記の書籍の著者、Lawrence Diggsによって維持管理されているサイト | www.vinegarman.com

7章 生乳に関する参考資料

書籍

Gumpert, David E. *The Raw Milk Revolution: Behind America's Emerging Battle Over Food Rights.* White River Junction, VT: Chelsea Green, 2009.
Schmid, Ron. *The Untold Story of Milk: The History, Politics and Science of Nature's Perfect Food.* Warsaw, IN: New Trends Publishing, 2009.

インターネット

A Campaign for Raw Milk | The Weston A. Price財団のミルクプロジェクトのウェブサイトで、栄養や法律に関する大量の情報と、米国や世界中の生乳の入手先が掲載されている | www.realmilk.com

Farm-to-Consumer Legal Defense Fund | 生乳生産者と消費者のための、法的権利擁護と法的防御 | www.farmtoconsumer.org
Raw Milk Institute | 安全な生乳を作るための農業者へのアドバイスと支援 | www.rawmilkinstitute.org

伝統的ヨーグルト培養微生物の入手先

Cultures Alive | オーストラリア | www.culturesalive.com.au
Cultures for Health | 米国 | www.culturesforhealth.com
New England Cheesemaking Supply Company | 米国 | www.cheesemaking.com

ヨーグルトに関する参考資料

How to Make Yogurt, A Step-by-Step Tutorial | www.makeyourownyogurt.com
Yogurt Everyday | Jennaという名前のヨーグルト愛好家による、ヨーグルトの作り方、レシピ、リンク集など | www.yogurt-everyday.com
Yogurt Forever | Roberto Floraによる『The Yogurt Encyclopaedia』(ヨーグルト百科事典)、Fiammetta Cestaroによる英語への翻訳あり | www.yogurtforever.org

ケフィアグレインの入手先

「培養微生物交換所」のリスト(6章の参考資料を参照してほしい)には、個人の愛好家を中心として、世界の数十か国の入手先が掲載されている。以下は、ケフィアを含めた培養微生物の植え継ぎを専門としている小規模の商業的な企業のリストだ。私は、米国の3社については培養微生物を注文し問い合わせを行った。また、私が取引をしたことのないオーストラリアと英国の会社も掲載してある。現在のインターネット時代では、ちょっと検索してみれば、もっとたくさんの(おそらく本書の執筆時点では存在していなかった)入手先が見つかるだろう。

Cultures Alive | オーストラリア | www.culturesalive.com.au
Cultures for Health | 米国 | www.culturesforhealth.com
GEM Cultures | 米国 | www.gemcultures.com
The Kefir Shop | 英国 | www.kefirshop.co.uk
Yemoos Nourishing Cultures | 米国 | www.yemoos.com

チーズ作りに関する参考資料

書籍

Amrein-Boyes, Debra. *200 Easy Homemade Cheese Recipes: From Cheddar and Brie to Butter and Yogurt*. Toronto: Robert Rose, 2009.
Carroll, Ricki. *Home Cheese Making.* North Adams, MA: Storey Publishing, 2002.
Emery, Carla. *Encyclopedia of Country Living.* Seattle: Sasquatch Books, 1994. | この一般的な参考資料は私のおすすめだ。チーズ作りだけでなく、ミルク全体に関して非常に詳しく説明したセクションが含まれている。
Farnham, Jody, and Marc Druart, *The Joy of Cheesemaking.* New York: Skyhorse Publishing, 2011.
Hurst, Hurst. *Homemade Cheese: Recipes for 50 Cheeses from Artisan Cheesemakers.* Minneapolis: Voyageur Press, 2011.
Karlin, Mary. *Artisan Cheese Making at Home: Techniques & Recipes for Mastering World-Class Cheeses.* Berkeley, CA: Ten Speed Press, 2011.
Kindstedt, Paul. *American Farmstead Cheese.* White River Junction, VT: Chelsea Green, 2005.
Kosikowski, Frank V., and Vikram V. Mistry. *Cheese and Fermented Milk Foods.* South Deerfield, MA: New England Cheesemaking Supply Company, 1999.
Le Jaouen, Jean Claude. *The Fabrication of Farmstead Goat Cheese.* Ashfield, MA: Cheesemaker's Journal, 1990.
Morris, Margaret. *The Cheesemaker's Manual.* Lancaster, Ontario: Glengarry Cheesemaking, 2003.
Peacock, Paul. *Making Your Own Cheese: How to Make All Kinds of Cheeses in Your Own Home.* Begbroke, UK: How To Books, 2011.
Smith, Tim. *Making Artisan Cheese: Fifty Fine Cheeses That You Can Make in Your Own Kitchen.* Minneapolis: Quarry Books, 2005.
Twamley, Josiah. *Dairying Exemplified.* London: J. Sharp, 1784. | Google Booksで入手可能。基本的なテクニックは大きく変わっていない。

雑誌

CULTURE: The Word on Cheese | www.culturecheesemag.com

インターネット

Cheese Forum | グローバルで独立(売り手側に偏っていない) | www.cheeseforum.org
Fankhauser's Cheese Page | シンシナチ大学の生物学教授David B. Fankhauserのサイト | www.biology.clc.uc.edu/fankhauser/cheese/cheese.html
Glengarry Cheesemaking and Dairy Supply | チーズ作りの器材、培養微生物、消耗品のカナダでの入手先 | www.glengarrycheesemaking.on.ca
New England Cheesemaking Supply Company | チーズ作りの器材、培養微生物、消耗品の米国での入手先 | www.cheesemaking.com

生乳チーズの作り手を探す

書籍

Roberts, Jeffrey. *Atlas of American Artisan Cheese.* White River Junction, VT: Chelsea Green, 2007.

インターネット

Slow Food USA American Raw Milk Cheeses Presidium | www.slowfoodusa.org/index.php/programs/presidia_product_detail/american_raw_milk_cheeses/

8章
サワー種パン作りに関する参考資料

書籍

Alford, Jeffrey, and Naomi Duguid. *Flatbreads and Flavors: A Baker's Atlas.* New York: William Morrow, 1995.
Brown, Edward Espe. *The Tassajara Bread Book.* Boston: Shambhala, 1971.
Buehler, Emily. *Bread Science: The Chemistry and Craft of Making Bread.* Hillsborough, NC: Two Blue Books, 2006.
Denzer, Kiko, and Hannah Field. *Build Your Own Earth Oven: A Low-Cost Wood-Fired Mud Oven; Simple Sourdough Bread; Perfect Loaves,* 3rd Edition. Blodgett, OR: Hand Print Press, 2007.
Hamelman, Jeffrey. *Bread: A Baker's Book of Techniques and Recipes.* Hoboken, NJ: Wiley, 2004.
Leonard, Thom. *The Bread Book: A Natural, Whole Grain Seed-to-Loaf Approach to Real Bread.* Brookline, MA: East West Health Books, 1990.
Rayner, Lisa. *Wild Bread: Handbaked Sourdough Artisan Breads in Your Own Kitchen.* Flagstaff, AZ: Lifeweaver, 2009.
Reinhart, Peter. *The Bread Baker's Apprentice: Mastering the Art of Extraordinary Bread.* Berkeley, CA: Ten Speed Press, 2001.
Robertson, Chad. *Tartine Bread.* San Francisco: Chronicle Books, 2010.
Wing, Daniel, and Alan Scott, *The Bread Builders: Hearth Loaves and Masonry Ovens.* White River Junction, VT: Chelsea Green, 1999.

インターネット

The Fresh Loaf | www.thefreshloaf.com
Google Sourdough Group | www.groups.google.com/group/rec.food.sourdough | このグループのFAQがwww.nyx.net/~dgreenw/sourdoughqa.htmlにある
Dan Lepard's Breadbaking Forum | 英国ガーディアン紙のパン作りコラムニストによるウェブサイト上のインタラクティブコンテンツ | www.danlepard.com/forum
Sourdough Daily | www.sourdough.typepad.com/my-blog
Sourdough FAQ | 発酵愛好家Brian Dixonのサイト | www.stason.org/TULARC/food/sourdough-starter/
Sourdough Home | www.sourdoughhome.com

9章
ライスビールの追加参考資料

私が見つけた2つのオンラインリソースでは、それぞれの地域で作られているライスビールの幅広い調査を行っている。

Database on Microbial Traditional Knowledge of India | インドのタミル・ナードゥにあるBharathidasan大学のS. Sekar博士 | www.bdu.ac.in/schools/life_sciences/biotechnology/sekardb.htm
Grandiose Survey of Chinese Alcoholic Drinks and Beverages | 中国の江蘇省にある江南大学のXu Gan RongとBao Tong Fa | www.sytu.edu.cn/zhgjiu/umain.htm

日本酒に関する参考資料

書籍

Eckhardt, Fred. *Sake (USA): The Complete Guide to American Sake, Sake Breweries and Homebrewed Sake.* Portland, OR: Fred Eckhardt Communications, 1992.

インターネット

Home Brew Sake | このウェブサイトでは、Fred Eckhardtのレシピの更新などを公開し、酒造り用品を販売し、その他の日本酒に関するオンライン情報へのリンク集を提供している | http://homebrewsake.com
Sake World | これは、アメリカから移住して日本に住んでいるJohn Gauntnerの日本酒情報ウェブサイトだ。彼は日本酒に関する5冊の本を書いており、日本人以外の日本酒の第一人者として広く認められている。このサイトにはレシピは載っていないが、プロセスの説明やさまざまな種類の日本酒の特性など、良い情報が掲載されている | http://sake-world.com
Taylor-Made AK — Brewing Sake | このBob Taylorの「家庭で日本酒を作るための参考情報」には、Fred Eckhardtのものを含めたさまざまなフリーのレシピや、長期間にわたるプロセスを記録するためのチェックリストやスプレッドシートなどが掲載されている | www.taylor-madeak.org

小規模な麦芽製造業者

Rebel Malting Company | ネバダ州リノ | www.rebelmalting.com
Valley Malt | マサチューセッツ州ハドリー | www.valleymalt.com

ビールの醸造に関する参考資料

クラシックな大麦麦芽とホップを使ったビールを醸造する方法を教えてくれる、良い本とオンラインリソースを紹介する。

書籍

Bamforth, Charles W. *Scientific Principles of Malting and Brewing.* St. Paul, MN: American Society of Brewing Chemists, 2006.
Fisher, Joe, and Dennis Fisher. *The Homebrewer's Garden.* North Adams, MA: Storey Publishing, 1998.
Janson, Lee W. *Brew Chem 101: The Basics of Homebrewing Chemistry.* North Adams, MA: Storey Publishing, 1996.
Kania, Leon W. *The Alaskan Bootlegger's Bible.* Wasilla, AK: Happy Mountain Publications, 2000.
Mosher, Randy. *Radical Brewing.* Boulder, CO: Brewers Publications, 2004.
Palmer, John. *How to Brew: Everything You Need to Know to Brew Beer Right the First Time.* Boulder, CO: Brewers Publications, 2006; | www.howtobrew.comからオンライン版がフリーで利用可能。
Papazian, Charlie. *The Complete Joy of Homebrewing.* New York: HarperCollins, 2003.

———. *The Home Brewer's Companion.* New York: William Morrow, 1994.

Sparrow, Jeff. *Wild Brews: Beer Beyond the Influence of Brewer's Yeast.* Boulder, CO: Brewers Publications, 2005.

インターネット

Biohazard Lambic Brewers Page | ランビックスタイルのビールづくりと酵母の培養に関する情報 | www.liddil.com/beer/index.html

Brewers Roundtable | ディスカッションフォーラム | www.brewersroundtable.com

Homebrew Digest | 醸造のQ&Aと議論のためのメーリングリスト。何年にもわたる投稿のアーカイブが検索可能。このメンバーは、The Brewery(www.brewery.org)というサイトも運営している | www.hbd.org

Homebrew Talk | 大規模な、よく整理されたディスカッションフォーラム | www.homebrewtalk.com

Mad Fermentationist | Michael Tonsmeireの醸造ブログ。膨大な記事とリンクあり | www.themadfermentationist.com

RealBeer.Com Library | 数多くの優れた醸造情報へのリンクを掲載したポータルサイト | www.realbeer.com/library

10章

テンペスターターの入手先

Cultures for Health | 米国 | www.culturesforhealth.com

GEM Cultures | 米国 | www.gemcultures.com

Tempeh.Info | ベルギー | www.tempeh.info

Tempeh Lab | 米国 | PO Box 208, Summertown, TN 38483, (931) 964-4540, tempehlab@gmail.com

テンペに関する参考資料

書籍

Shurtleff, William, and Akiko Aoyagi. *The Book of Tempeh.* New York: Harper and Row, 1979. | books.google.com で全文が利用可能

———. *Tempeh Production: A Craft and Technical Manual.* Lafayette, CA: Soyinfo Center, 1986. | books.google.com で全文が利用可能

インターネット

Betsy's Tempeh Foundation | www.makethebesttempeh.org

Tempeh.Info | テンペスターターを販売しているベルギーのサイト。たくさんの情報やレシピに加えて、テンペのカビの素晴らしい顕微鏡写真が掲載されている | www.tempeh.info

Manfred Warmuth | http://users.soe.ucsc.edu/~manfred/tempeh/tempehold.html

麹の購入先

商業的な麹製造業者

Cold Mountain Koji | これはカリフォルニア製の麹の商業ブランドで、日本食品店やいくつかの家庭醸造用品店、そして数多くの通信販売業者で取り扱っている | www.coldmountainmiso.com

South River Miso Company | マサチューセッツ州にあるみそ製造業者で、玄米麹を販売している | www.southrivermiso.com

近所にみそ蔵や酒蔵があれば、そこで麹を販売しているかどうか問い合わせてみるのがいいだろう。

麹小売業者

Cultures for Health | www.culturesforhealth.com

GEM Cultures | www.gemcultures.com

11章

納豆スターターの入手先

私が今までに見かけた納豆スターターは、すべてMitoku Traditional Natto Sporesという同じブランドのものだった。以下から入手できる。

Cultures for Health | www.culturesforhealth.com

GEM Cultures | www.gemcultures.com

Natural Import Company | www.naturalimport.com

納豆に関することなら何でも掲載されている素晴らしい情報源がある。Natto King(www.nattoking.com)というウェブサイトだ。

12章

ソーセージ作りに関する参考資料

ソーセージ作り用品

Sausage Maker | www.sausagemaker.com

書籍

Bertolli, Paul. *Cooking by Hand.* New York: Clarkson Potter, 2003.

Fearnley-Whittingstall, Hugh. *River Cottage Meat Book.* Berkeley, CA: Ten Speed Press, 2007.

Jarvis, Norman. *Curing of Fishery Products.* Kingston, MA: Teaparty Books, 1987; | 元は1950年にUS Fish and Wildlife Serviceから発行されたもの。

Kutas, Rytek. *Great Sausage Recipes and Meat Curing,* 3rd edition. Buffalo, NY: The Sausage Maker, 1999.

Lee, Cherl-Ho, et al., eds. *Fish Fermentation Technology.* Tokyo: United Nations University Press, 1993. | 絶版だがGoogleブックスから利用可能。

Livingston, A. D. *Cold-Smoking and Salt-Curing Meat, Fish, and Game.* Guilford, CT: Lyons Press, 1995.

Marianski, Stanel, and Adam Marianski.

The Art of Making Fermented Sausages. Denver, CO: Outskirts Press, 2008.
Riddervold, Astri. *Lutefisk, Rakefisk and Herring in Norwegian Tradition.* Oslo: Novus Press, 1990.
Ruhlman, Michael, and Brian Polcyn. *Charcuterie: The Craft of Salting, Smoking, and Curing.* New York: W. W. Norton, 2005.
Toldrá, Fidel, ed. *Handbook of Fermented Meat and Poultry.* Ames, IA: Blackwell, 2007.

13章

書籍

Caldwell, Gianaclis. *The Farmstead Creamery Advisor: The Complete Guide to Building and Running a Small, Farm-Based Cheese Business.* White River Junction, VT: Chelsea Green, 2010.
Fix, Mimi. *Start & Run a Home-Based Food Business.* North Vancouver, British Columbia: Self Counsel Press, 2009.
Hall, Stephen. *Sell Your Specialty Food: Market, Distribute, and Profit from Your Kitchen Creation.* New York: Kaplan, 2008.
Lewis, Jennifer. *Starting a Part-Time Food Business: Everything You Need to Know to Turn Your Love for Food into a Successful Business Without Necessarily Quitting Your Day Job.* Rabbit Ranch Publishing, 2011.
Weinzweig, Ari. *A Lapsed Anarchist's Approach to Building a Great Business.* Ann Arbor, MI: Zingerman's Press, 2010.

14章

書籍

Ingham, Elaine. *The Compost Tea Brewing Manual.* Corvallis, OR: Soil Foodweb, 2005.
Kellogg, Scott, and Stacy Pettigrew. *Toolbox for Sustainable City Living.* Cambridge, MA: South End Press, 2008.
Lowenfels, Jeff, and Wayne Lewis. *Teaming with Microbes: A Gardener's Guide to the Soil Food Web.* Portland, OR: Timber Press, 2006.
Park, Hoon, and Michael W. DuPonte. *How to Cultivate Indigenous Microorganisms.* Published by the Cooperative Extension Service of the College of Tropical Agriculture and Human Resources, University of Hawai'i at Mānoa, August 2008, | www.ctahr.hawaii.edu/oc/freepubs/pdf/BIO-9.pdfからオンライン版が利用可能。
Wistinghausen, Christian von, et al. *Biodynamic Sprays and Compost Preparations: Directions for Use.* Biodynamic Agricultural Association, 2003; and *Biodynamic Sprays and Compost Preparations: Production Methods.* Biodynamic Agricultural Association, 2000.

インターネット

Recycle Food Waste | www.recyclefoodwaste.org
Soil Biology Primer | soils.usda.gov/sqi/concepts/soil_biology/biology.html

バイオレメディエーションに関する参考資料

書籍

Common Ground Collective Meg Perry Health Soil Project. *The New Orleans Residents' Guide to Do It Yourself Soil Clean Up Using Natural Processes.* March 2006 | https://we.riseup.net/assets/6683からオンライン版がフリーで利用可能。
Stamets, Paul. *Mycelium Running: How Mushrooms Can Help Save the World.* Berkeley, CA: Ten Speed Press, 2005.

インターネット

Canadian Government Bioremediation Information Portal | www.biobasics.gc.ca/english/View.asp?x=741
Fungi Perfecti | www.fungi.com/
US Environmental Protection Agency Bioremediation Portal | www.clu-in.org/remediation

グリーンな埋葬に関する参考資料

Green Burial Council | www.greenburialcouncil.org

インディゴの発酵と自然染色に関する参考資料

Balfour-Paul, Jenny. *Indigo.* London: British Museum Press, 1998.
Buchanan, Rita. *A Weaver's Garden: Growing Plants for Natural Dyes and Fibers.* Mineola, NY: Dover Publications, 1999.
Liles, J. N. *The Art and Craft of Natural Dyeing: Traditional Recipes for Modern Use.* Knoxville: University of Tennessee Press, 1990.

自然建築に関する参考資料

Crews, Carole. *Clay Culture: Plasters, Paints, and Preservation.* Rancho de Taos, NM: Gourmet Adobe Press, 2009.
Evans, Ianto, et al. *The Hand-Sculpted House: A Practical and Philosophical Guide to Building a Cob Cottage.* White River Junction, VT: Chelsea Green, 2002.
Guelberth, Cedar Rose, and Dan Chiras. *The Natural Plaster Book: Earth, Lime, and Gypsum Plasters for Natural Homes.* Gabriola Island, British Columbia: New Society, 2002.

エタノールに関する参考資料

Journey to Forever | http://journeytoforever.org/ethanol_link.html
Robert WarrenのMake Your Own Fuel（自分で燃料を作ろう）ウェブサイト | http://running_on_alcohol.tripod.com/index.html

バイオガスに関する参考資料

Cook, Michael. *Biogas Volume 3: A Chinese Biogas Manual.* Warren, MI: Knowledge Publications, 2009.
House, David. *The Biogas Handbook.* Aurora, OR: House Press, 2006.
People of Africa Biogas. *Biogas: Volumes 1 and 2.* Warren, MI: Knowledge Publications, 2009.

用語集
Glossary

SACCHAROMYCES CEREVISIAE｜ワインやビール、そしてパンを作るために最も普通に用いられる酵母。

SCOBY｜Symbiotic Community Of Bacteria and Yeast（バクテリアと酵母の共生群落）の略。植え継ぎの手段としてバッチからバッチへ移し替えられる、物理的形態を取るようになったスターター培養微生物。

アーユルベーダ（AYURVEDIC）｜インドの伝統的な癒しのシステムのこと。

アミラーゼ酵素（AMYLASE ENZYMES）｜デンプン（複合炭水化物）を糖（単純炭水化物）に分解する酵素。

アルカリ（ALKALINE）｜塩基。7を超えるpHが測定される。7未満のpHは酸だ。

生きた微生物を含む（LIVE-CULTURE）｜発酵後に加熱処理されていない乳酸菌発酵食品で、生きたバクテリアがそのまま含まれている。

液化（LIQUEFACTION）｜固体が液体となる物理プロセスで、一部の発酵プロセスに見られる。

塩分濃度（SALINITY）｜塩辛さのレベル。

おり（LEES）｜ワインや、米を発酵させてアルコール飲料を作った後に残る固形物。

カード（CURDS）｜凝固／凝乳によって得られた固形物。

外皮（RIND）｜外側の境界または皮膜で、一般的には強靭で硬い。

殻（HULL/HULLED/DEHULLED/UNHULLED）｜殻は、種子（穀物、豆類、ナッツを含む）の外層であり、通常は硬くて消化できない。「殻をむいた（hulledまたはunhulled）」種子は、殻を取り除いたもの。「殻付きの（unhulled）」種子は、殻が付いたままの種子で、発芽やモルト処理などのプロセスには重要だ。

乾塩法（DRY-SALTING）｜水を加えずに、固体の食品に塩をすること。

凝固剤（COAGULANTS）｜液体（ミルクなど）と反応して、その液体を固体または半固体の状態にする物質。

凝乳（CURDLE）｜ミルクの凝固。これによって、液体のホエーから乳脂肪と乳固形分が分離する。

菌糸体（MYCELIUM）｜菌類が成長に伴って作り出す微細なフィラメントのネットワーク。

クモノスカビ（RHIZOPUS）｜テンペなど、アジアで伝統的に豆類や穀物の発酵に利用されるカビの1属。

クロラミン（CHLORAMINES）｜塩素の代わりに最近使われるようになった物質で、揮発性がないため煮沸しても取り除くことができない。

原核生物（PROKARYOTIC）｜DNAが核に含まれずに細胞中に浮遊しており、特別な細胞小器官を持たない単細胞生物。バクテリアは原核生物だが、動物、植物、そして菌類は真核生物だ。

嫌気性バクテリア（ANAEROBIC BACTERIA）｜酸素を必要としないバクテリア。この中には、酸素がない状態でのみ活動する「偏性」嫌気性のものと、酸素があってもなくても活動できる「通性」嫌気性のものがある。

好気性バクテリア（AEROBIC BACTERIA）｜酸素を必要とするバクテリア。

光合成（PHOTOSYNTHESIS）｜植物、藻類、そして一部のバクテリアが、日光からエネルギーを作り出すこと。

コウジカビ（ASPERGILLUS）｜カビの1属で、アジアで伝統的に穀物や豆類の発酵に用いられることが多い。

好熱性（THERMOPHILIC）｜バクテリアの分類のひとつで、110°F /43℃よりも高い温度で最も活動的となるもの。

酵母（YEAST）｜*Saccharomyces cerevisiae* など、糖をアルコールに代謝するものを含む、菌類の幅広いグループ。

根茎(RHIZOME) | ショウガなど、一部の植物に見られる地下茎で、通常は水平に伸びてシュートや根を一定間隔で伸ばす。

サイフォン(SIPHON) | チューブと重力を利用して、液体を1つの容器からもう1つの低い場所にある容器へ移し替えること。

酢酸菌(ACETOBACTER) | 酸素の存在下で、アルコールを酢酸(酢)に代謝するバクテリア。

酸化(OXIDATION) | 酸素との化学反応。

酸性化(ACIDIFICATION) | 酸を作り出すプロセス。これは発酵によるものであることが多く、また発酵によって安全に食品が保存できるための重要な要素でもある。

熟成(CURING) | さまざまな形態で行われる収穫後の成熟を包含する、意味の広い表現。肉や魚のエージングの文脈では、「キュアリングソルト」と呼ばれる硝酸塩や亜硝酸塩の添加を意味することが多い。

蒸留(DISTILLATION) | 蒸発と凝固によって、アルコール(またはその他の揮発性物質)を濃縮するプロセス。

真核生物(EUKARYOTIC) | DNAが核に含まれ、その他の構造と共に細胞膜に包まれた細胞から構成される生物。動物や植物、そして菌類はすべて真核生物だが、バクテリアは原核生物だ。

浸出液(INFUSION) | 煮出すのではなく、湯に植物材料を浸すことによって作られる植物性エキス。一般的には葉や花からの抽出に用いられる。

スターター(STARTER) | 発酵を開始するために導入される、バクテリアや菌類の培養微生物。

生体利用率(BIOAVAILABILITY) | 栄養素などの物質が吸収され利用される度合。

接種(INOCULATE) | スターター培養微生物を導入すること。

代謝(METABOLISM) | 生きた細胞が、栄養素を利用するために行う化学反応。このプロセスは栄養素ごとに違っており、最終生成物が作り出されるまでの一連の化学反応は代謝経路と呼ばれる。

タンニン(TANNINS) | 多くの植物に存在する、苦く渋みのある化合物。

超高温殺菌(ULTRA-PASTEURIZED) | 低温殺菌の、より温度の高いバージョン。賞味期限の長いミルクを製造するために使われることが多い。

通性(FACULTATIVE) | 酸素が存在してもしなくても機能できる生物。

漬け汁(BRINE) | ピクルスや保存の培地として用いられる塩水。

低温殺菌(PASTEURIZATION) | 通常はミルクに行われるが、ワインやザワークラウトなどの数多くの他の飲食物にも行われる、部分的な殺菌のプロセス。伝統的に、ミルクの低温殺菌は少なくとも15秒間 161°F /72℃に加熱することによって行われる。「超高熱殺菌(Ultrapasteurization)」はより高い温度で行われるが、冷殺菌(cold pasteurization)は放射線照射のことだ。

デキストロース(DEXTROSE) | ブドウ糖の別名。

天然発酵(WILD FERMENTATION) | 微生物を導入するのではなく、培地や空気中にもともと存在する微生物を利用する発酵。また、著者の発酵に関する以前の本の書名(『天然発酵の世界』築地書館)でもある。

糖化(SACCHARIFICATION) | 複合炭水化物(デンプン)が単純炭水化物(糖)に分解される酵素消化プロセスで、あらゆるビールの製造に欠かせないステップだ。

ニシュタマリゼーション(NIXTAMALIZATION) | 木灰または石灰のアルカリ溶液中でトウモロコシを煮ることによって、穀粒の硬い殻を分解し、トウモロコシの栄養価を向上させるプロセス。

煮出し汁(DECOCTION) | 植物材料(根、樹皮などの稠密な木質の組織であることが多い)を煮出して作られる植物性エキス。

乳酸菌(LACTIC ACID BACTERIA) | いくつかの属にまたがるバクテリアの広い分類で、主要な代謝副産物として乳酸を作り出すという共通の性質がある。

乳酸菌発酵(LACTO-FERMENTATION) | 主に乳酸菌によって行われる任意の発酵。

乳糖(LACTOSE) | ミルクに含まれる糖。

バイオダイナミクス(BIODYNAMICS) | 有機農業のホリスティックな理論および手法。Rudolf Steinerによって最初に提唱された。

培地(SUBSTRATE) | 我々が発酵させる食品や飲料のことで、微生物に栄養を供給するとともに、微生物の成長する環境を提供する。

培養(INCUBATE) | 特定の温度範囲に環境を保つこと。発酵では、最適な微生物の成長を促すために用いられる。

培養微生物(CULTURE) | 多義的な言葉だが、発酵の文脈では一般的に、分離された微生物(純粋培養)または植え継がれた微生物群落(混合培養)のいずれかを利用したスターターを意味する。

麦汁(WORT) | 穀物をモルト処理してエキスを抽出し煮て濾した、発酵前の液体。

発芽(GERMINATION) | 種子から芽が出ること。

バックスロッピング(BACKSLOPPING) | 任意の発酵プロセスにおいて、少量の

以前のバッチを新しいバッチに導入すること。

発泡（CARBONATION）｜二酸化炭素を閉じ込めておくことによって、ふたを開けたときに泡立つようにすること。

パン種（LEAVEN）｜サワー種パンの培養微生物。

ピクルス（PICKLING）｜酸性培地中で保存すること。

ファイトケミカル（PHYTOCHEMICALS）｜植物由来の化合物。

フィチン酸塩（PHYTATES）｜穀物や豆類、種子やナッツの外層に存在する化合物で、ミネラルと結合して体内への吸収を阻害してしまう。

ブドウ糖（GLUCOSE）｜細胞の主なエネルギー源となる単糖。

フローラ（FLORA）｜ある培地または環境に見られる常在微生物の個体群。

プロバイオティクス（PROBIOTICS）｜それを摂取する生物に何らかの利益を与えるバクテリア。

ペクチン（PECTINS）｜非木質植物組織の細胞壁に見られる化合物。

胞子形成（SPORULATION）｜成長するカビの繁殖期で、通常は色の変化を伴う。

ボツリヌス中毒（BOTULISM）｜頻度は少ないが、致命的となることが多い中毒症状で、*Clostridium botulinum*（ボツリヌス菌）というバクテリアの作り出す毒素によって引き起こされ、主に不適切に調理された缶詰食品を原因とするが、不適切に発酵された魚や肉でもそのおそれがある。

モルト（MALT）｜大麦などの穀物を発芽させたもの。発芽によって、複合炭水化物（デンプン）を単純炭水化物に分解する酵素が活性化され、単純炭水化物をアルコールに発酵させることが可能となる。

ラクトバチルス（LACTOBACILLI）｜乳酸菌の1属。

ラッキング（RACKING）｜部分的に発酵したアルコール飲料をサイフォンで別の発酵容器に移すこと。アルコール飲料を酵母沈殿物から分離するとともに、空気に触れさせることによって「スタック」した発酵を再開するために行われる。

参考文献に関する注釈

A Note On References

世界中の発酵の慣習を記録した素晴らしい情報は大量に存在する。ここでは、発酵という話題を幅広くカバーする書籍などの資料と共に、世界の特定地域の発酵について特に詳細に取り上げた注目に値する情報源をいくつか説明する。その後には、引用した書籍のリストを示す。さらに、「原注」と「参考資料」のセクションにも、記事や書籍、インターネット上の情報など、さらに多くの情報源が掲載されている。

私が最初に出会った、発酵という話題を広く取り扱った本はBill Mollisonの『Ferment and Human Nutrition』(Tagari, 1993) だった。それまでに私は、すでにいくつかの発酵食品作りを学び、発酵が世界で広く行われていることを理解し、そして更なる情報を渇望していた。Mollisonの本は、本当の意味で発酵の慣習の多様性に私の目を見開かせてくれた。発酵の領域における彼の注釈や観察、そして調査は、彼が旅や文献から得たものであり、広範囲にわたっている。この本は広大な視点から、人類の発酵の慣習のパターンやバリエーションをテーマごとに調査したもので、発酵テクニックの役に立つガイドの域をはるかに超えるものだ。Mollisonは、**パーマカルチャー**という単語や概念の創始者のひとりとして、最もよく知られている。

Keith Steinkrausの『Handbook of Indigenous Fermented Foods』(Marcel Dekker, 1996) は、英語で書かれた発酵に関する最も包括的な本だ。第1版 (1983年) は、2つの国際的なイベントから生まれた。第1に、1974年にインドネシアで行われたユネスコのトレーニングが、五大陸からその土地に固有の発酵の研究に関心のある微生物学者を呼び集め、彼らはこれらのプロセスに関する情報の編纂の有用さを実感した。1974年のトレーニングからは、1977年にタイで開かれたSymposium on Indigenous Fermented Foodsという、もうひとつのイベントが生まれた。その後Keith Steinkrausは、そこに提出された2,500ページもの論文を凝縮してこの本を作り、1996年に更新・改版したのだ。

国際的なカンファレンスによって生まれた素晴らしい発酵に関する資料は他にもある。1980年にカナダで開催されたSixth International Fermentation Symposiumからは、C. W. HesseltineとHwa L. Wangの編集による『Indigenous Fermented Food of Non-Western Origin』(J. Cramer, 1986) という本が生まれた。1987年にノルウェーで開催されたSeventh International Ethnological Food Research Conferenceからは、Astri RiddervoldとAndreas Ropeidの編集による『Food Conservation Ethnological Studies』(Prospect Books, 1988) という本が生まれた。ここに取り上げられている食品発酵の伝統は主にヨーロッパのものだが、それだけにとどまらない。最後に、私も参加した2010年のOxford Symposium on Food and Cookeryは、食品の熟成や発酵、そして燻製に的を絞ったものだったが、この本に影響を与えた数多くの素晴らしいプレゼンテーションが行われていた。このカンファレンスに提出された論文を集めたものは、『Proceedings of the Oxford Symposium on Food and Cookery 2010: Cured, Fermented and Smoked Foods』(Prospect Books, 2011) として出版されている。

国連食糧農業機構 (FAO) では、情報が満載されたAgricultural Services Bulletinsシリーズを発行しており、これには『Fermented Fruits and Vegetables: A Global Perspective』(1998)、『Fermented Cereals: A Global Perspective』(1999)、そして『Fermented Grain Legumes, Seeds, and Nuts: A Global Perspective』(2000) など、発酵に特化したものも含まれている。これらのシリーズはそれぞれ、地理的に広範囲に散らばる研究者のチームによるもので、発酵の知識の保存と普及に役立つフローチャートや詳細な記述を提供している。

中国、スーダン、そしてインドという地理領域における発酵に関して、信頼できる情報源として際立つ書籍やウェブベースのデータベースがいくつか存在する。Science and Civilisation in Chinaシリーズに収められたH. T. Huangの大作『Fermentations and Food Science』(Cambridge University Press, 2000) は、中国の手の込んだ独特の発酵の慣習を余すところなく提示しており、歴史的文書からのプロセスな記述は、レシピとしても役立つほど詳細なものだ。Hamid Dirarの『The Indigenous Fermented Foods of the Sudan』(CAB International, 1993)

は、スーダンの豊富な発酵の伝統を人類学的に探究したもので、またこの本の記述に基づいて実験してみたい人に役立つ詳細な情報が豊富に掲載されている。インドのティルチラーパッリにあるBharathidasan大学のバイオテクノロジー教授S. Sekarは、非常に詳細な『Database on Microbial Traditional Knowledge of India』（www.bdu.ac.in/schools/life_sciences/biotechnology/sekardb.htm）をオンラインで公開している。最後に、中国の江蘇省にある江南大学のXu Gan RongとBao Tong Faは、オンラインで『Grandiose Survey of Chinese Alcoholic Drinks and Beverages』（www.sytu.edu.cn/zhgjiu/umain.htm）を公開している。

また私は、『The Book of Miso』や『The Book of Tempeh』の著者であり、大豆や大豆発酵食品の歴史を記録し歴史的参考資料のアーカイブを作成するプロジェクトを進行中のWilliam ShurtleffとAkiko Aoyagiの偉業にも感謝しなくてはならない。私はこの本の執筆中にShurtleffを訪問し、彼らがアーカイブを書籍の形で出版する予定はあるのかと聞いたところ、彼はフリーのインターネット出版に関して情熱を込めた議論を始めた。ShurtleffとAoyagiの最近の本はすべてデジタル的に自費出版されたもので、無料でGoogle Booksと彼らのウェブサイトwww.soyinfocenter.comで公開されており、必携の資料だ。

最後に、発酵の伝統を再構築しようとしている人向けの情報は、何千冊もの料理本や、何百万人もの人々の慣習や記憶にちりばめられている。発酵は、1冊の本に包括するにはあまりに広く、標準化されていない領域だ。創造性を発揮して伝統的な発酵に関する情報を探し求め、そしてあなたが学んだものを分かち合う方法を見つけてほしい。そうすれば、発酵を再興させ、これまでにないほど幅広い伝統を包み込むように育てて行くことができるだろう。

引用書籍
Books Cited

Aasved, Mikal John. *Alcohol, Drinking, and Intoxication in Preindustrial Society: Theoreti cal, Nutritional, and Religious Considerations.* PhD dissertation, University of Califor niaSanta Barbara, 1988.

Albala, Ken. *Beans: A History.* Oxford: Berg, 2007.

——.*Pancake: A Global History.* London: Reaktion Books, 2008.

Albala, Ken, and Rosanna Nafzifer. *The Lost Art of Real Cooking.* New York: Perigee, 2010.

Andoh, Elizabeth. *Kansha: Celebrating Japan's Vegan and Vegetarian Traditions.* Berkeley, CA: Ten Speed Press, 2010.

Awiakta, Marilou. *SELU: Seeking the Corn-Mother's Wisdom.* Golden, CO: Fulcrum Publishers, 1993.

Bamforth, Charles W. *Grape vs. Grain.* New York: Cambridge University Press, 2008.

——.*Scientific Principles of Malting and Brewing.* St.Paul,MN:American Society of Brewing Chemists, 2006.

Barlow, Connie. *The Ghosts of Evolution: Nonsensical Fruit, Missing Partners, and Other Ecological Anachronisms.* New York: Basic Books, 2000.

Baron, Stanley. *Brewed in America: A History of Beer and Ale in the United States.* Boston: Little Brown, 1962.

Battcock, Mike, and Sue Azam-Ali. *Fermented Fruits and Vegetables: A Global Perspective.* FAO Agricultural Services Bulletin Number 134. Rome: Food and Agriculture Organization of the United Nations, 1998.

Belasco, Warren. *Appetite for Change.* New York: Pantheon, 1989.

Belitz, Hans-Dieter, et al. *Food Chemistry,* 3rd revised edition. New York: Springer, 2004.

Bennett, W. C., and R. M. Zing. *The Tarahumara: An Indian Tribe of Northern Mexico.* Chicago: University of Chicago Press, 1935.

Bokanga, Mpoko. *Microbiology and Biochemistry of Cassava Fermentation.* PhD dissertation, Cornell University, 1989.

Bruman, Henry J. *Alcohol in Ancient Mexico.* Salt Lake City: University of Utah Press, 2000.

Buhner, Stephen Harrod. *Sacred and Herbal Healing Beers: The Secrets of Ancient Fermentation.* Boulder, CO: Siris Books, 1998.

Coe, Sophie D. *America's First Cuisines.* Austin: University of Texas Press, 1994.

Cushing, Frank Hamilton. *Zuni Breadstuff.* New York: Museum of the American Indian, 1974.

Dabney, Joseph. *Smokehouse Ham, Spoon Bread, & Scuppernong Wine.* Nashville, TN: Cum- berland House, 1998.

Daniel, Kaayla. *The Whole Soy Story: The Dark Side of America's Favorite Health Food.* Washington, DC: New Trends Publishing, 2005.

Deshpande, S. S., et al. *Fermented Grain Legumes, Seeds, and Nuts: A Global Perspective.* FAO Agricultural Services Bulletin Number 142. Rome: Food and Agriculture Organization of the United Nations, 2000.

Diggs, Lawrence J. *Vinegar: The User-Friendly Standard Text Reference and Guide to Appreciating, Making, and Enjoying Vinegar.* Lincoln, NE: Authors Choice Press, 2000.

Dirar, Hamid A. *The Indigenous Fermented Foods of the Sudan.* Oxon, UK: CAB International, 1993.

Doyle, M. P., and L. R. Beuchat (editors). *Food Microbiology: Fundamentals and Frontiers.* Washington, DC: ASM Press, 2007.

Du Bois, Christine M., et al. (editors). *The World of Soy.* Urbana: University of Illinois Press, 2008.

Dunlop, Fuchsia. *Land of Plenty: Authentic Sichuan Recipes Personally Gathered in the Chinese Province of Sichuan.* New York: W. W. Norton, 2003.

Eames, Alan D. *Secret Life of Beer: Legends, Lore & Little-Known Facts.* Pownal, VT: Storey Books, 1995.

Fallon, Sally, with Mary Enig. *Nourishing Traditions: The Cookbook That Challenges Politically Correct Nutrition and the Diet Dictocrats, revised 2nd edition.* Washington, DC: New Trends Publishing, 2001.

Farrell, Jeanette. *Invisible Allies: Microbes That Shape Our Lives.* New York: Farrar Straus Giroux, 2005.

Farrer, Keith. *To Feed a Nation: A History of Australian Food Science and Technology.* Collingwood, Victoria, Australia: CSIRO Publishing, 2005.

Fearnley-Whittingstall, Hugh. *River Cottage Cookbook.* London: Collins, 2001.

——. *River Cottage Meat Book.* Berkeley, CA: Ten Speed Press, 2007.

Gaden, Elmer L., et al. (editors). *Applications of Biotechnology to Traditional Fermented Foods.* Washington, DC: National Academy Press, 1992.

Grahn, Judy. *Blood, Bread, and Roses: How Menstruation Created the World.* Boston: Beacon Press, 1993.

Grieve, Maud. *A Modern Herbal.* New York: Dover, 1931.

Haard, Norman, et al. *Fermented Cereals: A Global Perspective.* FAO Agricultural Services Bulletin No. 138. Rome: Food and Agriculture Organization of the United Nations, 1999.

Haggblade, Steven J. *The Shebeen Queen; or Sorghum Beer in Botswana: The Impact of Factory Brews on a Cottage Industry.* PhD dissertation, Michigan State University, 1984.

Hepinstall, Hi Soo Shin. *Growing Up in a Korean Kitchen.* Berkeley, CA: Ten Speed Press, 2001.

Hesseltine, C. W., and H. L. Wang (editors). *Indigenous Fermented Food of Non-Western Origin.* Mycological Memoir No. 11. Berlin: J. Cramer, 1986.

Hobbs, Christopher. *Kombucha: The Essential Guide.* Santa Cruz, CA: Botanica Press, 1995.

Huang, H. T. *Science and Civilisation in China,* Volume 6, *Biology and Biological Technology,* Part V: Fermentations and Food Science. Cambridge, UK: Cambridge University Press, 2000.

Hui, Y. H. (editor). *Handbook of Food Science, Technology, and Engineering.* Boca Raton, FL: CRC Press, 2006.

Hui, Y. H., et al. (editors). *Handbook of Food and Beverage Fermentation Technology.* New York: Marcel Dekker, 2004.

Hunter, Beatrice Trum. *Probiotic Foods for Good Health: Yogurt, Sauerkraut, and Other Beneficial Fermented Foods.* Laguna Beach, CA: Basic Health Publications, 2008.

Jacobs, Jane. *The Economy of Cities.* New York: Vintage, 1970.

Janson, Lee W. *Brew Chem 101: The Basics of Homebrewing Chemistry.* North Adams, MA: Storey Publishing, 1996.

Jay, James Monroe, et al. *Modern Food Microbiology,* 7th edition. New York: Springer, 2005.

Jenkins, Joseph. *The Humanure Handbook: A Guide to Composting Human Manure,* 3rd edition. Grove City, PA: Joseph Jenkins, Inc., 2005.

Jones, Anore. *Iqaluich Nigiñaqtuat, Fish That We Eat.* Final Report No. FIS02-023. US Fish and Wildlife Service Office of Subsistence Management, Fisheries Resource Monitoring Program, 2006.

Katz, Sandor Ellix. *The Revolution Will Not Be Microwaved: Inside America's Underground Food Movements.* White River Junction, VT: Chelsea Green, 2006.

——. *Wild Fermentation: The Flavor, Nutrition, and Craft of Live-Culture Foods.* White River Junction, VT: Chelsea Green, 2003.（『天然発酵の世界』築地書館）

Katz, Solomon (editor). *Encyclopedia of Food and Culture.* New York: Scribner, 2003.

Kaufmann, Klaus, and Annelies Schöneck. *Making Sauerkraut and Pickled Vegetables at Home.* Summertown, TN: Books Alive, 2008.

Kennedy, Diana. *The Essential Cuisines of Mexico.* New York: Clarkson Potter, 2000.

——. *Oaxaca al Gusto: An Infinite Gastronomy.* Austin: University of Texas Press, 2010.

Khardori, Nancy (editor). *Bioterrorism Preparedness.* Weinheim, Germany: Wiley Inter-Science, 2006.

Kindstedt, Paul. *American Farmstead Cheese: The Complete Guide to Making and Selling Artisan Cheeses.* White River Junction, VT: Chelsea Green, 2005.

Klieger, P. Christian. *The Fleischmann Yeast Family.* Mount Pleasant, SC: Arcadia Publishing, 2004.

Konlee, Mark. *How to Reverse Immune Dysfunction: A Nutrition Manual for HIV, Chronic Fatigue Syndrome, Candidiasis, and Other Immune Related Disorders.* West Allis, WI: Keep Hope Alive, 1995.

Kosikowski, Frank V., and Vikram V. Mistry. *Cheese and Fermented Milk Foods.* Volume I: Origins and Principles, 3rd edition. Ashfield, MA: New England Cheesemaking Supply Company, 1999.

Kurlansky, Mark. *Salt: A World History.* New York: Walker, 2002.

Kushi, Aveline. *Complete Guide to Macrobiotic Cooking.* New York: Warner Books, 1985.

Leader, Daniel. *Local Breads: Sourdough and Whole-Grain Recipes from Europe's Best Artisan Bakers.* New York: W. W. Norton, 2007.

Lee, Cherl-Ho, et al. (editors). *Fish Fermentation Technology.* Tokyo: United Nations University Press, 1993.

Levi-Strauss, Claude. *The Raw and the Cooked.* Translated by John and Doreen Weightman. New York: Harper & Row, 1969.(『生のものと火を通したもの』みすず書房)

Litzinger, William Joseph. *The Ethnobiology of Alcoholic Beverage Production by the Lacandon, Tarahumara, and Other Aboriginal Mesoamerican Peoples.* PhD dissertation, University of Colorado Boulder, 1983.

Man-Jo, Kim, et al. *The Kimchee Cookbook: Fiery Flavors and Cultural History of Korea's National Dish.* North Clarendon, VT: Periplus, 1999.

Marcellino, R. M. Noella. *Biodiversity of Geotrichum candidum Strains Isolated from Traditional French Cheese.* PhD dissertation, University of Connecticut, 2003.

Margulis, Lynn, and Dorion Sagan. *Dazzle Gradually: Reflections on the Nature of Nature.* White River Junction, VT: Chelsea Green Publishing, 2007.

——. *Microcosmos: Four Billion Years of Evolution from Our Microbial Ancestors.* New York: Summit Books, 1986.

——. *Slanted Truths.* New York: Springer Verlag, 1997.

Marianski, Stanley, and Adam Marianski. *The Art of Making Fermented Sausages.* Denver, CO: Outskirts Press, 2008.

McGovern, Patrick E. *Uncorking the Past: The Quest for Wine, Beer, and Other Alcoholic Beverages.* Berkeley: University of California Press, 2009.

McNeill, F. Marian. *The Scots Kitchen: Its Traditions and Lore with Old-Time Recipes.* London and Glasgow: Blackie & Son, 1929.

Miliotis, Marianne D., and Jeffrey W. Bier (editors). *International Handbook of Foodborne Pathogens.* New York: Marcel Dekker, 2001.

Mollison, Bill. *The Permaculture Book of Ferment and Human Nutrition.* Tyalgum, Australia: Tagari Publications, 1993.

Pagden, A. R. (editor and translator). *The Maya: Diego de Landa's Account of the Affairs of the Yucatan.* Chicago: J. Philip O'Hara, 1975.

Papazian, Charlie. *Microbrewed Adventures.* New York: HarperCollins, 2005.

Pederson, Carl S. *Microbiology of Food Fermentations,* 2nd edition. Westport, CT: AVI Publishing, 1979.

Pendell, Dale. *Pharmako/poeia: Plant Powers, Poisons, and Herbcraft.* San Francisco: Mercury House, 1995.

Phaff, H. J., et al. *The Life of Yeasts.* Cambridge, MA: Harvard University Press, 1978.

Piccetti, John, and Francois Vecchio with Joyce Goldstein. *Salumi: Savory Recipes and Serving Ideas for Salame, Prosciutto, and More.* San Francisco: Chronicle Books, 2009.

Pitchford, Paul. *Healing with Whole Foods, 3rd edition.* Berkeley, CA: North Atlantic Books, 2002.

Pollan, Michael. *The Botany of Desire: A Plant's-Eye View of the World.* New York: Random House, 2001.(『欲望の植物誌—人をあやつる4つの植物』八坂書房)

Rehbein, Hartmut, and Jörg Oehlenschläger (editors). *Fishery Products: Quality, Safety and Authenticity.* Oxford, UK: Blackwell, 2009.

Rhoades, Robert E., and Pedro Bidegaray. *The Farmers of Yurimaguas: Land Use and Cropping Strategies in the Peruvian Jungle.* Lima, Peru: CIP, 1987.

Riddervold, Astri. *Lutfisk, Rakefisk and Herring in Norwegian Tradition.* Oslo: Novus Press, 1990.

Riddervold, Astri, and Andreas Ropeid (editors). *Food Conservation Ethnological Studies.* London: Prospect Books, 1988.

Rindos, David. *The Origins of Agriculture: An Evolutionary Perspective.* Orlando, FL: Academic Press, 1984.

Rombauer, Irma S., and Marion Rombauer Becker. *Joy of Cooking.* Indianapolis: Bobbs Merrill, 1975.

——.*Joy of Cooking.* Indianapolis: Bobbs-Merrill, 1953.

Ruhlman, Michael. Ratio: The Simple Codes Behind the Craft of Everyday Cooking. New York: Scribner, 2009.

Ruhlman, Michael, and Brian Polcyn. *Charcuterie: The Craft of Salting, Smoking, and Curing.* New York: W. W. Norton, 2005.

Saberi, Helen (editor). *Cured, Fermented and Smoked Foods.* Proceedings of the Oxford Symposium on Food and Cookery 2010. Totnes, UK: Prospect Books, 2011.

Sanchez, Priscilla C. *Philippine Fermented Foods: Principles and Technology.* Quezon City: University of the Philippines Press, 2008.

Sapers, Gerald M., et al. (editors). *Microbiology of Fruits and Vegetables.* Boca Raton, FL: CRC Press, 2006.

Shephard, Sue. *Pickled, Potted, and Canned.* New York: Simon & Schuster, 2001.

Shurtleff, William, and Akiko Aoyagi. *The Book of Miso.* Brookline, MA: Autumn Press, 1976.

——. *The Book of Tempeh.* New York: Harper & Row, 1979a.

——. *The Book of Tempeh, professional edition.* New York: Harper & Row, 1979b.

——. *The Book of Tofu.* Berkeley, CA: Ten Speed Press, 1998.

——. *History of Miso, Soybean Jiang (China), Jang (Korea) and Tauco/Taotjo (Indonesia) (200 BC–2009): Extensively Annotated Bibliography and Sourcebook.* Lafayette, CA: Soyinfo Center, 2009.

——. *History of Soybeans and Soyfoods: 1100 BC to the 1980s.* Lafayette, CA: Soyinfo Center, 2007.

——. *Miso Production: The Book of Miso,* Volume II. Lafayette, CA: Soyfoods Center, 1980.

——. *Tempeh Production: A Craft and Technical Manual.* Lafayette, CA: Soyfoods Center, 1986.

Siegel, Ronald K. *Intoxication: Life in Pursuit of Artificial Paradise.* New York: Pocket Books, 1989.

Smith, Andrew F. *Pure Ketchup: A History of America's National Condiment.* Washington, DC: Smithsonian Institution Press, 2001.

Spargo, John. *The Bitter Cry of the Children.* New York: MacMillan, 1906.

Sparrow, Jeff. *Wild Brews: Beer Beyond the Influence of Brewer's Yeast.* Boulder, CO: Brewers Publications, 2005.

Stamets, Paul. *Mycelium Running: How Mushrooms Can Help Save the World.* Berkeley, CA: Ten Speed Press, 2005.

Standage, Tom. *A History of the World in Six Glasses.* New York: Walker, 2005.

Steinkraus, Keith (editor). *Handbook of Indigenous Fermented Foods,* 2nd edition. New York: Marcel Dekker, 1996.

Stoytcheva, Margarita (editor). *Pesticides: Formulations, Effects, Fate. Rijeka,* Croatia: Intech, 2011.

Tamang, Jyoti Prakash. *Himalayan Fermented Foods: Microbiology, Nutrition, and Ethnic Values.* Boca Raton, FL: CRC Press, 2010.

Tietze, Harald W. *Living Food for Longer Life.* Bermagui, Australia: Harald W. Tietze Publishing, 1999.

Toldrá, Fidel. *Dry-Cured Meat Products.* Trumbull, CT: Food and Nutrition Press, 2002.

Toldrá, Fidel (editor). *Handbook of Fermented Meat and Poultry.* Ames, IA: Blackwell, 2007.

Toomre, Joyce. *Classic Russian Cooking: Elena Molokhovets' A Gift to Young Housewives.* Bloomington: Indiana University Press, 1992.

Tsimako, Bonnake. *The Socio-Economic Significance of Home Brewing in Rural Botswana: A Descriptive Profile.* Master's thesis, Michigan State University, 1983.

Volokh, Anne. *The Art of Russian Cuisine.* New York: MacMillan, 1983.

Weed, Susun S. *New Menopausal Years: The Wise Woman Way.* Woodstock, NY: Ash Tree Publishing, 2002.

Weinert, Diana. *An Entrepreneurial Perspective on Regulatory Change in Germany's Medieval Brewing Industry.* PhD dissertation, George Mason University, 2009.

Wilson, Edward O. *Biophilia.* Cambridge, MA: Harvard University Press, 1984.

Wilson, Michael. *Microbial Inhabitants of Humans: Their Ecology and Role in Health and Disease.* Cambridge: Cambridge University Press, 2005.

Wood, Bertha M. *Foods of the Foreign-Born in Relation to Health.* Boston: Whitcomb & Barrows, 1922.

Wood, Brian J. B. *Microbiology of Fermented Foods.* London: Thomson Science, 1998.

原注
Endnotes

はじめに

1. Jacobs, 3.
2. 同上、31.
3. C. W. Hesseltine and H. L. Wang, "Contributions of the Western World to Knowledge of Indigenous Fermented Foods of the Orient," in Steinkraus, 712.

1章

1. Geoffrey Campbell-Platt, "Fermentation," in Solomon Katz, Volume 1, 630–631, Du Bois (2008), 58.に引用あり。
2. Deshpande (2000), 7.
3. Lynn Margulis, "Power to the Protoctists," in Margulis and Sagan (2007), 30–31.
4. Lynn Margulis, "Serial Endosymbiotic Theory (SET) and Composite Individuality: Transition from Bacterial to Eukaryotic Genomes," *Microbiology Today* 31:172 (2004); E. G. Nisbet and N. H. Sleep, "The Habitat and Nature of Early Life," *Nature* 409:1089 (2001).
5. Margulis and Sagan (1986), 131–132.
6. Sorin Sonea and Léo G. Mathieu, "Evolution of the Genomic Systems of Prokaryotes and Its Momentous Consequences," *International Microbiology* 4:67–71 (2001).
7. Jian Xu and Jeffrey I. Gordon, "Honor Thy Symbionts," *Proceedings of the National Academy of Sciences* 100(18):10452 (2003).
8. Fredrik Bäckhed et al., "Host-Bacterial Mutualism in the Human Intestine," *Science* 307:1915 (2005).
9. D. C. Savage, "Microbial Ecology of the Gastrointestinal Tract," *Annual Review of Microbiology* 31:107–133 (1977).
10. Ruth E. Ley, Daniel A. Peterson, and Jeffrey I. Gordon, "Ecological and Evolutionary Forces Shaping Microbial Diversity in the Human Intestine," *Cell* 124:837 (2006).
11. Steven R. Gill et al., "Metagenomic Analysis of the Human Distal Gut Microbiome," *Science* 312:1357 (2006).
12. Bäckhed et al. (2005)
13. M. J. Hill, "Intestinal Flora and Endogenous Vitamin Synthesis," *European Journal of Cancer Prevention* 6(Suppl. 1):S43 (1997).
14. S. C. Leahy et al., "Getting Better with Bifidobacteria," *Journal of Applied Microbiology* 98:1303 (2005).
15. Lora V. Hooper et al., "Molecular Analysis of Commensal Host–Microbial Relationships in the Intestine," *Science* 291:881 (2001).
16. Denise Kelly et al., "Commensal Gut Bacteria: Mechanisms of Immune Modulation," *Trends in Immunology* 26:326 (2005).
17. Elizabeth Grice et al., "Topographical and Temporal Diversity of the Human Skin Microbiome," *Science* 324:1190 (2009).
18. Jørn A. Aas et al., "Defining the Normal Bacterial Flora of the Oral Cavity," *Journal of Clinical Microbiology* 43:5721 (2005).
19. E. R. Boskey et al., "Origins of Vaginal Acidity: High D/L Lactate Ratio Is Consistent with Bacteria Being the Primary Source," *Human Reproduction*16(9):1809 (2001).
20. Bäckhed et al. (2005)
21. Wilson (2005), 375.
22. Joel Schroeter and Todd Klaenhammer, "Genomics of Lactic Acid Bacteria," *FEMS Microbiology Letters* 292(1):1 (2008).
23. J. A. Shapiro, "Bacteria Are Small But Not Stupid: Cognition, Natural Genetic Engineering, and Socio-Bacteriology," *Studies in the History and Philosophy of Biological and Biomedical Sciences* 38:807 (2007).
24. Sorin Sonea and Léo G. Mathieu, "Evolution of the Genomic Systems of Prokaryotes and Its Momentous Consequences," *International Microbiology* 4:67 (2001).
25. "Interview with Lynn Margulis," *Astrobiology Magazine* (October 9, 2006), オンラインではhttp://astrobio.net/news/modules.php?op=modload&name=News&file=article&sid=2108

（2009年12月5日アクセス）
26. Léo G. Mathieu and Sorin Sonea, "A Powerful Bacterial World," *Endeavour* 19(3):112 (1995).
27. Margulis and Sagan (1986), 16.
28. Shapiro, 807.
29. Jan-Hendrik Hehemann, "Transfer of Carbohydrate-Active Enzymes from Marine Bacteria to Japanese Gut Microbiota," *Nature* 464:908 (2010).
30. Justin L. Sonnenburg, "Genetic Pot Luck," *Nature* 464:837 (2010).
31. Margulis and Sagan (1986), 133–136.
32. 著者が出席した2009年9月14日のワークショップ "Soil Foodweb" におけるIngham博士のコメント。
33. Buhner, 150.
34. 同上、151.
35. *American Heritage Dictionary of the English Language*, 4th edition, 2000.
36. McGovern, xi–xii and 281.
37. Patrick E. McGovern et al., "Fermented Beverages of Preand Proto-Historic China," *Proceedings of the National Academy of Sciences* 101(51):17593 (2004).
38. Aasved, 4.
39. Frank Wiens et al., "Chronic Intake of Fermented Floral Nectar by Wild Treeshrews," *Proceedings of the National Academy of Sciences* 105:10426 (2008).
40. 同上.
41. Robert Dudley, "Fermenting Fruit and the Historical Ecology of Ethanol Ingestion: Is Alcoholism in Modern Humans an Evolutionary Hangover?" *Addiction* 97:384 (2002).
42. Siegel, 118.
43. McGovern, 266.
44. Abigail Tucker, "The Beer Archaeologist," *Smithsonian* (2011), オンラインでは www.smithsonianmag.com/history-archaeology/The-Beer-Archaeologist.html（2011年7月7日アクセス）
45. Sidney W. Mintz, "The Absent Third: The Place of Fermentation in a Thinkable World Food System," in Saberi, 14.
46. Rindos, 137.
47. 以下参照。Claude Levi-Strauss, *The Raw and the Cooked*.（『生のものと火を通したもの』みすず書房）
48. D. H. Janzen, "When Is It Coevolution?," *Evolution* 34:611 (1980).
49. この説に関する議論については、以下参照。Barlow, *The Ghosts of Evolution*.
50. Pollan, xvi.
51. Charles R. Clement, "1942 and the Loss of Amazonian Crop Genetic Resources. I. The Relation Between Domestication and Human Population Decline," *Economic Botany* 53(2):188 (1999).
52. Rindos, 159.
53. Pederson (1979), 40.
54. Erika A. Pfeiler and Todd R. Klaenhammer, "The Genomics of Lactic Acid Bacteria," *Trends in Microbiology* 15(12):546 (2007).
55. Joel Schroeter and Todd Klaenhammer, "Genomics of Lactic Acid Bacteria," *FEMS Microbiology Letters* 292(1):1 (2008).
56. Huang, 593.
57. Dirar, 30.
58. イリノイ州ピオリアで Northern Regional Research Laboratory として長年運営されてきたこの研究所は、現在では NRRL Culture Collection となっている。オンラインでは http://nrrl.ncaur.usda.gov.
59. C. W. Hesseltine and Hwa L. Wang, "The Importance of Traditional Fermented Foods," *BioScience* 30(6):402 (1980).
60. American Medical Association Council on Scientific Affairs, "Use of Antimicrobials in Consumer Products (CSA Rep. 2, A-00)," in Summaries and Recommendations of Council on Scientific Affairs Reports, 2000 AMA Annual Meeting, 4, オンラインでは www.ama-assn.org/ama1/pub/upload/mm/443/csaa-00.pdf（2009年12月18日アクセス）
61. Lynn Margulis, "Prejudice and Bacteria Consciousness," in Margulis and Sagan (2007), 37.
62. Martin J. Blaser, "Who Are We? Indigenous Microbes and the Ecology of Human Diseases," *European Molecular Biology Organization Reports* 7(10):956 (2006).
63. "The Twists and Turns of Fate," *Economist* 388(8594):68 (August 23, 2008).
64. Volker Mai, "Dietary Modification of the Intestinal Microbiota," *Nutrition Reviews* 62(6):235 (2004).
65. Blaser.
66. Edward O. Wilson, *Biophilia* (Cambridge, MA: Harvard University Press, 1984).
67. Akio Tsuchii et al., "Degradation of the Rubber in Truck Tires by a Strain of Nocardia," *Biodegradation* 7:405 (1997).
68. Brajesh K. Singh and Allan Walker, "Microbial Degradation of Organophosphorus Compounds," *FEMS Microbiology Reviews* 30(3):428 (2006).
69. S. Y. Yuan et al., "Occurrence and Microbial Degradation of Phthalate Esters in Taiwan River Sediments," *Chemosphere* 49(10):1295 (2002).
70. Terry C. Hazen et al., "Deep-Sea Oil Plume Enriches Indigenous Oil-Degrading Bacteria," *Science* 330:204 (2010).
71. 以下参照。Paul Stamets, *Mycelium Running: How Mushrooms Can Help Save the World* (Berkeley, CA: Ten Speed Press, 2005).

2章

1. Steinkraus, 113.
2. Janak Koirala, "Botulism: Toxicology, Clinical Presentations and Management," in Khardori, 163.
3. US Centers for Disease Control and Prevention, *Botulism in the United States, 1899–1996: Handbook for Epidemiologists, Clinicians, and Laboratory Workers* (Atlanta: Centers for Disease Control and Prevention, 1998), 11; オンラインでは www.cdc.gov/ncidod/DBMD/diseaseinfo/files/botulism_manual.htm（2009年12月23日アクセス）
4. US Department of Agriculture, *Complete Guide to Home Canning,*

Guide 1: Principles of Home Canning (Agriculture Information Bulletin No. 539, December 2009), 1–8; オンラインでは www.uga.edu/nchfp / publications/publications_usda.html (2009年12月23日アクセス)

5. Michael W. Peck, "Clostridia and Food-Borne Disease," *Microbiology Today* 29:10 (2002).
6. Naomi Guttman and Max Wall, "Sausage in Oil: Preserving Italian Culture in Utica, NY," 2010 Oxford Symposium on Food and Cookery にて配付された資料。
7. Akiko Iwasaki et al., "Microbiota Regulates Immune Defense Against Respiratory Tract Influenza A Virus Infection," *Proceedings of the National Academy of Sciences* 108(13): 5354 (2011).
8. US Federal Trade Commission, "Complaint in the Matter of the Dannon Company, Inc.," docket number 082 3158, December 15, 2010, オンラインでは www.ftc.gov/os/caselist/0823158/101215dannonscmpt.pdf(2011年7月5日アクセス)
9. US Federal Trade Commission, "Dannon Agrees to Drop Exaggerated Health Claims for Activia Yogurt and DanActive Dairy Drink," press release December 15, 2010 (FTC File No. 0823158), オンラインでは www.ftc.gov/opa/2010/12/dannon.shtm (2010年7月5日アクセス)
10. Lívia Trois, "Use of Probiotics in HIV-Infected Children: A Randomized Double-Blind Controlled Study," *Journal of Tropical Pediatrics* 54(1):19 (2007).
11. 『論語』郷党第十の八、Huang, 334 に引用あり。
12. Huang, 402.
13. 劉熙『釈名』より、Shurtleff and Aoyagi (2009), 55に引用あり。
14. Dirar, 434–443.
15. Victor Herbert, "Vitamin B12: Plant Sources, Requirements, and Assay," *American Journal of Clinical Nutrition* 48:852 (1988).
16. Fumio Watanabe, "Vitamin B12 Sources and Bioavailability," *Experimental Biology and Medicine* 232:1266 (2007).
17. Irene T. H. Liem et al., "Production of Vitamin B12 in Tempeh, a Fermented Soybean Food," *Applied and Environmental Microbiology* 34(6):773 (1977).
18. Haard, 19.
19. Martin Milner and Kouhei Makise, "Natto and Its Active Ingredient Nattokinase: A Potent and Safe Thrombolytic Agent," *Alternative and Complementary Therapies* 8(3):157 (2002).
20. Rita P. Y. Chen et al., "Amyloid-Degrading Ability of Nattokinase from Bacillus subtilis Natto," *Journal of Agricultural and Food Chemistry* 57:503 (2009).
21. Eeva-Liisa Ryhänen et al., "Plant-Derived Biomolecules in Fermented Cabbage," *Journal of Agricultural and Food Chemistry*50:6798 (2002).
22. Farrer, 6.
23. G. Famularo, "Probiotic Lactobacilli: An Innovative Tool to Correct the Malabsorption Syndrome of Vegetarians?" *Medical Hypotheses* 65(6):1132 (2005); 以下も参照。N. R. Reddy and M. D. Pierson, "Reduction in Antinutritional and Toxic Components in Plant Foods by Fermentation," *Food Research International* 27:281 (1994).
24. S. Hemalatha et al., "Influence of Germination and Fermentation on Bioaccessibility of Zinc and Iron from Food Grains," *European Journal of Clinical Nutrition* 61:342 (2007).
25. T. Heród-Leszczyn´ska and A. Miedzobrodzka, "Effect of the Fermentation Process on Levels of Nitrates and Nitrites in Selected Vegetables," *Roczniki Pańnstwowego Zakładu Higieny* 43(3–4):253 (1992).
26. U. Preiss et al., "Einfluss der Gemüsefermentation auf Inhaltsstoffe (Effect of Fermentation on Components of Vegetable)," *Deutsche Lebensmittel-Rundschau* 98(11):400 (2002).
27. Aslan Azizi, "Bacterial-Degradation of Pesticides Residue in Vege tables During Fermentation" in Stoytcheva, 658, オンラインでは www.intechopen.com/articles/show/title/bacterial-degradation-of-pesticides-residue-in-vegetables-during-fermentation (2011年3月12日アクセス)
28. Cecilia Jernberg et al., "Long-Term Ecological Impacts of Antibiotic Administration on the Human Intestinal Microbiota," *International Society for Microbial Ecology Journal* 1:56 (2007).
29. Michael J. Sadowsky et al., "Changes in the Composition of the Human Fecal Microbiome After Bacteriotherapy for Recurrent Clostridium difficile–associated Diarrhea," *Journal of Clinical Gastroenterology* 44(5):354 (2010).
30. Karen Madsen, "Probiotics and the Immune Response," *Journal of Clinical Gastroenterology* 40:232 (2006).
31. Edward L. Robinson and Walter L. Thompson, "Effect on Weight Gain of the Addition of Lactobacillus Acidophilus to the Formula of Newborn Infants," *Journal of Pediatrics* 41(4):395 (1952).
32. Irene Lenoir-Wijnkoop et al., "Probiotic and Prebiotic Influence Beyond the Intestinal Tract," *Nutrition Reviews* 65(11):469 (2007).
33. Michael de Vrese et al., "Effect of Lactobacillus gasseri PA 16/8, Bifidobacterium longum SP 07/3, B. bifidum MF 20/5 on Common Cold Episodes: A Double Blind, Randomized, Controlled Trial," *Clinical Nutrition* 24:481 (2005).
34. Heiser, C. R. et al. "Probiotics, Soluble Fiber, and L-Glutamine (GLN) Reduce Nelfinavir (NFV)or Lopinavir/Ritonavir (LPV/r)-related Diarrhea," *Journal of the International Association of Physicians in AIDS Care* 3:121 (2004).
35. Eamonn P. Culligan et al., "Probiotics and Gastrointestinal Disease: Suc cesses, Problems and Future Pros pects," *Gut Pathogens* 1:19 (2009).
36. Eamonn M. M. Quigley, "The Efficacy of Probiotics in IBS," *Journal of Clinical Gastroenterology* 42:S85

(2008).

37. Yue-Xin Yang et al., "Effect of a Fermented Milk Containing Bifidobacterium lactis DN-173010 on Chinese Constipated Women," *World Journal of Gastroenterology* 14(40):6237 (2008).
38. Joumana Saikali et al., "Fermented Milks, Probiotic Cultures, and Colon Cancer," *Nutrition and Cancer* 49(1):14 (2004).
39. Lenoir-Wijnkoop.
40. Michael de Vrese et al., "Effect of Lactobacillus gasseri PA 16/8, Bifidobacterium longum SP 07/3, B. bifidum MF 20/5 on common cold episodes," *Clinical Nutrition* 24:481 (2005); Gregory J. Leyer et al., "Probiotic Effects on Cold and Influenza-Like Symptom Incidence and Duration in Children," *Pediatrics* 124(2):e177 (2009).
41. Iva Hojsak et al., "Lactobacillus GG in the Prevention of Gastrointestinal and Respiratory Tract Infections in Children Who Attend Day Care Centers: A Randomized, Double-Blind, Placebo-Controlled Trial," *Clinical Nutrition* 29(3):312 (2010).
42. Py Tubelius et al., "Increasing Work-Place Healthiness with the Probiotic Lactobacillus reuteri: A Randomised, Double-Blind Placebo-Controlled Study," *Environmental Health: A Global Access Science Source* 4:25 (2005).
43. Stig Bengmark, "Use of Some Pre-, Pro- and Synbiotics in Critically Ill Patients," Best Practice and Research Clinical Gastroenterology 17(5):833 (2003); editorial, "Synbiotics to Strengthen Gut Barrier Function and Reduce Morbidity in Critically Ill Patients," *Clinical Nutrition* 23:441 (2004).
44. Lenoir-Wijnkoop.
45. Huey-Shi Lye et al., "The Improvement of Hypertension by Probiotics: Effects on Cholesterol, Diabetes, Renin, and Phytoestrogens," *International Journal of Molecular Science* 10:3755 (2009).
46. A. Venket Rao et al., "A Randomized, Double-Blind, Placebo-Controlled Pilot Study of a Probiotic in Emotional Symptoms of Chronic Fatigue Syndrome," *Gut Pathogens* 1:6 (2009).
47. Lívia Trois, "Use of Probiotics in HIV-Infected Children: A Randomized Double-Blind Controlled Study," *Journal of Tropical Pediatrics* 54(1):19 (2007).
48. L. Näse et al., "Effect of Long-Term Consumption of a Probiotic Bacterium, Lactobacillus rhamnosus GG, in Milk on Dental Caries and Caries Risks in Children," *Caries Research* 35:412 (2001).
49. Sonia Michail, "The Role of Probiotics in Allergic Diseases," *Allergy, Asthma and Clinical Immunology 5:5* (2009).
50. D. Borchert et al., "Prevention and Treatment of Urinary Tract Infection with Probiotics: Review and Research Perspective," *Indian Journal of Urology* 24(2):139 (2008).
51. Lenoir-Wijnkoop.
52. Iva Stamatova and Jukka H. Meurman, "Probiotics and Periodontal Disease," *Periodontology* 2000 51:141 (2009).
53. Kazuhiro Hirayama and Joseph Rafter, "The Role of Probiotic Bacteria in Cancer Prevention," *Microbes and Infection* 2:681 (2000).
54. Martha I. Alvarez-Olmos and Richard A. Oberhelman, "Probiotic Agents and Infectious Diseases: A Modern Perspective on a Traditional Therapy," *Clinical Infectious Diseases* 32:1567 (2001).
55. Blaise Corthésy et al., "Cross-Talk Between Probiotic Bacteria and the Host Immune System," *Journal of Nutrition* 137:781S (2007).
56. Gerald W. Tannock, "A Special Fondness for Lactobacilli," *Applied and Environmental Microbiology* 70(6):3189 (2004).
57. Michael Wilson, 375.
58. B. M. Corcoran et al., "Survival of Probiotic Lactobacilli in Acidic Environments Is Enhanced in the Presence of Metabolizable Sugars," *Applied and Environmental Microbiology* 71(6):3060 (2005); R. D. C. S. Ranadheera et al., "Importance of Food in Probiotic Efficacy," *Food Research International* 43:1 (2010).
59. Lenoir-Wijnkoop.
60. Karen Madsen, "Probiotics and the Immune Response," *Journal of Clinical Gastroenterology* 40(3):233 (2006).
61. Michael Wilson, 398–399.
62. Mary Ellen Sanders, "Use of Probiotics and Yogurts in Maintenance of Health," *Journal of Clinical Gastroenterology* 42:S71 (2008).
63. Oskar Adolfsson et al., "Yogurt and Gut Function," *American Journal of Clinical Nutrition* 80:245 (2004).
64. Mónica Olivares, "Dietary Deprivation of Fermented Foods Causes a Fall in Innate Immune Response. Lactic Acid Bacteria Can Counteract the Immunological Effect of This Deprivation," *Journal of Dairy Research* 73:492 (2006).
65. Sorin Sonea and Léo G. Mathieu, "Evolution of the Genomic Systems of Prokaryotes and Its Momentous Consequences," *International Microbiology* 4:67 (2001).
66. Mary Ellen Sanders, "Considerations for Use of Probiotic Bacteria to Modulate Human Health," *Journal of Nutrition* 130: 384S (2000).
67. H. C. Hung et al., "Association Between Diet and Esophageal Cancer in Taiwan," *Journal of Gastroenterology and Hepatology* 19(6):632 (2004); J. M. Yuan, "Preserved Foods in Relation to Risk of Nasopharyngeal Carcinoma in Shanghai, China," *International Journal of Cancer* 85(3):358 (2000).
68. Mark A. Brudnak, "Probiotics as an Adjuvant to Detoxification Protocols," *Medical Hypotheses* 58(5):382 (2002).
69. Natasha Campbell-McBride, *Gut and Psychology Syndrome* (Cambridge, UK: Medinform Publishing, 2004).
70. Dirar, 36.
71. Andrew F. Smith, 12.
72. McGee, 58.
73. 同上.
74. Sidney W. Mintz, "Fermented Beans and Western Taste," in Du Bois, 56.

3章

1. Clifford W. Hesseltine, “Mixed Culture Fermentations,” in Gaden, 52.
2. Margulis and Sagan (1986), 91.
3. Lynn Margulis, “From Kefir to Death,” in Margulis and Sagan (1997), 83–90.
4. Hesseltine, 53.
5. Pederson, 300.
6. Shurtleff and Aoyagi (1986), 143.
7. Fallon, 48.
8. www.perfectpickler.com; www.pickl-it.com.
9. S. Sabouraud et al., “Environmental Lead Poisoning from Lead-Glazed Earthenware Used for Storing Drinks,” *La Revue de médecine interne* 30(12):1038 (2009).
10. www.acehardware.com.
11. Litzinger, 111.
12. Leonard Sax, “Polyethylene Terephthalate May Yield Endocrine Disruptors,” *Environmental Health Perspectives* 118(4):445 (2010).
13. US Department of Health and Human Services, National Toxicology Program, Center for the Evaluation of Risks to Human Reproduction, “NTP-CERHR EXPERT PANEL UPDATE on the REPRODUCTIVE and DEVELOPMENTAL TOXICITY of DI(2-ETHYLHEXYL) PHTHALATE,” NTP-CERHR-DEHP-05 (2005), オンラインではhttp://ntp.niehs.nih.gov/ntp/ohat/phthalates/dehp/DEHP__Report_final.pdf (2011年7月28日アクセス)
14. Christine Dell' Amore and Eliza Barclay, “Why Tap Water Is Better than Bottled Water,” *National Geographic's Green Guide*, オンラインでは http://environment.nationalgeographic.com/environment/green-guide/bottled-water(2011年7月28日アクセス)
15. www.lehmans.com.
16. Litzinger, 119.
17. James B. Richardson III, “The Pre-Columbian Distribution of the Bottle Gourd (*Lagenaria siceraria*): A Re-Evaluation,” *Economic Botany* 26(3):265 (1972).
18. Bruman, 49.
19. Tamang, 28–29.
20. Slow Food Foundation for Biodiversity, “Pit Cabbage,” オンラインでは http://www.slowfoodfoundation.com/pagine/eng/presidi/dettaglio_presidi.lasso?-id=420(2011年7月12日アクセス)
21. Anna Kowalska-Lewicka, “The Pickling of Vegetables in Traditional Polish Peasant Culture,” in Riddervold and Ropeid, 34.
22. Battcock and Azam-Ali, 53.
23. Steinkraus, 309.
24. www.krautpounder.com.
25. World Wildlife Federation, “Cork Screwed? Environmental and Economic Impacts of the Cork Stoppers Market,” May 2006, オンラインではhttp://assets.panda.org/downloads/cork_rev12_print.pdf (2011年1月1日アクセス)
26. “Yet Another Temperature Controller” (YATC) は http://store.holyscraphotsprings.comで販売されており、価格は完成品が80ドル、キットが60ドル。

4章

1. McGovern, xi.
2. Kari Poikolainen, “Alcohol and Mortality: A Review,” *Journal of Clinical Epidemiology* 48(4):455 (1995).
3. Buhner, 71n.
4. McGovern, 110.に引用あり。
5. Phaff, 136.
6. 同上、178–179.
7. 同上、84.
8. Erlend Aa et al., “Population Structure and Gene Evolution in Saccharomyces cerevisiae,” *FEMS Yeast Research* 6:702 (2006).
9. Phaff, 200–202.
10. 同上、211.
11. Ann Vaughan-Martini and Alessandro Martini, “Facts, Myths and Legends on the Prime Industrial Microorganism,” *Journal of Industrial Microbiology* 14:514 (1995).
12. Stephanie Diezmann and Fred S. Dietrich, “Saccharomyces cerevisiae: Population Divergence and Resistance to Oxidative Stress in Clinical, Domesticated, and Wild Isolates,” *PLoS ONE* 4(4):e5317 (2009), オンラインでは www.plosone.org/article/info%3Adoi%2F10.1371%2Fjournal.pone.0005317 (2011年7月5日アクセス)
13. Sung-Oui Suh et al., “The Beetle Gut: A Hyperdiverse Source of Novel Yeasts,” *Mycological Research* 109(3):261 (2005).
14. Justin C. Fay and Joseph A. Benavides, “Evidence for Domesticated and Wild Populations of *Saccharomyces cerevisiae*,” *PLoS Genetics* 1(1):e5 (2005), オンラインではwww.plosgenetics.org/article /info%3Adoi%2F10.1371%2Fjournal.pgen.0010005(2011年7月5日アクセス)
15. Phaff, 144.
16. J. W. White Jr. and Landis W. Doner, “Honey Composition and Properties,” in *Beekeeping in the United States* (USDA Agriculture Handbook Number 335, 1980), オンラインでは www.beesource.com/resources/usda/honey-composition-and-properties (2009年12月7日アクセス)
17. Steinkraus, 366.
18. 同上、367.
19. Litzinger, 44.
20. S. Sekar and S. Mariappan, “Traditionally Fermented Biomedicines, Arishtas and Asavas from Ayurveda,” *Indian Journal of Traditional Knowledge* 7(4):548 (2008).
21. 同上.
22. McGovern, 82.
23. 同上、182.
24. Standage, 75.
25. Nicholas Wade, “Lack of Sex Among Grapes Tangles a Family Vine,” *New York Times* (January 24, 2011), オンラインではwww.nytimes.com/2011/01/25/science/25wine.html (2011年1月25日アクセス)
26. Bruman, 33.
27. Baron, 16.
28. “Whizky, World's First Bio Whisky

Aged with Granny Whiz," *Independent* (September 4, 2010), オンラインでは www.independent.co.uk/life-style/food-and-drink/whizky-worlds-first-bio-whisky-aged-with-granny-whiz-2070491.html(2010年9月6日アクセス)

29. Steinkraus, 376.
30. McGovern, 260.
31. Battcock and Azam-Ali, 37.
32. Bruman, 90.
33. Battcock and Azam-Ali, 38–39.
34. 同上、40.
35. Bennett and Zing, 47.
36. Bruman, 69.
37. Litzinger, 32
38. Kennedy (2000), 448.
39. Bruman, 12–30; Litzinger, 28.
40. Anna Kowalska-Lewicka, "The Pickling of Vegetables in Traditional Polish Peasant Culture," in Riddervold and Ropeid, 36.
41. Bruman, 8.
42. McGovern et al. (2004).

5章

1. 2010年2月19日付の私信。
2. M. A. Daeschel, R. E. Andersson, and H. P. Fleming, "Microbial Ecology of Fermenting Plant Materials," *FEMS Microbiology Reviews* 46:358 (1987).
3. Gerald W. Tannock, "A Special Fondness for Lactobacilli," *Applied and Environmental Microbiology* 70(6):3189 (2004).
4. Fred Breidt Jr., "Safety of Minimally Processed, Acidified, and Fermented Vegetable Products," in Sapers, 314–319.
5. J. R. Stamer et al., "Fermentation Patterns of Poorly Fermenting Cabbage Hybrids," *Applied Microbiology* 18(3):325 (1969).
6. Battcock and Azam-Ali, 43.
7. Erika A. Pfeiler and Todd R. Klaenhammer, "The Genomics of Lactic Acid Bacteria," *Trends in Microbiology* 15(12):546 (2007).
8. 以下に引用あり。H. L. Wang and S. F. Fang, "History of Chinese Fermented Foods," in Hesseltine and Wang, 34.
9. C. S. Pederson et al., "Vitamin C Content of Sauerkraut," *Journal of Food Science* 4(1):44 (1939).
10. Fred Breidt Jr., "Processed, Acidified, and Fermented Vegetable Products," in Sapers, 318.
11. C. S. Pederson and M. N. Albury, "Control of Fermentation," in Steinkraus, 118–119.
12. Phaff, 229.
13. Nancy Russell, "Many Kitchen Tools No Longer Needed," *Columbia (MO) Daily Tribune* (July 14, 2011), オンラインでは www.columbiatribune.com/news/2011/jul/14/many-kitchen-tools-no-longer-needed(2011年8月10日アクセス)
14. Mei Chin, "The Art of Kimchi," *Saveur* 124:76 (2009).
15. Mark McDonald, "Rising Cost of Kimchi Alarms Koreans," *New York Times* (October 14, 2010), オンラインでは www.nytimes.com/2010/10/15/world/asia/15kimchi.html (2010年10月16日アクセス)
16. Choe Sang-Hun "Starship Kimchi: A Bold Taste Goes Where It Has Never Gone Before," *New York Times* (February 24, 2008), オンラインでは www.nytimes.com/2008/02/24/world/asia/24kimchi.html(2010年4月25日アクセス)
17. David Chazan, "Korean Dish 'May Cure Bird Flu,'" BBC News (March 14, 2005), オンラインでは http://news.bbc.co.uk/2/hi/asia-pacific/4347443.stm(2010年4月25日アクセス)
18. Hepinstall, 95.
19. Mei Chin, "The Art of Kimchi," *Saveur* 124:76 (2009).
20. T. I. Mheen et al., "Korean Kimchi and Related Vegetable Fermentations," in Steinkraus, 131.
21. Man-Jo et al., 36.
22. T. I. Mheen et al., "Traditional Fermented Food Products in Korea," in Hesseltine and Wang, 112.
23. P. P. W. Wong and H. Jackson, "Chinese Hum Choy" in Steinkraus, 135.
24. Dunlop (2003), 64–65.
25. Fuchsia Dunlop, "Rotten Vegetable Stalks, Stinking Beancurd and Other Shaoxing Delicacies," 2010 Oxford Symposium on Food and Cookery. にて配付された資料。
26. "Indian Cooking with Mustard Oil," IndianCurry.com, オンラインでは www.indiacurry.com/spice/mustardoilcooking.htm(2011年7月24日アクセス)
27. www.friedsig.wordpress.com.
28. Tamang, 25–31.
29. Volokh, 421.
30. P. Kendall and C. Schultz, "Making Pickles," Colorado State University Extension website, オンラインでは www.ext.colostate.edu/pubs/foodnut/09304.html(2010年7月30日アクセス)
31. Lilija Radeva, "Traditional Methods of Food Preserving Among the Bulgarians," in Riddervold and Ropeid, 40–41.
32. Ivan D. Jones, "Salting of Cucumbers: Influence of Brine Salinity on Acid Formation," *Industrial and Engineering Chemistry* 32:858 (1940).
33. Anna Kowalska-Lewicka, "The Pickling of Vegetables in Traditional Polish Peasant Culture," in Riddervold and Ropeid, 37.
34. Wood, 90.
35. Spargo, 90.
36. McGee, 293.
37. Frederick Breidt Jr. et al., "Fermented Vegetables," in Doyle and Beuchat, 784.
38. 同上.
39. Kowalska-Lewicka, 36.
40. Volokh, 429–430.
41. "Personal Explanation About Fermenting Wild Foods" by Ossi Kakko (aka Orava Ituparta), summer 2006.
42. 2009年9月29日付の私信。
43. Hyun-Soo Kim et al., "Characterization of a Chitinolytic Enzyme from Serratia sp. KCK Isolated from Kimchi Juice," *Applied Microbiology and Biotechnology* 75:1275 (2007).
44. Hank Shaw, "How to Cure Green Olives," October 11, 2009, 下記ブログの記事:*Hunter Angler Gardener*

Cook: Finding the Forgotten Feast, オンラインではwww.honest-food.net/blog1/2009/10/11/how-to-cure-green-olives/#more-2593（2009年10月28日アクセス）
45. Kaufmann and Schöneck, 16–17.
46. Irvin E. Liener, "Toxic Factors in Edible Legumes and Their Elimination," *American Journal of Clinical Nutrition* 11:281 (1962).
47. James A. Duke, *Handbook of Energy Crops* (1983), 下記論文の引用：M. Haidvogl et al., "Poisoning by Raw Garden Beans (*Phaseolus vulgaris and Phaseolus coccineus) in Children," Padiatrie and Padologi* 14:293 (1979), Purdue Universityによるオンライン出版。オンラインではwww.hort.purdue.edu/newcrop/duke_energy/Phaseolus_vulgaris.html（2011年7月12日）
48. フルーツキムチの詳細については、以下参照。*Wild Fermentation*, 50.（『天然発酵の世界』築地書館）
49. Madhur Jaffrey, *World Vegetarian* (New York: Clarkson Potter, 1999), 689.
50. Fallon, 109.
51. Kushi, 37.
52. Radeva, 39.
53. Volokh, 433.
54. Dirar, 412–413.
55. 同上、417.
56. 同上、433.
57. H. P. Fleming and R. F. McFeeters, "Use of Microbial Cultures: Vegetable Products," *Food Technology* 35(1):84 (1981).
58. Suzanne Johanningsmeier et al., "Effects of *Leuconostoc mesenteroides* Starter Culture on Fermentation of Cabbage with Reduced Salt Concentrations," *Journal of Food Science* 72(5):M166 (2007).
59. Battcock and Azam-Ali, 50.
60. http://users.sa.chariot.net.au/~dna/kefirkraut.html（2010年5月10日アクセス）
61. http://www.caldwellbiofermentation.com（2010年2月13日アクセス）
62. Arnaud Schreyer et al., "Culture Starters: Study and Comparison," Caldwell Bio-Fermentation Canada, Inc., and Agriculture and Agri-Food Canada, 2009.
63. Rombauer and Becker (1975), 43.
64. Fallon, 610.
65. Alexandra Grigorieva, "Pickled Lettuce: A Forgotten Chapter of East European Jewish Food History," unpublished paper, 2010.
66. Alexandra Grigorieva and Gail Singer, "A Pickletime Memoir: Salt and Vinegar from the Jews of Eastern Europe to the Prairies of Canada," 2010 Oxford Symposium on Food and Cookeryにて配付された資料。
67. Konlee, 40.
68. Andoh, 220–221.
69. 同上、214.
70. 同上、216.
71. 同上、217–218.
72. Dragonlife, "Takuan/Japanese Pickled Daikon: Basic Recipe," ブログ *Shizuoka Gourmet*, オンラインではhttp://shizuokagourmet.wordpress.com/2010/01/27/takuanjapanese-pickled-daikon-basic-recipe（2010年12月2日アクセス）
73. "Lephet, A Unique Myanmar Delicacy," www.myanmar.com（2010年5月22日アクセス）2011年6月14日現在、オンライン記事はもはや見当たらない。
74. "Laphet, a Burmese Tea Snack," *In Pursuit of Tea, Travel Diary* (2002), オンラインではwww.inpursuitoftea.com/category_s/91.htm（2010年5月22日アクセス）
75. Brian J. B. Wood, 54.
76. Jay, 180.
77. E. B. Fred and W. H. Peterson, "The Production of Pink Sauerkraut by Yeasts," *Journal of Bacteriology* 7(2):258 (1921).
78. Steinkraus, 125.

6章

1. A. M. Morad et al., "Gas-Liquid Chromatographic Determination of Ethanol in 'Alcohol-Free' Beverages and Fruit Juices," *Chromatographia* 13(3):161 (1980); Bruce A. Goldberger et al., "Unsuspected Ethanol Ingestion Through Soft Drinks and Flavored Beverages," *Journal of Analytical Toxicology* 20:332 (1996); Barry K. Logan and Sandra Distefano, "Ethanol Content of Various Foods and Soft Drinks and Their Potential for Interference with a Breath-Alcohol Test," *Journal of Analytical Toxicology* 22:181 (1998).
2. Toomre, 468.
3. オンラインではhttp://riowang.blogspot.com/2008/07/great-patriotic-war.html（2010年7月15日アクセス）
4. 以下参照。*Wild Fermentation*, 121.（『天然発酵の世界』築地書館）
5. Battcock and Azam-Ali, 35.
6. Gabriele Volpato and Daimy Godínez, "Ethnobotany of Pru, a Traditional Cuban Refreshment," *Economic Botany* 58(3):387 (2004).
7. "Making Mauby," ブログ *Tastes Like Home* (January 26, 2007), オンラインではwww.tasteslikehome.org/2007/01/making-mauby.html（2010年11月16日アクセス）
8. M. Pidoux, "The Microbial Flora of Sugary Kefir Grain (the Gingerbeer Plant): Biosynthesis of the Grain from *Lactobacillus hilgardii* Producing a Polysaccharide Gel," *World Journal of Microbiology and Biotechnology* 5(2):223 (1989).
9. http://users.sa.chariot.net.au/~dna/kefirpage.html.
10. Litzinger, 4.
11. A. W. Bennett, ed., *Journal of the Royal Microscopical Society* (1900), p. 373, オンラインではhttp://books.google.com/books?id=0ewBAAAAYAAJ（2010年5月アクセス）
12. Phaff, 244–245.
13. H. Marshall Ward, "The Ginger-Beer Plant, and the Organisms Composing It: A Contribution to the Study of Fermentation Yeasts and Bacteria," *Philosophical Transactions of the Royal Society of London* 83:125–197 (1892).
14. Dirar, 292.
15. 同上、296.
16. 同上、293.
17. Volpato and Godínez, 386.
18. 同上、390.

19. Luke Regalbuto and Maggie Levinger, "Smreka! A Fermented Juniper Berry Drink from Bosnia," オンラインでは www.regalbuto.net/Travels/?p=51 (2010年5月19日アクセス)
20. Anna R. Dixon et al., "Ferment This: The Transformation of Noni, a Traditional Polynesian Medicine," *Economic Botany* 53(1):56 (1999).
21. Dixon et al., 51; Will McClatchey, "From Polynesian Healers to Health Food Stores: Changing Perspectives of *Morinda citrifolia*," *Integrative Cancer Therapies* 1(2):110 (2002).
22. Dixon et al., 57.
23. www.ctahr.hawaii.edu/noni(2011年4月7日アクセス)
24. Dixon et al., 58.
25. Hobbs, 15.
26. Malia Wollan, "A Strange Brew May Be a New Thing," *New York Times* (March 24, 2010), オンラインでは http://www.nytimes.com/2010/03/25/fashion/25Tea.html(2010年7月28日アクセス)
27. Meredith Melnick, "Fermentation Frenzy," *Newsweek* (July 13, 2010), オンラインでは http://www.thedailybeast.com/newsweek/2010/07/13/fermentation-frenzy.html(2010年7月14日アクセス)
28. Tietze, 40.
29. Hobbs, 3.
30. 同上、10.
31. Günther W. Frank, "Kombucha Tea: What's All the Hoopla?" オンラインでは www.kombu.de(2010年7月14日アクセス)
32. Michael R. Roussin, "Analyses of Kombucha Ferments" (Information Resources: 1996-2003), 1, オンラインでは www.kombucha-research.com (2010年7月13日アクセス)
33. Roussin, 80.
34. Centers for Disease Control and Prevention, "Unexplained Severe Illness Possibly Associated with Consumption of Kombucha Tea—Iowa, 1995," *Morbidity and Mortality Weekly Report* 44(48):892 (1995).
35. Alison S. Kole et al., "A Case of Kombucha Tea Toxicity," *Chest* 134(4):c9001 (2008); A. D. Perron et al., "Kombucha 'Mushroom' Hepatotoxicity [letter]," *Annals of Emergency Medicine* 26:660 (1995); Chris T. Derk et al., "A Case of Anti-Jo1 Myositis with Pleural Effusions and Pericardial Tamponade Developing After Exposure to a Fermented Kombucha Beverage," *Clinical Rheumatology* 23:355 (2004); J. Sadjadi, "Cutaneous Anthrax Associated with the Kombucha 'Mushroom' in Iran," *Journal of the American Medical Association* 280:1567 (1998).
36. "FDA Cautions Consumers on 'Kombucha Mushroom Tea,'" US Food and Drug Administration Press Release T95-15 (March 23, 1995).
37. Paul Stamets, "My Adventures with 'The Blob,'" *Mushroom, The Journal* (winter 1994–1995), オンラインでは www.fungi.com/info/articles/blob.html (2010年7月15日アクセス)
38. Jasmin Malik Chua, "BioCouture: UK Designer 'Grows' an Entire Wardrobe from Bacteria," オンラインでは www.ecouterre.com/20103/u-k-designer-grows-an-entire-wardrobe-from-tea-fermenting-bacteria(2010年7月22日アクセス)
39. Hobbs, 27.
40. Roussin, 22.
41. 本章の原注1を参照。
42. US Alcohol and Tobacco Tax and Trade Bureau, "TTB Guidance: Kombucha Products Containing at Least 0.5 Percent Alcohol by Volume Are Alcohol Beverages," TTB G 2010–3 (June 23, 2010), オンラインでは www.ttb.gov/pdf/kombucha.pdf (2010年7月22日アクセス)
43. Stamets (1994–1995).
44. Diggs, 92.
45. 同上、111-112.
46. 同上、118.
47. 同上、113.
48. 以下参照。*Wild Fermentation*, 154.(『天然発酵の世界』築地書館)

7章

1. John Kariuki, "On the Hunt for Traditional Foods in Kenya," Terra Madre website, オンラインでは www.terramadre.org/pagine/leggi.lasso?id=3E6E345B0ca612CDC5mJT14C3621&ln=en(2010年8月17日アクセス)
2. "Ash Yogurt in Gourds . . . From a Kenyan Community of Herders and Producers," *Slow Food Newsletter* (September 2009), オンラインでは http://newsletter.slowfood.com/slowfood_time/12/eng.html#itemD (2010年8月17日アクセス)
3. M. Kroger et al., "Fermented Milks—Past, Present, and Future," in Gaden, 62–63.
4. 同上に収録。Sara Feresu, "Fermented Milk Products in Zimbabwe," 80.
5. 同上、82.
6. 同上、84.
7. 同上.
8. Joel Schroeter and Todd Klaenhammer, "Genomics of Lactic Acid Bacteria," *Federation of European Microbiological Societies [FEMS] Microbiology Letters* 292(1):1 (2008).
9. McGee, 45.
10. Albala and Nafzifer, 157.
11. Miloslav Kaláb, "Foods Under the Microscope," オンラインでは www.magma.ca/~pavel/science/Yogurt.htm (2010年8月3日アクセス)
12. Kosikowski and Mistry, 92.
13. Aylin Öney Tan, "From Soup to Dessert: Yoghurt—Not Only Fermented, But Cured, Preserved, Dried, Smoked—An Ingredient of Vast Variety Indispensible in the Turkish Kitchen," Oxford Symposium on Food and Cookery (2010). にて配付された資料から、許可を得て抜粋。
14. レシピについては以下参照。*Wild Fermentation*, 77(『天然発酵の世界』築地書館)
15. 上を参照。
16. Tan.
17. "Our Heritage," Dannon Company website, オンラインでは www.dannon.com/pages/rt_aboutdannon_oheritage.html(2010年8月1日アクセス)

18. William Grimes, "Daniel Carasso, a Pioneer of Yogurt, Dies at 103," *New York Times* (May 20, 2009), オンラインではwww.nytimes.com/2009/05/21/business/21carasso.html?scp=1&sq=Daniel%20Carasso&st=cse（2010年8月1日アクセス）
19. 筆者は伝統的なヨーグルト培養微生物を以下で購入した。www.culturesforhealth.com
20. www.culturalfermentation.wordpress.com.
21. 2010年9月3日付の私信。
22. Jim Wallaceへの2010年9月9日付の私信。
23. T. H. Chen et al., "Microbiological and Chemical Properties of Kefir Manufactured by Entrapped Microorganisms Isolated from Kefir Grains," *Journal of Dairy Science* 92:3002 (2009).
24. Lynn Margulis, "From Kefir to Death," in Margulis and Sagan (1997), 73–74.
25. 同上、73.
26. アルゼンチンの研究者グループがさまざまなグレインとミルクの比率について実験したところ、得られるケフィアに顕著な違いが見られることを発見した。1パーセントの接種では「粘り気があり、それほど酸っぱくない」が、10パーセントでは「粘り気が少なく、より発泡が感じられる酸っぱい飲料が得られた」。Graciela L. Garrote et al., "Characteristics of Kefir Prepared with Different Grain:Milk Ratios," *Journal of Dairy Research* 65:149 (1998).
27. http://users.sa.chariot.net.au/~dna/kefirpage.html（2010年3月3日アクセス）
28. この詳細については、上記Dominic Anfiteatroのケフィアに関する包括的なウェブサイトに掲載されている。
29. Taketsugu Saita et al., "Production Process for Kefir-Like Fermented Milk," US Patent 5,055,309 (1991).
30. Chen, 3003.
31. 同上。
32. Edward R. Farnworth, "Kefir—A Complex Probiotic," *Food Science and Technology Bulletin: Functional Foods* 2(1):1 (2005).
33. www.gemcultures.com.
34. McGovern, 123.
35. William de Rubriquis, 1253, Huang, 249.に引用あり。
36. Rombauer and Becker (1953), 818.
37. 以下参照。*Wild Fermentation*, 79.（『天然発酵の世界』築地書館）
38. Dirar, 304.
39. 同上、319.
40. 同上、319.
41. http://live2cook.wordpress.com/2008/08/22/the-secret-of-making-soy-yogurt-without-store-bought-culture（2010年8月4日アクセス）
42. Tan, 3.
43. Lilija Radeva, "Traditional Methods of Food Preserving Among the Bulgarians," in Riddervold and Ropeid, 42.
44. Kjell Furuset, "The Role of Butterwort (Pinguicula vulgaris) in 'Tettemelk,'" *Blyttia* (Journal of the Norwegian Botanical Society) 66:55 (2008).
45. Maria Salomé S. Pais, "The Cheese Those Romans Already Used to Eat: From Tradition to Molecular Biology and Plant Biotechnology," Memórias da Academia das Ciências de Lisboa, Classe de Ciências (2002), オンラインではwww.acad-ciencias.pt/files/Memórias/Salomé%20Pa%C3%ADs/cheese.pdf（2010年8月20日アクセス）
46. Grieve, 579.
47. Trudy Eden, "The Art of Preserving: How Cooks in Colonial Virginia Imitated Nature to Control It," *Eighteenth-Century Life* 23(2):19.
48. United Nations Food and Agriculture Organization, *The Technology of Traditional Milk Products in Developing Countries* (FAO Animal Production and Health Paper 85, 1990), オンラインではwww.fao.org/docrep/003/t0251e/T0251E00.htm（2010年8月20日アクセス）
49. 以下参照。*Wild Fermentation*, 83.（『天然発酵の世界』築地書館）
50. Kindstedt, 37.
51. Bronwen Percival and Randolph Hodgson, "Artisanship and Control: Farmhouse Cheddar Comes of Age," 2010 Oxford Symposium on Food and Cookeryにて配付された資料。
52. Kindstedt, 29–30.
53. 同上、32.
54. Ken Albala, "Bacterial Fermentation and the Missing Terroir Factor in Historic Cookery," 2010 Oxford Symposium on Food and Cookeryにて配付された資料。
55. Heather Paxson, "Post-Pasteurian Cultures: The Microbiopolitics of Raw-Milk Cheese in the United States," *Current Anthropology* 23(1):15 (2008).
56. Marcellino, 21.

8章

1. FAOSTAT 2008 data,（2010年8月12日アクセス）
2. Standage, 39.
3. Joseph A. Maga, "Phytate: Its Chemistry, Occurrence, Food Interactions, Nutritional Significance, and Methods of Analysis," *Journal of Agricultural and Food Chemistry* 30(1):1 (1982).
4. Fallon, 452.
5. N. R. Reddy and M. D. Pierson, "Reduction in Antinutritional and Toxic Components in Plant Foods by Fermentation," *Food Research International* 27(3):217 (1994).
6. Haard, 19–20.
7. Solomon H. Katz, M. L. Hediger, and L. A. Valleroy, "Traditional Maize Processing Techniques in the New World," *Science* 184 (1974).
8. Coe, 136.
9. L. Nuraida et al., "Microbiology of Pozol, a Mexican Fermented Maize Dough," *World Journal of Microbiology and Biotechnology* 11:567 (1995).
10. Rodolfo Quintero-Ramirez et al., "Cereal Fermentation in Latin American Countries," in Haard, 105.
11. Pagden, 66.
12. Coe, 118.
13. 同上、138.
14. Ulloa and Herrera, 164; Bruman, 43.
15. "Recipe—Aluá," ブログ*Flavors of*

Brazil (October 14, 2010), オンラインでは http://flavorsofbrazil.blogspot.com/2010/10/recipe-alua.html (2011年3月5日アクセス)
16. 以下参照。*Wild Fermentation*, 112. (『天然発酵の世界』築地書館)
17. Cushing, 294.
18. Dabney, 335.
19. Mollison, 52
20. www.tallyrand.info.
21. Steinkraus, 212–213.
22. S. A. Odunfa, "Cereal Fermentation in African Countries," in Haard, 37–39.
23. 同上、40.
24. Awiakta, 18–19.
25. *Simply Seeking Sustenance*, から抜粋、オンラインでは www.sacred-threads.com/wp-content/uploads/2008/12/simply-seeking.pdf.
26. Pitchford, 458.
27. Editorial, "Energy Content of Weaning Foods," *Journal of Tropical Pediatrics* 29(4):194 (1983).
28. Ulf Svanberg, "Lactic Acid Fermented Foods for Feeding Infants," in Steinkraus, 311–347; Patience Mensah et al., "Fermented Cereal Gruels: Towards a Solution of the Weanling's Dilemma," *Food and Nutrition Bulletin* 13(1) (March 1991), オンラインでは archive.unu.edu/Unupress/food/8F131e/8F131E08.htm (2010年8月26日アクセス)
29. Claude Aubert, Les Aliments Fermentés Traditionnels, Fallon, 457. に引用あり。
30. McNeill, 202.
31. Kennedy (2010), 428.
32. 同上、337.
33. Dirar, 117.
34. 同上、169.
35. Pitchford, 478.
36. 同上、477.
37. スウェーデン語のウェブサイトが http://porridgehunters.wordpress.com にある。
38. 以下に引用あり。O. N. Allen and Ethel K. Allen, *The Manufacture of Poi from Taro in Hawaii: With Special Emphasis upon Its Fermentation* (Honolulu: University of Hawaii, 1933) (Bulletin; B-070), 5; オンラインでは http://scholarspace.manoa.hawaii.edu/handle/10125/13437 (2010年9月30日アクセス)
39. Allen and Allen, 3.
40. Sky Barnhart, "Powered by Poi: Kalo, a Legendary Plant, Has Deep Roots in Hawaiian Culture," *Maui Magazine* (July–August-2007), オンラインでは www.mauimagazine.net/Maui-Magazine/July-August-2007/Powered-by-Poi (2010年9月29日アクセス)
41. Allen and Allen, 29.
42. Amy C. Brown and Ana Valiere, "The Medicinal Uses of Poi," *Nutrition in Clinical Care* 7(2):69 (2004).
43. Amy C. Brown et al., "The Anti-Cancer Effects of Poi (*Colocasia esculenta*) on Colonic Adenocarcinoma Cells in Vitro," *Phytotherapy* 19(9):767–771 (September 2005).
44. Ramesh C. Ray and Paramasivan S. Sivakumar, "Traditional and Novel Fermented Foods and Beverages from Tropical Root and Tuber Crops," *International Journal of Food Science and Technology* 44:1075 (2009).
45. Kofi E. Aidoo, "Lesser-Known Fermented Plant Foods," in Gaden, 38.
46. Ray and Sivakumar, 1079.
47. Bokanga, 179.
48. Fran Osseo-Asare, "Chart of African Carbohydrates/Starches" (September 2007), オンラインでは http://betumiblog.blogspot.com/2007/09/chart-of-african-carbohydratesstarches.html (2010年10月3日にアクセス)。"Table 3. Fermented Foods from Tropical Root and Tuber Crops, Microorganisms Associated and Advantages Arising Out of Fermentation," Ray and Sivakumar, 1080.
49. O. B. Oyewole and S. L. Ogundele, "Effect of Length of Fermentation on the Functional Characteristics of Fermented Cassava 'Fufu,'" *Journal of Food Technology in Africa* 6(2):38 (2001).
50. Ray and Sivakumar, 1078–1079.
51. "Slow Food Presidia in Peru," オンラインでは www.slowfood.com/sloweb/eng/dettaglio.lasso?cod=3E6E345B1dcfb174DBotN395D956 (2011年1月2日アクセス)
52. Mollison, 81.
53. www.nourishedkitchen.com.
54. P. Christian Klieger, *The Fleischmann Yeast Family* (Mount Pleasant, SC: Arcadia Publishing, 2004), 13.
55. A. M. Hamad and M. L. Fields, "Evaluation of the Protein Quality and Available Lysine of Germinated and Fermented Cereals," *Journal of Food Science* 44:456 (1979).
56. Carlo G. Rizzello et al., "Highly Efficient Gluten Degradation by Lactobacilli and Fungal Proteases During Food Processing: New Perspectives for Celiac Disease," *Applied and Environmental Microbiology* 73(14): 4499 (2007); Maria De Angelis et al., "Mechanism of Degradation of Immunogenic Gluten Epitopes from Triticum turgidum L. var. durum by Sourdough Lactobacilli and Fungal Proteases," *Applied and Environmental Microbiology* 76(2): 508 (2010).
57. Pederson, 242–243.
58. Jessica A. Lee, "Yeast Are People Too: Sourdough Fermentation from the Microbe's Point of View," 2010 Oxford Symposium on Food and Cookery にて配付された資料。
59. www.sourdo.com.
60. Leader, 44–45.
61. 同上、45.
62. Ilse Scheirlinck et al., "Influence of Geographical Origin and Flour Type on Diversity of Lactic Acid Bacteria in Traditional Belgian Sourdoughs," *Applied and Environmental Microbiology* 73(19):6268 (2007).
63. Ilse Scheirlinck et al., "Taxonomic Structure and Stability of the Bacterial Community in Belgian Sourdough Ecosystems as Assessed by Culture and Population Fingerprinting," *Applied and Environmental Microbiology* 74(8):2414 (2008).
64. Lee, 3.
65. Steinkraus, 202.
66. *Gastronomica: The Journal of Food and Culture* 3(3):76–79 (summer 2003).

67. 以下参照。*Wild Fermentation*, 105.（『天然発酵の世界』築地書館）
68. Albala (2008), 78.
69. Dirar, 173.
70. Anna Kowalska-Lewicka, "The Pickling of Vegetables in Traditional Polish Peasant Culture," in Riddervold and Ropeid, 35.
71. 同上、36.
72. 同上、35.
73. Andre G. van Veen and Keith Steinkraus, "Nutritive Value and Wholesomeness of Fermented Foods," *Journal of Agricultural and Food Chemistry* 18(4):576 (1970).
74. Herbert C. Herzfeld, "Rice Fermentation in Ecuador," *Economic Botany* 11(3):269 (1957).
75. Hunter, 234.
76. Herzfeld.
77. 同上.
78. レシピは以下参照。*Wild Fermentation*, 78.（『天然発酵の世界』築地書館）
79. www.slowfoodfoundation.com/eng/presidi/dettaglio.lasso?cod=320（2009年11月6日アクセス）

9章

1. McGee, 743.
2. McGovern, 255.
3. McGee, 739.
4. Sparrow, 37.
5. Buhner, 76–77.
6. Sparrow, 45.
7. 同上、155.
8. "Our Story: Brewing with Mystic Intentions," オンラインでは www.mystic-brewery.com/story（2010年12月12日アクセス）
9. Sparrow, 4.
10. theperfectpint.com.
11. Michael Agnew, ブログ *Wild Beers* (February 11, 2010), オンラインでは www.aperfectpint.net/blog.php/?p=914（2010年2月16日アクセス）
12. Peter Bouckaert, foreword, Sparrow, x.
13. Sparrow, 99.
14. John G. Kennedy, "Tesguino Complex: The Role of Beer in Tarahumara Culture," *American Anthropologist, New Series* 65(3), Part 1:620 (1963)
15. Litzinger, 103
16. 同上、111.
17. Bennett and Zingg, Bruman, 42. に引用あり。
18. Bruman, 41.
19. Steinkraus, 417.
20. Bennett and Zing, 46.
21. John Smalley and Michael Blake, "Sweet Beginnings: Stalk Sugar and the Domestication of Maize," *Current Anthropology* 44(5):675 (2003).
22. United Nations Food and Agriculture Organization, "Sorghum and Millets in Human Nutrition" (Rome: Food and Nutrition Series No. 27, 1995), オンラインでは www.fao.org/docrep/T0818E/T0818E00.htm（2010年11月30日アクセス）
23. McGovern, 256.
24. Papazian, 202.
25. L. Novellie, "Sorghum Beer and Related Fermentations of Southern Africa," in Hesseltine and Wang, 220.
26. Steinkraus, 409.
27. Papazian, 202.
28. Haggblade, 28.
29. Haggblade, 20; International Labour Office, "Employment, Incomes, and Equality: A Strategy for Increasing Productive Employment in Kenya" (Geneva: 1972), 69. からの引用。
30. Tsimako, 4に引用あり。
31. Haggblade, 77.
32. 同上、34.
33. Trout Montague, "Chibuku—'Shake Shake,'" BBC (April 15, 2003), オンラインでは www.bbc.co.uk/dna/h2g2/A965036（2009年10月24日アクセス）
34. Haggblade, 264.
35. Dirar, 224.
36. 同上、233.
37. 同上、225.
38. 同上、227.
39. 同上、251.
40. 同上、251.
41. 同上、228.
42. 同上、264.
43. 同上、228.
44. 同上、264.
45. 同上、229.
46. 同上、228.
47. Haard, 67.
48. McGovern, 70.
49. Xu Gan Rong and Bao Tong Fa, *Grandiose Survey of Chinese Alcoholic Drinks and Beverages*, オンラインでは www.sytu.edu.cn/zhgjiu/umain.htm（2011年7月12日アクセス）
50. Dr. S. Sekar, "Rice and Other Cereal-Based Beverages," *in Database on Microbial Traditional Knowledge of India*, オンラインでは http://www.bdu.ac.in/schools/life_sciences/biotechnology/sekardb.htm（2010年12月5日アクセス）
51. yclept, "Homemade Chinese Rice Wine" (March 8, 1004), オンラインでは http://everything2.com/title/rice+wine（2010年12月18日アクセス）
52. "Jiu Niang (Sweet Rice Wine Soup)," ブログ *Lau Lau's Recipes: A Memorial to Grandma Chou*(February 18, 2008), オンラインでは http://laulausrecipes.com/?p=8（2011年7月12日アクセス）
53. www.hmart.com.
54. http://seoulkitchen.wordpress.com/2010/02/04/homemade-sweet-potato-makgeolli（2011年2月17日アクセス）
55. Tamang, 203.
56. John Gauntner, "History of Yeast in Japan," オンラインでは www.sake-world.com/html/yeast.html（2011年7月13日アクセス）
57. Gaunter.
58. David Buschena et al., *Changing Structures in the Barley Production and Malting Industries of the United States and Canada* (Bozeman: Montana State University Trade Research Center, Policy Issues Paper No. 8, 1998), 7, オンラインでは http://ageconsearch.umn.edu/bitstream/29168/1/pip08.pdf（2010年12月4日アクセス）
59. Janson, 41.
60. Bamforth (2006), 33.
61. 同上、32.
62. 同上、36.
63. William Starr Moake, "Make Your Own Malt," *Brew Your Own* (1997), オンラインでは http://byo.com/stories/article/indices/44-malt/1097-make-your-own-malt（2009年10月19日アクセス）
64. Bamforth (2008), 86.
65. Dirar, 224.

66. Priscilla Mary I şin, "Boza, Innocuous and Less So," 2010 Oxford Symposium on Food and Cookery. にて配付された資料。
67. Rhoades and Bidegaray, 58–59.
68. Terry W. Henkel, "Parakari, an Indigenous Fermented Beverage Using Amylolytic Rhizopus in Guyana,"*Mycologia* 97(1):1 (2005).
69. Eames, 2.
70. Grahn, 113.
71. Eames, 35.
72. Karl-Ernst Behre, "The History of Beer Additives in Europe—A Review," *Vegetation History and Archaeobotany* 8:35 (1999).
73. Buhner, 169.
74. Weinert, 33.
75. 同上、34.
76. Pendell, 54.
77. Weinert, 38–39.
78. 同上、43.
79. 同上、50.
80. Buhner, 172.
81. 同上、173.
82. Pendell, 66.
83. Buhner, 172.
84. 同上、172

10章

1. Shurtleff and Aoyagi (2007).
2. Huang, 154–155.
3. 同上、280.
4. 同上、167.
5. Shurtleff and Aoyagi (2007).
6. Huang, 593.
7. 同上、608.
8. Tetsuo Kobayashi et al., "Genomics of *Aspergillus oryzae*," *Bioscience, Biotechnology, and Biochemistry* 71(3):662 (2007).
9. Steinkraus, 480.
10. C. W. Hesseltine, "A Millennium of Fungi, Food, and Fermentation," *Mycologia* 57(2):150 (1965).
11. http://users.soe.ucsc.edu/~manfred/tempeh.
12. Northern Regional Research Laboratory (NRRL) コレクションとしても知られるThe Agricultural Research Service Culture Collectionでは95,000個のバクテリアと酵母とカビのサンプルが維持管理されており、「研究機関に所属」していればフリーに利用できる。http://nrrl.ncaur.usda.gov
13. Shurtleff and Aoyagi (2007).
14. Shurtleff and Aoyagi (1979a), 120.
15. Steinkraus, 18.
16. Robert K. Mulyowidarso et al., "The Microbial Ecology of Soybean Soaking for Tempe Production," *International Journal of Food Microbiology* 8:35 (1989).
17. Jutta Denter and Bernward Bisping, "Formation of B-Vitamins by Bacteria During the Soaking Process of Soybeans for Tempe Fermentation," *International Journal of Food Microbiology* 22:23 (1994).
18. Betty Stechmeyer, 2010年7月31日付の私信。
19. Steinkraus 25–26.
20. 同上、29.
21. C. W. Hesseltine and Hwa L. Wang, "The Importance of Traditional Fermented Foods," *BioScience* 30(6):402 (1980) オンラインではwww.jstor.org/stable/1308003(2009年12月21日アクセス)
22. ShurtleffとAoyagiの著書*Book of Tempeh*では、7ページ(117–124)にわたってこの話題を取り上げているが、より専門的な彼らの著書*Tempeh Production*ではさらに詳しく、22ページ(140–162)にわたって取り上げている。(どちらの本もインターネット上でフリーに利用できる)。
23. Shurtleff and Aoyagi (1986), 143.
24. Hwa L. Wang et al., "Mass Production of Rhizopus Oligosporus Spores and Their Application in Tempeh Fermentation," *Journal of Food Science* 40:168 (1975).
25. Shurtleff and Aoyagi (1986), 145.
26. 同上、151.
27. C. W. Hesseltine, "A Millennium of Fungi, Food, and Fermentation," *Mycologia,* 57(2):190 (1965).
28. www.makethebesttempeh.org.
29. www.gemcultures.com.
30. Steinkraus, 480.
31. Shurtleff and Aoyagi (1980), 55.
32. 同上、53–57.
33. Shurtleff and Aoyagi (1976), 162.
34. Andoh, 280.
35. Kushi, 341.
36. Shurtleff and Aoyagi (1976), 162.
37. Mollison, 212.
38. Xu Gan Rong and Bao Tong Fa, *Grandiose Survey of Chinese Alcoholic Drinks and Beverages*, オンラインではwww.sytu.edu.cn/zhgjiu/u2-1.htm(2010年12月18日アクセス)
39. Huang, 172–173. Cambridge University Press. の許可を得て転載。
40. 同上、281.
41. Steinkraus, 451–452.
42. Dr. S. Sekar, "Prepared Starter for Fermented Country Beverage Production," in *Database on Microbial Traditional Knowledge of India*, オンラインではhttp://www.bdu.ac.in/schools/life_sciences/biotechnology/sekardb.htm(2010年12月5日アクセス)
43. T. S. Rana et al., "Soor: A Traditional Alcoholic Beverage in Tons Valley, Garhwal Himalaya," *Indian Journal of Traditional Knowledge* 3(1):61 (2004).
44. Cherl-Ho Lee, "Cereal Fermentations in Countries of the Asia-Pacific Region," in Haard, 70; Steinkraus,
45. Shurtleff and Aoyagi (1979b), 163.

11章

1. Albala (2007), 1–2.
2. *The Revolution Will Not Be Microwaved*, 183. における野菜とナッツのパテに関する著者の議論を参照。
3. 「約カップ1のカシューナッツを粉砕してカシューミルクを作ります。デーツを3・4個と水を加えてカップ4にします。なめらかになるまでミキサーにかけます。」
4. Suellen Ocean, *Acorns and Eat 'Em* (Oakland: California Oak Foundation, 2006), オンラインではwww.californiaoaks.org/ExtAssets/acorns_and_eatem.pdf(2009年11月16日アクセス)
5. www.billabbie.com/calath/word4day/sk7ee7.html(2010年1月5日アクセス)
6. Pederson, 340.
7. Mollison, 214.
8. Farrell, 82.

9. Pederson, 342.
10. Farrell, 84–85.
11. Battcock and Azam-Ali, 79.
12. Pederson, 337–338.
13. 同上、343.
14. Wilfred F. M. Röling et al., "Microorganisms with a Taste for Vanilla: Microbial Ecology of Traditional Indonesian Vanilla Curing," *Applied Environmental Microbiology* 67(5):1995 (2001).
15. Pederson, 345.
16. Keith Steinkraus, "Lactic Acid Fermentation in the Production of Foods from Vegetables, Cereals and Legumes," *Antonie van Leeuwenhoek* 49:341 (1983).
17. Steinkraus (1996), 149.
18. McGee, 101–102.
19. "West African Cuisine in the New World," オンラインではwww.bahia-online.net/FoodinSalvador.htm (2011年3月20日アクセス)
20. 枝豆(日本の緑色をした大豆で蒸して食べる)はこの例外だが、枝豆は特定の品種を熟す前に収穫したもので、乾燥して保存することはない。
21. Albala, 221.
22. Sidney Mintz et al., "The Significance of Soy," in Du Bois, 5.
23. Christine M. Du Bois, "Social Context and Diet: Changing Soy Production and Consumption in the United States," in Du Bois, 210–213.
24. Benson Ford Research Center, "Soybean car," オンラインではwww.thehenryford.org/research/soybeancar.aspx(2011年1月11日アクセス)
25. Du Bois, 5.
26. 同上、218.
27. John Harvey Kellogg, *New Dietetics: A Guide to Scientific Feeding in Health and Disease* (1921), Albala, 225. に引用あり。
28. Belasco, 189.
29. Daniel.
30. Susun S. Weed, 163.
31. Shurtleff and Aoyagi (2009), 7.
32. www.soyinfocenter.com.
33. Shurtleff and Aoyagi (1976), 100.
34. Sidney Mintz, "Fermented Beans and Western Taste," in Du Bois, 60.
35. しょうゆやみそなどの食品の歴史的な変遷については、以下の2つの秀逸な文献をお勧めする。Huang, and Shurtleff and Aoyagi (2009).
36. D. Fukushima, "Soy Sauce and Other Fermented Foods of Japan," in Hesseltine and Wang, 122.
37. Deshpande, 83.
38. B. S. Luh, "Industrial Production of Soy Sauce," Journal of Industrial Microbiology 14:469 (1995).
39. Shurtleff and Aoyagi (2007).
40. A. K. Smith, US Department of Agriculture, ARS-71-1 (1958), 以下に引用あり。C. W. Hesseltine, "A Millennium of Fungi, Food, and Fermentation," *Mycologia* 57(2):187 (1965).
41. Hui (2006), 19-11 to 19-12.
42. Q. Wei et al., "Natto Characteristics as Affected by Steaming Time, Bacillus Strain, and Fermentation Time," *Journal of Food Science* 66(1):172 (2001).
43. Shurtleff and Aoyagi (2007).
44. Hui (2004), 616.
45. Shurtleff and Aoyagi (2007).
46. H. Sumi et al., "A Novel Fibrinolytic Enzyme (Nattokinase) in the Vegetable Cheese Natto; A Typical and Popular Soybean Food in the Japanese Diet," *Cellular and Molecular Life Sciences* 43(10):1110 (1987).
47. Martin Milner and Kouhei Makise, "Natto and Its Active Ingredient Nattokinase: A Potent and Safe Thrombolytic Agent," *Alternative and Complementary Therapies* 8(3):163 (2002).
48. Ruei-Lin Hsu et al., "Amyloid-Degrading Ability of Nattokinase from Bacillus subtilis Natto," *Journal of Agricultural and Food Chemistry* 57:503 (2009).
49. Charles Parkouda et al., "The Microbiology of Alkaline-Fermentation of Indigenous Seeds Used as Food Condiments in Africa and Asia," *Critical Reviews in Microbiology* 35(2):140 (2009); O. B. Oyewole, "Fermentation of Grain Legumes, Seeds, and Nuts in Africa" (chapter 2), in Deshpande.
50. O. K. Achi, "Traditional Fermented Protein Condiments in Nigeria," *African Journal of Biotechnology* 4(13):1614 (2005).
51. Food and Nutrition Library, "Netetou—A Typical African Condiment," オンラインではwww.greenstone.org/greenstone3/nzdl;jsessionid=2818D949147C6837BD89B5344237C2F7?a=d&d=HASHdee10c9b85605053eeb12f.8&c=fnl&sib=1&dt=&ec=&et=&p.a=b&p.s=ClassifierBrowse&p.sa=, (2011年1月30日アクセス)
52. Achi, 1616–1617.
53. Cornell University Plants Poisonous to Livestock Database, "Castor Bean Poisoning," オンラインではwww.ansci.cornell.edu/plants/castorbean.html (2011年8月24日アクセス)
54. Parkouda, 144.
55. Achi, 1616.
56. Rama, "Okra Soup," ブログ*Okra & Cocoa* (June 24, 2007), オンラインではhttp://okra-cocoa.blogspot.com/2007/06/okra-soup.html(2011年10月13日アクセス)
57. Huang, 325.
58. Steinkraus, 633に引用あり。
59. Steinkraus, 634.
60. Fuchsia Dunlop, "Rotten Vegetable Stalks, Stinking Beancurd and Other Shaoxing Delicacies," 2010 Oxford Symposium on Food and Cookeryにて配付された資料。
61. Huang, 326.
62. C. W. Hesseltine, "A Millennium of Fungi, Food, and Fermentation," *Mycologia* 57(2):164 (1965).
63. Shurtleff and Aoyagi (1998), 255.
64. Steinkraus, 634.
65. http://nrrl.ncaur.usda.gov.
66. Dunlop.

12章

1. Stephen S. Arnon et al., "Botulinum Toxin as a Biological Weapon," *Journal of the American Medical Association* 285(8):1059 (2001).
2. Riddervold (1990), 12.
3. Ana Andrés et al., "Principles of

Drying and Smoking," in Toldrá (2007), 40.
4. McGee, 448.
5. McGee, 449; Karl O. Honikel, "Principles of Curing," in Toldrá (2007), 17
6. John N. Sofos, "Antimicrobial Effects of Sodium and Other Ions in Foods: A Review," *Journal of Food Safety* 6:54 (1984).
7. Eeva-Liisa Ryhänen, "Plant-Derived Biomolecules in Fermented Cabbage," *Journal of Agricultural and Food Chemistry* 50:6798 (2002).
8. McGee, 125.
9. Fearnley-Whittingstall (2007), 414–416.
10. Peter Zeuthen, "A Historical Perspective of Meat Fermentation," in Toldrá (2007), 3.
11. G. Giolitti et al., "Microbiology and Chemical Changes in Raw Hams of Italian Type," *Journal of Applied Microbiology* 34:51 (1971).
12. I. Vilar et al., "A Survey on the Microbiological Changes During the Manufacture of Dry-Cured Lacón, a Spanish Traditional Meat Product," *Journal of Applied Microbiology* 89:1018 (2000).
13. Lars L. Hinrichsen and Susanne B. Pedersen, "Relationship Among Flavor, Volatile Compounds, Chemical Changes, and Microflora in Italian-Type Dry-Cured Ham During Processing," Journal of Agricultural and Food Chemistry 43(11):2939 (1995).
14. Ruhlman, 153.
15. Máirtín Mac Con Iomaire and Pádric Ôg Gallagher, "Corned Beef: An Enigmatic Irish Dish," at 2010 Oxford Symposium on Food and Cookery. にて配付された資料。
16. Rombauer and Becker (1975), 507.
17. Toldrá (2002), 89; Marianski and Marianski, 20–25.
18. Fearnley-Whittingstall (2007), 418.
19. Toldrá (2002), 91.
20. Albala and Nafziger, 120.
21. Marianski and Marianski, 28.
22. Friedrich-Karl Lücke, "Fermented Meat Products," *Food Research International* 27:299 (1994).
23. Herbert W. Ockerman and Lopa Basu, "Production and Consumption of Fermented Meat Products," in Toldrá (2007), 12.
24. Ken Albala, "Bacterial Fermentation and the Missing Terroir Factor in Historic Cookery," 2010 Oxford Symposium on Food and Cookery. にて配付された資料。
25. Albala and Nafziger, 121.
26. Marc Buzzio, quoted in Sarah diGregorio, "The Salami Maker Who Fought the Law," *Gastronomica* 7(4):54 (2007).
27. diGregorio, 57.
28. Toldrá (2002), 89.
29. Ruhlman and Polcyn, 176.
30. 同上、175.
31. Marianski and Marianski, 77.
32. Margarita Garriga and Teresa Aymerich, "The Microbiology of Fermentation and Ripening," in Toldrá (2007), 130.
33. Toldrá (2002), 106.
34. Fearnley-Whittingstall (2001), 162.
35. Piccetti and Vecchio, 24.
36. Huang, 396.
37. Steinkraus, 590.
38. Robert C. McIver, "Flavor of Fermented Fish Sauce," *Journal of Agricultural and Food Chemistry* 30:1017 (1982).
39. Sally Grainger, "Roman Fish Sauce: Part 2, an Experiment in Archaeology," 2010 Oxford Symposium on Food and Cookery. にて配付された資料。
40. Giovanna Franciosa et al., "*Clostridium botulinum,*" in Miliotis and Bier, 81.
41. Steinkraus, 586.
42. 同上、565.
43. 同上、573.
44. Christianne Muusers, "Roman Fish Sauce—Garum or Liquamen," *Coquinaria* (April 24, 2005), オンラインでは www.coquinaria.nl/english/recipes/garum.htm(2011年4月17日アクセス)
45. Mollison, 127–159.
46. McGee, 232.
47. Belitz, 636.
48. Ulrike Lyhs, "Microbiological Methods," chapter 15 in Rehbein and Oehlenschläger, 318.
49. Renée Valeri, "A Preserve Gone Bad or Just Another Beloved Delicacy? Surströmming and Gravlax—the Good and the Bad Ways of Preserving Fish," 2010 Oxford Symposium on Food and Cookery. にて配付された資料。
50. McGee, 236.
51. http://en.wikipedia.org/wiki/Rakfisk (2011年3月20日アクセス)
52. Valeri, 4.
53. Riddervold, 63.
54. Huang, 384–386.
55. Sanchez, 264; R. C. Mabesa and J. S. Babaan, "Fish Fermentation Technology in the Philippines," in Lee, 87–88.
56. Lee, 88.
57. Minerva S. D. Olympia, "Fermented Fish Products in the Philippines," in Gaden, 131.
58. Naomichi Ishige, "Cultural Aspects of Fermented Fish Products in Asia," in Lee, 15.
59. Chieko Fujita, "Funa Zushi," *Rediscovering the Treasures of Food* Volume 13, The Tokyo Foundation website, published February 16, 2009, オンラインでは www.tokyofoundation.org/en/topics/japanese-traditional-foods/vol.-13-funa-zushi(2011年2月5日アクセス)
60. Kimiko Barber, "Hishio—Tastes of Japan in Humble Microbes," 2010 Oxford Symposium on Food and Cookeryにて配付された資料。
61. Chieko Fujita, "Koji, an Aspergillus," *Rediscovering the Treasures of Food* Volume 10, The Tokyo Foundation website, published December 16, 2008, オンラインでは www.tokyofoundation.org/en/topics/japanese-traditional-foods/vol.-10-koji-an-aspergillus (2010年4月1日アクセス)
62. Huang, 391.
63. Huang, 381–382.
64. 2011年2月11日付の私信。
65. Fallon, 241.
66. Anna Kowalska-Lewicka, "The Pickling of Vegetables in Traditional

Polish Peasant Culture," in Riddervold and Ropeid, 35.
67. Dunlop (2003), 153.
68. Katharine L Giery, ブログ*Basque Fishing* (April 30, 2011), オンラインではhttp://basquefishing.tumblr.com/post/5075347526/xocolatl-or-however-you-call-it（2011年8月4日アクセス）
69. Huang, 413.
70. Shurtleff and Aoyagi (1976), 159.
71. David Wetzel, "Update on Cod Liver Oil Manufacture," April 2009, オンラインではwww.westonaprice.org/cod-liver-oil/1602-update-on-cod-liver-oil-manufacture（2011年5月7日アクセス）
72. David Wetzel, "Cod Liver Oil Manufacturing," *Wise Traditions* (fall 2005), オンラインではwww.westonaprice.org/cod-liver-oil/183（2011年5月7日アクセス）
73. David Wetzel, "Update on Cod Liver Oil Manufacture," April 2009, オンラインではwww.westonaprice.org/cod-liver-oil/1602-update-on-cod-liver-oil-manufacture（2011年5月7日アクセス）
74. Shephard, 131.
75. Andrew B. Smith et al., "Marine Mammal Storage: Analysis of Buried Seal Meat at the Cape, South Africa," *Journal of Archaeological Science* 19:171 (1992).
76. Charles Perry, "Dried, Frozen, and Rotted: Food Preservation in Central Asia and Siberia," 2010 Oxford Symposium on Food and Cookeryにて配付された資料。
77. Yann_Chef, ブログ*Food Lorists* (December 2008), オンラインではhttp://foodlorists.blogspot.com/2008/12/kiviak.html（2009年11月29日アクセス）
78. Jones, 86, オンラインではhttp://alaska.fws.gov/asm/fisreportdetail.cfm?fisrep=21（2011年2月8日アクセス）
79. Centers for Disease Control and Prevention, *Botulism in the United States, 1899–1996: Handbook for Epidemiologists, Clinicians, and Laboratory Workers* (Atlanta: Centers for Disease Control and Prevention, 1998), 7.
80. Jones, 284.
81. Jones, 146–148.

13章

1. US Food and Drug Administration, "Questions and Answers on the Food Safety Modernization Act," March 4, 2011, オンラインではwww.fda.gov/Food/FoodSafety/FSMA/ucm238506.htm（2011年5月8日アクセス）
2. US Food and Drug Administration, "Hazard Analysis and Critical Control Point Principles and Application Guidelines," adopted August 14, 1997, by the National Advisory Committee on Microbiological Criteria for Foods, オンラインではwww.fda.gov/Food/FoodSafety/HazardAnalysisCriticalControlPointsHACCP/HACCPPrinciplesApplicationGuidelines/default.htm（2011年5月8日アクセス）
3. William Neuman, "Raw Milk Cheesemakers Fret Over Possible New Rules," *New York Times* (February 4, 2011), オンラインではwww.nytimes.com/2011/02/05/business/05cheese.html（2011年7月11日アクセス）
4. American Raw Milk Cheese Presidium, "Presidium Mission and Protocol for Presidium Members," July 2006, appendix A, オンラインではwww.rawmilkcheese.org/index_files/PresidiumProtocol.htm#Appendix%20A（2011年7月11日アクセス）

14章

1. 以下参照。www.teraganix.com/EM-Solutions-for-Compost-s/90.htm（2011年7月10日アクセス）
2. Helen Jensen et al., *Nature Farming Manual* (Batong Malake, Los Baños Laguna, Philippines: National Initiative on Seed and Sustainable Agriculture in the Philippines and REAP-Canada, 2006), オンラインではwww.scribd.com/doc/15940714/Bokashi-Nature-Farming-Manual-Philippines-2006（2011年2月24日アクセス）
3. Hoon Park and Michael W. DuPonte, "How to Cultivate Indigenous Microorganisms," published by the Cooperative Extension Service of the College of Tropical Agriculture and Human Resources, University of Hawai'i–Mānoa (August 2008), オンラインではwww.ctahr.hawaii.edu/oc/freepubs/pdf/BIO-9.pdf（2010年7月27日アクセス）
4. Veranus A. Moore, "The Ammoniacal Fermentation of Urine," *Proceedings of the American Society of Microscopists* 12:97 (1890). Published by Blackwell Publishing on behalf of American Microscopical Society, オンラインではwww.jstor.org/stable/3220677（2011年3月2日アクセス）
5. "Pee Ponics," posting on Aquaponic Gardening: A Community and Forum for Aquaponic Gardeners by TCLynx (June 6, 2010), オンラインではhttp://aquaponicscommunity.com/profiles/blogs/pee-ponics（2011年2月3日アクセス）
6. Joseph Mazige, "Farmers Use Human Urine as Fertilizers, Pesticide," *Monitor* (Kampala) (August 19, 2007), オンラインではhttp://desertification.wordpress.com/2007/08/21/uganda-farmers-use-human-urine-as-fertilizers-pesticide-monitor-allafrica（2011年2月3日アクセス）
7. George Chan, "Livestock in South-Eastern China," Second FAO Electronic Conference on Tropical Feeds: Livestock Feed Resources Within Integrated Farming Systems (1996), 148, オンラインではwww.fao.org/ag/againfo/resources/documents/frg/conf96htm/chan.htm（2011年3月28日アクセス）
8. Y. L. Nene, "*Kunapajala*—A Liquid Organic Manure of Antiquity," Asian Agri-History Foundation, オンラインではwww.agri-history.org/pdf/AGRI.pdf（2011年3月28日アクセス）
9. J. W. Schroeder, "Silage Fermentation and Preservation," North Dakota State University Agriculture and University Extension publication AS-1254 (June 2004), オンラインではwww.ag.ndsu.edu/pubs/ansci/dairy /as1254w.htm（2011年3月27日アクセス）
10. Anna Kowalska-Lewicka, "The Pickling of Vegetables in Traditional Polish Peasant Culture," in

Riddervold and Ropeid, 37fn.

11. Michel and Jude Fanton, *The Seed Savers' Handbook* (Byron Bay, NSW, Australia: Seed Savers' Network, 1993), 152.
12. 同上、90.
13. Barbara Larson, "Saving Seed from the Garden," *Home Hort Hints* (August–September 2000), University of Illinois Extension, オンラインではhttp://urbanext.illinois.edu/hortihints/0008c.html(2011年3月27日アクセス)
14. US Environmental Protection Agency Office of Solid Waste and Emergency Response, "A Citizen's Guide to Bioremediation," EPA 542-F-01-001 (April 2001), オンラインではwww.epa.gov/tio/download/citizens/bioremediation.pdf(2011年3月29日アクセス)
15. David Biello, "Slick Solution: How Microbes Will Clean Up the *Deepwater Horizon* Oil Spill," *Scientific American* (May 25, 2010), オンラインではwww.scientificamerican.com/article.cfm?id=how-microbes-clean-up-oil-spills(2011年3月29日アクセス)
16. American Academy of Microbiology, Microbes and Oil Spills FAQ (2011), 1, オンラインではhttp://academy.asm.org/images/stories/documents/Microbes_and_Oil_Spills.pdf(2011年3月29日アクセス)
17. American Academy of Microbiology, 8.
18. Bielloに引用あり。
19. Stamets (2005), 82.
20. 同上、85.
21. 同上、86.
22. Common Ground Collective Meg Perry Health Soil Project, *The New Orleans Residents' Guide to Do It Yourself Soil Clean Up Using Natural Processes* (March 2006), オンラインではhttps://we.riseup.net/blooming-in-space/the-new-orleans-residents-guide-to-do-it+22865.
23. Joseph Jenkins, *The Humanure Handbook: A Guide to Composting Human Manure,* 3rd edition (Grove City, PA: Joseph Jenkins, Inc., 2005).
24. Farrell, 126–127.
25. Jenkins, 151–152.
26. "The Fundamental Microbiology of Sewage," On-Site Wastewater Demonstration Program, Northern Arizona University, オンラインではwww.cefns.nau.edu/Projects/WDP/resources/Microbiology/index.html(2011年3月30日アクセス)
27. Jenkins, 227.
28. Kurlansky, 43.
29. The Green Burial Council, "Who We Are," オンラインではwww.greenburialcouncil.org/who-we-are (2011年3月31日アクセス)
30. Dr. S. Sekar, "Fermented Dyes," in *Database on Microbial Traditional Knowledge of India*, オンラインではhttp://www.bdu.ac.in/schools/life_sciences/biotechnology/sekardb.htm(2010年12月5日アクセス)
31. Carole Crews, *Clay Culture: Plasters, Paints, and Preservation* (Rancho de Taos, NM: Gourmet Adobe Press, 2009), 103.
32. 同上、98–99.
33. 同上、103.
34. 同上、104.
35. Jeremy Hsu, "Invention Awards: Eco-Friendly Insulation Made from Mushrooms," *Popular Science* (May 2009), オンラインではwww.popsci.com/environment/article/2009-05/green-styrofoam(2011年7月10日アクセス)
36. www.ecovativedesign.com.
37. Congressional Budget Office, *The Impact of Ethanol Use on Food Prices and Greenhouse-Gas Emissions* (April 2009), vii, オンラインではwww.cbo.gov/ftpdocs/100xx/doc10057/04-08-Ethanol.pdf.
38. Tom Philpott, "The Trouble with Brazil's Much-Celebrated Ethanol 'Miracle,'" April 13, 2010, オンラインではwww.grist.org/article/2010-04-13-raising-cane-the-trouble-with-brazils-much-celebrated-ethanol-mi (2011年4月3日アクセス)
39. Dhruti Shah, "Will We Switch to Gas Made from Human Waste?" *BBC News Magazine* (April 19, 2010), オンラインではhttp://news.bbc.co.uk/2/hi/uk_news/magazine/8501236.stm(2011年4月5日アクセス)
40. Greg Votava and Rich Webster, "Methane to Energy: Improving an Ancient Idea," Nebraska Department of Environmental Quality *Environmental Update* (spring 2002), オンラインではwww.deq.state.ne.us/Newslett.nsf/d62915495a28710806256bd5006a4d84/f60aa501092d797606256bd500646afa?OpenDocument(2011年4月5日アクセス)
41. Li Kangmin and Mae-Wan Ho, "Biogas China," Institute of Science in Society (February 10, 2006), オンラインではwww.i-sis.org.uk/BiogasChina.php(2011年4月5日アクセス)
42. Dr. S. Sekar, *Database on Microbial Traditional Knowledge of India*, オンラインではhttp://www.bdu.ac.in /schools/life_sciences/biotechnology/sekardb.htm(2011年4月6日アクセス)
43. Paul Stamets, "Novel Antimicrobials from Mushrooms," *Herbalgram* 54:29 (2002), オンラインではwww.fungi.com/pdf/pdfs/articles/HerbalGram.pdf(2011年4月6日アクセス)
44. Kenneth Todar, *Todar's Online Textbook of Bacteriology*, オンラインではwww.textbookofbacteriology.net/bacteriology_6.html(2011年4月5日アクセス)
45. http://altadisusa.com/cigar-101/judge/fermentation(2010年11月9日アクセス)
46. "Principles of the Cedar Enzyme Bath Treatment," Osmosis Day Spa, オンラインではwww.osmosis.com/cedar-enzyme-bath/principles(2010年4月9日アクセス)
47. www.kefiplant.com.
48. Arlene Correll, "How to Make Your Own Liquid Potpourri and Other Good Stuff!," オンラインではwww.phancypages.com/newsletter/ZNewsletter530.htm(2010年7月28日アクセス)
49. Jenifer Wightman, "Winogradsky Rothko: Bacterial Ecosystem as Pastoral Landscape," *Journal of Visual Culture* 7:309 (2008), オンラインではhttp://vcu.sagepub.com/cgi/content/abstract/7/3/309(2011年2月4日アクセス)

索引
Index

数字

A

B

C

Q

R

S

T

U

V

W

X

Y

Z

あ行

か行

さ行

た行

な行

は行

ま行

や行

ら行

わ行

訳者あとがき

突然ですが、この本を(ネット書店ではなく)実店舗で購入された方に質問です。どのコーナーに置いてありましたか?

通常、発酵食品の本は農業関係の棚に配列されることが多いようです。レシピや写真がたくさん掲載されているものは、料理本と一緒に置かれているかもしれませんね。しかしこの本は、そのどちらにも当てはまらないような気がします。しかもこの本の版元であるオライリー・ジャパンという出版社は、主にIT関係の技術書を出している会社なのです。そのようなところから、どうして発酵食品の本が出ることになったのか、まずそこから説明いたしましょう。

最近、Maker(メイカー)ムーブメントと呼ばれる活動が世界的に活発になってきています。これは、あまりにも複雑化しブラックボックスとなってしまった現代の工業製品から距離を置き、自分の手でものを作り上げる喜びを取り戻そうという運動であり、それに参加して自分の手でものを作り上げる人たちをMakerと呼ぶのだと私は理解しています。そして、そのMakerムーブメントとオライリー・ジャパンという会社とは、切っても切れない関係にあるのです。オライリー・ジャパンには、実はもうひとつ、Maker Faire Tokyo(メイカー・フェア・トウキョウ)と呼ばれるイベントの主催者としての顔もあります。このMaker Faireは2006年にサンフランシスコで最初に開催されて以降、世界各地に広まって行き、さまざまな場所で開かれるようになりました。そこには自分の手でものを作ることが好きな人たちが集まり、自分で作ったものを展示したり、見せびらかしたり自慢したり、販売したりしているのです。

おそらくこの本を今読んでいるあなたも、3Dプリンターという言葉は耳にしたことがあるでしょう。3Dプリンターの普及によって、今まで専門的な加工機械がなくては作れなかったようなものが個人や家庭でも簡単に作れるようになったため、3DプリンターはMakerムーブメントの象徴的な存在となっています。またArduinoやRaspberry Piなどといった名刺サイズのコンピューターを使った電子工作も、大きな流れのひとつです。

しかし、Makerムーブメントは3Dプリンターや電子工作だけではありません。実際にMaker Faireへ行ってみるとわかりますが、それ以外にも例えば手芸とか電気自動車とかプラネタリウムとか、実にさまざまなものを作っている人たちがいます。人間の想像力というのは、本当に素晴らしいものです。そしてMaker Faireにはあまり出てこないかもしれませんが、確実にMakerムーブメントの一部となっている分野もあります。そのひとつが、料理です。

2011年、オライリー・ジャパンから『Cooking for Geeks』（拙訳）という本が出版されました。Geekとは、いわゆる「オタク」のことです。『Cooking for Geeks』の著者Jeff Potter氏は、オタクと料理とは縁が遠そうに見えるかもしれないが、実は好奇心旺盛で失敗を恐れないオタクと料理との相性はとてもよいのだ、と言っています。オタク向けのジョークを交えながら、調理器具の選び方に始まり、味覚や嗅覚の特性や温度による食材の化学変化を説明し、最終的には分子ガストロノミーと呼ばれる最先端の調理法までカバーしている本です。最近、料理を科学的に説明した本がたくさん出ていますが、この本はそのさきがけと言えるでしょう。おかげさまで、日本でも『Cooking for Geeks』は好評を持って迎えられたようです。

そして、5年後の2016年に本書『発酵の技法』（原題：The Art of Fermentation）が刊行されることになりました。オライリー・ジャパンというIT系の出版社と、エコなイメージの強い発酵食品との組み合わせは、一見すると不釣り合いに思えるかもしれません。しかし、今まで説明してきたMakerムーブメントという文脈の中に置いて見れば、そのこともすんなりと理解できるのではないでしょうか。私たちが日々生きて行くために必要な食品を、微生物の力を借りて自分で作ることは、究極のMakerムーブメントと言えるかもしれません。

しかし発酵食品作りは、他のMakerムーブメントと大きく違う点があります。それは、生き物を相手にしているということです。温度や湿度、空気中に漂っている微生物といった周囲の環境に大きく左右されるため、同じ材料を使って同じ手順で作ってもまったく同じものはできませんし、なかなか思い通りに発酵が進んでくれないこともあるでしょう。前書きで著者も述べているように、この本で基本的にレシピの体裁を取っていないのは、そのような理由からです。この本はレシピ集ではなくヒント集であり、読んだ人が自分の環境に合わせてアレンジしたり、大胆に作り変えたりすることが期待されていると理解して下さい。

この本には実にさまざまな情報が掲載されています。そして、その情報はほとんどの場合、原注によって出典が明らかにされています。あらゆる情報を収集するとともに、可能な限り根拠づけしようと試みる著者の熱意は敬服すべきものだと思いますが、正直に言って信頼性にはかなりばらつきがあるのも事実です。ですから読者の皆さんもこの本の内容をそのまま信じるのではなく、原注をたどるなどして可能な限り別の情報源にもあたっていただき、ご自身で判断されるようお願いいたします。

また、食品という私たちの生存に関わるものを作るわけですから、法律や安全性の問題が生じてくる可能性もあります。場合によっては刑事罰や健康への影響もあり得ますので、「知らなかった」では済まされません。本文中にも折に触れて訳注を入れましたが、以下の2点には特に注意して下さい。

・酒税法に違反しないこと。具体的には、発酵によってアルコール分が1度（容量比で1パーセント）以上にならないようにする。また、焼酎などの課税済みの酒類に果物などを漬け込んで果実酒を作ることは例外として認められているが、その場合も穀物やブドウは使ってはいけない。違反すると10年以下の懲役または100万円以下の罰金に処せられる可能性がある。
・カビに注意すること。例えばコウジカビの仲間にも、アフラトキシンと呼ばれる毒性・発がん性の強い物質を作り出すものがある。出所不明のカビを食品加工に利用することは、お勧めできない。

この本には、漬物やみそやしょうゆ、そして日本酒など、数多くの日本の発酵食品が出てきます。昔（と言っても私が子どものころ）は、家庭でみそを作ったり、ぬか床を維持したりするのはごく普通のことでした。たぶん今では、そのような家庭は少なくなっているのでしょう。この本の中で著者が何度も嘆いているように、そういった伝統は一度失われてしまうと復活させるのは難しいようです。しかしだからこそ、発酵食品作りに取り組むのは価値あることだとも言えます。お年寄りに聞くなどして、地域や家庭の伝統の味を復活させることも素晴らしい取り組みになりそうです。そして、そのためにこの本が多少なりとも役立ったとすれば、訳者としてこんなにうれしいことはありません。

翻訳に当たっては数多くの資料を参照しましたが、中でも下記の書籍は大変参考にさせていただきました。この場をお借りして、お礼を申し上げます。

・『斉民要術 現存する世界最古の料理書』（雄山閣）
・『マギー キッチンサイエンス―食材から食卓まで―』（共立出版）
・『世界の食用植物文化図鑑 起源・歴史・分布・栽培・料理』（柊風舎）
・『食品化学読本 付. 純正食品の作り方』（オーム社）

最後になりましたが、見たことも聞いたこともない食材（特に植物名）の頻出に音をあげてくじけそうになる私を辛抱強く励ましていただいた、オライリー・ジャパンの田村英男さんに感謝します。

2016年2月
水原 文

［著者紹介］

Sandor Ellix Katz（サンダー・エリックス・キャッツ）

Sandor Ellix Katzは、独習の発酵実験家。「Newsweek」誌によって「発酵のバイブル」と呼ばれた『Wild Fermentation: The Flavor, Nutrition, and Craft of Living Culture Food』（『天然発酵の世界』築地書館）の著者である。同書は自分が学んだ発酵の知恵をシェアし、家庭で行う発酵の神秘を取り除くために執筆したものだ。同書の出版後、彼自身が「発酵のリバイバリスト」と称する役目を果たすために、北米やその他の地域で数多くの発酵に関するワークショップで講師を務めた。『The Revolution will Not Be Microwaved: Inside America's Underground Food Movements』の著者としても知られる。

［訳者紹介］

水原 文（みずはらぶん）

技術者として情報通信機器メーカーや通信キャリアなどに勤務した後、フリーの翻訳者となる。訳書に『Cooking for Geeks』『Raspberry Piクックブック』『「もの」はどのようにつくられているのか』（ともにオライリー・ジャパン）、『1秒でわかる世界の「今」』『ビッグクエスチョンズ 宇宙』『国家興亡の方程式 歴史に対する数学的アプローチ』（ディスカバー・トゥエンティワン）など。趣味は浅く広く、フランス車（シトロエン）、カードゲーム（コントラクトブリッジ）、自転車など。日夜Twitter（@bmizuhara）に没頭している。

発酵の技法

世界の発酵食品と発酵文化の探求

2016年 4月26日 初版第1刷発行
2021年 5月25日 初版第6刷発行

著　者　Sandor Ellix Katz（サンダー・エリックス・キャッツ）
訳　者　水原 文（みずはら ぶん）

発行人　ティム・オライリー

デザイン　中西 要介

印刷・製本　日経印刷株式会社

発行所　株式会社オライリー・ジャパン
〒160-0002　東京都新宿区四谷坂町12番22号
Tel（03）3356-5227　Fax（03）3356-5263
電子メール japan@oreilly.co.jp

発売元　株式会社オーム社
〒101-8460　東京都千代田区神田錦町3-1
Tel（03）3233-0641（代表）　Fax（03）3233-3440

Printed in Japan（ISBN978-4-87311-763-8）